STRUKTUR UND ABSORPTIONSSPEKTROSKOPIE ORGANISCHER NATURSTOFFE

Von

DR. MANFRED KRAFT
Botanisches Institut der Universität Bonn

Mit 156 Abbildungen und 26 Tabellen

DR. DIETRICH STEINKOPFF VERLAG
DARMSTADT 1976

Softcover reprint of the hardcover 1st edition 1976

CIP-Kurztitelaufnahme der Deutschen Bibliothek

Kraft, Manfred

Struktur und Absorptionsspektroskopie organischer Naturstoffe. – 1. Aufl. – Darmstadt: Steinkopff 1976

(Wissenschaftliche Forschungsberichte: Reihe 1, Grundlagenforschung u. grundlegende Methodik; Bd. 76: Abt. A, Chemie u. Physik)

ISBN-13:978-3-7985-0442-4 e-ISBN-13:978-3-642-85297-8
DOI: 10.1007/978-3-642-85297-8

ISSN 0340-031X (76)

Einbandgestaltung: Karl Riha, Bad Vilbel

Satz und Druck: Konrad Triltsch, 8700 Würzburg

Zweck und Ziel der Sammlung

Als *Raphael Eduard Liesegang* am 13. November 1947 starb, lagen 57 Bände der Sammlung vor, die er 1921 gegründet und mehr als ein Vierteljahrhundert lang herausgegeben hatte. *Rolf Jäger,* sein Nachfolger in der Leitung des Frankfurter Instituts für Kolloidforschung und in der Herausgabe dieser Sammlung, betreute insgesamt 15 weitere Bände, z. T. zusammen mit *Werner Brügel.*

Brücken zu schlagen zwischen den einzelnen Teildisziplinen von Natur- und Humanwissenschaften, war und ist das Ziel der „Wissenschaftlichen Forschungsberichte". Diese Aufgabe ist im Zeitalter zunehmender wissenschaftlicher und technischer Spezialisierung notwendiger denn je zuvor. Erfaßten die ersten Bände der Sammlung nach dem Ersten Weltkrieg in Form kritischer Sammelreferate die Literatur einzelner Teilbereiche, so folgten später vorwiegend monographische Darstellungen junger, inzwischen selbständig gewordener Zweige der Wissenschaft und neuer Methoden, die auf vielen Teilgebieten der Forschung allgemeine Bedeutung erlangt hatten. In jüngster Zeit stand die Darstellung physikalischer Methoden und biologischer Probleme im Vordergrund. Diese Entwicklung ließ es geraten erscheinen, ab 1972 die Sammlung in zwei einander ergänzenden Reihen unterzugliedern. *Reihe I* umfaßt wie bisher Beiträge zur *Grundlagenforschung und grundlegenden Methodik* (Abteilung A: Chemie und Physik, Abteilung B: Biologie und Medizin, Abteilung C: Psychologie), die neue *Reihe II* soll Beiträgen zur *Anwendungstechnik und angewandten Wissenschaft* vorbehalten sein. Mit dieser Untergliederung wurde zugleich die Möglichkeit geschaffen, zu einem späteren Zeitpunkt je nach Bedarf noch weitere Untergliederungen vorzunehmen, sei es im Blick auf bisher nicht oder kaum berücksichtigte Randgebiete von Naturwissenschaft und Medizin, sei es im Blick auf deren mögliche Anwendungsgebiete. Insofern soll am Grundkonzept *Liesegangs* auch künftig festgehalten werden, als die „Wissenschaftlichen Forschungsberichte" heute wie bei ihrer Gründung ein möglichst umfassendes Forum für den wissenschaftlich-technischen Gedankenaustausch sein sollen.

Herausgeber und Verlag

Vorwort

In der modernen biologischen Forschung nehmen Studien über die Zusammenhänge zwischen molekularen Strukturen und biologischen Funktionen einen wichtigen Platz ein. Im Zusammenhang mit diesen Untersuchungen haben neben weiteren physikalisch-chemischen Verfahren die Methoden der Absorptionsspektroskopie in den Laboratorien der Molekularbiologen und Biochemiker Einzug gehalten. Schon seit langer Zeit finden NMR-, IR-, UV-, Raman- und CD-Spektroskopie als Standardtechniken der organisch-chemischen Forschung Anwendung bei Untersuchungen von niedermolekularen Verbindungen, die für die biologische, pharmakologische oder medizinische Forschung von Interesse sind. Im Verlaufe der letzten Jahre entwickelte sich besonders die Kernresonanz- und Infrarotspektroskopie auch zu einer beweiskräftigen Methode für strukturelle Studien an biologischen Makromolekülen und Molekülverbänden, wobei in vielen Fällen Details der Molekülkonformation untersucht werden können, die sonst nur der aufwendigen röntgenographischen Analyse an Einkristallen zugänglich sind. Im Idealfall erwartet man von der spektroskopischen Untersuchung des Naturstoffes in Lösung dieselben strukturellen Informationen, welche die Röntgenstrukturanalyse für den kristallinen Zustand liefert.

Von den spektroskopischen Methoden hat besonders die Kernresonanz einen weiten Anwendungsbereich gefunden, da im Prinzip z. B. die ^{1}HNMR- und ^{13}CNMR-Spektren von den Eigenschaften aller Komponenten des Naturstoffes abhängig sind. Die Parameter der NMR-Spektren liefern wertvolle Informationen über jeden magnetischen Kern: Die chemische Verschiebung der NMR-Resonanzen ist empfindlich von der elektronischen und molekularen Umgebung abhängig, während die durch Kopplungskonstanten charakterisierte Feinstruktur Auskunft über die Wechselwirkung mit benachbarten magnetischen Kernen gibt, und die Kernspinrelaxationszeiten, T_1 und T_2, sind von inter- und intramolekularen magnetischen Dipolwechselwirkungen abhängig.

Durch die Einführung der 220-MHz-Spektrometer, der verschiedenen Verfahren der Kernspin-Entkopplung sowie der „gepulsten Fourier-Transform"-NMR-Spektroskopie sind der Kernresonanzspektroskopie in den letzten Jahren neue Anwendungsbereiche erschlossen worden. Neben diesen Fortschritten auf apparativem Gebiet ist die NMR-Spektroskopie in den letzten Jahren durch eine chemische Methode bereichert worden, die als „NMR-Verschiebungsreagenz-Technik" bekannt geworden ist, wie in den Abschnitten der Peptide und Steroide beschrieben ist.

Für in der Natur neu aufgefundene oder synthetisierte Naturstoffe ist es heute eine Standardpraktik nach einer Reinheitsprüfung neben dem NMR- auch das IR- und UV-Spektrum aufzunehmen. Ungeachtet der exakten theoretischen Grundvorstellungen, auf die sich diese Methoden heute stützen können, sind sie in der Hand des Organikers in erster Linie Empirie. Für die Zuordnung und Deutung von Absorptionsspektren ist die Erfahrung der beste Lehrer. Der Empirie entspricht beispielsweise eine Aussage der IR-Spektroskopie, daß eine bestimmte Absorptionsbande einer funktionellen Gruppe zuzuordnen ist, wobei die genaue Frequenzlage oft Auskunft über die chemische Umgebung gibt. Von den beiden angewandten Methoden zur Untersuchung von Schwingungsspektren, d. h. der Infrarotabsorption und der Lichtstreuung, hat sich die erstere in größerem Umfang durchgesetzt. Die technischen Schwierigkeiten der *Raman*-Spektroskopie sind jedoch in den letzten Jahren durch die Einführung von He-Ne-Lasern mit einer hohen spektralen Strahlungsdichte überwunden worden, die eine Verminderung der für Raman-Messungen notwendigen Substanzmenge vom Gramm- zum Milligramm-Bereich ermöglichen.

In den Text eingestreut oder diesem vorangestellt sind Hinweise auf übergreifende, etwa biologische Zusammenhänge. Das Buch wendet sich somit an alle Naturwissenschaftler und Mediziner, die mit der qualitativen und quantitativen Strukturanalyse organischer Naturstoffe in irgend einer Form zu tun haben. Die Kenntnis physikalischer und chemischer Daten (Schmelzpunkt, chromatographische Polarität, Farbreaktionen) ist in vielen Fällen ein unentbehrliches Hilfsmittel, um Hinweise auf Einheitlichkeit und möglicherweise funktionelle Gruppen zu erhalten. In anderen Fällen wird es die Situation geben, daß nur wenig Substanz vorliegt und man auf die Deutung spektroskopischer Befunde allein angewiesen ist.

Das Gelingen eines aus der industriellen Praxis heraus entstandenen Werkes ist naturgemäß auch vom Wohlwollen der Firmenleitung abhängig, der ich für die Erlaubnis zur Veröffentlichung von Absorptionsspektren der Bayer-Zentralkartei danke, die ich mit meinen ehemaligen Mitarbeitern, Herrn Dr. *Thies* und Herrn *Langohr,* aufnahm. Für die kritische und fachkundige Durchsicht des Manuskripts danke ich Herrn Prof. *A. W. Holldorf* (Bochum), der besonders die in diesem Buch enthaltenen Hinweise zur physiologischen Chemie überarbeitete. Herrn Dr. *W. Brügel* (BASF) bin ich für spektroskopische Hinweise dankbar.

Bonn, Frühjahr 1976 *Manfred Kraft*

Inhalt

Zweck und Ziel der Sammlung V
Vorwort. VI

1. **Methodik** 1
1.1. Das NMR-Experiment 3
1.1.1. Resonanzbedingung 3
1.1.2. Die Chemische Verschiebung 4
1.1.3. Spin-Spin-Kopplung. 7
1.1.4. Relaxation 8
1.1.5. NMR-Analyse von Isomeren 9
1.1.6. Anwendungen in der Naturstoffanalytik 10
1.1.7. ^{13}C-Resonanz. 18
1.2. Grundlagen der Schwingungsspektroskopie 20
1.2.1. Grundschwingungen und Normalschwingungen 22
1.2.2. Valenzschwingungen und Deformationsschwingungen . . 23
1.2.3. Auswahlregeln und entartete Schwingungen 24
1.2.4. Anwendungen in der Naturstoffanalytik 25
1.3. Elektronenanregungsspektren 27
1.3.1. Messung des Spektrums 29
1.3.2. Lambert-Beersches Gesetz 30
1.3.3. Lösungsmitteleinflüsse 30
1.3.4. Die Kohlenstoff-Doppelbindung 31
1.3.5. Konjugierte Systeme 31
1.3.6. Inkrementrechnung 32
1.3.7. Aromatische Systeme 34
1.4. Circulardichroismus und optische Rotationsdispersion . . . 35
1.5. Methoden zur Untersuchung von Mikromengen 38
1.5.1. IR-Spektroskopie 39
1.5.2. Raman-Spektroskopie 40
1.6. Literatur 41

2. **Proteine** 46
2.1. Protonenresonanz 49
2.1.1. Aminosäuren und Peptide 49
2.1.1.1. Metallion-Komplexe. 54
2.1.1.2. Konformationsbestimmung in Gegenwart von Tris-dipivalomethanato-europium(III) 55
2.1.1.3. Cyclische Peptide 56
2.1.2. Proteine 58
2.1.2.1. Zuordnungen. 59
2.1.2.2. Ribonuclease 60
2.1.2.3. Lysozym 61
2.1.2.4. Insulin. 64

2.1.2.5. Myoglobin 65
2.1.2.6. Hämoglobin 67
2.1.2.7. Cytochrom c 68
2.2. ^{13}C-Resonanz 68
2.3. Infrarot- und Raman-Absorption 70
2.3.1. Identifizierung von Gruppen durch charakteristische IR-Frequenzen 71
2.3.2. Raman-Absorption von Proteinen 71
2.4. Circulardichroismus und optische Rotationsdispersion . . . 78
2.5. Literatur 82

3. Nucleinsäuren 87
3.1. Protonenresonanz 90
3.1.1. Pyrimidine 90
3.1.2. Purine 93
3.1.3. Nucleoside und Mononucleotide 94
3.1.4. Adenosindiphosphat (ADP) und Adenosintriphosphat (ATP) 97
3.1.5. Paarweise Basenwechselwirkung 99
3.1.6. Konformationen 100
3.1.6.1. Konformation des Furanose-Ringes 102
3.1.6.2. Syn- und Anti-Konformationen in Pyrimidin-Nucleosiden 104
3.1.7. Dinucleotide und Oligonucleotide 105
3.1.8. Polynucleotide 107
3.2. ^{13}C-Resonanz 113
3.3. Circulardichroismus 114
3.4. Infrarotabsorption 115
3.5. Literatur 118

4. Kohlenhydrate 122
4.1. Protonenresonanz 126
4.1.1. Konformationsanalysen 127
4.1.2. Anwendung von d_6-DMSO als Lösungsmittel 131
4.1.3. Ungesättigte Kohlenhydrate 132
4.1.4. Acyclische Zuckerderivate 135
4.1.5. Seltene natürlich vorkommende Zucker 137
4.2. ^{13}C-Resonanz 139
4.3. Infrarot- und Raman-Absorption 140
4.4. Circulardichroismus 143
4.5. Literatur 146

5. Lignine 149
5.1. UV- und IR-Absorption 152
5.2. Kernresonanz 153
5.3. Literatur 154

6. Lipide . . . 156
6.1. Infrarotabsorption . . . 157
6.1.1. Unverzweigte Alkylketten . . . 157
6.1.2. Verzweigte Alkylketten . . . 161
6.1.3. Cyclische Substitution . . . 162
6.1.4. Ester von Fettsäuren . . . 162
6.1.4.1. Ester mit einwertigen Alkoholen . . . 162
6.1.4.2. Ester mit mehrwertigen Alkoholen . . . 163
6.1.5. Glycerinphosphatide . . . 164
6.1.6. Quantitative Bestimmung . . . 166
6.2. Kernresonanz . . . 166
6.3. Literatur . . . 167

7. Vitamine . . . 169
7.1. Fettlösliche Vitamine . . . 169
7.1.1. Vitamin A . . . 169
7.1.2. Vitamin D_2 und Vitamin D_3 . . . 170
7.1.3. Vitamin E (α-Tocopherol) . . . 171
7.1.4. Vitamin K . . . 172
7.2. Wasserlösliche Vitamine . . . 173
7.2.1. Vitamin B_1 . . . 173
7.2.2. Vitamin B_2 . . . 175
7.2.3. Folsäure . . . 175
7.2.4. Vitamin B_{12} . . . 177
7.2.5. Vitamin C und Dehydroascorbinsäure . . . 178
7.3. Literatur . . . 179

8. Steroide . . . 181
8.1. Kernresonanz . . . 182
8.1.1. Methyl-Gruppen . . . 187
8.1.2. Methylengruppen . . . 189
8.1.3. Olefinische Gruppen . . . 190
8.1.4. Aromatische Gruppen . . . 192
8.1.5. α,β-ungesättigte Ketone . . . 194
8.1.6. Alkohole, Ester und Äther . . . 195
8.1.7. Zuordnungen in Steroidspektren . . . 198
8.2. Infrarot- und Raman-Absorption . . . 202
8.2.1. Hydroxy- und Aminogruppen . . . 203
8.2.2. Carbonylgruppen . . . 205
8.2.3. Kohlenstoff-Mehrfachbindungen . . . 207
8.2.4. Quantitative Analyse . . . 211
8.3. Literatur . . . 213

9. Alkaloide . . . 216
9.1. Indolalkaloide . . . 217

9.1.1. Mutterkornalkaloide 218
9.1.1.1. UV- und IR-Absorption 219
9.1.1.2. Protonenresonanz 223
9.1.2. Vinca-Alkaloide 225
9.1.3. Ellipticin-Gruppe 230
9.1.4. Kopsin-Gruppe 233
9.1.5. Aspidospermin-Alkaloide 236
9.1.6. Yohimbin-Gruppe 240
9.2. Steroid-Alkaloide 242
9.3. Terpen-Alkaloide 245
9.4. Opium-Alkaloide 249
9.5. Isochinolin-Alkaloide 251
9.5.1. Proaporphine 252
9.5.2. Aporphin- und Protoberberin-Alkaloide 253
9.5.3. Fumaria-Alkaloide 255
9.6. Peptid-Alkaloide 256
9.7. Spermin-Alkaloide 258
9.8. Amaryllidaceen-Alkaloide 259
9.9. Chinolizidin-Alkaloide 263
9.9.1. Aphyllin und 17-Oxo-spartein 265
9.9.2. Matrin und Allomatrin 267
9.10. Literatur 270

10. Farbstoffe 274
10.1. Porphyrine 274
10.2. Gallenfarbstoffe 277
10.3. Melanine 281
10.4. Indigo-Farbstoffe 283
10.5. Pilzpigmente 286
10.6. Literatur 289

11. Antibiotica 292
11.1. β-Lactam-Arzneimittel 292
11.1.1. UV-Absorption 293
11.1.2. IR-Absorption 294
11.1.3. NMR-Spektroskopie 295
11.2. Tetracycline 299
11.3. Chloramphenicol 300
11.4. Cycloserin-Derivate 303
11.5. Actinomycine 304
11.6. Griseofulvin und Griseofulvol 306
11.7. Literatur 307

Sachverzeichnis 309

1. Methodik

Die Bereiche der elektromagnetischen Strahlung werden für die Konstitutions-, Konfigurations- und Konformationsuntersuchung organischer Verbindungen in vielfältiger Weise eingesetzt. Am kurzwelligen Ende des elektromagnetischen Spektrums dient die Beugung von Röntgenstrahlen zur Bestimmung der Anordnung der Atome innerhalb eines Moleküls. Diese relativ aufwendige Technik, die entsprechend dem Titel dieses Buches hier nicht behandelt wird, erfordert gute – obwohl nicht große – Kristalle, bei denen vorzugsweise ein Atom eines schwereren Elements im Molekül vorhanden sein sollte. In der Praxis wird eine Strukturuntersuchung mit der Verwendung spektroskopischer Methoden beginnen, die rascher arbeiten und nicht unbedingt gute Kristalle erfordern. Wenn damit die Struktur des Moleküls nicht gesichert werden kann und Abbaureaktionen nicht zum Ziele führen, wird man sich im letzten Schritt einer Röntgenstrukturanalyse zuwenden.

Verfolgt man das elektromagnetische Spektrum weiter nach längeren Wellen, so gelangt man in den Bereich der ultravioletten und sichtbaren Strahlungen, die von Molekülen aufgrund von Elektronenanregungen absorbiert werden, wobei im allgemeinen ein Übergang vom Grundzustand in einen angeregten Zustand stattfindet. Entsprechend der Quantenmechanik erfolgen diese Elektronenübergänge zwischen diskreten Energieniveaus, so daß die absorbierte Energie Auskunft über das daran beteiligte System gibt. Der im Labor angewandte Bereich liegt etwa zwischen 200 und 800 nm, in dem die Anregung von Elektronen in konjugierten π-Chromophoren eintritt: Je ausgedehnter die Konjugation, um so geringer ist der Abstand zwischen Grund- und erstem angeregten Zustand, d. h. um so längerwellig liegt die Absorptionsbande. Die am chromophoren System befindlichen Substituenten haben zwar einen gewissen Einfluß auf die Lage der Absorption, es ist jedoch offensichtlich, daß man aus einem Spektrum im UV- oder sichtbaren Bereich überwiegend Informationen über das konjugierte System erhält, das oft nur einen kleinen Teil des Moleküls ausmacht, und selbst diese Absorptionsbanden sind oft mehrdeutig.

An den sichtbaren Bereich schließt sich nach längeren Wellenlängen die Infrarotstrahlung an. Besonders in dem Bereich 2,5 – 25μm erfolgt die Strahlungsabsorption unter Anregung von Molekülschwingungen. Die verschiedenen Frequenzen der meisten Bindungstypen sind bekannt. Insbesondere die Valenzschwingungen von Doppel- und Dreifachbindungen sowie von CH-Bindungen verursachen charakteristische Absorptionsbanden, die zur Identifizierung von Strukturelementen dienen. Kombinationsschwingungen eines Moleküls führen zu einer Serie von Banden, die als sog. Fingerabdruck zur Charakterisierung einer Verbindung und zur Unterscheidung von anderen benutzt werden.

Die Fortsetzung des IR-Bereiches im elektromagnetischen Spektrum bilden die Mikrowellen, die etwa in dem Bereich 3 mm – 3 cm die Anregung von Molekülrotationen veranlassen. Die auf diese Weise entstehenden Absorptionsspektren sind nur für sehr einfache Moleküle interpretierbar und werden deshalb in der organischen Chemie nicht routinemäßig verwendet.

Die Absorption von Strahlung mit einer Wellenlänge von etwa 3 cm wird dazu eingesetzt, Übergänge von ungepaarten Elektronen zwischen Energiezuständen zu beobachten, die von einem starken Magnetfeld aufgebaut werden. Diese Elektronenspinresonanz (ESR)-Spektroskopie untersucht hochfrequente magnetische Dipol-Übergänge zwischen den Elektronenspinniveaus und/oder Elektronenbahnzeemanniveaus paramagnetischer Verbindungen in äußeren Magnetfeldern und bestimmt aus der Intensität und der Struktur der Übergänge die Konzentration und die Art der vorliegenden Spezies. Die Elektronenspin-Resonanz hat sich einen festen Platz beim Studium von freien Radikalen (sowohl stabile als auch instabile) erobert.

Die kernmagnetische Resonanz setzt die längsten Wellen der elektromagnetischen Strahlung ein. Die Proben werden in ein starkes Magnetfeld (0,5 – 8,5 *Tesla*) gebracht und mit Radiofrequenzen bestrahlt, deren Wert von den zu untersuchenden Kernen abhängt. Man beobachtet Absorption, wenn die Energie, die erforderlich ist, um die Kernmagnete in bestimmte Orientierungen bezüglich des angelegten Magnetfeldes zu bringen, der Energie der eingestrahlten Radiofrequenzen entspricht. Die chemische Umgebung eines Kernes beeinflußt das Magnetfeld am Ort des Kernes und damit die Lage der Absorption dieses Kernes. Außerdem wird die Multiplizität der NMR-Resonanzen von der Zahl und Anordnung benachbarter magnetischer Kerne auf definierte Weise beeinflußt. Hieraus erhält man wertvolle Informationen über die Anordnung funktioneller Gruppen und über den Kohlenwasserstoff-Teil eines Moleküls.

Andere absorptionsspektroskopische Methoden haben sich für die Strukturanalyse organischer Verbindungen ebenfalls als nützlich erwiesen. Die Abhängigkeit des Drehvermögens einer optisch aktiven Substanz von der Wellenlänge des verwendeten Lichtes ist als optische Rotationsdispersion (ORD) bekannt. In der Nähe eines UV-Absorptionsmaximums kann die Drehung eine starke Änderung ihrer Größe erfahren; dieses Phänomen wird als *Cotton*-Effekt bezeichnet. Vorzeichen und Größe des *Cotton*-Effektes dienen zur Bestimmung der Konfiguration eines Moleküls durch Vergleich mit der bekannten absoluten Konfiguration einer Modellverbindung. Bei einigen Chromophoren, insbesondere der Carbonylgruppe, sind die Effekte benachbarter Substituenten bekannt, so daß in einigen Fällen auch Aussagen über die Konformation und Konfiguration ohne Referenzsubstanz gemacht werden können.

1.1. Das NMR-Experiment

Das Phänomen der kernmagnetischen Resonanz beruht darauf, daß Kerne, die entweder eine ungerade Protonenzahl oder eine ungerade Neutronenzahl haben, einen resultierenden Drehimpuls und damit ein magnetisches Moment aufweisen, das in einem homogenen Magnetfeld energetisch verschiedene Orientierungen haben kann. Bei NMR-Messungen (nuclear magnetic resonance) wird die zu untersuchende Substanz einem starken Magnetfeld ausgesetzt, wobei die genannten Atomkerne einer Richtungsquantelung des Drehimpulsvektors unterliegen. Dieser Richtungsquantelung entspricht eine Energiequantelung. Wenn man senkrecht zu dem Magnetfeld elektromagnetische Strahlung einstrahlt, sind zwischen den Energieniveaus Übergänge möglich. Voraussetzung ist, daß die eingestrahlte Frequenz der Energiedifferenz zwischen den Kernspin-Niveaus entspricht. Die Anwendung der Kernresonanzspektroskopie zur Strukturbestimmung organischer Verbindungen ist in den letzten Jahren aufgrund der allgemeinen Verfügbarkeit von NMR-Spektrometern rasch angestiegen (1, 2).

1.1.1. Resonanzbedingung

Der Richtungsquantelung des Drehimpulsvektors des Kerns im Magnetfeld entspricht also eine Energiequantelung. Für einen Kern gibt es in einem Magnetfeld $2I+1$ Orientierungen (I = Kernspinquantenzahl) und mit $I = 1/2$ für ein Proton gilt:

$$E_1 = \gamma \hbar H (+1/2)$$
$$E_2 = \gamma \hbar H (-1/2)$$
$$\Delta E = \gamma \hbar H \qquad [1]$$

(γ = gyromagnetisches Verhältnis, $\hbar = h/2\pi$, H = Magnetfeldstärke)

H ist das unmittelbar am Kern vorhandene Magnetfeld, das nicht gleich dem angelegten Magnetfeld H_0 ist, da die den Kern umgebenden Elektronen eine Abschirmung verursachen. Es gilt

$$H = H_0 (1 - \sigma) \qquad [2]$$

(σ = Abschirmungskonstante).

Wenn ein Atom in ein einheitliches Magnetfeld gebracht wird, bewegen sich die den Kern umgebenden Elektronen so, daß sie im Bereich des Kerns ein sekundäres, dem angelegten Feld entgegengesetztes Feld erzeugen. Die Resonanzbedingung ergibt sich nun, indem man in Gl. [1] $\Delta E = h\nu$ setzt und Gl. [2] berücksichtigt:

$$\nu = 1/2 \frac{\gamma}{\pi} H_0 (1 - \sigma). \qquad [3]$$

Aus dieser Gleichung folgt, daß Protonen mit verschiedenen Abschirmungsparametern, d. h. unterschiedlicher elektronischer Umgebung, nacheinander in Resonanz gebracht werden können, indem entweder die Frequenz bei konstantem Feld H_0 oder H_0 bei konstanter Frequenz variiert werden. Ein NMR-Spektrum wird also für eine Verbindung erhalten, wenn Gl. [3] für jedes einzelne Proton im Molekül erfüllt worden ist. Bei einem Feld von 2 *Tesla* liegen die Resonanzfrequenzen, die man einstrahlen muß, um Kerne vom tieferen auf das höhere Niveau anzuheben, im Bereich kurzer Radiowellen (Meterwellengebiet). In Tab. 1.1. sind die durch γ bestimmten Werte von ν bei einem Magnetfeld von 23,5 Kilogauß für verschiedene Kerne angegeben. σ bestimmt die Größe der Abweichungen von dieser Frequenz in verschiedenen chemischen Verbindungen und damit den in der Tabelle angegebenen Spektralbereich.

Tab. 1.1. Kernspins in organischen Verbindungen.

Isotop	Spin	Natürliche Häufigkeit (%)	Relative Empfindlichkeit [a])	Resonanzfrequenz bei 23,5 kG (MHz)	Spektralbereich [b]) (ppm)
^{1}H	1/2	99,98	1,000	100	20
^{13}C	1/2	1,11	$1{,}6 \cdot 10^{-2}$	25,1	350
^{14}N	1	99,63	$1 \cdot 10^{-3}$	7,2	1000
^{15}N	1/2	0,37	$1 \cdot 10^{-3}$	10,1	1000
^{17}O	5/2	0,04	$2{,}9 \cdot 10^{-2}$	13,6	700
^{23}Na	3/2	100	$9{,}3 \cdot 10^{-2}$	26,5	
^{25}Mg	5/2	10,05	$2{,}7 \cdot 10^{-2}$	6,1	
^{31}P	1/2	100	$6{,}6 \cdot 10^{-2}$	40,5	800
^{33}S	3/2	0,74	$2 \cdot 10^{-3}$	7,7	
^{35}Cl	3/2	75,40	$5 \cdot 10^{-3}$	9,8	
^{39}K	3/2	93,08	$5 \cdot 10^{-4}$	4,6	
^{43}Ca	7/2	0,13	$6{,}4 \cdot 10^{-2}$	6,7	
^{2}D	1	0,01	$1{,}0 \cdot 10^{-2}$	15,4	
^{19}F	1/2	100	0,834	94,1	400

[a]) Diese Zahlen sind ein Maß für die Intensität des NMR-Signals bei gleicher Anzahl von Spins und bei konstantem Magnetfeld.
[b]) Größte chemische Verschiebungen (ppm) der Resonanzfrequenz in diamagnetischen Molekülen.

1.1.2. Die Chemische Verschiebung

Die Positionen von Kernresonanzen in einem NMR-Sepktrum werden relativ zu einer Vergleichssubstanz (oft Tetramethylsilan, TMS oder Natrium-2,2-dimethyl-2-silapentan-5-sulfonat, DSS) gemessen. Man hat vereinbart, die Position eines Resonanzsignals relativ zum Bezugssignal durch den δ-Wert anzugeben:

$$\delta = \frac{\nu - \nu_{\mathrm{TMS}}}{\text{Betriebsfr. in MHz}} \,. \qquad [4]$$

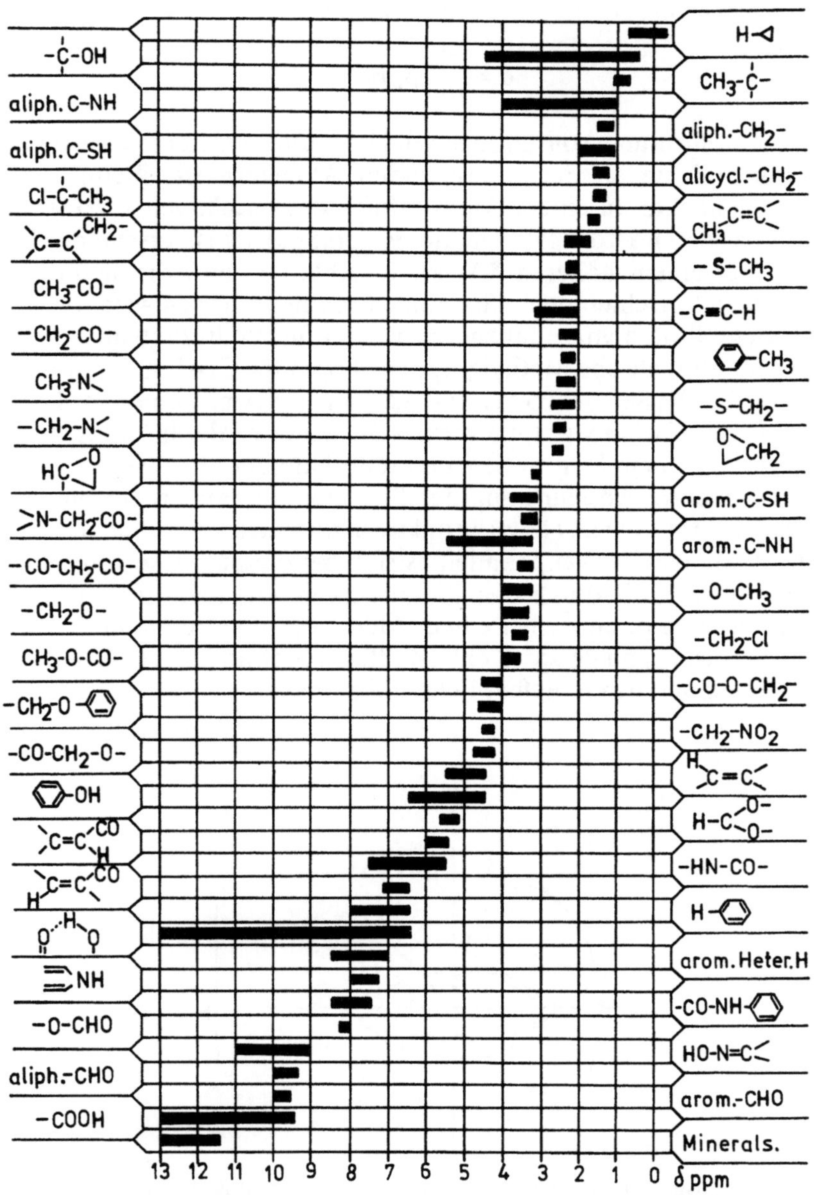

Abb. 1.1 Chemische Verschiebungen von Protonen in verschiedenen Bindungstypen.

Der Zähler von [4] wird in Hz ausgedrückt (das ist der Abstand in Hz zum Bezugssignal), der Nenner dagegen in MHz, so daß für δ, den Parameter der chemischen Verschiebung, die Einheit 10^{-6} oder ppm („parts per million") resultiert. Im Falle eines 100-MHz-Spektrometers folgt:

$$\delta = \frac{\nu - \nu_{TMS}}{100} \text{ ppm} \qquad [5]$$

und da man willkürlich $\nu_{TMS} = 0$ setzt, folgt Gl. [6]:

$$\delta = \frac{\nu}{100} \text{ ppm.} \qquad [6]$$

Die Abschirmungskonstante in Gl. [3] ist um so kleiner, je geringer die Elektronendichte an dem betreffenden Atomkern ist. Wenn also die Elektronendichte an einem Atom infolge des induktiven Effektes eines benachbarten elektronegativen Atoms herabgesetzt ist, erscheint die Resonanz bei einem höheren δ-Wert. In Abb. 1.1. sind die Bereiche der chemischen Verschiebungen für einige Protonengruppen wiedergegeben.

Typische Protonenresonanzbereiche sind für die Bezugssubstanz TMS 1 ppm für aliphatische Methylgruppen, 4 ppm für C_α-H in Aminosäuren, 4,7 ppm für Wasser bei 25 °C und 8,5 ppm für Amidprotonen. Die Anisotropie der Carbonylgruppe verursacht stärkere Abschirmung der Protonen, die in einem Kegel ober- und unterhalb der Gruppe liegen, dagegen verminderte Abschirmung der Protonen, die außerhalb dieses Kegels liegen. Im Gegensatz zu induktiven Effekten, die über die chemischen Bindungen wirken, handelt es sich bei diesen Anisotropieeffekten um Feldeffekte, die durch den Raum wirken. Die Schwächung der Abschirmung wird offenbar bei einem Aldehydproton besonders stark, das direkt an das trigonale sp^2-Kohlenstoffatom gebunden ist. Aldehydprotonen treten bei extrem tiefem Feld in Resonanz.

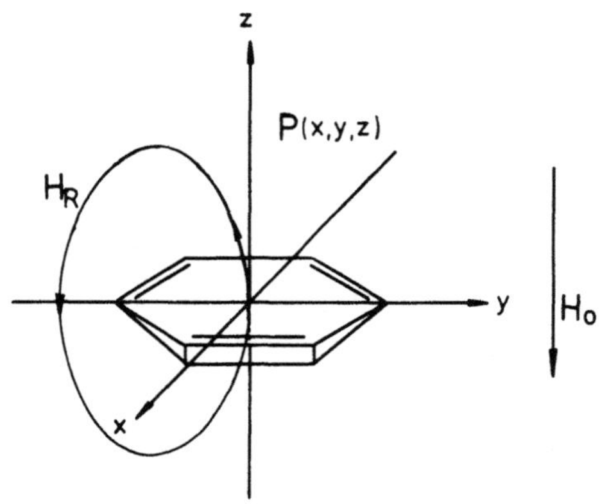

Abb. 1.2 Das lokale Ringstromfeld H_R eines aromatischen Moleküls. Die Ringstromverschiebung für die Protonen P wird durch ihre Position relativ zum Ring bestimmt.

Der Resonanzbereich olefinischer Protonen liegt zwischen 4,5 und 6,5 ppm. Die Entschirmung dieser Protonen wird ebenfalls der Anisotropie des π-Systems zugeschrieben und weniger einem induktiven Effekt.

Werden aromatische Verbindungen in ein Magnetfeld gebracht, so beginnen die π-Elektronen zu kreisen. Der dadurch auftretende Ringstrom erzeugt ein Magnetfeld, das dem äußeren Feld entgegengesetzt ist und verschiebt die Protonen in der Ringebene nach tieferem Feld (Abb. 1.2.).

1.1.3. Spin-Spin-Kopplungen

Man könnte erwarten, daß in einem ^{1}HNMR-Spektrum so viele Linien auftreten, wie verschiedene Protonen vorhanden sind, also z. B. für Äthanol drei verschiedene Signale, nämlich für die CH_3- und CH_2-Gruppe und für das Proton der OH-Gruppe mit den relativen Intensitäten 3 : 2 : 1. Auf die Spin-Spin-Kopplung ist es zurückzuführen, daß in einem NMR-Spektrum meist mehr Linien auftreten, als der Zahl der magnetisch verschiedenen Atome entspricht. Beim Dichloracetaldehyd z. B. wird jedes Protonsignal durch Wechselwirkung mit dem Nachbarn in zwei Linien aufgespalten. Da die Kopplung des Aldehydprotons mit

Tab. 1.2. Spin-Spin-Kopplungskonstanten einiger Spinsysteme.

$>C(H)H$ (geminal)	12 Hz	>CH–C–CH<	0 Hz
>CH–CH	7 Hz	>C=CH–CH<	6 Hz
CH_3–CH_2–	7 Hz	–CH=C–CH<	2 Hz
		>CH–C=C–CH<	1 Hz
$(CH_3)_2$CH–	6 Hz	–C=CH–CH=C–	11 Hz
		>CH–CHO	2 Hz
H(C)=C(H) (cis)	9 Hz	C=CH–CHO	7 Hz
H(C)=C(H) (trans)	15 Hz	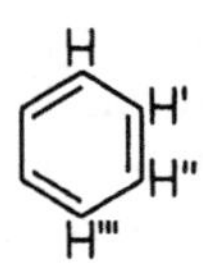 $J_{HH'}$	8 Hz
		$J_{HH''}$	2 Hz
$=CH_2$	2 Hz	$J_{HH'''}$	1 Hz

dem Methinproton durch die gleichen Bindungselektronen erfolgt wie die Kopplung des Methinprotons mit dem Aldehydwasserstoff, sind die Aufspaltungen gleich groß. Die Kopplungskonstante *J* ist durch den Abstand der beiden Linien in den Dubletts gegeben.

Hat ein Proton zwei Nachbarn, wie etwa das Aldehydproton im Chloracetaldehyd, so spaltet das Resonanzsignal des Aldehydprotons in drei Linien auf mit den relativen Intensitäten 1 : 2 : 1. Dies ist darauf zurückzuführen, daß sich die Methylenprotonen im Magnetfeld auf dreierlei Weise einstellen können: beide parallel zum Feld oder beide antiparallel, ferner das erste parallel, das zweite antiparallel oder umgekehrt. In Tab. 1.2. sind die Spin-Spin-Kopplungskonstanten einiger Spinsysteme angegeben.

Allgemein findet man bei n Nachbarprotonen $n+1$ Linien, deren relative Intensitäten sich wie die n-ten Binominalkoeffizienten verhalten. Bei ungleichen Nachbarprotonen sind die Spinkopplungen voneinander unabhängig, und man findet eine Aufspaltung in $(n_1+1)(n_2+1)$ Linien.

Diese Gesetzmäßigkeiten der Aufspaltung gelten nur für die sogenannte Aufspaltung erster Ordnung. Nur in diesem Fall beobachtet man symmetrische Multipletts mit den oben angegebenen Intensitäten, und nur in diesem Fall kann man die Kopplungskonstanten den Bandenabständen gleich setzen. Die Voraussetzung für die Aufspaltung erster Ordnung ist immer dann gegeben, wenn der Unterschied der chemischen Verschiebungen mindestens zehnmal größer ist als die Kopplungskonstante.

1.1.4. Relaxation

Im Falle eines Protons liegt die energieärmere Orientierung des Drehimpulsvektors in Richtung des Magnetfeldes. Durch die Boltzmann-Beziehung wird der geringe Überschuß im energetisch tieferen Term angegeben:

$$N_+ = N_- \cdot e^{-\frac{\Delta E}{kT}}.$$

Das homogene Feld des Labormagneten muß also möglichst stark sein, da dann nach Gl. [1] ΔE größer wird und damit der Unterschied der Besetzungszahlen größer wird.

Durch Absorption von Radiowellen werden Kerne vom unteren in das obere Niveau angehoben und der Überschuß der Kerne im energieärmeren Zustand vermindert. Dieser Vorgang findet so lange statt, bis beide Niveaus gleich besetzt sind. Durch Relaxationsprozesse wird von den Kernen Energie abgegeben und die ursprüngliche Verteilung wiederhergestellt. Bei dieser Relaxation sind verschiedene Mechanismen zu unterscheiden, nach denen ein Spinsystem seine Energie zerstreuen kann: einer betrifft den Energieaustausch mit den Freiheitsgraden der benachbarten Atome (Spin-Gitter-Relaxation, T_1), der andere besteht in der thermischen Gleichgewichtseinstellung innerhalb des Systems (Spin-Spin-Relaxation, T_2).

1.1.5. NMR-Analyse von Isomeren

Die Begriffe Konfiguration und Konformation sollen hier so gebraucht werden, wie es in der organischen Chemie allgemein üblich ist (3–5). Die Konfiguration gibt die räumliche Anordnung der vier verschiedenen Gruppen am gesättigten Kohlenstoffatom (tetrakoordiniertes C-Atom) wieder sowie die cis-trans-Isomerie bei ungesättigten Verbindungen. Konfigurations-Isomere haben generell bei Raumtemperatur eine lange Lebensdauer und können daher getrennt werden. „Konformation" soll bei molekularen Anordnungen gebraucht werden, die sich in der Rotationsposition von Gruppen unterscheiden, die sich an einfach verbundenen Atomen befinden. In acyclischen Systemen wird der Terminus Rotamer oft anstelle von Konformer gebraucht. Konformationen haben generell bei Raumtemperatur eine kurze Lebensdauer und können daher nicht voneinander getrennt werden. In gewissen Fällen kann jedoch die Rotation der Gruppen um die Einfachbindung so behindert sein (z. B. ortho-substituierte Diphenyle), daß eine Isolierung der sogenannten Atropisomere möglich ist.

Inversion am Stickstoff in gesättigten Aminen erfolgt bei Raumtemperatur generell rasch und führt zu Konformations- anstelle von Konfigurations-Isomeren. Es ist offensichtlich, daß zwischen Konfiguration und Konformation keine scharfe Grenze gezogen werden kann. Jedoch ist die Zeitskala für Konfigurationswechsel sehr viel größer als für Konformationswechsel in weiten Bereichen der organischen Chemie. Beispielsweise unterliegt *cis*-Decalin mehrfach pro Sekunde einer Ringinversion bei Raumtemperatur (ein Konformationswechsel), während die Überführung in *trans*-Decalin (ein Konfigurationswechsel) bei Raumtemperatur ohne Katalysator nur langsam erfolgt. NMR-Resonanzeffekte, die unterhalb + 100 °C ablaufen, sind das Ergebnis eines Konformationswechsels. Veränderungen von Resonanzsignalen, die oberhalb + 150 °C beobachtet werden, sind meist auf bei Raumtemperatur trennbare Isomere zurückzuführen.

Im allgemeinen hat man es bei NMR-Messungen mit Substanzen zu tun, die beispielsweise nach Schmelzpunkt und chromatographischem Verhalten als rein anzusehen sind. Eine solche Substanz kann ein Racemat sein, das gleiche Anteile von Enantiomeren enthält, oder ein einziges Enantiomeres, ein geometrisches Isomeres oder ein Diastereomeres. Die Trennung von Diastereomeren in einer Mischung ist oft aufgrund ähnlicher Eigenschaften oder gegenseitiger Umwandlung schwierig. Die Natur solcher Mischungen ist häufig mit Hilfe des NMR-Spektrums offensichtlich. Beispielsweise wandeln sich diastereomere Formen gewisser Kohlenhydrate ineinander bezüglich der NMR-Zeitskale langsam um, gegenüber den Möglichkeiten der chemischen Manipulation jedoch rasch (6, 7). Eine solche Lösung von z. B. α- oder β-*D*-Glucose, die einige Zeit gestanden hat, zeigt ein durch Überlagerung von α-*D*-Glucose und β-*D*-Glucose entstandenes Spektrum. Weitere Beispiele von Konfigurations-Mischungen sind die *syn-anti*-Mischungen von Oximen und Dinitrophenylhydrazonen von Carbonyl-Verbindungen (8, 9).

1.1.6. Anwendungen in der Naturstoffanalytik

In biologischen Makromolekülen können sowohl die chemischen Verschiebungen als auch die Spin-Spin-Kopplungskonstanten der einzelnen Gruppen durch konformationsabhängige intramolekulare Wechselwirkungen beeinflußt werden (10).

Wenn ein Protein durch Denaturierung in eine „random-coil"-Form gebracht wird, in der alle Aminosäureseitenketten vom Lösungsmittel umgeben sind, entspricht das ^{1}HNMR-Spektrum weitgehend der Summe der Resonanzen der im Protein vorliegenden Aminosäurereste. In einer Lösung mit D_2O werden dann auch sämtliche „austauschbaren" Amid- und Hydroxyprotonen durch Deuterium ersetzt (11). In der nativen Form eines globulären Proteins werden andererseits die Resonanzen von vielen der im Molekülinnern lokalisierten Aminosäureseitenketten durch Wechselwirkungen mit anderen Gruppen verschoben. Besonders große Verschiebungen ergeben sich – wie oben erwähnt – in der Umgebung von aromatischen Ringen. Durch das lokale Ringstromfeld können z. B. die Resonanzen von Protonen, die in der nächsten Umgebung eines Phenylalanin- oder Tyrosinringes lokalisiert sind, um 1 bis 2 ppm nach höherem oder tieferem Feld verschoben werden (11, 12). In der Umgebung des Indolringes von Tryptophan dürften noch etwas grö-

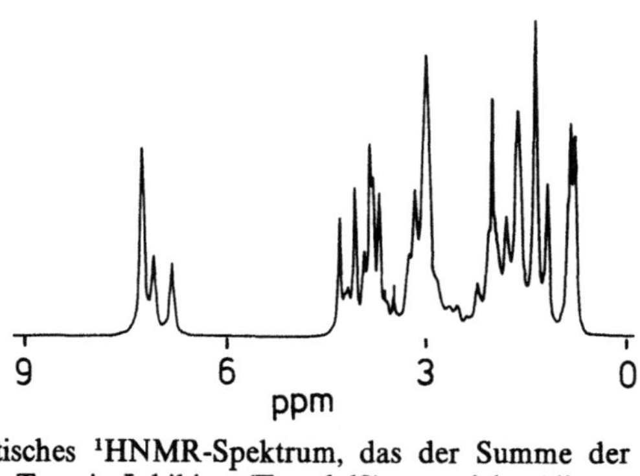

Abb. 1.3. Hypothetisches ^{1}HNMR-Spektrum, das der Summe der Resonanzen der 58 Aminosäurereste im Trypsin-Inhibitor (Trasylol®) entspricht. Alle „austauschbaren" Protonen sind durch Deuterium ersetzt.

ßere Verschiebungen auftreten. Die Ausbildung von intramolekularen Wasserstoffbrücken kann ebenfalls größere Verschiebungen der Amidprotonenresonanzen zur Folge haben. Weiterhin ist oft zu beobachten, daß in D_2O ein Teil der Amidprotonen sehr langsam oder überhaupt nur bei der Denaturierung des Proteins gegen Deuterium ausgetauscht wird.

Diese Phänomene seien am Beispiel des basischen Trypsininhibitors (Trasylol®) illustriert. Der Trypsin-Inhibitor ist ein kleines Protein mit dem Molekulargewicht 6500, das aus einer Polypeptidkette mit 58 Aminosäureresten besteht. Abb. 1.3. zeigt ein Spektrum, das als Summe der Resonanzen dieser 58 Aminosäurereste berechnet wurde und das weitgehend dem Spektrum des denaturierten Inhibitors entspricht. In den Spektralbereichen bei höherem Feld als 1 ppm, von 4,5 – 6,5 ppm und bei tieferem Feld als 7,5 ppm enthält dieses Spektrum keine Resonanzen.

Das native Protein dagegen weist in diesen drei Spektralbereichen mehrere recht gut aufgelöste Resonanzen auf (Abb. 1.4.), und auch die übrigen Teile des Spektrums unterscheiden sich deutlich von denjenigen in Abb. 1.3.

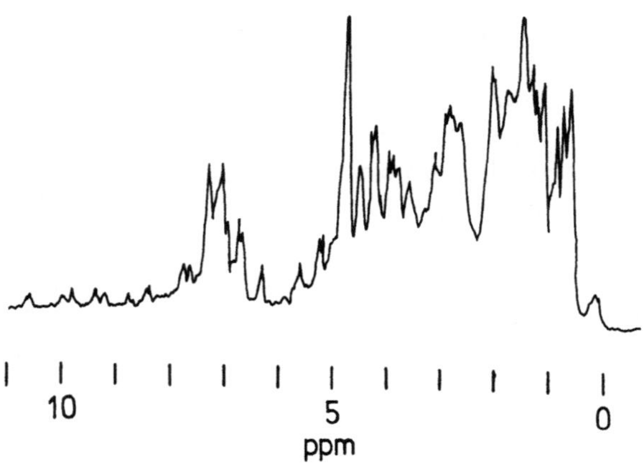

Abb. 1.4. 220-MHz-^{1}HNMR-Spektrum des basischen Trypsin-Inhibitors (Trasylol®), eines Proteins mit dem Molekulargewicht 6500.

Die Resonanzen bei 0,2 ppm und zwischen 4,5 und 6,5 ppm entsprechen „nicht austauschbaren" Protonen, die vermutlich nahe den Ringstromfeldern der Phenylalanyl- und Tyrosylreste lokalisiert sind. Die Peaks zwischen 8 und 11 ppm entsprechen Protonen, die im denaturierten Protein gegen Deuterium ausgetauscht werden und sind einem Teil der Amidprotonen zuzuschreiben, die im Molekülinnern an der Bildung von Wasserstoffbrücken in Helix- und Blattstrukturen (13) beteiligt sind.

Ähnliche konformationsabhängige ^{1}H-Resonanzverschiebungen treten auch in anderen Biopolymeren auf. Zum Beispiel bewirken die Ringstromfelder in den Purin- und Pyrimidinbasen qualitativ verschiedene

Effekte, je nachdem ob die Nukleotide durch „Base-pairing" oder „Base-stacking" in Wechselwirkung treten (14). In den ^{13}C-NMR-Spektren sind die Verhältnisse grundsätzlich sehr ähnlich wie bei den Protonen. Die zur Zeit vorliegenden Ergebnisse von ^{13}C-Messungen an größeren Molekülen scheinen darauf hinzuweisen, daß die ^{13}C-Experimente vor allem auch Daten über die dynamischen Aspekte der Molekülkonformationen in Biopolymeren ergeben dürften.

In den Spektren von größeren Molekülen sind die auf den Spin-Spin-Kopplungen beruhenden Feinstrukturen der Protonenresonanzen im allgemeinen nicht aufgelöst (Abb. 1.4.). Dagegen sind sie z. B. bei Studien an kleinen Peptiden eine wichtige Meßgröße. Von speziellem Interesse ist die Kopplung zwischen Amidproton und C_α-Proton. Die Spin-Spin-Kopplungskonstante $J_{HC_\alpha NH}$ ist durch eine der Karplus-Beziehung für gesättigte Kohlenwasserstoffe analoge Beziehung mit dem Diederwinkel zwischen den durch $H-C_\alpha-N$ und $C_\alpha-N-H$ festgelegten Ebenen korreliert (Abb. 1.5.), der im wesentlichen dem Winkel Φ (Abb. 1.6.) entspricht. Die Feinstruktur der ^{13}C-Resonanzen kann bei den heute für die Untersuchung von Peptiden in Frage kommenden Methoden meistens nicht beobachtet werden, da zur Erzielung einer optimalen Nachweisempfindlichkeit Protonenbreitbandentkopplung angewendet wird.

Die Ermittlung von Spin-Spin-Kopplungskonstanten ist auch für Konformationsanalysen an Kohlenhydraten und Nucleotiden von großer Bedeutung. Für die Abhängigkeit der vicinalen Proton-Proton-Kopplungen vom Diederwinkel wurden der Abb. 1.5. entsprechende Beziehungen für Kohlenhydrate ermittelt (14, 16, 17). Es ist denkbar, daß in Zukunft auch Messungen von vicinalen Kopplungskonstanten zwischen verschiedenen Kernen für Konformationsstudien interessant werden, z. B. $J_{HC_\alpha C^{15}N}$ zur Ermittlung von Ψ (Abb. 1.6.) in ^{15}N-angereicherten Peptiden oder $J_{HCO^{31}P}$ für Studien an Nucleotiden.

Die bisherigen Erfahrungen weisen darauf hin, daß im allgemeinen erst die Kenntnis der Molekülkonformationen ein eingehenderes Ver-

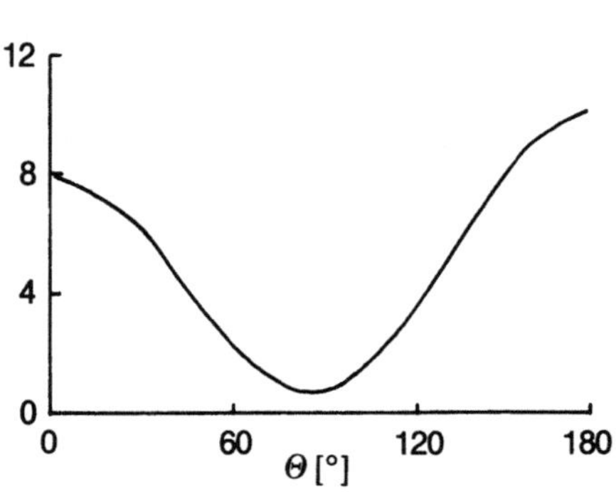

Abb. 1.5. Abhängigkeit der vicinalen Spin-Spin-Kopplungskonstanten $JHC_\alpha NH$ vom Diederwinkel $(HC_\alpha N, C_\alpha NH) = \Theta$ (15).

ständnis der Beziehungen zwischen der Molekülstruktur und den mannigfaltigen biologischen Funktionen ermöglichen. Aufgrund der kovalenten Struktur von Peptiden kann die räumliche Anordnung einer Polypeptidkette durch die Diederwinkel Φ_i und Ψ_i (Abb. 1.6.) beschrieben werden. Die räumliche Lage der Aminosäureseitenketten wird ebenfalls durch Diederwinkel angegeben (18). Obgleich aufgrund der Primärstruktur viele Kombinationen von Φ_i und Ψ_i aus sterischen Gründen eliminiert werden können, bleiben auch bei kleineren Peptiden viele Freiheitsgrade für die Ausbildung der räumlichen Molekülkonformationen. Mit NMR-Experimenten können die Winkel Φ_i ermittelt werden, und im Prinzip sind auch die Diederwinkel, die die Lage der Aminosäureseitenketten festlegen, der NMR-Messung zugänglich. Oft sind weiter intramolekulare Wasserstoffbrücken, *cis-trans*-Isomerie an Peptidbindungen und verschiedene Wechselwirkungen zwischen Aminosäureseitenketten der NMR-Beobachtung zugänglich und können für die Beschreibung der Molekülkonformationen herangezogen werden.

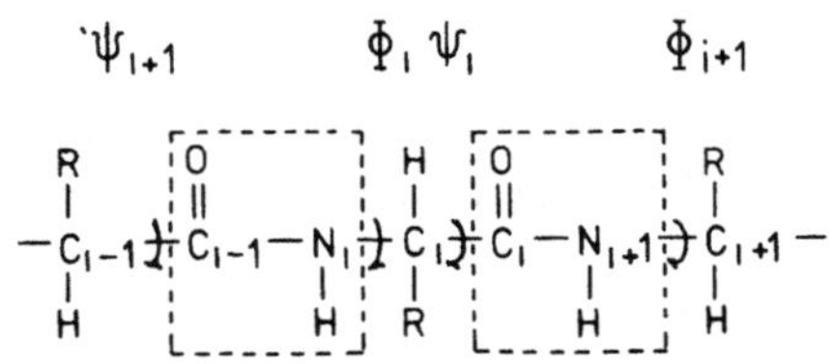

Abb. 1.6. Primärstruktur und Konformation in Polypeptiden. Die planaren Peptideinheiten sind durch Einfachbindungen mit dem α-Kohlenstoffatomen verbunden. Die räumliche Anordnung der Polypeptidkette kann durch die Diederwinkel Φ und Ψ beschrieben werden.

Zielsetzung und Ergebnis von NMR-Untersuchungen sind weitgehend von der Größe und der Aminosäuresequenz des Peptides und den aus anderen Experimenten vorliegenden Daten abhängig. Für eine Reihe von cyclischen Peptiden resultierte aus der Kombination von NMR-Daten und Modellbetrachtungen eine Beschreibung der Molekülkonformationen durch die Winkel Φ_i und Ψ_i (Abb. 1.6.) (19). Bei verschiedenen globulären Proteinen mit Molekulargewichten von etwa 10 000 – 20 000 konnte mit NMR-Experimenten eine weitgehende Ähnlichkeit der Struktur in Lösung mit der röntgenographisch ermittelten Konformation in Einkristallen nachgewiesen werden. NMR ist auch geeignet für Studien von Konformationsveränderungen während Denaturierungsvorgängen oder bei der Reaktion eines Proteins mit anderen Molekülen. Bei den Untersuchungen über milieuabhängige Helix/Coil-Übergänge in synthetischen Homopolypeptiden, z. B. Poly-*L*-alanin und Poly-γ-benzyl-*L*-glutamat, die ja wesentlich zur Entwicklung der heutigen Modelle für die Konformationen der Strukturproteine beigetragen haben, konnten wichtige Daten aus NMR-Messungen erhalten werden. In den letzten Jahren ist eine sehr große Zahl von Veröffentlichungen über NMR-Experimente mit Peptiden und Proteinen erschienen (20 – 24).

In Mono-, Di- und Trinucleotiden haben NMR-Studien bisher vor allem zu recht detaillierten Beschreibungen der Konformationen geführt. Für diese Arbeiten ist es von besonderem Interesse, daß sich die für die Ausbildung von räumlichen Strukturen der Nucleinsäuren charakteristischen Wechselwirkungen des „Base-pairing" und „Base-stacking" in den Kernresonanzen deutlich manifestieren. Ausgehend von den Kenntnissen über Di- und Trinucleotide wird nun versucht, die Nucleotidkonformationen in synthetischen Homopolynucleotiden und natürlichen Nucleinsäuren zu charakterisieren (14). NMR scheint weiter auch geeignet zu sein für Untersuchungen der Denaturierung von Nucleinsäuren. Interessante Daten wurden über die Wechselwirkungen zwischen Nucleinsäuren und anorganischen Salzen, die für die Ausbildung stabiler Molekülkonformationen wichtig sind, erhalten.

In niedermolekularen Kohlenhydraten haben NMR-Studien entscheidend zur Aufklärung von Struktur, Konfiguration und Konformation beigetragen (16, 17). Auf der Basis dieser Daten wird versucht, ähnlich wie bei der Untersuchung der Nucleinsäuren die in Oligosacchariden und Polysacchariden auftretenden molekularen Konformationen zu charakterisieren.

In geeigneten Präparationen von biologischen Membranen können gut aufgelöste Kernresonanzen auftreten. Diese Resonanzen werden Molekülgruppen zugeschrieben, die in der Membran eine besonders große Beweglichkeit haben. Durch Vergleich mit synthetischen Membranmodellen ist es gelungen, einige der in den natürlichen Membranen beobachteten Moleküle zu identifizieren. Verschiedene NMR-Methoden können Daten über die Wechselwirkungen zwischen Membranen und niedermolekularen Verbindungen liefern. Einerseits können sich unter Umständen Veränderungen der Umgebung der in der Membran beobachteten Moleküle im NMR-Spektrum zeigen. Diese Moleküle haben dann in gewissem Sinn die Funktion von natürlichen Sonden zum Nachweis von Veränderungen in der Membranstruktur. In anderen Experimenten ergeben sich oft Hinweise auf die Struktur der Membranoberfläche aus Veränderungen der NMR-spektralen Eigenschaften der niedermolekularen Reaktionspartner.

NMR-Signale wurden in intakten Nerven-, Hirn- und Muskelzellen beobachtet. Obgleich heute ziemlich weitgehende Meinungsverschiedenheiten über die Interpretation dieser Daten bestehen, ist zu erwarten, daß aus derartigen Experimenten in naher Zukunft Informationen über die Struktur des Wassers und anderer niedermolekularer Komponenten in tierischen und pflanzlichen Organen abgeleitet werden können. Vor einigen Jahren wurde von *Jackson* und *Langham* (25) ein NMR-Spektrometer beschrieben, mit dem Kernresonanzen in ganzen Hühnereiern und in einer lebenden Ratte beobachtet wurden (Abb. 1.7.). In den Spektren der Abb. 1.7. kann eine Bande mit etwas kleinerer Linienbreite, die dem Wasser in den Geweben zugeordnet wurde, von den breiteren Banden, die den Protein- und Fettkomponenten zugeschrieben wurden, unterschieden werden (25).

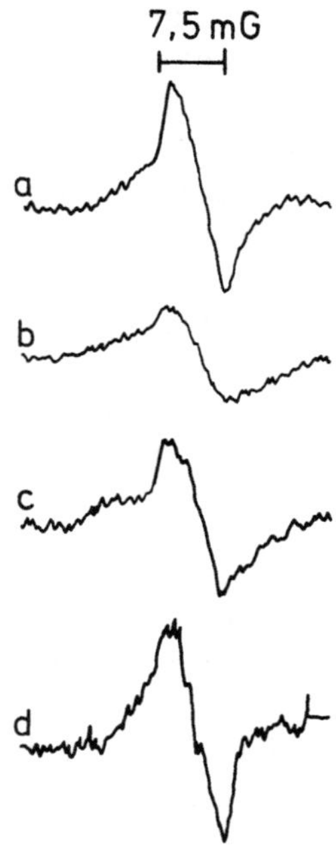

Abb. 1.7. 40-kHz-^{1}HNMR-Spektren von a) Eiklar (88% H_2O, 11% Protein), b) Eigelb (50% H_2O, 16% Protein, 32% Fett), c) ganzen Eiern (74% H_2O, 13% Protein, 11% Fett) und d) einer lebenden Ratte (25).

Die Struktur von Enzym-Substratkomplexen ist vor allem wegen der im allgemeinen sehr kurzen Lebensdauer dieser Assoziate nur schwer zu bestimmen. In einigen günstigen Fällen konnten die Bindungsstellen des Substrats aus Beobachtungen im NMR-Spektrum des Enzyms ermittelt werden (12, 22, 23). In anderen Experimenten wurden aus Beobachtungen im NMR-Spektrum von niedermolekularen Substanzen, z. B. des Wassers, des Substrates oder eines Inhibitors, Hinweise auf die Struktur des aktiven Zentrums abgeleitet. Derartige Methoden sind vor allem geeignet zur Untersuchung von paramagnetischen Enzymen (26) und können auch Informationen liefern über die kinetische Stabilität der Enzymkomplexe mit niedermolekularen Substanzen. NMR-Methoden finden bei Studien über die der pharmakologischen Spezifität zugrunde liegenden intermolekularen Wechselwirkungen Anwendung. *Jardetzky* hat vor einigen Jahren eingehend über dieses Gebiet berichtet (27).

Tab. 1.1. gibt einen Überblick über die in organischen Naturstoffen auftretenden Kernspins. Von jedem der elf in Säugetieren in größerer Menge auftretenden Elemente gibt es wenigstens ein Isotop, das einen Kernspin aufweist und somit der NMR-Beobachtung prinzipiell zugänglich ist. Zwei der in organischen Naturstoffen am häufigsten vertretenen Isotope, ^{12}C und ^{16}O, haben keinen Kernspin. ^{2}D und ^{19}F sind für bestimmte NMR-Experimente von Bedeutung, obschon sie in biologischen Materialien höchstens in Spuren auftreten.

Für NMR-Experimente mit nativen Biopolymeren geeignete Isotope sollen mit hoher natürlicher Häufigkeit auftreten und eine große NMR-Empfindlichkeit haben, damit die Resonanzen mit vernünftigem Aufwand beobachtet werden können. Für die hochauflösende NMR-Spektroskopie kommen weiter vor allem Isotope mit Kernspin 1/2 in Frage. Aufgrund dieser Kriterien ist es verständlich (Tab 1.1.), daß bis vor kurzem hochaufgelöste Spektren von Makromolekülen nur mit Protonen und in relativ wenigen Fällen mit ^{31}P aufgenommen werden konnten. Die Anwendung der *Fourier*-Transformationsspektroskopie (28) erlaubt neuerdings die Beobachtung von hochaufgelösten ^{13}C-Spektren in Biopolymeren und auch in Membranpräparaten. Isotope mit Kernspins $\geqq 1$ sind vor allem für Experimente geeignet, in denen die Kernspinrelaxation untersucht wird. Praktische Bedeutung für spektroskopische Arbeiten auf dem Gebiet organischer Naturstoffe haben bisher vor allem ^{17}O, ^{23}Na, ^{25}Mg und ^{35}Cl.

Die zwei letzten Kolonnen der Tab. 1.1. geben uns Hinweise auf einen weiteren grundlegenden Gesichtspunkt, die spektrale Auflösung. Die Kernresonanzen der verschiedenen Isotope sind im NMR-Spektrum so gut voneinander getrennt (bei einer ^{1}H-Resonanzfrequenz von 100 MHz sind die Unterschiede in der Größenordnung von mehreren MHz), daß sie im allgemeinen mit verschiedener instrumenteller Ausrüstung beobachtet werden. Andererseits sind die spektralen Unterschiede zwischen Kernen eines bestimmten Isotopes, die chemisch nicht äquivalente Positionen in einem diamagnetischen Molekül einnehmen, die sogenannten chemischen Verschiebungen, nur von der Größenordnung von einigen ppm der Resonanzfrequenz. In den „hochaufgelösten" NMR-Spektren von Makromolekülen werden sich deshalb im allgemeinen die Resonanzen der einzelnen Kerne gegenseitig überlagern. Die Anwendung der hochauflösenden ^{1}HNMR-Spektroskopie für biologische Studien wird zur Zeit vor allem durch die begrenzte spektrale Auflösung limitiert. Die Tabelle ergibt einen Hinweis darauf, daß bei einer vorgegebenen Molekülgröße die ^{13}C-, ^{15}N- und ^{31}P-Spektren besser aufgelöst sein sollten als die Protonenspektren.

Die Kernspin-Relaxation wird durch zwei charakteristische Konstanten beschrieben, die Spin-Gitter-Relaxation T_1 und die Spin-Spin-Relaxation T_2. T_2 hängt eng zusammen mit der Linienbreite der Resonanz. Wenn $\delta\nu_{1/2}$ die halbe Linienbreite in Hz auf halber Höhe der Kernresonanz ist, gilt

$$\frac{1}{T_2} = 2\,\pi\,\delta\,\nu_{1/2}\,. \qquad [7]$$

d. h. je kürzer T_2, um so breiter wird die Resonanzlinie. Im allgemeinen werden scharfe Resonanzen für Gruppen von Kernen beobachtet, die in ihren Rotations- und Translationsbewegungen wenig eingeschränkt sind, d. h. allgemein für kleine Moleküle in Lösungen von geringer Viskosität. In Makromolekülen werden häufig breite Linien beobachtet, da die *Brown*schen Bewegungen relativ langsam sind. Einzelne schärfere Linien können aber auch in sehr großen Molekülen und in Membranpräparaten auftreten, wenn bestimmte Gruppen von Atomen besonders weitgehende intramolekulare Bewegungsfreiheit haben. Derartige Beobachtungen können in vielen Fällen bereits Aufschlüsse über bestimmte Aspekte der Molekülkonformationen geben.

Eine für biologische Studien häufig eingesetzte Messung beruht darauf, daß die Relaxation in einem kleinen Molekül stark beeinflußt werden kann, wenn es sich mit einem Makromolekül assoziiert. Besonders deutliche Effekte treten auf, wenn das Makromolekül paramagnetische Zentren, z. B. Metallionen, enthält. In einem typischen Experiment liegt das kleine Molekül L, das z. B. das Lösungsmittel, ein Substrat, ein Effektor oder ein pharmakologischer Wirkstoff sein kann, in großem Überschuß vor und wird rasch ausgetauscht zwischen den Bindungsstellen am Makromolekül, wo es sehr kurze Relaxationszeiten T_{1M} und T_{2M} hat und der freien Lösung, wo die Relaxationszeiten T_{1L} und T_{2L} viel länger sind.

$$\text{Makromolekül}\,(L)\,\frac{T_{1M}}{T_{2M}} \rightleftarrows (L)\,\frac{T_{1L}}{T_{2L}}\,. \qquad [8]$$

Die durch die Wechselwirkungen mit dem Makromolekül bewirkten Relaxationseffekte werden durch den Ligandenaustausch [8] über sämtliche Moleküle L gemittelt. Beobachtet werden die Relaxationszeiten T_1 und T_2 der durch die Reaktion [8] beeinflußten Resonanzen der in hoher Konzentration vorhandenen freien Moleküle L, wobei gilt

$$\frac{1}{T_1} - \frac{1}{T_{1L}} = \frac{P}{T_{1M} + \tau_M} \qquad [9]$$

$$\frac{1}{T_2} - \frac{1}{T_{2L}} = \frac{P}{T_{2M} + \tau_M}\,. \qquad [10]$$

P ist ein Faktor, der durch die Konzentrationen von L und der hochmolekularen Komponente bestimmt ist, τ_M ist die mittlere Residenzzeit der Moleküle L in den Bindungsstellen am Makromolekül. Die Meßgrößen in einem derartigen Experiment sind demnach durch τ_M, T_{2M}, T_{1M} oder eine Kombination dieser Größen bestimmt und können im Prinzip Informationen enthalten über die Kinetik der Reaktion [8] und über die

Struktur der mit dem Makromolekül gebildeten Komplexe. Ein großer Vorteil dieser Experimente besteht darin, daß schon ein in sehr kleiner Konzentration vorliegendes Makromolekül die der NMR-Beobachtung leicht zugänglichen Moleküle *L* meßbar beeinflussen kann. Sehr viele der oben erwähnten Studien über die Struktur von Enzym-Substrat-Komplexen (26) und über die Mechanismen von pharmakologischen Vorgängen (27) beruhen auf solchen Messungen der Relaxations-Beschleunigung („relaxation enhancement") durch intermolekulare Wechselwirkungen.

Bei der Vielzahl der in diesem Abschnitt angedeuteten Problemstellungen für NMR-Arbeiten auf dem Naturstoffgebiet ist zu berücksichtigen, daß die instrumentellen Voraussetzungen für Experimente mit ^{1}H-Hochauflösungsspektren von Biopolymeren erst seit der vor etwa zehn Jahren erfolgten Einführung von supraleitenden Spulen zur Erzeugung des Magnetfeldes attraktiv genug wurden, um systematische Studien überhaupt zu rechtfertigen. Das Potential der Methode ist sicher heute bei weitem noch nicht ausgeschöpft. Dies gilt in vermehrtem Maße für Messungen mit anderen Kernen als ^{1}H.

1.1.7. ^{13}C-Resonanz

Direkte Aussagen über das Kohlenstoffgerüst großer organischer Moleküle mit Hilfe der Kernresonanz scheiterten lange an der mit 1,1% sehr kleinen Häufigkeit des ^{13}C-Isotops. Die Entwicklung der ^{13}C-Resonanzspektroskopie ist in weit stärkerem Maße als die Protonen-Resonanz von den experimentellen Fortschritten in der Meßtechnik geprägt worden.

Als man in der Pionierzeit auf Spektrometer geringer Feldstärke angewiesen war, mußte man die Resonanzen ohne Feld-Frequenz-Stabilisierung zur Vermeidung von Sättigungs-Effekten im schnellen Durchgang als Dispersionssignale registrieren. Mit Hilfe von ^{13}C-angereicherten Substanzen und der Verwendung großer Meßzellen versuchte man das durch die geringe natürliche Konzentration des ^{13}C-Kerns bedingte schlechte Signal-Rausch-Verhältnis zu verbessern. Die Anwendung der Spektren-Akkumulation und die heteronukleare Doppelresonanz-Technik kennzeichnen die zweite Periode der ^{13}C-Spektroskopie. Spektrometer mit Feld-Frequenz-Stabilisierung erlaubten den Einsatz von CAT-Speichergeräten. Die Protonen-Entkopplung führte überdies in zweifacher Weise zu einer Intensitäts-Steigerung: Die durch Spin-Spin-Kopplung bedingten Multiplett-Strukturen werden aufgehoben und zum anderen ein *Kern-Overhauser*-Effekt erzeugt. Um die Zuordnung der ^{13}C-Signale zu erleichtern, registriert man vorteilhaft neben den voll entkoppelten ein partiell entkoppeltes Spektrum („off-resonance" decoupling). Die Entkopplungsfrequenz ν_2 wird dabei gegenüber der Protonenresonanzfrequenz um einige Hundert Hz versetzt. Die Reduktion der Linienaufspaltung führt dann dazu, daß die Multiplizität der ^{13}C-Resonanzen nur noch von der unmittelbaren ^{13}C-H-Kopplung bestimmt wird. Dies ist von großem Wert, da jetzt charakteristische Multipletts erster Ordnung eine Unterscheidung zwischen quartären C-Atomen (Singulett), CH- (Dublett), CH_2- (Triplett) und CH_3-Gruppen (Quartett) ermöglichen.

Ein weiterer Schritt zur Verbesserung des Signal-Rausch-Verhältnisses gelang mit Hilfe der *Fourier*-Transform-Spektroskopie. Das prinzipiell Neue dabei ist, daß hier alle Resonanzen des Spin-Systems gleichzeitig durch einen Impuls mit breitem Frequenz-Spektrum angeregt werden.

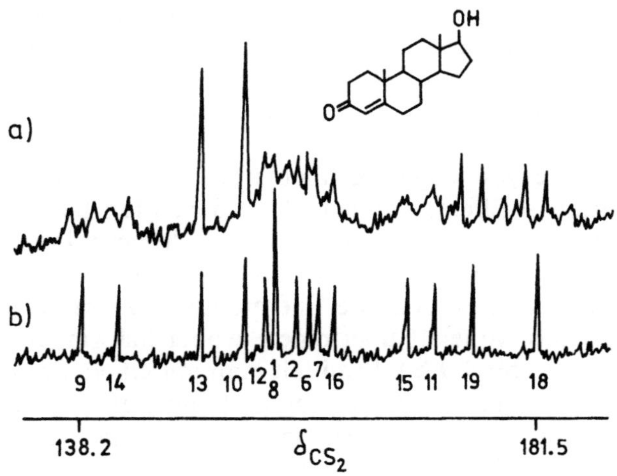

Abb. 1.8. ^{13}C-Spektrum von Testosteron bei 15 MHz; a) „offresonance"-Protonenentkopplung; b) vollständige Protonenentkopplung.

Durch eine *Fourier*-Transformation mit Hilfe eines Digital-Rechners läßt sich anschließend aus dem registrierten Abfall der Induktion das Absorptionsspektrum berechnen. Die Impulsspektren ermöglichen es auch, die longitudinale Relaxationszeit T_1 von ^{13}C-Kernen zu ermitteln. Dies ist besonders für die Anwendung in der Chemie von Interesse, da sich gezeigt hat, daß diese Daten strukturabhängig sind.

In der Strukturchemie organischer Naturstoffe ist die ^{13}C-Kernresonanz dann besonders vorteilhaft einzusetzen, wenn C-Atome vorhanden sind, die keinen Wasserstoff tragen. Intensive Untersuchungen auf dem Gebiet der Steroide hatten dazu geführt, daß für einzelne Strukturtypen charakteristische „fingerprints" bekannt sind, die eine Strukturermittlung mit Hilfe des ^{13}C-Spektrums erlauben. Die hohe Auflösung ermöglicht dabei die Zuordnung aller C-Atome (Abb. 1.8.).

1.2. Grundlagen der Schwingungsspektroskopie

Das aus Atomen und elastischen Bindungen bestehende Molekül ist zu mechanischen Schwingungen befähigt. Ein n-atomiges nichtlineares Molekül kann 3 n – 6 unabhängige „Normalschwingungen“ ausführen. Ihre Frequenzen ν liegen in der Größenordnung $10^{12} - 10^{14}$ Hz. Zur Beobachtung dieser Schwingungen gibt es mehrere Methoden. Abb. 1.9. zeigt die potentielle Energie V eines zweiatomigen Moleküls als Funktion des Atomabstandes q mit den Energieniveaus eines Schwingungs-Grund- und -Anregungszustandes. Die Molekülschwingungen können durch Lichtquanten angeregt werden, wenn deren Energie $h\nu$ übereinstimmt mit der Energiedifferenz zwischen dem Schwingungs-Grundzustand und dem angeregten Schwingungszustand (Abb. 1.9 a.). Im IR-Bereich des elektromagnetischen Spektrums gibt es Lichtquanten geeigneter Größe. Aus der Lage der Absorptionsbanden im IR-Spektrum $h\nu_{IR}$ schließt man auf die Energie $h\nu_s$ der Schwingungszustände des Moleküls, $h\nu_s = h\nu_{IR}$.

Die Molekülschwingungen können aber auch auf einem Umwege, durch den Raman-Effekt, beobachtet werden: Man bestrahlt Moleküle mit monochromatischer Strahlung aus dem sichtbaren Bereich des Spektrums ($\lambda = 0{,}4 - 0{,}7\ \mu m$). Hierbei werden einige Lichtquanten „unelastisch“ von den Molekülen gestreut. Die Energie dieser Lichtquanten $h\nu_0$ wird zum Teil auf das Molekül übertragen, wobei Schwingungen angeregt werden können (Abb. 1.9 b.). Ermittelt man mit einem Spektrometer die Energie $h\nu_R$ der unelastisch gestreuten Lichtquanten – das *Raman*-Spektrum –, so kann daraus auf die Energie $h\nu_s = h\nu_0 - h\nu_R$ der Schwingungszustände der Moleküle geschlossen werden.

Weitere Möglichkeiten, um Schwingungen in Molekülen zu beobachten, sind die unelastische Streuung von monoenergetischen Neutronen der Energie E_{N_0} (Abb. 1.9 c.) und das Fluoreszenz-Spektrum. Diese Me-

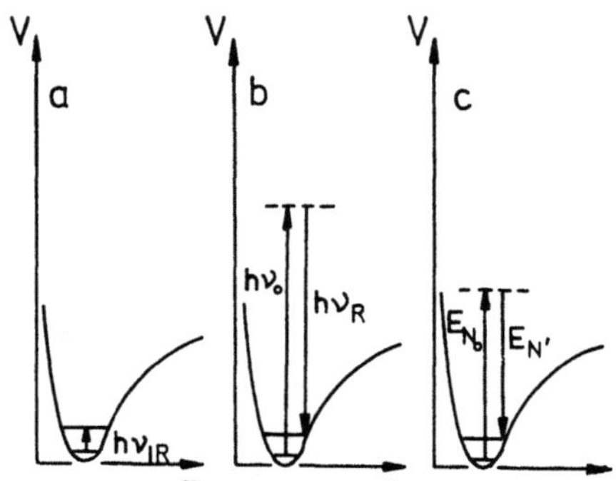

Abb. 1.9. Termschema zur Beobachtung der Schwingungsanregung zweiatomiger Moleküle, erhalten a) durch IR-Spektroskopie ($h\nu_s = h\nu_{IR}$); b) durch Raman-Spektroskopie ($h\nu_s = h\nu_0 - h\nu_R$) und c) durch Neutronenspektroskopie ($h\nu_s = E_{N_0} - E_{N'}$).

Tab. 1.3. Charakteristische Frequenzen sowie *Raman*- und IR-Intensitäten von Gruppen in organischen Verbindungen.

Schwingung [a])	Wellenzahl cm^{-1}	Intensität [b]) Raman	IR
$\nu(O-H)$	3650 – 3000	s	st
$\nu(N-H)$	3500 – 3300	m	m
$\nu(\equiv C-H)$	3300	s	st
$\nu(=C-H)$	3100 – 3000	st	m
$\nu(-C-H)$	3000 – 2800	st	st
$\nu(-S-H)$	2600 – 2550	st	s
$\nu(C\equiv N)$	2255 – 2220	m – st	st – 0
$\nu(C\equiv C)$	2250 – 2100	sst	s – 0
$\nu(C=O)$	1850 – 1640	st – s	sst
$\nu(C=C)$	1900 – 1500	sst – m	0 – s
$\nu(C=N)$	1680 – 1610	st	m
$\nu(N=N)$ aliphat.	1580 – 1550	m	0
$\nu(N=N)$ aromat.	1440 – 1410	m	0
$\nu_a((C-)NO_2)$	1590 – 1530	m	st
$\nu_s((C-)NO_2)$	1380 – 1340	sst	m
$\nu_a((C-)SO_2(-C))$	1350 – 1310	s – 0	st
$\nu_s((C-)SO_2(-C))$	1160 – 1120	st	st
$\nu((C-)SO(-C)$	1070 – 1020	m	st
$\nu(C=S)$	1250 – 1000	st	s
$\delta(CH_2)$, $\delta_a(CH_3)$	1470 – 1400	m	m
$\delta_s(CH_3)$	1380	m – s st, falls an C = C	st – m
$\nu(CC)$, Aromaten	1600, 1580	st – m	m – st
	1500, 1450	m – s	m – st
	1000	st	0 – st
$\nu(CC)$, Alicyclen aliph. Ketten	1300 – 600	st – m	m – s
$\nu_a(C-O-C)$	1150 – 1060	s	st
$\nu_s(C-O-C)$	970 – 800	st – m	s – 0
$\nu(O-O)$	900 – 845	st	0 – s
$\nu(S-S)$	550 – 430	st	0 – s
$\nu(C(\text{arom.})-S)$	1100 – 1080	st	st – m
$\nu(C(\text{aliph.})-S)$	790 – 630	st	st – m
$\nu(C-Cl)$	800 – 550	st	st
$\nu(C-Br)$	700 – 500	st	st
$\nu(C-J)$	660 – 480	st	st

[a]) ν Valenz-, δ Deformationsschwingung, Index s symmetrisch, Index a antisymmetrisch.
[b]) sst sehr stark, st stark, m mittel, s schwach, 0 sehr schwach bis inaktiv.

thoden sind jedoch bei weitem nicht so allgemein anwendbar wie die IR- und Raman-Spektroskopie.

Eine Schwierigkeit der *Raman*-Spektroskopie lag darin, daß der *Raman*-Effekt sehr lichtschwach ist und Belichtungszeiten von einigen Stunden bis zu mehreren Tagen nötig waren. Die Entwicklung der *Laser*-Lichtquellen seit 1960 leitete eine Renaissance der *Raman*-Spektroskopie ein (29, 30). Die heute verfügbaren Laser-Lichtquellen liefern eine spektrale Strahlungsdichte, die um etwa zehn Zehnerpotenzen höher liegt als die der früher benutzten Quecksilber-Dampflampen. Ein besonderer experimenteller Vorteil der *Raman*-Spektroskopie liegt darin, daß Wasser als Lösungsmittel gut geeignet ist, da es nur ein sehr schwaches *Raman*-Spektrum zeigt – bei der IR-Spektroskopie stört die starke kontinuierliche Absorption sowie die Löslichkeit der meisten Fenstermaterialien. Die erforderliche Probemenge liegt im Milli- bis Mikrogrammbereich. Zum Beispiel lassen sich sogar *Raman*-Spektren von gaschromatischen Fraktionen von weniger als 1 nl und Kristallen von weniger als 1 μg registrieren (31 – 33).

Durch Abzählung der Anzahl der nur in jeweils einem der beiden Spektren auftretenden Schwingungen und derjenigen, die in beiden Spektren vorkommen, kann man vielfach die Symmetrieeigenschaften eines Moleküls ermitteln. Dies wird noch erleichtert, wenn man den Depolarisationsgrad der *Raman*-Linien mißt, wodurch totalsymmetrische Schwingungen erkannt werden können.

1.2.1. Grundschwingungen und Normalschwingungen

Wie aus Abb. 1.9. zu ersehen ist, ist der molekulare Energieinhalt eines zweiatomigen Moleküls eine Funktion des Abstandes der beiden Atomkerne, der für den Gleichgewichtsabstand ein Minimum hat. Die potentielle Energie dieses Systems wird bei jeder Verschiebung der Atome aus der Gleichgewichtslage erhöht, womit eine rücktreibende Kraft auftritt. Während nun bei einem harmonischen Oszillator die Energieniveaus der gequantelten Schwingungsübergänge äquidistant sind, rücken sie bei einem zweiatomigen Molekül, das einen anharmonischen Oszillator darstellt, mit wachsender Schwingungsquantenzahl immer näher aneinander.

Bei einem harmonischen Oszillator sind die potentiellen Energien der Energieniveaus der gequantelten Schwingungsübergänge gegeben durch die Beziehung:

$$E = h\nu\,(J + 1/2), \qquad [1]$$

$J = 0, 1, 2, 3 \ldots$ = Schwingungsquantenzahlen.

Nach Gl. [2] ist die Frequenz ν abhängig von der Kraftkonstanten k der betreffenden Bindung und den Massen der an der Schwingung beteiligten Atome:

$$\nu = 1/2\,\pi \sqrt{\frac{k}{\mu}}, \quad \mu = \frac{m_1 \cdot m_2}{m_1 + m_2} \qquad [2]$$

(k = Kraftkonstante, μ = reduzierte Masse).

Das additive Glied $h\nu/2$ in Gl. [1] bedeutet, daß für $J=0$ die Schwingungsenergie nicht Null wird, sondern den Wert $1/2\ h\nu$ behält.

Wie Abb. 1.9. zeigt, kann die Annahme harmonischer Schwingungen nur für kleine Amplituden gelten. Für größere Entfernungen vom Gleichgewichtsabstand werden die Abweichungen vom linearen Kraftgesetz und damit die Unterschiede zwischen der tatsächlichen Potentialkurve und der Parabel sehr beträchtlich.

Die Anregungsenergien für die Atomschwingungen sind im Gegensatz zu den Rotationsenergien meist wesentlich größer als die thermische Energie bei Zimmertemperatur. Es sind also die Atomschwingungen unter normalen Bedingungen thermisch praktisch nicht angeregt, so daß den Absorptionen nur Übergänge vom untersten Schwingungsniveau ($J=0$) aus entsprechen. Eine Ausnahme bilden Schwingungen, an denen Atome besonders großer Masse (Br, J) beteiligt sind. Nach Gl. [2] haben diese Schwingungen besonders niedrige Frequenzen und damit geringe Anregungsenergien.

Bei einem nichtlinearen *n*-atomigen Molekül treten $3\ n-6$ sogenannte Normalschwingungen auf, die den Schwingungsfreiheitsgraden des n-atomigen Moleküls entsprechen. Die *n* Atome bringen bei der Molekülbildung $3\ n$ Freiheitsgrade der Translation mit. Bei einem gewinkelten Molekül entfallen drei Freiheitsgrade auf die Translation und ebenfalls drei auf die Rotation, so daß $3\ n-6$ Freiheitsgrade für die innermolekularen Atomschwingungen übrigbleiben. Bei den linearen Molekülen wird die Rotation um die Längsachse nicht angeregt, so daß sich die Zahl der Schwingungsfreiheitsgrade auf $3\ n-5$ erhöht. Jede dieser Normalschwingungen hat eine charakteristische Eigenfrequenz und kann durch Absorption in einem bestimmten Frequenzbereich des IR-Gebietes angeregt werden.

1.2.2. Valenzschwingungen und Deformationsschwingungen

Viele Normalschwingungen kann man in die sogenannten Valenzschwingungen einteilen, bei denen sich die Atomabstände ändern, und in die sogenannten Deformationsschwingungen, bei denen die Abstände konstant bleiben und nur die Valenzwinkel verändert werden. Die Deformationsschwingungen liegen gegenüber den entsprechenden Valenzschwingungen bei niedrigeren Frequenzen, da die winkelerhaltenen Kräfte kleiner sind als die Kräfte, die den Abstandsänderungen entgegenwirken.

Die Rückstellkräfte, die bei den mehratomigen Molekülen der Deformation der Valenzwinkel entgegenwirken, sind theoretisch verständlich. Jede Abweichung einer Kovalenz von der durch die Elektronenverteilung festgelegten Vorzugsrichtung muß wegen der verminderten Überlappung mit einem Anstieg der potentiellen Energie verbunden sein. Allerdings gibt es Schwingungen, die nicht als reine Valenz- oder Deformationsschwingungen klassifiziert werden können; hier ändern sich Bindungslängen und -winkel in vergleichbarem Maße. Bekannte Beispiele sind die „Deformationsschwingungen“ von OH- und NH-Gruppen organischer Verbindungen, die immer mit Änderungen der C – O- bzw. C – N-Bindungslängen gekoppelt sind. Andererseits gibt es „Valenzschwingungen“, bei denen auch Valenzwinkel verändert werden, wie bei der antisymmetrischen Streckschwingung des freien Wassermoleküls. In Tab. 1.3. finden sich wichtige Zuordnungen der Absorptionen organischer Strukturelemente.

Nur ein schwingender Dipol kann bei der IR-Absorption mit dem elektromagnetischen Strahlungsfeld derart in Wechselwirkung treten, daß eine Energieaufnahme stattfindet; eine optische Schwingungsanregung kann im IR also nur dann erfolgen, wenn sich während der Schwingung die Symmetrie der Ladungsverteilung ändert. Diese Abhängigkeit der Absorptionsintensität von der Änderung des Dipolmomentes in der Schwingungsrichtung bewirkt, daß man im IR-Spektrum für Normalschwingungen, an denen stark polare Gruppen (z. B. C=O, NO_2, OH) beteiligt sind, besonders intensive Banden findet. Totalsymmetrische Normalschwingungen sind IR-inaktiv, so daß man bei Verbindungen mit hoher Symmetrie im IR-Spektrum stets eine geringere Zahl von Absorptionen findet, als ihrer Normalschwingungszahl entspricht.

Im Infrarotspektrum dominieren also Schwingungen, an denen polare Bindungen beteiligt sind. Im Ramanspektrum treten dagegen starke Banden für große Polarisierbarkeitsänderungen auf; es erscheinen Schwingungen von unpolaren Einfach- und Mehrfachbindungen.

1.2.3. Auswahlregeln und entartete Schwingungen

Wie oben dargelegt, beobachtet man bei der IR-Absorption eine Abhängigkeit der Absorptionsintensität von der Änderung des Dipolmomentes in der Schwingungsrichtung. Da z. B. bei den homonuklearen zweiatomigen Molekülen nur symmetrische Schwingungen möglich sind, gibt es für H_2, O_2, N_2 u. a. im IR keine normalen Schwingungsabsorptionen. Allerdings gelten diese sogenannten Auswahlregeln der IR-Absorption streng nur für die gasförmigen Verbindungen mit weitgehend isolierten Molekülen.

Für das lineare CO_2-Molekül, das nach der Regel $3n-5$ vier Normalschwingungen haben sollte, zeigt eine Modellbetrachtung, daß in der Tat vier Bewegungstypen vorliegen:

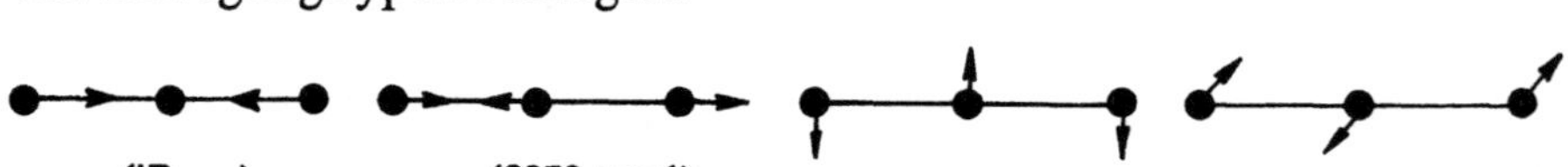

ν_1 (IR_{inakt}) ν_2 (2350 cm^{-1}) ν_3 ν_4

670 cm^{-1}

Bei der zentralsymmetrischen Schwingung ν_1, der sogenannten Pulsationsschwingung, ändert sich die Symmetrie der Ladungsverteilung nicht, so daß diese Schwingung IR-inaktiv sein muß (Auswahlregel).

Die Schwingungen ν_3 und ν_4, die als Deformationsschwingungen niedrigere Frequenzen haben sollten als die Valenzschwingungen ν_1 und ν_2, unterscheiden sich voneinander nur dadurch, daß sie auf zwei zueinander senkrechten Ebenen – z. B. ν_3 in der Papierebene, ν_4 senkrecht dazu – erfolgen, wodurch aber ihre Frequenz nicht beeinflußt wird. Es handelt sich um sogenannte entartete Schwingungen, die nur zum Auftreten einer einzigen Absorptionsfrequenz führen.

1.2.4. Anwendungen in der Naturstoffanalytik

Die IR-spektroskopische Untersuchung organischer Naturstoffe findet sich in der Literatur weit zerstreut. Sammlungen von Steroidspektren (34 – 36) mit Zuordnungstafeln (37) wurden veröffentlicht, wobei die neuerdings durch die modernen Gittergeräte verfügbare hohe Auflösung Details herauszubringen vermag, die in früheren Sammlungen unberücksichtigt blieben. Besonderes Interesse fanden auch die Alkaloide und verwandte stickstoffhaltige Basen.

Besonderes Interesse wurde offenbar den suchterzeugenden Substanzen gewidmet (42 – 44).

Eine umfangreiche Sammlung der IR-Spektren von Indol-Alkaloiden brachte die amerikanische Firma Eli Lilly (45) heraus. Die IR-Spektren der Reference-Standards der USP XVI und des NF XI wurden zusammen mit den entsprechenden UV-Spektren veröffentlicht (46).

Hier finden sich u. a. die Spektren der wichtigsten Vitamine und Antibiotika, denen auch zwei der ersten umfangreicheren Publikationen über die IR-Spektroskopie gewidmet sind (47, 48). Eine Sammlung ist besonders auf toxikologische Anwendungen ausgerichtet (49). Die IR-Spektroskopie kann auch als Hilfsmittel eingesetzt werden, wenn durch die Arzneimittelwirkung eine Änderung der Zusammensetzung der Körperflüssigkeit eintritt. Ein gutes Beispiel hierfür ist die Prüfung von Choleretika (50). Die nach der Verabreichung des Arzneimittels gebildete Gallenflüssigkeit wird eingetrocknet, mit KBr verrieben und gepreßt. Das IR-Spektrum der Galle der zur Untersuchung dienenden Hunde ist im wesentlichen von Na-Taurocholat und Lecithin bestimmt.

Die *Raman*-Spektroskopie ist vor allem deshalb eine für biochemische Probleme geeignete Methode, weil sie grundsätzlich Untersuchungen von Molekülen im natürlichen Milieu – wäßrige Lösungen niedriger Konzentration – erlaubt. Dies ist wegen der starken Absorptionsbanden des Wassers mit der IR-Spektroskopie nicht möglich. Darüber hinaus genügen Probenmengen von weniger als 1 mg (51). Obwohl die Untersuchungen wegen der geringen Intensität der *Raman*-Banden und der Störung durch Fluoreszenzbanden oft schwierig sind, gelangen in jüngster Zeit interessante Anwendungen bei Biomolekülen. Häufig nutzte man dabei die Tatsache aus, daß die *Raman*-Spektren intensiver werden, wenn die Erregerlinie in die Nähe von Absorptionsbanden der Verbindung verschoben wird (Resonanz-*Raman*-Effekt (52)). Diesem Effekt ist es zuzuschreiben, daß es gelang, *Raman*-Spektren von Möhren und Tomaten aufzunehmen. Die Spektren stimmten nahezu mit denen von Möhren- und Tomatensaft überein und mit den Spektren von β-Carotin bzw. Lycopin-Lösungen in n-Hexan (53). Die *Raman*-Spektren einer Reihe stereoisomerer Vitamin-A-Abkömmlinge konnten gewonnen werden; dabei erwiesen sich Banden im Bereich 1100 – 1400 cm^{-1} als charakteristisch für die einzelnen Isomeren (54).

Dieselbe Arbeitsgruppe konnte zeigen, daß man durch Verschiebung der Erregerlinie Anregungsprofile für die *Raman*-Spektren von Carotinoiden erhalten kann, die sonst schwer zugängliche Elektronenniveaus (Triplettzustände) erkennen lassen (55, 56).

Intakte Rinder-Netzhäute gaben ein *Raman*-Spektrum, das Ähnlichkeit mit dem von Retinylidenhexylamin in saurer Lösung hatte (57). Die Spektren von 11-*cis*-Retinal, von anderen Stereoisomeren sowie den *Schiff*schen Basen der Sehpigmente konnten aufgenommen und Modellversuche zur Frage der Natur des Sehvorgangs begonnen werden (58, 59). Auch von Metalloporphyrinen (60) und vom Hämoglobin (61) ließen sich Resonanz-*Raman*-Spektren aufnehmen und daraus Aussagen über die Struktur des Chromophors ableiten. Eine Reihe von Arbeiten befaßt sich mit der Natur der Bindung des Eisens in Eisenproteinen, z. B. den Enzymen der Atmungskette (62 – 64).

Die *Raman*-Spektren der Kohlenhydrate zeigen besser als die IR-Spektren Charakteristika der Gerüste; einige Untersuchungen befassen sich u. a. mit Monosacchariden, mit den Disacchariden Maltose und Cellobiose (65) sowie mit der Konformation der Seitenketten von Cellulose in Zellwänden (66). Aus Änderungen der Banden im Bereich 1100 cm^{-1} lassen sich Störungen der Micellen wäßriger Dipalmitoyllecithin-Schichten durch Cholesterin ablesen (67, 68). Man nimmt an, daß die *Raman*-Spektroskopie sich für die Analyse von Membranen in situ eignet (69). Auf die Anwendung der *Raman*-Spektroskopie zur Analyse von Steroiden wird ausführlich eingegangen (70 – 77).

In den *Raman*-Spektren von Proteinen lassen sich, wie *Lord* et al. am Beispiel von Ribonuclease, α-Chymotrypsin und Lysozym zeigten (78 – 80), die einzelnen Aminosäuren an den Schwingungen ihrer Seitenketten erkennen. Diese Schwingungen sind unabhängig von der Konformation der Peptidbindungen. Die ν (SS) und ν (CS) bei 500 und 700 cm^{-1} zeigen je nach Protein unterschiedliche Lagen und Intensitäten, wodurch Rückschlüsse auf Anzahl und Konformation der SS-Brücken möglich sind. Schließlich läßt sich aus der Lage der *Raman*-Banden der Amid-Gruppierung die Sekundärstruktur der Kette ablesen.

In der Reihe α-Helix, Knäuel, β-Faltblatt fällt z. B. die Wellenzahl der Amid-III-Bande (Gleichtaktschwingung der CO- und CN-Bindung) von 1266 über 1248 auf 1232 cm^{-1} in den Spektren von Glucagon (81); im Bereich der Amid-I-Bande (vornehmlich CO-Valenzschwingung) bei 1630 – 1700 steigt dagegen die Frequenz von 1660 über 1665 auf 1674 cm^{-1} an. Die IR- und *Raman*-Spektren von menschlichem Serum-Albumin wurden analysiert (82) und Aussagen über die Struktur von natürlichem und denaturiertem Insulin und verschiedenartig denaturiertem Lysozym gewonnen (83 – 86). Einige Kettenschwingungen bei niedrigen Frequenzen zeigen die Konformation der Peptidkette an (87). Weitere Untersuchungen beschreiben Wechselwirkungen zwischen Protein und Liganden (88) sowie die Auswirkungen der Verkalkung von Geweben (89).

Harada und *Lord* untersuchten die *Raman*-Spektren einiger kristalliner Nucleinsäure-Basen und des Komplexes 1-Methylthymin mit 9-Methyladenin. Durch Schwingungsberechnung konnten sie die H-Brücken-Schwingungen im Bereich 70 – 125 cm^{-1} als schwache *Raman*-Banden lokalisieren; stärker zeigen sich Translationsschwingungen unterhalb 100 cm^{-1} (90). In den *Raman*-Sepktren von Formylmethionin-Transfer-RNS aus *E. coli* konnten *Tsuboi* et al. (91) die Banden der einzelnen Basen zur quantitativen Analyse benutzen.

Peticolas et al. untersuchten die Auswirkungen der Ketten-Konformation auf die Spektren von DNS und RNS (92, 93). Die totalsymmetrischen Ringvalenzschwingungen der Basen geben Banden geringer Intensität, wenn die Ringe gestapelt liegen. Banden um 800 cm^{-1}, die den symmetrischen (O – P – O)-Valzenschwingungen des Polyphosphorsäureester-Rückgrats zugeordnet werden, sind besonders scharf und intensiv bei der Doppelhelix-Struktur der Nucleinsäuren. Schließlich finden sich auch im Bereich der C=O- und der C=C-Schwingungen Banden, die empfindlich auf die Basenanordnung reagieren. Mit diesen Banden konnten Strukturen und Denaturierungsvorgänge natürlicher Nucleinsäuren – Transfer-RNS aus Hefe sowie Kalbsthymus-RNS – aufgeklärt werden (94, 95).

1.3. Elektronenanregungsspektren

Die Absorption organischer Verbindungen im sichtbaren und ultravioletten Spektralbereich ist von Übergängen zwischen elektronischen Energiezuständen begleitet. Die Erkenntnisse über die Zusammenhänge zwischen der Konstitution organischer Verbindungen und der Elektronenanregung entwickelten sich aus einer engen Wechselwirkung zwischen empirischen Vergleichen und theoretischen Vorstellungen über Molekülbau und Elektronenkonfiguration. Wie die *Einstein-Bohr*sche

Gleichung

$$E - E' = h\nu$$

h = *Planck*sches Wirkungsquantum, ν = Frequenz der Strahlung)

zeigt, ist die Lichtabsorption eines Moleküls nicht allein vom Grundzustand des Moleküls abhängig, sondern ebenso von dem Energieniveau des angeregten Zustandes. Die Theorie der Strahlungsabsorption hat also zu untersuchen, welche Energiedifferenzen in einem Molekül bei Anregung von Elektronen möglich sind. Beispielsweise wird bei der Erweiterung eines konjugierten π-Elektronensystems das Energieniveau des Grundzustandes weniger stark gesenkt, als das des angeregten Zustandes, wodurch sich die Strahlungsabsorption langwellig verschiebt. Die Wellenlänge der Absorption ist also ein Maß für den Abstand der Energiezustände der betreffenden Orbitale: Die Übergänge erfolgen allgemein zwischen dem Orbital eines bindenden oder eines einsamen Elektronenpaares und einem leeren nicht-bindenden oder antibindenden Orbital (Tab. 1.4.).

Tab. 1.4. Elektronenübergänge einfacher Strukturelemente

Strukturelement	Bezeichnung des Überganges	λ_{max} [nm]
σ-Elektronen		
$\geq C-C \leq$ und $\geq C-H$	$\sigma \rightarrow \sigma^*$	~150
einsame Elektronenpaare		
$-\ddot{O}-$	$n \rightarrow \sigma^*$	~185
$-\dot{N}<$	$n \rightarrow \sigma^*$	~195
$-\ddot{S}-$	$n \rightarrow \sigma^*$	~195
$>C=\ddot{O}$	$n \rightarrow \pi^*$	~300
$>C=\ddot{O}$	$n \rightarrow \sigma^*$	~190
π-Elektronen (isoliert)		
$\geq C=C \leq$	$\pi \rightarrow \pi^*$	~190

Das Spektrum im UV oder sichtbaren Bereich beruht auf der Resonanz der Strahlung mit chromophoren Gruppen. Als Chromophor werden alle Atomgruppierungen bezeichnet, die bei Einführung in einen gesättigten Kohlenwasserstoff selektive Absorption zwischen 200–1000 nm erzeugen und deren Absorption auf der Anwesenheit von Doppelbindungen beruht (π-Elektronen). Neben diesen sog. $\pi \rightarrow \pi^*$-Übergängen ist auch die Anregung nichtbindender Elektronen an Heteroatomen möglich: $n \rightarrow \pi^*$- oder $n \rightarrow \sigma^*$-Übergänge, entsprechend der Elektronenanregung auf ein angeregtes π- oder σ-Energieniveau (Tab. 1.4.). Diese

Auxochrome (Atomgruppen mit Heteroatomen) verschieben bei Substitution an einer Atomgruppe mit π-Elektronen deren Absorption nach längeren Wellen und verursachen selbst eine Vorbande meist geringer Intensität.

Enthält die Verbindung mehrere Chromophore, die genügend weit voneinander getrennt sind, so addieren sich die Absorptionen. Die Verbindung verhält sich wie ein Gemisch mehrerer Substanzen, von denen jede einen der entsprechenden Chromophore enthält: Prinzip der Additivität der Spektren. Im allgemeinen ist eine einzige CH_2-Gruppe ausreichend, um eine Wechselwirkung zwischen den beiden Chromophoren zu verhindern. Somit ermöglicht das UV-Spektrum einen begrenzten Einblick in die Elektronenkonfiguration einer organischen Verbindung und ist ein wesentliches Hilfsmittel der qualitativen und quantitativen Analytik (96 – 98).

1.3.1. Messung des Spektrums

Das ultraviolette oder sichtbare Absorptionsspektrum wird im allgemeinen von einer sehr verdünnten Lösung aufgenommen. Bei einem Molekulargewicht der Verbindung von etwa 100 – 200 werden um 1 mg Substanz genau eingewogen, aufgelöst (häufig verwendetes Lösungsmittel 95%iges Äthanol) und z. B. auf 100 ml aufgefüllt. Ein Teil davon wird in eine Quarzzelle gegeben. Die Zellen besitzen meist einen Durchmesser von 1 cm. Außerdem füllt man eine Vergleichszelle mit reinem Lösungsmittel und setzt beide in das Spektrometer. Dieses ist so konstruiert, daß zwei gleiche Strahlen von ultraviolettem oder sichtbarem Licht auftreten, von denen einer die Probenlösung, der zweite das reine Lösungsmittel passiert. Die Intensitäten der austretenden Strahlen werden dann über den gesamten Wellenlängenbereich des Gerätes verglichen. Die meisten Spektrometer enthalten zwei Lichtquellen, eine für UV- und eine zweite für sichtbares Licht, die für den jeweiligen Meßbereich einzuschalten sind. Gewöhnlich genügt es, entweder im UV-Bereich oder im sichtbaren Bereich zu messen. Das Spektrum wird bei den meisten Geräten automatisch mit log I_0/I (vgl. Abschnitt 1.3.2.) als Ordinate und λ als Abszisse aufgezeichnet. In Veröffentlichungen oder zu Vergleichszwecken wird ε gegen λ oder log ε gegen λ aufgetragen. λ wird häufig in den Einheiten nm (1 nm = 10 Å) angegeben. Genau genommen wird die Intensität einer Absorption durch die Fläche unter der Absorptionsbande (wenn ε gegen die Wellenlänge aufgetragen ist) gemessen und nicht durch die Höhe des Bandenmaximums. Aus verschiedenen Gründen (besonders wegen der einfachen Bestimmung sowie dem häufigen Auftreten von überlappenden Banden) wird im alltäglichen Gebrauch jedoch nur die Bandenhöhe verwendet. Die Spektren werden deshalb mit λ_{max} (Wellenlänge des Absorptionsmaximums) und ε_{max} charakterisiert.

1.3.2. Das Lambert-Beersche Gesetz

Das *Lambert-Beer*sche Gesetz [1], das mitunter auch Bouguer-Lambert-Beersches Gesetz genannt wird, vereinfacht sich bei einer Schichtdicke von 1 cm zu [2].

$$E = \log I_0/I = \varepsilon\,\mathrm{c}\,\mathrm{d} \qquad [1]$$

$$E = \varepsilon\,\mathrm{c} = k \qquad [2]$$

(E = Extinktion, c = Konzentration, k = Extinktionsmodul).

Die Berechnung von ε erfolgt somit nach:

$$\varepsilon = \frac{k}{\mathrm{c}} = \frac{k\,M}{\mathrm{c}'} \qquad [3]$$

worin c′ die Konzentration in g/Liter und M das Molekulargewicht bedeutet. Den spezifischen Extinktionskoeffizienten $\varepsilon' = \mathrm{k}/\mathrm{c}'$ hat man für den Fall eingeführt, daß M unbekannt ist. ε' ist also für jede Substanz eine spezifische Konstante, während ε, der molare Extinktionskoeffizient, eine Konstante des jeweiligen UV-aktiven Systems darstellt, d. h. also weitgehend von dem gesättigten Molekülteil unabhängig ist. In der angelsächsischen Literatur ist der Begriff $E^{\%}_{1\,\mathrm{cm}}$ verbreitet, der die Extinktion einer einprozentigen Lösung bei einer Schichtdicke von 1 cm angibt.

Abweichungen vom *Lambert-Beer*schen Gesetz und Bandenverzerrungen sind mitunter auf apparative Fehler zurückzuführen; hierzu gehören insbesondere das Streulicht und eine schlechte Monochromasie der Strahlung. Oftmals sind diese Unzulänglichkeiten nur die Folge von Spalt- und Spiegelverschmutzungen oder können durch die Alterung der Strahlungsquelle verursacht werden.

1.3.3. Lösungsmitteleinflüsse

Die Lage eines UV-Maximums sowie Bandenform und Extinktion werden vom Lösungsmittel beeinflußt. Bei den meisten chromophoren Systemen verschiebt das Lösungsmittel der größeren Polarität das Bandenmaximum nach längeren Wellen. Es ist allerdings nicht möglich, eine für alle Systeme gültige quantitative Aussage der Bandenverschiebung zu machen. Überdies wird die Halbwertsbreite und der Extinktionskoeffizient durch das Lösungsmittel verändert und mit wachsender Polarität des Lösungsmittels die Feinstruktur eines Spektrums vermindert oder aufgehoben. Diese Ausführungen machen deutlich, daß eine Literaturangabe der UV-Absorption ohne Angabe des Lösungsmittels meist wertlos ist, weil sie weder eine qualitative noch eine quantitative Charakterisierung für die betreffende Substanz darstellen kann.

1.3.4. Die Kohlenstoff-Doppelbindung

Die Messung der Absorption der isolierten aliphatischen Äthylenbindung ist mit den meisten handelsüblichen UV-Geräten nicht mehr zugänglich, da sie bei 170 nm liegt. Demgegenüber beobachtet man bei C = C-Bindungen mit einem oder zwei tertiären C-Atomen eine bathochrome Verschiebung in das Gebiet um 200 nm, so daß diese Absorption bereits durch viele UV-Geräte qualitativ erfaßt werden kann. Absorptionen in diesem Wellenlängenbereich sind besonders kritisch zu beobachten, da die Intensität der Strahlungsquelle und die Empfindlichkeit des Empfängers zum tiefen UV hin stark abnehmen, während andererseits die Lichtverluste im optischen System gerade hier besonders groß sind. Infolgedessen muß mit maximaler Spaltbreite und möglichst hoher elektrischer Verstärkung gearbeitet werden, so daß eine schlechte Monochromasie und ein hoher Störpegel auftreten. Die hierauf zurückzuführende geringe Intensität des „unreinen" kurzwelligen UV-Lichtes wird überdies durch die starke Eigenabsorption des Lösungsmittels um eine bis zwei Zehnerpotenzen reduziert, wobei ein relativ hoher Streulichtanteil auftritt. Diese Gegebenheiten verdeutlichen, daß die Messung im tiefen UV zu Abweichungen vom *Lambert-Beer*schen Gesetz führen können. Die so erhaltenen Werte können nur dann für ein UV-Gerät Gültigkeit haben, wenn mit konstanten Standardbedingungen gearbeitet und das UV-Gerät einer ständigen Kontrolle unterliegt. Sofern diese Maßnahmen und Einschränkungen streng beachtet werden, kann man mit herkömmlichen Geräten isolierte Kohlenstoffdoppelbindungen mit mindestens einem tertiären C-Atom erfassen.

1.3.5. Konjugierte Systeme

Der größte Teil dieser Systeme hat eine von der Konjugation herrührende starke Bande zwischen 210 und 230 nm: K-Bande genannt (von Konjugation). Die Absorption des einfachsten Diens, des 1,3-Butadiens, wird bei Substitution der H-Atome durch Alkylgruppen bathochrom verschoben:

	λ_{max}
$CH_2=CH-C(CH_3)=CH_2$ Isopren	220 nm
$CH_2=C(CH_3)-C(CH_3)=CH_2$ 2,3-Dimethylbutadien.	226 nm

Weitere bathochrome Verschiebungen ergeben sich, wenn eine oder beide Doppelbindungen exocyclisch an einem Ringsystem sich befinden oder wenn es sich um cyclische Diene handelt.

Die längstwellige Absorption besitzen polycyclische Diene, die beide Doppelbindungen in einem Ring haben, z. B. Ergosterin:

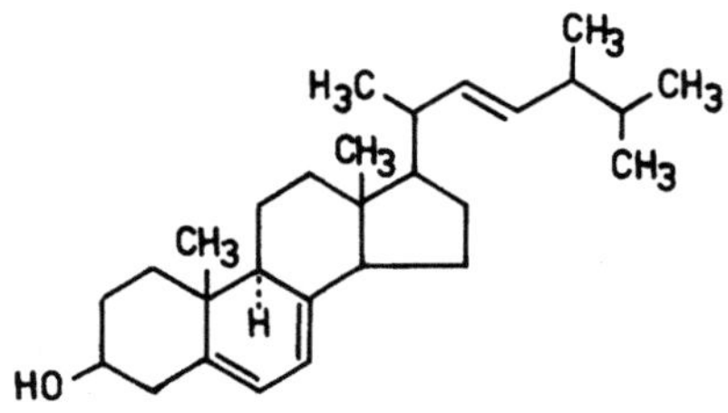

Diese Gesetzmäßigkeiten wurden zu Rechenvorschriften zusammengefaßt, die es erlauben, für ein beliebiges Dien die Lage der Absorptionsbande vorauszusagen (99).

1.3.6. Inkrementrechnung

Die heute vorliegende Literatur beschreibt zahlreiche Versuche, die Maxima von UV-Absorptionsbanden rechnerisch voraus zu bestimmen. Verschiedene Autoren bearbeiteten ein Berechnungsschema, das sich auf empirische Bandenzuordnungen zahlreicher Substanzgruppen stützt. hierbei wird für die Grundabsorption einer unsubstituierten Gruppe ein bestimmter Wert zugrunde gelegt, zu dem dann nach dem Verfahren der Inkrementrechnung die bathochromen Bandenverschiebungen für den Substituenteneinfluß addiert werden müssen. Auf diesem Wege erhält man die längstwellige Bande, die in der Regel eine relativ gute Orientierung darstellt. Die Untersuchung zahlreicher Steroide führte *Woodward* zu dem Ergebnis, daß eine exocyclische Doppelbindung einer bathochromen Verschiebung um 5 nm unterliegt. Eine Verschiebung gleicher Richtung und Größe verursacht eine Alkyl-Gruppe und jeder Ring, der sich an einem der vier C-Atome des Dien-Systems befindet. In Tab. 1.5. sind einige Inkremente zusammengestellt.

Tab. 1.5. Inkremente zur Berechnung von λ_{max} für Diene und Polyene, Lösungsmittel Äthanol.

Struktur	Inkrement nm
heteroannulares Dien	214
homoannulares Dien	253
zusätzliche konjugierte Doppelbindung	30
Alkyl-Substituent	5
exocycl. Lage einer Doppelbindung	5
Acetoxy- oder Alkoxy-Gruppen	0
Lösungsmittelkorrektur	0

Um das Vorgehen und die Anwendung der Tab. 1.5. zu veranschaulichen, seien die Beispiele für Ergosterin [1] und Cholestadien-3,5 [2] durchgerechnet:

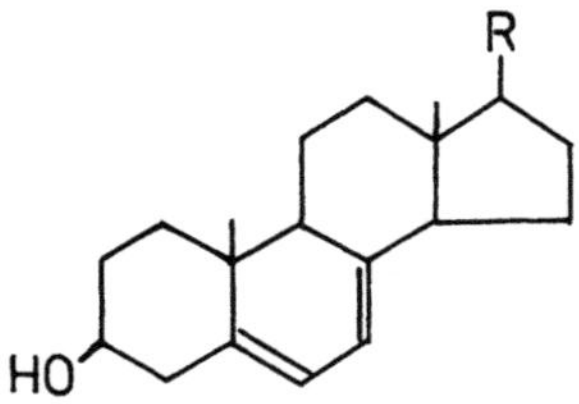

homoannulares Dien	253
4 Alkylsubstituenten	20
2 exocycl. Doppelbindungen	10
	$\lambda_{max} = 283$ nm

[1]

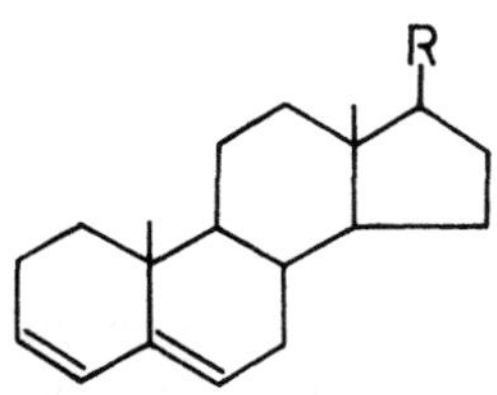

heteroannulares Dien	214
3 Alkylsubstituenten	15
1 exocycl. Doppelbindung	5
	$\lambda_{max} = 234$ nm

[2]

Eine langwellige Verschiebung um 30 nm erhält man bei Verlängerung des ungesättigten Systems um eine weitere konjugierte Doppelbindung. Kann man ein Trien z. B. der Formel [3] als homoannulares (Ring B) oder als heteroannulares (Ring B/C) Dien mit einer zusätzlichen Doppelbindung betrachten, so legt man der Berechnung des Absorptionsmaximums den längerwellig absorbierenden Chromophor zugrunde, d. h., man verwendet das Inkrement des homoannularen Grundkohlenwasserstoffs.

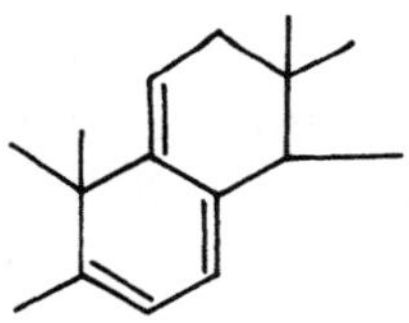

[3]
$\lambda_{max} = 324$ nm
($\varepsilon = 11800$)
$\lambda_{max} = 323$ nm

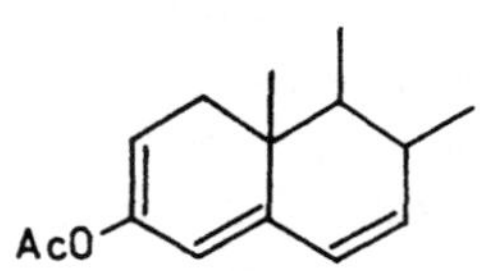

[4]
$\lambda_{max} = 306$ nm
($\varepsilon = 14500$)
$\lambda_{max} = 303$ nm

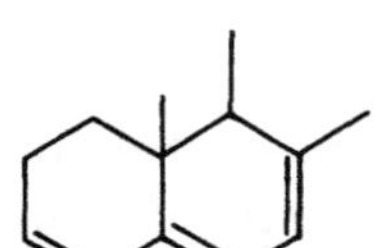

[5]
$\lambda_{max} = 315$ nm
($\varepsilon = 19800$)
$\lambda_{max} = 313$ nm

So berechnet sich für [3] die UV-Absorption zu $\lambda_{max} = 253 + 30 + (5 \cdot 5) + (3 \cdot 5) = 323$ nm. Das Trien [5] weist zwei exocyclische Doppelbindungen auf und am Chromophor einen Substituenten mehr als in [4], die Absorptionsmaxima dieser Verbindungen unterscheiden sich daher um 10 nm.

Zu guter Übereinstimmung zwischen berechnetem und gemessenem Wert führt auch der Rechnungsweg für das Tetraen [6]: $\lambda_{max} = 253 + (2 \cdot 30) + (5 \cdot 5) + (3 \cdot 5) = 353$ nm. In Formel [7] liegt ein gekreuztes konjugiertes System vor; dies führt zu einer hypsochromen Verschiebung, so daß die beschriebenen Rechenregeln versagen.

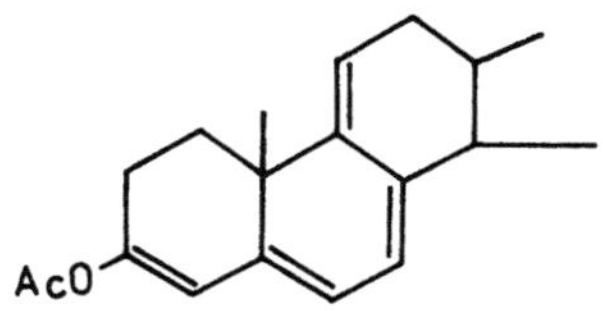

[6]

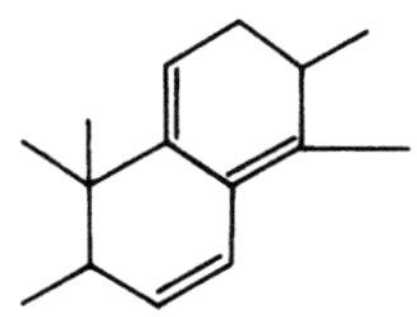

[7]

1.3.7. Aromatische Systeme

Die Sonderstellung der aromatischen Systeme unter den konjugierten Verbindungen äußert sich auch in ihren UV-Spektren: Diese sind häufig durch eine Feinstruktur der Absorptionsbanden gekennzeichnet. Das UV-Spektrum des Benzols besitzt zwei Banden: eine Bande hoher Intensität bei 202 nm und eine Bande niedriger Intensität bei 255 nm. Die erste wird bei Aromaten als E-Bande bezeichnet. Charakteristisch für das Benzol und seine Homologen ist die Bande bei 255 nm, die man als B-Bande bezeichnet. Sie ist durch eine ausgeprägte Feinstruktur und eine relativ geringe Intensität gekennzeichnet.

Die Anellierung weiterer Benzolringe führt zu einer Verschiebung der E-Bande nach größeren Wellenlängen. Bereits beim Naphthacen erreichen die längstwelligen Absorptionsbanden das sichtbare Gebiet. Naphthacen und die höheren Acene sind – ebenso wie viele andere kondensierte Aromaten – gefärbt. Die B-Bande des Benzols wird bei Anellierung ebenfalls bathochrom verschoben, die Verschiebung ist jedoch geringer als die der E-Bande. Beim Naphthalin ist die B-Bande noch zu erkennen, beim Anthracen wird sie bereits von der stärker verschobenen E-Bande überdeckt.

Durch Substitution des Benzolringes werden sowohl B- wie E-Bande (im allgemeinen bathochrom) verschoben. Während bei Substitution durch Alkylgruppen die Feinstruktur der B-Bande erhalten bleibt, geht sie bei Substitution durch Auxochrome in zunehmendem Maße verloren. Die Substitution am Benzol durch einen Chromophor führt zum Auftreten starker Banden, die man wie bei acyclischen Systemen als K-Banden bezeichnet. Auch die B-Banden des Benzols werden durch die Konjugation mit acyclischen Chromophoren bathochrom verschoben. Da die Verschiebung jedoch relativ klein ist, kann es zu einer Überdeckung der B-Bande durch die K-Bande kommen.

Wie bei acyclischen Systemen bringt der Ersatz von C=C- durch C=N-Doppelbindungen in sechsgliedrigen Heterocyclen keine wesentliche Veränderung der UV-Absorption; nur ist häufig die Intensität der langwelligen Bande erhöht.

1.4. Circulardichroismus und optische Rotationsdispersion

Unter bestimmten Voraussetzungen haben organische Verbindungen die Eigenschaft, linear polarisiertes Licht in einem größeren Wellenlängenbereich zu drehen. Diese Eigenschaft nennt man optische Aktivität. Sie kann auf der Chiralität (100) von Molekülen oder dem chiralen Aufbau von achiralen Molekülen im Kristall beruhen. Der gemessene Drehwinkel ist proportional zur Länge des Meßrohres l und zur Konzentration c; der Proportionalitätsfaktor $[\alpha]$ wird spezifische Drehung genannt:

$$\alpha = [\alpha]_{\lambda}^{t} \cdot l \cdot c. \qquad [1]$$

Um Verbindungen verschiedenen Molekulargewichts besser vergleichen zu können, hat man die molare Drehung $[\Phi]$ eingeführt:

$$[\Phi] = \frac{[\alpha]\ \text{Molgewicht}}{100} \qquad [2]$$

Man kann sich einen linear polarisierten Lichtstrahl immer aus zwei circular polarisierten Lichtstrahlen entgegengesetzten Drehsinns, aber gleicher Amplitude und Phase, zusammengesetzt denken (101). Blickt man gegen einen circular polarisierten Lichtstrahl, dann beschreibt die Spitze des Lichtvektors in Abhängigkeit von der Zeit einen Kreis, der im Uhrzeigersinn (rechts circular polarisiert) oder im Gegenuhrzeigersinn (links circular polarisiert) durchfahren wird. In einem optisch aktiven Medium pflanzen sich die beiden entgegengesetzt circular polarisierten Lichtstrahlen verschieden schnell fort. Daraus resultiert eine mit der Länge des Lichtweges linear zunehmende Phasendifferenz zwischen den beiden Lichtstrahlen, was zu einer Drehung der Schwingungsrichtung des linear polarisierten Lichtstrahls führt. Der Absolutbetrag der Drehung wächst mit abnehmender Wellenlänge. Man nennt die zugehörige Kurve normale optische Rotationsdispersion (ORD).

Im Bereich der Absorptionsbanden eines optisch aktiven Mediums werden die entgegengesetzt circular polarisierten Lichtstrahlen verschieden stark absorbiert. Diese Eigenschaft heißt Circulardichroismus (CD):

$$\Delta\varepsilon = \varepsilon_l - \varepsilon_r \qquad [3]$$

(ε_l, ε_r = molare Absorptionskoeffizienten für links und rechts circular polarisiertes Licht).

Durch die unterschiedliche Absorption sind die Lichtvektoren nach Verlassen der Küvette nicht mehr gleich lang; die Spitze des Summenvektors beschreibt daher eine Ellipse, die bei positivem CD im Uhrzeigersinn, bei negativem entgegengesetzt dazu durchlaufen wird.

Die in üblicher Weise durch den arctang des Verhältnisses von Neben- zu Hauptachse definierte *Elliptizität* Ψ ist mit $\Delta\varepsilon$ durch die Gl. [4] verknüpft:

$$\Psi = 33 \cdot c \cdot d \cdot \Delta\varepsilon \qquad [4]$$

d = Schichtdicke (cm), c = Konzentration (g/l).

Analog zu spezifischer und molarer Drehung werden *spezifische Elliptizität* $[\Psi]$ und *molare Elliptizität* $[\Theta]$ wie folgt definiert:

$$[\Psi] = \frac{\Psi}{l \cdot c'} \qquad [\Theta] = \frac{[\Psi] \cdot \text{Molgewicht}}{100}\,. \qquad [5]$$

Der CD kann also auch durch $[\Theta]$ beschrieben werden; der Zusammenhang mit $\Delta\varepsilon$ ist gegeben durch

$$[\Theta] \approx 3300 \cdot \Delta\varepsilon. \qquad [6]$$

Die Theorie zeigt, daß im Bereich von CD-Banden der normalen ORD-Kurve ein S-förmiger Anteil überlagert ist, dessen Extrema man *Gipfel* und *Tal* nennt (Abb. 1.10.). Eine solche ORD-Kurve heißt „anomal", und beide Effekte, anomale optische Rotationsdispersion und Circulardichroismus, nennt man zusammen *Cotton*-Effekt. Geht man vom langwelligen zum kurzwelligen Bereich über, dann kommt man bei positivem CD zunächst zu einem Gipfel, dann zu einem Tal, bei negativem CD entsprechend zunächst zum Tal, dann zum Gipfel. Der Schnittpunkt der anomalen ORD-Kurve mit der normalen „Hintergrundkurve" fällt mit dem Maximum des CD zusammen. Ist $[\Phi_1]$ die molare Drehung des längerwelligen, $[\Phi_2]$ die des kürzerwelligen Extremums eines *Cotton*-Effekts, dann wird zu seiner quantitativen Beschreibung aus einer ORD-Kurve die „Amplitude" herangezogen:

$$a = \frac{[\Phi_1] - [\Phi_2]}{100}\,. \qquad [7]$$

Für *Gauss*sche CD-Kurven gilt der Zusammenhang:

$$a \approx 40\, \Delta\varepsilon_{max}\,. \qquad [8]$$

Das positive oder negative Maximum der CD-Kurve muß nicht exakt mit dem Maximum der isotropen Absorption, die durch ε als dem Mittelwert $1/2\,(\varepsilon_l + \varepsilon_r)$ beschrieben wird, zusammenfallen, es wird aber immer durch den Chromophor bestimmt (Abb. 1.10.). Für Probleme der Strukturaufklärung werden vor allem das Vorzeichen, die Größe und in manchen Fällen die Art der Feinstruktur des *Cotton*-Effektes benutzt.

Optische Rotationsdispersion (ORD) und Circulardichroismus (CD) sind die einzigen Methoden zum Studium chiraler Moleküle durch Analyse der *Cotton*-Effekte und liefern mit geringer Substanzmenge in kurzer Zeit wertvolle Informationen. Gegenüber dem Wert der Information, die vergleichsweise aus dem Kernresonanzspektrum oder Infrarotspektrum zu erhalten ist, erscheint die Aussage der ORD- oder CD-Kurve begrenzt zu sein; im allgemeinen kann diese Information jedoch durch eine andere Methode nicht so rasch gewonnen werden.

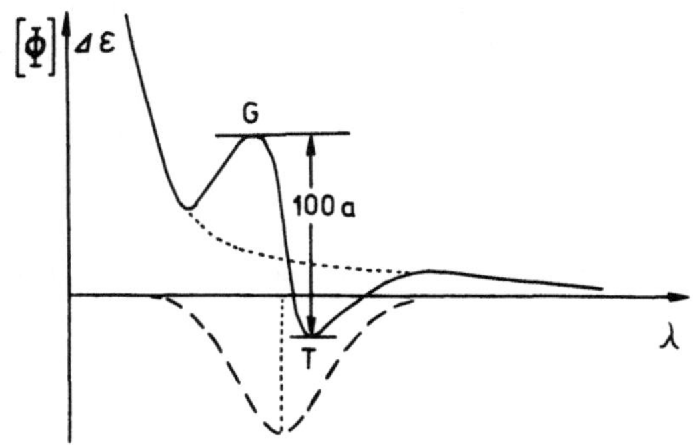

Abb. 1.10. *Cotton*-Effect (hier z. B. negativ), ----- CD-Kurve ($\Delta\varepsilon$), ——— anomale ORD-Kurve (Φ), -------- Verlauf der zugehörenden normalen ORD-Kurve (Hintergrundskurve), G = Gipfel, T = Tal, a = "Amplitude" des *Cotton*-Effekts. Wendepunkt der ORD- und Maximum der CD-Kurve fallen zusammen.

Nach der Konstitutionsermittlung einer organischen Verbindung ist die relative oder absolute Stereochemie zu definieren: die Konfiguration der Substituenten (α oder β, *cis* oder *trans*, *syn* oder *anti*, u. a.) sowie die Konformation der Ringe. Für *trans*-2-Chlor-5-methyl-cyclohexanon ist die Konstitution festgelegt, wenn das alicyclische System und die Natur und Position der verschiedenen funktionellen Gruppen erkannt ist (Formel [1]). Die Stereochemie ist durch die α- oder β-Konfiguration des Chloratoms in Position 2 und der Methylgruppe am C-5 definiert (Formel [2]) sowie die Konformation des Cyclohexanonringes. Demzufolge legt Formel [3] sowohl die Struktur als auch die Stereochemie dieses cyclischen Ketons fest. Die optischen Methoden ORD und CD haben ihre Anwendungsbereiche besonders auf dem Gebiet der Stereochemie.

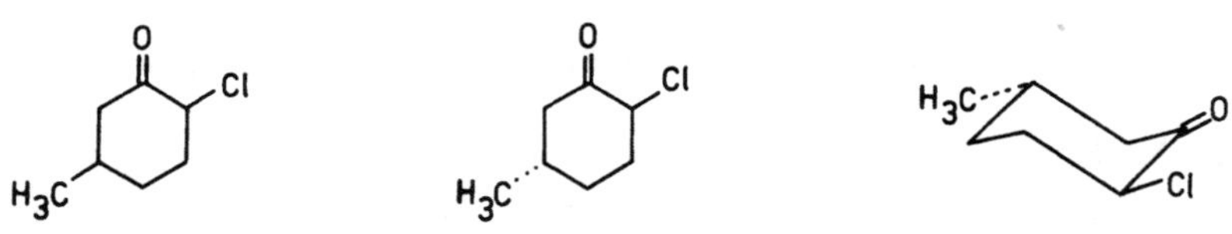

[1] [2] [3]

Da die Stereochemie der Steroidkerne relativ einfach und gesichert ist, und da die Konformation des tetracyclischen Systems ziemlich starr ist, liegt ein glücklicher Umstand darin, daß eine große Zahl der ORD- und CD-Veröffentlichungen sich auf diesen Teilbereich der Naturprodukte bezieht. Überdies gibt es wahrscheinlich keine andere Gruppe von organischen Verbindungen, über die so viele Informationen der chemischen und stereochemischen Eigenschaften angesammelt worden ist. Aus diesem Grunde wurden verschiedene Regeln der optischen Eigenschaften auf dem Steroidgebiet erst später allgemeingültig auf andere Naturprodukte wie Terpene, Alkaloide, Flavone, Aminosäuren, Peptide und Proteine übertragen (Tab. 1.6.). Heute sind zahlreiche Monographien (102 – 106) und Übersichtsartikel (107 – 112)über diese optischen Methoden erschienen sowie ein Bericht über eine direkte Berechnung der optischen Rotation (113).

Tab. 1.6. *Cotton*-Effekte organischer Naturstoffe, (+) variiert mit den Substituenten.

Verbindung	Cotton-Effekt bei nm	Literatur
Alkaloide	(+)	114, 115
Antibiotika	(+)	114, 116
Aromatische Verbindungen	200 – 380	112, 114, 115, 127
Azido-Zucker	280 – 300	118
Benzimidazole	220 – 280	119
Benzoate	225 – 230	120
Benzchinolizidine	260, 280	112, 114, 115
Benzyltetrahydroisochinoline	240, 270 – 290	112, 114, 122, 123
Carotinoide	(+)	124 – 127
Dihydroindole	275	112, 115
Dihydrophenanthrene	200 – 380	112, 115
Flavone	200 – 380	112, 112 a, 114, 115
Indole	250 – 280	112, 114, 115
Kohlenhydrate	(+)	106, 114, 128 – 132
Morphinane	200 – 300	112, 114, 123
Nucleinsäuren	(+)	133
Polyaminosäuren	(+)	134, 135, 136
Prostaglandine	300	124, 125
Purine	(+)	137
Steroide	(+)	104, 105, 114
Terpene	(+)	105, 114
Tetrahydroisochinoline	270 – 290	112, 114, 115

1.5. Methoden zur Untersuchung von Mikromengen

Bei der Spektroskopie organischer Naturstoffe ist die Aufnahme von Mikromengen besonders häufig, da diese Verbindungen oft nur durch mühsame chromatographische Verfahren in geringer Menge isoliert werden können. Für die Aufnahme eines „normalen" IR-Spektrums ist eine Substanzmenge von 1 – 2 mg notwendig, für die Aufnahme eines „normalen" NMR-Spektrums 60 – 80 mg. Während man in der NMR-Spektroskopie mit Hilfe eines CAT („Computer of Average Transients") in den Bereich von hundert Mikrogramm gelangt, ist in der IR-Spektroskopie eine starke Verminderung der notwendigen Substanzmenge durch besondere Präparationstechnik möglich.

Nach der Massenspektrometrie ist auch die IR-Spektroskopie mit Erfolg zur Identifizierung eluierter GC-Fraktionen eingesetzt worden. Bei dieser Technik wird im allgemeinen die Fraktion in einer Kühlfalle gesammelt und nachfolgend in eine geeignete Zelle zur IR-Analyse gebracht. Eine alternative Methode führt die eluierte Fraktion über eine erhitzte Leitung direkt in die Zelle. Die Probe kondensiert am weitesten Teil der Zelle und wird für die IR-Analyse in einen engeren Teil der Zelle zentrifugiert (138, 139).

1.5.1. IR-Spektroskopie

Mit den modernen analytischen Trennverfahren, insbesondere den chromatographischen Techniken, ist es möglich, sehr kleine Mengen komplizierter Gemische aufzutrennen. Bei der nachfolgenden IR-spektroskopischen Untersuchung müssen jedoch, um optimale Ergebnisse zu erzielen, zwei Probleme gelöst werden: die apparativen Bedingungen zur Aufnahme der Infrarotspektren sehr kleiner Substanzmengen und ihre Präparation und Handhabung; denn oft steht so wenig Substanz zur Verfügung, daß mit den Standardmethoden keine befriedigenden Spektren erhalten werden.

Nach dem *Lambert-Beer*schen Gesetz ist die Intensität einer Bande von der Konzentration und der Schichtdicke abhängig. Als Möglichkeiten zur Verringerung der Substanzmenge bei möglichst hoher Konzentration und großer Schichtdicke bleiben also die Verkleinerung des Probenquerschnitts und/oder die mehrfache Durchstrahlung der Probe bzw. mehrfache Reflexion an der Probe. Kleine Proben blenden einen erheblichen Teil des Strahls ab, so daß auch nur ein kleiner Teil der verfügbaren Strahlungsleistung auf den Detektor fällt. Infrarotspektrophotometer mit kleinem Strahlungsquerschnitt im Probenraum kommen der Mikrotechnik besonders entgegen, da bei ihnen der abgeblendete Teil im Verhältnis zum Probenquerschnitt geringer ist als bei Geräten mit großem Strahlungsquerschnitt. Für die Brauchbarkeit eines IR-Gerätes zur Untersuchung von Mikromengen sind ein kleiner Strahlungsquerschnitt und hohe Strahlungsleistung daher sehr viel mehr entscheidend als die üblicherweise angeführte Auflösung, die bei vergleichbarer Ausrüstung bei fast allen Geräten ähnlich ist.

Vorteilhafterweise verwendet man noch zusätzlich Linsen- oder Spiegelsysteme, sogenannte Mikro-Illuminatoren oder Beam-Condenser, die den Strahlungsquerschnitt an der Stelle der Probe im Verhältnis 1 : 4 bis 1 : 6 verkleinern. Damit reduziert sich der Substanzbedarf erheblich. Neben dem Aufnehmen der Spektren einer Substanz in einem Ultra-Mikro-KBr-Preßling (140 – 143) oder in Lösung in Ultra-Mikro-Flüssigkeitsküvetten (144) sind auch das Suspendieren in Paraffinöl (140), die Mikro-Reflexionstechnik (145, 146) und die FMIR-Technik (Frustrated Multiple Internal Reflectance) (147, 148) als Aufnahmetechnik empfohlen worden. Tab. 1.7. enthält die für diese Mikromethoden im Vergleich zu den entsprechenden Standardmethoden erforderlichen Substanzmengen. Die Zahlenwerte geben nur Anhaltspunkte. Sie sind stark von der Art der zu untersuchenden Substanz abhängig.

Tab. 1.7 Substanzbedarf bei den verschiedenen IR-Präparationsmethoden.

Flüssigkeitsküvetten	normal	200 – 300 µl
	Mikro	2 – 10 µl
KBr-Preßtechnik	Standard 13 mm	ca. 1000 µg
	Bleireduzierring	
	2,5 – 3,5 mm	40 – 80 µg
	Ultra-Mikro 1,5 mm	5 – 20 µg
	0,5 mm	0,1 – 2 µg
Suspendieren in Paraffinöl	Makro	2 – 5 mg
	Mikro	10 – 20 µg
FMIR-Technik	Standard	sehr variabel, je nach Substanz
	Mikro	10 – 100 µg
Mikro-Reflexionstechnik	Maske 2 mm	10 – 50 µg

1.5.2. Raman-Spektroskopie

Während das Infrarotspektrum besonders die polaren Gruppen zeigt, liefert das *Raman*-Spektrum mehr ein Bild der Schwingungen unpolarer Bindungen und des Molekülgerüstes. Die neuen Ramanspektrometer mit Laser-Lichtquellen (149), lichtstarken Monochromatoren, hochempfindlichen Detektoren und Verstärkern (150, 151) ermöglichen die Aufnahme der *Raman*-Spektren von Substanzmengen im Milligrammbereich. Wie bei kaum einem anderen spektroskopischen Verfahren hängt jedoch die Qualität eines *Raman*-Spektrums, ja das Gelingen der Aufnahme des Spektrums überhaupt, von der Vorbehandlung der Probensubstanz und der Herstellung der Probe ab. Trotz der vielen Verbesserungen der Ramanspektrometer in den letzten Jahren hat sich dieses Problem nicht grundsätzlich verändert. Die Quantenausbeute bei der *Raman*spektroskopie ist geringer als ein Millionstel der Quantenausbeute der Fluoreszenz. Infolgedessen können schon Spuren von fluoreszierenden Beimengungen (Schliff-Fett, Zersetzungsprodukte), die mit anderen Methoden nicht mehr nachweisbar sind, das Ramanspektrum einer Probe völlig überdecken. In vielen Fällen kann man die Anregung der Fluoreszenz durch Auswahl der günstigsten Erregerlinie umgehen oder sie durch Zusatz löschen. Durch geeignete Anordnung der Probe im Ramanspektrometer läßt sich schließlich die Intensität der genutzten Ramanstrahlung optimieren.

Für die Naturstoffanalytik besonders vorteilhaft ist die Mikroampullentechnik (152, 153). Dabei wird die Probe in einer Kapillare, z. B. einem Schmelzpunktröhrchen, eingeschmolzen. Die Kapillare dient als Küvette bei der Aufnahme des Spektrums. Anschließend kann die Substanz für andere Untersuchungen verwendet werden. Man verwendet Glaskapillaren mit einem Innendurchmesser von ca. 1 mm – bei sehr geringer Substanzmenge aber auch weniger als 0,2 mm – und schmilzt das eine Ende in einer Mikroflamme zu. In diese Küvette wird die Substanz eingefüllt und – gegebenenfalls unter Schutzgas – abgeschmolzen. Das Einfüllen der flüssigen Substanz bereitet bei Kapillaren mit kleinem Durchmesser gelegentlich Schwierigkeiten. Falls man die für die Gas-Chromatographie üblichen Mikroliterspritzen nicht mehr verwenden kann, benutzt man fein ausgezogene Mikroampullen, erwärmt das abgeschmolzene Ende der Kapillare vorsichtig, taucht dabei das andere Ende in die Substanz und saugt die benötigte Substanzmenge durch Abkühlung der erwärmten Kapillare ein.

1.6. Literatur

1. *Emsley, J. W., J. Feeney* und *L. H. Sutcliffe,* High Resolution Nuclear Magnetic Resonance Spectroscopy, Vol. 1 und 2, (Oxford, 1966).
2. *Jackman, L. M.* und *S. Sternhell,* Applications of Nuclear Magnetic Resonance Spectroscopy in Organic Chemistry, (Oxford, 1969).
3. *Eliel, E. L., N. L. Allinger, S. J. Angyal* und *G. A. Morrison,* Conformational Analysis, (New York, 1965).
4. *Hanack, M.,* Conformation Theory, (New York, 1965).
5. *Eliel, E. L.,* Stereochemistry of Carbon Compounds, (New York, 1962).
6. *Lenz, R. W.* und *J. P. Heeschen,* J. Polymer Sci. **51,** 247 (1961).
7. *Pigman, W.* und *H. S. Isbell,* Advan. Carbohyd. Chem. **23,** 11 (1968).
8. *Karabatsos, G. J., J. D. Graham* und *F. M. Vane,* J. Amer. Chem. Soc. **84,** 753 (1962).
9. *Karabatsos, G. J., B. L. Shapiro, F. M. Vane, J. S. Fleming* und *J. S. Ratka,* J. Amer. Chem. Soc. **85,** 2784 (1963).
10. *Casy, A. F.,* PMR Spectroscopy in Medicinal and Biological Chemistry, (New York, 1971).
11. *McDonald, C. C., W. D. Phillips* in *G. D. Fasman* und *S. N. Timasheff,* Fine Structure of Proteins and Nucleic Acids, (New York, 1970).
12. *Wüthrich, K.,* Chimia **24,** 409 (1970).
13. *Huber, R.* et al., Naturwiss. **57,** 389 (1970).
14. *Ts'o, P. O. P., M. P. Schweizer* und *D. P. Hollis,* Ann. N. Y. Acad. Sci. **158,** 256 (1969).
15. *Bystrov, V. F.* et al., Tetrahedron **25,** 493 (1969).
16. *Inch, T. D.,* Ann. Report NMR Spectroscopy **5A,** 305 (1972).

17. *Hall, T. D.*, Ann. Rev. NMR Spectr. **2,** 35 (1969).
18. *Dickerson, R. E., I. Geis,* The Structure and Action of Proteins, (New York, 1969).
19. *Bovey, F. A.* et al., Accounts Chem. Res. **5,** 193 (1972).
20. *Kumar, N. G.* et al., Biochem. **14,** 2197 (1975).
21. *Fujiwara, S., L. H. Piette,* Recent Developments of Magnetic Resonance in Biological Systems, (Tokyo, 1968).
22. *Chien, J. C. W.* und *W. B. Wise,* Biochem. **14,** 2768 (1975).
23. *Roberts, G. C. K., O. Jardetzky,* Adv. Protein Chem. **24,** 447 (1970).
24. *Wüthrich, K.,* Structure and Bonding **8,** 53 (1970). Naturwissenschaften **60,** 221 (1973).
25. *Jackson, J. A., W. H. Langham,* Rev. Sci. Instr. **39,** 510 (1968).
26. *Cohn, M.,* Quart. Rev. Biophys. **3,** 61 (1970).
27. *Jardetzky, O.,* Naturwiss. **54,** 149 (1967).
28. *McDonald, G. G.* und *J. M. Vanderkooi,* Biochem. **14,** 2125 (1975).
29. *Schrader, B.,* Angew. Chem. **85,** 925 (1973).
30. *Schrader, B.* und *W. Meier,* Z. Naturforschg. **219,** 480 (1966).
Anderson, A., The Raman Effekt, Vol. 2, (New York 1973).
31. *Bulkin, B. J., K. Dill* und *J. J. Dannenberg,* Anal. Chem. **43,** 974 (1971).
32. *Oertel, R. P.* und *D. V. Myhre,* Anal. Chem. **44,** 1589 (1972).
33. *Freeman, S. K., P. R. Reed* und *D. O. Landon,* Mikrochim. Acta **1972,** 288.
34. *Neudert, W.* und *H. Röpke,* Steroid-Spektrenatlas, (Berlin, 1964).
35. *Ramsay, D. A.,* J. Amer. Chem. Soc. **74,** 72 (1952).
36. Dokumentation der Molekülspektroskopie (DMS), (Weinheim 1956 ff).
37. *Jones, R. N.* und *F. Herling,* J. Org. Chem. **19,** 1252 (1954).
38. *Marion, L., D. A. Ramsay* und *R. N. Jones,* J. Amer. Chem. Soc. **73,** 305 (1951).
39. *Pleat, G. B., J. H. Harley* und *S. E. Wiberley,* J. Amer. Pharm. Assoc. Sci. Ed. **40,** 107 (1951).
40. *Briggs, L. H., L. D. Colebrook, H. M. Fales* und *W. C. Wildman,* Analyt. Chem. **29,** 904 (1957).
41. *Chatten, L. G.* und *L. Levi,* Analyt. Chem. **31,** 1581 (1959).
42. *Chatten, L. G.* und *L. Levi,* Appl. Spectrosc. **11,** 177 (1957).
43. *Umberger, C. J.* und *G. Adams,* Analyt. Chem. **24,** 1309 (1952).
44. *Levi, L.* und *C. E. Hubley,* Analyt. Chem. **28,** 1591 (1956).
45. *Noise, N.,* Physical Data of Indol- and Dihydroindolalkaloids, (Indianapolis, 1960 ff).
46. *Hayden, A. L., O. R. Sammul, G. B. Selzer* und *J. Carol.* J. Ass. Agric. Chem. **45,** 797 (1962).
47. *Rasmussen, R. S.,* Fortschr. Chem. Org. Naturst. **5,** 331 (1958).
48. *Randall, R. M., N. Fuson, R. Fowler* und *J. R. Dangl,* Infrared Determination of Organic Structures, (New York 1949).
49. *Sunshine, J.* und *S. R. Gerber,* Spectrophotometric Analysis of Drugs Including Atlas of Spectra, (Springfield, III 1963).
50. *Chihara, C., K. Matsuo, K. Arimoto* und *S. Sugawo,* Chem. Pharm. Bull. **10,** 1190 (1962).
51. *Lord, R. C.,* Pure Appl. Chem. Suppl. **7,** 179 (1971).
52. *Behringer, J.,* Habilitationsschrift, (Universität München 1967).
53. *Gill, D., R. G. Kilponen* und *L. Rimai,* Nature **227,** 743 (1970).
54. *Rimai, L., D. Gill* und *J. L. Parsons,* J. Amer. Chem. Soc. **93,** 1359 (1971).
55. *Rimai, L., R. G. Kilponen* und *D. Gill,* J. Amer. Chem. Soc. **92,** 3824 (1970).
56. *Rimai, L., M. E. Heyde, H. C. Heller* und *D. Gill,* Chem. Phys. Lett. **10,** 207 (1971).
57. *Rimai, L., R. G. Rudolph* und *D. Gill,* Biochem. Biophys. Res. Commun. **41,** 492 (1970).
58. *Gill, D., M. E. Heyde* und *L. Rimai,* J. Amer. Chem. Soc. **93,** 6288 (1971).
59. *Heyde, M. E., D. Gill, R. G. Kilponen* und *L. Rimai,* J. Amer. Chem. Soc. **93,** 6776 (1971).
60. *Bürger, H., K. Burczyk, J. W. Buchler, J. H. Fuhrhop, F. Höfler* und *B. Schrader,* Inorg. Nucl. Chem. Lett. **6,** 171 (1970).

61. *Strekas, T. C.* und *T. G. Spiro,* Biochim. Biophys. Acta **263,** 830 (1972).
62. *Long, T. V.* und *T. M. Loehr,* J. Amer. Chem. Soc. **92,** 6384 (1970).
63. *Long, T. V., T. M. Loehr, J. R. Allkins* und *W. Lovenberg,* J. Amer. Chem. Soc. **93,** 1809 (1971).
64. *Shethna, Y. I.,* Curr. Sci. **40,** 626 (1971).
65. *Vasko, P. D., J. Blackwell* und *J. L. Koenig,* Carbohyd. Res. **19,** 297 (1971).
66. *Blackwell, J., P. D. Vasko* und *J. L. Koenig,* J. Appl. Phys. **41,** 4375 (1970).
67. *Lippert, J. L.* und *W. L. Peticolas,* Proc. Nat. Acad. Sci. USA **68,** 1572 (1971).
68. *Bulkin, B. J.* und *N. Krishnamachari,* J. Amer. Chem. Soc. **94,** 1109 (1972).
69. *Wallach, D. F. H.,* Chem. Phys. Lipids **8,** 347 (1972).
70. *Schrader, B.* und *E. Steigner,* Liebigs Ann. Chem. **735,** 6 (1970).
71. *Steigner, E.* und *B. Schrader,* Liebigs Ann. Chem. **735,** 15 (1970).
72. *Freeman, S. K.* und *D. W. Mayo,* Appl. Spectrosc. **23,** 610 (1969).
73. *Freeman, S. K.,* Appl. Spectrosc. **24,** 42 (1970).
74. *Mayo, D. W.* und *S. K. Freeman,* Appl. Spectrosc. **24,** 591 (1970).
75. *Freeman, S. K.* und *D. W. Mayo,* Appl. Spectrosc. **24,** 595 (1970).
76. *Steigner, E.,* Dissertation, (Universität Münster 1969).
77. *Schrader, B.* und *E. Steigner,* Z. Anal. Chem. **254,** 177 (1971).
78. *Lord, R. C.* und *N.-J. Yu,* J. Mol. Biol. **51,** 203 (1970).
79. *Lord, R. C.* und *N.-T. Yu,* J. Mol. Biol. **50,** 509 (1970).
80. *Bellocq, A. M., R. C. Lord* und *R. Mendelsohn,* Biochim. Biophys. Acta **257,** 280 (1972).
81. *Yu, N.-T.* und *C. S. Liu,* J. Amer. chem. Soc. **94,** 5127 (1972).
82. *Biscar, J. P., P. K. Dhall* und *J. L. Pennison,* Phys. Lett. **39,** 111 (1972).
83. *Yu, N.-T., C. S. Liu, J. Culver* und *D. C. O'Shea,* Biochim. Biophys. Acta **263,** 1 (1972).
84. *Yu, N.-T.* und *C. S. Liu,* J. Amer. chem. Soc. **94,** 3250 (1972).
85. *Brunner, H.* und *H. Sussner,* Biochim. Biophys. Acta **271,** 16 (1972).
86. *Lord, R. C.* und *R. Mendelsohn,* J. Amer. chem. Soc. **94,** 2133 (1972).
87. *Brown, K. G., S. C. Erfurth, E. W. Small* und *W. L. Peticolas,* Proc. Nat. Acad. Sci. USA **69,** 1467 (1972).
88. *Carey, P. R., H. Schneider* und *H. J. Bernstein,* Biochem. Biophys. Res. Commun. **47,** 588 (1972).
89. *Walton, A. G., M. J. Deveney* und *J. L. Koenig,* Calcif. Tissue Res. **6,** 162 (1970).
90. *Harada, I.* und *R. C. Lord,* Spectrochim. Acta **26A,** 2305 (1970).
91. *Tsuboi, M.* et al., Science **174,** 1142 (1971).
92. *Small, E. W.* und *W. L. Peticolas,* Biopolymers **10,** 69 (1971).
93. *Small, E. W.* und *W. L. Peticolas,* Biopolymers **10,** 1377 (1971).
94. *Small, E. W., K. G. Brown,* und *W. L. Peticolas,* Biopolymers **11,** 1209 (1972).
95. *Erfurth, S. C., E. J. Kiser* und *W. L. Peticolas,* Proc. Nat. Acad. Sci. USA **69,** 938 (1972).
96. *Hershenson, H. M.,* Ultraviolet and Visible Absorption Spectra, (New York 1961).
97. *Hampel, B.,* Absorptionsspektroskopie im ultravioletten und sichtbaren Spektralbereich, (Braunschweig 1962).
98. *Eaton, W. A.,* Biochem. **14,** 2146 (1975).
99. *Woodward, R. B.,* J. Amer. chem. Soc. **64,** 72 (1942).
100. *Cahn, R. S., C. Ingold, V. Prelog,* Angew. Chem. **78,** 413 (1966).
101. *Lowry, T. M.,* Optical Rotatory Power, (New York, 1964).
102. *Lowry, T. M.,* Optical Rotatory Power, (New York, 1964).
103. *Mitchell, S.,* The Cotton Effect, (London 1933).
104. *Djerassi, C.,* Optical Rotatory Dispersion, Application to Organic Chemistry, (New York, 1960).
105. *Velluz, L., M. Legrand* und *M. Grosjean,* Optical Circular Dichroism. Principles, Measurements and Applications, (Weinheim, 1965).

106. *Crabbe, P.,* Optical Rotatory Dispersion and Circular Dichroism in Organic Chemistry, (San Francisco, 1965).
107. *Holmquist, B., T. A. Kaden* und *B. L. Vallee,* Biochem. **14,** 1454 (1975).
108. *Heller, W.,* Phys. Methods Org. Chem. **1,** Part 2, 1491 (1949).
109. *Klyne, W.,* Advan. Org. Chem. **1,** 239 (1960).
110. *Craig, J. C.* in *R. Bonnett* und *J. G. Davis,* Some Newer Physical Methods in Structural Chemistry, (London 1967).
111. *Snatzke, G.,* Optical Rotatory Dispersion and Circular Dichroism in Organic Chemistry, (London 1967).
112. *Crabbe, P.,* Top. Stereochem. **1,** 93 (1967).
112 a. *Snatzke, G.* et al., Tetrahedron **29,** 909 (1973).
113. *Gould, R. R.* und *R. Hoffmann,* J. Amer. chem. Soc. **92,** 1813 (1970).
114. *Crabbe, P.,* Applications de la dispersion rotatoire optique et du dichroisme circulaire optique en chimie organique, (Paris 1968).
115. *Crabbe, P.* and *W. Klyne,* Tetrahedron **23,** 3449 (1967).
116. *Mitscher, L. A., B. J. Slater, T. J. Perun, P. H. Jones* und *J. R. Martin,* Tetrahedron Lett. **1969,** 4505.
117. *De Angelis, G. G.* und *W. C. Wildman,* Tetrahedron **25,** 5099 (1969).
118. *Paulsen, H.,* Chem. Ber. **101,** 1571 (1968).
119. *Ikehara, M., M. Kaneko* und *M. Sagai,* Chem. Pharm. Bull. **16,** 1151 (1968).
120. *Harada, N., M. Ohashi* und *K. Nakanishi,* J. Amer. chem. Soc. **90,** 7349 (1968).
121. *Horii, Z., M. Ikeda, Y. Yamawaki, T. Tamura, S. Saito* und *K. Kotera,* Tetrahedron **19,** 2101 (1964); **20,** 1106 (1965).
122. *Battersby, A. R., I. R. C. Bick, W. Klyne, J. P. Jennings, P. M. Scopes* und *M. J. Vernengo,* J. Chem. Soc. **1965,** 2239.
123. *Cymerman, Craig, J., M. Martin-Smith, S. K. Roy* und *J. B. Stenlake,* Tetrahedron **22,** 1335 (1966).
124. *Corey, E. J., T. K. Schaaf, W. Huber, U. Koelliker* und *N. M. Weinshenker,* J. Amer. Chem. Soc. **92,** 397 (1970).
125. *Boswell, K. H., J. J. Wittick* und *T. Y. Shen,* J. Amer. Chem. Soc. **92,** 1400 (1970).
126. *Pawson, B. A.* et al., J. Amer. Chem. Soc. **92,** 336 (1970).
127. *Mac Millan, J.* und *R. J. Pryce,* Tetrahedron **25,** 5893 (1969).
128. *Sticzay, T., C. Peciar* und *S. Bauer,* Tetrahedron **25,** 3521 (1969).
129. *Paulsen, H.* und *F. Leupold,* Chem. Ber. **102,** 2804, 2822 (1969).
130. *Mester, L., H. El Khadem* und *G. Vass,* Tetrahedron Lett. **1969,** 4135.
131. *Schulz, R. C., R. Wolf* und *H. Mayerhöfer,* Kolloid-Z. Z. Polym. **227,** 65 (1968).
132. *Ferrier, R. J., N. Prasad* und *G. H. Sankey,* J. Chem. Soc. **1969,** 587.
133. *Coleman, D. L.* und *E. R. Blout* in *G. N. Ramachandran,* Conformation of Biopolymers, Vol. 1, S. 123 (New York 1967).
134. *Jirgensons, B.,* Optical Rotatory Dispersion of Proteins and Other Macromolecules, (Berlin 1969).
135. *Tiffany, M. L.* und *S. Krimm,* Biopolymers **12,** 575 (1973).
136. *Snyder, P. A.* et al., Biopolymers **12,** 975 (1973).
137. *Miles, D. W., R. K. Robins* und *H. Eyring,* J. Phys. Chem. **71,** 3931 (1967).
138. *Curry, A. S.* et al., J. Chromatog. **38,** 200 (1968).
139. *Krakow, B.,* Anal. Chem. **41,** 815 (1969).
140. *Baudet, P., Cl. Otten* und *E. Cherbuliez,* Helv. Chim. Acta **47,** 2430 (1974)
141. *Chen, J. T.,* J. Assoc. Offic. Agric. Chem. **48,** 380 (1965).
142. *Sparagana, M.* und *W. B. Mason,* Anal. Chem. **34,** 242 (1962).
143. *Wolff, J. H.,* Tips 10 UR (Überlingen 1959).
144. *Price, G. D., E. C. Sunas* und *J. F. Williams,* Anal. Chem. **39,** 138 (1967).
145. *Beyermann, K.,* Z. Anal. Chem. **226,** 16 (1967).
146. *Sloane, H. J.* et al., Appl. Spectr. **19,** 130 (1965).
147. *Hermann, T. S.,* Appl. Spectr. **19,** 10 (1965).
148. *Krohmer, P.* und *R. Duelli,* Tips 35 UR (Überlingen, 1967).

149. *Schrader, B., W. Meier, E. Steigner* und *F. Zöhrer,* Z. Anal. Chem. **254,** 257 (1971).
150. *Gilson, T. R., P. J. Hendra,* Laser Raman Spectroscopy (Wiley 1970).
151. *Schrader, B.,* Chem.-Ing.-Techn. **39,** 1008 (1967).
152. *Delhaye, M., M. Migeon,* Compt. Rend. Acad. Sci. **262,** 702, 1513 (1966).
153. *Schrader, B., W. Meier,* Z. Naturforschg. **21a,** 480 (1966).

2. Proteine

Gemeinsam mit den Nucleinsäuren und Polysacchariden spielen die Eiweißstoffe in allen Erscheinungsformen der lebenden Welt eine grundlegende Rolle. Zu den Proteinen gehören u. a. Stützsubstanzen (z. B. Keratin, Kollagen), osmotisch wirksame Makromoleküle (z. B. Serumalbumin), Antikörper (Gammaglobuline) und auch hochwirksame Enzyme. In den letzten Jahren wurde das Prinzip der lokalen und zeitlichen

Tab. 2.1. α-Aminosäuren aus Proteinen.

Name	Symbol	Struktur
Glycin	Gly	$CH_2(NH_2)COOH$
Alanin	Ala	$CH_3CH(NH_2)COOH$
Valin	Val	$(CH_3)_2CHCH(NH_2)COOH$
Leucin	Leu	$(CH_3)_2CHCH_2CH(NH_2)COOH$
Isoleucin	Ileu	$CH_3CH_2CH(CH_3)CH(NH_2)COOH$
Tyrosin	Tyr	$HO-C_6H_4-CH_2CH(NH_2)COOH$
Phenylalanin	Phe	$C_6H_5-CH_2CH(NH_2)COOH$
Serin	Ser	$HOCH_2CH(NH_2)COOH$
Threonin	Thr	$CH_3CH(OH)CH(NH_2)COOH$
Cystein	CySH	$HSCH_2CH(NH_2)COOH$
Cystin	CyS-SCy	$[-SCH_2CH(NH_2)COOH]_2$
Methionin	Met	$CH_3-S-CH_2CH_2CH(NH_2)COOH$
Tryptophan	Try	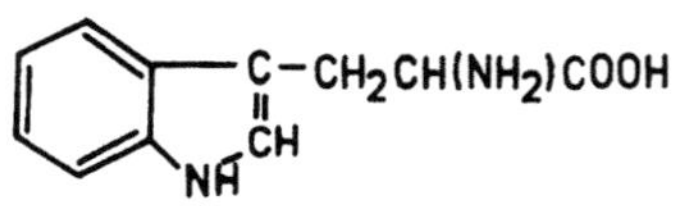
Prolin	Pro	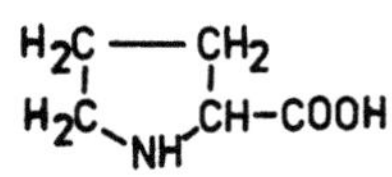
Hydroxyprolin	Hypro	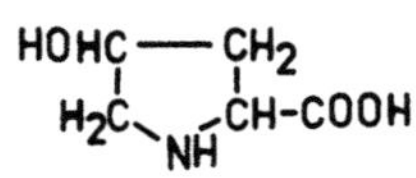
Histidin	His	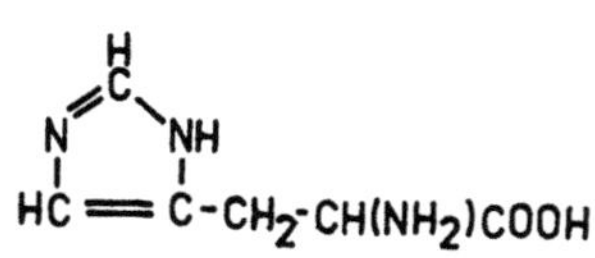
Asparaginsäure	Asp	$HOOCCH_2CH(NH_2)COOH$
Glutaminsäure	Glu	$HOOCCH_2CH_2CH(NH_2)COOH$
Arginin	Arg	HN \\ $CNH(CH_2)_3CH(NH_2)COOH$ / H_2N
Lysin	Lys	$H_2N(CH_2)_4CH(NH_2)COOH$

Begrenzung von Enzymaktivitäten durch Inhibitoren mit Proteinnatur aufgedeckt (1).

Die spezifische Funktion der Eiweißstoffe entsteht durch die Kombination von verschiedenen α-Aminosäuren, die in Tab. 2.1. wiedergegeben sind. Die Variation der Eigenschaften der Proteine beruht auf der Variation der Aminosäure-Seitenketten und den Variationsmöglichkeiten in den Überstrukturen.

Der Aufbau von Proteinen kann in verschiedener Hinsicht untersucht werden: die oft spiralförmige Anordnung der Kette (Sekundärstruktur), die Faltung derselben (Tertiärstruktur) und die gelegentliche Aggregation von mehreren Ketten (Quartärstruktur) (2). Als Primärstruktur bezeichnet man die Aminosäuresequenz.

Überstrukturen der Proteine sind auf sekundäre Bindungskräfte zwischen den Säureamid-Gruppierungen sowohl innerhalb als auch zwischen den Seitenketten zurückzuführen. Die hier vorliegenden Kräfte der polaren Wasserstoffbrücken- und Ionenbeziehungen, bzw. der apolaren van der Waals- und hydrophoben Wechselwirkungen führen zu wesentlich weniger stabilen Strukturen als dies bei den homöopolaren Bindungskräften in der übrigen organischen Chemie der Fall ist.

Die von *Pauling* (3) entwickelten Vorstellungen über die Konfiguration von Polypeptidketten gründeten sich besonders auf die Untersuchungen an Faserproteinen und konnten in den letzten Jahren in weitem Umfang bestätigt werden. Ausgangspunkte waren die Messungen der Atomabstände durch Röntgenanalyse einfacher Peptide, wie zum Beispiel des L-Alanyl-L-alanins, dessen Daten in Formel [1] angegeben sind.

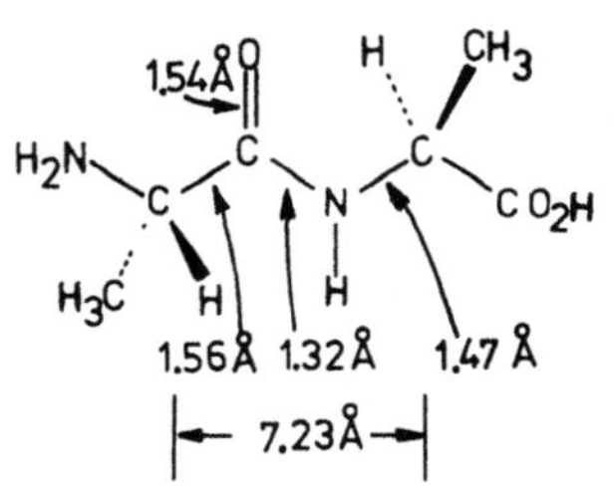

[1]

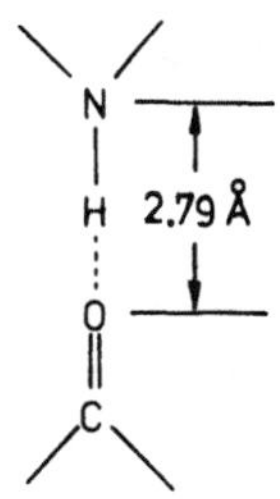

[2]

Auf die Resonanz ist es zurückzuführen, daß in der Peptidbrücke die C-N-Bindung kürzer und die C=O-Bindung länger ist als normal. Ferner ist die Amidgruppe planar und trans-ständig angeordnet. Ein bedeutender Faktor für die Beurteilung der Stabilität einer bestimmten Konstellation ist die Wasserstoffbrückenbildung. Wie Röntgenaufnahmen gezeigt haben, sind bei Proteinen die Wasserstoffatome in der Kristallform ausnahmslos an den Stickstoff gebunden unter Bildung von Wasserstoffbrücken entsprechend Formel [2]. Die Brückenbildung setzt eine weitgehende Linearität des Systems voraus, und die Konstellation, die diese Voraussetzung am besten erfüllt, ist die sogenannte α-Helix. Die CO-Gruppen bilden Wasserstoffbrücken mit den NH-Gruppen, und auf diese Weise entsteht eine ganze Reihe von Chelatringen.

Die Spiralkonfiguration der α-Helix ist Faserproteinen mit einer Identitätsperiode von etwa 7,0 Å vorbehalten (Fibroin). Proteine mit Faltschichtstruktur (Keratin) setzen sich aus längeren Ketten zusammen, die durch intramolekulare Wasserstoffbrücken verknüpft sind. Globuläre Proteine sind oft uneinheitlich im Aufbau und enthalten neben Segmenten mit Spiralkonfiguration auch solche, die nicht schraubenförmig orientiert sind.

Eine wesentliche Rolle beim Aufbau der Tertiärstruktur spielen die Disulfidbindungen. *J. C. Kendrew* (4) untersuchte mit Hilfe der Röntgenanalyse das Spermwal-Myoglobin. Das Protein besteht aus 153 Aminosäurebausteinen und enthält nur eine einzige prosthetische Gruppe (Häm). Die Methode beruht auf der Röntgenuntersuchung von kristallisiertem Myoglobin vor und nach der Einführung eines Schwermetallatoms, beispielsweise durch Umsetzung von Myoglobin mit Quecksilberdiamin.

Die Zahl und die Größe der bekannten Proteine haben sich in den letzten Jahren wesentlich erhöht. Durch die automatische Bestimmung von Aminosäure-Sequenzen wird der „Atlas of Protein Sequence and Structure“ (5) in seinem Umfang weiterhin beträchtlich anwachsen.

Die Zahl der lebenden Arten liegt etwa zwischen 5 und 10 Millionen; wenn man davon ausgeht, daß jede Art spezifische Proteine besitzt, und wenn man willkürlich 100 000 Proteine je Art ansetzt, so gibt es 500 – 1000 Milliarden Proteine, an denen die Biochemiker ihre Ausdauer und ihre Geräte erproben können. Allerdings gestattet die Aufklärung der Sequenzen solange nur sehr vorsichtige Schlüsse auf die Zusammenhänge zwischen Struktur und biologischer Wirkung, bis ähnliche Fortschritte bei der Aufklärung der Konformationen erzielt worden sind.

Die besondere Schlagkraft der kombinierten Anwendung spektroskopischer Methoden führte in den letzten Jahren zur Konstitutions- und Konfigurationsaufklärung zahlreicher Proteine (6) in Lösung, wobei vor allem NMR-, aber auch IR-, CD- und ORD-Daten mit Energieberechnungen kombiniert wurden. Besonders aufschlußreich sind dabei die NMR-Kopplungskonstanten der α-CH- und NH-Protonen des Proteingerüstes.

Weiterhin wurde die Beobachtung von Ringstromverschiebungen in NMR-Spektren von denaturierten und renaturierten Proteinen mit aromatischen Gruppen zur Untersuchung der Tertiärstruktur eingesetzt. Dieser Bereich der Proteinanalyse ist jedoch bisher eine Domäne der Röntgenstrukturanalyse, die bisher 30 dreidimensionale Proteinstrukturen aufgeklärt hat. Es hat sich gezeigt, daß das zentrale Problem dieser

Methode, die Herstellung von geeigneten Proteinkristallen, in einigen Fällen unlösbare Schwierigkeiten aufwirft.

In vielleicht nicht ferner Zukunft kann man sich auf die experimentelle Bestimmung der Primärstruktur eines Proteins beschränken. Zwar wird die Aminosäuresequenzanalyse bei langen Ketten kompliziert, aber es scheint hier keine prinzipiellen Grenzen zu geben. Damit wäre dann der experimentelle Teil beendet, denn die dreidimensionale Struktur, die diese Polypeptidkette unter physiologischen Bedingungen annimmt, ist im wesentlichen durch die Sequenz der Aminosäuren vorgegeben (7), wird also nicht durch irgendeine andere Verbindung im Organismus zurechtgebogen. Offenbar geht der Faltungsprozeß von mehreren Zentren aus und läuft dann zielgerichtet ab (8). Bereits vor 15 Jahren fiel auf, daß bestimmte Polyaminosäuren in Lösung α-Helices bilden und andere nicht (9). Wenig später wurde gezeigt, daß auch in globulären Proteinen der α-Helix-Anteil mit dem Gehalt an bestimmten Aminosäuren korreliert ist (10). Als die dreidimensionalen Strukturen des Myoglobins sowie der α- und β-Ketten des Hämoglobins aufgeklärt waren, wurde die erste einfache Regel für die α-Helix-Regionen aufgestellt (11). Sie war an den drei bekannten Proteinstrukturen abgelesen worden und lautete schlicht: „Prolin, Asparaginsäure, Glutaminsäure und eventuell Histidin unterbrechen eine α-Helix“. Die Datenbasis für diese erste Regel war jedoch schmal und muß in Zukunft bei der Anwendung auf andere Proteine gefestigt werden (12, 13).

2.1. Protonenresonanz

Die hochauflösende NMR-Technik wurde auf die Untersuchung von Oligopeptiden und Proteinen angewandt. Die NMR-Daten einfacher Aminosäuren und Peptide wurden in wäßrigem Medium bestimmt (14) und unter Anwendung von Trifluoressigsäure als Lösungsmittel die Beziehungen zwischen NMR-Parametern und Peptidstrukturen studiert (15). Weitere Arbeiten wurden veröffentlicht (16 – 27), um auf der Basis der NMR-Daten von Aminosäuren und Peptiden Proteinstrukturen zu untersuchen und um mit Hilfe des Kern-Overhauser-Effektes die Wechselwirkung aromatischer Ringprotonen mit der Peptidkette zu studieren (28).

2.1.1. Aminosäuren und Peptide

Die ersten Arbeiten (14, 29) über den Einfluß des pH-Wertes auf die chemischen Verschiebungen der Aminosäuren zeigten, daß die an Kohlenstoff gebundenen nichtaustauschbaren Protonen mit wachsendem pH-Wert einer steigenden Abschirmung unterliegen. Abb. 2.1. zeigt die 100-MHz-Spektren von Valin in stark saurer (a), angenähert neutraler

(b) und basischer D_2O-Lösung. Die Multiplizität im Bereich der Methylresonanz ist auf unterschiedliche chemische Verschiebungen zurückzuführen. Die Ammoniumprotonen treten als separater Peak nur in stark saurem Medium im HDO-Peak auf, während die Carboxylprotonen unter allen Bedingungen einem raschen Austausch unterliegen. Die in Abb. 2.1. auftretenden Differenzen der chemischen Verschiebungen sind auf das pH-abhängige Gleichgewicht

$$\overset{+}{N}H_3-\underset{}{\overset{R}{\overset{|}{C}}}H-COOH \rightleftarrows \overset{+}{N}H_3-\overset{R}{\overset{|}{C}}H-COO^- \leftrightarrows NH_2-\overset{R}{\overset{|}{C}}H-COO^-$$

zurückzuführen. Die Änderung der chemischen Verschiebungen bei Proton-Addition oder -Entfernung ist für das α-Proton im allgemeinen am

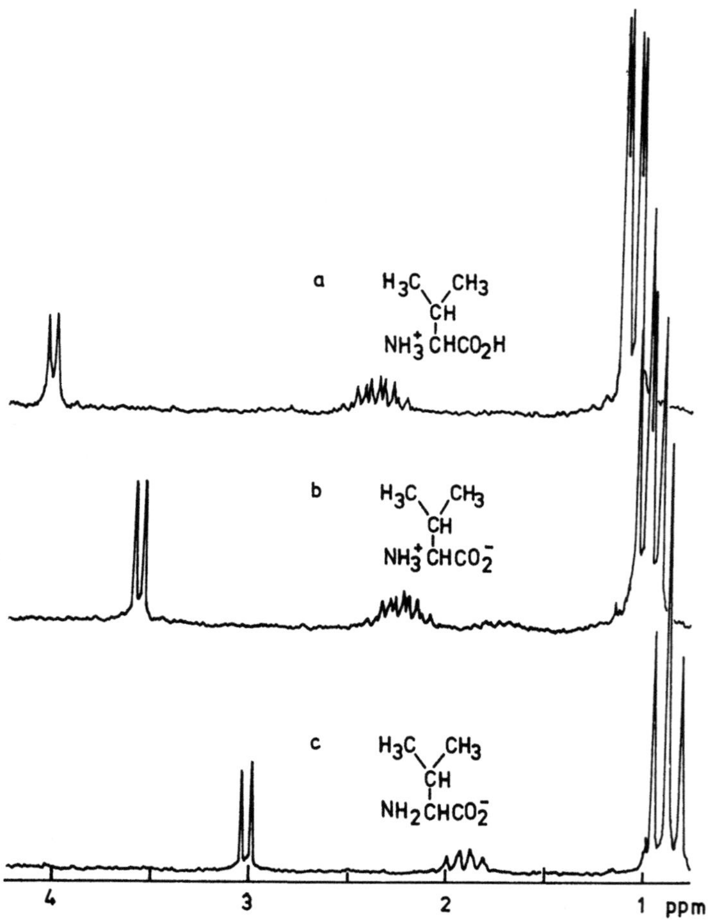

Abb. 2.1. 100-MHz-^{1}HNMR-Spektren von Valin in D_2O als (a) Kation (pD) = 1, (b) Zwitterion (pD = 6) und (c) Anion (pD = 12), Bezugssubstanz DSS.

stärksten (30 – 35) und nimmt mit wachsender Zahl eingefügter Bindungen rasch ab. Eine Ausnahme von dieser Regel beobachtet man erwartungsgemäß bei Seitenketten mit funktionellen Gruppen, wie bei Glutamin- und Asparaginsäure sowie Lysin und Arginin. Diese Einflüsse auf die chemische Verschiebung können qualitativ erklärt werden, da mit wachsendem pH-Wert die Dissoziation der Carboxylgruppe eine negative Ladung verursacht, welche eine steigende Abschirmung aller Protonen bewirkt. Die Addition eines Protons an die Aminogruppe veranlaßt dagegen infolge der positiven NH_3^+-Gruppe eine Entschirmung der Protonen. In Tab. 2.2. sind die Protonenresonanzen einiger Aminosäuren und Peptide zusammengestellt.

Das α-Proton der Aminosäure wird bei Peptidbildung im allgemeinen entschirmt. Da eine Aminosäure sowohl eine Amino- als auch eine Carboxylgruppe hat, gibt es zwei Typen von Dipeptiden, bei denen eine deutliche Differenz der NMR-Parameter zu beobachten ist. In Abb. 2.2.

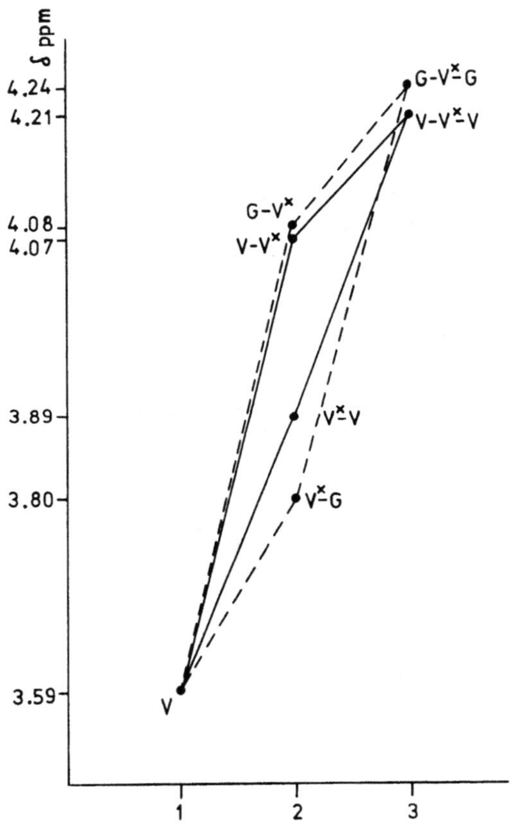

Abb. 2.2. Veränderung der chemischen Verschiebungen (δCH_α) von L-Valinresten bei 60 MHz in D_2O, δCH_α des mit einem Stern markierten Valinrestes ist wiedergegeben, G = Glycin, V = Valin (27).

Tab. 2.2. Protonenresonanzen (δ, ppm) bei 60 MHz von Aminosäuren und Peptiden in neutraler D_2O-Lösung bei 40 °C, Bezugssubstanz Natrium-2,2'-Dimethyl-2-silapentan-sulfonat (DSS) (18, 36).

Aminosäure	Protontyp	Verbindung	Resonanz
Alanin	α-CH	L-Alanin	3,76
CH_3		Glycyl-L-alanin	4,16
│	CH_3	L-Alanin	1,44
– NHCHCO –		Glycyl-L-alanin	1,34
		L-Tyrosyl-L-alanin	1,33
Asparagin			
$CONH_2$	α-CH (A)	L-Asparagin	3,92
│			
CH_2^{β}		Glycyl-L-asparagin	4,52
│			
$-NHC_{\alpha}HCO-$	β-CH (B)	L-Asparagin	2,91
		Glycyl-L-asparagin	2,79
(α- und β-Protonen	β-CH (C)	L-Asparagin	2,85
eines ABC-Systems)		Glycyl-L-asparagin	2,64
Histidin	α-CH	L-Histidin	3,98
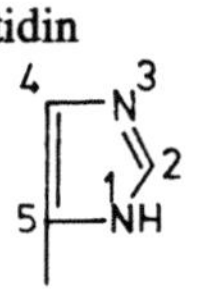		L-Histidyl-L-leucin	4,07
	β-CH_2	L-Histidin	3,18
		L-Histidyl-L-leucin	3,19
		Glycyl-L-histidyl-glycin	3,14
CH_2^{β}	C-2	L-Histidin	7,84
│	(Imidazol)	L-Histidyl-L-leucin	8,06
$-NHC_{\alpha}HCO-$		Glycyl-L-histidylglycin	7,99
	C-4	L-Histidin	7,08
	(Imidazol)	L-Histidyl-L-leucin	7,14
		Glycyl-L-histidylglycin	7,08
Leucin			
	α-CH	L-Leucin	3,69
δ δ		Glycyl-L-leucin	4,18
CH_3 CH_3	β-CH_2	L-Leucin	1,70
\ /	γ-CH	Glycyl-L-leucin	1,59
CH^{γ}		L-Histidyl-L-Leucin	1,57
│	δ-CH_3	L-Leucin	0,95
CH_2^{β}		Glycil-L-leucin	0,90
│		L-Histidyl-L-leucin	0,98
$-NHC_{\alpha}HCO-$			
Phenylalanin			
	α-CH (A)	L-Phenylalanin	3,98
	β-CH (B)	L-Phenylalanin	3,11
C_6H_5		Glycyl-L-phenyl-alanin	2,96
│			
CH_2^{β}			
│			
$-NHC_{\alpha}HCO-$			
	β-CH (C)	L-Phenylalanin	3,27
(α und β-Protonen		Glycyl-L-phenylalanin	3,19
eines ABC-Systems			

sind die Änderungen der chemischen Verschiebungen für α-H bei Di- und Tripeptidbildung mit L-Valin und Glycin eingetragen.

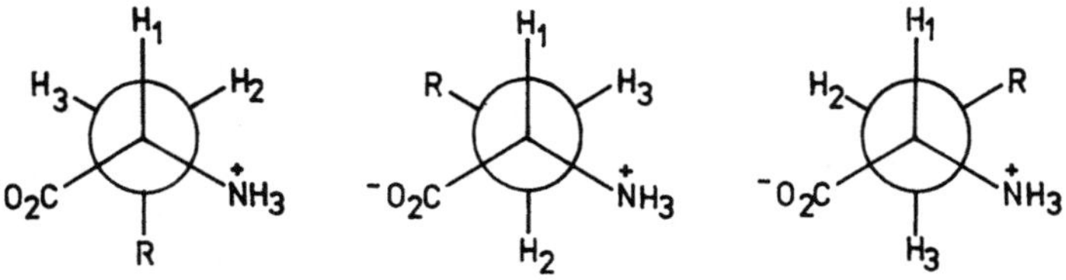

Die Gegenwart des asymmetrischen α-C-Atoms hat zur Folge, daß α-Aminosäuren drei mögliche Rotationsisomere der gestaffelten (anti-) Konformation um die $C_\alpha - C_\beta$-Bindung haben. Mit Ausnahme des Alanins sind diese Konformationen nicht äquivalent und die entsprechenden Energieniveaus sind im allgemeinen ungleich besetzt. Die beobachteten chemischen Verschiebungen und Kopplungskonstanten sind Mittelwerte entsprechend den Anteilen der jeweiligen Konformeren. Die $H - C_\alpha - C_\beta - H$-Kopplungen haben eine große Abhängigkeit vom H-H-Diederwinkel und sind die prinzipielle Basis zur Ermittlung der bevorzugten Konformation. Die Abhängigkeit der Kopplungskonstanten vom

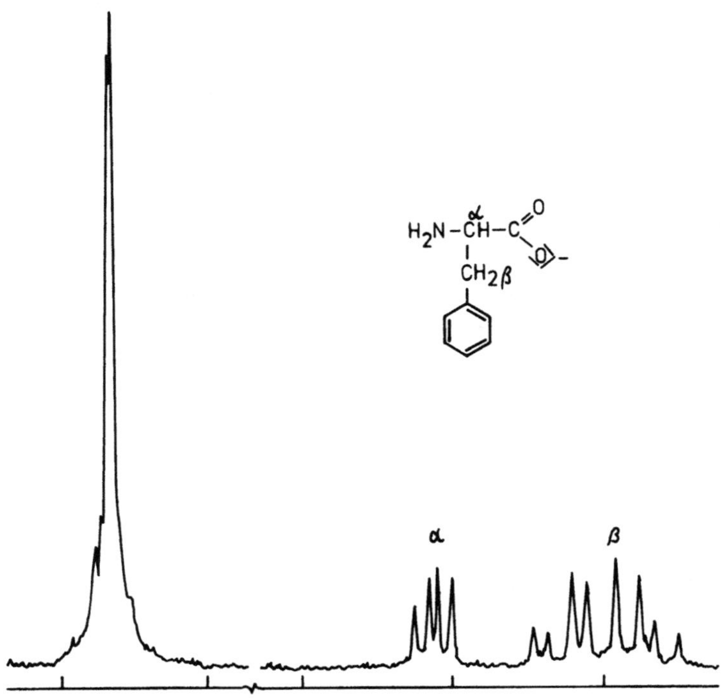

Abb. 2.3. 100-MHz-^{1}HNMR-Spektrum des Phenylalaninanions in D_2O, Bezugssubstanz DSS.

pH-Wert und der Temperatur wurde bei einigen Aminosäuren untersucht, einschließlich Serin (33), Phenylalanin (34) und Tyrosin (37); die α,β-Protonenresonanzen dieser Verbindungen können als ABC- oder ABX-System behandelt werden. Abb. 2.3. zeigt das Anion des Phenylalanins als ein representatives Spektrum. Das α-Proton tritt bei 3,56 ppm und die β-Protonen bei 3,00 ppm als AB-Teil eines ABX-Systems auf. Die Spin-Spin-Kopplungskonstanten der Aminosäuren ändern sich bei Bildung von Peptidbindungen.

Es wurde beobachtet, daß die Differenz der Elektronegativitäten zwischen der freien Aminogruppe (oder Carboxyl) und der Peptidbindung auf J_{vic} eines gegebenen Aminosäurerestes keinen wesentlichen Einfluß haben kann (38). Demzufolge wird in Oligopeptiden J_{vic} überwiegend von dem Besetzungswechsel der Rotamere beeinflußt.

2.1.1.1. Metallion-Komplexe

Die Struktur von Metall-Amino-Komplexen in Lösung ist ein weiteres Problem, das mit der hochauflösenden NMR-Spektroskopie behandelt werden kann, da die Bildung von Metallion-Komplexen zu charakteristischen Änderungen im Spektrum der Liganden führt. Die beobachteten Einflüsse sind für diamagnetische und paramagnetische Metalle verschieden.

Die Verschiebungen der NMR-Resonanzen durch diamagnetische Metallionen (wie z. B. Zn(II)) sind relativ gering (0,2 – 0,4 ppm) und können mit Ladungseffekten erklärt werden (39). Dagegen ist der Einfluß paramagnetischer Ionen sowohl auf die chemische Verschiebung als auch auf die Linienbreite sehr viel größer. Die Linienverbreiterung ist auf das ungepaarte Elektron des paramagnetischen Metalls zurückzuführen, das in unmittelbarer Umgebung lokale magnetische Felder verursacht. Die Position des paramagnetischen Ions relativ zu dem Liganden kann definiert werden, wenn die Änderung der chemischen Verschiebung für mehrere Kerne beobachtet werden kann. Untersuchungen dieser Art wurden überwiegend bei Peptiden jedoch auch bei Aminosäuren durchgeführt.

Paramagnetische Ionen können sowohl eine Verringerung der Spin-Gitter-Relaxation T_1 als auch der Spin-Spin-Relaxation T_2 durch fluktuierende Magnetfelder verursachen. Eine allgemeine Theorie angewandt auf die Spin-Gitter-Relaxation von Wasserprotonen in Lösung paramagnetischer Ionen (40, 41) ergibt

$$\frac{1}{T_1} = \frac{4\,\pi^2\,\mu_{eff}^2\,\eta\,N_p\,\gamma^2}{kT}, \qquad [1]$$

wobei γ das gyromagnetische Verhältnis des Protons ist, η die Lösungsviskosität, N_p die Konzentration der paramagnetischen Ionen und μ_{eff} ist das „effektive“ magnetische Moment der paramagnetischen Spezies. Cu^{2+}, Fe^{3+}, Mn^{2+} und Cr^{3+} mit relativ langen Spin-Gitter-Relaxationszeiten haben gegenüber dem statischen μ nahezu gleiche μ_{eff}-Werte, während Co^{2+}, Fe^{2+}, Ni^{2+} und die meisten der seltenen Erdmetalle T_1 sehr viel geringer reduzieren (42).

Obwohl Gl. [1] speziell für wäßrige Lösungen abgeleitet wurde, kann sie als allgemeine Form für die Wechselwirkung paramagnetischer Ionen mit anderen Molekülen angesehen werden. Bei Aminosäure- und Peptidspektren können spezifische Ligandbildungen bei einzelnen Protonengruppen gegenüber anderen eine raschere Relaxation ermöglichen. Die Messungen wurden auf Triglycine, Tetraglycine, Glycylproline und einige Aminosäuren ausgedehnt (43).

Komplexe diamagnetischer Ionen mit Aminosäuren und Peptiden wurden ebenfalls mit NMR studiert und sind von biologischem Interesse, da viele Enzyme durch die Ionen aktiviert werden. Schwache Komplexbildung von Na^+-Ionen mit Aminosäuren unter Beobachtung der ^{23}Na-Resonanz wurden beschrieben (44), wobei allein Histidin einen kennzeichnenden Effekt zeigte. Komplexe von Cadmium (43, 45), Zink (45, 46) und Magnesium (39, 45) mit Glycin, Alanin und Histidin zeigen generell eine Entschirmung der Protonen nahe dem Koordinationszentrum.

2.1.1.2. Konformationsbestimmung in Gegenwart von Tris-dipivalomethanato-europium(III)

C. C. Hinckley (47) veröffentlichte eine Arbeit über Signalverschiebungen im Protonenresonanzspektrum eines Alkohols bei Zugabe des paramagnetischen Dipyridin-Adduktes von Tris-dipivalomethanato-europium(III), $Eu(DPM)_3 \cdot 2$ Pyr. Später wurde die Verwendung des pyridinfreien Europiumkomplexes beschrieben, der noch wirksamer Signalverschiebungen bis 15 ppm verursacht (48). *J. Briggs* et al. (49) fanden schließlich, daß Tris-dipivalomethanato-praseodym(III) in gleicher Weise eingesetzt werden kann. Durch Zusatz des Europiumkomplexes trat keine wesentliche Linienverbreiterung auf.

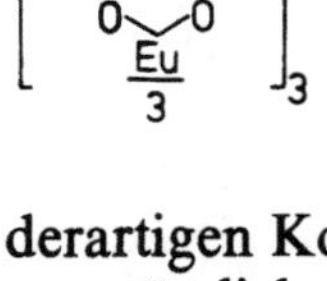

Tris-dipivalomethanato-europium(III), Synonym für Tris-[2,2,6,6-tetramethyl-heptandion-(3,5)-ato]-europium

In einem derartigen Komplex herrscht am Ort der einzelnen Protonen des Liganden zusätzlich zum äußeren Magnetfeld ein durch den Paramagnetismus des Eu^{3+}- oder Pr^{3+}-Zentral-Ions hervorgerufenes konstantes Feld, das je nach Abstand zwischen Ligandenproton und paramagnetischem Zentral-Ion und je nach Konzentration an Lanthanidenchelat unterschiedlich groß ist. Infolgedessen sind die beobachteten Verschiebungen der Ligandenprotonen abhängig vom Abstand und Winkel zwischen dem einzelnen Proton und dem Lanthanidenzentralion (50 – 53) sowie von der Menge des zugesetzten Chelates, also vom Molverhältnis Meßsubstanz zu Verschiebungsreagenz

In manchen Fällen ist eine NMR- und IR-spektroskopische Unterscheidung diastereomerer Peptide in Gegenwart von Tris-dipivalomethanato-europium(III) möglich (54). Nach Komplexbildung mit $Eu(DPM)_3$ (54) konnte für Dipeptide in Lösung die Konformation [3] bewiesen werden (55, 56), wobei eine intramolekulare Wasserstoffbrücke zu einer cyclischen Spezies führt, die mit linearen Konformationen in geringem Umfang im Gleichgewicht steht.

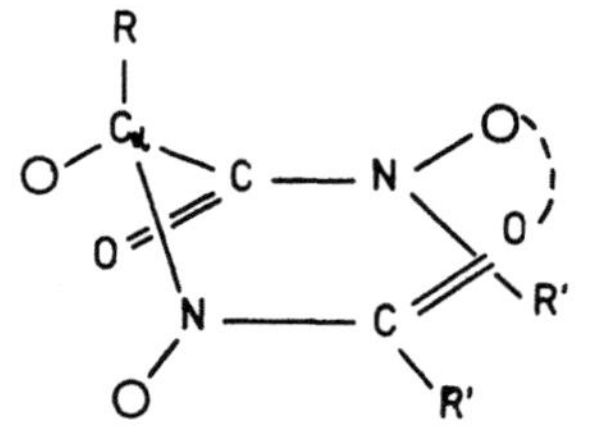

[3]

Solche Untersuchungen (54) führten z. B. zu der Konformation von $N_{(6)}$-Benzyloxycarbonylalanylalanin-methylester mit einer Orientierung der $C_{(5)} - CH_3$-Gruppe in einer pseudoaxialen Position mit einem $N_{(6)} - C_{(5)}H$-Diederwinkel von 0 °. Diastereomere Dipeptide liegen vermutlich in ähnlichen cyclischen Konformationen vor, unterscheiden sich jedoch in den Gleichgewichtskonstanten.

2.1.1.3. Cyclische Peptide

Das Interesse gegenüber cyclischen Oligomeren basiert hier überwiegend auf der Möglichkeit, diese Verbindungen als spektroskopische Modellsubstanzen gegenüber Polypeptiden und Proteinen einzusetzen. Die Spektren können oft in hinreichender Weise interpretiert werden, da oft nur eine begrenzte Anzahl von Konformationen zu diskutieren sind.

Die cyclischen Hexapeptide Cyclopentaglycyl-L-Tyrosyl [4] und das spezifisch C-deuterierte Derivat Cyclo-d_2-Glycyl-d_2-glycyltyrosyltriglycyl zeigen die sechs NH-Resonanzen in zwei Gruppen: zwei Protonen bei hohem Feld (um 7,7 ppm) und vier Protonen bei niedrigem Feld (um 8,2 ppm). Da kein Symmetrieelement vorhanden ist, sollte jede Komponente ein separates Spektrum geben (57). Durch homonukleare Entkopplung konnte die Zuordnung der NH- und α-Protonen gesichert werden, und es wurde gezeigt, daß beide bei hohem Feld liegenden NH-Protonen Glycinresten zugehörig sind. Beide Protonengruppen werden mit steigender Temperatur nach tieferem Feld verschoben (dieses Verhalten gilt allgemein für Peptid-NH-Protonen), die Temperaturabhängigkeit der Entschirmung ist jedoch für die bei tieferem Feld liegenden Resonanzen auffallend größer. Aus diesen Befunden wurde geschlossen, daß in den Lösungsmitteln H_2O und d_6-DMSO die Konformation des Ringes durch zwei intramolekulare Wasserstoffbrücken (58 – 60) stabilisiert ist. Unerwartet ist, daß beim D_2O-Austausch keine Unterscheidung der beiden Gruppen der NH-Protonen möglich war (57).

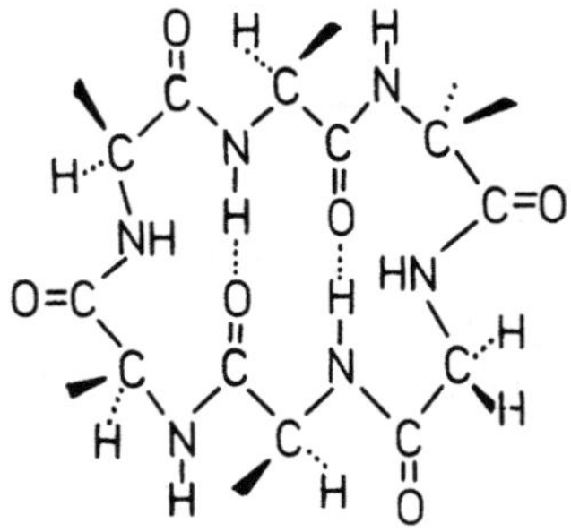

[4]

Stern et al. (61) führten NMR-Untersuchungen durch, um einige Details der Konformation von Gramicidin S [5] in Methanol- und DMSO-Lösung zu bestimmen. Dieses Molekül ist ein Decapeptid. Aufgrund der sich wiederholenden antiparallelen Anordnung der Reste hat es eine doppelte Symmetrieachse. Die Komponenten eines jeden Paares der Re-

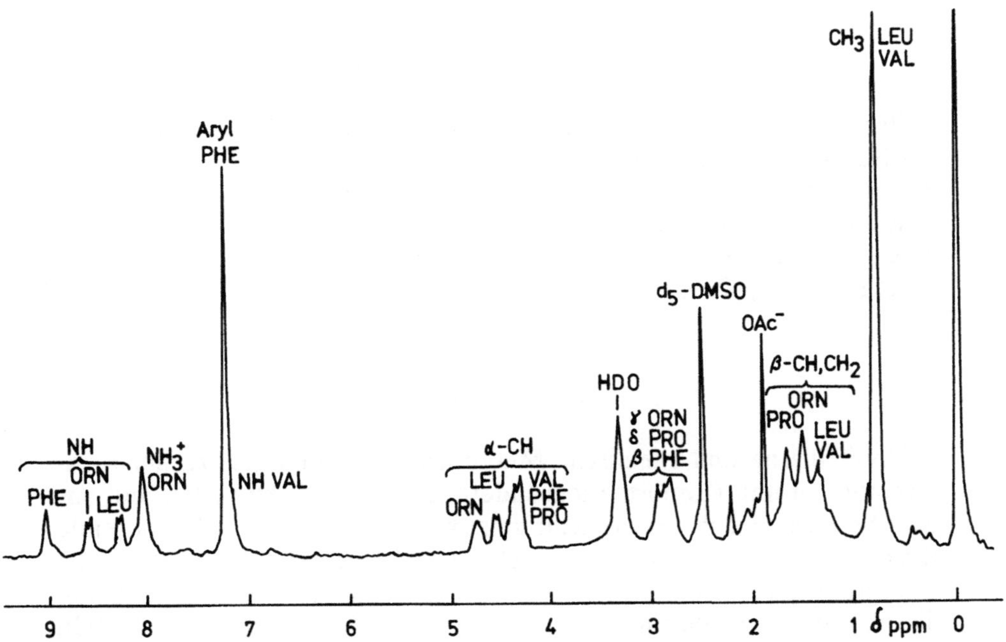

Abb. 2.4. 220-MHz-^{1}HNMR-Spektrum von Gramicidin S [5] in d_6-DMSO (61).

ste sind äquivalent und haben identische Spektren, wodurch die Zuordnung des NMR-Spektrums (Abb. 2.4.) erleichtert wird, die u. a. durch Entkopplung der NH-Protonen gesichert wurde.

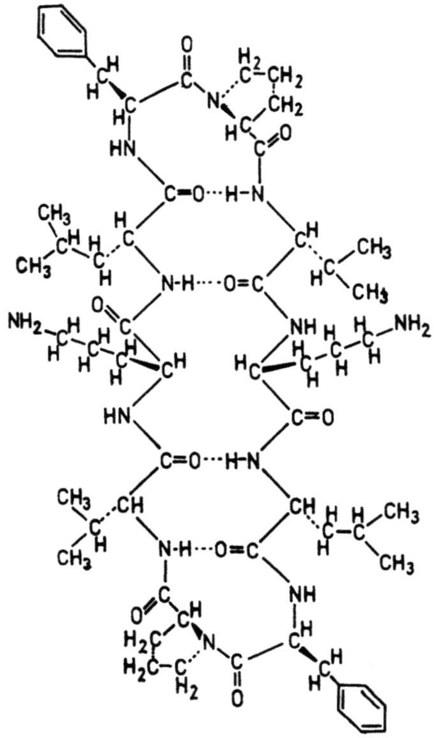

[5]

Der Umfang des NH-Austausches in CD_3OD und mit D_2O in d_6-DMSO wird für die Val- und Leu-Reste gegenüber den Phe- und Orn-Resten sehr viel geringer gefunden. Alle NH-Protonen scheinen dem gleichen Temperatureinfluß auf die chemischen Verschiebungen zu unterliegen. Die Konformation von Gramicidin S ist in Formel [5] wiedergegeben (57, 62, 63).

2.1.2. Proteine

Physikalische und chemische Methoden werden eingesetzt, um Konformationen und Konformationsänderungen, Enzymaktivitäten und andere Bereiche der Proteinstruktur aufzuklären. Auch die hochauflösende Kernresonanzspektroskopie hat sich zu einer Methode entwickelt, die eine große Zahl struktureller Parameter der Proteine bestimmen kann, die einerseits eigentümlich und auf anderem Wege nicht zu ermitteln sind, andererseits komplementäre Aussagen zur Röntgenspektroskopie liefern. Die NMR-Spektroskopie hat sich drei prinzipiellen Bereichen der Proteinstruktur gewidmet: die direkte Beobachtung der Proteinmoleküle selbst, mit teilweiser Betonung von Einflüssen der Wechselwirkung der Ketten im nativen oder gefalteten bzw. ungefalteten oder denaturierten Zustand; zweitens die Beobachtung der Bindung kleiner Moleküle wie Cofaktoren, Inhibitoren und Lösungsmittel an das Protein und drittens die Wirkung paramagnetisch aktiver Gruppen in Enzymen und aromatischer Gruppen auf die chemische Verschiebung benachbarter Protonen. Ein großer Teil der NMR-Untersuchungen wurde an Proteinen durchgeführt, deren Konstitution durch Röntgenbeugung bestimmt worden war: Ribonuclease, Myoglobin, Hämoglobin und Insulin. Weiterhin haben Trypsin, Chymotrypsin und Cytochrome einige Aufmerksamkeit gefunden, für die partielle Strukturen oder mindestens Aminosäuresequenzen bekannt sind. Der am häufigsten beobachtete Kern ist das Proton, allerdings haben ^{19}F, ^{31}P, ^{35}Cl und einige wenige andere Kerne eine begrenzte Anwendung in speziellen Studien gefunden.

Der Einsatz von Spektrometern hoher Feldstärke sowie Fourier-Transform-NMR (64, 65), die besonders für ^{13}C-Kerne Anwendung gefunden hat, ermöglichen höhere Empfindlichkeit und Auflösung; dies ist bei Proteinen eine besondere Problematik, da die zahlreichen Protonen mit oft naher Äquivalenz der chemischen Verschiebungen in zwanzig oder mehr Aminosäuren Überlagerungen verursachen. Eine Linienverbreiterung in Proteinspektren ist überdies auf eine langsame Molekularbewegung und die unvollständige Ausmittlung dipolarer Wechselwirkung mit den Relaxationszeiten zurückzuführen.

In manchen Fällen ist es möglich, die NMR-Spektroskopie ohne Berücksichtigung dieser Schwierigkeiten einzusetzen, wenn Einflüsse der Proteine auf Substrate oder andere kleinere Moleküle studiert werden. Wenn das Protein ein paramagnetisches Ion, wie z. B. Magnesium, enthält, können Einflüsse auf Relaxationszeiten, auf Lösungsmittel und Substrate vorausgesagt werden. Diese Wechselwirkungen wurden in eleganter Weise eingesetzt, um Enzym-Substrat-Wechselwirkungen zu untersuchen (66).

2.1.2.1. Zuordnungen

Die Komplexität der Proteine legt nahe, daß eine detaillierte Zuordnung der ^{1}HNMR-Spektren auf Schwierigkeiten trifft. Jedoch zeigten schon die vorläufigen Pioniermessungen, daß durch Vergleich mit den Spektren der zugrundeliegenden Aminosäuren bei Ribonuclease (67, 68), Myoglobin (68) und anderen generelle Zuordnungen gemacht werden können (Tab. 2.2.).

Bovey (69) berichtete über die 40-MHz-Spektren einiger Proteine in Trifluoressigsäure, ein Lösungsmittel, in dem die Proteinketten völlig ungefaltet vorliegen. *Kowalsky* beobachtete eine Reihe von Proteinen bei

56,4 MHz (70) und machte einige signifikante Zuordnungen für Cytochrom C bei 60 MHz (71). Die C-2-Protonenpeaks der Imidazolgruppe des Histidinrestes wurden im 60-MHz-Spektrum der Ribonuclease für pK-Bestimmungen dieser Gruppe benutzt (72, 73). Während diese Arbeiten bei niedrigen Spektrometerfrequenzen bis 100 MHz (74) zwar die prinzipiellen Möglichkeiten von NMR für Proteinuntersuchungen zeigten, war in den meisten Fällen die Peaküberlappung jedoch so stark, daß detaillierte Strukturinformationen begrenzt waren. Bei fortschreitender Entwicklung der NMR-Spektrometer ist heute bis 360 MHz (75, 76) eine weitgehende Zuordnung auch in Proteinspektren möglich.

2.1.2.2. Ribonuclease

Ribonuclease, das aus Ochsenpankreas in kristalliner Form isoliert werden kann, hydrolysiert die Ribonucleotidbindungen, mit denen die Pyrimidinnucleotide in 3′-Stellung verestert sind. Das Enzym enthält 124 Aminosäuren, während die Kette durch vier Disulfidbrücken vernetzt ist (77). Die Hauptkette wird durch die Disulfidbrücken in einer Reihe von

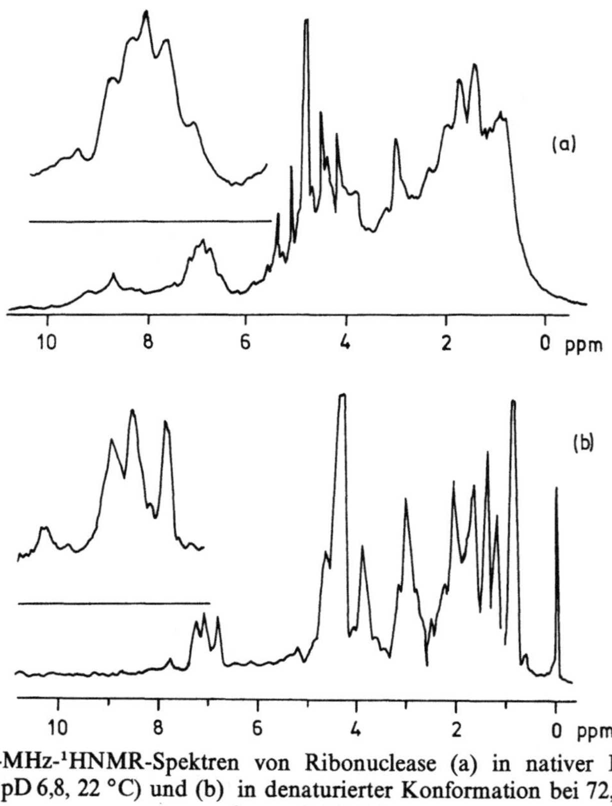

Abb. 2.5. 220-MHz-^{1}HNMR-Spektren von Ribonuclease (a) in nativer Konformation (11% in D_2O, pD 6,8, 22 °C) und (b) in denaturierter Konformation bei 72,5 °C, Bezugssubstanz DSS (76).

Falten und Schleifen zusammengehalten. Dies erklärt die hohe Stabilität des Moleküls.

Die 220-MHz-^{1}HNMR-Spektren der Ribonuclease in nativer und thermisch denaturierter Konformation sind in Abb. 2.5. wiedergegeben. Die starke Linie in dem Bereich 4,5 – 5,5 ppm ist HDO zugehörig. Das 220-MHz-Spektrum der Ribonuclease ist recht gut aufgelöst, zumindest im Vergleich zum 60-MHz-Spektrum, sogar in der nativen Konformation. Eine auffallende Vereinfachung und verbesserte Auflösung wird jedoch nach thermischer Denaturierung erreicht. Demzufolge erscheint die Hochfeld-Spektroskopie als eine nützliche Methode, Proteinkonformationen in Lösung zu studieren.

Einen Fortschritt in der Analyse der NMR-Spektren der Ribonuclease in der denaturierten Form liefern die chemischen Verschiebungen der zugrundeliegenden Aminosäuren. Beispielsweise kann die scharfe und bei extrem hohem Feld liegende Resonanz, die in dem 72,5 °-Spektrum bei 0,85 ppm auftritt (Abb. 2.5.) den stark abgeschirmten Methylprotonen von Valin, Leucin und Isoleucin zugeordnet werden. Von den aromatischen Aminosäuren enthält Ribonuclease vier Histidin-, drei Phenylalanin- und sechs Tyrosinreste; Tryptophan ist abwesend. Die in dem Bereich 6,8 – 7,8 ppm auftretenden Resonanzen sind im Spektrum des denaturierten Proteins den aromatischen Protonen der Aminosäurekomponenten zuzuordnen. Das Signal bei 7,8 ppm ist den C-2-Protonen der Histidinreste zugehörig; die Phenylprotonen der Phenylalanine erscheinen als verbreiterter Peak bei 7,3 ppm; die ortho- und meta-Protonen der Phenylgruppe der Tyrosinreste sind den Signalen bei 6,8 und 7,2 ppm zuzuordnen. Eine Denaturierung von Proteinen ist nicht nur auf thermischem Wege, sondern auch durch geeignete Lösungsmittel möglich, hierzu gehört Trifluoressigsäure (76).

2.1.2.3. Lysozym

Als Lysozym wurde von *Fleming* ein Enzym bezeichnet, das in verschiedenen Sekreten vorkommt und die Fähigkeit zur Lysis gewisser Bakterien (z. B. Micrococcus lysodeicticus) besitzt. Die reichste Quelle ist das Hühnereiweiß, aus welchem das Enzym direkt kristallisiert werden kann. Es handelt sich um ein stark basisches Protein. Hühnereiweiß-(HEW)-Lysozym hat ein Molekulargewicht von 14 600. Es liegen 129 Aminosäurereste mit vier Disulfidbrücken vor (Abb. 2.6.). Menschliches Lysozym unterscheidet sich von HEW-Lysozym in der Sequenz an einigen Stellen, ist jedoch in Form und Funktion sehr ähnlich (78, 79). Die Aufklärung der Raumstruktur von HEW-Lysozym gelang mit Hilfe der Röntgenspektroskopie (80 – 85).

Die Temperaturabhängigkeit des NMR-Spektrums von Lysozym ist in Abb. 2.7. wiedergegeben. Oberhalb 74 °C liegt eine völlige thermische Denaturierung vor, und man beobachtet ein Spektrum mit scharfen Re-

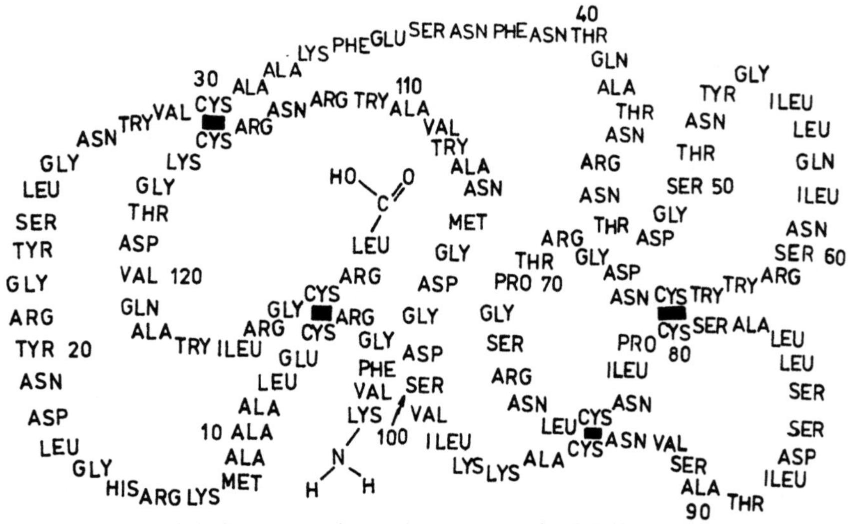

Abb. 2.6. Sequenzen der Aminosäurereste im HEW-Lysozym.

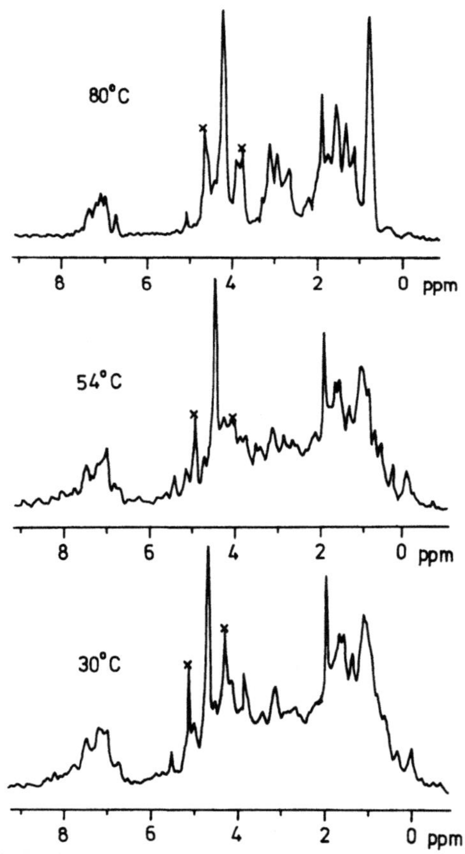

Abb. 2.7. 220-MHz-^{1}HNMR-Spektren von Lysozym in D_2O bei verschiedenen Temperaturen. Die Rotationsseitenbänder der HDO-Resonanz sind durch × markiert (76).

sonanzen (76). Eine detaillierte Analyse des Spektralbereichs der aromatischen Protonen ist durch den relativ hohen Anteil des Tryptophans erschwert. Von den 129 Aminosäuren liegen beim Lysozym des Hühnereiweißes sechs Tryptophanreste vor (86, 87). Die komplexe Natur der Absorption der Indolprotonen des Tryptophans im aromatischen Bereich steht im starken Gegensatz zu der einfachen Absorption der aromatischen Protonen von Histidin, Phenylalanin und Tyrosin (88).

Die auffallendste Veränderung durch Konformationswechsel infolge Denaturierung wird bei extrem hohem Feld beobachtet. In der denaturierten Form des Proteins (das 80°-Spektrum in Abb. 2.7.) kann die scharfe Resonanz bei 0,85 ppm, wie im Spektrum der Ribonuclease, den stark entschirmten Methylgruppen von Leucin, Isoleucin und Valin zugeordnet werden. Wie aus Abb. 2.7. zu ersehen ist, führt die reversible Annahme der nativen Konformation des Proteins bei Temperaturerniedrigung unter 74° zu einer Abnahme der Intensität dieser Resonanz mit dem gleichzeitigen Auftreten von Resonanzen in dem Bereich +0,7 bis – 0,7 ppm. Das Auftreten von Resonanzen in diesem Bereich ist

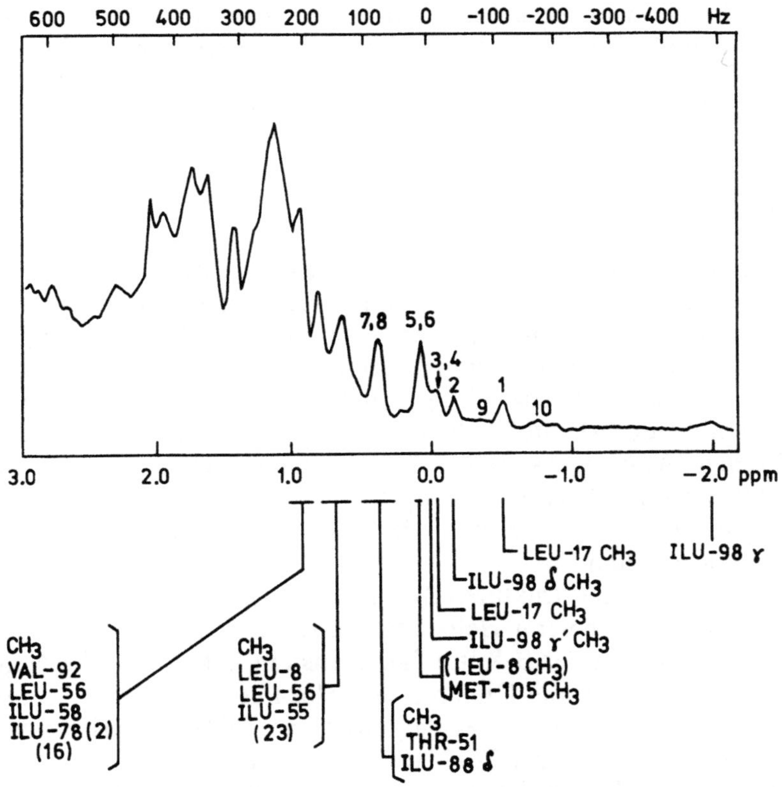

Abb. 2.8. 220-MHz-^{1}HNMR-Teilspektrum von Lysozym mit der Zuordnung nach *McDonald* und *Phillips* (89), Bezugssubstanz DSS.

bemerkenswert, da weder in den Spektren der entsprechenden Aminosäuren noch in den Spektren von Lysozym oder anderen Proteinen in der denaturierten Form diese Signale beobachtet werden.

Diese Resonanzen reflektieren also offenbar in besonders empfindlicher Weise die gefaltete Konformation des Proteins. Demzufolge ist es von einigem Interesse, die Herkunft dieser bei hohem Feld liegenden Resonanzen zu untersuchen in der Erwartung, daß Wechselwirkungen des Enzyms mit Substraten und Inhibitoren aufgedeckt werden sowie Umgebungseinflüsse auf die Konformation des Enzyms.

Die Möglichkeiten der Anwendung von Ringstromverschiebungen für die Analyse der Spektren von Proteinen bei hohem Feld wurden eingehend studiert (76, 88), um die Kontaktpunkte der gefalteten Konformation für Lysozym und Cytochrom C aufzudecken. Der Mangel an geeigneten Modellverbindungen hat bis heute jedoch nur zu einer qualitativen Bestätigung der Ringstromeffekte bei gefalteten Proteinen geführt (76).

Ringstromfelder verschieben die Resonanzen der Protonen, die sich an der Peripherie jedoch außerhalb der Ebenen der aromatischen Gruppen befinden, nach tiefem Feld, da sich in dieser Konfiguration das Ringstromfeld zu dem externen polarisierten Feld addiert. Andererseits unterliegen oberhalb und unterhalb der aromatischen Ringe lokalisierte Protonen einer Verschiebung nach höherem Feld, da in dieser Orientierung das Ringstromfeld das externe Feld schwächt.

2.1.2.4. Insulin

Insulin, ein Hormon der Bauchspeicheldrüse, ist ein Proteohormon, das auf innersekretorischem Wege den normalen Stoffwechsel der Kohlenhydrate zusammen mit anderen Hormonen gewährleistet. Durch partielle Hydrolyse mit Chymotrypsin ermittelte *F. Sanger* (90) die vollständige Aminosäuresequenz. *Sanger* stellte fest, daß das Insulinmolekül eine Peptidkette (A) enthält, die Glycin als N-terminale Gruppe hat, und daß ferner (A) über Disulfidbrücken mit einer zweiten Kette (B) mit N-terminalem Phenylalanin verknüpft ist. Durch Oxidation mit Perameisensäure wurden unter Spaltung der CyS – SCy-Bindungen zwei Cysteinylpeptide erhalten.

Wie eine Röntgenstrukturanalyse zeigte (91), ist die A-Kette stark gefaltet und ähnlich einer α-Helix angeordnet, die sich auch zwischen den Disulfidbrücken in der B-Kette findet. Insulin hat eine starke Neigung, Polymere zu bilden, die Dimeren und Hexameren sind gut charakterisiert (91). Das niedrige Molekulargewicht von 5780 verspricht, daß aus dem NMR-Spektrum bei 220 MHz weitere Aussagen über die Konformation des Insulins in der nativen Form möglich sind. Insulinderivate im ungefalteten Zustand wurden bei 60 MHz (92) und 220 MHz (93) in

CF_3CO_2H und CF_3CO_2D untersucht, wobei individuelle Resonanzen mit Hilfe der Aminosäuren zugeordnet werden konnten.

2.1.2.5. *Myoglobin*

Myoglobin gehört wie Hämoglobin, Cytochrom C und Ferredoxin zu den Hämoproteinen, die in allen lebenden Organismen eine wesentliche Rolle für den Sauerstofftransport spielen. Hämin [6] hat die Formel $C_{34}H_{32}O_4N_4FeCl$; es ist das Chlorid des Grundkörpers Häm, $C_{34}H_{32}O_4N_4FeOH$.

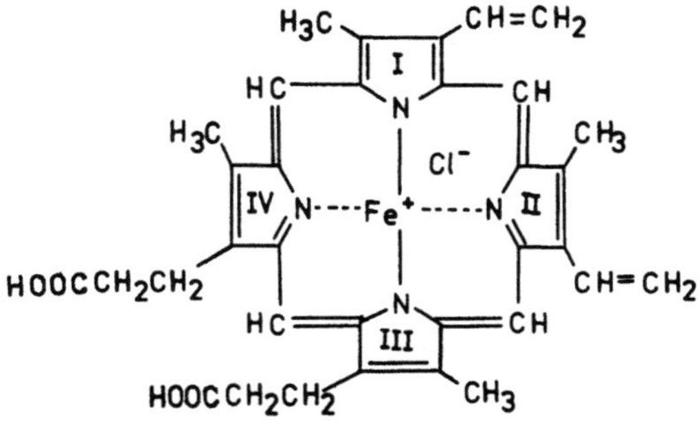

[6]

Die Hämgruppe im Myoglobin ist eine Protoporphyrin-eisen(III)-Einheit, in welcher das Eisen an vier Stickstoffatome gebunden ist. Einer der axialen Liganden ist ein Histidylrest der Polypeptidkette.

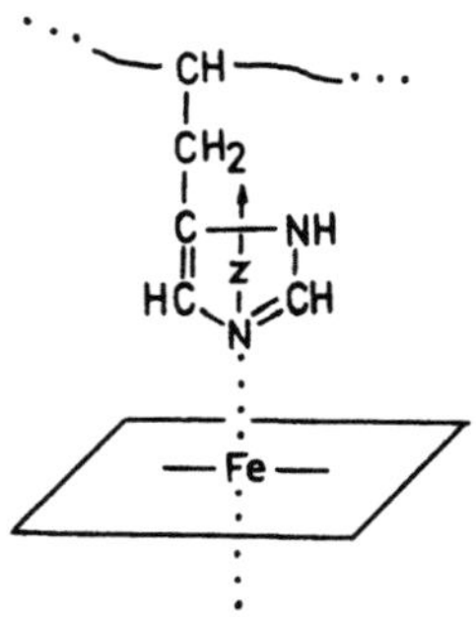

[7]

Myoglobin bindet Sauerstoff und lagert ihn in Muskeln, bis dieser für metabolische Oxidation benötigt wird. Aus offensichtlichen Gründen tritt es besonders reichlich in der Muskulatur tauchender Wirbeltiere auf, wie beim Wal und Tümmler. Myoglobin besteht aus 153 Aminosäureresten (Molekulargewicht 17 800) und enthält eine Hämeinheit. Es treten keine Disulfidbrücken auf. Die Sequenz (94) und Konformation (95 – 102) von Sperma-Wal-Myoglobin ist bekannt. Das Molekül des Myoglobins enthält die Hämeinheit in einer hydrophoben Tasche, da diese Anordnung (Abb. 2.9.) hilft, das Eisen in der Fe^{2+}-Form zu halten, die für die Sauerstoffbindung notwendig ist.

Die hochauflösenden NMR-Spektren von Cyanoferrimyoglobin wurden studiert (103, 104). Abb. 2.10. zeigt das 220-MHz-^{1}HNMR-Spektrum von Cyanoferrimyoglobin aus dem Sperma des Wals gemessen in D_2O in neutralem Medium; (a) ist der normale Bereich von – 1 bis 9 ppm, wo sich alle diamagnetischen Resonanzen des Myoglobins finden; (b) zeigt den Bereich bei tiefem Feld (etwa 10 – 30 ppm) und hohem Feld

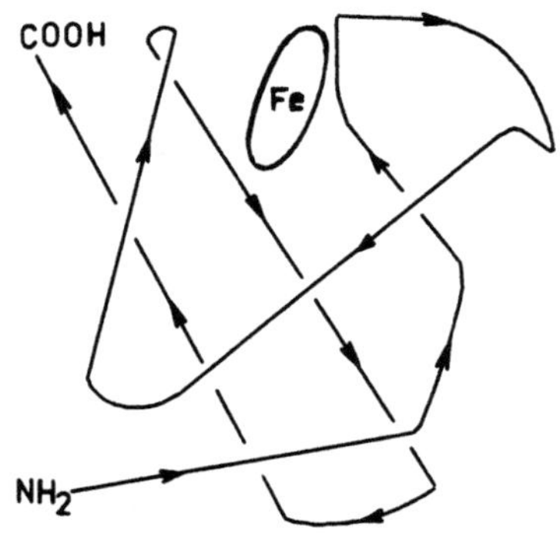

Abb. 2.9. Zeichnung der Tertiärstruktur des Myoglobins (95).

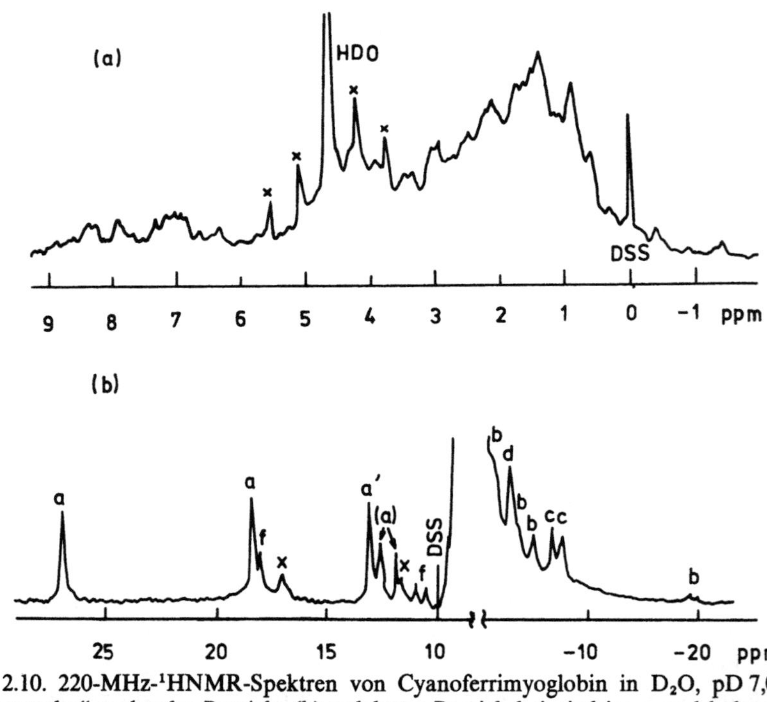

Abb. 2.10. 220-MHz-^{1}HNMR-Spektren von Cyanoferrimyoglobin in D_2O, pD 7,0, 25°; (a) „normaler" spektraler Bereich; (b) gedehnter Bereich bei niedrigem und hohem Feld. Durch „×" markierte Peaks sind Rotationsseitenbänder des HDO-Peaks (105).

(0 bis −20 ppm), wobei der größte Teil des „normalen“ Bereichs weggelassen ist. Die Bezugssubstanz DSS liegt bei 0 ppm und der HDO-Peak bei 4,65 ppm. Die bei niedrigem Feld auftretenden Resonanzen sind der Hämeinheit und den Imidazolprotonen des His-93 zugehörig. Diese Protonen konnten aufgrund der Intensitäten zugeordnet werden und durch Vergleich mit Spektren synthetisierter Myoglobine, die Hämeinheiten mit Äthylgruppen anstelle der Vinylgruppen enthielten, sowie durch Beobachtung des Einflusses von Xenon und Cyclopropan auf das MbCN-Spektrum (106). Diese Moleküle, obgleich inert, können mit Myoglobin assoziieren unter Bindung in der hydrophoben Tasche in unmittelbarer Nähe der Hämeinheit. Sterische und Cyclopropan-Ringstromeinflüsse bestätigen die Zuordnung. Die mit *a* markierten 3-Protonenpeaks sind den Hämmethylgruppen zuzuordnen. Eine Methylresonanz ist in zwei Peaks aufgespalten. Die mit *a'* bezeichnete Methylresonanz ist wahrscheinlich dem II-Pyrrolring des Häms zugehörig. Die mit *f* markierten 1-Protonpeaks sind den CH-Protonen der Ringvinylgruppen zuzuordnen. Die mit *x* markierten Peaks rühren wahrscheinlich von den C-2- und C-4-Protonen des Imidazolringes der axialen Histidylgruppe her.

Das Hämeisen zeigt einen verschiedenen Spin S in Abhängigkeit von dem Oxidationszustand und der Natur der sechs Liganden. Die eisenhaltige Hämeinheit von Myoglobin und Hämoglobin ist in der Lage, molekularen Sauerstoff zu binden und wird dann diamagnetisch. Die elektronische Spin-Gitter-Relaxationszeit T_{1e} liegt um $2 \cdot 10^{-10}$ sec, und das Ligandenfeld um Fe^{3+} ist schwach; diese Faktoren erschweren die Beobachtung der Ligandenprotonen aufgrund einer starken Linienverbreiterung. Bei Komplexbildung mit Cyanidion wird der Spin zu ½ reduziert, und die Relaxationszeit der Ligandenprotonen, die von $S(S+1)$ abhängt, wird vermindert. Mit Reduzierung von T_{1e} wird das Ligandenfeld verstärkt. In diesem niedrigen Spinzustand nimmt das ungepaarte Elektron ein Molekülorbital mit π-Symmetrie ein (107).

2.1.2.6. *Hämoglobin*

Die Ursache der roten Farbe des Blutes ist der in den Erythrocyten vorhandene rote Blutfarbstoff, das Hämoglobin. Die Erythrocyten enthalten etwa 35% Hämoglobin. Das Eisen spielt bei der Bindung des Häms an das Globin eine wesentliche Rolle. Es ist im Häm mit zwei Hauptvalenzen an Stickstoff gebunden und ersetzt die zwei am Pyrrolstickstoff stehenden Wasserstoffatome.

Hämoglobin ist aus zwei α-Ketten und zwei β-Ketten aufgebaut, welche sich in geringen Details voneinander unterscheiden und vom Myoglobin, zu dem eine enge familiäre Beziehung besteht. Jede der vier Einheiten enthält eine Hämgruppe in einer hydrophoben Tasche ähnlich dem Myoglobin. Die α-Kette enthält 141 Aminosäurereste und die β-Kette 146, was zu dem Molekulargewicht 64 500 führt.

Die NMR-Spektren der Hämoglobine (108 – 113) sind ähnlich dem des Myoglobins. Da Hämoglobin etwa das vierfache Molekulargewicht des Myoglobins hat, ist zu erwarten, daß die individuellen Resonanzen verbreitert sind, wie auch beobachtet wird. Dies macht die Messung und Interpretation der Spektren schwieriger.

2.1.2.7. Cytochrom C

Cytochrom C ist durch Änderung der Oxidationsstufe des Eisens ein elektronen-transportierendes Protein, das sich in den Mitochondrien aerober Organismen findet. Ungeachtet seiner Herkunft besteht das Molekül stets aus einer einzigen, aus 104 – 112 Resten aufgebauten Polypeptid-Kette. Durch Röntgen-Analyse von Pferde- und Makrelen-Fe^{III}-Cytochrom wurde bestätigt, daß die Konformationen der Cytochrome nahe verwandt sind (78). Bei Wirbeltieren enthält die Kette immer 104 Reste mit einer acetylierten N-terminalen Gruppe; bei Insekten ist die Kette auf 108 Reste und bei Pilzen auf 108 – 110 Reste verlängert, wobei die zusätzlichen Reste stets am N-terminalen Ende angefügt sind. Die Hämgruppe ist ähnlich der des Myoglobins und Hämoglobins, unterscheidet sich jedoch durch zwei kovalente Bindungen an zwei Cystein-Einheiten durch Addition der Cystein-Thiolgruppen an die Häm-Vinyldoppelbindungen. Der His-18-Rest, der bei verschiedenen Cytochrom-Spezies nicht variiert, liefert einen der axialen Liganden. Der sechste Rest ist ein Methioninrest.

Die Gegenwart einer Hämresonanz, die im NMR-Spektrum einer Kontaktverschiebung unterliegt, wurde für Cytochrom C erstmals von *Kowalsky* (71) beobachtet. Nachfolgende Arbeiten von *Wüthrich* (114) sowie von *McDonald* et al. (176, 115) lieferten weitere Informationen über diese Resonanzen und signifikante Peaks, die auf Ringstromeffekte zurückgeführt werden konnten.

2.2. ^{13}C-Resonanz

Die Ergebnisse der Fourier-Transform-^{13}C-Messungen an Aminosäurederivaten (116, 117) mit natürlichem ^{13}C-Gehalt sowie Messungen an ^{13}C-angereicherten Aminosäuren gegen Tetramethylsilan als externen Standard lassen sich folgendermaßen zusammenfassen:

a) die ^{13}C-Carbonylsignale der Carboxy-, Ester-, Amid-, Hydrazid- und Peptidgruppen erscheinen zwischen +185 und +170 ppm. Acylschutzgruppen wie Benzyloxycarbonyl- und tert.-Butyloxycarbonyl- werden durch Signale zwischen +160 und +150 ppm charakterisiert.

b) Die $^{13}C_\alpha$-Signale der Aminosäuren liegen zwischen +65 und +40 ppm. Man beobachtet eine charakteristische Abhängigkeit von der Seitenkette.

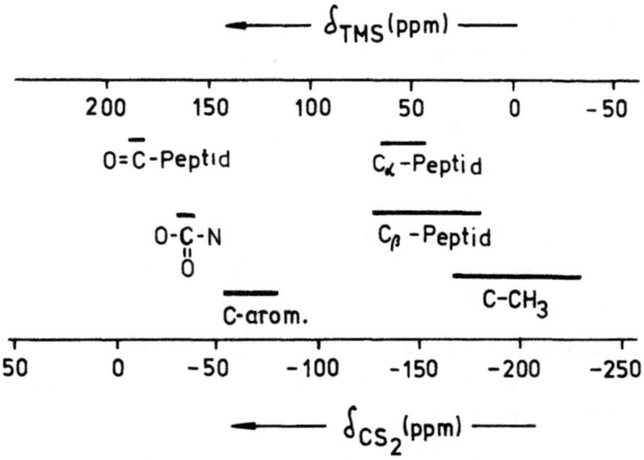

Abb. 2.11. δ-Skala der ¹³C-Resonanzen in Peptiden.

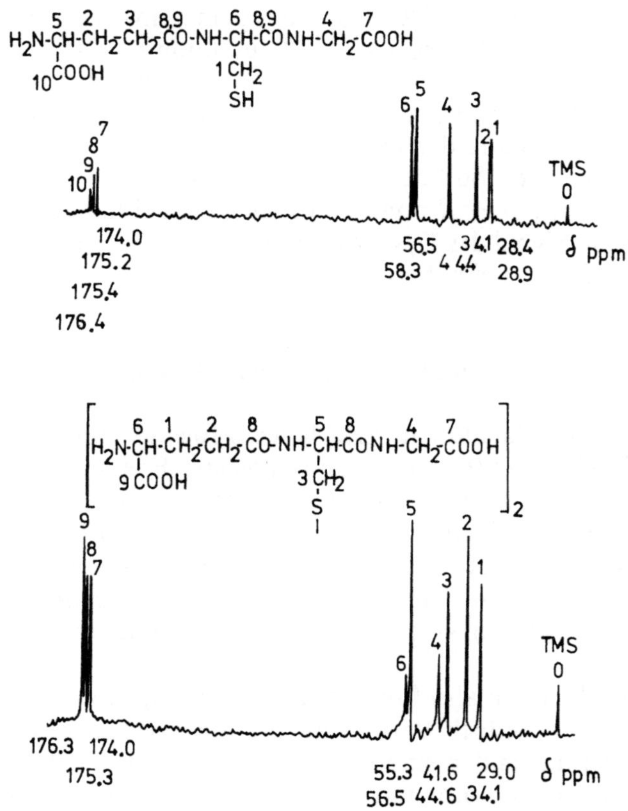

Abb. 2.12. ¹³C-NMR-Spektren von 0,2 M Glutathion (oben) und seiner oxidierten Form (unten) in wäßriger Lösung bei 25 °C, TMS als externer Standard (117).

c) Die $^{13}C_{\beta}$-Signale von Aminosäuren erscheinen zwischen +70 und +15 ppm und werden von Heterosubstituenten wie $-SH$ und $-OH$ stark beeinflußt.

d) Die ^{13}C-Signale aromatischer Ringe in der Seitenkette liegen zwischen +140 und +120 ppm.

Die ^{1}H-rauschentkoppelten 22,63-MHz-Fourier-Transform-^{13}C-NMR-Spektren von Glutathion und seiner oxidierten Form sind in Abb. 2.12. wiedergegeben. Es lassen sich die Carboxysignale der beiden Peptide durch Vergleich mit Glutaminsäure (+175,6 ppm) und Glycin (+173,5 ppm) zuordnen. Im Bereich der Carbonylresonanz liegen ferner die Signale der beiden Peptidgruppen, die im Glutathion aufgelöst sind (+175,2 und +175,4 ppm) in der oxidierten Form dagegen zusammenfallen (+175,3 ppm). Ein weiterer Vergleich der Spektren des Glutathions und seiner oxidierten Form zeigt, daß die ^{13}C-Signale der Methylengruppen der Glutaminsäure (C_{β}: +29,0; C_{γ}: +34,1 ppm) und des Glycins (+44,6 ppm) in beiden Peptiden nahezu gleich sind.

Auffallend sind die großen Unterschiede der chemischen $^{13}C_{\alpha}$- und $^{13}C_{\beta}$-Verschiebungen des Cysteins und Cystins im Glutathion bzw. seiner oxidierten Form: Das ^{13}C-Signal des dem Schwefel benachbarten C_{β} verschiebt sich beim Übergang vom Glutathion ($-CH_2-SH$) zur oxidierten Form ($-CH_2-S-S-CH_2-$) um 13 ppm nach tieferem Feld, das ^{13}C-Signal des C_{α} verschiebt sich um 3 ppm nach höherem Feld. Eine weitere Erhöhung der Oxidationsstufe hat eine noch größere Verschiebung zur Folge. So liegt das ^{13}C-Signal des C_{β} in der Cysteinsäure ($-CH_2-SO_3H$) mit +52 ppm um ca. 24 ppm bei tieferem Feld als das entsprechende Signal des Cysteins, während das $^{13}C_{\alpha}$-Signal der Cysteinsäure um ca. 5 ppm bei höherem Feld liegt.

2.3. Infrarot- und Raman-Absorption

Ein von einem Lichtquant getroffenes Molekül nimmt nur ganz bestimmte, durch den Wert $h\nu_{abs}$ charakterisierte Energiemengen auf. Die Energiedifferenzen sind der Frequenz einer ultraroten Absorptionsbande proportional. Die beim *Raman*-Effekt absorbierten Energien sind den bei der Bestrahlung von Stoffen mit infrarotem Licht absorbierten Energiebeträgen äquivalent. Hieraus folgt, daß die aufgenommene Energie zur Anregung von Schwingungen der Atome innerhalb des Moleküls führt.

Es entsprechen sich also Infrarot- und *Raman*spektrum einander. Der Unterschied liegt jedoch darin, daß die zur Anregung von Molekülschwingungen dienenden Energiequanten im Falle der Bestrahlung mit ultrarotem Licht in Form ungeteilter Lichtquanten, im Falle der Bestrahlung mit sichtbarem Licht dagegen in Form von Anteilen größerer Quanten aufgenommen werden.

2.3.1. Identifizierung von Gruppen durch charakteristische IR-Frequenzen

Die Wellenzahlen der Wasserstoffvalenzschwingungen liegen bei Eiweißverbindungen in folgenden Bereichen:

– C – H-Banden treten auf zwischen 3000 und 2850 cm^{-1},
– N – H-Banden treten auf zwischen 3510 und 3350 cm^{-1},
– O – H-Banden treten auf zwischen 3650 und 3500 cm^{-1},
– S – H-Banden treten auf zwischen 2600 und 2550 cm^{-1}.

Die Wasserstoff-Deformationsschwingungen treten in einem weiten Bereich zwischen 1670 und 630 cm^{-1} auf. Die Positionen dieser *Banden* sind weitaus variabler als die der entsprechenden Valenzschwingungen. Die δ(N-H)-Schwingungen liegen in dem Bereich 1650 – 1590 cm^{-1}, werden jedoch in Gegenwart von Aromaten durch die sehr viel intensiveren Gerüstschwingungen überlagert. Eingehend untersucht wurden besonders die Kohlenwasserstoff-Deformationsschwingungen, die für die Strukturanalyse in vielen Fällen wertvoll sind.

Bei den Skelettschwingungen sind nicht Schwingungen lokalisierter Einfachbindungen beteiligt, sondern Bindungslängen und Bindungswinkel größerer Molekülbereiche. Die Skelett-Schwingungen überlagern die Wasserstoff-Deformationsschwingungen, dehnen sich jedoch nach sehr viel tieferen Wellenzahlen aus von 1250 – 200 cm^{-1}. Diese Absorptionen sind zwar schwierig zuzuordnen und einer theoretischen Behandlung nicht immer zugänglich, stellen jedoch einen „finger-print" der betreffenden Verbindung dar und sind somit von hohem analytischem Wert für die Identifizierung durch Spektrenvergleich.

Empirische Korrelationen wurden zwischen charakteristischen Infrarotbanden von Polypeptiden bei etwa 1650 cm^{-1} (Amid I) und etwa 1550 cm^{-1} (Amid II) und der Konformation dieser Polypeptide aufgestellt (118, 119). Bei Polypeptiden mit α-Helix wurden Amid I-Banden bei 1650 (s) und 1652 cm^{-1} (m) und Amid II-Banden bei 1546 (s) und 1516 cm^{-1} (w) beobachtet. Polypeptide mit zufälliger Konformation zeigten die entsprechenden Absorptionen bei 1656 und 1535 cm^{-1} (118). Die Anwendung der Störungstheorie zur Lokalisierung der Amid I- und Amid II-Banden (120) in Helixketten zeigte sich bei Polyglycin und einigen Proteinen nicht erfüllt (118, 121, 122). Neben den Amid I- und Amid II-Banden, die der CO-Valenzschwingung bzw. (NH)-Schwingung zugehörig sind, ist die Amid III-Bande ebenfalls für die Strukturanalyse von Peptiden von Bedeutung, die hauptsächlich auf die (C – N)-Schwingung zurückzuführen ist.

2.3.2. Raman-Absorption von Proteinen

Sowohl in fester Phase als auch in Lösung ist die Laser-*Raman*-Spektroskopie eine wichtige Technik bei der Untersuchung der Konformation von Proteinen und synthetischen Polypeptiden (123 – 129). Es ist offensichtlich, daß Struktur und Konformation der Proteine während der Denaturierung einem beträchtlichen Wandel unterliegen, und eine detaillierte Analyse des spektralen Wechsels kann Informationen über die Natur der strukturellen Änderung geben. Es ist gut bekannt, daß Insulin beim Erhitzen in verdünnter Salzsäure einer Transformation von der globulären Form in die Faserform unterliegt, mit einem beträchtlichen Verlust seiner Aktivität und Löslichkeit (124, 130, 131). Es kann jedoch Aktivität und Löslichkeit des Insulins durch Behandlung des inaktiven Insulins mit einer 10%igen wässrigen Phenollösung zurückgewonnen werden (132, 133).

Ambrose und *Elliott* (134) berichten über eine IR-Untersuchung des Insulins in dem Bereich der Amid I- und Amid II-Absorption. Es wurde gefunden, daß eine durch Erhitzen bei pH 2 durchgeführte Denaturierung eine Schwächung der Intensität der CO-Valenzschwingung bei 1657 cm^{-1} verursacht und eine neue Bande bei 1637 cm^{-1} auftritt. Wurde das denaturierte Insulin in wässrigem Phenol gelöst und mit Aceton ausgefällt, trat die 1657 cm^{-1}-Bande wieder auf. Dieses IR-Verhalten ist gegenüber der *Raman*-Absorption recht verschieden (124). Die Amid I-Bande des Insulins bei 1664 cm^{-1} (mit einer Schulter bei 1680 cm^{-1}) wird bei Denaturierung nach 1673 cm^{-1} verschoben und auffallend schärfer. Offenbar verursachen die Infrarot- und *Raman*-Technik bei Proteinen nicht die gleiche Amid I-Schwingung. Die Kopplung benachbarter Peptidgruppen mag hierfür verantwortlich sein. Es sei hier erwähnt, daß *Lord* (125) bei der chemischen Denaturierung von Lysozym ebenfalls eine Verschiebung der *Raman*-Bande von 1660 nach 1674 cm^{-1} im Amid I-Bereich beobachtete.

Eine weitere für die Peptid –CONH-Gruppe charakteristische Frequenz tritt bei 1260 cm^{-1} auf (Amid III). Im Spektrum des nativen Insulins werden drei aufgelöste Peaks bei 1239, 1270 und 1288 cm^{-1} beobach-

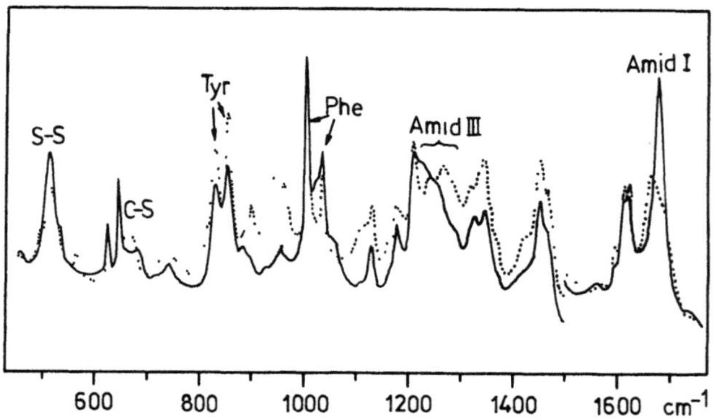

Abb. 2.13 Laser-*Raman*-Spektren von Rinder-Insulin, ... nativ, ——— denaturiert. Die auf Phenylalanin zurückzuführende Absorption bei 625 cm^{-1} ist in Lage und Intensität unabhängig von der Konformation und wird als innerer Referenzpeak benutzt (124, 127).

tet. Bei Denaturierung wird das Zentrum der Absorption deutlich von 1260 nach etwa 1230 cm^{-1} verschoben. Dies ist ein Beweis dafür, daß das Proteingerüst einer starken Entfaltung unterliegt und in irgendeiner zufällig gewundenen Form vorliegt. Bei der Denaturierung von Lysozym tritt im Amid III-Bereich ebenfalls eine Verschiebung der Schwerpunktabsorption von 1260 nach 1247 cm^{-1} auf (125).

Die *Raman*-Spektroskopie ist recht nützlich, um einen direkten Beweis für Gegenwart und Anzahl von Disulfidbrücken in Proteinen zu liefern und ebenso nützlich zum Studium der lokalen Geometrie der CS – SC-Gruppe (127). Aus der Tatsache, daß die S – S-Valenzschwingung im Spektrum des Insulins mit dem Zentrum bei 516 cm^{-1} nicht geschwächt wird oder verschwindet, ist bekannt, daß die Disulfidbindungen des Insulins bei der Denaturierung bestehen bleiben. Die C – S-Valenzschwingung der Disulfidgruppe in nativem Insulin tritt bei 670 cm^{-1} auf (eine bei 668, die andere bei 680 cm^{-1} als Schulter). Starker spektraler Wechsel in dem Bereich um 670 cm^{-1} und Formänderung der 516 cm^{-1}-Bande legen eine Veränderung der Diederwinkel und der CSS-Winkel der Disulfidglieder nahe, wofür jedoch weitere Untersuchungen an Modellsubstanzen notwendig sind.

Studien der *Raman*spektren von synthetischen Polypeptiden bekannter Struktur zeigen, daß die Amid I- und III-Frequenzen der α-Helix, der zufällig gewundenen denaturierten Form und der β-gefalteten Blattform recht unterschiedlich sind. Zum Beispiel zeigt die α-Helix von Poly-L-Alanin (135) die Amid I- und III-Schwingungen bei 1660 und 1264 cm^{-1}, die zufällig gewundene Poly-L-Glutaminsäure (128) zeigt die entsprechenden Banden bei 1665 und 1248 cm^{-1} und das antiparallele β-Polyglycin I (136) absorbiert bei 1674 und 1234 cm^{-1} (mit einer Schulter bei 1220 cm^{-1}). Man kann jedoch nicht in jedem Fall diese Absorptionen für verschiedene Konformationen in Proteinen als charakteristisch ansehen (125). Selektive Regeln können sowohl die Zahl als auch die Positionen der Frequenzen einschränken, die im Spektrum auftreten (125). Im Fall der Proteine gibt es infolge der Variation der Seitengruppen keine Symmetrieelemente, und hier sollte keine Symmetrieeinschränkung vorliegen. In den *Raman*spektren von Lysozym beobachteten *Lord* und *Yu* (127) drei aufgelöste Peaks bei 1240, 1262 und 1274 cm^{-1} in dem Amid III-Bereich, versuchten jedoch keine Zuordnung zu bestimmten Konformationen. Bei globulären Proteinen wurde der Amid III-Bereich untersucht und Amid III-Schwingungen oberhalb 1250 cm^{-1} der α-Helix und der β-gefalteten Blattform zugeordnet und Absorptionen unterhalb dieses Wertes der denaturierten Form (123). Demgegenüber fanden *Yu* et al. (124) eine Amid III-Bande bei 1227 cm^{-1} im Spektrum von thermisch denaturiertem Insulin, das als β-Struktur identifiziert worden ist. Für klärende Untersuchungen schien Glucagon ein ideales Modellsystem für die Zuordnung der Absorptionen.

Glucagon ist ein Polypeptid-Hormon mit 29 Aminosäure-Resten bekannter Sequenz (137). Es wurde berichtet, daß es kristallin zu 75% in der α-Helixstruktur vorliegt (138 – 140) und in Säuren überwiegend in denaturierter Form (141). Läßt man Glucagon in saurer Lösung bei 26° stehen, wandelt es sich allmählich in ein Gel um, für welches antiparalle-

1 2 3 4 5 6 7 8 9 10
L-His-L-Ser-LGlu(NH_2)-Gly-L-Thr-L-Phe-L-Thr-L-Ser-L-Asp-L-Tyr-
11 12 13 14 15 16 17 18 19 20
L-Ser-L-Lys-L-Tyr-L-Leu-L-Asp-L-Ser-L-Arg-L-Arg-L-Ala-L-Glu(NH_2)-
21 22 23 24 25 26 27 28 29
L-Asp-L-Phe-L-Val-L-Glu(NH_2)-L-Try-L-Leu-L-Met-L-Asp(NH_2)-L-Thr

Glucagon

le β-Ketten gefunden werden (141). In dem Bereich 1120 – 1700 cm^{-1} wurden die Laser-*Raman*-Spektren von Glucagon in diesen verschiedenen Konformationen untersucht und die Amid I- und III-Frequenzen mit denen synthetischer Polypeptide verglichen. In Abb. 2.14. sind die *Raman*-Spektren von Glucagon kristallin, neu präparierter wäßriger Lösung (pH 2,25) und als Gel wiedergegeben. Die Spektren zeigen eine schrittweise Abnahme der Wellenzahl der Amid III-Banden von 1266 (α-Helix) nach 1248 (zufällig gewundene Form) nach 1232 cm^{-1} (anti-parallel β). Diese Banden sind sehr ähnlich zu denen der α-Helix von Poly-L-Alanin, zufällig gewundener Poly-L-Glutaminsäure und antiparallelem β-Polyglycin I. In dem 1630 – 1700 cm^{-1}-Bereich tritt die Amid-I-Bande von kristallinem Glucagon bei 1658 cm^{-1} auf. Die Schulter bei 1685 cm^{-1} kann den denaturierten Segmenten des Glucagons zugeordnet werden (um 25%). Es ist bemerkenswert, daß im Amid III-Bereich eine Schulter bei 1235 cm^{-1} auftritt, die dem gleichen Strukturanteil zugeordnet werden kann (zufällig gewundene Form). In Abb. 2.14 b. überlagert die Wasserbande um 1640 cm^{-1} die Amid I-Frequenz des Glucagons in wäßriger Lösung. Bei Gelbildung wird die Amid I-Bande jedoch bei 1672 cm^{-1} schärfer mit einer Halbwertsbreite von etwa 15 cm^{-1} neben dem abfallenden Untergrund der Wasserabsorption. Wieder sind die beiden Banden bei 1658 und 1672 cm^{-1} in Übereinstimmung mit der korrespondierenden Amid I-Frequenz der α-Helix von Poly-L-Alanin und Polyglycin I.

Rubredoxin kann in einigen Elektronenübertragungs-Reaktionen Ferredoxin ersetzen und lenkt die Aufmerksamkeit auf das an diesen Redox-Prozessen beteiligte Eisenatom und die Reste, die es an das Protein binden (142). Eine Röntgenbeugungsanalyse (143) führte zu dem Ergebnis, daß das in Rubredoxin vorhandene einzelne Eisenatom in tetraedrischer Anordnung von vier Schwefelatomen umgeben ist, die Cysteinresten zugehörig sind. In den letzten Jahren wurden Wege aufgezeigt, in Nichthäm-Proteinen die Bindungsart des Eisens mit Hilfe der Laser-*Raman*-Spektroskopie zu charakterisieren (144).

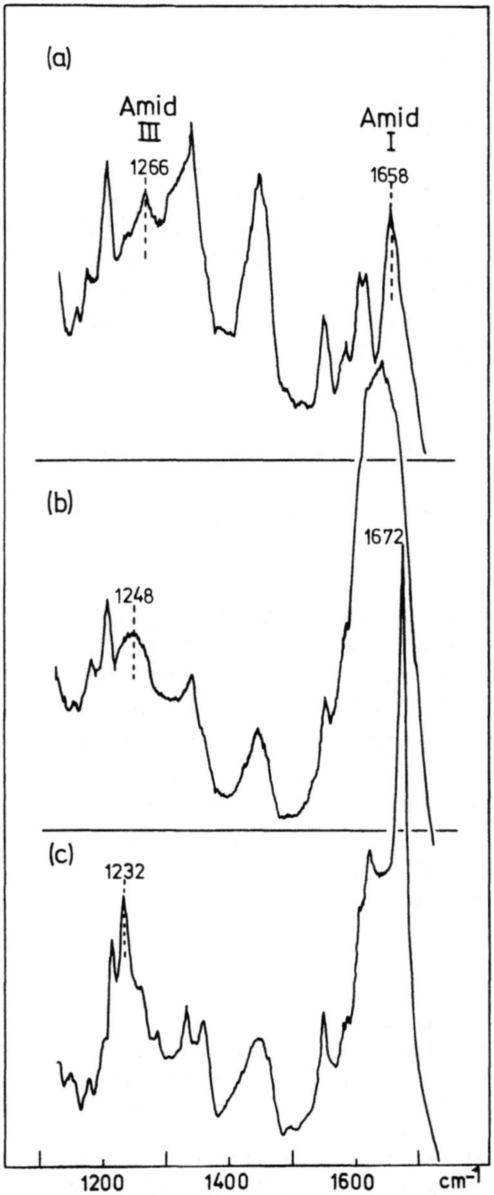

Abb. 2.14. Laser-*Raman*-Spektren von Glucagon bei verschiedener Präparation. (a) Spektrum des kristallinen Glucagons, (b) wäßrige Lösung und (c) aus wäßriger Lösung hergestelltes Gel (123).

Oxidierte Rubredoxine von *Pseudomonas oleovorans* (142) und *Peptostreptococcus elsdenii* (145) zeigen negative Cotton-Effekte bei 632 und 502 nm und ein ähnliches Circular-Dichroismus-Spektrum ist für Clostridial-Rubredoxin zu erwarten (144, 146). Die 632,8 nm-Linie des He-Ne-Lasers stimmt mit der ersten dieser Absorptionen überein, die offenbar einen Resonanz-*Raman*-Effekt*) des kristallinen Rubredoxins anregt (144). *Raman*-Verschiebungen von Rubredoxin bei 368 und 314 cm^{-1} sind den ν_3- und ν_1-Valenzschwingungen des Fe-S_4-Tetraeders zuzuordnen (129), der den optisch aktiven Chromophor darstellt. Das Laser-*Raman*-Spektrum einer wäßrigen Lösung von oxidiertem Clostridial-Rubredoxin ist in Abb. 2.15. wiedergegeben. Dieses Spektrum wurde mit der 488,0 nm-Linie eines Ar^+-Lasers angeregt, die innerhalb einer starken Absorptionsbande des Moleküls mit dem Zentrum bei 490 nm liegt. Obwohl das Rauschniveau des Spektrums eine genaue Bestimmung des Depolarisationsverhältnisses**) erschwert, ist die Bande bei 368 cm^{-1} offensichtlich depolarisiert (ρ = 0,9), während die Bande bei 314 cm^{-1} polarisiert ist (ρ = 0,3). Dies ist in Übereinstimmung mit der Zuordnung der ν_3- und ν_1-Schwingungen eines Tetraeders mit T_2- bzw. A_1-Symmetrie.

Weiterhin wird eine breite Bande in dem Spektrum mit $I_\perp$-Polarisation beobachtet mit einem Maximum bei 126 cm^{-1}. Diese Bande scheint eine schwache Schulter bei etwa 150 cm^{-1} zu haben, und diese Absorptionen können den ν_2- und ν_4-Schwingungen des Fe-S_4-Tetraeders zugeordnet werden.

Laser-*Raman*-Spektren von nativem Lysozym wurden in wäßriger Lösung in dem Temperaturbereich 32 – 76 °C untersucht (148). In diesem Bereich werden nur geringe quantitative Änderungen in den Spektren beobachtet, woraus zu schließen ist, das Konformationsänderungen der nativen Struktur überwiegend in der Seitenkette auftreten. Die Disulfidbrücken bleiben bis 76 °C erhalten. Wird dagegen die Proteinlösung auf 100 °C erhitzt, ergibt das durch irreversible Denaturierung entstehende Gel ein von dem nativen Protein deutlich abweichendes *Raman*-Spektrum; dies gilt besonders für den Amid I-, Amid II- und Disulfidbereich. In diesem Fall muß eine Unordnung des Polypeptidgerüstes ein-

---

*) Die Erregerlinie wird in die Nähe einer Absorptionsbande gelegt, wobei ein intensiveres *Raman*-Spektrum beobachtet wird.

**) Das Depolarisationsverhältnis einer *Raman*-Bande ist definiert als $\rho = I_\perp / I_\parallel$, wobei $I_\perp$ die integrierte Intensität der Ramanstreuung ist, deren Polarisation senkrecht zu der Polarisation der einfallenden Strahlung steht und die bei einem 90 °-Winkel zu der Polarisationsebene der einfallenden Strahlung beobachtet wird. $I_\parallel$ ist die integrierte Intensität des Streulichtes mit einer parallelen Polarisation zur einfallenden Strahlung (129). In Abb. 2.15. ist polarisierte Einfallsstrahlung eingesetzt und das Streulicht fällt durch einen Polarisations-Analysator, der so rotiert, daß nur Strahlung der gewünschten Polarisation passiert. Für symmetrische (A_1) Schwingungen ist ein Depolarisationswert unter 0,75 zu erwarten, während asymmetrische Schwingungen einen ρ-Wert von 0,75 haben sollten.

bezogen werden sowie ein Wechsel der Konformation in der Nähe der Disulfidbrücken. Es wird bei dieser thermischen Behandlung allerdings nur eine der vier Disulfidbrücken aufgebrochen, wobei aufgrund der Daten keine Bindungen verloren gehen, jedoch eine starke Änderung der molekularen Geometrie angenommen wird (148).

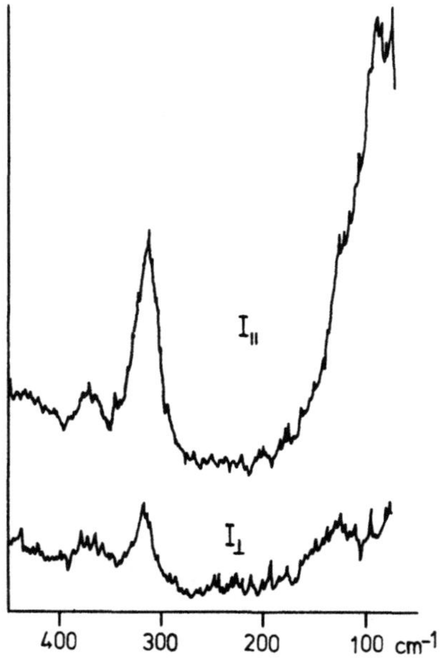

Abb. 2.15. Laser-*Raman*-Spektrum von Clostridial-Rubredoxin in wäßriger Lösung bei zwei Polarisationen, vgl. Text (129).

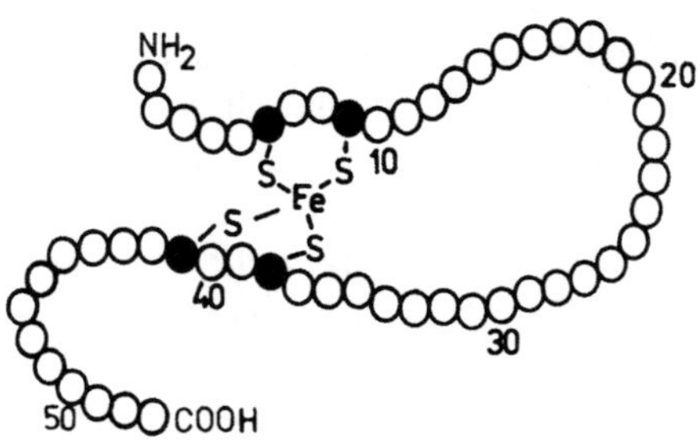

Abb. 2.16. Schematische Wiedergabe der Eisenbindung in Rubredoxin. Die Kreise stellen Aminosäurereste dar und die schwarzen Kreise in den Positionen 6, 9, 38 und 41 die Cystein-Reste (147).

2.4. Circulardichroismus und optische Rotationsdispersion

Die experimentellen Daten über optische Eigenschaften von Poly-α-Aminosäuren und Proteine haben seit der klassischen Arbeit von *Blout* (149) rasch zugenommen und verschiedene Bereiche des Themas beleuchtet (150 – 159). Ein gemeinsames Merkmal dieser Substanzen ist die Peptid-Gruppe mit nur einer Symmetrieebene (160). Wenn ein Substituent von einer Seite der Peptidebene zur anderen wechselt, ändert die

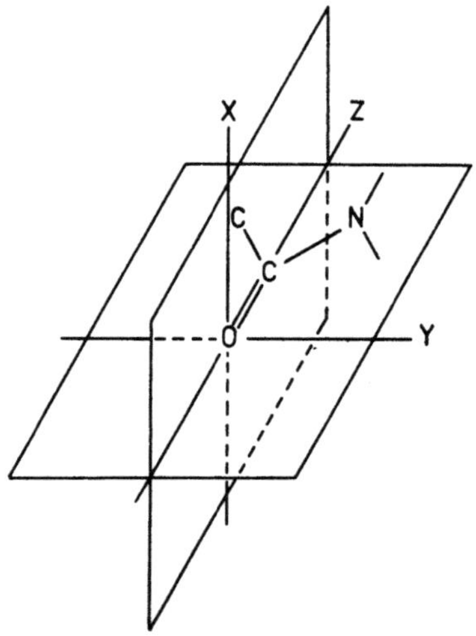

Abb. 2.17. Die Quadrant-Regel vorgeschlagen für die Peptidgruppe, vgl. Text (160).

optische Rotation das Vorzeichen. Unerwartet ist, daß die detaillierte theoretische und experimentelle Information des Peptid $n \rightarrow \pi^*$-Überganges mit negativer Drehung offenbar nicht direkt auf den Esterchromophor übertragen werden kann, bei dem eine positive optische Aktivität bei etwa 215 nm beobachtet wird (161 – 163). Das n-Orbital der CO-Gruppe hat eine Knoten-Oberfläche senkrecht zu der Ebene der Peptidgruppe. Diese Oberfläche ist bei symmetrischen Ketonen planar (164), bei Peptiden jedoch etwas verformt. Nach *Schellmann* (160) zeigen Berechnungen und Experimente, daß diese Oberfläche dieselbe Rolle wie eine wahre Symmetrieebene spielt, so daß die resultierende Regel für die Peptidgruppe eine Quadrant-Regel darstellt.

Die für die Peptid-Funktion vorgeschlagene *Regel* (160) ist in Abb. 2.17. wiedergegeben. Die vertikale Oberfläche ist nicht planar, aufgrund einer horizontalen Verzerrung der nichtbindenden Elektronen der Carbonylgruppe des Peptidteils (160).

Die Aufdeckung der anomalen Dispersion der Polypeptide mit α-Helix legte die auf die Konformation zurückzuführende Rotation fest, die der Helix-Struktur zugehörig ist (159). Überdies ist bekannt, daß native Proteine im allgemeinen eine sehr viel geringere negative Rotation zeigen als die denaturierten Proteine, und es wurde der Vorschlag gemacht, daß ein solcher Wechsel bezüglich der Rotation an einen Verlust der Helix-Struktur gebunden ist. *Moffitt* (165) stellte eine Gleichung auf, um die Eigenschaften der optischen Rotationsdispersion bei Polypeptiden mit α-Helix zu erklären. Diese Gleichung wurde als Basis für die Bestimmung des α-Helix-Gehaltes von vielen Typen synthetischer Polypeptide und Proteine benutzt.

L-α-Aminosäuren geben einen positiven CD um 203 nm (Wasser), bei Anwesenheit anderer Chromophore (z. B. – S – S –, aromatisches System) findet man auch innerhalb deren Banden *Cotton*-Effekte. Bei geordneten Polypeptiden sind die einzelnen Amidchromophore nicht mehr unabhängig voneinander anregbar, sondern nur kooperativ, was z. B. nach der Excitontheorie für eine α-Helix (Rechtsschraube) (neben einer negativen $n \rightarrow \pi^*$-Bande) zu vier weiteren kürzerwelligen $\pi \rightarrow \pi^*$-Banden führen sollte (195, negativ; 193, positiv; 189, positiv und 185 nm,

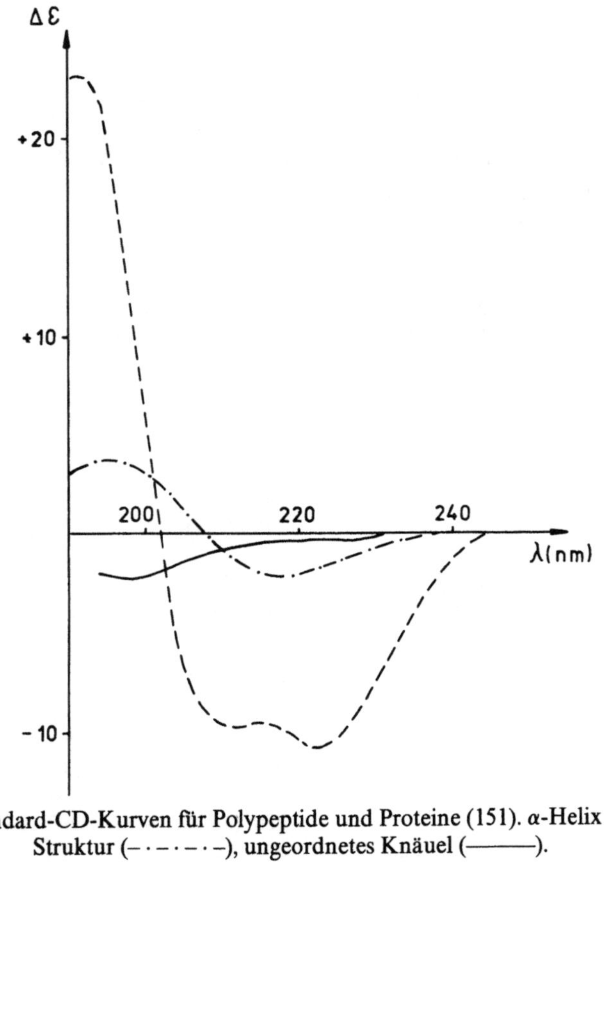

Abb. 2.18. Standard-CD-Kurven für Polypeptide und Proteine (151). α-Helix (– – – – –), β-Struktur (– · – · – · –), ungeordnetes Knäuel (———).

negativ). Die experimentelle CD-Kurve (Abb. 2.18.) entspricht dem durchaus. Auch für die β-Form und das ungeordnete Knäuel kann man ähnliche „Standard-Kurven" angeben (Abb. 2.18.) (166). Der Gehalt eines Polypeptides oder Proteins (ohne andere störende Chromophore) an diesen drei Formen läßt sich mit befriedigender Genauigkeit bestimmen, indem man eine experimentell gemessene CD-Kurve aus diesen Standard-Kurven aufbaut.

Als man den CD noch nicht direkt bei so kurzen Wellenlängen messen konnte, mußte man für den gleichen Zweck auf ORD-Messungen außerhalb der Absorptionsbanden des Amidchromophors (280 – 600 nm) zurückgreifen. In verschiedenen Veröffentlichungen wird die fundamentale Differenz zwischen natürlichem Circulardichroismus und magnetischem Circulardichroismus beschrieben (167 – 169). Während der natürliche CD auf die Chiralität der organischen Verbindung relativ geringer Symmetrie zurückzuführen ist, führt die Wechselwirkung des externen magnetischen Feldes mit den Energieniveaus des Moleküls zur optischen Aktivität. Demzufolge ist von dem MCD zu erwarten, daß von der molekularen Konformation keine so strenge Abhängigkeit besteht wie bei dem CD.

Aliphatische Polypeptide wurden für MCD-Spektren gewählt (167, 168). Von Poly(L-Lysin) ist bekannt, daß es eine zufällige Knäuelform und die Konformation einer α-Helix bei den pH-Werten 1 und 10 annimmt, wie durch intensive und charakteristische CD-*Cotten*-Effekte bei 220 – 225, 205 und 195 nm enthüllt wird. Das MCD-Spektrum (172) ist nahezu für beide Konformationen identisch und wird charakterisiert durch eine negative Kurve unterhalb 220 nm, wahrscheinlich verbunden

Tab. 2.3. Absorption und magnetischer Circulardichroismus für Tryptophan-Referenzverbindungen in 0,01 M Phosphat-Puffer bei pH 6,90, Magnetfeld 49,5 kG (172, 182).

Verbindung	Absorption nm (10^{-3} ε)	MCD, λ, nm (10^{-4} $[\Theta]_M$)
L-Tryptophan	287 (4,78)	290 (4,20 ± 0,06)
	279 (5,71)	284 (0,96 ± 0,02)
		268 (– 3,01 ± 0,06)
N-Acetyl-L-Tryptophanmethylester	287 (4,65)	290 (3,85 ± 0,06)
	279 (5,47)	284 (0,79 ± 0,02)
		267 (– 2,90 ± 0,06)
L-Leucyl-L-Tryptophanamidacetat	287 (4,55)	291 (3,61 ± 0,07)
	280 (5,30)	285 (0,65 ± 0,02)
		268 (– 2,76 ± 0,05)
Glycyl-DL-Tryptophan	287 (4,58)	291 (3,53 ± 0,05)
	280 (5,32)	285 (0,59 ± 0,01)
		268 (– 2,80 ± 0,06)
Lysozym (HEW)	280 (38,30)	293 (3,75 ± 0,06)

mit einem $\pi \rightarrow \pi^*$-Übergang des Peptid-Chromophors (170). Dieser Befund zeigt die Unempfindlichkeit von MCD gegenüber Konformationsänderungen, sofern der Peptid-Chromophor betroffen ist. Das Fehlen einer starken MCD-Bande in dem Bereich des $n \rightarrow \pi^*$-Überganges bei 220 – 225 nm ist in Übereinstimmung mit der Beobachtung (171), daß der $n \rightarrow \pi^*$-Übergang von Carbonylverbindungen nur zu MCD-Signalen sehr niedriger Intensität führt.

Der Beitrag der aromatischen Aminosäuren Histidin, Phenylalanin, Tyrosin und Tryptophan zum CD-Spektrum der Proteine ist gering in dem Absorptionsbereich unterhalb 220 nm (173), obwohl Ausnahmen bekannt sind (174). In dem Wellenlängenbereich zwischen 240 und 310 nm wurden die CD-*Cotton*-Effekte dieser Aminosäuren identifiziert und sind in verschiedenen Protein-Spektren eindeutig sichtbar (175 – 180). Im allgemeinen sind jedoch die *Cotton*-Effekte der aromatischen Chromophore in diesem Wellenlängenbereich weitaus geringer gegenüber den Peptidbindungen in dem Bereich 190 – 225 nm.

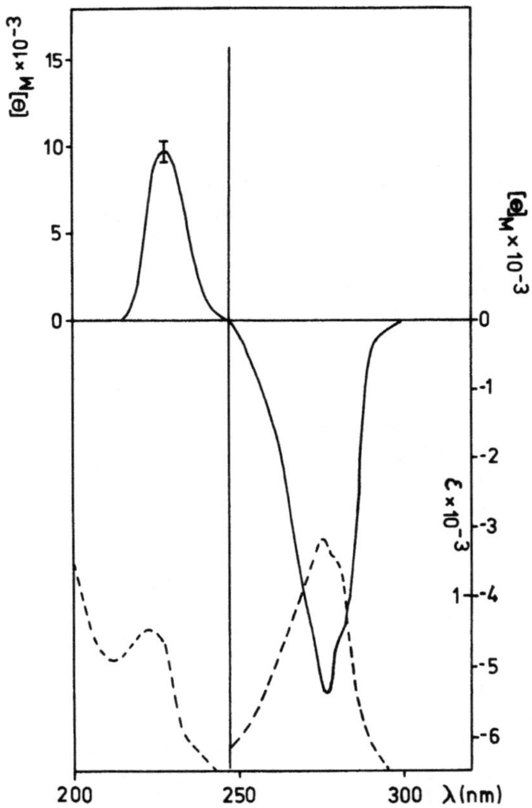

Abb. 2.19. MCD (———) und UV (– – – – –) Spektren von L-Leucyl-L-Tyrosinamid-hydrochlorid in 0,01 M Phosphat-Puffer, pH 6.9 (172).

Im Gegensatz zu den ORD- und CD-Kurven zeigen die MCD-Spektren dieser Aminosäuren einige auffallend verschiedene Eigenschaften, wie in Abb. 2.19. wiedergegeben ist. Während L-Histidin oberhalb 240 nm kein Signal hat, verursachen L-Phenylalanin und L-Cystin schwache MCD-Banden bei 275 nm ($[\Theta]_M = -0{,}018 \cdot 10^3$) und 270 nm ($[\Theta]_M = -0{,}35 \cdot 10^3$). Tyrosin und teilweise Tryptophan zeigen starke MCD-Banden mit etwa 40facher Intensität gegenüber den CD-*Cotton*-Effekten (176, 181).

Die Absorptionsbande bei 275 nm von L-Leucyl-L-Tyrosinamid (Abb. 2.19.) zeigt eine einzelne negative MCD-Bande bei der gleichen Wellenlänge. Die als Schulter bei 280 nm teilweise aufgelöste Feinstruktur im Absorptionsspektrum ist ebenfalls im MCD-Spektrum sichtbar (Abb. 2.19.). Die Bande bei 223 nm verursacht eine positive MCD-Bande bei 226 nm.

2.5. Literatur

1. *Tschesche, H.*, Angew. Chem., **86**, 21 (1974).
2. *Linderstrom-Lang, K.*, Cold Spring Harbor Symposia Quant. Biol. **14**, 117 (1949).
3. *Pauling, L.* und *R. B. Corey*, J. Amer. Chem. Soc. **72**, 5349 (1950).
4. *Kendrew, J. C.*, Rend. ist. lombardo sci. Pt. I. **89**, 38 (1955).
5. *Dayhoff, M. O.*, Atlas of Protein Sequence and Structure, Vol. 5. National Biomedical Research Foundation, (Washington 1972).
6. *Bovey, F. A., A. I. Brewster, D. J. Patel, A. E. Tonelli* und *D. A. Torchia*, Accounts Chem. Res. **5**, 193 (1972).
7. *Schulz, G. E.* und *R. H. Schirmer*, Nature **250**, 142 (1974).
8. *Wetlaufer, D. B.*, Proc. Nat. Acad. Sci. USA **70**, 697 (1973).
9. *Blout, E. R.* et al., J. Amer. Chem. Soc. **82**, 3787 (1960).
10. *Davis, D. R.*, J. Mol. Biol. **9**, 605 (1964).
11. *Guzzo, A. V.*, Biophys. J. **5**, 809 (1965).
12. *Schulz, G. E.* et al., Nature **250**, 140 (1974).
13. *Schulz, G. E.*, Nachr. Chem. Techn. **22**, 431 (1974).
14. *Takela, M.* und *O. Jardetzky*, J. Chem. Phys. **26**, 1346 (1957).
15. *Bovey, F. A.* und *G. V. D. Tiers*, J. Amer. Chem. Soc. **81**, 2870 (1958).
16. *Mandel, M.*, J. Biol. Chem. **240**, 1586 (1965).
17. *Bak, B.* et al., J. Mol. Spect. **26**, 78 (1968).
18. *McDonald, C. C.* und *W. D. Phillips*, J. Amer. Chem. Soc. **91**, 1513 (1969).
19. *Sheinblatt, M.*, J. Amer. Chem. Soc. **88**, 2845 (1966).
20. *Sheinblatt, M.*, J. Amer. Chem. Soc. **87**, 572 (1965).
21. *Morlino, V. J.* und *R. B. Martin*, J. Amer. Chem. Soc. **89**, 3107 (1967).
22. *Kim, M. K.* und *A. E. Martell*, J. Amer. Chem. Soc. **91**, 872 (1969).
23. *van Gorkom, M.*, Tetrahedron Letters **1966**, 5433.
24. *Nakamura, A.* und *O. Jardetzky*, Proc. Nat. Acad. U. S. **58**, 2212 (1967).
25. *Nakamura, A.* und *O. Jardetzky*, Biochem. **7**, 1226 (1968).
26. *Beecham, A. F.* und *N. S. Ham*, Tetrahedron **24**, 2773 (1968).
27. *Nagai, M.* und *A. Nishioka*, Bull. Chem. Soc. Japan **43**, 1323 (1970).
28. *Balaram, P., A. A. Bothner-By* und *J. Dadok*, J. Amer. Chem. Soc. **94**, 4015, 4017 (1972); *E. Breslow*, et al., J. Biol. Chem. **246**, 5179 (1971).
29. *Jardetzky, O.* und *C. D. Jardetzky*, J. Biol. Chem. **233**, 383 (1958).
30. *Martin, R. B.* und *V. J. Morlino*, Science **150**, 493 (1965).
31. *Bradbury, J. H.* und *H. A. Scheraga*, J. Amer. Chem. Soc. **88**, 4240 (1966).

32. *Pachler, K. G. R.*, Z. Anal. Chem. **224**, 211 (1967).
33. *Ogura, H., Y. Arata* und *S. Fujiwara*, J. Mol. Spectrosc. **23**, 76 (1967).
34. *Cavanangh, J. R.*, J. Amer. chem. Soc. **89**, 1558 (1967); **90**, 4533 (1968).
35. *McDonald, C. C.* und *W. D. Phillips*, J. Amer. chem. Soc. **85**, 3736 (1963).
36. *Tiers, G. V. D.* und *R. I. Coon*, J. Org. Chem. **26**, 2097 (1961); *H. Okabayashi, R. Sakai* und *T. Isemura*, Bull. Chem. Soc. Japan **43**, 3054 (1970).
37. *Fujiwara, S., Y. Arata*, Bull. Chem. Soc. Japan **36**, 578 (1963); **37**, 344 (1964).
38. *Abraham, R. J.* und *K. G. R. Pachler*, Mol. Phys. **7**, 165 (1963).
39. *Carlson, R. H.* und *T. L. Brown*, Inorg. Chem. **5**, 268 (1966).
40. *Bloemberger, N., E. M. Purcell* und *R. V. Pound*, Phys. Rev. **73**, 679 (1948).
41. *Pople, J. A., W. G. Schneider* und *H. J. Bernstein*, High Resolution Nuclear Magnetic Resonance, S. 207, (New York 1959).
42. *Bloembergen, N.*, J. Chem. Phys. **27**, 572, 595 (1957).
43. *Li, N. C.* et al., J. Amer. chem. Soc. **84**, 4650 (1962).
44. *Jardetzky, O.* und *J. E. Wertz*, J. Amer. Chem. Soc. **82**, 318 (1960).
45. *Li, N. C., L. F. Johnson* und *J. Shoolery*, J. Phys. Chem. **65**, 1902 (1961).
46. *Leussing, D.* und *C. K. Stanfield*, J. Amer. Chem. Soc. **86**, 2805 (1964).
47. *Hinckley, C. C.*, J. Amer. Chem. Soc. **91**, 5160 (1969).
48. *Sanders, J. K. M.* und *D. H. Williams*, Chem. Commun. **1970**, 422.
49. *Briggs, J.* et al., Chem. Commun. **1970**, 749.
50. *Mazzocchi, P. H., H. J. Tamburin* und *G. R. Miller*, Tetrahedron Letters **1971**, 1819.
51. *Wilcott, M. R.* et al., Tetrahedron Letters **1971**, 1579.
52. *Rafalski, A. J.* et al., Tetrahedron Letters **1971**, 2829.
53. *Tjan, S. B.* und *F. R. Visser*, Tetrahedron Letters **1971**, 2833.
54. *Martinelli, L. C., I. L. Honigberg* und *L. A. Sternson*, Tetrahedron **29**, 1671 (1973).
55. *Portnova, S. L.* et al., Z. Obs. Khim. **38**, 428 (1968).
56. *Bystrov, V. F.* et al., Tetrahedron **25**, 493 (1969).
57. *Kopple, K. D., M. Ohnishi* und *A. Go*, J. Amer. Chem. Soc. **91**, 4264 (1969).
58. *Kumar, N. G.* et al., Biochem. **14**, 2197 (1975).
59. *Schwyzer, R.*, Rec. Chem. Progr. **20**, 147 (1959).
60. *Schwyzer, R.*, Helv. Chim. Acta **47**, 441 (1964).
61. *Stern, A., W. A. Gibbons* und *L. C. Craig*, Proc. Nat. Acad. Sci. U. S. **61**, 734 (1968).
62. *Hodgkin, D. C.* und *B. M. Onghton*, Biochem. J. **65**, 752 (1957).
63. *Schwyzer, R.* in *G. E. W. Wolstenholme*, Amino Acids and Peptides with Antimetabolic Activity, S. 171, (London 1958).
64. *Ernst, R. R., W. A. Anderson*, Rev. Sci. Instr. **37**, 93 (1966).
65. *Ernst, R. R.*, Advan. Magn. Resonance **2**, 1 (1966).
66. *Sheard, B., E. M. Bradbury*, Progr. Biophys. Mol. Biol. **20**, 189 (1970).
67. *Jardetzky, O., C. D. Jardetzky*, J. Amer. chem. Soc. **79**, 5322 (1957).
68. *Kowalsky, A.*, J. Biol. Chem. **237**, 1807 (1962).
69. *Bovey, F. A.* et al., J. Polym. Sci. **38**, 73 (1959).
70. *Kowalsky, A.*, J. Biol. Chem. **237**, 1807 (1962).
71. *Kowalsky, A.*, Biochemistry **4**, 2382 (1965).
72. *Bradbury, J. H.* und *H. A. Scheraga*, J. Amer. chem. Soc. **88**, 4240 (1966).
73. *Mandel, M.*, Proc. Nat. Acad. Sci. U. S. **52**, 736 (1964).
74. *Mandel, M.*, J. Biol. Chem. **240**, 1586 (1965).
75. *McDonald, C. C.* und *W. D. Phillips*, Proc. Int. Conf. Magnetic Resonance Biol., 2 nd. (Oxford, 1967).
76. *McDonald, C. C.* und *W. D. Phillips*, J. Amer. chem. Soc. **89**, 6332 (1967); *J. D. Glickson* et al., Biochem. **13**, 11 (1974).
77. *Stein, W. H.* und *S. Moore*, Biochim. et Biophys. Acta **24**, 640 (1957).
78. *Acher, R.*, Angew. Chem. **86**, 209 (1974).
79. *Dayhoff, M. O.*, Atlas of Protein Sequence and Structure, Vol 4, National Biomedical Research Foundation, (Maryland, 1969); *R. E. Dickerson* et al., J. Biol. Chem. **246**, 1511 (1971).

80. *Blake, C. C. F., D. F. Koenig, G. A. Mairs, A. C. T. North, D. C. Phillips* und V. R. *Sarma,* Nature **206,** 757 (1965).
81. *Johnson, L. N.* und *D. C. Phillips,* Nature **206,** 759 (1965).
82. *Phillips, D. C.,* Proc. Nat. Acad. Sci. U. S. **57,** 484 (1967).
83. *Blake, C. C. F., G. A. Mair, A. C. T. North, D. C. Phillips* und *V. R. Sarma,* Proc. Roy. Soc. (London) **B 167,** 365 (1967).
84. *Blake, C. C. F.* et al., Proc. Roy. Soc. (London) **B 167,** 378 (1967).
85. *Johnson, L. N.,* Proc. Roy. Soc. (London) **B 167,** 439 (1967).
86. *Canfield, R. E.,* J. Biol. Chem. **238,** 2698 (1963).
87. *Jirgensons, B.,* Natural Organic Macromolecules, (New York, N. Y., 1962).
88. *McDonald, C. C.* und *W. D. Phillips,* J. Amer. chem. Soc. **91,** 1513 (1969).
89. *McDonald, C. C.* und *W. D. Phillips* in *G. Fasman,* Biological Macromolecules, (New York 1970).
90. *Ryle, A. P., F. Sanger, L. F. Smith* und *R. Kitai,* Biochem. J. **60,** 541 (1955).
91. *Adams, M. J.* et al., Nature **224,** 491 (1969).
92. *Bak, B., E. J. Pedersen* und *F. Sundby,* J. Biol. Chem. **242,** 2637 (1967).
93. *Bak, B., C. Dambmann, F. Nicolaisen* und *E. J. Pedersen,* J. Mol. Spectrosc. **26,** 78 (1968).
94. *Edmundson, A. B.,* Nature **205,** 883 (1965).
95. *Kendrew, J. C.* et al., Nature **185,** 422 (1960).
96. *Kendrew, J. C.* et al., Nature **190,** 663 (1961).
97. *Deconinck, M.* et al., Fed. Eur. Biochem. Soc. Lett. **23,** 279 (1972).
98. *Tomita, H., Y. Yasuhiko,* Tohoku J. Agr. Res. **22,** 228 (1971).
99. *Troitskii, G. V., V. P. Zavyalov,* Mol. Biol. (Moscow) **6,** 635 (1972).
100. *Turner, L. V., K. L. Manchester,* Biochem. J. **128,** 803 (1972).
101. *McLachlan, A. D.,* J. Mol. Biol. **64,** 417 (1972).
102. *Schoenborn, B. P.,* Cold Spring Harbor Symp. Quant. Biol. **36,** 569 (1971).
103. *Wüthrich, K.,* und *R. G. Shulman,* Physics Today **23,** 43 (1970).
104. *Wüthrich, K.* et al., J. Biol. Chem. **245,** 1947 (1970).
105. *Wüthrich, K., R. G. Shulman, B. J. Wyluda* und *W. S. Canghey,* Proc. Nat. Acad. Sci. U. S. **62,** 636 (1969).
106. *Shulman, R. G., J. Peisach* und *B. J. Wyluda,* J. Mol. Biol. **48,** 517 (1970).
107. *Wüthrich, K., R. G. Shulman* und *J. Peisach,* Proc. Nat. Acad. Sci. U. S. **60,** 373 (1968).
108. *Huestis, W. H.* und *M. A. Raftery,* Biochem. **14,** 1886 (1975).
109. *Yamane, T.* et al., J. Mol. Biol. **49,** 197 (1970).
110. *Ogawa, S.* et al., Nature **225,** 1042 (1970).
111. *Davis, D. G., N. L. Mock, V. R. Laman* und *C. Ho,* J. Mol. Biol. **40,** 311 (1969).
112. *Gammon, K. L., S. H. Smallcombe* und *J. H. Richards,* J. Amer. chem. Soc. **94,** 4573 (1972).
113. *Smallcombe, S. H.* et al., J. Amer. chem. Soc. **94,** 4581 (1972); *G. H. Beaven* et al., Eur. J. Biochem. **41,** 539 (1974).
114. *Wüthrich, K.,* Proc. Nat. Acad. Sci. U. S. **63,** 1071 (1969); *R. Keller* et al., Biochem. Biophys. Acta **328,** 233 (1973).
115. *McDonald, C. C., W. D. Phillips* und *S. N. Vingradov,* Biochem. Biophys. Res. Commun. **36,** 442 (1969).
116. *Horsley, W.* et al., J. Amer. chem. Soc. **92,** 680 (1970).
117. *Jung, G., E. Breitmaier, W. Voelter, T. Keller* und *C. Tänzer,* Angew. Chem. Int. Ed. **9,** 894 (1970).
118. *Miyazawa, T.* und *E. R. Blout,* J. Amer. chem. Soc. **83,** 712 (1961).
119. *Elliott, A.* und *E. J. Ambrose,* Nature **165,** 921 (1950); *S. Böhm* et al., Eur. J. Biochem. **41,** 617 (1974)
120. *Miyazawa, T.,* J. Chem. Phys. **32,** 1647 (1960).
121. *Elliott, A.* und *B. R. Malcolm,* Trans. Faraday Soc. **52,** 528 (1956).
122. *Beer, M.* et al., Proc. Roy. Soc. (London) **A 249,** 147 (1959).
123. *Yu, N.-T., C. S. Liu,* J. Amer. Chem. Soc. **94,** 5127 (1972).

124. *Yu, N.-T.* und *C. S. Liu,* J. Amer. Chem. Soc. **94,** 3250 (1972).
125. *Lord, R. C.,* Pure Appl. Chem. Suppl. **7,** 179 (1971).
126. *Lord, R. C.* und *R. Mendelsohn,* J. Amer. Chem. Soc. **94,** 2133 (1972).
127. *Lord, R. C.* und *N.-T. Yu,* J. Mol. Biol. **50,** 509 (1970).
128. *Lord, R. C.* und *N.-T. Yu,* J. Mol. Biol. **51,** 203 (1970).
129. *Long, T. V.* et al., J. Amer. Chem. Soc. **93,** 1809 (1971).
130. *Waugh, D. F.,* Advan. Protein Chem. **9,** 326 (1954).
131. *Yu, N. T.* et al., Biochim. Biophys. Acta **263,** 1 (1972).
132. *Gerlough, T. D.* und *R. W. Bates,* J. Pharmacol. **45,** 19 (1932).
133. *du Vigneaud, V., R. H. Sifferd* und *R. R. Sealock,* J. Biol. Chem. **102,** 521 (1933).
134. *Ambrose, E. J.* und *A. Elliott,* Proc. Roy. Soc. Ser. A. **208,** 75 (1951).
135. *Fanconi, B., B. Tomlinson, L. A. Nafie, W. Small* und *W. L. Peticolas,* J. Chem. Phys. **51,** 3993 (1969).
136. *Small, E. W.* et al., J. Chem. Phys. **52,** 4369 (1970).
137. *Bromer, W. W.* et al., J. Amer. Chem. Soc. **79,** 2807 (1957).
138. *King, M. V.,* J. Mol. Biol. **11,** 549 (1965).
139. *Haugen, W. P.* und *W. N. Lipscomb,* Acta Crystallogr., Sect. A, **25,** Suppl. S. 185 (XV-25) (1969).
140. *Schiffer, M.* und *A. B. Edmundson,* Biophys. J. **10,** 293 (1970).
141. *Gratzer, W. B.* et al., Eur. J. Biochem. **3,** 276 (1968).
142. *Peterson, J. A.* und *M. J. Coon,* J. Biol. Chem. **243,** 329 (1968).
143. *Herriott, J. R.,* J. Mol. Biol. **50,** 391 (1970).
144. *Long, T. V.* und *T. M. Loehr,* J. Amer. Chem. Soc. **92,** 6384 (1970).
145. *Atherton, N. M.,* Nature **212,** 590 (1966).
146. *Lovenberg, W.,* Protides Biol. Fluids, Proc. Colloq. **14,** 165 (1966).
147. *Bachmayer, H.* et al., Proc. Nat. Acad. Sci. Wash. **57,** 122 (1967).
148. *Chen, M. C., R. C. Lord* und *R. Mendelsohn,* Biochim. Biophys. Acta **328,** 252 (1973).
149. *Blout, E. R.* in *C. Djerassi,* Optical Rotatory Dispersion, Applications to Organic Chemistry, s. 238. (New York, 1960).
150. *Velluz, L., M. Legrand* und *M. Grosjean,* Optical Circular Dichroism. Principles, Measurements and Applications, (Weinheim 1965).
151. *Crabbe, P.,* Optical Rotatory Dispersion and Circular Dichroism in Organic Chemistry, (San Francisco, California 1965).
152. *Coleman, D. L.* und *E. R. Blout* in *G. N. Ramachandran,* Conformation of Biopolymers, Vol. 1, S. 123. (New York 1967).
153. *Fasman, G. D.,* Methods Enzymol. **6,** 928 (1962).
154. *Yang, J. T.* in *B. Ke,* Newer Methods of Polymer Characterization, Chapter III, (New York 1964).
155. *Schellman, J.* und *C. Schellman* in *H. Neurath,* The Proteins, Vol. 2, (New York 1964).
156. *Shechter, E.* und *E. R. Blout,* Proc. Nat. Acad. Sci. U. S. **51,** 695 (1964).
157. *Blout, E. R., J. P. Carver* und *E. Shechter* in *G. Snatzke,* Optical Rotatory Dispersion and Circular Dichroism in Organic Chemistry, Chapter 14, S. 224. (London 1967).
158. *Yang, J. T.* in *G. D. Fasman,* Poly-α-Amino Acids, Chapter 6, S. 239. (New York 1967).
159. *Beychok, S.* in *G. D. Fasman,* Poly-α-Amino Acids, Chapter 7, S. 293. (New York 1967).
160. *Schellman, J. A.,* Accounts Chem. Res. **1,** 144 (1968).
161. *Weigang, O. E.,* J. Chem. Phys. **41,** 1435 (1964).
162. *Boudreaux, E. A., O. E. Weigang* und *J. A. Turner,* Chem. Commun. **12,** 378 (1966).
163. *Urry, D. W.,* Annu. Rev. Phys. Chem. **19,** 477 (1968).
164. *Moffitt, W.* et al., J. Amer. chem. Soc. **83,** 4013 (1961).
165. *Moffitt, W.,* J. Chem. Phys. **25,** 467 (1956).
166. *Rosenkrantz, H.* und *W. Scholtan,* Z. Physiol. Chem. **352,** 896 (1971).
167. *Buckingham, A. D.* und *P. J. Stephens,* Ann. Rev. Phys. Chem. **17,** 399 (1966).
168. *Schatz, P. N.* und *A. J. McCaffery,* Quart. Rev. Chem. Soc. **23,** 552 (1969).

169. *Djerassi, C., E. Bunnenberg* und *D. L. Elder,* Pure Appl. Chem. **25,** 57 (1971).
170. *Gratzer, W. B.* und *D. A. Cowburn,* Nature **222,** 426 (1969); *L. Irons* et al., Biochim. Biophys. Acta **328,** 433 (1973).
171. *Barth, G., E. Brunnenberg, C. Djerassi, D. Elder* und *R. Records,* Symp. Faraday Soc. **No. 3,** 49 (1969).
172. *Barth, G.* et al., J. Amer. chem. Soc. **94,** 1293 (1972).
173. *Rosenberg, A.,* J. Biol. Chem. **241,** 5119 (1966).
174. *Green, N. M.* und *M. D. Melamed,* Biochem. J. **100,** 614 (1966).
175. *Strickland, E. H.* et. al., J. Amer. Chem. Soc. **91,** 184 (1969).
176. *Strickland, E. H.* et al., Biochemistry **8,** 3205 (1969).
177. *Horwitz, J., E. H. Strickland* und *C. Billups,* J. Amer. chem. Soc. **92,** 2119 (1970).
178. *Gratzer, W. B.* und *G. H. Beaven,* J. Biol. Chem. **244,** 6675 (1969).
179. *Simmons, N. S.* und *A. N. Glazer,* J. Amer. chem. Soc. **89,** 5040 (1967).
180. *Teichberg, V. I., C. M. Kay* und *N. Sharon,* Eur. J. Biochem. **16,** 55 (1970); *D. Vogel* und *R. Jaenicke,* Eur. J. Biochem. **41,** 607 (1974).
181. *Myer, Y. P.* und *L. H. McDonald,* J. Amer. chem. Soc. **89,** 7142 (1967).
182. *Steiner, R. F.,* Biochim. Biophys. Acta **79,** 51 (1964).

3. Nucleinsäuren

Die Nucleinsäuren sind Träger der Erbanlagen und Schlüsselsubstanzen der Proteinbiosynthese. Sie sind Bestandteil jeder lebenden Zelle. Die einfachsten lebenden Systeme (Viren) bestehen nur aus Nucleinsäuren und Protein. Nucleoproteide – Verbindungen von Nucleinsäuren mit Proteinen – sind Hauptbestandteile der tierischen und pflanzlichen Zellkerne, finden sich jedoch auch im Cytoplasma. Die fundamentale Erkenntnis, daß jede spezifische biologische Leistung einer Zelle, einschließlich ihrer Teilung, direkt oder indirekt von der Mitwirkung der Nucleinsäuren abhängt, hat zu einer intensiven Erforschung von Bau und Funktion der Nucleinsäuren geführt. Aus ihr hat sich ein umfangreiches Spezialgebiet – die Molekularbiologie – entwickelt.

Die Kette der Nucleinsäure, wie sie nun gut bekannt ist, ist aus Pentose-Einheiten aufgebaut, die durch Phosphatglieder verbunden sind, mit Purin- und Pyrimidin-Basen. Die Base-Zucker-Phosphat-Einheit wird Nucleotid genannt.

Zwei Klassen von Nucleinsäuren sind zu unterscheiden, solche in denen der Zucker D-Ribose und solche in denen er 2-Desoxy-D-Ribose ist: Ribonucleinsäure (RNS) und Desoxyribonucleinsäure (DNS). Abb. 3.1. zeigt eine Sequenz von vier charakteristischen Bausteinen der RNS. Das Gerüst der Kette besteht aus vier Riboseeinheiten, die durch Phosphat-

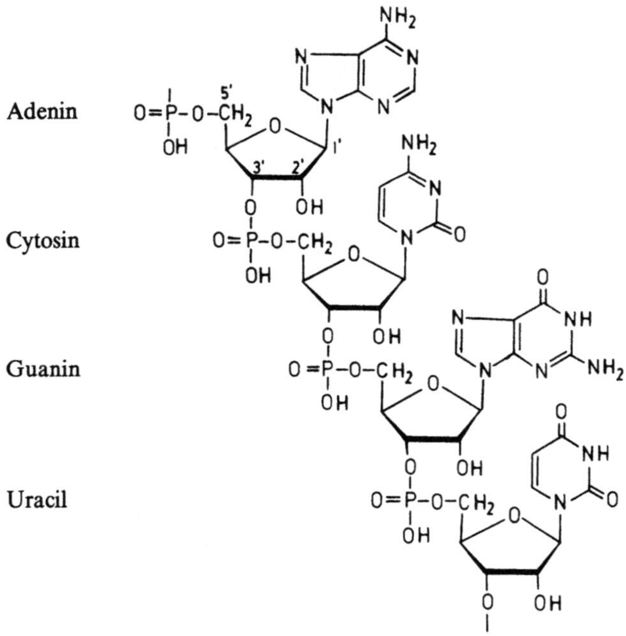

Abb. 3.1. Ribonucleinsäure (RNS).

estergruppen jeweils vom 3'-Sauerstoff des einen zum 5'-Sauerstoff des nächsten Restes verknüpft sind. Die 1'-β-glykosidischen basischen Reste sind Purine (Adenin und Guanin) und Pyrimidine (Cytosin und Uracil).

Da die 5'-Ester primär, die 3'-Ester dagegen sekundär gebunden sind, werden bei der sauren Hydrolyse der RNS vorzugsweise die 5'-Estergruppen abgespalten unter Bildung von vier Ribosid-3'-phosphat-glykosiden. Von diesen Nucleotiden heißt dasjenige, das den Adeninrest enthält, Hefeadenylsäure.

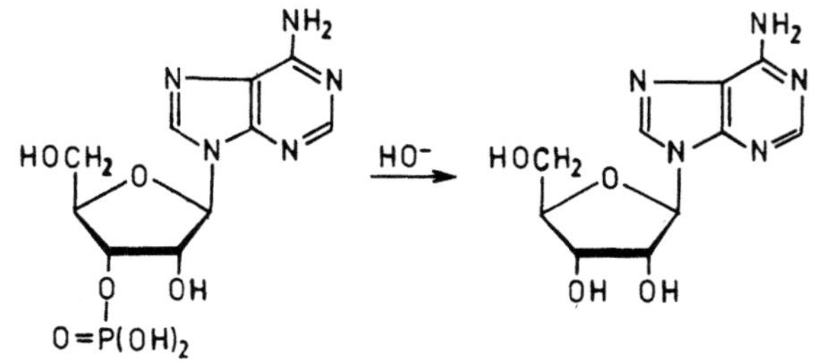

Hefeadenylsäure (Nucleotid) — Adenosin (Nucleosid)

Sie liefert bei der alkalischen Hydrolyse unter Abspaltung des 3'-Phosphatrestes das Nucleosid Adenosin (9-β-D-Ribofuranosyladenin). Die anderen drei Nucleotide sind Guanyl-, Uridyl- und Cytidylsäure. Die entsprechenden Nucleoside heißen Guanosin, Uridin und Cytidin.

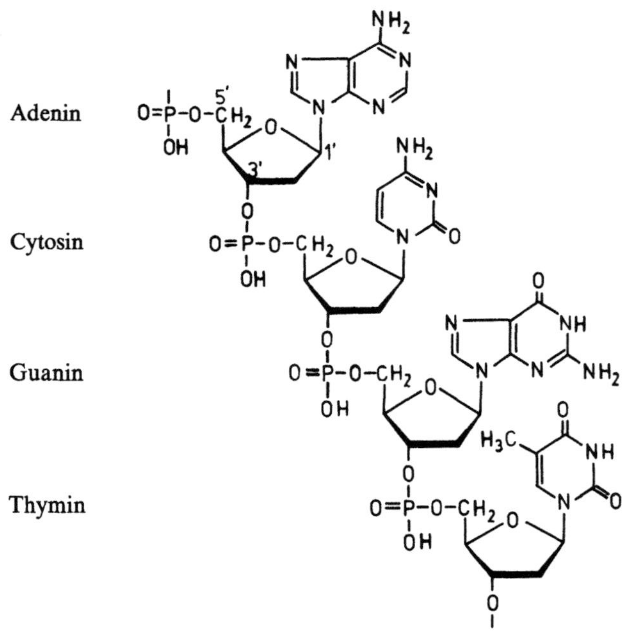

Abb. 3.2. Desoxyribonucleinsäure (DNS).

DNS unterscheidet sich von RNS in zweierlei Hinsicht (Abb. 3.2.). Einmal enthält sie als Pentose 2-Desoxy-D-Ribose, zum anderen steht anstelle von Uracil in der RNS Thymin in DNS.

Wichtige Aufschlüsse über den Aufbau des DNS-Moleküls konnten *Watson* und *Crick* (1) aufgrund von Röntgenuntersuchungen geben. Das von ihnen entworfene Modell zeigt zwei gleiche Polynucleotidstränge, die wendelförmig umeinandergeschlungen sind. Auf eine Windung entfallen etwa zehn Nucleotideinheiten. Der Durchmesser des Zylinders beträgt 20 Å. Es handelt sich um ein idealisiertes Modell, das sich besonders auf die Auswertung der Röntgenanalysen hinsichtlich der Wasserstoffbindungen stützt. Demnach ist das Pyrimidinderivat Cytosin durch Wasserstoffbrücken mit dem Purin Guanin und ebenso das Pyrimidinderivat Thymin mit dem Purin Adenin verknüpft.

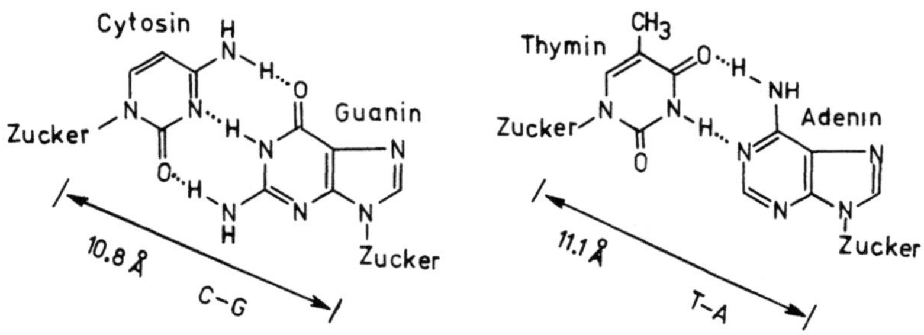

Die C – G-Verknüpfung mit drei Wasserstoffbrücken ist gegenüber der T – A-Verknüpfung mit nur zweien stärker. Derartige Bindungen sind nur in einer Doppelhelix möglich, die so aufgebaut ist, daß die Basen nach innen weisen und jeweils der Cytosinrest der einen Helix dem Guaninrest der zweiten, bzw. der Thyminrest der einen dem Adeninrest der anderen gegenübersteht. In Abb. 3.3. ist das *Watson-Crick*-Modell der DNS wiedergegeben.

Wie erwähnt, ist RNS ein unentbehrlicher Zellbestandteil, der bis zu einem Viertel des Trockengewichts einer Zelle ausmachen kann. Der größte Teil der RNS spielt bei der Proteinsynthese eine Rolle, doch wird eine kleine Menge auch für die Replikation der DNS benötigt, und andere RNS kann eine regulatorische Funktion haben. Ungefähr die Hälfte der zu einem gegebenen Zeitpunkt synthetisieten RNS liegt in Form stabiler Moleküle vor: Dies sind die ribosomale RNS (rRNS), die ein Strukturelement der Ribosomen ist, und die Transfer-RNS (tRNS), die während der Proteinsynthese zur Anpassung der Aminosäuren an den genetischen Code dient. Die andere Hälfte sind RNS-Moleküle mit sehr geringer Stabilität im Stoffwechsel, und zwar die Messenger-RNS (mRNS) als Matrizen der Proteinsynthese, ferner viele der RNS-Moleküle des Zellkerns als Vorläufer der stabilen RNS und der mRNS, und die RNS-Zwischenstufen, die an der Replikation der DNS beteiligt sind. Die Lebensdauer dieser RNS-Moleküle beträgt oft weniger als ein Zehntel der Lebensdauer einer Zellgeneration (2).

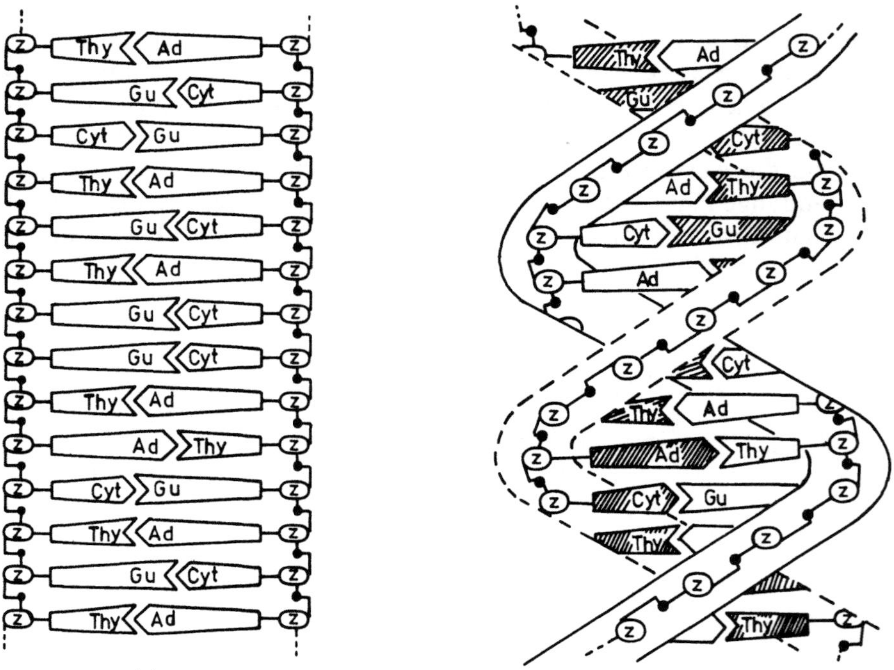

(a) (b)

Abb. 3.3. Modell vom Aufbau der Desoxyribonucleinsäure (*Watson-Crick*). Z = Zucker (Desoxyribose), · = Phosphorsäure. (a) = Basenpaarung in der Doppelhelix von (b).

3.1. Protonenresonanz

Es liegen ausgedehnte Untersuchungen über die Protonenresonanzen von Purin- und Pyrimidinderivaten vor. Nicht alle diese Arbeiten sind unbedingt zum Verständnis der Spektren von Polynucleotiden notwendig. Ein Bericht mit detaillierten Daten findet sich bei *Rowe* et al. (3 a), und *Yamane* veröffentlichte NMR-Spektren von Nucleosiden, Nucleotiden und Nucleinsäuren (3 b).

3.1.1. Pyrimidine

Die Zuordnungen im Spektrum des Pyrimidins selbst (4 – 7) sind eindeutig (Abb. 3.4.): das C-2-Proton tritt bei tiefstem Feld auf, die chemisch äquivalenten C-4- und C-6-Protonen zeigen ein Dublett bei einer mittleren Position und das C-5-Proton liegt bei höchstem Feld ($J_{45} = J_{56} = 5$ Hz; $J_{25} = 1{,}5$ Hz). Die Spektren von Cytosin (3, 6, 8 – 14) (Abb. 3.4. b) und von 1-Methylcytosin und 1,3-Dimethylcytosin (13, 14) zeigen Dubletts für die C-5- und C-6-Protonen (J_{56} um 8 Hz), das letztere liegt bei tieferem Feld. In Wasser fällt die Resonanz der Aminoprotonen mit der des Lösungsmittels zusammen, ausgenommen bei sehr tiefem pH-Wert; in DMSO bei Raumtemperatur erscheint sie als breiter Peak um 7 ppm.

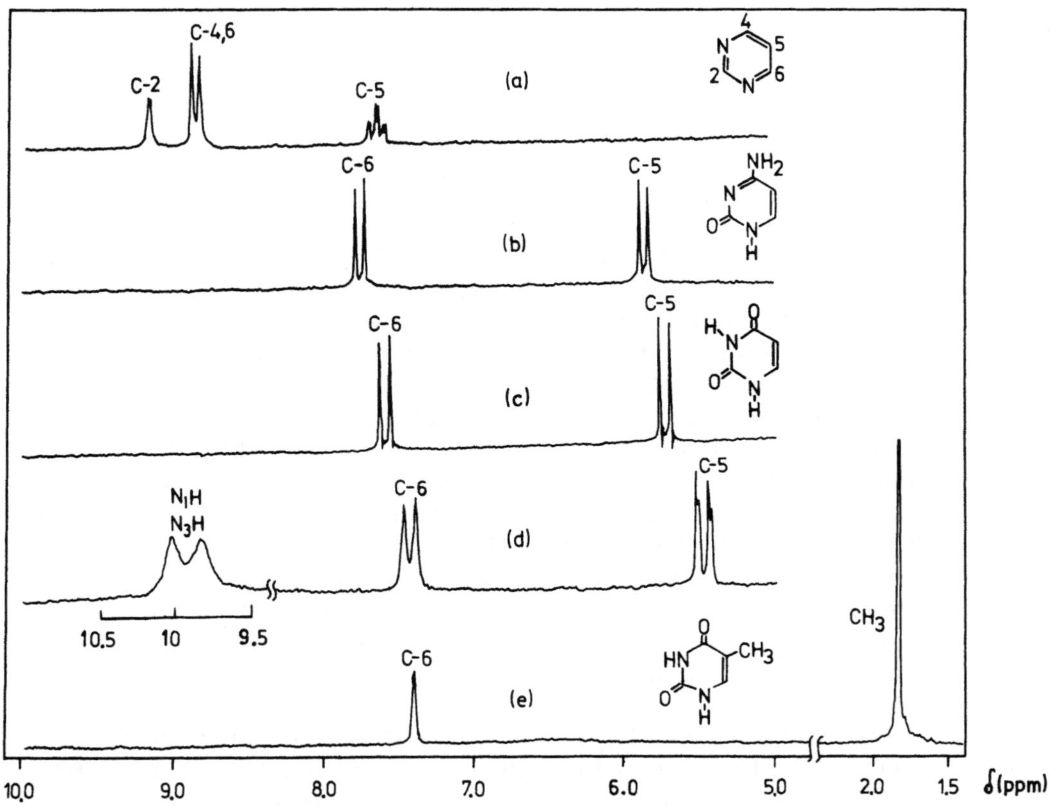

Abb. 3.4. 100-MHz-^{1}HNMR-Spektren von (a) Pyrimidin in D_2O, (b) Cytosin in D_2O, (c) Uracil in D_2O, (d) Uracil in d_6-DMSO, (e) Thymin in D_2O, Bezugssubstanz DSS.

Wenn in der Aminogruppe von 1-Methylcytosin ^{14}N gegen ^{15}N ersetzt wird, spaltet diese Resonanz in ein 90-Hz-Dublett infolge direkter ^{15}N – H-Kopplung. Diese Beobachtung belegt, daß die Verbindung als ein Amino-Tautomeres vorliegt (13, 14). Die Aminoresonanz von 1-Methylcytosin-Hydrochlorid in SO_2 bei – 60° zeigt separate Resonanzen für jedes der Aminoprotonen und eine neue Resonanz bei etwa 11,4 ppm. Die letztere muß einem Proton am N-3 zugeordnet werden, das mit dem

C-5-Proton koppelt (mit 2,5 Hz), wie durch Doppelresonanz belegt ist. Bei Ersetzen von ^{14}N durch ^{15}N spaltet jede der Amino-Protonenresonanzen angenähert zu einem 90-Hz-Dublett. Diese Beobachtungen können durch die folgende Struktur erklärt werden, bei welcher die Protonisierung am N-3 lokalisiert ist und die C – N-Bindung der Aminogruppe genügend Doppelbindungscharakter hat, um wie bei Amiden eine Rotation der Gruppe zu behindern:

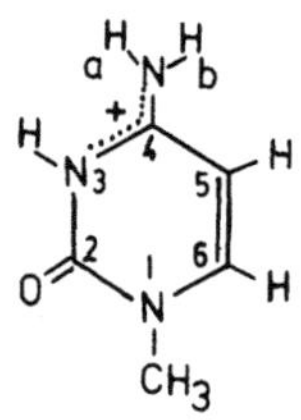

Substitution von H_a oder H_b durch eine Methylgruppe führt zu zwei verschiedenen geometrischen Isomeren, die bei tiefer Temperatur zu unterscheiden sind. *Roberts* et al. (15) bestätigten die Protonisierung am N-3 beim 1-Methylcytosin durch Beobachtungen eines Moleküls, bei dem alle ^{14}N- durch ^{15}N-Kerne ersetzt waren.

Das Spektrum von Uracil in D_2O oder Wasser zeigt Dubletts bei 5,8 ppm und 7,7 ppm für die C-5- und C-6-Protonen (Abb. 3.4. c) und ist ähnlich dem des Cytosins. In d_6-DMSO (Abb. 3.4. d) treten separate Peaks für die N-1- und N-3-Resonanzen um 10,0 ppm auf, und eine geringe weitere Aufspaltung um 1,5 Hz für die C-5-Protonenresonanz wird beobachtet. Es erscheint so, daß das N-1-Proton gegenüber dem N-3-Proton sehr viel rascher ausgetauscht wird, welches meßbar zum C-5-Proton koppelt. Aus diesen Messungen kann geschlossen werden, daß die Kopplungen $J_{H5-H6} \cong 7{,}5$ Hz, $J_{N_1H-H_6} \cong 5{,}6$ Hz, $J_{N_3H-H_5}$ und $J_{N_1H-H_5}$ beide um etwa 1,5 Hz und $J_{N_3H-H_6} \cong 0$ Hz betragen.

Das Spektrum von Thymin in D_2O (Abb. 3.4. e) unterscheidet sich von dem des Uracils prinzipiell durch eine Methylresonanz bei 1,8 ppm. In der späteren Diskussion wird sich zeigen, daß diese Resonanz von einiger Bedeutung in Polynucleotid-Spektren ist.

Der Umfang der Protonisierung des Pyrimidinringes hat einen auffallenden Einfluß auf die chemischen Verschiebungen. So verschieben sich im Spektrum von 1-Methylcytosin-Hydrochlorid in d_6-DMSO die Aminoprotonen-Resonanzen zusätzlich zu der Dublettaufspaltung im Durchschnitt um nahezu 3 ppm nach tieferem Feld (13, 14). Die C-5- und C-6-Protonenresonanzen werden schwach abgeschirmt um etwa 0,5 ppm. Es ist jedoch wichtig zu bemerken, daß die Pyrimidinbasen in wäßriger Lösung (mit Ausnahme der Aminogruppe des Cytosins) auch bei niedrigem pH-Wert nicht signifikant protoniert werden im Gegensatz zu den Purinen (nächster Abschnitt).

3.1.2. Purine

Das Protonenresonanzspektrum des Purins zeigt in wäßriger Lösung drei Singulettresonanzen bei 9,0, 8,8 und 8,6 ppm (Abb. 3.5.).

Das N-9-Proton unterliegt mit dem Lösungsmittel einem zu raschen Austausch, so daß es hier nicht separiert beobachtet werden kann. Die Peaks im Spektrum des Purins können in der Reihe wachsender Abschir-

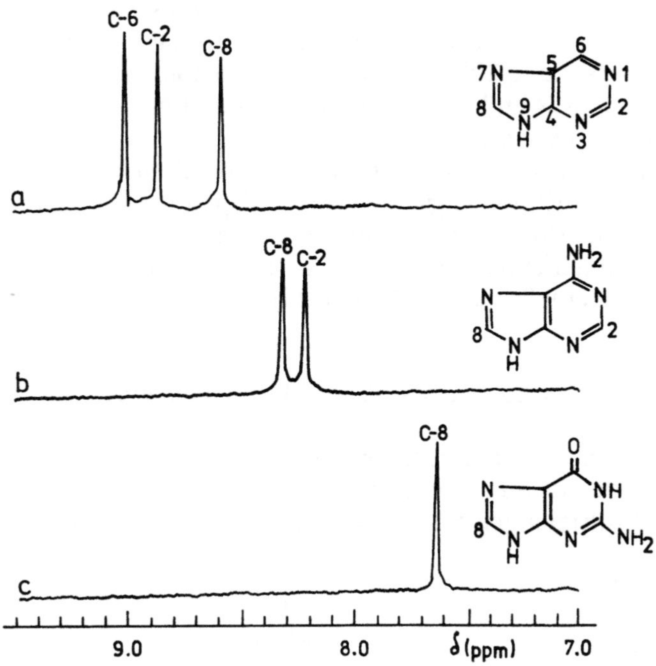

Abb. 3.5. 100-MHz-¹HNMR-Spektren von (a) Purin, (b) Adenin und (c) Guanin in D_2O (5%) bei 25 °C.

mung den C-6-, C-2- und C-8-Protonen zugeordnet werden (16 – 18). Diese Zuordnungen basieren auf der Beobachtung spezifisch deuterierter Purine. *Pugmire* et al. (19) ordnete die ^{13}C-Resonanzen von Purinen in wäßriger Lösung zu und beobachtete eine wachsende Abschirmung in der Reihe C-4, C-2, C-8, C-6 und C-5. Demzufolge ist C-8 gegenüber C-6 weniger abgeschirmt, während die zugehörigen Protonen eine umgekehrte Reihenfolge zeigen. Wie weiter in Abschnitt 3.2. dargelegt ist, gibt es eine enge Korrelation der ^{13}C-Abschirmung mit der π-Elektronendichte.

Die Spektren von Adenin (Abb. 3.5. b) und Guanin (Abb. 3.5. c) sind in wäßriger Lösung sehr einfach und zeigen bei tiefem Feld Peaks für die C-8-Protonen; im Spektrum des Adenins ist das C-2-Proton etwas mehr abgeschirmt als das C-8-Proton. Das C-8-Proton im Spektrum von Guanin ist gegenüber Adenin weiter abgeschirmt.

Bei Protonisierung wird für die C-2, C-6 und C-8-Protonen des Purins eine Verschiebung nach tieferem Feld um angenähert die gleichen Beträge beobachtet (18, 19, 20 – 23), wodurch in gewissem Umfang eine Protonisierung an allen Stickstoffen belegt ist. Die direkte $^{13}C-H$-Kopplung nimmt in allen drei Positionen mit abnehmendem pH-Wert etwas zu, wodurch ein Anwachsen der sp^2-Hybridisierung belegt ist. Empirische Korrelationen und die Interpretation dieser Ergebnisse führten zu dem Schluß, daß sich bei protonierten Purinen 54% der Ladung am N-1, 12% am N-3 und 29% am Imidazolring befinden (3). Eine schwache Kopplung der C-2- und C-6-Protonen, die in Abb. 3.5. a nicht beobachtet wird, wächst bei steigender Protonisierung und erreicht mit etwa 1 Hz ein Maximum; diese Resonanzen unterliegen bei einem pH-Wert unterhalb 2,5 und in Trifluoressigsäure einer Aufspaltung (19). Die über Wasserstoffbrücken erfolgende Paarung der Basen, wie sie für die DNS-Doppelhelix charakteristisch ist, wird in geeigneten Lösungsmitteln für die freien Basen ebenfalls beobachtet (24, 25).

3.1.3. Nucleoside und Mononucleotide

Für die Nucleinsäuren geeignete Modelle sind gegenüber den Basen die Nucleoside, die aus einem Base- und Zuckerfragment bestehen. Die in der RNS auftretenden Strukturelemente sind die β-Ribofuranoside.

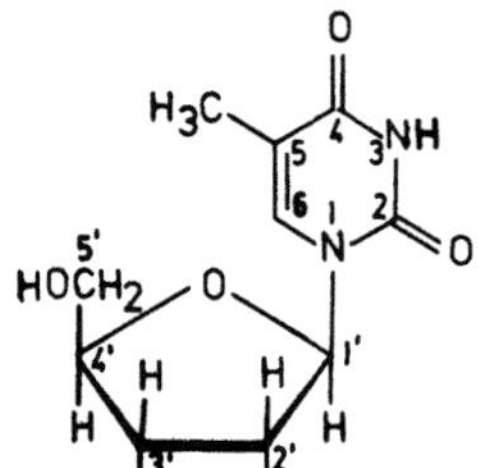

Ribothymidin (rT)

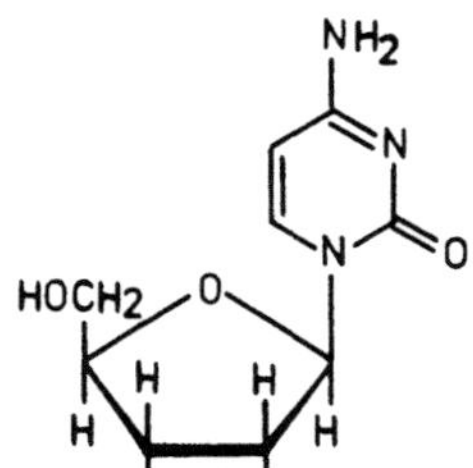

Cytidin (C)

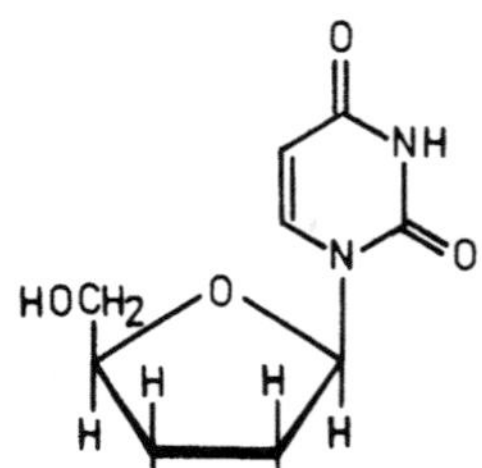

Uridin (U)

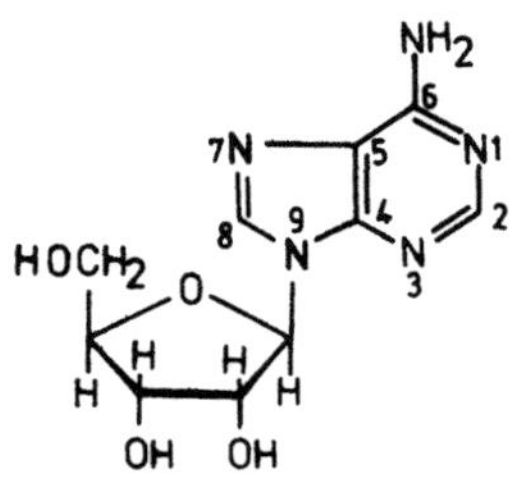

Adenosin (A)

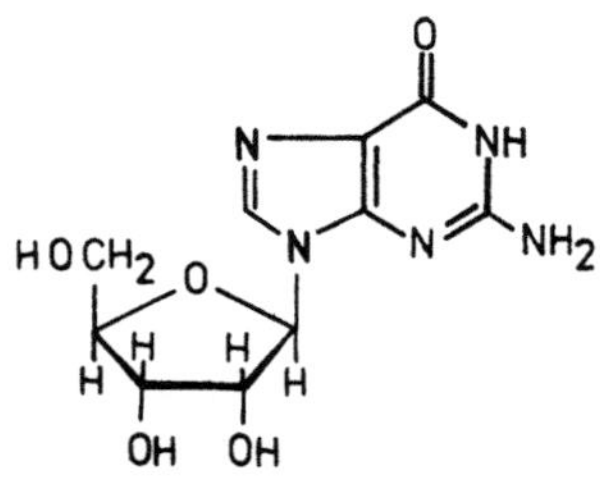

Guanosin (G)

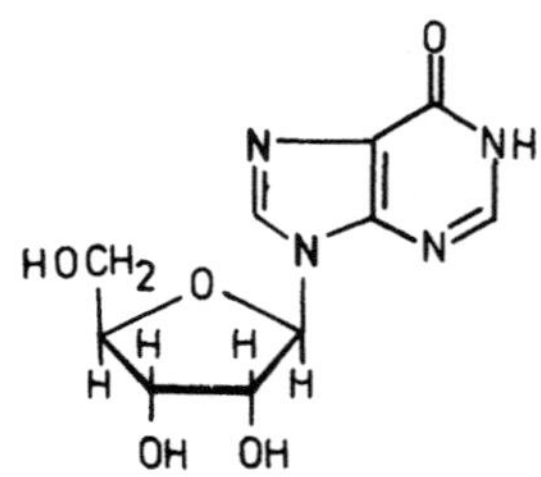

Inosin (I)

Weiterhin sei Pseudouridin erwähnt, das dich vom Uridin durch die Bindung der Ribose an das C-5 des Uracils unterscheidet; es tritt in allen bis heute bekannten transfer-RNS-Spezies auf.

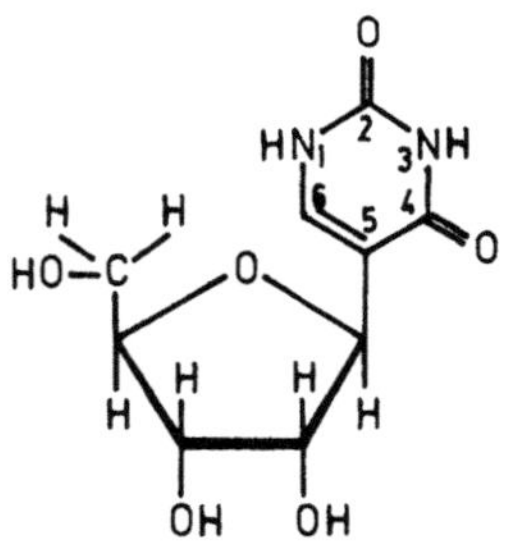

Pseudouridin (ψ)

Die entsprechenden DNS-Nucleoside werden als Thymidin (T), Deoxycytidin (dC), Deoxyadenosin (dA) und Deoxyguanosin (dG) bezeichnet.

Die Mononucleotide sind Monophosphorsäureester der Nucleoside. Die Phosphatkette in Ribonucleotiden kann in den 2′, 3′ oder 5′-Positionen auftreten; die beiden letzteren entsprechen den natürlich vorkommenden Struktur-Einheiten. In Desoxyribonucleotiden sind nur die 3′- und 5′-Positionen verfügbar. Die Strukturen von Adenosin-3′-monophosphat und Adenosin-5′-monophosphat sind:

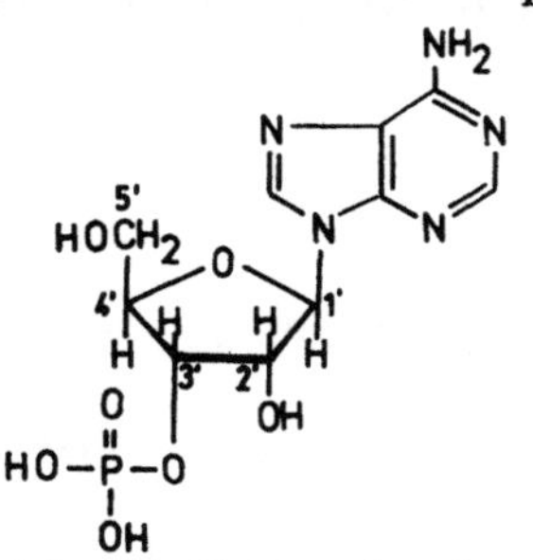

Adenosin-3′-monophosphat (3′-AMP)

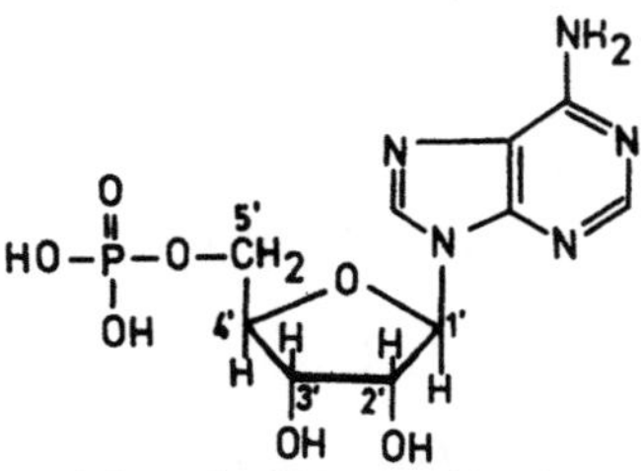

Adenosin-5′-monophosphat (AMP)

Die anderen 5′-Monophosphate sind:

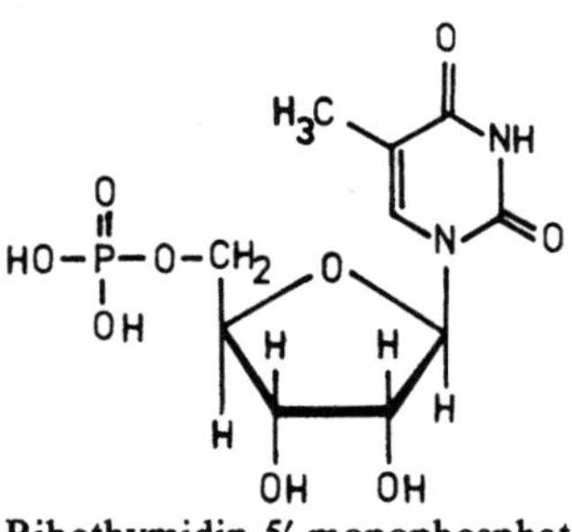

Ribothymidin-5′-monophosphat (rTMP)

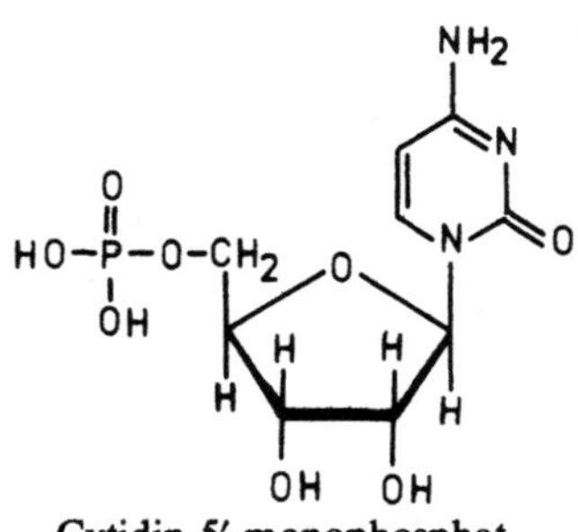

Cytidin-5′-monophosphat

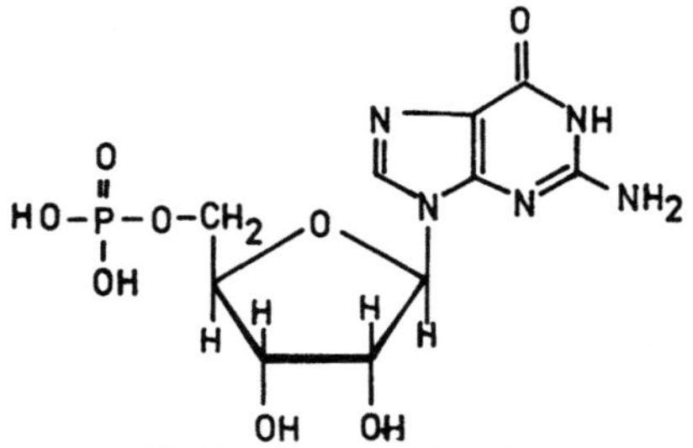

Uridin-5'-monophosphat
(UMP)

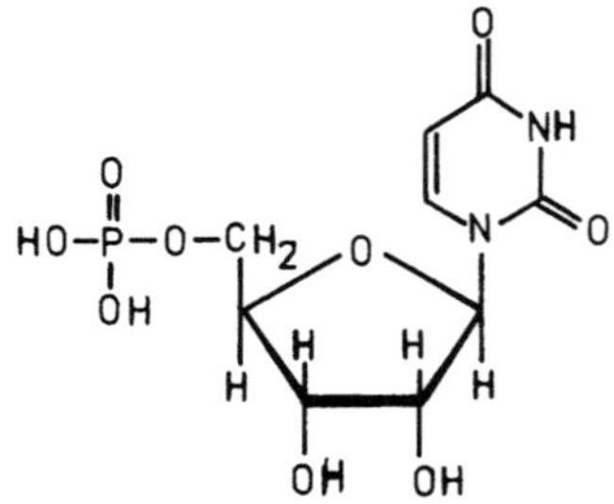

Guanosin-5'-monophosphat
(GMP)

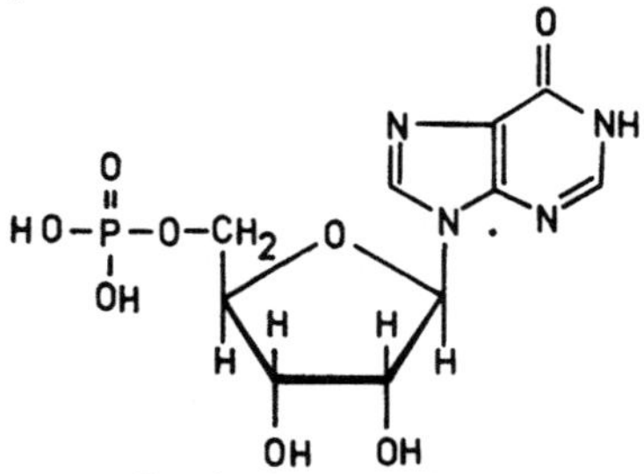

Inosin-5'-monophosphat
(IMP)

Die Diphosphat- und Triphosphat-5'-ester mit folgenden Strukturelementen sind ebenfalls gut bekannt. Sie sind als Metabolite von großer Bedeutung und ebenfalls für die Synthese von Nucleinsäureketten, was jedoch hier nicht weiter diskutiert werden soll.

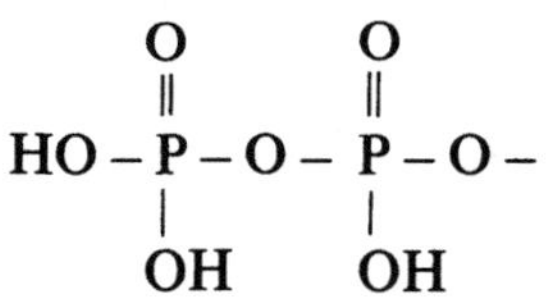

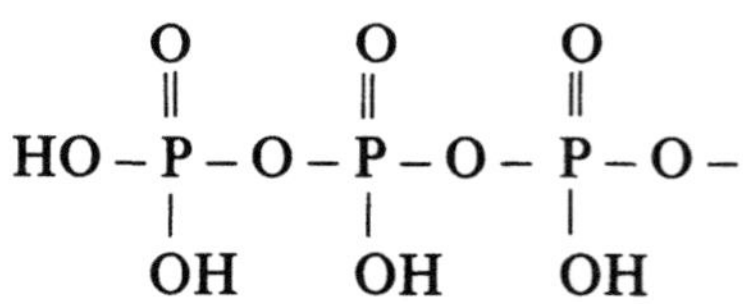

Der pK_a-Wert von (a) liegt um 2 und der von (b) um 6. Demzufolge liegt in neutraler und basischer wäßriger Lösung die Phosphatgruppe von einem Mononucleotid in Form von (b) oder (c) vor. Bei wachsendem pH-Wert beobachtet man von einem niedrigen Wert ausgehend eine Verringerung der Abschirmung der Base-Protonenresonanzen in Purin-Nucleotiden, was auf eine Ionisation der Phosphatgruppe zurückzuführen ist. Besondere Entschirmungseffekte treten bei pH-Werten um 5 oder darüber auf durch Bildung der $^{2-}O_3PO$-Gruppe.

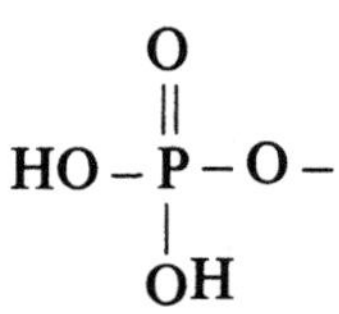

(a)

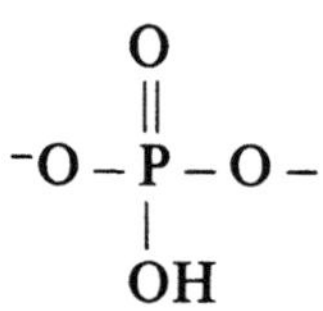

(b)

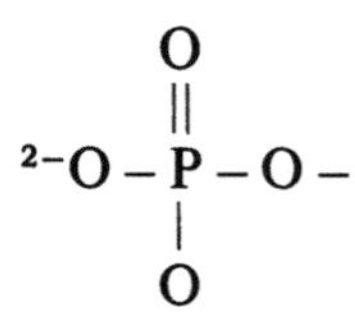

(c)

3.1.4. Adenosindiphosphat (ADP) und Adenosintriphosphat (ATP)

Für die Regeneration von ADP zu ATP sind die Mitochondrien, Organellen des Cytoplasmas, in der Lage, Energie aus der Oxidation von Metaboliten zu gewinnen. Im allgemeinen liegen diese „Brennstoffe“ in Form kleiner Moleküle (Brenztraubensäure, α-Ketoglutarsäure) im Grundcytoplasma gelöst vor. Bisher wenig untersucht ist die Rolle von divalenten Metallionen, die bei allen enzymatischen Reaktionen unter Beteiligung von Adenosin-Di- und Triphosphat beteiligt sind. Bei einigen Kinase-Reaktionen (26, 27) wurden kinetische Beweise erbracht, daß bei der Enzymreaktion der Metallkomplex mit Adenosintriphosphat das eigentliche Substrat ist.

In den NMR-Spektren können die chemischen Verschiebungen der Nucleotide mit den Verschiebungen in den Metallkomplexen verglichen werden, um die Wechselwirkung des Metallions mit dem Adeninring zu bestimmen (28, 29). Die chemischen Verschiebungen von 0,1 M-Lösungen von Tetramethylammonium ATP mit und ohne äquimolare Anteile von Metallionen wurden bei verschiedenen pH-Werten verglichen. Der Einfluß von Mg^{2+}- und Ca^{2+}-Ionen ist ähnlich, nämlich eine starke Verschiebung der β- und γ-P-Kerne und praktisch keine Verschiebung für α-P. Aus diesen chemischen Verschiebungen kann geschlossen werden, daß die Metallionen an die β- und γ-Phosphatgruppen von ATP gebunden sind (29) und nicht an die α-Phosphatgruppe. Ein Vergleich der Änderungen der chemischen Verschiebungen verursacht durch die Addition von Mg^{2+} zu ADP bzw. ATP ist in Tab. 3.1. wiedergegeben.

Tab. 3.1. Vergleich der chemischen Verschiebungen in ADP und ATP bei Addition von Mg^{2+} (0,1 M). Tabelliert sind die Werte $\delta_{ADP} - \delta_{MgADP}$ und $\delta_{ATP} - \delta_{MgATP}$ in ppm (29, 30).

	pH	α-P	β-P	γ-P
ADP, 0,1 M	5,3, 6,8	0,6, 1,2	2,7, 2,3	
ATP, 0,1 M	4,8, 6,3	0,2, 0,4	2,1, 3,4	2,3, 3,6

Paramagnetische Ionen verbreitern die Signale der Phosphor-Resonanzlinien bei Komplexbildung, da das Magnetfeld dieser Ionen die Relaxationszeit des magnetisch aktiven Kerns verändert und da das komplexe Molekül mit dem freien in Lösung einem Austausch unterliegt (31, 32). Die Addition von Cu^{2+}-Ionen verbreitert nur die β- und γ-Peaks, wie in Abb. 3.6. wiedergegeben ist.

Die Verbreiterung der Protonpeaks bei Zugabe von Mn^{2+} ist aus Abb. 3.7. zu ersehen. Obwohl alle Protonpeaks etwas verbreitert sind,

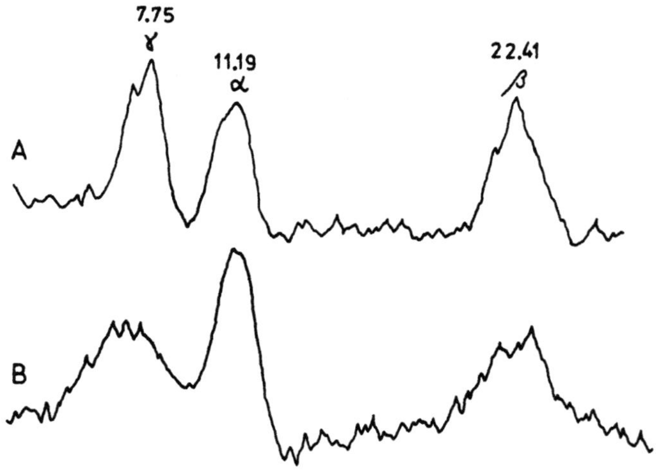

Abb. 3.6. Phosphor-NMR-Spektren von ATP (0,1 M), pH 7,2. A, ohne paramagnetisches Metallion; B, in Gegenwart von $1{,}65 \cdot 10^{-5}$ M $CuCl_2$. Interner Standard H_3PO_4 (29).

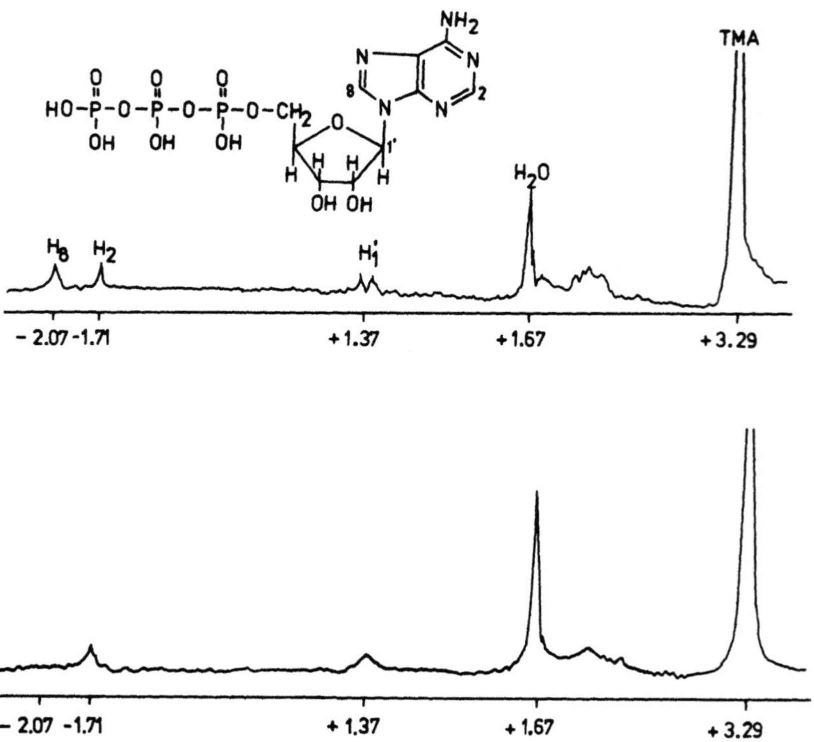

Abb. 3.7. 56,45-MHz-^{1}HNMR-Spektren von 0,1 M ATP in D_2O, pH 7,1. A, ohne Addition, B, in Gegenwart von $8 \cdot 10^{-5}$ M $MnCl_2$. Externer Standard Toluol (29).

wird der stärkste Einfluß auf H_8 beobachtet. Bei einer Mn^{2+}-Konzentration von $8 \cdot 10^{-5}$ M wird der H_8-Peak so stark verbreitert, daß er nicht mehr beobachtet wird. Offenbar erfolgt Komplexbildung also auch am Adeninring. Die gleiche Art der Veränderung tritt bei Addition von Cu^{2+} oder Mn^{2+} bei ADP auf (29).

3.1.5. Paarweise Basenwechselwirkung

Die paarweise Wechselwirkung über Wasserstoffbrücken, die in Abschnitt 3. für die freien Basen diskutiert ist, kann ebenfalls für Nucleotide in Lösungsmitteln wie Dimethylsulfoxid und Chloroform auftreten, die

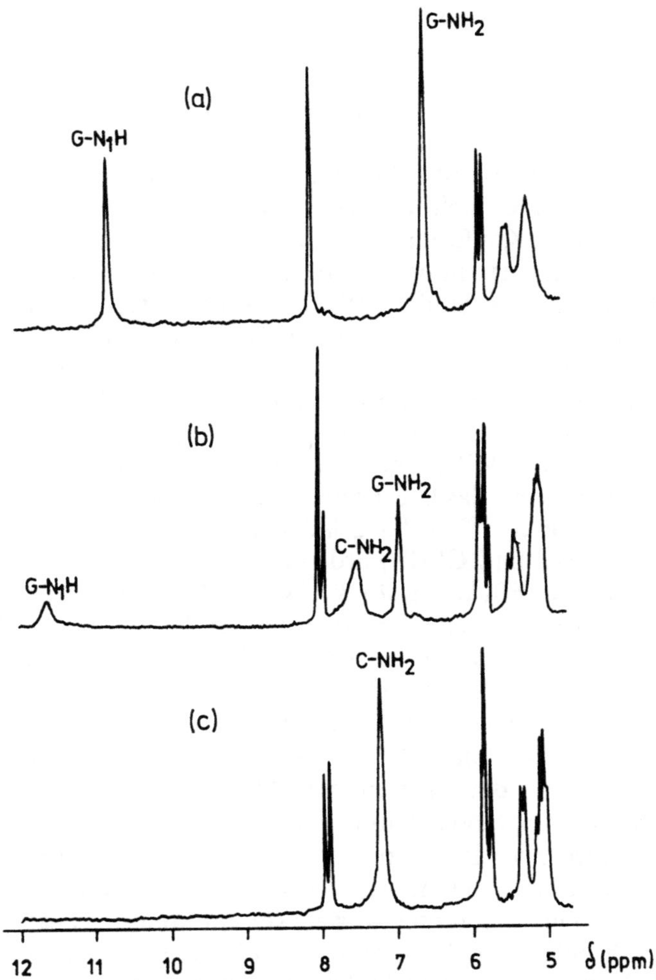

Abb. 3.8. 100-MHz-^{1}HNMR-Spektren in DMSO bei 25° von (a) Guanosin (G), (c) Cytidin (C) und (b) eine äquimolare Mischung von G und C, Bezugssubstanz DSS (25).

nicht zu stark wasserstoff-bindend sind. *Katz* und *Penman* (25) beobachteten eine starke Entschirmung der NH-Resonanz von Guanosin und eine geringere Verschiebung der NH_2-Resonanzen von Guanosin und Cytidin, wenn beide in d_6-DMSO vermischt werden. Abb. 3.8. zeigt die Spektren der separaten Nucleoside und einer 1 : 1 molaren Mischung. Das Singulett um 8 ppm in (a) ist das C-8-Proton von Guanin. Die Dubletts um 8 und 6 ppm in (c) sind den C-6- und C-5-Protonen von Cytidin zuzuordnen.

Für das entsprechende Basenpaar Adenosin und Uridin kann jedoch keine Wechselwirkung über Wasserstoffbrücken entdeckt werden, in Übereinstimmung mit der bekannten Tatsache, daß dieses Paar schwächer gebunden ist (33). Ein auffallender Effekt wird für das Paar 9-Äthyladenin und 1-Cyclohexyluracil in $CDCl_3$ beobachtet, das bezüglich der Wasserstoffbrücken gegenüber DMSO sehr viel weniger konkurrierend wirkt (34).

3.1.6. Konformationen

Untersuchungen von Molekularmodellen legen nahe, daß in Nucleosiden und Nucleotiden sich die Base gegenüber dem Zucker entweder in der *syn*- oder *anti*-Konformation befindet, wie in den Formeln für AMP und TMP gezeigt ist; intermediäre Torsionen werden durch sterische Wechselwirkungen verhindert. Weiterhin legen sterische Betrachtungen nahe, daß die *anti*-Konformation gegenüber der *syn*-Konformation energetisch bevorzugt ist, und diese Bevorzugung ist für Purin-Basen stärker zu erwarten. In der *anti*-Konformation von Pyrimidin-Basen steht das C-6-Proton weitaus näher zur Phosphat-Gruppe als in der *syn*-Konformation. Beim anti-AMP befindet sich das C-8-Proton sehr viel näher zur Phosphat-Gruppe als das C-2-Proton; das Umgekehrte gilt für *syn*-AMP. Ein entschirmender Effekt der geladenen Phosphatgruppe auf das C-6-Proton von UMP und CMP wurde von *Schweizer* et al. (35) dargelegt; ein vergleichbarer Effekt tritt für 3′-UMP und 3′-CMP nicht auf.

Weiterhin wurde gezeigt (36), daß bei der Titration von TMP, ausgehend von niedrigen pD-Werten, sich das C-6-Proton nach tiefem Feld in zwei Schritten bewegt: beim Übergang des pD-Wertes um 1,5 und 6,0, entsprechend der ersten und zweiten Ionisation der Phosphatgruppe. Für das C-8-Proton von AMP beobachtet man einen noch auffallenderen Effekt (35, 36). Bei wachsendem pD-Wert von etwa 0 tritt zunächst eine Abnahme der Abschirmung auf, die auf die erste Ionisation der Phosphatgruppe zurückzuführen ist; hierauf folgt durch die Deprotonierung des Purinringes ein Anwachsen der Abschirmung. Bei einem pD-Wert über 5 kehrt sich dieses Anwachsen um und der Peak bewegt sich wieder nach tieferem Feld. Alle anderen Protonen zeigen mit wachsendem pD-Wert eine wachsende Abschirmung, einer flachen Kurve folgend. Diese Ergebnisse können nur mit einem Feldeffekt gedeutet wer-

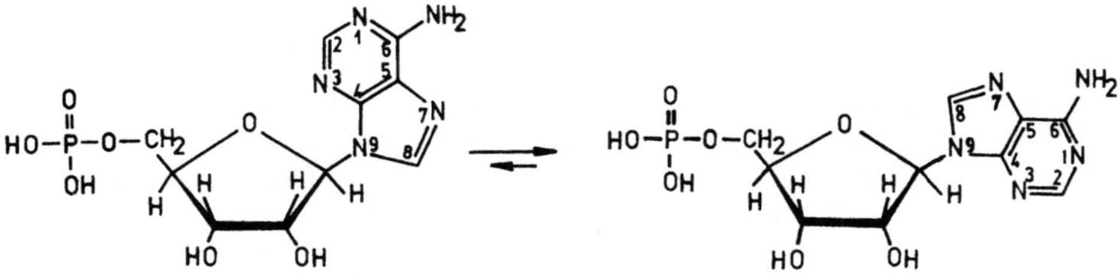

syn AMP *anti*

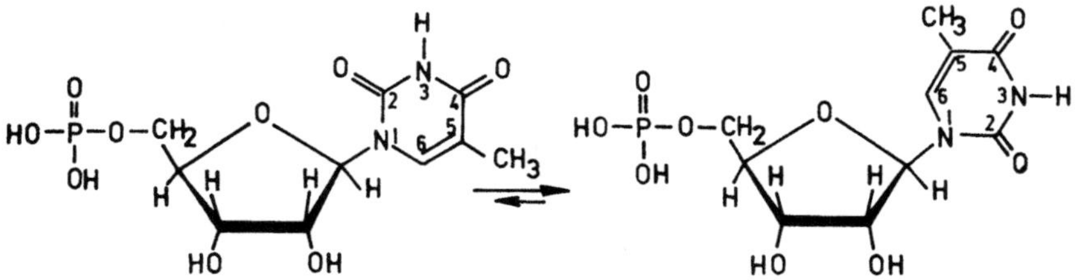

syn TMP *anti*

den (37), der durch das Entstehen zunächst einer einzelnen Ladung und dann einer doppelten Ladung an der Phosphatgruppe entwickelt wird. Die Gegenwart einer Ladung verzerrt die Elektronenwolke am C-6-Proton, so daß eine geringere Abschirmung entsteht. Demzufolge bestätigen die NMR-Messungen die Aussagen der Molekülmodelle, daß in Nucleotiden bei biologischen Temperaturen die *anti*-Konformation der Base stark bevorzugt ist. Der entschirmende Einfluß der Phosphatgruppe nimmt mit wachsender Temperatur ab, aufgrund einer wachsenden Beteiligung der *syn*-Form.

Eine Methode zur Bestimmung der Basen-Konformation, die eine starke Aussagekraft verspricht, beruht auf der Anwendung des Kern-*Overhauser*-Effektes, wie bei einigen Nucleosiden und Nucleotiden untersucht wurde (37, 38). Hier ist die Signal-Intensitätssteigerung abhängig von der räumlichen Trennung der beobachteten und bestrahlten

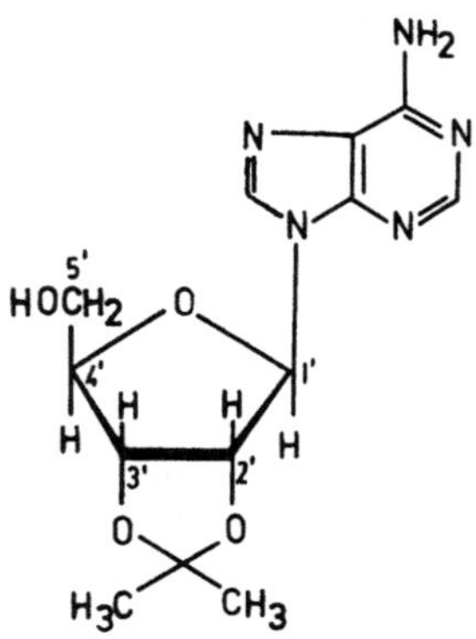

[1]

Kerne und kann in bevorzugten Fällen empfindlich für Strukturanalysen eingesetzt werden. Für Isopropyliden-adenosin [1] findet man eine auffallende Steigerung der C-8-Protonenresonanz bei Bestrahlung des C-1'-Protons und eine geringere Intensitätssteigerung bei Bestrahlung der C-2'-, C-3'-, C-4'- und C-5'-Protonen. Diese Intensitätssteigerungen sind jedoch von beachtlicher Größe, wenn das gleiche Experiment bei Isopropyliden-Guanosin durchgeführt wird, wodurch eine bevorzugte *trans*-Konformation belegt ist. Auf der anderen Seite ist eine Steigerung der C-8-Protonenresonanz zu vernachlässigen bei Bestrahlung der C-2'- und C-3'-Protonen in Isopropyliden-Cycloguanosin [2], das nur eine *syn*-Konformation annehmen kann.

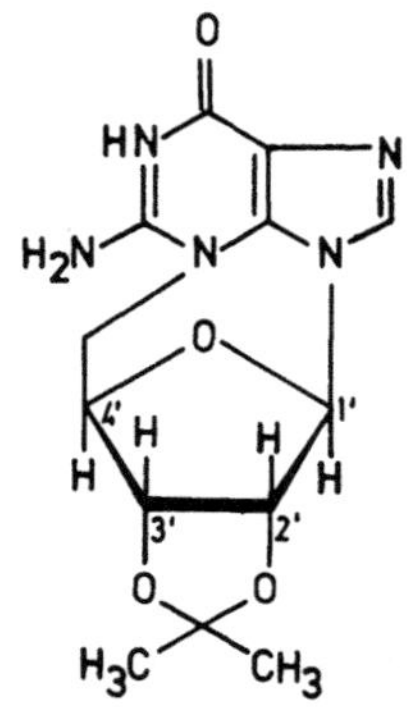

[2]

Eine Stütze für diese Rückschlüsse liefern die Röntgenanalyse (39, 40) und optische Studien (41 – 45).

3.1.6.1. *Konformation des Furanose-Ringes*

Die Kopplung zwischen benachbarten über Kohlenstoff gebundene Protonen des Furanose-Ringes von Nucleosiden und Nucleotiden kann mit Hilfe der Karplus-Funktion der H – C – C – H-Diederwinkel interpretiert werden, um die Konformation des Ringes zu erhalten. Die Kopplungskonstanten der C-1'- und C-2'-Protonen sind leicht zu bestimmen (44, 47), die Kopplungskonstanten der übrigen Protonen werden für gültige Aussagen jedoch ebenfalls benötigt. Infolge einer spektralen Überlappung sind diese jedoch weniger leicht zugänglich. Über gut aufgelöste

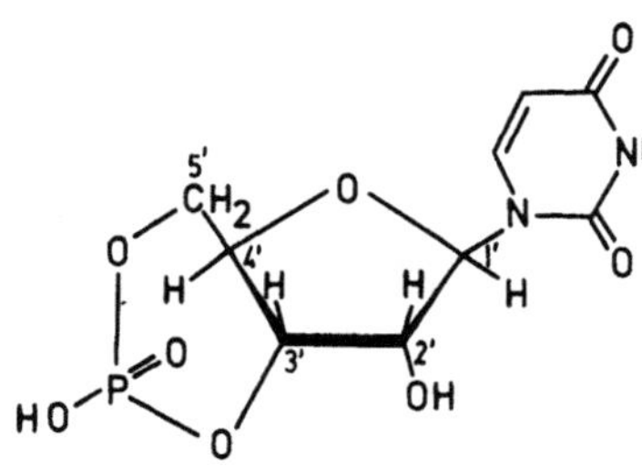

[3]

Spektren von Uridin (48), Pseudouridin (49) und 3′, 5′-cyclische Monophosphate der Nucleoside, z. B. 3′, 5′-Uridin-Cyclomonophosphat [3] (50) wurde berichtet.

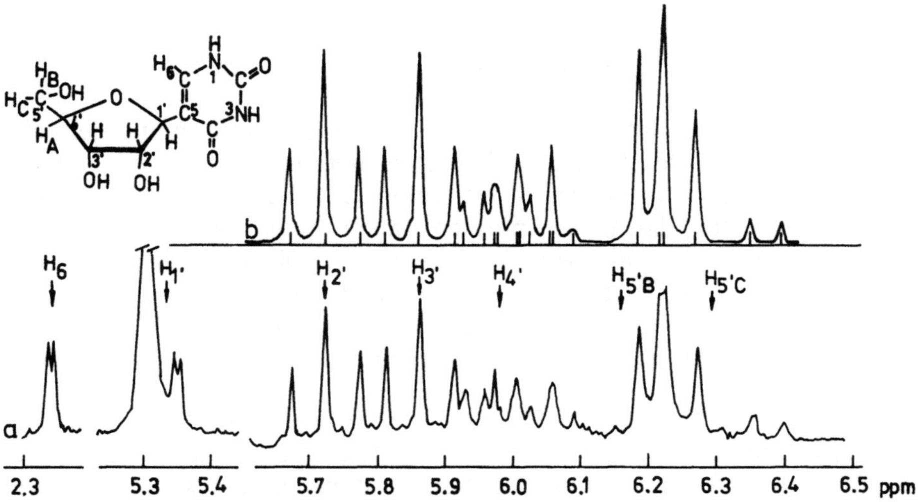

Abb. 3.9. (a) 100-MHz-^{1}HNMR-Spektrum von β-Pseudouridin in D_2O, pD 6,7, 0,12 M, 30°, Bezugssubstanz DSS. (b) Computer-Spektrum der Ribose-Protonen des Bereiches C-2′ bis C-5′ (49).

Das berechnete und gemessene 100-MHz-^{1}HNMR-Spektrum von Pseudouridin ist in Abb. 3.9. wiedergegeben (49). Dies ist der beste Weg, aus komplexen und stark gekoppelten Spektren die Parameter zu bestätigen. Das Dublett von Dubletts des $C-H_{1'}$-Protons ($J_{H_{1'}-H_{2'}} = 5{,}0$ Hz und $J_{H_{1'}-H_6} = 0{,}8$ Hz) ist teilweise bei 5,3 ppm von der HDO-Resonanz verdeckt. Alle vicinalen Kopplungskonstanten befinden sich in dem Bereich 5,0 – 5,2 Hz mit Ausnahme der Kopplungen $J_{4'5'B}$ und $J_{4'5'C}$. Da diese Kopplungskonstanten nahezu unabhängig von der Temperatur sind, ist belegt, daß keine Konformation stark bevorzugt ist. Wenn dies der Fall wäre, zeigt das Modell, daß die Werte von $J_{1'2'}$ und $J_{3'4'}$ Diederwinkeln um 136 ° zugeordnet werden müßten und überdies können die C-2′- und C-3′-Protonen nicht ekliptisch stehen, da für diesen Fall $J_{2'3'}$ um 9 – 10 Hz betragen müßte. *Hruska* et al. (49) folgerten, daß die Konformationen der Abb. 3.10. alle in gewissem Umfang beteiligt sind.

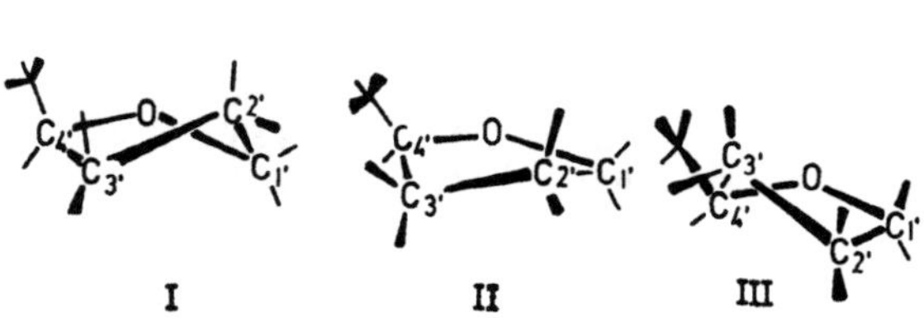

Abb. 3.10. Mögliche Konformationen des Riboseringes von β-Pseudouridin (49).

Entsprechende Parameter und Folgerungen wurden für Uridin (48) gefunden. Elektrolyte wie $Mg(ClO_4)_2$ und $NaClO_4$ verursachen spektrale Veränderungen in Uracil-Nucleotiden und Nucleosiden in wäßriger Lösung und legen damit eine Änderung der Rotationszustände nahe (51).

3.1.6.2. Syn- und Anti-Konformationen in Pyrimidin-Nucleosiden

Umfangreiche Untersuchungen führten zu der Bestimmung der relativen Positionen des Zucker- und Baseteils um die glykosidische Bindung in Nucleosiden und Nucleotid-Derivaten (52). Kristallographische Daten (53) zeigten, daß in den meisten Fällen die *anti*-Konformation bezüglich des CN-Torsionswinkels bevorzugt ist (54). Für Purin-Nucleoside jedoch, die in der 8-Position mit sperrigen Gruppen versehen sind, belegten sowohl Röntgenmessungen an Kristallen (55) als auch CD-Spektren in wäßriger Lösung (52) das Vorliegen überwiegend des *syn*-Konformers.

Bezüglich biologischer Bedeutung wurde gezeigt, daß einige enzymkatalysierte Polynucleotidsynthesen mit Purin- und Pyrimidin-Nucleosiddiphosphaten oder -triphosphaten, die üblicherweise keine *anti*-Konformation haben, nicht ablaufen, einschließlich der Di- oder Triphosphate von 6-Methylcytidin (56, 57).

Die NMR-Technik hat in der Vergangenheit erfolgreich für die Bestimmung der Konformation um die glykosidische Bindung bei einigen Nucleosiden, Nucleotiden und Dinucleosid-Monophosphaten Anwendung gefunden (35, 49, 58, 59). Zur Bestimmung der syn- und anti-Nucleosidkonformation kann der 2-Keto-Anisotropieeffekt auf das Riboseproton eingesetzt werden (52).

Chemische Verschiebungen für einige Pyrimidin-Nucleoside sind in Tab. 3.2. wiedergegeben. Ein Vergleich von 5- und 6-Methylcytidin und 5- und 6-Methyluridin enthüllt eine signifikante Entschirmung am H-2′ (0,5 – 0,6 ppm) und am H-3′ (0,15 – 0,2 ppm) in den 6-Methylderiva-

Tab. 3.2. Chemische Verschiebungen von Ribose-Protonen in verschiedenen Pyrimidin-Nucleosiden, 60 MHz, Lösungsmittel D_2O, 34°.

Nucleosid	Chemische Verschiebungen in ppm von TMS				
	H-1′	H-2′	H-3′	H-4′	H-5′,5″
5-Methylcytidin	6,40	4,71	4,71	4,71	4,41
6-Methylcytidin	6,15	5,30	4,86	4,48	4,31
5-Methyluridin	6,36	4,69	4,69	4,69	4,34
6-Methyluridin	6,10	5,27	4,88	4,46	4,30
6-Oxocytidin	6,67	5,26	4,85	4,50	4,23
4-Thiouridin	6,33	4,74	4,74	4,74	4,36

ten. Diese Entschirmung wird begleitet von einer Verschiebung nach höherem Feld von H-1′ um 0,25 ppm, H-4′ (0,23 ppm) und H-5′,5″ (0,04 – 0,10 ppm).

6-Methylcytidine und 6-Methyluridine haben negative CD-Kurven (60), während die 5-Methylpyrimidin-Nucleosidderivate den üblichen positiven *Cotton*-Effekt haben. Diese Ergebnisse weisen darauf hin, daß 6-Methylcytidin und 6-Methyluridin sich nicht in der normalen anti-Konformation befinden. Eine Untersuchung der Molekularmodelle zeigt, daß enge *van der Waals*-Kontakte zwischen den 6-Methyl- und 5′-CH_2OH-Gruppen 6-Methylcytidin und 6-Methyluridin behindern, die normale anti-Konformation anzunehmen. Diesem Kontakt kann durch rechtsläufige Rotation um die glykosidische Bindung ausgewichen werden. Diese Betrachtungen legen die Vermutung nahe, daß die Abschirmung und Entschirmung der verschiedenen Riboseprotonen der in 6-Stellung methylierten Nucleoside auf die Anisotropie der 2-Ketogruppe zurückzuführen ist, die durch rechtsläufige Drehung der Base in die Nähe dieser Protonen gebracht wird.

3.1.7. Dinucleotide und Oligonucleotide

Nucleotide, die zwei oder mehr Basen enthalten, werden im allgemeinen mit den Anfangsbuchstaben der betreffenden Basen bezeichnet, wobei für die Desoxyribose ein d vorangestellt wird und ein p entweder für eine verbindende Phosphordiesterbindung oder, wenn vorhanden, für einen endständigen Phosphatrest. Liegt eine andere Phosphatposition als 3′ → 5′ vor, wird dies besonders gekennzeichnet. Demzufolge ist A_pA die Abkürzung für Adenyl (3′ → 5′)adenosin und dU_pT_p repräsentiert:

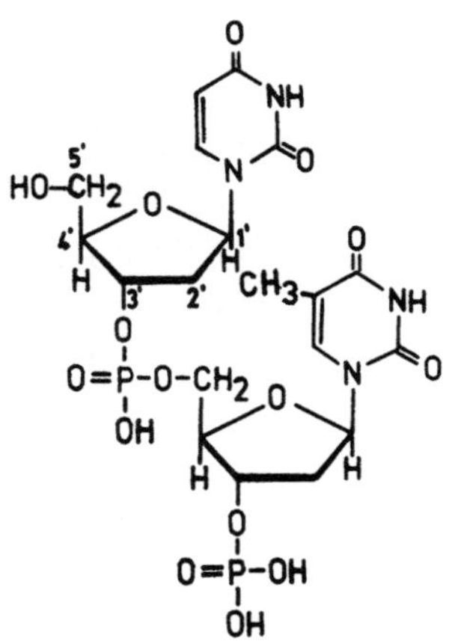

dU_pT_p

Über zahlreiche NMR-Messungen von Di- und Oligonucleotiden wurde berichtet (61 – 70). Ein prinzipielles Objekt dieser Untersuchungen war die Bestimmung der intramolekularen Stereochemie der Basen, die durch Vergleich mit den entsprechenden Mononucleotiden ermittelt werden kann. In vielen Fällen ist mit Anisotropieeffekten zwischen den Basen zu rechnen; z. B. beobachtet man bei A_pA eine Verschiebung der C-8- und C-1'-Protonen der 5'-verbundenen Adenyleinheit um 0,20 ppm nach tieferem Feld von der Position in 5'-Methyl AMP (65, 66). Entsprechend dem DNS-Molekül ist bei beiden Base-Einheiten eine trans-Konformation anzunehmen, wobei die Basen von der normalen Mononucleotid-Position so abweichen, daß sich das C-8-Proton näher dem C-2'-Proton befindet. Diese Konformations-Änderung wird durch eine auffallende Verminderung der Kopplung $J_{1'2'}$ gegenüber dem Mononucleotid angezeigt (2,3 Hz anstelle von 5,3 Hz), in Übereinstimmung mit einem Wechsel der Ribose-Konformation von 2'-endo nach 3'-endo, d. h., das C-2'-Kohlenstoffatom ist von der Base abgewandt (63) (Abb. 3.10.III). Erwartungsgemäß werden bei steigender Temperatur die Kopplungen und chemischen Verschiebungen der Monomeren wieder erreicht. Messungen der Temperaturabhängigkeit der chemischen Verschiebung in A_pA_p legen nahe, daß die Basen-Basen-Wechselwirkungsenergie um $-8{,}2 \pm 1{,}0$ kcal pro Mol liegt (71 – 73).

Im Spektrum von T_pT liegen das Thymin-C-6-Proton und die Methylresonanz für beide Ringe in derselben Position (61); die Methylresonanzen sind auch bei 220 MHz nicht unterscheidbar (64). Bei Addition von Purin zur T_pT-Lösung bewegen sich jedoch die Methyl- und C-6-Resonanzen nach tieferem Feld und spalten auf, wobei die Größe der Aufspaltung mit steigender Purinzugabe wächst (61). Dies ist auf eine Einschiebung des Purinringes zwischen die T-Einheiten zurückzuführen, was zu einer

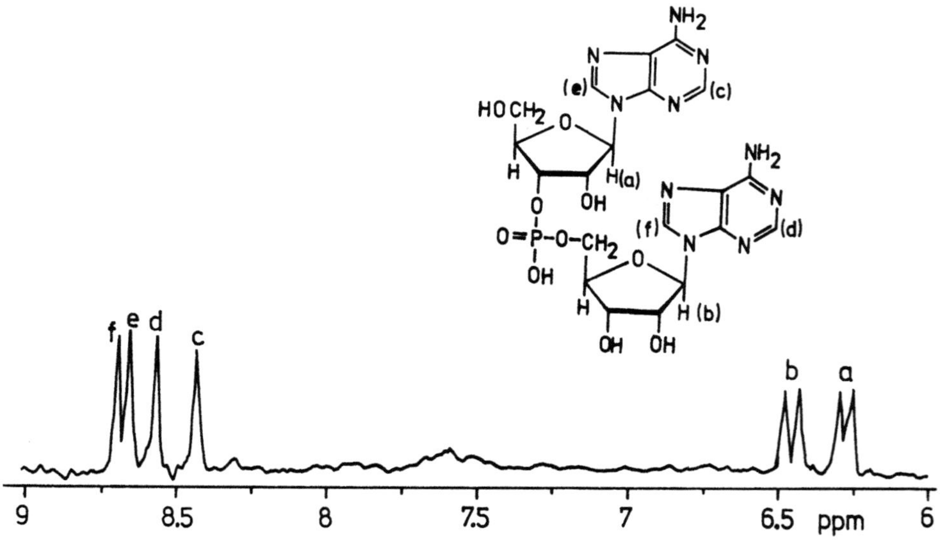

Abb. 3.11. 100-MHz-^{1}HNMR-Spektrum von Adenyl(3'→5')adenosin (A_pA) in D_2O, TMS als externer Standard.

Ringstromverschiebung mit einer verschiedenen Abschirmung der Methylgruppen führt.

Im NMR-Spektrum von A_pA können in dem Bereich der aromatischen Protonen vier Resonanzen unterschieden werden, die den zwei Adenin-H_2- und den zwei Adenin-H_8-Protonen zugeordnet werden können (Abb. 3.11.). Durch die asymmetrische Veresterung des Zuckerteils der beiden Nucleoside durch die Phosphatgruppe sind die beiden Adeninringe geometrisch nicht äquivalent.

3.1.8. Polynucleotide

Seit der Bestimmung der primären Sequenz ist die sekundäre und tertiäre Struktur von transfer-RNS mit verschiedenen Techniken studiert worden (74 – 76). Da sowohl die sekundäre als auch die tertiäre Struktur von Wasserstoffbrücken abhängig ist, sollte es möglich sein, die molekulare Konformation in Lösung durch Untersuchung der Wasserstoffbindung direkt zu bestimmen (77). Die Protonenresonanzspektren von t-RNS in D_2O der nicht austauschbaren Protonen erwiesen sich als nur gering aufgelöst (78 – 80). Abb. 3.12. zeigt die Temperaturabhängigkeit von t-RNS in wäßriger Lösung. Mit steigender Temperatur beobachtet

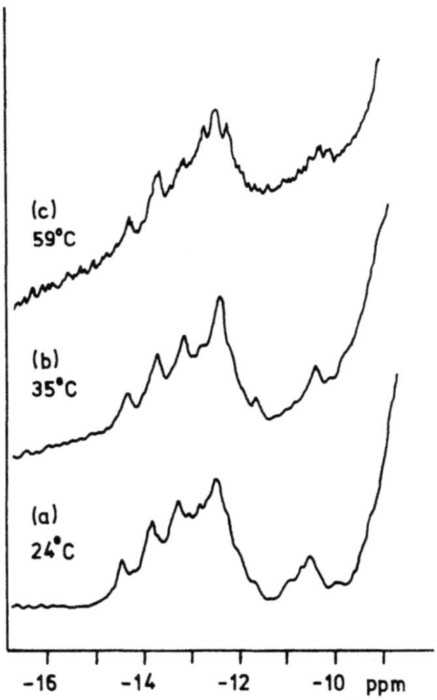

Abb. 3.12. 220-MHz-^{1}HNMR-Spektren von transfer-RNS aus Hefe bei verschiedenen Temperaturen, Bezugssubstanz DSS (74).

man bei einigen dieser bei tiefem Feld liegenden Resonanzen eine Peakverbreiterung.

Das N_3-Proton von Uridin zeigt einen Peak bei – 7,9 ppm in DMSO, der nach etwa – 11,0 ppm verschoben wird, wenn eine Wasserstoffbrücke zum Adenosin ausgebildet wird (81). In ähnlicher Weise verschiebt sich das N_1-Proton von Guanosin von – 10,5 ppm nach etwa – 12,5 ppm, wenn Wasserstoff an Cytosin gebunden wird (81). Da die Ausbildung

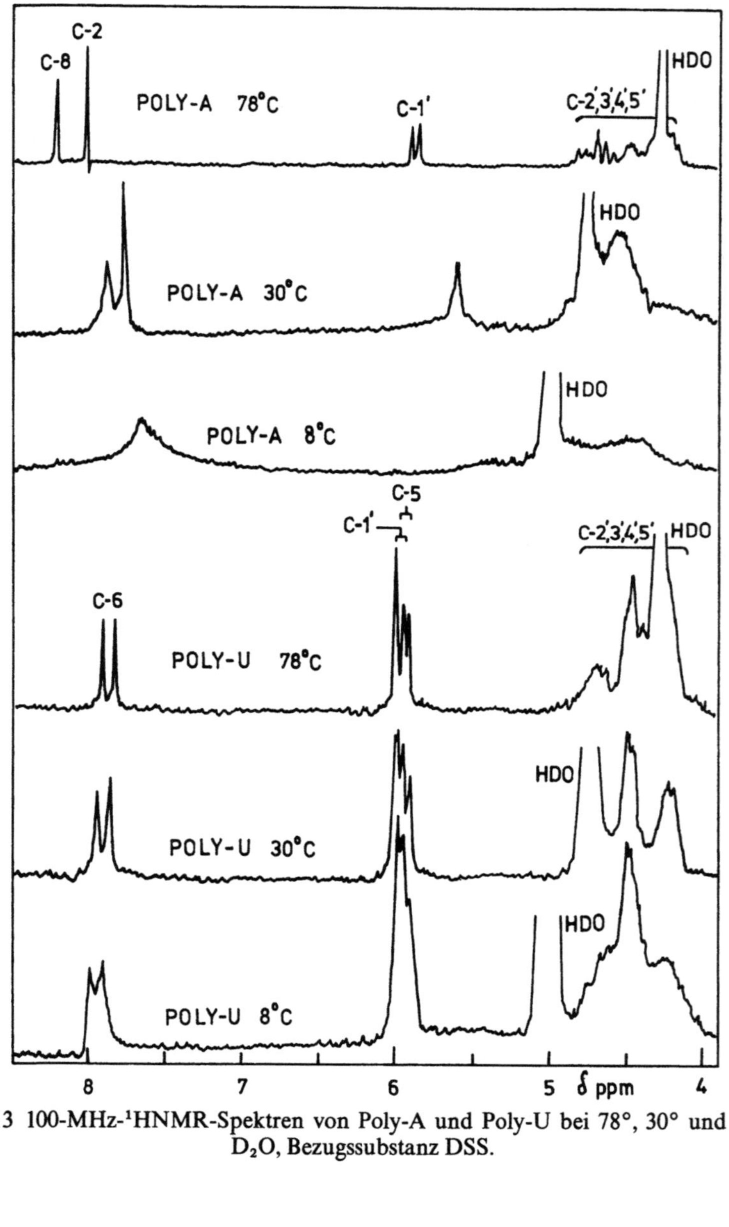

Abb. 3.13 100-MHz-^{1}HNMR-Spektren von Poly-A und Poly-U bei 78°, 30° und 8 °C in D_2O, Bezugssubstanz DSS.

von Wasserstoffbindungen Aminoprotonen nicht so stark entschirmt wie NH-Ringprotonen, ist anzunehmen, daß bei t-RNS nur NH-Ringprotonen in dem Bereich – 12 bis – 15 ppm beobachtet werden. Auf dieser Basis sollte jedes *Watson-Crick*-Basenpaar nur ein Proton zu der Resonanz unterhalb – 12 ppm beitragen, und so stimmen die beobachteten 21 ± 3 Protonen von t-RNS in diesem Bereich gut überein mit dem Kleeblatt-Modell, das 21 Basenpaare hat (Abb. 3.15.).

Bei Polyribonucleotiden mit einem einzelnen Basentyp ist zu erwarten, daß relativ einfache und interpretierbare Spektren erhalten werden, und dies ist in der Tat der Fall. NMR-Spektren von Poly-A, Poly-U, Poly-I und Poly-C wurden veröffentlicht (82 – 88). In Abb. 3.13. sind die 100-MHz-Spektren von Poly-A und Poly-U bei 8°, 30° und 78 °C wiedergegeben. Es wird beobachtet (78, 82, 87), daß bei 25° die Peaks im Spektrum von Poly-A erheblich verbreitert und in der Intensität durch intramolekulare Wechselwirkung und Aggregation vermindert sind.

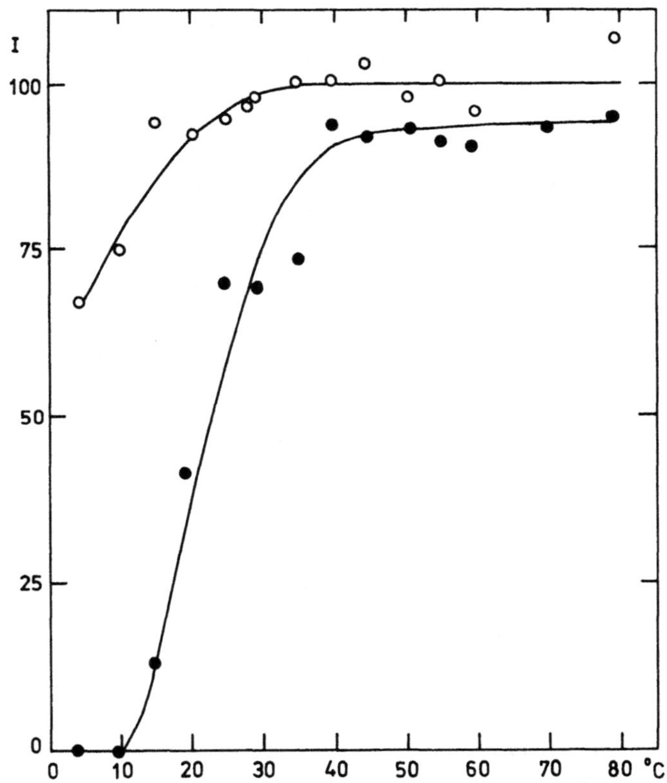

Abb. 3.14. „Schmelzen“ von Poly-A in D_2O-Lösung, ausgedrückt in Intensitäten der Resonanzen von C-2-, C-8- und C-1'-Protonen. Die offenen Kreise sind die vereinigten Intensitäten der C-2- und C-8-Resonanzen. Die gemessenen Intensitäten der C-1'-Riboseprotonen (gefüllte Kreise) repräsentieren die mit 2 multiplizierten Intensitäten. Die Intensitäten sind bezogen auf die Resonanzen oberhalb 35° (83, 87).

Weiterhin treten Verschiebungen der C-1'-, C-2- und C-8-Protonen nach tieferem Feld auf, was wahrscheinlich auf eine Aufschichtung der Basen zurückzuführen ist. Diese Messungen unterstützen andere Befunde (89 – 94), z. B. den hypochromen Effekt in der UV-Absorption, der ebenfalls mit einer geschichteten Anordnung der Basen in neutraler wäßriger Lösung von Poly-A in Übereinstimmung ist. Das „Schmelzen" dieser Struktur, wie es aus der Intensität der NMR-Resonanz (83, 86) zu ersehen ist (Abb. 3.14), tritt in dem Bereich 0 – 30 °C ein.

Die Intensität des C-1'-Protonenpeaks der Ribose nimmt rascher ab als die Base-Protonenpeaks mit abnehmender Temperatur und erreicht bei 10 °C die Intensität Null. Für die Verbreiterung der C-8- und C-2-Peaks gibt es keine offensichtliche Erklärung. Bei niedrigerem pH-Wert nimmt die Intensität der Peaks noch weiter ab (78), möglicherweise aufgrund der Ausbildung einer Doppelhelix (94, 95).

Poly-U hat offensichtlich keine solche internen Strukturen (oder zumindest in geringerem Umfang) und nimmt unter diesen Bedingungen eine zufällige Konformation an. Poly-I (78, 83, 87) verhält sich wie Poly-A, jedoch mit einer geringeren Verbreiterung und keiner Peakverschiebung, während Poly-C (78, 87) dem Poly-U entspricht. Die Gegenwart

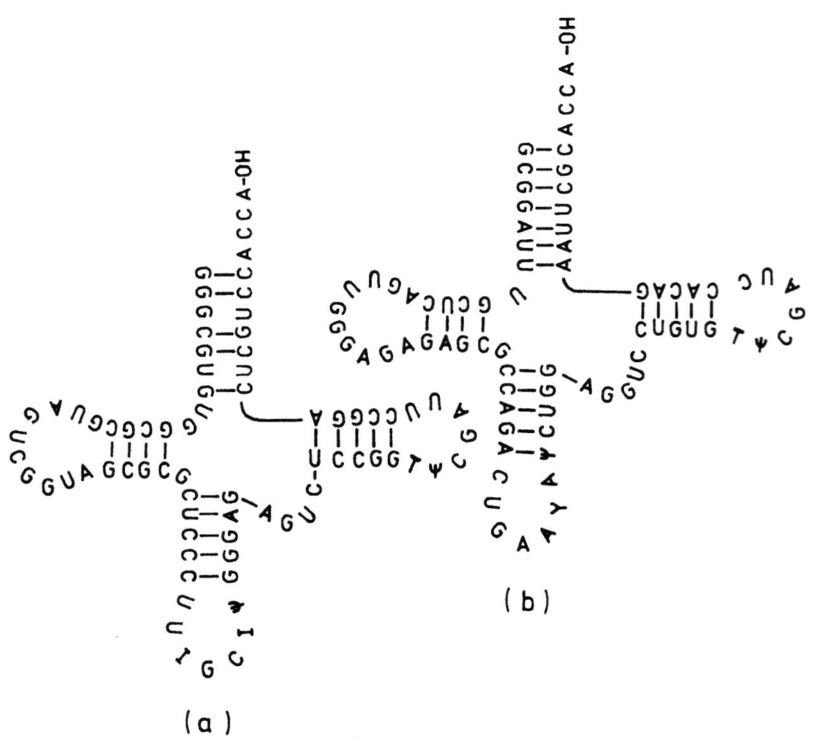

Abb. 3.15 Sequenzen von Kleeblattstrukturen von Alanin-t-RNS (a) und Phenylalanin-t-RNS (b) aus Hefe.

von Purin-Basen erscheint demzufolge notwendig, um diese interne Struktur zu stabilisieren. Es ist gut bekannt (96, 97), daß doppelte Helix-Komplexe entstehen, wenn Poly-A und Poly-U in den molaren Verhältnissen 1 : 1 und 1 : 2 gemischt werden. Die Bildung dieser Komplexe kann NMR-spektroskopisch quantitativ verfolgt werden (82, 78). In wäßriger Lösung schmilzt der 1 : 1-Komplex über den Bereich 35 – 45 °C. Es gibt NMR-Beweise nicht nur für eine starke Assoziation von Poly-U mit Purin-Polynucleotiden wie Poly-A, sondern auch von Poly-U mit freien Purin-Basen (84, 88) und von Poly-U und Poly-C mit Nucleosiden, 5'-Nucleotiden und Nucleosid-Triphosphaten (86): Peakverbreiterung und Entschirmung sind die prinzipiellen Beweise.

Transfer-RNS-Moleküle haben ein niedriges Molekulargewicht (28 000 – 30 000), und zahlreiche Sequenzanalysen wurden durchgeführt (1, 98). Die Strukturen von zwei Spezies, die prinzipiell durch NMR studiert wurden, Alanin-transfer-RNS und Phenylalanin-transfer-RNS aus

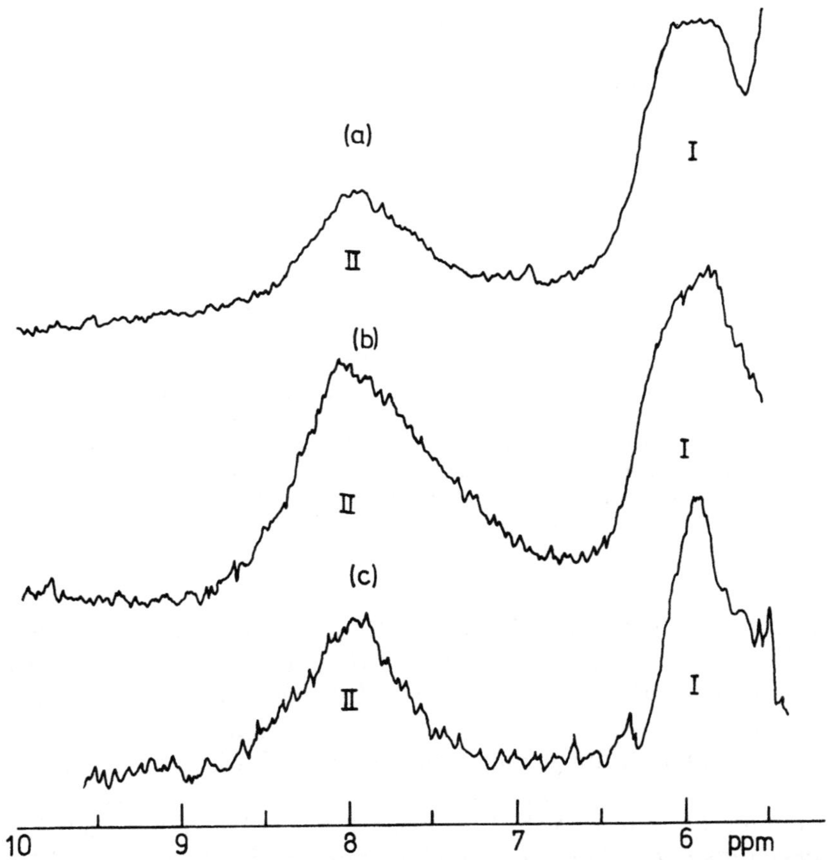

Abb. 3.16. 60-MHz-^{1}HNMR-Spektren bei 30° von (a) unfraktionierter t-RNS aus Hefe in D_2O; (b) ebenso wie (a) bei 100 MHz; (c) Alanin-t-RNS in D_2O bei 220 MHz. Externer Standard HMDS (80).

Hefe, sind in Abb. 3.15. wiedergegeben, in welcher die Kleeblatt-Struktur (76, 99) in planarer Form gezeigt ist, obwohl sie wahrscheinlich gefaltet ist (77). Die Sequenzen haben vieles gemeinsam, z. B. ist die OH-terminale Sequenz ACCA, welche die Aminosäure bindet, unverändert.

Die nichtaustauschbaren Protonen sowohl der reinen als auch der unfraktionierten t-RNS führen zu breiten Resonanzen, die sowohl auf sich überlagernde chemische Verschiebungen als auch auf Dipolverbreite-

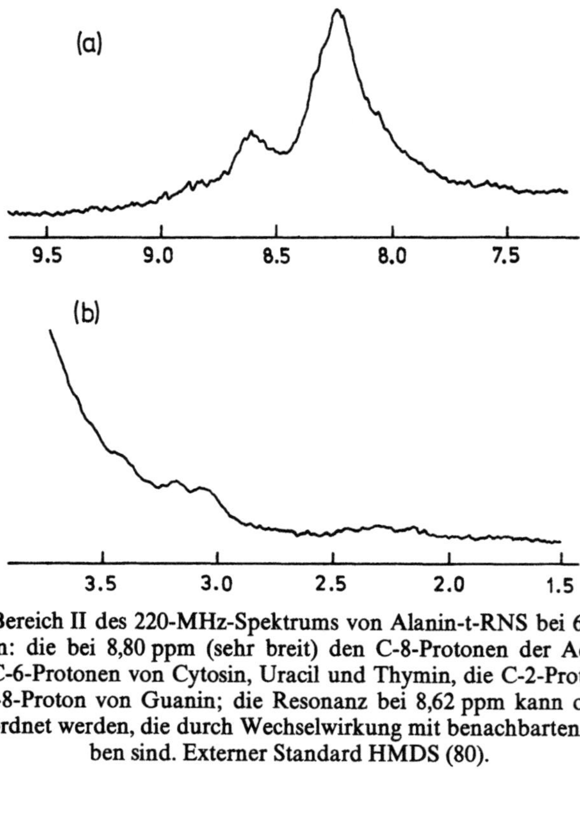

Abb. 3.17. (a) Bereich II des 220-MHz-Spektrums von Alanin-t-RNS bei 68°; Zuordnung der Resonanzen: die bei 8,80 ppm (sehr breit) den C-8-Protonen der Adenine; die bei 8,25 ppm den C-6-Protonen von Cytosin, Uracil und Thymin, die C-2-Protonen von Adenin und das C-8-Proton von Guanin; die Resonanz bei 8,62 ppm kann oben genannten Protonen zugeordnet werden, die durch Wechselwirkung mit benachbarten Basen verschoben sind. Externer Standard HMDS (80).

rung zurückzuführen sind (78, 82, 83, 100). Bei niedrigem Feld werden zwei Bereiche beobachtet, die in Abb. 3.16. mit I und II bezeichnet sind. Der bei tieferem Feld liegende Bereich II ist den C-8-Protonen von Guanosin, den C-2- und C-8-Protonen von Adenosin und den C-6-Protonen von Cytidin und Uridin zuzuordnen. Der Bereich I ist den C-1′-Riboseprotonen der Nucleotide zugehörig und den C-5-Protonen von Cytidin und Uridin. Es kann in Abb. 3.16 beobachtet werden, daß bei 30° keine Verbesserung der Auflösung beim Übergang von 60 MHz nach 100 MHz für unfraktionierte t-RNS aus Hefe erreicht wird; ebenfalls nicht bei 220 MHz für gereinigte Alanin-t-RNS.

Bei Temperatursteigerung über den Schmelzbereich hinaus (etwa 60 – 70 °C für Alanin-t-RNS aus Hefe) wird der Bereich II partiell in drei Peaks aufgelöst, vgl. Abb. 3.17. a. Die Zuordnung dieser Peaks ist in der Legende zu Abb. 3.17. angegeben. Bei hohem Feld (Abb. 3.17. b) werden sehr breite Resonanzen beobachtet, die Methyl- und Dihydroprotonen der seltenen Nucleotide rT, Ψ, 1MeI, diMeG und MeG zugeordnet werden können (80).

3.2. ^{13}C-Resonanz

Die ^{13}C-Spektren natürlich vorkommender Pyrimidin- und Purin-Nucleoside wurden von *Jones* et al. (101, 102) veröffentlicht. Auch bei den entsprechenden Nucleotiden (103) wurde beobachtet, daß die Resonanzen der Ribose-Kohlenstoffatome von den heterocyclischen Basen weitgehend unabhängig sind. Die Riboside und Desoxyriboside konnten eindeutig aufgrund der C-2′-Resonanzen unterschieden werden. Überdies zeigten die chemischen Verschiebungen der heterocyclischen Basen eine enge Korrelation mit berechneten MO-Parametern (101), wodurch auch für diese relativ komplexen Moleküle die Abhängigkeit der chemischen Verschiebungen der ^{13}C-Resonanzen von elektronischen Eigenschaften belegt ist (101).

Representative Spektren in d_6-DMSO sind in Abb. 3.18. wiedergegeben. Von den ^{13}C-Resonanzen lassen sich hier zwei Gruppen erkennen: die bei hohem Feld liegenden Resonanzen sind den Pentose-Kohlenstoffen zugehörig und die bei tiefem Feld liegenden Signale den Base-Kohlenstoffen. Die C-1′- und C-4′-Resonanzen des Zuckerteils sind innerhalb dieser Gruppe am wenigsten abgeschirmt und vertauschen in Abb. 3.18. die relativen Positionen. Im Desoxyribose-Teil hat das C-2′-Proton die größte Abschirmung und befindet sich um 30 ppm bei höherem Feld gegenüber der Ribose-Einheit. Die Base-Kohlenstoffresonanzen (zugeordnet durch internen Vergleich und unter Beteiligung von Modellsubstanzen) sind unabhängig davon, ob der Zucker Ribose oder Desoxyribose ist, vgl. Adenosin und Desoxyadenosin in Abb. 3.18. Es konnte gezeigt werden, daß die meisten der chemischen Verschiebungen eine gute Korrelation mit den berechneten π-Elektronendichten haben (104, 105).

Dorman und *Roberts* (106) berichteten über die Spektren von Nucleotiden in wäßriger Lösung, einschließlich ATP. Im allgemeinen sind die Spektren sowohl des Furanoseringes als auch der Base sehr ähnlich zu denen der Nucleoside. Das immer am stärksten abgeschirmte 5′-Kohlenstoffatom ist im ATP etwas mehr abgeschirmt als in AMP und zeigt eine Kopplung (um 4 Hz) mit dem Phosphorkern. Es ist unerwartet (jedoch keine Ausnahme), daß das 4′-Kohlenstoffatom eine weitaus größere Phosphorkopplung um 8 Hz zeigt, entsprechend einer dreibindigen ^{31}P-^{13}C-

Kopplung. Diese Aufspaltung erlaubt, die C-4′-Resonanz mit Sicherheit zuzuordnen. Die Abhängigkeit dieser Kopplung von der Stereochemie wurde bisher nicht aufgeklärt. Sie würde Aufschluß über den Rotationszustand des P – O – C5′ – C4′-Bindungssystems geben.

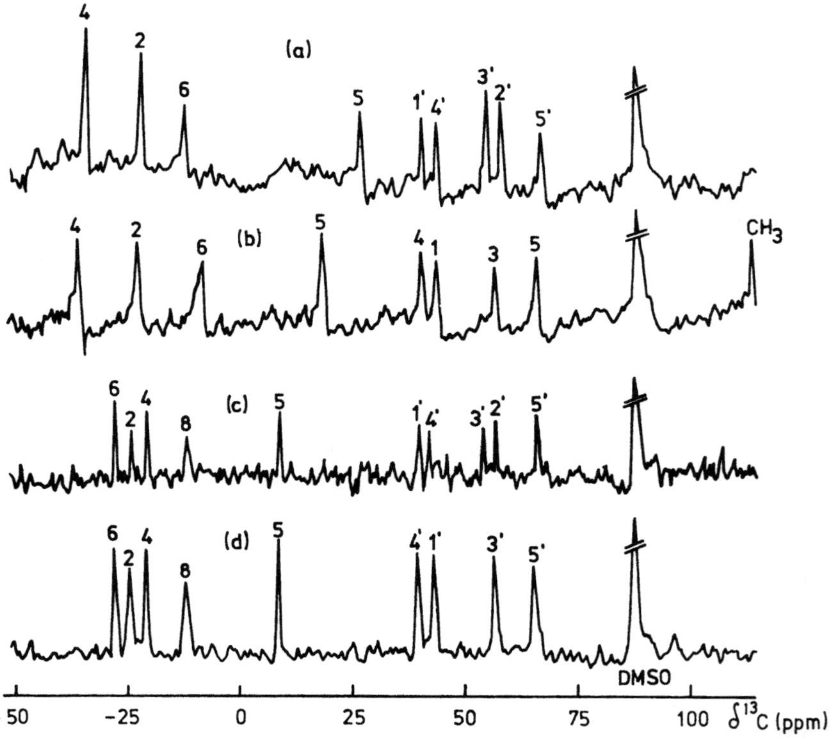

Abb. 3.18. 15,1-MHz-^{13}C Spektren in DMSO (150 CAT-Durchgänge) von (a) Uridin (2,7 M), (b) Thymidin (2,7 M), (c) Adenosin (1,5 M) und (d) Desoxyadenosin (1,5 M), Bezugssubstanz Benzol (101).

3.3. Circulardichroismus bei Nucleinsäuren

Pyrimidin- und Purinbasen sind achiral, ihre Glykoside zeigen hingegen *Cotton*-Effekte (107, 108) innerhalb aller Absorptionsbanden. Diese sind die Ursache dafür, daß Pyrimidin-Glykoside (nicht aber Purin-Glykoside) die *Hudson*sche Isorotationsregel nicht befolgen. Bei Polynucleotiden treten ebenfalls – wie bei den Polypeptiden – nur kooperative Anregungen auf (109). Dies führt zu einer größeren Zahl von Einzelbanden, von denen im allgemeinen nur die Umhüllenden gemessen werden können. Ribonucleinsäuren geben im Neutralen bei 265 nm eine positive, unterhalb von 250 nm zwei kleinere negative CD-Banden („nichtkonservatives Verhalten“), während Desoxyribonucleinsäuren ein positives CD-Maximum bei 273 und ein etwa gleich großes negatives bei 243 nm haben („konservativ“). Bei Polynucleotiden wurde die Temperaturabhängigkeit des Circulardichroismus untersucht (110). Die genannten Banden ändern sich sehr mit der Temperatur, da beim Erwärmen ein „Schmelzen“ der Helices eintritt, was sich letztlich in einer Verkleinerung des CD bis auf den Wert für Mononucleotide zu erkennen gibt. Durch Messung des Circulardichroismus wurden bei Wechselwirkungen mit Metallionen Hinweise auf Bindungseffekte und Konformationsänderungen in der DNS-Doppelhelix erhalten (111).

3.4. Infrarotabsorption

Studien von Infrarotspektren verschiedener Nucleoside und Nucleotide in wäßriger Lösung wurden vornehmlich mit dem Ziel durchgeführt zu bestimmen, welche tautomere Form in Lösung dominiert. Diese Information ist von biologischem Interesse in Verbindung mit Hypothesen über die Reaktionsmechanismen einiger Nucleotide (112). Weiterhin können auf diesem Wege fundamentale Informationen über die Strukturen von Nucleinsäuren erhalten werden, so wie die detaillierte Information über die Struktur von Aminosäuren wertvolle Hinweise für Proteinstrukturen geliefert hat.

Die IR-Spektren von Uridin und 3-Methyluridin sind in Abb. 3.19. wiedergegeben. Von den zwei Banden, die Uridin in dem Bereich um

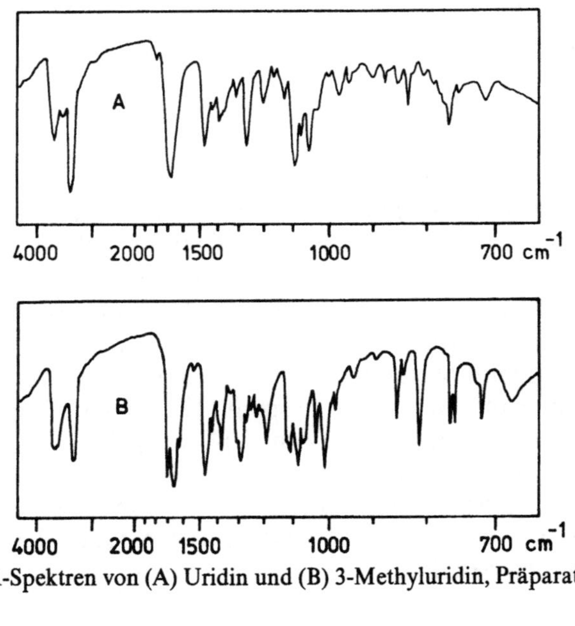

Abb. 3.19. IR-Spektren von (A) Uridin und (B) 3-Methyluridin, Präparation in KBr.

1660 cm^{-1} hat, muß mindestens eine Bande einer Carbonylgruppe zugehörig sein, da nicht beide Sauerstoffe gleichzeitig enolisieren können. 3-Methyluridin kann in keiner tautomeren Form vorliegen und hat demzufolge eine Diketostruktur. Die Tatsache, daß Uridin an nahezu gleicher Stelle im IR-Spektrum Carbonylabsorptionen wie das 3-Methylderivat hat, macht das Vorliegen der Diketostruktur auch für Uridin wahrscheinlich. Beide Verbindungen zeigen im UV-Spektrum eine Absorption bei $\lambda_{max} = 262$ mμ (112, 113).

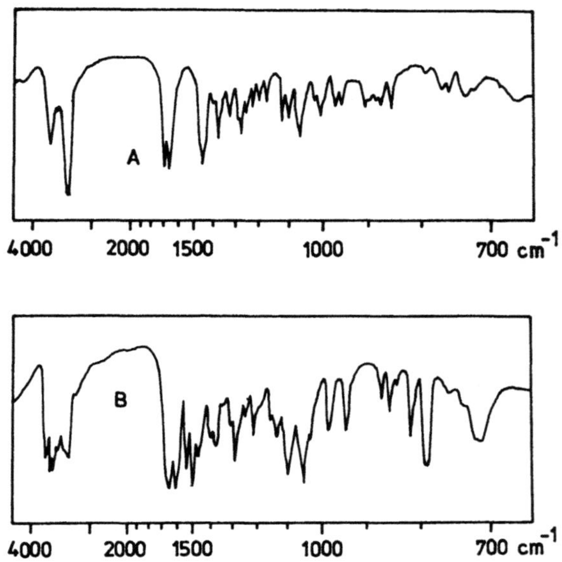

Abb. 3.20. IR-Spektren von (A) Thymidin und (B) Cytidin, Präparation in KBr.

Eine ähnliche Argumentation kann für Thymidin und Cytidin gegeben werden (Abb. 3.20). Die kürzerwellige Bande im Carbonylbereich des Thymidins wird im Spektrum vom Cytidin nicht mehr beobachtet, womit diese der 4-Ketogruppe des Thymidins zugeordnet werden kann.

Infrarotspektren von Nucleinsäuren wurden aufgenommen und einige charakteristische Zuordnungen gemacht (114 – 121). Weiterhin kann die Komplexbildung mit Metallionen, die bei enzymatischen Transphosphorylierungen für Kinasen eine Rolle spielt (122 – 124), IR-spektroskopisch verfolgt werden. Entsprechend Formel [4] wird für ATP und Mg^{2+} ein Chelatkomplex angenommen (125), der durch das Infrarotspektrum bestätigt wird (126): An der Bindung ist die 6-Aminogruppe, der Stickstoff in der Position 7 und ein Sauerstoffatom von jeder der endständigen Phosphatgruppen beteiligt.

Für einen solchen Chelat ist eine charakteristische Infrarotabsorption zu erwarten, die sich deutlich von der Absorption des freien ATP unterscheidet. Das Infrarotspektrum von ATP mit und ohne Mg^{2+} zeigt drei Absorptionsbanden in dem Bereich 900 – 1300 cm^{-1} (Abb. 3.21.): die Py-

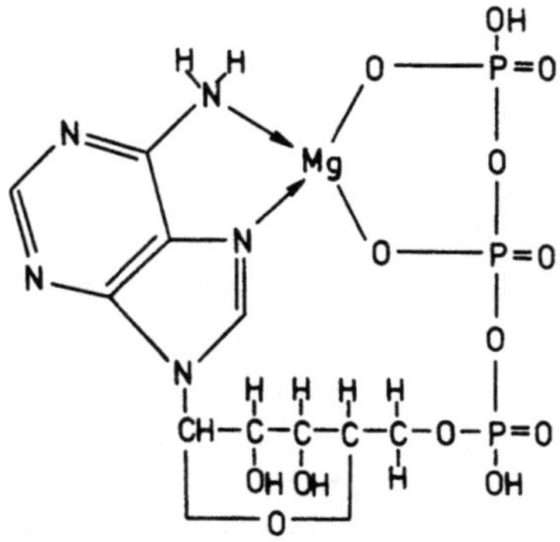

[4]

rophosphatgruppe (P – O – P) um 900 cm^{-1}, die $P^+ - O^-$- und C – O-Bindung (1050 – 1150 cm^{-1}), die P = O-Gruppe um 1250 cm^{-1} und eine Bande mittlerer Intensität bei 980 – 990 cm^{-1}, welche der endständigen PO_3^{2-}-Gruppe zugeordnet wird. Die Addition von Mg^{2+}, Mn^{2+} oder Co^{2+} verursacht keine auffallende Veränderung in diesem Bereich, außer daß die P – O – P- und die PO_3^{2-}-Banden nach größeren Wellenzahlen verschoben werden.

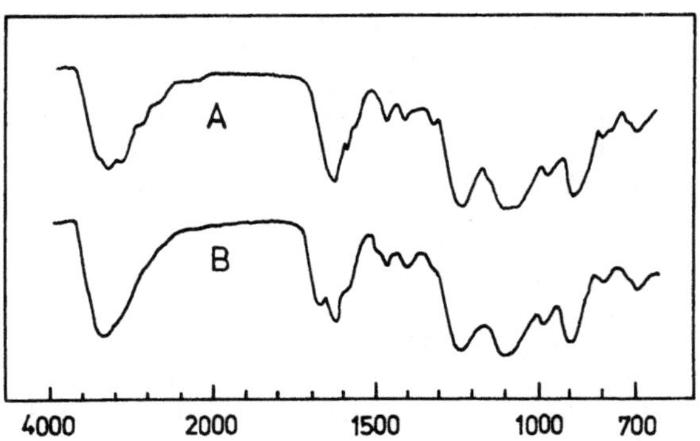

Abb. 3.21. Infrarotspektren in KBr von ATP (A) und (B) äquivalenten Mengen von ATP mit Mg^{2+} (126).

In dem Bereich 1500 – 1600 cm^{-1} zeigt ATP einen Peak bei 1600 cm^{-1} und eine Schulter bei 1575 cm^{-1}, die der C = C- bzw. der C = N-Valenzschwingung des Purinringes zugeordnet werden. Durch Addition von Mg^{2+} werden die Intensitäten etwas vermindert, die Positionen jedoch nicht verändert. Eine starke Bande tritt bei 1640 cm^{-1} auf, die der NH-

Deformationsschwingung der 6-Aminogruppe zugeordnet werden kann. Die Addition von zweiwertigen Kationen zum ATP führt zu dem Auftreten einer zweiten Bande bei 1685 cm^{-1} mittlerer Intensität, die so gedeutet werden kann, daß bei der Chelatbildung eine $C=N^+$-Gruppe in Position 7 entsteht und somit der Purinring an der Chelatation beteiligt ist (127 – 130).

Das Spektrum von ADP ähnelt dem von ATP in jeder Beziehung, ausgenommen die Abwesenheit einer PO_3^{2-}-Bande und die P=O-Bande ist etwas schwächer. Die Addition von Mg^{2+} an ADP verursacht eine Verschiebung der P – O – P-Bande nach höheren Frequenzen und die $C=N^+$-Bande tritt bei 1680 cm^{-1} auf. Das Spektrum von AMP unterscheidet sich beträchtlich von dem des ATP und ADP. Die durch P – O – P und P=O verursachten Absorptionsbanden sind völlig abwesend. Die der PO_3^{2-}-Gruppe zuzuordnende Bande bei 975 cm^{-1} ist jedoch stark und gut aufgelöst. Die Absorptionsbanden bei 1075 und 1150 cm^{-1}, die auf die Gruppen P – O und C – O zurückzuführen sind und die NH-Deformationsschwingung werden jedoch bei 1640 cm^{-1} beobachtet. Die Spektren von Inosin-phosphaten sind sehr ähnlich denen von Adenosinphosphaten. Die in der Position 6 des Inosins befindliche Carbonylgruppe verursacht eine starke Absorptionsbande bei 1685 cm^{-1}.

3.5. Literatur

1. *Watson, J. D.* und *F. H. C. Crick,* Nature (London) **171,** 964 (1953).
2. *Richardson, P.,* Angew. Chem. **87,** 497 (1975).
3. a) *Rowe, J. J. M., J. Hinton* und *K. L. Rowe,* Chem. Rev. **70,** 1 (1970); b) *T. Yamane* in *D. Davies,* Procedures in Nucleic Acid Research, Vol. 2, (New York 1971).
4. *McDonald, C. C., W. D. Phillips* und *J. Lazar,* J. Amer. Chem. Soc. **89,** 4166 (1967).
5. *Jardetzky, C. D.* und *O. Jardetzky,* J. Amer. chem. Soc. **82,** 222 (1960).
6. *Reddy, G. S., R. T. Hobgood* und *J. H. Goldstein,* J. Amer. Chem. Soc. **84,** 336 (1962).
7. *Kokko, J. P., L. Mandell* und *J. H. Goldstein,* J. Amer. Chem. Soc. **84,** 1042 (1962).
8. *Katritzky, A. R.* und *A. J. Waring,* J. Chem. Soc. (London) **1963,** 3046.
9. *Jardetzky, O.,* Biopolymers **1,** 501 (1964).
10. *Gatlin, L.* und *J. C. Davis,* J. Amer. Chem. Soc. **84,** 4464 (1962).
11. *Jardetzky, O., P. Pappas* und *N. G. Wade,* J. Amer. Chem. Soc. **85,** 1657 (1963).
12. *Miles, H. T.,* J. Amer. chem. Soc. **85,** 1007 (1963).
13. *Miles, H. T., R. B. Bradley* und *E. D. Becker,* Science **142,** 1569 (1963).
14. *Becker, E. D., H. T. Miles* und *R. B. Bradley,* J. Amer Chem. Soc. **87,** 5575 (1965).
15. *Roberts, B. W., J. B. Lambert* und *J. D. Roberts,* J. Amer. Chem. Soc. **87,** 5439 (1965).
16. *Li, N. C., E. Doddy* und *J. M. White,* J. Amer. Chem. Soc. **79,** 5859 (1957).
17. *Schweizer, M. P., S. I. Chan, G. K. Helmkamp* und *P. O. P. T'so,* J. Amer. Chem. Soc. **86,** 696 (1964).
18. *Bullock, J. F.* und *O. Jardetzky,* J. Org. Chem. **29,** 1988 (1964).
19. *Pugmire, R. J., D. M. Grant, R. K. Robins* und *G. W. Rhodes,* J. Amer. Chem. Soc. **87,** 2225 (1965).
20. *Read, J. M.* und *J. H. Goldstein,* J. Amer. Chem. Soc. **87,** 3440 (1965).
21. *Chan, S. I., M. P. Schweitzer, P. O. P. T'so* und *G. K. Helmkamp,* J. Amer. Chem. Soc. **86,** 4182 (1964).
22. *Coburn, W. C., M. C. Thorpe, J. A. Montgomery* und *K. Hewson,* J. Org. Chem. **30,** 1110 (1965).

23. *Coburn, W. C., M. C. Thorpe, J. A. Montgomery* und *K. Hewson,* J. Org. Chem. **30,** 1114 (1965).
24. *Coburn, W. C., M. C. Thorpe, J. A. Montgomery* und *K. Hewson,* J. Org. Chem. **30,** 1114 (1965).
25. *Katz, L.* und *S. Penman,* J. Mol. Biol. **15,** 220 (1966).
26. *Noda, L., T. Nihei* und *M. F. Morales,* J. Biol. Chem. **235,** 2830 (1960).
27. *Larsson-Raznikiewicz, M.* und *B. G. Malmström,* Arch. Biochem. Biophys. **92,** 94 (1961).
28. *Cohn, M.* und *T. R. Hughes,* J. Biol. Chem. **235,** 3250 (1960).
29. *Cohn, M.* und *T. R. Hughes,* J. Biol. Chem. **237,** 176 (1962).
29 a. *Naumann, C. F., B. Prijs* und *H. Sigel,* Eur. J. Biochem. **41,** 209 (1974).
30. *Jardetzky, C. D.* und *O. J. Jardetzky,* J. Amer. chem. Soc. **82,** 222 (1960).
31. *McConnell, H. M.,* J. Chem. Phys. **28,** 430 (1958).
32. *Pearson, R. G., J. Palmer, M. M. Aderson* und *A. L. Allred,* Z. Elektrochem. **64,** 110 (1960).
33. *Marmur, J.* und *Doty, P.,* J. Mol. Biol. **5,** 109 (1962).
34. *Kraft, M., J. Langohr,* unveröffentlicht.
35. *Schweizer, M. P., A. D. Broom, P. O. P. T'so* und *D. P. Hollis,* J. Amer. Chem. Soc. **90,** 1042 (1968); *S. H. Kim* et al., Acta Crystallogr. Sect. B **29,** 703 (1973).
36. *Dauyluk, S. S.* und *F. E. Hruska,* Biochemistry **7,** 1938 (1968).
37. *Hart, P. A.* und *J. P. Davis,* J. Amer. chem. Soc. **91,** 512 (1969); *H. S. El Khadem* und *S. H. El Ashry,* Carbohydrate Res. **32,** 339 (1974).
38. *Shirmer, P. E., J. H. Noggle, J. P. Davies* und *P. A. Hart,* J. Amer. Chem. Soc. **92,** 3266 (1970).
39. *Sundaralingam, M.* und *L. H. Jensen,* J. Mol. Biol. **13,** 930 (1965).
40. *Haschmeyer, A. V. E.* und *A. Rich,* J. Mol. Biol. **27,** 69 (1967).
41. *Ulbricht, T. L. V., J. P. Jennings, P. M. Scopes* und *W. Klyne,* Tetrahedron Letters **1964,** 695.
42. *Emerson, T. R.* und *T. L. V. Ulbricht,* Chem. Ind. (London) **1964,** 2129.
43. *Emerson, T. R., R. J. Swan* und *T. L. V. Ulbricht,* Biochemistry **6,** 843 (1967).
44. *Inskeep, W. H., D. W. Miles* und *H. Eyring,* J. Amer. Chem. Soc. **92,** 3866 (1970).
45. *Miles, D. W., W. H. Inskeep, M. J. Robins, M. W. Winkley, R. U. Robins* und *H. Eyring,* J. Amer. Chem. Soc. **92,** 3872 (1970).
46. *Jardetzky, C. D.,* J. Amer. Chem. Soc. **82,** 299 (1960).
47. *Jardetzky, C. D.,* J. Amer. Chem. Soc. **83,** 62 (1961).
48. *Blackburn, B. J., A. A. Grey, I. C. P. Smith* und *F. E. Hruska,* Can. J. Chem. **48,** 2866 (1970).
49. *Hruska, F. E., A. A. Grey* und *I. C. P. Smith,* J. Amer. chem. Soc. **92,** 214, 4088 (1970).
50. *Smith, M.* und *C. D. Jardetzky,* J. Mol. Spektrosc. **28,** 70 (1968).
51. Prestegard, J. H. und *S. I. Chan,* J. Amer. Chem. Soc. **91,** 2843 (1969).
52. *Schweizer, M. P., J. T. Witkowski* und *R. K. Robins,* J. Amer. Chem. Soc. **93,** 277 (1971).
53. *Sundaralingam, M.,* Biopolymers **7,** 821 (1969).
54. *Donohue, J.* und *K. N. Trueblood,* J. Mol. Biol. **2,** 363 (1960); *G. V. Troitskii,* Mol. Biol. (Moscow) **6,** 635 (1972).
55. *Tavale, S. S.* und *H. M. Sobell,* J. Mol. Biol. **48,** 109 (1970).
56. *Kapuler, A. M., C. Monny* und *A. M. Michelson,* Biochim. Biophys. Acta **217,** 18 (1970).
57. *Kapuler, A. M.* und *S. Spiegelman,* Proc. Nat. Acad. Sci. **66,** 539 (1970).
58. *Chan, S. I.* und *J. H. Nelson,* J. Amer. Chem. Soc. **91,** 168 (1969).
59. *Ts'o, P. O. P., N. S. Kondo, M. P. Schweizer* und *D. P. Hollis,* Biochemistry **8,** 997 (1969).
60. *Miles, D. W., M. J. Robins, R. K. Robins, M. W. Winkley* und *H. Eyring,* J. Amer. Chem. Soc. **91,** 824, 831 (1969).

61. *Chan, S. I., B. W. Bangerter* und *H. H. Peter,* Proc. Nat. Acad. Sci. U. S. **55,** 720 (1966).
62. *Inoue, Y.* und *S. Aoyagi,* Biochem. Biophys. Res. Commun. **28,** 973 (1967).
63. *Hruska, F. E.* und *S. S. Danyluk,* Biochim. Biophys. Acta **157,** 238 (1968).
64. *McDonald, C. C., W. D. Phillips* und *J. Lazar,* J. Amer. chem. Soc. **89,** 4166 (1967).
65. *Hruska, F. E.* und *S. S. Danyluk,* J. Amer. Chem. Soc. **90,** 3266 (1968).
66. *Chan, S. I.* und *J. H. Nelson,* J. Amer. Chem. Soc. **91,** 168 (1969).
67. *Tsuboi, M.* et al., Science **166,** 1504 (1969).
68. *T'so, P. O. P., N. S. Kondo, M. P. Schweizer* und *D. P. Hollis,* Biochemistry **8,** 997 (1969).
69. *Hamilton, R. T.* und *W. Ray,* J. Biol. Chem. **249,** 2466 (1974).
70. *Mieyal, J. J., L. T. Webster* und *U. A. Siddiqui,* J. Biol. Chem. **249,** 2633 (1974).
71. *Poland, D., J. N. Vournakis* und *H. A. Scheraga,* Biopolymers **4,** 223 (1966).
72. *Brahms, J., A. M. Michelson* und *K. E. Van Holde,* J. Mol. Biol. **12,** 726 (1965).
73. *Leng, M.* und *G. Felsenfeld,* J. Mol. Biol. **15,** 455 (1966).
74. *Kearns, D. R., D. J. Patel, R. G. Shulman,* Nature **229,** 338 (1971).
75. *Zachan, H. G.,* Angew. Chem. Intern. ed., **8,** 711 (1969).
76. *Holley, R. W., J. Apgar, G. A. Everett, J. T. Madison, M. Marquisee, S. H. Merrill, J. R. Penswick* und *A. Zamir,* Science **147,** 1462 (1965).
77. *Levitt, M.,* Nature **224,** 759 (1969).
78. *McTague, J. P., V. Ross* und *J. H. Gibbs,* Biopolymers **2,** 163 (1964).
79. *McDonald, C. C., W. D. Phillips* und *J. R. Penswick,* Biopolymers **3,** 609 (1965).
80. *Smith, I. C. P., T. Yamane, R. G. Shulman,* Canad. J. Biochem. **47,** 480 (1969).
81. *Katz, L.* und *S. Penman,* J. Mol. Biol. **15,** 220 (1966).
82. *McDonald, C. C., W. D. Phillips* und *S. Penman,* Science **144,** 1234 (1964).
83. *McDonald, C. C., W. D. Phillips* und *J. Penswick,* Biopolymers **3,** 609 (1965).
84. *Bangerter, B. W.* und *S. I. Chan,* Biopolymers **6,** 983 (1968).
85. *Bangerter, B. W.* und *S. I. Chan,* Proc. Nat. Acad. Sci. U. S. **60,** 1144 (1968).
86. *T'so, P. O. P.* und *M. P. Schweizer,* Biochemistry **7,** 2963 (1968).
87. *McDonald, C. C.* und *W. D. Phillips* in: Magnetic Resonance in Biological Systems (*B. G. Malmstrom* und *T. Vanngard),* (Oxford 1967).
88. *Chan, S. I.* und *G. P. Kreishman,* J. Amer. chem. Soc. **92,** 1102 (1970).
89. *Luzzati, V., A. Mathis, F. Masson* und *J. Witz,* J. Mol. Biol. **10,** 28 (1964).
90. *Holcomb, D. N.* und *I. Tinoco,* Biopolymers **3,** 121 (1965).
91. *Van Holde, K. E., J. Brahms* und *A. M. Michelson,* J. Mol. Biol. **12,** 726 (1965).
92. *Michelson, A. M., T. L. V. Ulbricht, T. R. Emerson* und *R. J. Swan,* Nature (London) **209,** 873 (1966).
93. *Brahms, J., A. M. Michelson* und *K. E. Van Holde,* J. Mol. Biol. **15,** 467 (1966).
94. *Fresco, J. R.* und *P. Doty,* J. Amer. chem. Soc. **79,** 3928 (1957).
95. *Rich, A., D. R. Davies, F. H. C. Crick* und *J. D. Watson,* J. Mol. Biol. **3,** 71 (1961).
96. *Warner, R. C.,* Fed. Proc. Fed. Amer. Soc. Exp. Biol. **15,** 379 (1956).
97. *Rich, A.* und *D. R. Davies,* J. Amer. Chem. Soc. **78,** 3548 (1956).
98. *Kowalski, S., T. Yamane* und *J. R. Fresco,* Science **172,** 384 (1971).
99. *Freeman,* The Molecular Basis of Life, (San Francisco, 1968).
100. *Smith, I. C. P., T. Yamane* und *R. G. Shulman,* Science **159,** 1360 (1968).
101. *Jones, A. J., M. W. Winkley, D. M. Grant* und *R. K. Robins,* Proc. Nat. Acad. Sci. U. S. **65,** 27 (1970).
102. *Jones, A. J., D. M. Grant, M. W. Winkley* und *R. K. Robins,* J. Phys. Chem. **74,** 2684 (1970).
103. *Dorman, D. E.* und *J. D. Roberts,* Proc. Nat. Acad. Sci. U. S. **65,** 27 (1970).
104. *Fernandez-Alonso, J. I.,* Advan. Chem. Phys. **7,** 3 (1964).
105. *Spiesecke, H.* und *W. G. Schneider,* Tetrahedron Lett, **1961,** 468.
106. *Dorman, D. E.* und *J. D. Roberts,* Proc. Nat. Acad. Sci. U. S. **65,** 19 (1970).
107. *Miles, D. W., R. K. Robins, H. Eyring,* Proc. Nat. Acad. Sci. U. S. **57,** 1138 (1967).

108. *Miles, D. W., M. J. Robins, R. U. Robins, M. W. Winkley, H. Eyring,* J. Amer. Chem. Soc. **91,** 824, 831 (1969).
109. *Johnson, W. C., I. Tinoco,* Biopolymers **7,** 727 (1969).
110. *Aktipis, S.* und *W. W. Martz,* Biochem. **13,** 112 (1974).
111. *Zimmer, Ch., G. Luck* und *H. Triebel,* Biopolymers **13,** 425 (1974).
112. *Miles, H. T.,* Biochem. Biophys. Acta **22,** 247 (1956).
113. *Ishikawa, F., J. Frazier* und *H. T. Miles,* Biochem. **12,** 4790 (1973).
114. *Blout, E. R.* und *M. Fields,* Science **107,** 252 (1948).
115. *Blout, E. R.* und *M. Fields,* J. Biol. Chem. **178,** 335 (1949).
116. *Blout, E. R.* und *M. Fields,* J. Amer. Chem. Soc. **72,** 479 (1950).
117. *Morales, M. F.* und *L. P. Cecchini,* J. Cellular Comp. Physiol. **37,** 107 (1951).
118. *Lenormant, H.* und *E. R. Blout,* Compt. rend. **239,** 1281 (1954).
119. *Blout, E. R.* und *H. Lenormant,* Biochim. Biophys. Acta **17,** 325 (1955).
120. *Sinsheimer, R. L., R. L. Nutter* und *G. R. Hopkins,* Biochim. Biophys. Acta **18,** 13 (1955).
121. *Miles, H. T.,* Biochim. Biophys. Acta **22,** 247 (1956).
122. *Hers, H. G.,* Biochim. Biophys. Acta **8,** 416, 424 (1952).
123. *Kuby, S. A., L. Noda* und *H. A. Lardy,* J. Biol. Chem. **210,** 65 (1954).
124. *Ramasarma, T.* und *L. R. Wetter,* Can. J. Biochem. Physiol. **35,** 853 (1957).
125. *Szent-Györgyi, A.* in *O. H. Gaebler,* Enzymes: Units of Biological Structure and Function, (New York 1956).
126. *Epp, A., T. Ramasarma* und *L. R. Wetter,* J. Amer. Chem. Soc. **80,** 724 (1958).
127. *Goulden, J. D. S.,* J. Chem. Soc. **1953,** 997.
128. *Edwards, O. E., F. H. Clarke* und *B. Douglas,* Can. J. Chem. **32,** 235 (1954).
129. *Witkop, B.* und *J. B. Patrick,* J. Amer. Chem. Soc. **75,** 4474 (1953).
130. *Leonard, N. J.* und *V. W. Gash,* J. Amer. Chem. Soc. **76,** 2781 (1954).

4. Kohlenhydrate

Mit der Bezeichnung „Kohlenhydrate“ belegte man ursprünglich Kohlenstoffverbindungen, die neben C noch H und O im Verhältnis des Wassers, also 2 : 1 enthalten. Diese Definition hat heute nicht mehr allgemeine Bedeutung, da inzwischen zahlreiche natürliche Zucker bekannt sind, bei denen das Verhältnis H : O nicht 2 : 1 ist. Überdies gibt es einige Zucker, die neben C, H und O noch N und S enthalten.

Von Aldosen spricht man, wenn die Zucker eine Aldehyd-, von Ketosen wenn sie eine Ketogruppe enthalten. Nach der Zahl der O-tragenden Kohlenstoffatome unterscheidet man Triosen, Tetrosen, Pentosen, Hexosen und Heptosen.

Die grundlegenden Arbeiten über den Aufbau der Zucker gehen auf *E. Fischer* zurück. Er führte auch die Bezeichnung d (dextro, rechtsdrehend) und l (laevo, linksdrehend) in die Zuckerchemie ein. Heute spricht man von D- und L-Zuckern, wobei mit D und L die stereochemische Beziehung ausgedrückt wird und nicht die optische Drehungsrichtung. Letztere wird durch (+) oder (−) ausgedrückt, also z. B. D(+) und D(−).

Die geradkettigen Zucker stehen mit den ringförmigen im Gleichgewicht. *B. Tollens* führte eine Ringformel ein, die dann von *W. N. Haworth* in anderer Form dargestellt wurde; Beispiel für D-Glucose:

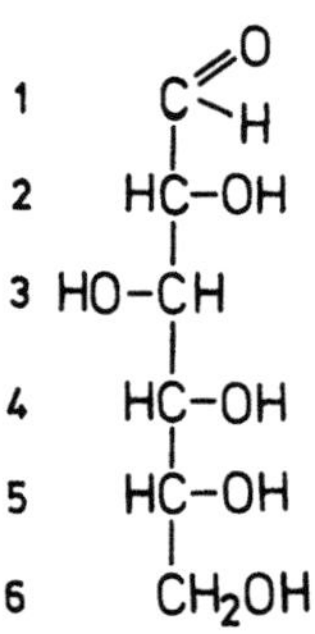

nach *E. Fischer*

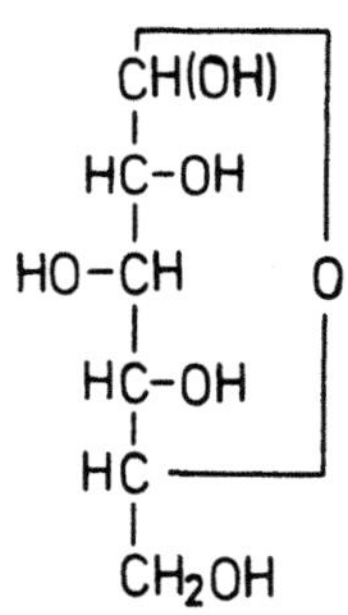

nach *Tollens*

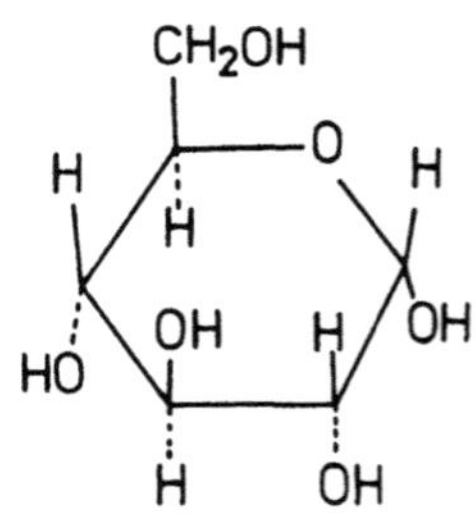

nach *Haworth*

Die Sauerstoffbrücke kann bei den Aldosen C_1 mit C_5 oder mit C_4 (bzw. bei den Ketosen C_2 mit C_6 oder mit C_5) verbinden. Nach *Haworth* bezeichnet man die Zucker mit 6-Ring-Struktur als Pyranosen, diejenigen mit 5-Ring-Struktur als Furanosen. Die letzere Struktur findet sich vorwiegend bei D-Ribose, 2-Desoxy-D-ribose, L-Arabinose und D-Fructose.

Als Bezugssubstanz der Konfiguration dient der Glycerinaldehyd, für den man willkürlich folgende zwei Formeln festlegte:

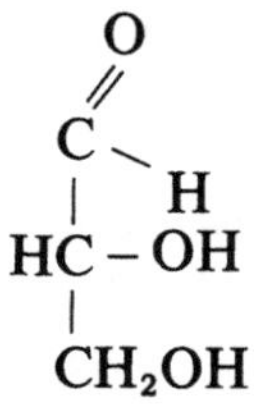

D-Glycerinaldehyd

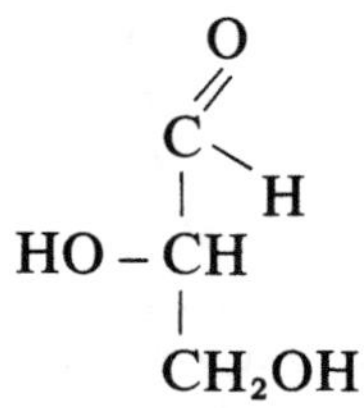

L-Glycerinaldehyd

Alle Zucker, die sich von D-Glycerinaldehyd ableiten, gehören zur D-Reihe; die dem L-Glycerinaldehyd verwandten Zucker zur L-Reihe. Dies wird in den Zucker-Formeln in der Weise ausgedrückt, daß bei den D-Zuckern das OH der am weitesten von C_1 entfernten CHOH-Gruppe – entsprechend der Schreibweise des D-Glycerinaldehyds – auf die rechte Seite der Kohlenstoffkette gesetzt wird bzw. bei der *Haworth*schen Formulierung unter die Ringebene (ȮH). Durch die Bildung der ringförmigen Halbacetal-Form wird das C-Atom der ursprünglichen Carbonylgruppe zu einem neuen Asymmetriezentrum. Die dadurch möglich gewordenen zwei neuen Formeln bezeichnet man als α- und β-Form. Bei den D-Zuckern wird in den Strukturformeln nach *Tollens* bei der α-Form die an C_1 (bzw. C_2 bei den Ketosen) haftende OH-Gruppe auf die rechte Seite, bei der β-Form auf die linke Seite geschrieben (bei den L-Zuckern umgekehrt):

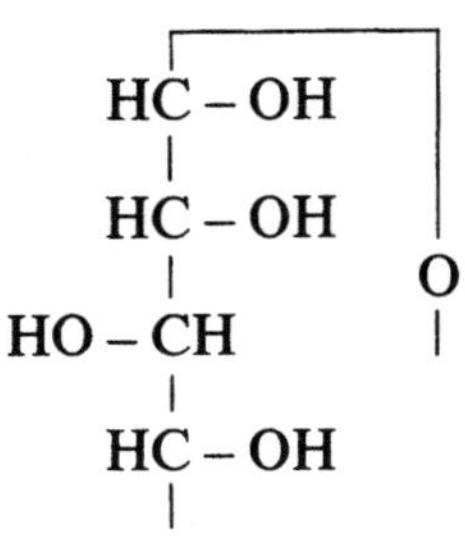

α-D-Glucose

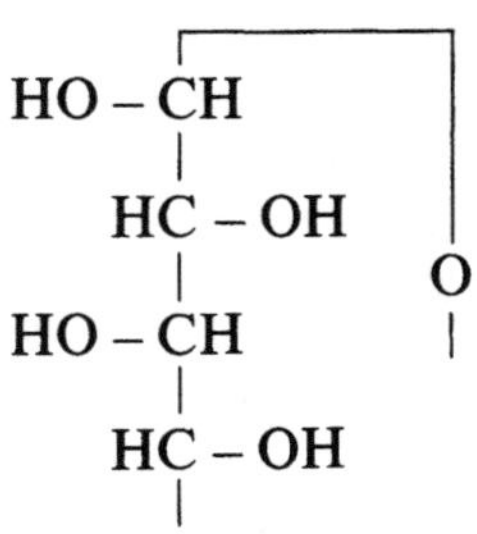

β-D-Glucose

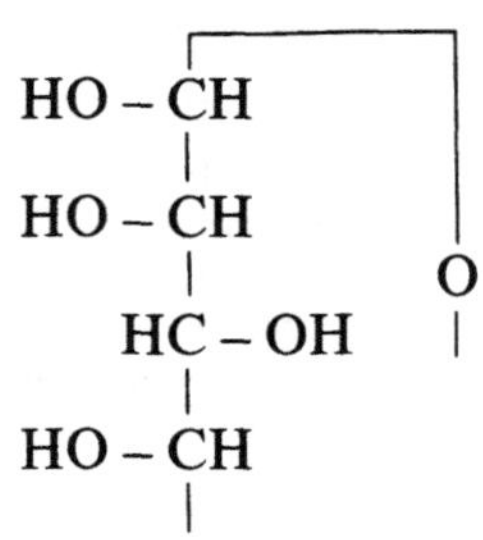

α-L-Glucose

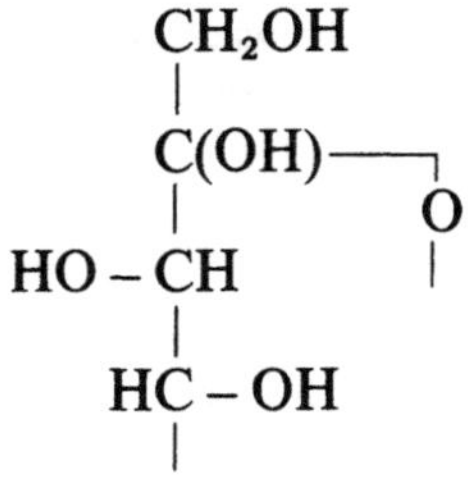

α-D-Fructose

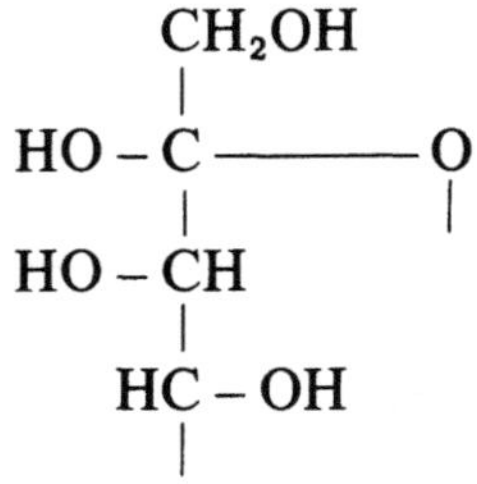

β-D-Fructose

Durch Bildung der α- und β-Formen, die sich auch in ihren optischen Drehungswerten unterscheiden, bewirkt die sog. Mutarotation Änderung der Drehwerte bei den Zuckern.

Die Zucker sind im ganzen Pflanzenreich weit verbreitet und zwar sowohl in freier als auch in gebundener Form. Verbinden sich 2, 3 oder mehr einfache Zucker gleicher oder ungleicher Art, so spricht man von Di-, Tri- usw. Sacchariden. Die aus 2 – 6 einfachen Zuckern bestehenden Saccharide werden auch Oligosaccharide genannt. Die höhermolekularen Verbindungen der Zucker sind die Polysaccharide, die in ihren Eigenschaften den Zuckern nicht mehr ähnlich sind. In Tab. 4.1. sind einige Homoglucane zusammengestellt.

Unter den Polysacchariden sind die nur aus Glucose-Einheiten bestehende Stärke und Cellulose von großer Bedeutung. Cellulose ist überhaupt der in größter Menge vorkommende organische Naturstoff, der als Gerüstpolysaccharid etwa zur Hälfte das Zellwandmaterial des Holzes

Tab. 4.1. Homopolymere Kohlenhydrate.

Name	Vorkommen	Einzelbausteine	Glycosidische Bindungsform	Struktur
Stärke Amylose	pflanz. Reservekohlenhydrate z. B. Getreide, Kartoffel	Glucose (α-Maltose = 4-α-Glucosidoglucose	1 → 4 α Kette	Kette in Schrauben
Glykogen	tierisches Reservekohlenhydrat; auch in Bakterien, Pilzen	Glucose (6-α-Glucosidoglucose)	1 → 4-α, in 1 → 6-α verzweigt (einige auch 1 → 3)	auf 3 – 5 Einheiten eine Verzweigung mit 6 – 12 Resten
Cellulose	pflanzliche Gerüstsubstanz z. B. Holz 40 – 60%	Cellobiose (4-β-Glucosidoglucose)	1 → 4-β	lineare, fadenförmige Kette
Dextran	Kohlenhydratschleime; Zuckersirup, Molke		überwiegend 1 → 6-α	mehr oder weniger stark verzweigte Ketten
Paramylon Laminarin Florideenstärke	Protozoen Braunalgen Rotalgen	Glucose	1 → 3-β teilweise 1-4-α	linear

und anderer pflanzlicher Produkte aufbaut. Die Konstellation der Cellulose ist in Formel [1] wiedergegeben:

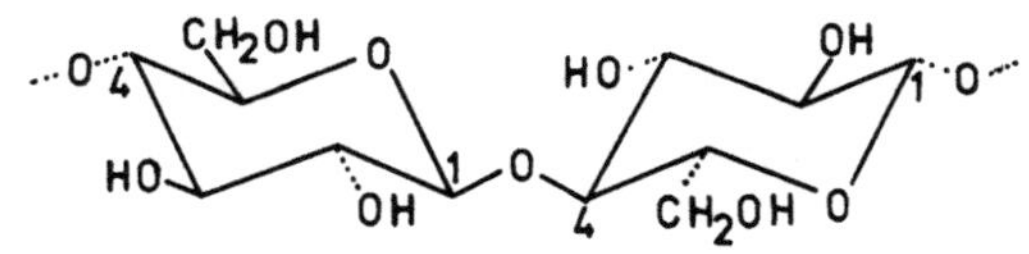

[1]

Folgende Problemstellungen aus der Cellulosechemie sind noch heute aktuell (1): Welche Molekulargewichtsverteilung hat die native Cellulose? Bestehen im Cellulosemolekül periodisch angeordnete, leichter spaltbare Bindungen („Lockerstellen")? Wie sind die Kettenmoleküle in den Fibrillen gelagert? Schießlich gelang es, an Cellulose, die den Samenkapseln von im Gewächshaus gezogenen Baumwollpflanzen entnommen war, nachzuweisen, daß es zwei Cellulosen gibt: Die sehr unregelmäßig gebaute Primärwandcellulose und die sehr einheitliche Cellulose der Sekundärwand mit einem Polymerisationsgrad von etwa 14 000 (2, 3). Cellulosen anderer Pflanzen scheinen dieser „Modellcellulose" weitgehend zu entsprechen.

Ältere Arbeiten wiesen beim oxidativen und hydrolytischen Abbau auf „Lockerstellen" mit regelmäßigem Abstand von etwa 400 Glucoseeinheiten hin (4, 5). Die Ausgangsmaterialien waren jedoch keine native Cellulose mehr, sondern hatten sich nach ihrer Biosynthese durch äußere Einwirkungen verändert. Später traf man auf das Phänomen der intramolekularen Vernetzung, das den Zeitverlauf des Abbaus und vor allem die auftretenden Molekulargewichtsverteilungen sehr komplizierte (6). Der Vernetzungseffekt zeigt, daß die Cellulosemoleküle in der nativen Faser gefaltet sind; *Husemann* et al. (7) gelang es mit größerer Sicherheit als bisher nachzuweisen, daß die glucosidischen Ketten im Cellulosegitter antiparallel liegen.

Chitin besteht, ähnlich wie Cellulose, aus linearen Makromolekülen. Als Polysaccharid bildet Chitin die harten Panzer der Krebse und Insekten. Die saure Hydrolyse verläuft unter Bildung von Essigsäure und D-Glucosamin (2-Amino-2-desoxy-D-glucose).

Weit verbreitet sind in den Pflanzen die sog. Glycoside.

Dies sind Verbindungen von einem oder mehreren Zuckermolekülen mit einer hydroxylhaltigen Substanz; letztere wird Aglykon genannt. Je nach der Art des Zuckers spricht man innerhalb der Glykoside auch von Glucosiden, Mannosiden, Galactosiden, usw. Die biologische Bedeutung der Glycosidbildung ist darin zu erblicken, daß die zu Grunde liegenden Aglykone dadurch wasserlöslicher gemacht werden.

Häufig finden sich einfache Zucker (Glucose, Rhamnose, Galactose, Xylose) auch mit Uronsäure (Glucoronsäure, Galacturonsäure) zu den sog. Aldobionsäuren vereinigt. Für andere Zuckergruppen ist das Vorkommen beschränkt. So wurden 2-Desoxy-methylpentosen, 3-Methoxymethylpentosen und 2-Desoxy-3-methoxymethylpentosen fast ausschließlich als Bestandteile von sog. digitaloiden Glykosiden gefunden. Alle bisher bekannt gewordenen 3-Aminozucker und die Mehrzahl der Zucker mit verzweigten Kohlenstoffketten sind Bestandteile verschiedener Antibiotica. Phosphorylierte Zucker spielen bei den Assimilations- und Dissimilationsprozessen (z. B. beim Aufbau der Stärke) eine wichtige Rolle.

Die stereochemischen Beziehungen der Pyranosen sind aus den Raumformeln [2α] und [2β] zu ersehen. Die durch ihre Stabilität bevorzugte Sesselform ist diejenige, bei der die räumlich große Hydroxymethylgruppe äquatorial orientiert ist. Sie ist an C-5 gebunden, und alle D--Zucker besitzen die gleiche Sessel-Konstellation. Es fällt auf, daß die β-D-Glucopyranose die stabile all-äquatoriale Konstellation einnimmt. Die

[2α] [2β]

Stabilität der α-Form, in der die anomere Hydroxygruppe axial orientiert ist, wird durch Wechselwirkung dieser Hydroxygruppe mit zwei axialen Wasserstoffen beeinträchtigt. Die aus den spezifischen Drehungen der beiden reinen Formen und der Gleichgewichtslösung berechnete Gleichgewichtskonzentration läßt in der Tat erkennen, daß die β-Form die stabilere von beiden darstellt.

4.1. Protonenresonanz

Die frühen Pionierarbeiten von *Lemieux* et al. (8) zeigten die besondere Beweiskraft der NMR-Technik zum Studium von Kohlenhydratmolekülen und öffneten der Kohlenhydratchemie einen neuen Weg. Bis heute erschienen zahlreiche NMR-Studien über Kohlenhydrate und mehrere empirische Regeln wurden formuliert, um die Konstitutions-, Konfigurations- und Konformationsanalyse der Kohlenhydrate zu erleichtern (9). Weiterhin haben die NMR-Techniken der Spinentkopplungen, der Spektrum-Aufspeicherung und die *Overhauser*-Effekte breite Anwendung gefunden. Es ist offensichtlich geworden, daß die geeignete Wahl des Lösungsmittels die Spektrum-Analyse vereinfacht, und bei guter spektraler Auflösung ist das Erkennen von long-range-Kopplungen für die Konfigurations- und Konformationsanalyse eine wertvolle Hilfe.

4.1.1. *Konformationsanalysen*

Folgende Gesetzmäßigkeiten haben sich in vielen Fällen bestätigt: Äquatorial orientierte Wasserstoffe treten bei tieferem Feld in Resonanz als chemisch ähnliche, jedoch axial orientierte Wasserstoffe. Vicinale Kopplungskonstanten haben den zwei- oder dreifachen Wert, wenn der Diederwinkel 180° ist gegenüber einem 60°-Winkel. Die letztere Gesetzmäßigkeit hat in Verbindung mit der *Karplus*-Gleichung (10) weitgehende Anwendung zur Bestimmung der Konformation zahlreicher Pyranosen und Furanosen gefunden. Allerdings hat es sich gezeigt, daß in manchen Fällen die *Karplus*-Gleichung zur Aufdeckung der Beziehung zwischen Kopplungskonstanten und Diederwinkeln nur begrenzt verwendet werden kann (11 – 15). Demzufolge haben jüngere Konformationsbestimmungen die *Karplus*-Gleichung nur zur Konformationsbestimmung eingesetzt und nicht für eine exakte Bestimmung von Diederwinkeln. Überdies haben sich Korrelationen verschiedener chemischer Verschiebungen für die Konformationsbestimmung als wertvoll erwiesen.

Versuche wurden unternommen (16), chemische Verschiebungen zur molekularen Konformationsbestimmung einiger N-Acyl-2-acylamido-D-hexopyranose-acetate zu benutzen. Besonders auffallend war der Einfluß eines Di-N-Acylsubstituenten auf die chemische Verschiebung des anomeren Protons. Beispielweise verursacht die N-Benzoylierung von (3) eine Änderung der chemischen Verschiebung von H-1 (axial) um 0,78 ppm von 5,77 nach 6,55 ppm, während N-Benzoylierung von (4) einen Wechsel der chemischen Verschiebung von H-1 (äquatorial) um 0,20 ppm von 6,20 nach 6,40 ppm verursacht. Das Ergebnis dieser Änderung der chemischen Verschiebung ist ein erstes Beispiel dafür, daß bei Di-N-Acylderivaten von 2-Amino-2-desoxy-D-pyranose-acetaten das anomere Proton in axialer Position bei tieferem Feld in Resonanz tritt als das äquatoriale Proton.

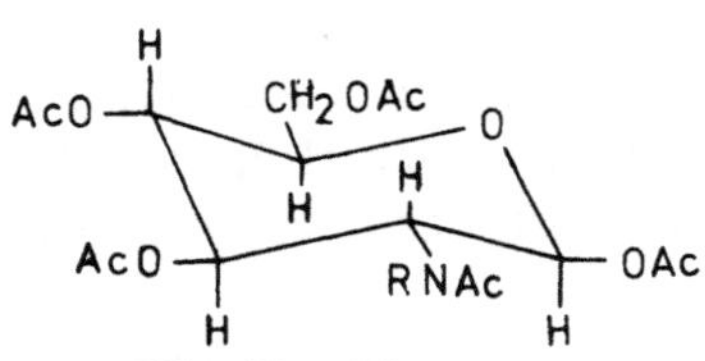

[3] R=H
[3A] $R=COC_6H_5$

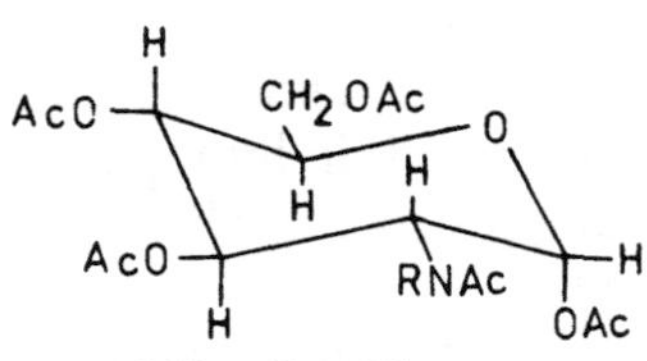

[4] R=H
[4A] $R=COC_6H_5$

In einer Serie von acetylierten 1-Thioaldopyranose-Derivaten wird die Anwendung von Lösungsmitteleffekten als Hilfe der Spektrenanalyse gut sichtbar (17). Das Spektrum des Pentaacetats von 1-Thio-β-D-glucose (Abb. 4.1.) kann in zwei Bereiche unterteilt werden. Der Bereich bei niedrigem Feld zwischen 5,5 und 5,0 ppm ist in den Lösungsmitteln Benzol-d_6 und Deuterochloroform komplex, während in Aceton-d_6 dieser Bereich des Spektrums angenähert erster Ordnung wird. In analoger Weise ist der Bereich zwischen 4,0 und 4,5 ppm in den Lösungsmitteln Deuterochloroform und Aceton-d_6 komplex, in dem Lösungsmittel Benzol-d_6 wird die Aufspaltung jedoch angenähert erster Ordnung.

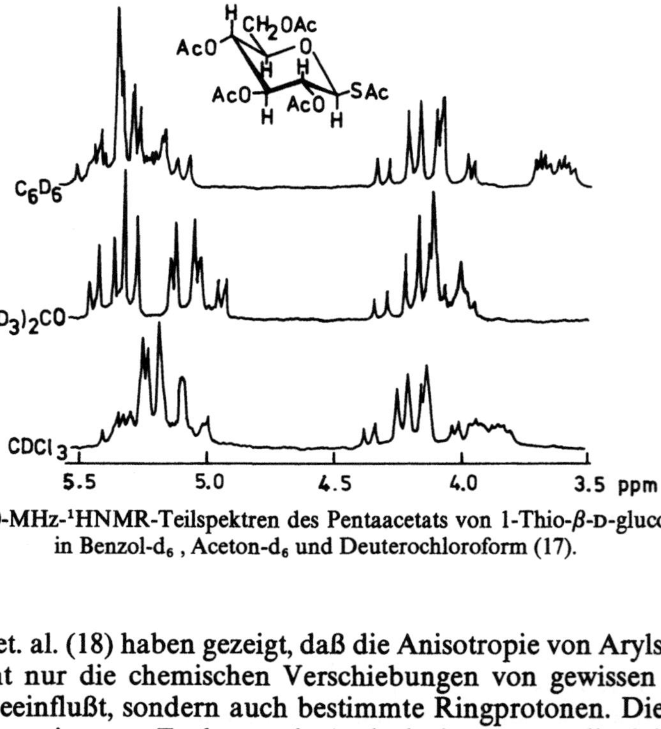

Abb. 4.1. 100-MHz-^{1}HNMR-Teilspektren des Pentaacetats von 1-Thio-β-D-glucopyranose in Benzol-d_6, Aceton-d_6 und Deuterochloroform (17).

Horton et. al. (18) haben gezeigt, daß die Anisotropie von Arylsubstituenten nicht nur die chemischen Verschiebungen von gewissen Acetylgruppen beeinflußt, sondern auch bestimmte Ringprotonen. Die Präparation von geeigneten Zuckern mit Arylsubstituenten stellt daher eine brauchbare Technik dar, um Ringprotonensignale nach einer Aufspaltung erster Ordnung zu interpretieren, ohne notwendig eine höhere Feldstärke anzuwenden. Wenn beispielsweise die 6-Acetoxygruppe in (4) durch eine Tritylgruppe ersetzt wird, wird der H-4, H-5, H-6 und H-6′-Komplex in ein ABXY-System aufgelöst, das leicht analysiert werden kann.

In ähnlicher Weise konnte gezeigt werden, daß die Einführung eines zweiten N-Acylsubstituenten in 2-Acetamido-1,3,4,6-tetra-O-acetyl-2-desoxy-D-hexopyranosen Spektren erster Ordnung liefert (16). Ein typisches Beispiel ist die spektrale Vereinfachung, die bei N-Benzoylierung von 2-Acetamido-1,3,4,6-tetra-O-acetyl-2-desoxy-β-D-glucopyranose (Abb. 4.2.) beobachtet wird. In diesem Fall ist die verbesserte Auflösung auf den Anisotropieeffekt der neuen Carbonylfunktion zurückzuführen. Der spezifische Wechsel der chemischen Verschiebungen der Ringprotonen verursacht durch die zweite N-Acylgruppe wurde diskutiert (16), und es ist zu vermuten, daß diese Methode von allgemeinem Wert für die Strukturanalyse von unbekannten Amino-Zuckern ist.

Glykosidisch gebundene Aminozucker, die sich konfigurativ von der D-Glucose ableiten, sind Bestandteile nahezu aller Antibiotica der Erythromycin- und Carbomycin-Gruppe. Als basischer Baustein fast aller Glieder der Carbomycin-Untergruppe tritt die Mycaminose auf. Sie wurde zuerst als Abbauprodukt des Carbomycins (19) und des Carbomycins B (20) isoliert und ist später als Baustein weiterer Antibiotica, wie der Spi-

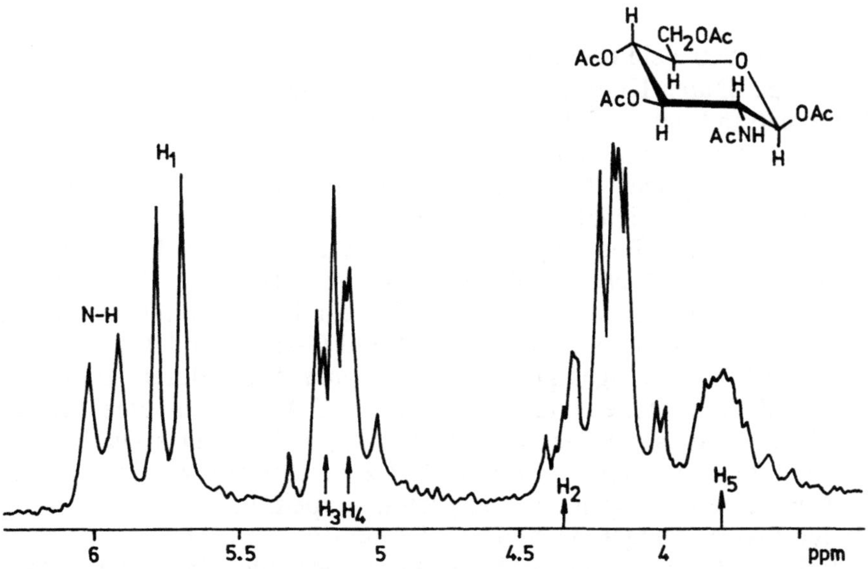

Abb. 4.2. 100-MHz-^{1}HNMR-Spektrum von 2-Acetamido-1,3,4,6-tetra-O-acetyl-2-desoxy-β-D-glucopyranose in $CDCl_3$ (16).

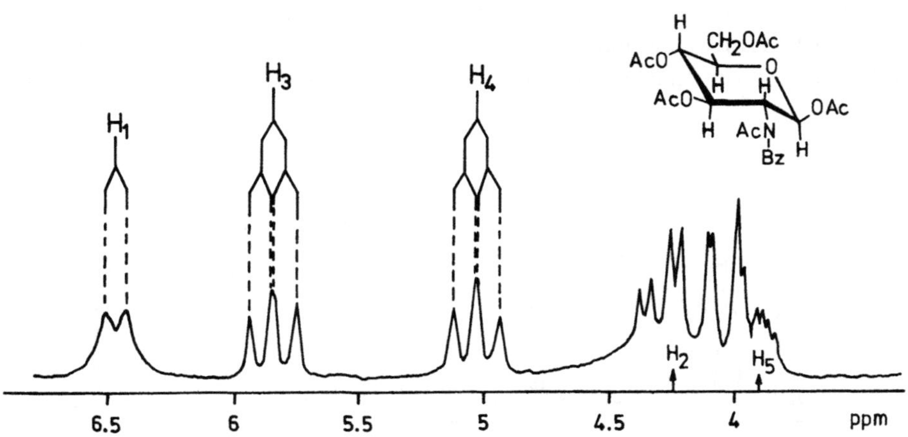

Abb. 4.3. 100-MHz-^{1}HNMR-Spektrum von 1,3,4,6-Tetra-O-acetyl-2-(N-acetylbenzamido)-2-desoxy-β-D-glucopyranose in $CDCl_3$ (16).

ramycine erkannt worden. Für Mycaminose [5] zeigt das Kernresonanzspektrum (21) die Konfiguration der Glucose:

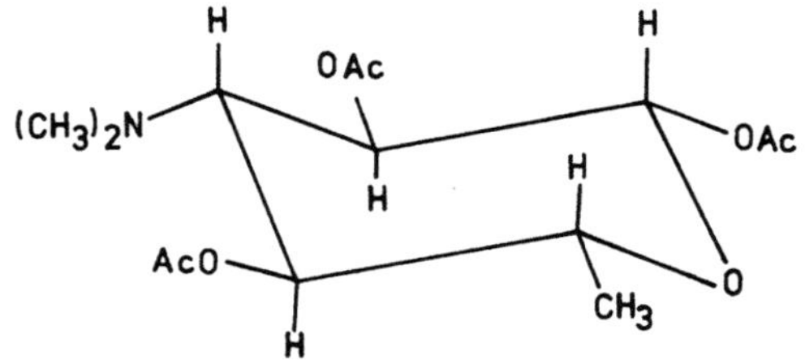

[5]

Bei höchstem Feld ($\delta = 1{,}16$) liegt die Resonanzabsorption der C-Methylgruppe. Durch Kopplung mit dem Ringproton am C-5 erscheint sie als Dublett mit der Kopplungskonstante $J_{5,6} = 6{,}4$ Hz. Die drei Acetoxygruppen ergeben bei 2,06, 2,02 und 1,99 ppm drei Signale; die chemische Verschiebung spricht für äquatoriale Konformation (8, 22). Das bei 2,37 ppm liegende Signal ist den beiden N-Methylgruppen zuzuordnen. Das Spektrum der fünf Ringprotonen gliedert sich in vier Gruppen, die sich in folgender Weise zuordnen lassen: Bei 2,80 ppm liefert das der Aminogruppe benachbarte Proton am C-3 ein Triplett durch Kopplung mit den zwei Nachbarprotonen am C-2 und C-4; $J_{3,4}$ und $J_{3,2}$ betragen jeweils 10,2 Hz. Die Signalgruppe bei 3,57 ppm ist das durch Kopplung mit den Methylprotonen und dem Proton am C-4 achtfach aufgespaltene Signal des Protons am C-5; $J_{5,6} = 6{,}3$ Hz, $J_{5,4} = 9{,}7$ Hz. Das Dublett bei 5,52 ppm kann nur dem Proton am C-1 zugeschrieben werden, da nur dieses mit einem einzigen Nachbarproton koppelt. In Übereinstimmung mit den Beobachtungen bei anderen Zuckeracetaten liegt es bei tiefstem Feld; $J_{1,2} = 8{,}0$ Hz. Die um 4,98 – 4,74 ppm liegende Liniengruppe läßt sich zerlegen in 2 Quartette der Protonen am C-2 (4,98 ppm) und C-4 (4,74 ppm), die durch Kopplung mit den Nachbarprotonen am C-3 ($J_{2,3} = 10{,}2$ Hz) und C-1 ($J_{1,2} = 8$ Hz), bzw. C-5 ($J_{4,5} = 9{,}7$ Hz) und C-3 ($J_{3,4} = 10{,}2$ Hz) entstehen. Die beiden inneren Linien des C-4-Protons fallen wegen der nahezu gleichen Kopplungskonstanten zu einer breiten

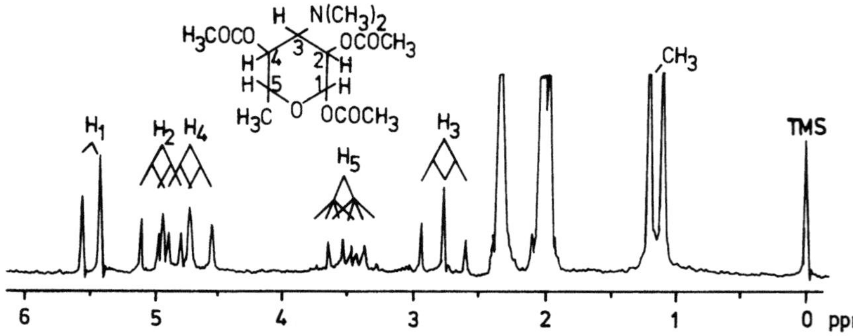

Abb. 4.4. 60-MHz-^{1}HNMR-Spektrum von Mycaminosetriacetat in CCl_4 (21).

Linie zusammen. Die für alle Spin-Spin-Kopplungen der Ringprotonen annähernd gleich großen Kopplungskonstanten von 8 – 10 Hz sind charakteristisch für eine all-axiale Konformation. Das Triacetat der Mycaminose ist somit 1,2,4-Tri-O-acetyl-3-dimethylamino-3,5-didesoxy-glucopyranose [5].

Zahlreiche Versuche wurden durchgeführt, um aus der genauen Lage der Acetoxyresonanz auf die Konfiguration zu schließen (23 – 27), was nicht ohne Schwierigkeiten verläuft. Ein Acetoxysignal in Deuterochloroform bei 2,35 ppm scheint für eine S-Acetylgruppe charakteristisch zu sein.

4.1.2. Anwendung von d_6-DMSO als Lösungsmittel

In Dimethylsulfoxid zeigen die Hydroxyprotonen von Alkoholen NMR-Signale, die im Gegensatz zum Verhalten in anderen NMR-Lösungsmitteln im allgemeinen gut aufgelöst sind und die Ermittlung der H – C – O – H-Kopplung erlauben. Dies ist auf die Ausbildung von Wasserstoffbrücken zurückzuführen, so daß die alkoholischen Wasserstoffe keinem Austausch unterliegen. Informationen über in mehreren Strukturtypen vorliegende Verbindungen können daher aufgrund der OH-Resonanzen erhalten werden (23 – 25). Beispielsweise kann für α-D-Glucose das Vorliegen der Pyranose-Form in Dimethylsulfoxid gezeigt werden (Abb. 4.5.). Spezifische Deuterierung und Spinentkopplung be-

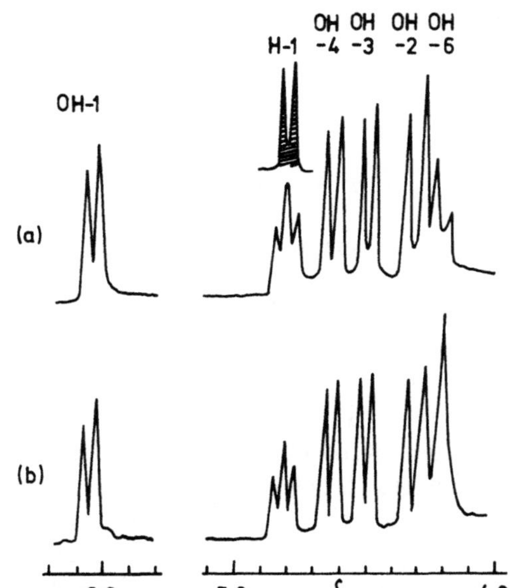

Abb. 4.5. 100-MHz-^{1}HNMR-Teilspektren der Hydroxylsignale und des H-1-Protons von (a) α-D-Glucose und (b) α-D-Glucose-5,6,6'-d_3 in Dimethylsulfoxid. Das in (a) schraffierte Dublett gibt das H-1-Signal nach Zugabe von D_2O wieder (23).

legen unzweideutig, daß im Gegensatz zu C-5 am C-4 eine Hydroxylgruppe steht, da die sekundären OH-Signale in α-D-Glucose und α-D-Glucose-5,6,6′-d_3 dieselben sind. Partiell acetylierte Zuckerderivate können durch ihre NMR-Spektren in DMSO unterschieden werden. In den Spektren von 1,2,3,6-Tetra-O-acetyl-β-D-glucose und 1,3,4,6-Tetra-O-acetyl-α-D-glucose verursacht die Addition von D_2O ein Zusammenfallen eines Dubletts zu einem Singulett, während Addition von Deuteriumoxid zu 1,2,3,4-Tetra-O-acetyl-α-D-glucose das Zusammenfallen eines Tripletts verursacht. Dies sichert eindeutig die Gegenwart einer freien primären Hydroxymethylgruppe in der letzteren Verbindung.

Casu et al. (26) untersuchten die Spektren von Glucose und einigen Di-, Oligo- und Polyglucosen in Dimethylsulfoxid und beschrieben, daß solche Untersuchungen Informationen über Konformationen und Wasserstoffbrücken dieser Verbindungen liefern. Die anomere Hydroxygruppe hat bei Glucose und verwandten Zuckern eine Protonenresonanz bei tiefstem Feld und chemische Verschiebungen und Kopplungskonstanten sind für die Konfiguration charakteristisch: Für die axiale OH-Gruppe bei α-D-Anomeren liegt der Bereich der chemischen Verschiebung zwischen 5,95 – 6,30 ppm (J = 4,0 – 4,5 Hz) und für die äquatoriale OH-Gruppe der β-D-Anomere zwischen 6,32 – 6,60 ppm (J = 6,0 – 7,0 Hz). Die chemische Verschiebung (26 a) unterhalb von 5 ppm wächst in der Reihe β-Maltose → Amylose → α-Cyclodextrin → β-Cyclodextrin. Die stärkste Wasserstoffbrücke wird bei Cyclodextrinen beobachtet, was auf die begrenzte Rotation der Glucoseeinheiten im Makromolekül zurückzuführen ist. Es wurde in einigen Fällen beobachtet, daß HO – C – H-Kopplungen auch in den Lösungsmitteln Aceton und Chloroform auftreten (27).

4.1.3. Ungesättigte Kohlenhydrate

Die theoretische und experimentelle Weiterentwicklung der NMR-Spektroskopie hat auch das Interesse an ungesättigten Kohlenhydraten stimuliert (28). Die Studien über Shkimic-Säure (29) und D-Glucal-Triacetat (30), die zeigten, daß diese Verbindungen in der Halbsessel-Konformation vorliegen, demonstrierten ebenfalls den weiten Anwendungsbereich der NMR-Technik. Inzwischen ist die Abhängigkeit der long-range-Kopplung von der Stereochemie, die an die Doppelbindung geknüpft ist, an vielen Beispielen belegt.

Detaillierte NMR-Untersuchungen an sechs isomeren Conduritolen (31) (1,2,3,4-Tetrahydroxycyclohex-5-ene) in Deuteriumoxid haben gezeigt, daß die Conduritole ebenfalls eine Halbsessel-Konformation [6] einnehmen. Um die verschiedenen Kopplungskonstanten zu bestimmen, wurden die Conduritol-Spektren als A_2B_2-, A_2X_2- oder ABXR-Systeme analysiert. Die Parameter wurden solange variiert, bis eine gute Übereinstimmung zwischen beobachteten und kalkulierten Spektren erhalten wurde. Dieses Vorgehen erlaubte die Bestimmung der Vorzeichen der long-range-Kopplungskonstanten: positive Konstanten bei Homoallylkopplung und negative Konstanten bei Allylkopplung. In Übereinstimmung mit der Theorie (32) unterliegt die Allylkopplung (H – C – C = C –

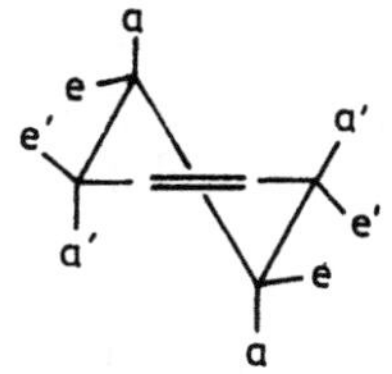

[6]

H) einer Abhängigkeit von den Bindungswinkeln, da die σ-π-Wechselwirkung proportional der Überlappung des π-Orbitals der Doppelbindung und des 1s-Orbitals des CH-Protons ist. Die beobachteten Werte für Conduritol unterstützen die Theorie, welche voraussagt, daß der

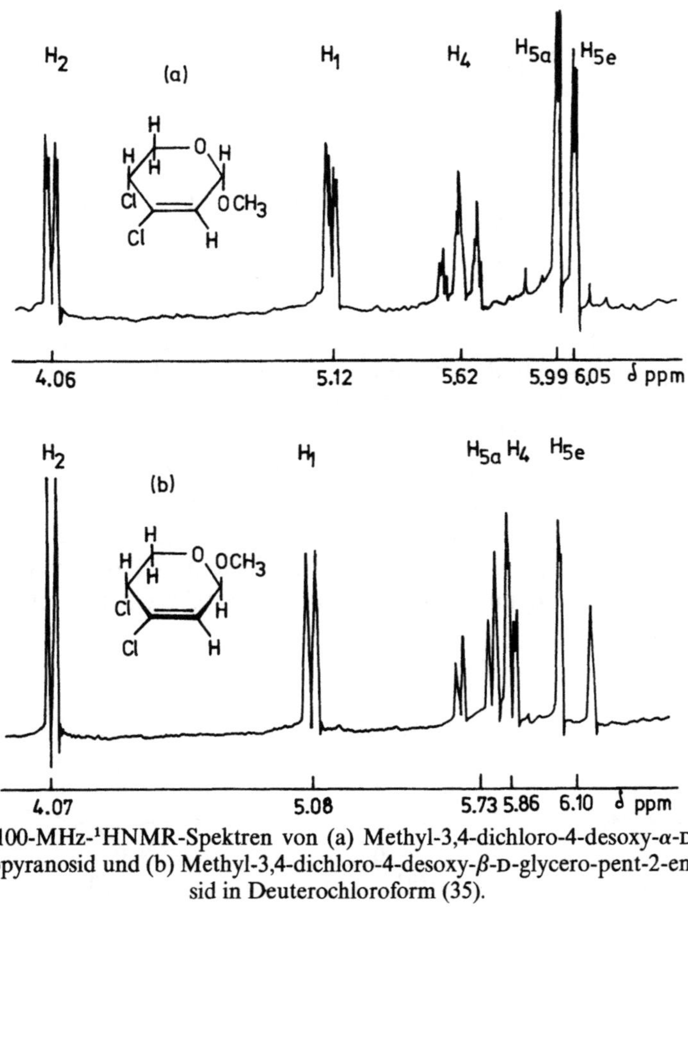

Abb. 4.6. 100-MHz-^{1}HNMR-Spektren von (a) Methyl-3,4-dichloro-4-desoxy-α-D-glycero-pent-2-enopyranosid und (b) Methyl-3,4-dichloro-4-desoxy-β-D-glycero-pent-2-enopyranosid in Deuterochloroform (35).

Winkel zwischen der CH-Bindung und der Ebene der olefinischen Gruppe die Kopplung beeinflußt. Homoallylische Kopplungen (CH – C = C – CH) sind auf analoge σ-π-Mechanismen zurückzuführen wie allylische Kopplungen und haben eine ähnliche stereochemische Abhängigkeit (33). Die in Conduritolen gefundenen long-range-Kopplungen gehören verschiedenen Typen an (34): Die Theorie sagt einen relativ hohen Wert für die äquatorial-äquatoriale Kopplung über vier Bindungen voraus, und eine solche Kopplung in den Conduritolen (2,1 Hz) ist sehr viel größer als die axial-axiale (0,3 Hz) oder axial-äquatoriale (0,4 – 0,8 Hz) Kopplung.

Eine detaillierte NMR-Analyse einiger D-Glycero-pent-2-enopyranosyl-Derivate wurde veröffentlicht (35). Frequency-sweep-Entkopplungen bei 100 MHz führten zu dem Ergebnis, daß bi-allylische (homoallylische) und vicinale Kopplungen das gleiche Vorzeichen haben, während vicinale Kopplungen und allylische Kopplungen entgegengesetzte Vorzeichen aufweisen. Die Signalgruppe in Abb. 4.6. (b) von H-4, H-5a und H-5e kann angenähert als ABX-System betrachtet werden, während

Tab. 4.2. Kopplungskonstanten in Hz der Anomeren [7] und [8].

	J_{13}	J_{15}	J_{34}	J_{35}	J_{45}	J_{56}
[7] (α-D)	0,75	0,3	10,7	2,7	1,7	4,5
[8] (β-D)	0,2	1,1	10,7	2,6	2,3	5,0

das H-4 in Abb. 4.6 (a) eine stärkere allylische und homoallylische Kopplung hat. Auch die Kopplungskonstanten der Verbindungen [7] und [8] sind deutlich von der Konformation abhängig (Tab. 4.2.). Von den zwei denkbaren Halbsessel-Konfigurationen ist nur [9] in Übereinstimmung mit der J_{35}-Allylkopplung. Die anomere Konfiguration kann aufgrund der J_{13}-long-range-Kopplung bestimmt werden. Von long-range-Kopplungen (H – C(C = O)C – H) ist bekannt, daß ein maximaler Wert vorliegt, wenn die zwei Protonen und die drei Kohlenstoffatome in derselben Ebene liegen. Die Kopplung J_{13} = 0,75 Hz ist der α-D-Form zuzuordnen.

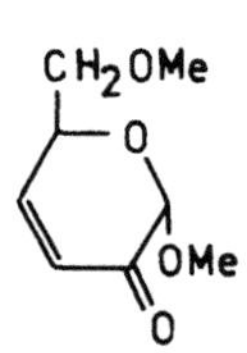

[7]

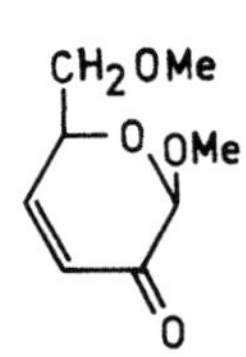

[8]

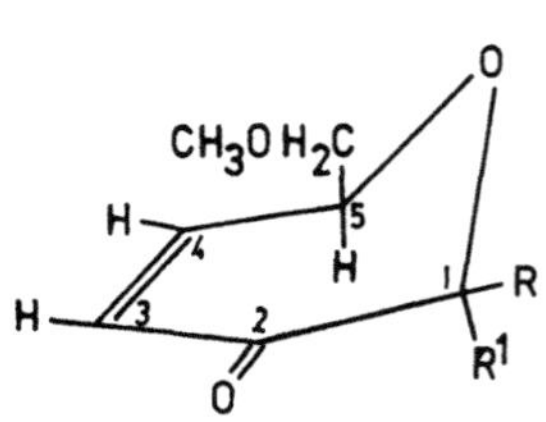

[9]

4.1.4. Acyclische Zuckerderivate

Für das durch oxidative Kondensation aus 2-Amino-2-desoxy-D-glucose mit ortho-Phenylendiamin entstehende Reaktionsprodukt wurden die Konstitutionen [10] und [11] diskutiert (36, 37).

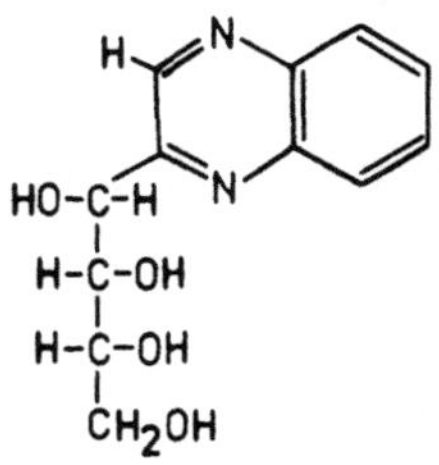

[10]

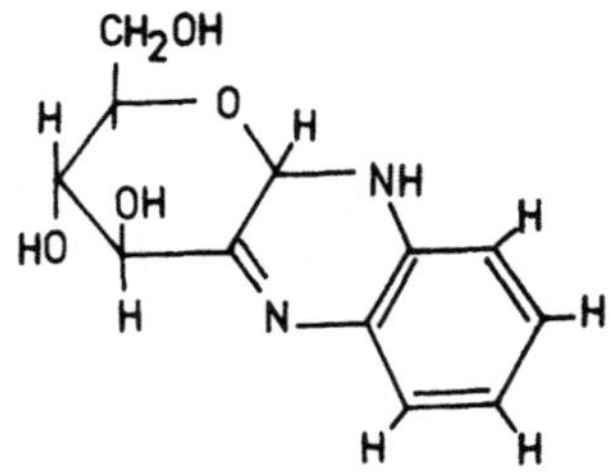

[11]

Das NMR-Spektrum ist in Abb. 4.7. wiedergegeben und belegt die Konstitution [10]. Das Spektrum des Chinoxalins zeigt in Dimethylsulphoxid bei tiefem Feld um 9 ppm ein Singulett, das dem Proton am C-3 des Chinoxalinsystems zugeordnet werden kann (C-1-Wasserstoff des ursprünglichen Zuckers). Bei Vorliegen der Struktur [11] wäre für das C-1-Proton des Zuckers in einem nichtaustauschenden Lösungsmittel ein Dublett durch Kopplung mit dem NH-Wasserstoff zu erwarten und das letztere Proton müßte ebenfalls als Dublett bei tiefem Feld beobachtet werden, möglicherweise durch Quadrupol-Kopplung mit dem Stickstoff verbreitert.

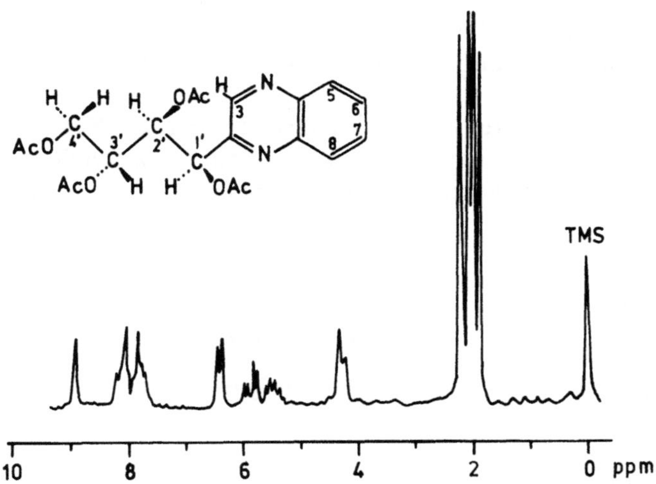

Abb. 4.7. 60-MHz-^{1}HNMR-Spektrum von 2-(D-Arabino-tetraacetoxybutyl)-chinoxalin in d_6-DMSO (36).

Ein fast symmetrisches Multiplett eines AA'BB'-Typs von vier Protonen wird um 8,0 ppm beobachtet und ist den Protonen des Benzolringes zugehörig. Die Zuordnung der übrigen Protonen ist in Tab. 4.3. angegeben.

Tab. 4.3. NMR-Daten von 2-(D-Arabino-tetraacetoxybutyl)-chinoxalin bei 60 MHz in d_6-DMSO bei 30 °C (36).

Protonen	Chemische Verschiebung. δ	rel. Int.	Mult.	Kopplung
C-3	8,90	1	S	
C-5,8	8,10	2	M	
C-6,7	7,80	2	M	
C-1'	6,42	1	D	$J_{1',2'} = 3,0$
C-2'	5,86	1	Q	$J_{1',2'} = 3,0$
				$J_{2',3'} = 8,5$
C-3'	5,50	1	M	
C-4'	4,34	2	M	$J_{4a',4b'} = 12,0$
				$J_{3',4a'} = 3,0$
				$J_{3',4b'} = 5,5$
1'-OAc	2,22	3	S	
2'-OAc	2,09	3	S	
3'-OAc	2,02	3	S	
4'-OAc	1,90	3	S	

Die Methinprotonen und die Methylenprotonen des Zuckerrestes zeigen eine Spin-Spin-Kopplung, die die Formulierung [11] ausschließt. Das C1'-Proton der D-Arabino-tetraacetoxybutyl-Gruppe erscheint bei 6,42 ppm als Dublett durch Kopplung mit dem C2'-Proton, $J_{1',2'} = 3,0$ Hz. Eine vicinale Kopplung dieser Größe ist für einen 60 °-Diederwinkel kennzeichnend.

Mehrere Jahre waren die exakten Strukturen der Reaktionsprodukte von Zuckern mit Phenylhydrazin Gegenstand ausgedehnter Diskussionen (38). Reaktion von D-Mannose-phenylhydrazon mit Acetanhy-

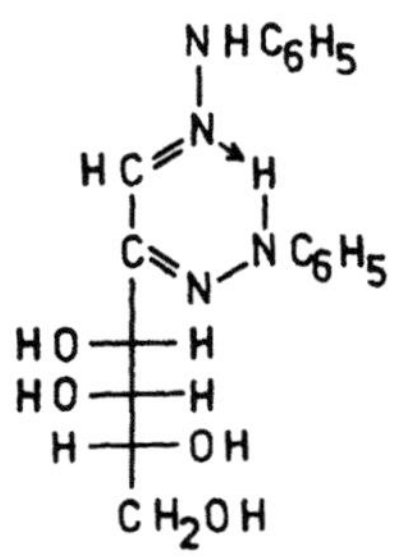

[12]

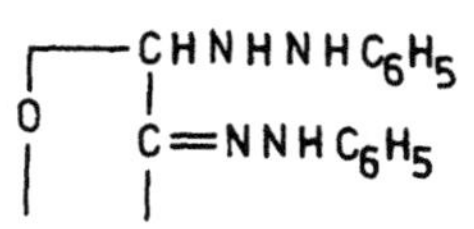

[13]

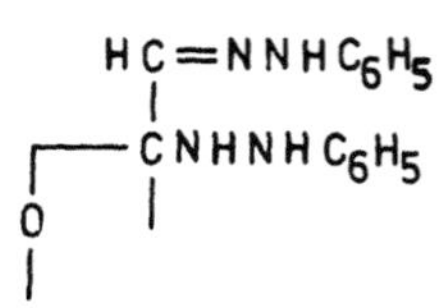

[14]

drid in Pyridin liefert D-Arabino-3,4,5,6-tetraacetoxyl-1-phenylazo-1-hexen. Das NMR-Spektrum dieser Verbindung bestätigt diese Konstitution (39). Acyclische Strukturen wurden in ähnlicher Weise verschiedenen Phenylhydrazonen und Osazonen (40) zugeordnet. Das NMR-Spektrum von D-Lyxohexose-phenylosazon wurde in Dimethylsulfoxid aufgenommen. Aufgrund des Spektrums wurden die Konstitutionen [12] bis [14] diskutiert (41).

Das NMR-Spektrum zeigt zwei Signale bei 12,4 ppm und 10,55 ppm, die bei Deuterierung verschwinden und zwei an den Stickstoffen befindlichen Protonen zugeordnet werden können.

Die Hydroxylgruppen geben sich durch ein Signal bei 5,50 ppm der relativen Intensität 1 und ein Signal bei 4,50 ppm der relativen Intensität 3 zu erkennen. Das erste ist der Hydroxylgruppe am C-3 zuzuordnen; beide Peaks verschwinden bei Deuterierung. Diese Ergebnisse sind nur mit Konstitution [12] in Übereinstimmung, und wenn die cyclischen Strukturen [13] und [14] vorhanden sind, liegen sie nur in geringem Umfang im Gleichgewicht vor (41).

4.1.5. Seltene natürlich vorkommende Zucker

Wie oben erwähnt, haben sich die Kohlenhydrat-Komponenten der Antibiotika in vielen Fällen der NMR-Analyse zugänglich erwiesen (9): Die Strukturen von Chalcose (42), Desosamin (43), Mycarose und Cladinose (44) wurden NMR-spektroskopisch bestimmt. Zu dieser Liste können noch Oleandrose (45) und Chromose (46) zugefügt werden. Durch geeignete Modellsubstanzen konnte gezeigt werden (45), daß Oleandomycin eine α-L-Gruppe hat, während D-Desosamin mit einer β-D-anomeren Gruppe versehen ist.

Chromomycin (47 – 49) ist der Name einer Mischung verwandter Verbindungen, die zu den cancerostatischen Antibiotika gehören und von Streptomyces griseus produziert werden. Die Hauptkomponente Chromomycin A gehört wie die Chromomycine B, C und D zur D-Serie:

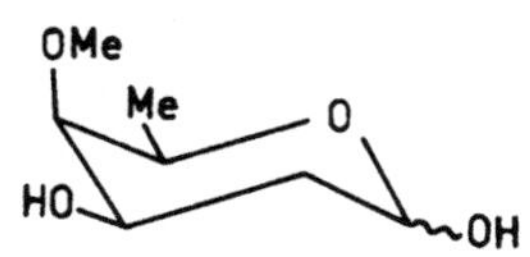

D-Chromose A

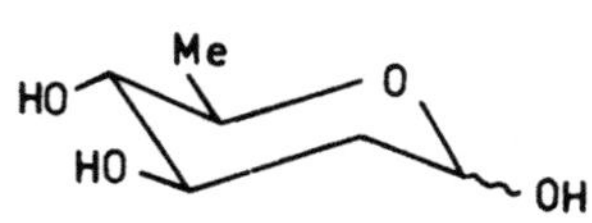

D-Chromose C

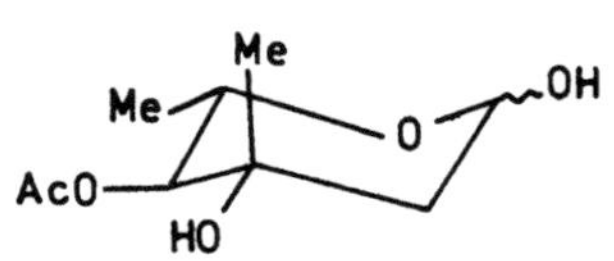

L-Chromose B

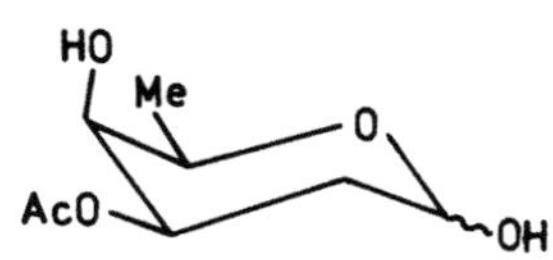

D-Chromose D

Abb. 4.8 zeigt das 100-MHz-^{1}HNMR-Spektrum von Desacetyl-chromose B gelöst in D_2O mit Natrium-2,2-dimethyl-2-silapentan-5-sulfonat als innerer Standard. Die hohen Peaks bei 1,30 und 1,32 ppm sind den C_3-Me- bzw. C_5-Me-Gruppen zuzuordnen. Die letztere ist mit einer Kopplungskonstante von 6 Hz mit dem benachbarten Proton gekoppelt, das bei 3,56 ppm in Resonanz tritt. H_5 ist weiter mit H_4 gekoppelt mit einer charakteristischen axial-axialen Kopplungskonstante von 10 Hz.

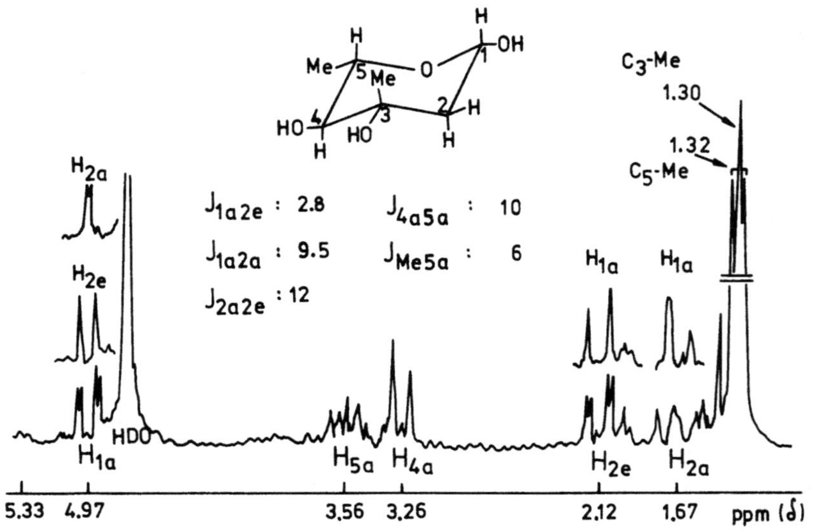

Abb. 4.8. 100-MHz-^{1}HNMR-Spektrum und entkoppelte Signale von Desacetyl-Chromose B in D_2O, interner Standard DSS (47).

Die nichtäquivalenten Protonen am C_2 treten bei 1,67 ppm und 2,12 ppm in Resonanz und haben eine geminale Kopplungskonstante von 12 Hz. C_2-H_a und C_2-H_e sind weiter mit C_1-H gekoppelt mit Kopplungskonstanten von 9,5 (axial-axial) und 2,8 (axial-äquatorial) Hz. Der C_1-H entsprechende Peak liegt bei 4,97 ppm.

Methyl-thiolincosaminid [15] (50), eine Kohlenhydrat-Komponente des antibiotischen Lincomycins, wurde NMR-spektroskopisch identifiziert. Eine komplette NMR-Analyse führte zu der Konfigurationsbestimmung der Seitenkette.

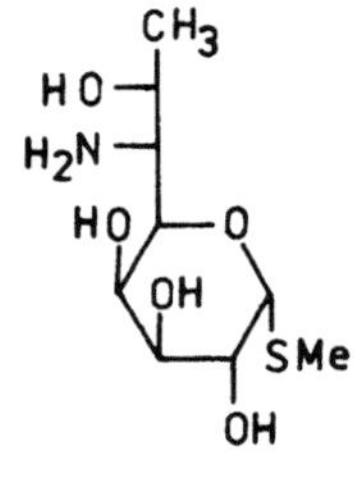

[15]

Eine entsprechende Analyse von 2-Hydroxyäthylthiocelestosaminid, eine Zuckerkomponente von Celesticetin, zeigte die Ähnlichkeit dieser beiden Verbindungen.

4.2. ^{13}C-Resonanz

Die Bestimmung der Konfiguration und Konformation von Glykosiden ist ein elementares Problem der Zuckerchemie. Mit einiger Überlegenheit gegenüber anderen spektroskopischen Methoden kann hier die ^{13}C-NMR-Spektroskopie eingesetzt werden (51 – 54). Die ^{13}C-NMR-Spektren einiger Aldopyranosen (52) und Methylglykoside (53, 54) konnten vollständig zugeordnet werden. Es ergab sich, daß die ^{13}C-Signale von Pyranose-C-Atomen, die axiale Hydroxy- oder Methoxygruppen tragen, bei höherem Feld liegen als die ^{13}C-Signale solcher Pyranose-C-Atome, die äquatorial mit diesen Substituenten verknüpft sind. Mit Hilfe der *Fourier*-Transform-^{13}CNMR-Spektroskopie wurden die Einflüsse α- oder β-glykosidischer Verknüpfung bei anomeren Glykosiden sowie von Substituenten auf die ^{13}C-chemischen Verschiebungen untersucht. Die in Abb. 4.9. angegebenen chemischen Verschiebungen beziehen sich auf externes Tetramethylsilan.

Charakteristisch getrennt von den Signalen der anderen Pyranose-C-Atome erscheint das ^{13}C-Signal des glykosidischen Kohlenstoffatoms C-1 zwischen – 100 und – 107 ppm. Bei axialer Verknüpfung der OR-Gruppen (R = Methyl und subst. oder unsubst. Phenyl) liegt das ^{13}C-1-Signal um 2 – 4,5 ppm bei höherem Feld als bei äquatorialer Verknüpfung. Bei Methylglykosiden ist dieser Unterschied mit 4 – 4,5 ppm etwas größer im Vergleich zu Phenylglykosiden mit etwa 2,5 ppm. Beim Übergang von Methyl- zu Phenyl-glykopyranosiden beobachtet man eine Verschiebung der ^{13}C-1-Signale nach höherem Feld, die bei äquatorial mit C-1 verknüpften O-Arylgruppen deutlich größer ist. Die Elektronendichte an C-1 scheint daher bei äquatorialer Verknüpfung mit O-Arylgruppen stärker zuzunehmen als bei axialer Verknüpfung.

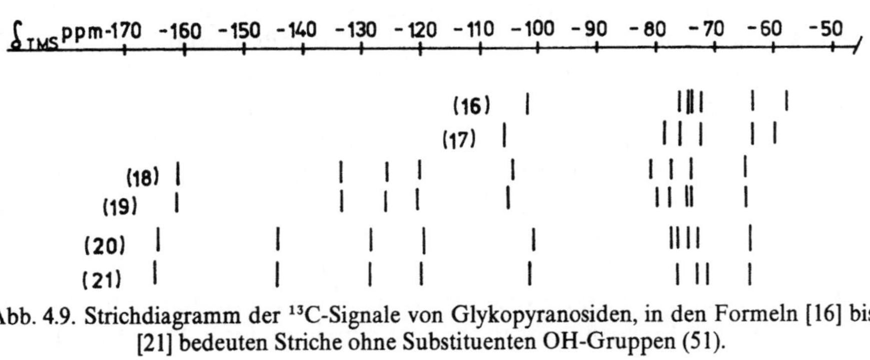

Abb. 4.9. Strichdiagramm der ^{13}C-Signale von Glykopyranosiden, in den Formeln [16] bis [21] bedeuten Striche ohne Substituenten OH-Gruppen (51).

Die Zuordnung der Signale von C-2, C-3, C-4 und C-5 ergibt sich, wenn man berücksichtigt, daß sich der Konfigurationswechsel an C-1 bei dem Übergang vom α- zum β-Anomeren infolge der besonders starken 1,3-diaxialen Wechselwirkung auf die chemische Verschiebung von C-3 und C-5 stark, auf die von C-2 jedoch schwächer auswirkt. Für C-4 ist dieser Einfluß wegen des großen Abstandes von C-1 am geringsten. Tatsächlich erscheint das ^{13}C-4-Signal der Glykoside in dem engen Bereich zwischen – 69,2 und – 72,6 ppm.

In Abb. 4.9. ist ein Strichdiagramm der ^{13}C-Signale der Pyranoside α-Methyl-D-gluco- [16], β-Methyl-D-gluco- [17], β-Phenyl-D-gluco-[18], β-Phenyl-D-galakto- [19], α-[p-Nitrophenyl]-D-gluco- [20] und α-[p-Nitrophenyl]-D-galakto- [21] wiedergegeben.

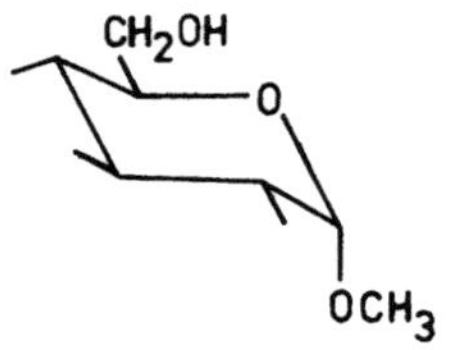

[16]

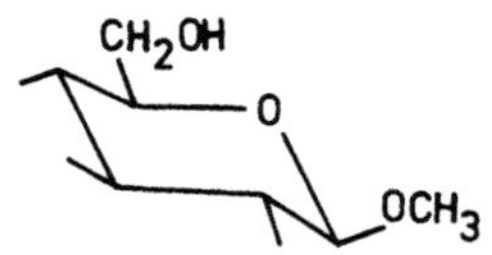

[17]

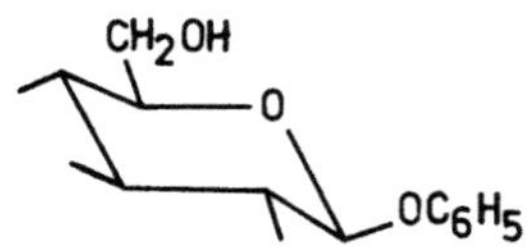

[18]

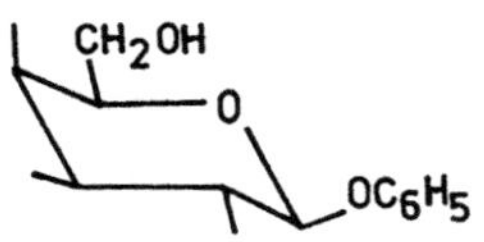

[19]

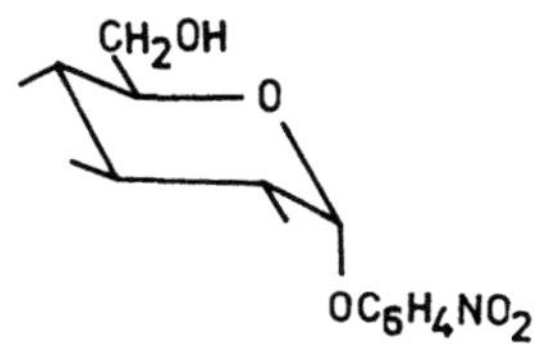

[20]

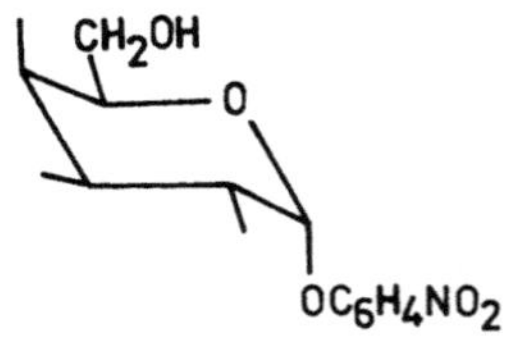

[21]

4.3. Infrarot- und Ramanabsorption

Die starke Expansion der Infrarotspektroskopie hat in den letzten Jahren auch die Strukturchemie der Kohlenhydrate vorangetrieben. Polysaccharide, die in den meisten nicht-wäßrigen Lösungsmitteln unlöslich sind, können auf einer Silberchloridplatte durch Abdampfen des Lösungsmittels als Film präpariert werden oder als KBr-Preßlinge aufgenommen werden (55). Neben der Zuordnung von Absorptionsbanden im IR-Spektrum einer Verbindung kann diese durch das Referenzspektrum einer bekannten Verbindung identifiziert sowie in vielen Fällen eine quantitative Bestimmung durchgeführt werden. Abb. 4.10. zeigt die IR-Spektren einiger wichtiger Polyglucosen, und es wird beobachtet, daß sich diese Polymertypen eindeutig unterscheiden.

Es ist zu beachten, daß polymorphe kristalline Formen sich im allgemeinen in der Infrarotabsorption unterscheiden (56). In vielen Fällen wird überdies eine auffallende Wellenzahlverschiebung (bis 20 cm^{-1}) beim Übergang von der kristallinen zur amorphen Form beobachtet sowie eine Verbreiterung der Absorptionsbanden. Demzufolge sind bei der Identifizierung einer Verbindung mit einer Referenzsubstanz die Spektren vorzugsweise in Lösung aufzunehmen.

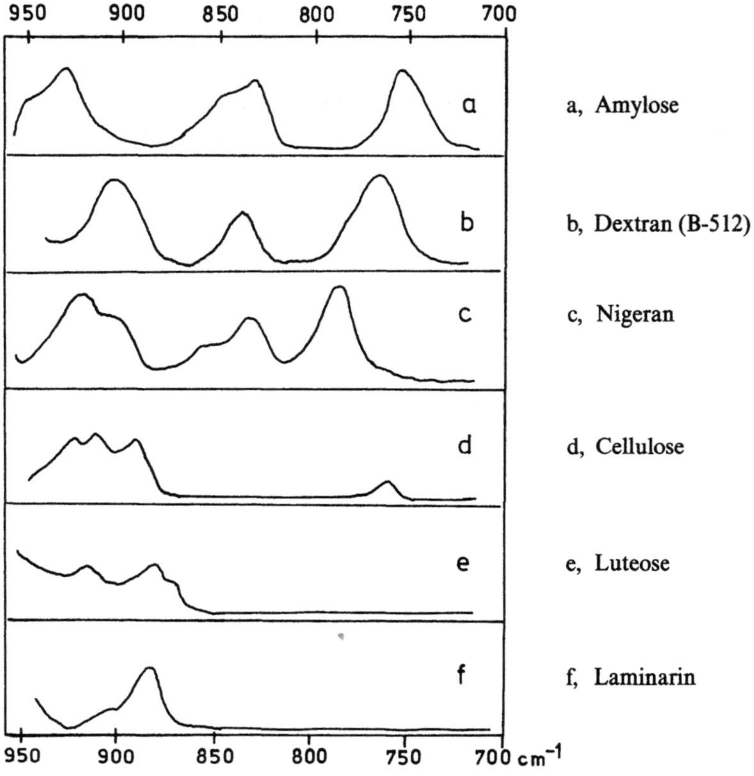

Abb. 4.10. IR-Teilspektren von Polyglucosen, Präparation in KBr.

Austauschreaktionen mit D_2O sind ein wertvolles Hilfsmittel, um in Kohlenhydraten OH-Valenzschwingungen zuzuordnen, da die entsprechenden Schwingungen der OD-Gruppen bei sehr viel niedrigeren Frequenzen auftreten. Am Beispiel der Cellulose konnte gezeigt werden, daß schweres Wasser bevorzugt mit OH-Gruppen in besser zugänglichen amorphen Bereichen reagiert. Diese Eigenschaft ermöglicht es, OH-Gruppen in ungeordneten Bereichen eindeutig von denen in kristallinen Bereichen zu unterscheiden (57). Da völlig deuterierte Cellulose in dem Frequenzbereich 3000 – 3600 cm^{-1} keine Absorption zeigt (dieser Frequenzbereich ist den OH-Valenzschwingungen der Cellulose zuzuordnen (58, 59)), ist bei einem normalen viscosen Film nach der Deuterierung ein Spektrum in diesem Bereich zu erwarten, daß auf OH-Gruppen in kristallinen Regionen zurückzuführen ist. Demzufolge kann aus den Infrarotspektren vor und nach der Deuterierung auf den Grad der Kristallinität geschlossen werden.

Eine Untersuchung des Bereiches 730 – 960 cm^{-1} in den Infrarotspektren einer großen Zahl von Glucopyranose-Derivaten machte offenbar, daß eine Korrelation zwischen diesen Absorptionsbanden und bestimmten stereochemischen Eigenschaften dieser Verbindungen bestehen (60 – 62): Derivate der α-Konfiguration absorbieren bei 844 cm^{-1}, während bei β-D-Glucopyranosen eine starke IR-Bande bei 891 ± 10 cm^{-1} beobachtet wird. Diese Absorptionen werden C-1-H-Deformations-

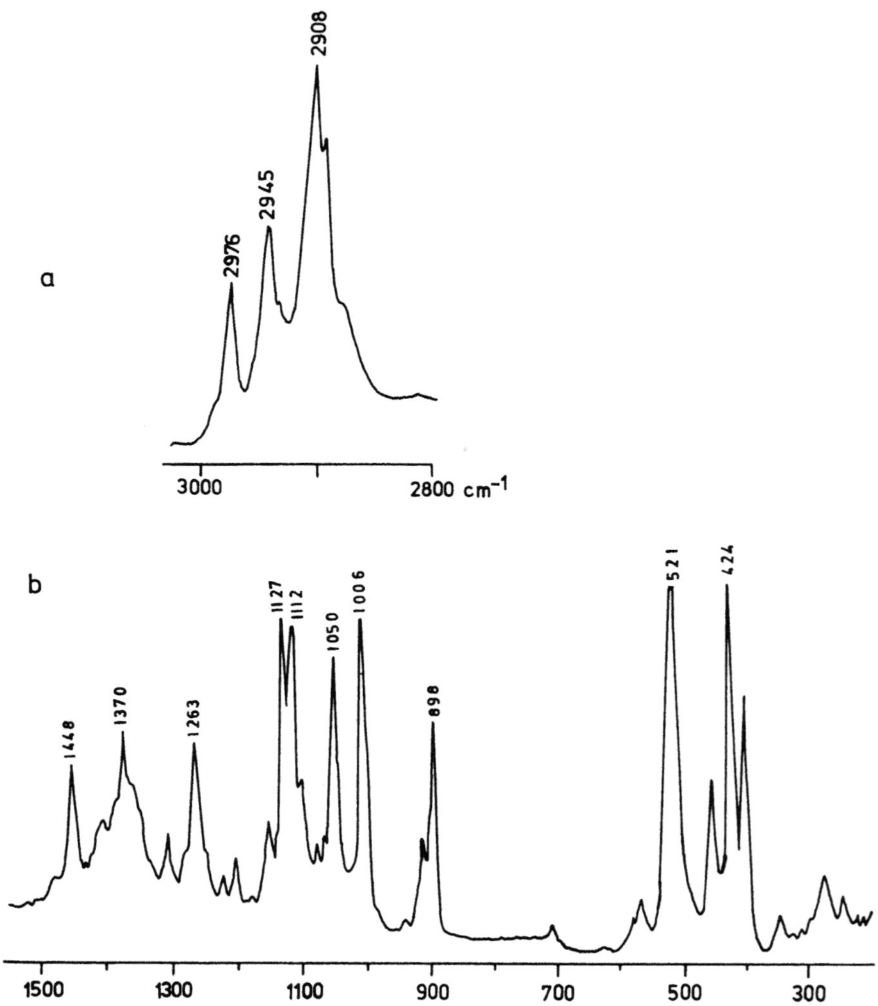

Abb. 4.11 *Raman*-Spektrum von kristalliner β-D-Glucose in dem Bereich 3000 – 2800 cm^{-1} (a) und 1500 – 200 cm^{-1} (b). Erregerlinie 514,5 nm (63).

schwingungen zugeschrieben, die mit CH_2-Schwingungen gekoppelt sind (63). Eine für Pyranose-Zucker charakteristische Bande bei 1150 cm^{-1} wird komplexen Ringschwingungen zugeordnet.

Bei einem Vergleich von Derivaten der D-Galactopyranose und D-Mannopyranose mit entsprechenden Derivaten der D-Glucopyranose wird gefunden, daß nur die ersten beiden eine Absorptionsbande bei etwa 875 cm^{-1} haben, die unabhängig von den O-Substituenten und dem anomeren Charakter sind. Diese Absorption wird äquatorialen C-H-Bindungen in den Positionen 4 und 2 zugeschrieben (62).

In Abb. 4.11. ist das *Raman*-Spektrum von kristalliner β-D-Glucose wiedergegeben. Die gemessenen Frequenzen stimmen gut mit den berechneten überein (64). Die intensive *Raman*-Linie bei 898 cm^{-1} im Spektrum der β-D-Glucose (903 cm^{-1} im IR) kann einer axialen C-1-H-Schwingung zugeordnet werden (61. 62). *Vasko* et al. (65) zeigte, daß die 890 cm^{-1}-*Raman*-Linie von Cellobiose beim Wechsel des Lösungsmittels von H_2O zu D_2O abnimmt. Demzufolge ist in der 898-Absorption von β-D-Glucose eine C – OH-Deformationsschwingung als Komponente beteiligt. Ein ähnlicher Effekt wird im IR-Spektrum von CD-deuterierter Cellulose gefunden, in der die Wasserstoffe der CH_2- und C-1-H-Gruppe durch Deuterium substituiert werden (66).

Ähnliche Argumente führen zu der Zuordnung einer charakteristischen Linie für α-D-Glucose bei 840 cm^{-1} im *Raman*-Spektrum (836 cm^{-1} im IR). Die Banden bei 1155 und 1150 cm^{-1} für α- bzw. β-D-Glucose haben im IR große Intensität und im *Raman*-Spektrum geringe. Diese Banden werden bei den meisten Sacchariden gefunden und einer gekoppelten Schwingung zugeordnet: C – O-Valenzschwingung und C – O – H-Deformationsschwingung (67). In den *Raman*-Spektren von D-Glucose, Maltose und Cellobiose nehmen die Intensitäten der *Raman*-Linien in dem Bereich 1260 – 1270 cm^{-1} nach Deuteriumaustausch ab. Es wurde vorgeschlagen, diese Absorption auf eine C – O – H-Deformationsschwingung der CH_2OH-Gruppe zurückzuführen (65).

4.4 Circulardichroismus

Von allen Verbindungen mit optischer Aktivität können optische Rotationsdispersionsspektren aufgenommen werden. Liegt das Absorptionsmaximum des Chromophors dieser Moleküle, wie es bei Kohlenhydraten der Fall ist, in nicht meßbaren Bereichen, dann werden „normale“ ORD-Kurven vermessen (68). Diese „normalen“ ORD-Kurven der Kohlenhydrate haben jedoch bezüglich der Struktur dieser Verbindungen nur beschränkte Aussagekraft (69).

Eine Verbindung muß jedoch zwei Eigenschaften besitzen, um mit Circulardichroismus untersucht werden zu können: Optische Aktivität und einen Chromophor, dessen Absorptionsbereich meßbar ist. Kohlenhydratmoleküle können nur eine dieser Voraussetzungen erfüllen: Sie besitzen genügend chirale Zentren; die Absorption der chromophoren Gruppen ist jedoch mit kommerziellen Geräten nicht zu erfassen. Verknüpft man jedoch bei längeren Wellenlängen absorbierende, optisch inaktive chromophore Systeme mit dem Zucker, dann beeinflussen die chiralen Zentren des Kohlenhydrats den absorbierenden Rest derart, daß ein inhärent symmetrischer, durch die Umgebung dissymmetrisch gestörter Chromophor (70) entsteht.

Durch die Verknüpfung eines Purin-, Pyrimidin- oder Flavonrestes mit einem Zucker entstehen die als Naturstoffe weitverbreiteten O- oder N-Glycoside (Nucleoside, Nucleotide, Flavonglykoside), deren Elektronenübergänge CD-Banden verursachen. Entsprechend ihrer biologischen Bedeutung sind zahlreiche CD-Untersuchungen an diesen Verbindungsklassen angestellt worden (71 – 75). Sollen freie Zucker mit Circulardichroismus untersucht werden, dann kann auf aufwendige Herstellung von Derivaten verzichtet werden, wenn metallionenhaltige Zuckerlösungen vermessen werden: Die sich bildenden Zucker-Metallkomplexe zeigen charakteristische CD-Banden, die sich mit der Struktur des Kohlenhydratliganden korrelieren lassen. Hierbei haben sich besonders das $HMoO_4^-$ und das $Cu(NH_3)_4^{2+}$-Ion bewährt (76, 77).

Durch die pH-Abhängigkeit der *Cotton*-Effekte von Zucker-Molybdat-Lösungen kann gezeigt werden, daß weder das im alkalischen stabile MoO_4^{2-}-Ion, noch die im sauren stabilen Heptamolybdationen Komplexe mit den Zuckern bilden. Der pH-Bereich maximaler Komplexstabilität liegt bei 5,5: Somit muß als komplexbildendes Ion die $HMoO_4^-$-Species angenommen werden (78).

An der Komplexbildung sind Hydroxylgruppen der Kohlenstoffatome 1 – 3 der Pyranosen beteiligt, wie sich durch Untersuchung von O-Methylzuckern mit spezifisch blockierten OH-Gruppen zeigen läßt (79). Aufgrund der CD-Spektren ihrer Molybdatkomplexe können die Pyranosen in 2 Gruppen eingeteilt werden, die sich charakteristisch unterscheiden (79):

Pyranose-Molybdat-Komplexe der Gruppe I:

1. Sie zeigen im allgemeinen zwei *Cotton*-Effekte von relativ schwacher Intensität im Bereich 220 – 350 nm.
2. Die Extremwerte der langwelligen *Cotton*-Effekte liegen bei 270 – 280 nm, die Extremwerte der kurzwelligen *Cotton*-Effekte liegen bei 235 – 250 nm.
3. Sämtliche Zucker der Komplexe besitzen an C-2 und C-3 des Pyranoseringes trans-ständige Hydroxygruppen.
4. Die Vorzeichen der *Cotton*effekte lassen sich mit der Struktur wie folgt in Zusammenhang bringen:

	Vorzeichen der *Cotton*effekte bei 270 – 280 nm	bei 235 – 250 nm
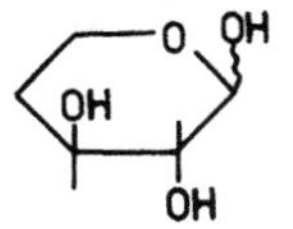	+	–
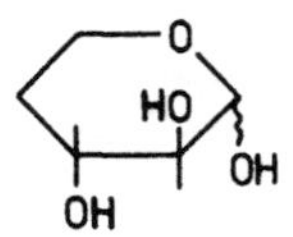	–	+

5. Als Beispiele wurden die Molybdatkomplexe von L-Arabinose, D-Galactose, D-Glucose, 6-O-Methylglucose, D-Xylose, D-Arabinose, D-Altrose und L-Chinovose untersucht.
6. Das Komplexverhältnis läßt sich circulardichroitisch (79) nach der Methode von *Job* (80) mit 2 : 1 (Zucker : Molybdat) bestimmen.

Pyranose-Molybdat-Komplexe der Gruppe II:

1. Im Bereich 220 nm – 250 nm zeigt ihr CD-Spektrum 3 – 4 relativ intensive *Cotton*effekte.
2. Die drei intensivsten Banden liegen von höheren nach tieferen Wellenlängen geordnet in folgenden Bereichen: 295 – 315 nm, 260 – 275 nm und 230 – 240 nm.
3. Die Pyranosekomplexbildner haben an C-2 und C-3 stets *cis*-ständige Hydroxylgruppen.
4. Zwischen den Vorzeichen der *Cotton*effekte und der Struktur ergibt sich folgender Zusammenhang:

	Vorzeichen der *Cotton*effekte 295 – 315 nm	260 – 275 nm	230 – 240 nm
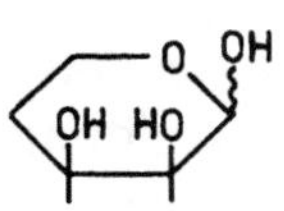	+	–	+
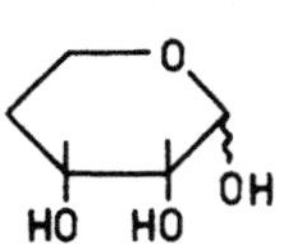	–	+	–

Aufgrund des CD-Spektrums eines Pyranose-Molybdatkomplexes kann daher die absolute Konfiguration der Hydroxylgruppen an C-2 und C-3 eindeutig bestimmt werden.

Abb. 4.12. zeigt ein Beispiel eines CD-Spektrums eines Zucker-Molybdatkomplexes der Gruppe I (L-Chinovose) und der Gruppe II (D-Talose). Auch die Reduktionsprodukte der Zucker, die Polyalkohole (81) und die Oxidationsprodukte, die Aldonsäuren (82) bilden Molybdatkomplexe, die bezüglich der Struktur charakteristische Circulardichroismusspektren zeigen.

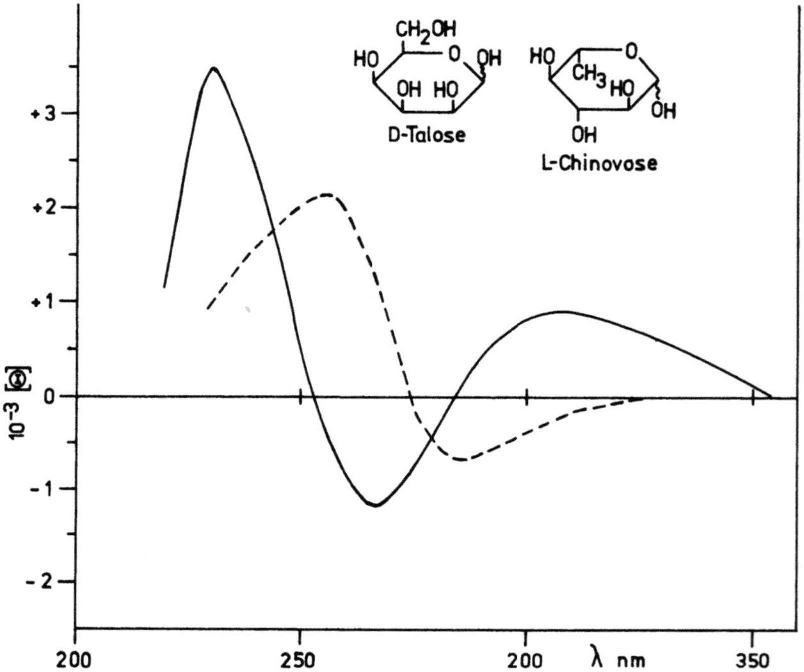

Abb. 4.12. CD-Spektren des D-Talose-Molybdatkomplexes (———) und des L-Chinovose-Molybdatkomplexes (- - - - -) bei pH 5,5; die Lösungen sind 0,02 M an Zucker und 0,04 M an Molybdat. Die [Θ]-Werte beziehen sich auf die Zuckerkonzentration.

Aus den CD-Spektren von Zucker(derivat)-Kupfertetramminion-Lösungen läßt sich die Gesetzmäßigkeit ableiten, daß in offenkettigen Polyolen benachbarte 1,2-Diolgruppen als Liganden zur Komplexbildung dienen können. Axiale, trans-ständige benachbarte Hydroxylgruppen in Furanose- als auch Pyranoseringen sind keine Komplexbildner für das Kupfertetramminion.

4.5. Literatur

1. *Schulz, G. V.*, Angew. Chem. **86**, 454 (1974).
2. *Marx-Figini, M.* und *G. V. Schulz*, Biochim. Biophys. Acta **112**, 81 (1966).
3. *Marx-Figini, M.* und *E. Penzel*, Makromol. Chem. **87**, 307 (1965).
4. *Schulz, G. V.* und *E. Husemann*, Z. Phys. Chem. (B) **52**, 23 (1942).
5. *Husemann, E.* und *M. Göcke*, Makromol. Chem. **2**, 297 (1948); **4**, 194 (1949).
6. *Palma, A.*, *S. Jovanovic* und *G. V. Schulz*, Makromol. Chem. **169**, 219 (1973).

7. *Kuppel, A., E. Husemann, E. Siefert* und *P. Zugenmaier,* Kolloid-Z. Z. Polym. **251,** 432 (1973).
8. *Lemieux, R. U., R. K. Kullnig, H. J. Bernstein* und *W. G. Schneider,* J. Amer. chem. Soc. **80,** 6098 (1958).
9. *Hall, L. D.,* Adv. Carbohydrate Chem. **19,** 51 (1964).
10. *Karplus, M.,* J. Chem. Phys. **30,** 11 (1959).
11. *Karplus, M.,* J. Amer. Chem. Soc. **85,** 2870 (1963).
12. *Williamson, K. L.,* J. Amer. Chem. Soc. **85,** 516 (1963).
13. *Williams, D. H.* und *N. S. Bhacca,* J. Amer. chem. Soc. **86,** 2742 (1964).
14. *Booth, H.,* Tetrahedron Lett. **1965,** 411.
15. *Abraham, R. J.* und *K. G. R. Pachler,* Mol. Phys. **7,** 165 (1963).
16. *Inch, T. D., J. R. Plimmer* und *H. J. Fletcher,* J. Org. Chem. **31,** 1825 (1966); *D. C. Baker* et al., Carbohydrate Res. **32,** 299 (1974).
17. *Holland, C. V., D. Horton, M. J. Miller* und *N. S. Bhacca,* J. Org. Chem. **32,** 3077 (1967); *D. Gagnaire* et al., Carbohydrate Res. **27,** 363 (1973).
18. *Horton, D., J. B. Hughes, J. S. Jewell, K. D. Philips* und *W. N. Turner,* J. Org. Chem. **32,** 1073 (1967).
19. *Hochstein, F. A.* und *P. P. Regna,* J. Amer. Chem. Soc. **77,** 3353 (1955).
20. *Hochstein, F. A.* und *K. Murai,* J. Amer. Chem. Soc. **76,** 5080 (1954).
21. *Hofheinz, W.* und *H. Grisebach,* Z. Naturforschg. **17b,** 355 (1962).
22. *Lichtenthaler, F. W.,* Chem. Ber. **94,** 3071 (1961).
23. *Perlin, A. S.,* Canad. J. Chem. **44,** 539 (1966); *F. Schmitt* und *P. Sinay,* Carbohydrate Res. **29,** 99 (1973).
24. *Chapman, O. L.* und *R. W. King,* J. Amer. Chem. Soc. **86,** 1256 (1964).
25. *Casu, B., M. Reggiani, G. G. Gallo* und *A. Vigevani,* Tetrahedron Lett. **1964,** 2839; **1965,** 2253.
26. *Casu, B., M. Reggiani, G. G. Gallo* und *A. Vigevani,* Tetrahedron **22,** 3061 (1966).
26 a. *Hall, L. D.* und *C. M. Preston,* Carbohydrate Res. **29,** 522 (1973).
27. *Inch, I. D.* und *P. Rich,* J. Chem. Soc. C, **1968,** 1784; *M. J. Trouchet* et al., Carbohydrate Res. **29,** 297 (1973); *D. C. Leegwater, J. W. Marsman,* Carbohydrate Res. **29,** 271 (1973).
28. *Ferrier, R. J.,* Adv. Carbohydrate Chem. **20,** 67 (1965).
29. *Hall, L. D.,* J. Org. Chem. **29,** 297 (1964).
30. *Hall, L. D.* und *L. F. Johnson,* Tetrahedron **20,** 883 (1964).
31. *Abraham, R. J., H. Gottschalk, H. Paulsen* und *W. A. Thomas,* J. Chem. Soc. **1965,** 6268.
32. *Pople, J. A., W. G. Schneider* und *H. J. Bernstein,* High Resolution Nuclear Magnetic Resonance, (London 1959).
33. *Karplus, M.,* J. Chem. Phys. **33,** 1842 (1960).
34. *Sternhell, S.,* Rev. Pure and Appl. Chem. **14,** 15 (1964); *J. M. J. Tronchet* und *E. Mihaly,* Carbohydrate Res. **31,** 159 (1973).
35. *Coxon, B., H. J. Jennings* und *K. A. McLauchlan,* Tetrahedron **23,** 2395 (1967).
36. *Horton, D.* und *M. J. Miller,* J. Org. Chem. **30,** 2457 (1965).
37. *Richtmyer, N. K.,* Advan. Carbohydrate Chem. **6,** 175 (1951).
38. *Mester, L.,* Adv. Carbohydrate Chem. **13,** 105 (1958).
39. *Wolfrom, M. L., A. Thompson* und *D. R. Lineback,* J. Org. Chem. **27,** 2563 (1962).
40. *Wolfrom, M. L., G. Fraenkel, D. R. Lineback* und *F. Komitsky,* J. Org. Chem. **29,** 457 (1964).
41. *El Khadem, H., M. L. Wolfrom* und *D. Horton,* J. Org. Chem. **30,** 838 (1965).
42. *Woo, P. W. K., H. W. Dion* und *L. F. Johnson,* J. Amer. Chem. Soc. **84,** 1066 (1962).
43. *Woo, P. W. K., H. W. Dion, L. Durhan* und *H. S. Mosher,* Tetrahedron Letters **1962,** 735.
44. *Hofheinz, W., H. Griesebach* und *W. Friebolin,* Tetrahedron **18,** 1265 (1962).
45. *Woo, P. W. K.* und *R. D. Westland,* Carbohydrate Res. **31,** 27 (1973).
46. *Miyamoto, M.* et al., Tetrahedron Letters **1963,** 693.

47. *Miyamoto, M., Y. Kawamatsu, M. Shinohara,* Tetrahedron Letters **1964,** 2371.
48. *Shibata, M.* et al., J. Antibiotics, Ser. B **13,** 1 (1960).
49. *Mizuno, K.,* J. Antibiotics, Ser. A **16,** 22 (1963).
50. *Slomp, G.* und *F. A. MacKellar,* J. Amer. Chem. Soc. **89,** 2454 (1967).
51. *Breitmaier, E., W. Voelter, G. Jung* und *C. Tänzer,* Chem. Ber. **104,** 1147 (1971).
52. *Dorman, D. E.* und *J. D. Roberts,* J. Amer. chem. Soc. **92,** 1355 (1970).
53. *Perlin, A. S.* und *B. Casu,* Tetrahedron Letters **1969,** 2921.
54. *Perlin, A. S., B. Casu* und *H. J. Koch,* Canad. J. Chem. **48,** 2596 (1970).
55. *Barker, S. A., E. J. Bourne, W. B. Neely* und *D. H. Whiffen,* Chem. and Ind. **1954,** 1418.
56. *Miller, F. A.,* Organic Chemistry, *H. Gilman,* Vol. III, 139, (New York 1953).
57. *Marrinan, H. J.* und *J. Mann,* J. Appl. Chem. **4,** 204 (1954).
58. *Brown, L., P. Holliday* und *I. F. Trotter,* J. Chem. Soc. **1951,** 1532.
59. *Forziati, F. H.* und *J. W. Rowen,* J. Research Natl. Bur. Standards **46,** 38 (1951).
60. *Barker, S. A., E. J. Bourne, M. Stacey* und *D. H. Whiffen,* Chem. & Ind. **1953,** 196.
61. *Barker, S. A., E. J. Bourne, M. Stacey* und *D. H. Whiffen,* J. Chem. Soc. **1954,** 171.
62. *Barker, S. A., E. J. Bourne, R. Stephens* und *D. H. Whiffen,* J. Chem. Soc. **1954,** 3468.
63. *Cael, J. J., J. L. Koenig* und *J. Blackwell,* Carbohydrate Res. **32,** 79 (1974).
64. *Chu, S. S. C.* und *G. A. Jeffrey,* Acta Cryst., **B 24,** 830 (1968).
65. *Vasko, P. D., J. Blackwell* und *J. L. Koenig,* Carbohydrate Res. **19,** 297 (1971).
66. *Dechant, J.,* Faserforsch. und Textiltechnik **19,** 391 (1968).
67. *Segal, L. E., R. T. O'Connor* und *F. V. Eggerton,* J. Amer. Chem. Soc. **82,** 2807 (1960).
68. *Djerassi, C.,* Optical Rotatory Dispersion, (New York 1960).
69. *Listowsky, I., G. Avigad* und *S. Englard,* J. Amer. Chem. Soc. **87,** 1765 (1965).
70. *Moscowitz, M.,* Tetrahedron **13,** 48 (1961).
71. *Miles, D. W., R. K. Robins* und *H. Eyring,* Proc. Nat. Acad. Sci. USA **57,** 1138 (1967).
72. *Miles, D. W., R. K. Robins* und *H. Eyring,* J. Physic. Chem. **71,** 3931 (1967).
73. *Voelter, W., R. Records, E. Bunnenberg* und *C. Djerassi,* J. Amer. Chem. Soc. **90,** 6163 (1968).
74. *Voelter, W., G. Barth, R. Records, E. Bunnenberg* und *C. Djerassi,* J. Amer. Chem. Soc. **91,** 6165 (1969).
75. *Voelter, W., O. Oster, G. Jung* und *E. Breitmaier,* Chimia **25,** 26 (1971).
76. *Bukhari, S. T. K., R. D. Guthric, A. J. Scott* und *A. D. Wrixon,* Chem. Commun. **1968,** 1580.
77. *Voelter, W., H. Bauer* und *G. Kuhfittig,* Chimia **27,** 274 (1973).
78. *Voelter, W., E. Bayer, R. Records, E. Bunnenberg* und *C. Djerassi,* Liebigs Ann. Chem. **718,** 238 (1968).
79. *Voelter, W., G. Kuhfittig, G. Schneider* und *E. Bayer,* Liebigs Ann. Chem. **734,** 126 (1970).
80. *Job, P.,* Ann. Chimie **10,** 113 (1928).
81. *Voelter, W., E. Bayer, R. Records, E. Bunnenberg* und *C. Djerassi,* Chem. Ber. **102,** 1005 (1969).
82. *Voelter, W., E. Bayer, G. Barth, E. Bunnenberg* und *C. Djerassi,* Chem. Ber. **102,** 2003 (1969).

5. Lignine

Begleitstoffe der Holzcellulose ist neben den Hemicellulosen das Lignin, nach der Cellulose der häufigste polymere organische Naturstoff. Da es ein Hauptbestandteil des Holzes ist, fällt es in großen Mengen als Nebenprodukt bei der Zellstoffgewinnung an. Einer der Hauptgründe für die technische Nichtverwertbarkeit des Lignins muß in seiner chemischen Struktur gesehen werden. *Lange* (1) konnte in den vierziger Jahren an Mikrotomschnitten durch die Absorption von monochromatischem UV-Licht unter dem Mikroskop den Aufbau des Lignins aus aromatischen Struktureinheiten beweisen. *Kratzl* (2) bestätigte dies Anfang der fünfziger Jahre durch IR-Differenzspektren in situ. Das chemische Verhalten des Lignins bei der Behandlung mit Brom (3), mit Salpetersäure (4) oder mit Quecksilberacetat (5) und bei vielen anderen Reaktionen ließ sich am besten mit der Annahme von Phenylpropan-Struktureinheiten in Einklang bringen. Bewiesen wurde diese Annahme jedoch erst durch den hydrogenolytischen Ligninabbau mit Kupferchromit-Katalysatoren zu Propylcyclohexanen (6) und durch die „Äthanolyse“, die zu Guajacyl- und Syringyl-propan-Derivaten führte (7).

Die wesentlichen Erkenntnisse über die Verknüpfung der C_9-Einheiten im Lignin wurden in den fünfziger und sechziger Jahren von *Freudenberg* und Mitarbeitern durch eingehende Untersuchungen über die Biosynthese des Lignins gewonnen. Aufgrund des bis etwa 1950 experimentell erarbeiteten Materials über die chemischen und physikalischen Eigenschaften des Lignins, seiner Elementarzusammensetzung sowie der Ergebnisse über die oxidative Dimerisierung des Isoeugenols (8), ergab sich Coniferylalkohol [1] als wahrscheinliche Ligninvorstufe, dessen Glucosid, Coniferin, bereits 1875 von *Tiemann* und *Mendelsohn* (9) im Cambium nachgewiesen worden war. Diese zunächst hypothetische Annahme konnte dann im Arbeitskreis von *Freudenberg* durch umfangreiche Versuche mit markierten Ligninvorstufen und durch den Vergleich von natürlichem Fichtenlignin mit in vitro aus Coniferylalkohol hergestelltem Dehydrierungspolymerisat eindeutig bewiesen werden (10). Die bei der enzymatischen Dehydrierung des Coniferylalkohols in vitro auftretenden dimeren und oligomeren Zwischenstufen dienten als Grundlage für die Aufstellung eines Konstitutionsschemas des Fichtenlignins (11). Für das Buchenlignin wurde ein entsprechender Bildungsweg angenommen mit dem Unterschied, daß neben Coniferylalkohol auch noch Sinapinalkohol [2] als Vorstufe beteiligt ist (12).

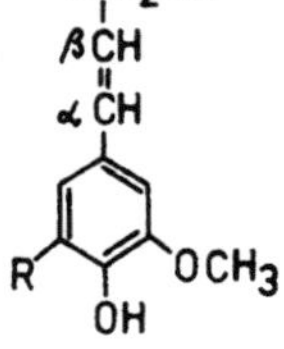

[1] R=H
[2] $R=OCH_3$

Das *Freudenberg*sche Konstitutionsschema nimmt neun Arten von Bindungen zwischen den C_9-Einheiten des Fichtenlignins an, von denen die häufigste die β-Arylätherbindung wie in [3] ist, die in der Ligninchemie als β-O-4-Bindung bezeichnet wird (13). Diese Bindung erklärt die Bildung monomerer Arylpropanone (*Hibbert*-Ketone) bei der Acidolyse (14) des Lignins.

Lundquist (15) konnte 1964 als erstes dimeres Abbauprodukt des Fichtenlignins das Phenylcumaron (Phenyl-1-benzofuran) [4] aus dem Acidolysegemisch von „milled wood lignin" (MWL) isolieren, dessen Bildung ebenfalls durch die Spaltung einer β-O-4-Bindung erklärt wurde. Wie jedoch aus Modelluntersuchungen hervorgeht, neigt das Lignin (16, 17) unter den Acidolysebedingungen, die für eine Spaltung der β-O-4-Bindung erforderlich sind, stark zu Kondensationsreaktionen, die zu neuen C – C-Bindungen führen.

Sehr milde Hydrolysebedingungen, unter denen noch keine Kondensation stattfindet, sollten aber bereits zu einer Spaltung nichtcyclischer β-O-4-Bindung führen, die in Formel [3] (R = Aryl) ebenfalls wiedergegeben sind und die im Fichtenlignin 8 – 10% aller Bindungen ausmachen (18, 19). Eine hydrolytische Spaltung dieser Benzylätherbindungen müßte daher bereits zu einem teilweisen Ligninabbau und zu geringen Mengen niedermolekularer Spaltprodukte führen.

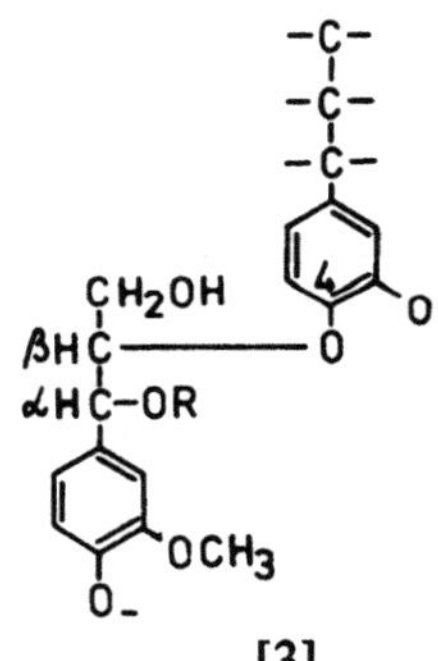

[3]

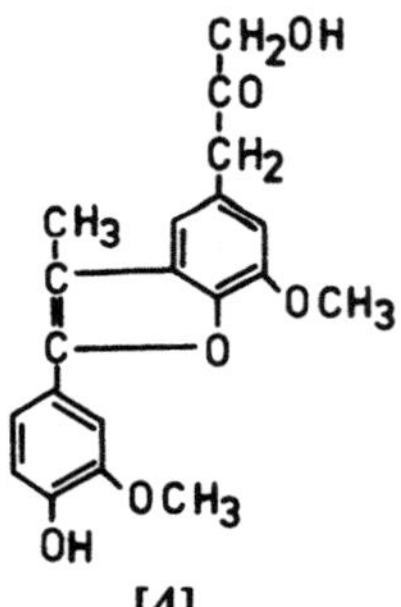

[4]

Diese Vorstellungen ließen sich durch eine Perkolation von feingemahlenem, vorextrahiertem Holz mit Wasser bei 100 °C verwirklichen. Buchenholz (*Fagus silvatica*) verliert nach mehrwöchiger Perkolation etwa 40% seines Ligninanteils, während unter gleichen Bedingungen nur 20% des Lignins der Fichte (*Picea excelsa*) in Lösung gehen (20 – 22). Der wäßrige Extrakt enthält neben Hemicellulosen und höhermolekularen phenolischen Anteilen, die aus dem Lignin stammen, auch niedermolekulare Spaltprodukte des Lignins, die sich durch Gegenstromverteilung, Säulenchromatographie und Umlaufchromatographie isolieren lassen. Insgesamt konnte die Konstitution von acht dimeren [5] – [12], zwei diastereomeren trimeren [14 a], [14 b] und einem tetrameren Phenol [13] (Abb. 5.1.) aufgeklärt werden (20 – 24).

Da die in Abb. 5.1. angegebenen Abbauprodukte unter Bedingungen erhalten wurden, bei denen keine Sekundärreaktionen stattfinden sollten, geben sie Auskunft über die Verknüpfung der C_9-Einheiten im Lignin. Die Isolierung der Dilignole* [9] bis [12] mit ihrer β-O-4-Bindung

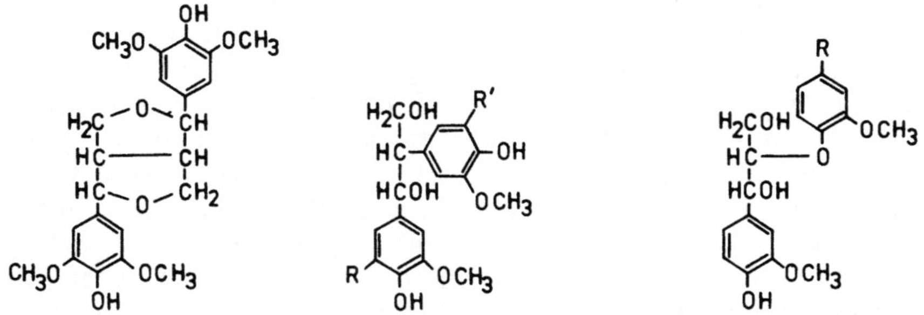

[5]

[6] R = R' = H
[7] R = H, R' = OCH_3
[8] R = R' = OCH_3

[9] R : $CH=CHCH_2OH$
[10] R : $CH=CHCHO$
[11] R : $(CHOH)_2CH_2OH$
[12] R : CHO

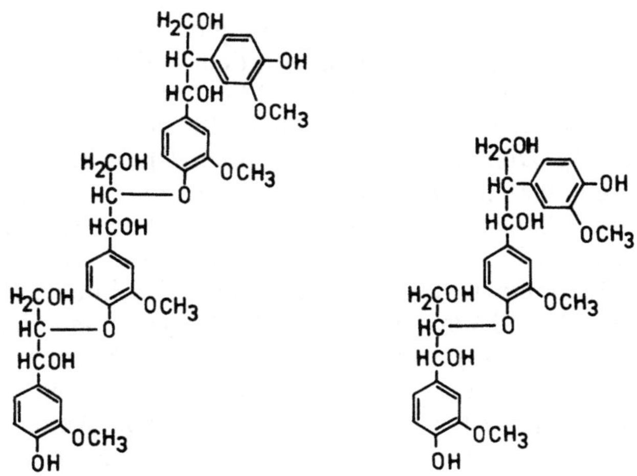

[13] [14 a], [14 b]

Abb. 5.1. Durch milde Hydrolyse aus Buchen- oder Fichtenlignin entstehende dimere, trimere und tetramere Phenole.

ist der erste direkte Beweis für das Vorkommen dieses Bindungstyps im Lignin; aufgrund der Ergebnisse der Biosynthese war die β-O-4-Bindung bereits im Konstitutionsschema des Fichtenlignins als wichtigste Bin-

* Nach *Freudenberg* (12) werden niedermolekulare Abbauprodukte des Lignins als Lignole bezeichnet.

dungsart angenommen worden (10). Entsprechendes kann auch von Syringaresinol [5] gesagt werden. Im Gegensatz dazu wird durch die drei Dilignole [6] bis [8] eine Bindungsart (β-1-Bindung) bewiesen, die *Freudenberg* im Konstitutionsschema des Fichtenlignins zunächst nicht berücksichtigte (11), da das entsprechende Dilignol unter den Dehydrierungsprodukten des Coniferylalkohols nicht gefunden worden war. Später konnte es in sehr geringen Konzentrationen nachgewiesen werden (25). Aufgrund der Ergebnisse des Ligninabbaus mit Thioessigsäure kann jedoch gesagt werden, daß die β-1-Bindung eine der wichtigsten Bindungsarten im Lignin ist. Die Diskrepanz erklärt sich aus der geringen Neigung des Coniferylalkohols, am C-Atom 1 unter Abspaltung des Propenylrestes zu kuppeln. Erst wenn eine gesättigte Seitenkette mit α-ständiger Hydroxygruppe vorliegt, kommt die β-1-Kupplung stärker ins Spiel (22, 26). Die Bedingungen für die β-1-Kupplung sind daher eine hohe Konzentration an vorgebildeten Oligomeren bei geringer Coniferylalkohol-Konzentration, wie sie in der Pflanze vorliegen.

5.1. UV- und IR-Absorption

Das UV-Spektrum (27) von Buchenlignin („milled wood lignin", MWL) unterscheidet sich nur wenig von dem anderer Laubholzlignine. Eine geringfügige Verschiebung des Maximums von 280 nm nach 277 nm gegenüber den Nadelholzligninen läßt sich auf den Einfluß der Syringylreste (3,5-Dimethoxy-4-hydroxy-phenyl-) zurückführen, die im Nadelholzlignin fehlen. Die Ionisations-$\Delta\varepsilon$-Kurve (27) (Differenz der Extinktionen in alkalischer und neutraler Lösung) des Buchenlignins besitzt drei Maxima: Ein flaches und über den Bereich von 320 – 400 nm reichendes Maximum läßt sich phenolischen C_9-Einheiten mit konjugierten Carbonyl- und Vinylgruppen in den Seitenketten oder Biphenyleinheiten zuordnen (28), deren Absorptionsbereiche sich überlagern. Zwei weitere Maxima bei 253 und 300 nm werden phenolischen Einheiten in nichtkonjugierten Systemen zugeschrieben. Weitere Differenzspektren können nach Reduktion mit $NaBH_4$ (Reduktions-$\Delta\varepsilon$-Kurven) oder nach katalytischer Hydrierung (Hydrierungs-$\Delta\varepsilon$-Kurven) erhalten werden (29). Vor kurzem haben *Suty* und *Golis* (30) die Werte für phenolische und nichtphenolische Zimtaldehyd-, Zimtalkohol-, α-Keto- und Biphenyl-Gruppen sowie für nichtkonjugierte Einheiten im Buchenlignin aus den Differenzspektren von hydriertem und sulfoniertem Buchen-MWL berechnet.

Das wenig strukturierte IR-Spektrum (12) des Buchenlignins besitzt zwei Banden mittlerer Intensität im Bereich der Carbonylschwingungen bei 1667 und 1750 cm^{-1}, die ineinander übergehen. Erstere läßt sich α-Carbonyl- und Zimtaldehydgruppen zuordnen, von denen 4,8 (1,9% aller C-Atome) vorkommen (22). Die nach kleineren Wellenzahlen verbreiterte Bande bei 1750 cm^{-1} kann drei aliphatischen Aldehydgruppen und einer aliphatischen Estergruppe zugeschrieben werden. Das ^{13}C-Spektrum von Buchen-MWL zeigt jedoch auch Acetylgruppen an, die wahrscheinlich an Hemicellulosen gebunden sind (31 – 33), von denen sich Buchenlignin nur sehr schwer vollständig trennen läßt.

5.2. Kernresonanz

Die hochauflösende ^{1}HNMR-Spektroskopie hat bei der Strukturaufklärung niedermolekularer Abbauprodukte des Lignins wertvolle Dienste geleistet (24, 34). Bei der Auswertung von Ligninspektren muß jedoch beachtet werden (35, 36), daß infolge erhöhter Viskosität der Meßlösungen und stark eingeschränkter Beweglichkeit der hochmolekularen, vernetzten Ligninmoleküle kleinere Relaxationszeiten zu einer Linienverbreiterung und eventuell auch zu einer Abnahme der Linienintensitäten führen können. Eine Linienverbreiterung und Überlappung der Signale ergibt sich auch aufgrund von Spin-Spin-Kopplungen, Chiralitätszentren, sterischen Wechselwirkungen und aufgrund der außerordentlichen Kompliziertheit der Ligninstruktur. Selbst in Bereichen des Ligninspektrums, in denen keine Überlappungen der Signale

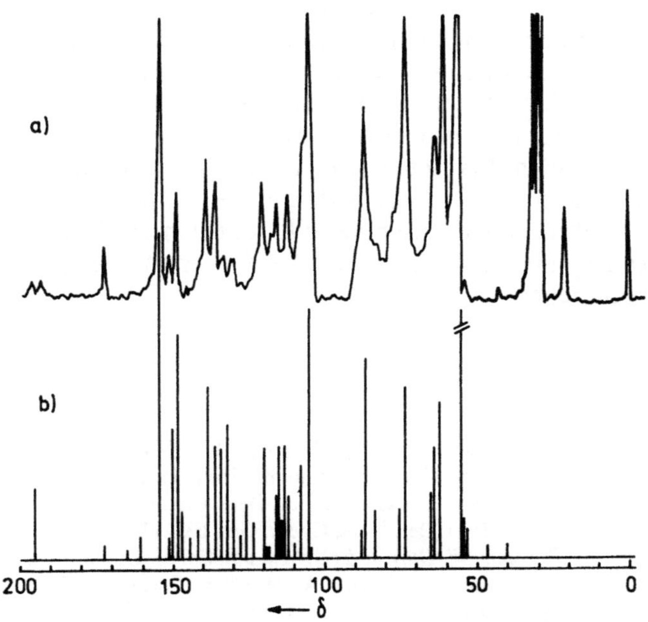

Abb. 5.2. a) 25.2 MHz-PFT-^{13}CNMR-Spektrum einer 20proz. Lösung von Buchenlignin (MWL) in Hexadeuterioaceton/D_2O (9 : 1), δ-Werte in ppm von TMS nach tieferem Feld. b) Berechnetes ^{13}CNMR-Spektrum (22).

verschiedener Protonenarten zu erwarten sind, macht das ungünstige Intensitätsverhältnis der Signale die quantitative Bestimmung einer bestimmten Protonenart unmöglich.

Dagegen sollte sich aus den Intensitätsverhältnissen der stärksten Signale im Spektrum das Verhältnis der aromatischen zu den Methoxyprotonen halbquantitativ bestimmen lassen (35, 36). Geht man von acetyliertem Lignin aus, so können die aliphatisch und die aromatisch gebundenen Acetoxygruppen in diesen Vergleich einbezogen werden.

Gegenüber der ^{1}HNMR-Spektroskopie bietet die PFT-^{13}C-NMR-Spektroskopie (37, 38) den Vorteil der wesentlich besseren Linientrennung infolge einer etwa zwanzigfachen Feldverbreiterung. Abb. 5.2. zeigt das ^{1}H-breitbandentkoppelte ^{13}C-NMR-Spektrum von Buchen-MWL. Die chemischen Verschiebungen konnten aus den ^{13}C-Spektren von über fünfzig Ligninmodellsubstanzen ermittelt werden (39). Das im Ligninspektrum (Abb. 5.2. a) auftretende schwache Signal bei 192,7 ppm läßt sich einer p-Aldehydgruppe (z. B. im Vanillin) zuordnen, wie sie in dem bei der milden Hydrolyse erhaltenen Dilignol [12] (Abb. 5.1.) vorkommt. Ob eventuell Glycerinaldehydgruppen für diese Bande verantwortlich sind, kann bisher nicht entschieden werden. Die beiden Signale mittlerer Intensität bei 171,8 und 20,8 ppm lassen sich Acetylgruppen zuordnen, die wahrscheinlich an noch vorhandene Hemicellulosereste gebunden sind (31). Bei Verwendung von deuteriertem Dioxan als Lösungsmittel besitzt die Bande bei 171,8 ppm eine Schulter, die einer Estercarbonylgruppe zugeordnet werden kann (22).

Lignin ist ein hochmolekularer Naturstoff, bei dessen Bildung der letzte Schritt eine radikalische Kupplung von Monomerbausteinen ist, die nicht enzymatisch gesteuert wird. Daher unterscheidet sich das Lignin von anderen Naturstoffen, wie den Proteinen, den Nucleinsäuren oder den Polysacchariden, bei denen die Art der Verknüpfung und die Reihenfolge der Bausteine festliegt, während beim Lignin mindestens zehn Arten von Bindungen statistisch verteilt vorkommen. Ein Konstitutionsschema des Lignins kann daher nur die mittlere Verteilung dieser Bindungen wiedergeben.

5.3. Literatur

1. *Lange, P. W.,* Sv. Papperstidn. **47,** 262 (1944); **53,** 749 (1950).
2. *Kratzl, K.* und *H. Tschamler,* Monatsh. Chem. **83,** 786 (1952).
3. *Freudenberg, K., W. Belz* und *C. Niemann,* Ber. Deut. Chem. Ges. **62,** 1554 (1929).
4. *Freudenberg, K.* und *W. Dürr,* Ber. Deut. Chem. Ges. **63,** 2713 (1930).
5. *Freudenberg, K., F. Sohns, W. Dürr* und *C. Niemann,* Cellul.-Chem. **12,** 263 (1931).
6. *Harris, E. E., J. D'Iannì* und *H. Adkins,* J. Amer. Chem. Soc. **60,** 1467 (1938).
7. *Cramer, A. B., J. M. Hunter* und *H. Hibbert,* J. Amer. Chem. Soc. **61,** 509 (1939).
8. *Erdtman, H.,* Liebigs Ann. Chem. **503,** 283 (1933); Biochem. Z. **258,** 172 (1933); *H. Cousin* und *H. Herissey,* C. r. Acad. Sci. **146,** 1413 (1908); **147,** 247 (1909).
9. *Tiemann, F.* und *B. Mendelsohn,* Ber. Dtsch. Chem. Ges. **8,** 1136 (1875).

10. *Freudenberg, K.* und *A. C. Neish,* Constitution and Biosynthesis of Lignin. (Heidelberg-New York-Berlin 1968).
11. *Freudenberg, K.,* Holzforschung **18,** 3 (1964); *K. Freudenberg* und *J. M. Harkin,* ibid. **18,** 166 (1964).
12. *Freudenberg, K.* und *G. S. Sidhu,* Holzforschung **15,** 33 (1961).
13. *Sarkanen, K. V.* und *C. H. Ludwig,* Lignins. (New York 1971).
14. *Adler, E.* und *B. O. Lindgren,* Sv. Papperstidn. **55,** 563 (1952).
15. *Lundquist, K.,* Acta Chem. Scand. **18,** 1316 (1964).
16. *Nimz, H.,* Holzforschung **23,** 84 (1969).
17. *Kratzl, K., J. Zauner* und *P. Claus,* Holzforschung **18,** 47 (1964).
18. *Freudenberg, K., J. M. Harkin* und *H.-K. Werner,* Chem. Ber. **97,** 909 (1964).
19. *Adler, E., H.-D. Becker, T. Ishihara* und *A. Stamvik,* Holzforschung **20,** 3 (1966).
20. *Nimz, H.,* Chem. Ber. **98,** 3153 (1965).
21. *Nimz, H.* Chem. Ber. **98,** 533 (1965).
22. *Nimz, H.* Angew. Chem. **86,** 336 (1974).
23. *Nimz, H.* und *H. Gaber,* Chem. Ber. **98,** 538 (1965).
24. *Nimz, H.,* Chem. Ber. **98,** 3160 (1965); **99,** 469, 2638 (1966); **100,** 181, 2633 (1967); Holzforschung **20,** 105 (1966).
25. *Freudenberg, K.* und *H. Nimz,* Chem. Commun. **1966,** 132.
26. *Lundquist, K.* und *G. E. Miksche,* Tetrahedron Lett. **1965,** 2131.
27. *Björkman, A.* und *B. Person,* Sv. Papperstidn. **60,** 158 (1957).
28. *Aulin-Erdtman, G.,* Sv. Papperstidn. **56,** 91 (1953); *G. Aulin-Erdtman* und *L. Hegbom,* ibid. **60,** 671 (1957); *G. Aulin-Erdtman* und *R. Sanden,* Acta Chem. Scand. **22,** 1187 (1968).
29. *Adler, E.,* Pap. Timber **11,** 634 (1961).
30. *Suty, L.* und *E. Golis,* Cellul. Chem. Technol. **6,** 485 (1972).
31. *Timell, T. E.,* Sv. Papperstidn. **60,** 762 (1957).
32. *Packman, D. F.,* Holzforschung **14,** 178 (1960).
33. *Sandermann, W.,* Dtsch. Ges. Holzforsch. Nachr. **3,** 8 (1968).
34. *Nimz, H.* und *K. Das,* Chem. Ber. **104,** 2359 (1971).
35. *Ludwig, C. H., B. J. Nist* und *J. L. McCarthy,* J. Amer. Chem. Soc. **86,** 1196 (1964).
36. *Blaud, D. E.* und *S. Sternhell,* Nature **196,** 985 (1962).
37. *Breitmaier, E., G. Jung* und *W. Voelter,* Angew. Chem. **83,** 659 (1971).
38. *Stothers, J. B.,* Carbon-13 NMR Spectroscopy. (New York 1972).
39. *Lüdemann, H.-D.* und *H. Nimz,* Biochem. Biophys. Res. Commun. **52,** 1162 (1973); *H. Nimz* et al., Makromol. Chem. **175,** 2563 (1974).

6. Lipide

Mit dem Begriff „Lipide" wird eine Stoffklasse bezeichnet, die ubiquitär im Tier- und Pflanzenreich verbreitet ist, deren Untergruppen in ihrer chemischen Struktur jedoch nur sehr entfernte Verwandtschaft haben. Als gemeinsames chemisches Merkmal kann nur das Vorliegen einer lipophilen Gruppe angegeben werden. Dies bedingt einerseits die Unlöslichkeit in Wasser, andererseits die gute Löslichkeit in Äther, Chloroform, Benzol und anderen organischen Lösungsmitteln.

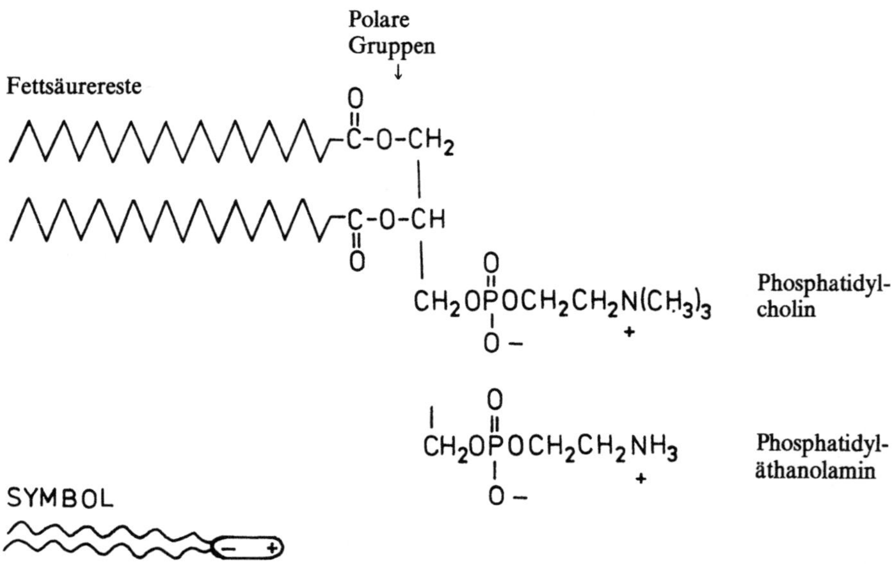

Abb. 6.1. Phospholipid-Molekül, chemischer Aufbau. Zwei (hydrophobe) Fettsäure-Reste und eine polare Gruppe sind durch einen zentralen Glycerin-Rest verknüpft. Die dargestellten polaren Gruppen bilden elektrische Dipole. Vermutlich liegen die polaren Gruppen in der sog. „gauche"-Form vor, d.h. sie sind an den Phosphat-Gruppen abgewinkelt (1, 2).

Die Stoffklasse der Lipide läßt sich in die Untergruppen Neutralfette, Glycerinphosphatide und Sphingolipide teilen. Die Neutralfette sind Fettsäureester des Glycerins (Triglyceride). Glycerinphosphatide ähneln in ihrer Struktur den Neutralfetten, enthalten jedoch anstelle einer Fettsäure einen Phosphorsäurerest und einen meist Stickstoff-haltigen Substituenten. Sphingolipide besitzen statt des dreiwertigen Alkohols Glycerin den zweiwertigen Aminoalkohol Sphingosin. Neben einer Fettsäure können sie einen Phosphorsäurerest und eine Stickstoff-haltige Base oder ein Mono- bzw. Oligosaccharid als Bestandteil enthalten.

Die chemische Heterogenität der Lipide wird noch dadurch erhöht, daß Wachse anstelle von Glycerin Alkohole der Sterinreihe oder höhere, geradzahlige, aliphatische Alkohole (von C_{16} bis C_{36}) enthalten. Cerotinsäure (lat. *cera,* Wachs), die in vielen Wachsen vorkommt, ist ein Gemisch von C_{24}-, C_{26}- und C_{28}-Säuren. Pflanzenwachse enthalten daneben noch Paraffinkohlenwasserstoffe. Auch primäre Ketonalkohole und einige Ketone wurden isoliert: Palmiton z. B., $CH_3(CH_2)_{14}CO(CH_2)_{14}$ CH_3 und 10-Hydroxy-palmiton kommen im Sandelholz vor.

Im Wollfett sind außer geringen Mengen freier Säuren hauptsächlich Ester des Cholesterins, des Lanosterins und dreier verwandter C_{30}-Alkohole enthalten, bei denen es sich gleichfalls um 4,4,14α-Trimethyl-sterine handelt.

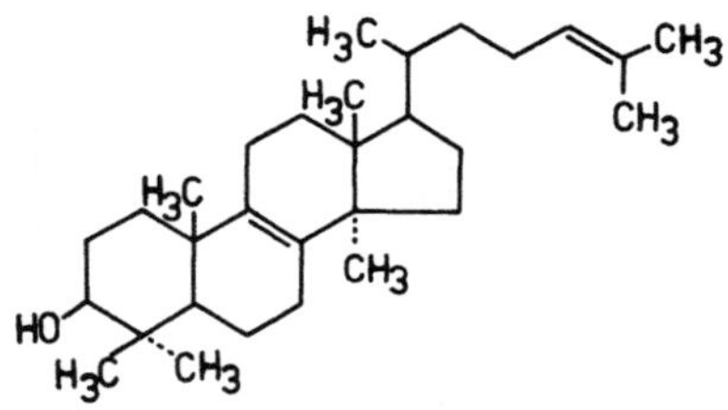

Lanosterin

Mit Hilfe der Infrarotspektroskopie können verschiedene, auf andere Weise nur schwer lösbare Probleme, wie z B. Kettenverzweigungen, cis-trans-Isomerie, Tautomerie und Polymorphie untersucht und z. T. auch quantitativ gelöst werden. Im folgenden werden die spektralen Eigenschaften von Fettsäuren und ihren Derivaten, einschließlich der Glyceride, sowie der Phosphatide und einiger anderer Lipide an Hand der charakteristischen funktionellen Gruppen diskutiert. Dabei ist hervorzuheben, daß nicht nur die Änderung des Aggregatzustandes (kristallin oder flüssig bzw. gelöst), sondern auch der Übergang von Fettsäuren zu deren Salzen oder Estern eine tiefgreifende Veränderung des gesamten Spektrums bewirkt.

6.1. Infrarotabsorption

6.1.1. Unverzweigte Alkylketten

Die C – H-*Valenzschwingungen* der CH_3- und CH_2-Gruppen treten zwischen 3000 und 2800 cm^{-1} auf. Bei unveresterten Fettsäuren überlagert sich eine äußerst breite Bande, die auf eine Molekülassoziation zurückzuführen ist. Daher ist dieser Bereich besser an den Estern zu untersuchen. Die asymmetrische Valenzschwingung der endständigen Methyl-Gruppe liegt bei 2960 cm^{-1}. Wie Abb. 6.2. zeigt, ist diese Bande bei den kurz- und mittelkettigen Fettsäure-methylestern deutlich ausgeprägt, während bei den langkettigen Estern nur noch eine flache Schulter auftritt.

Daneben findet sich die symmetrische Valenzschwingung der CH_3-Gruppe bei 2880 cm^{-1}. In den mittel- und langkettigen Fettsäuren absorbieren die CH_2-Gruppen intensiv bei 2940 – 2910 cm^{-1}. Diese Bande wird der asymmetrischen Schwingung zugeordnet, während die entsprechende symmetrische Valenzschwingung der CH_2-Gruppen bei 2860 – 2835 cm^{-1} zu finden ist. Die Intensität dieser Bande ist etwas geringer als die der vorigen.

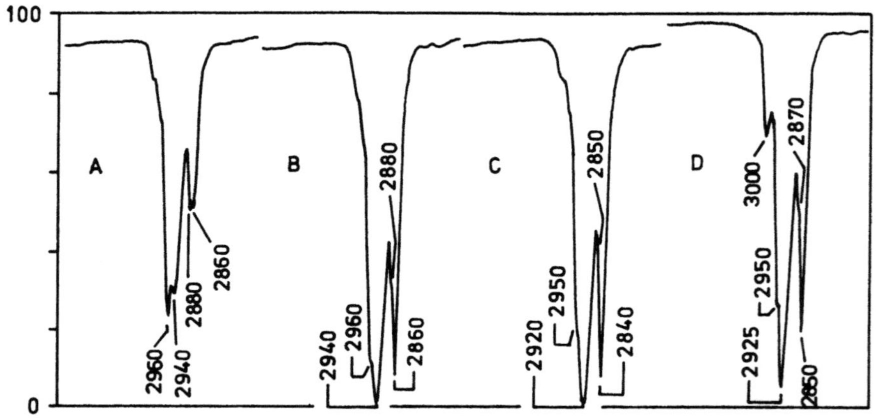

Abb. 6.2. C – H-Valenzschwingungen in Fettsäure-methylestern, Lösungsmittel CCl_4. A = Capronsäure-methylester, B = Laurinsäure-methylester, C = Stearinsäure-methylester, D = Ölsäure-methylester.

Ester von Fettsäuren mit *cis*-Doppelbindungen weisen ferner eine Absorption bei 3000 – 3030 cm^{-1} auf, die auf die Valenzschwingung der olefinischen Wasserstoffe zurückzuführen ist. Eine terminale Äthylen-Gruppe ($>C=CH_2$) wird durch eine Bande bei 3067 cm^{-1} angezeigt. In Alkinsäuren mit endständiger Acetylen-Gruppe liegt die $\equiv C-H$-Valenzschwingung bei noch höheren Wellenzahlen.

Die Untersuchung der Alkylkette ist besser im Bereich der CH_3- und CH_2-*Deformationsschwingungen* zu führen, der von etwa 1200 bis 1500 cm^{-1} reicht (Abb. 6.3.). Der Bereich beginnt im allgemeinen mit einem Dublett um 1465 cm^{-1}, in dem die erste Bande bei höherer Wellenzahl der Scherenschwingung der CH_2-Gruppen und die etwas längerwellige der asymmetrischen Deformationsschwingung der CH_3-Gruppen zuzuordnen ist. Eine Bande um 1440 cm^{-1} gehört zu der zur Carboxyl-Gruppe α-ständigen CH_2-Gruppe (3). Es schließt sich bei 1385 – 1355 cm^{-1} die Absorption der symmetrischen Deformationsschwingung der $C-CH_3$-Gruppe an (4), bei unverzweigten Ketten entspricht diese Bande der terminalen Methyl-Gruppe. Seitenständige Methylgruppen und

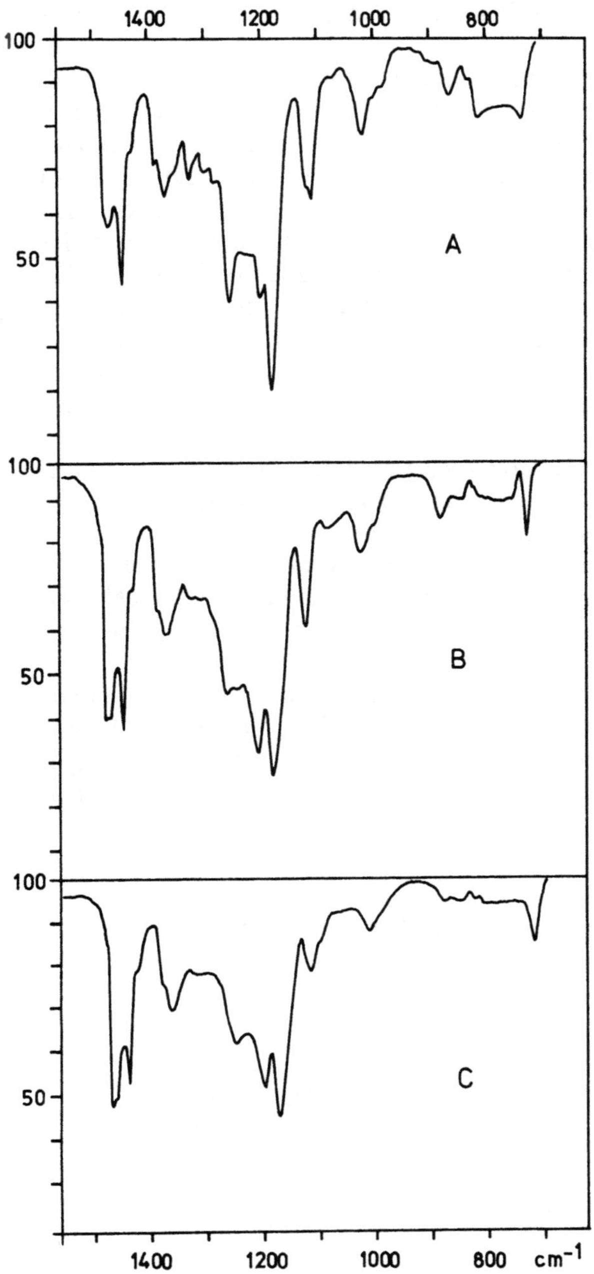

Abb. 6.3. CH_2- und CH_3-Deformations- und Rockingschwingungen in gelösten Fettsäuremethylestern, Lösungsmittel CCl_4.
A = Capronsäure-methylester
B = Laurinsäure-methylester
C = Stearinsäure-methylester

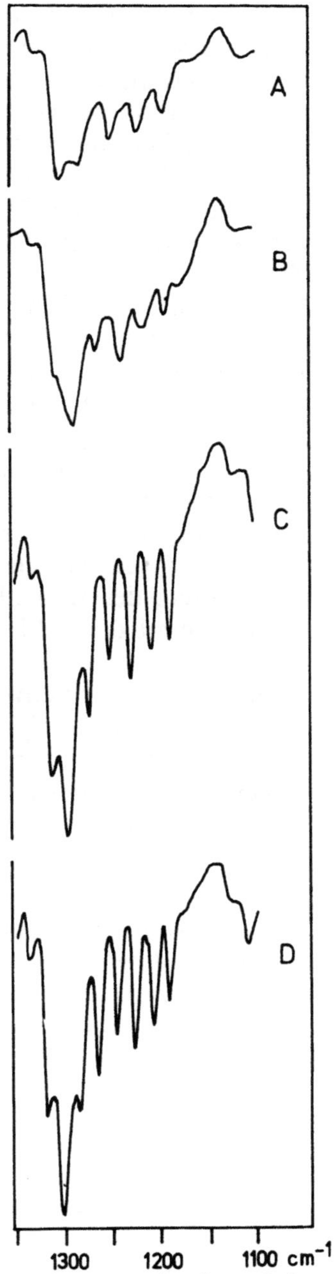

Abb. 6.4. Bandenprogression in gesättigten, kristallisierten n-Fettsäuren (KBr-Preßlinge).
A = Laurinsäure
B = Myristinsäure
C = Palmitinsäure
D = Stearinsäure

Acetyl-Gruppen, z. B. in Acetyl-Derivaten von Hydroxysäuren, intensivieren diese Absorption.

Während die CH_2-Gruppen der Alkylketten in der Schmelze oder in Lösung frei rotieren können, sind sie in kristallinem Zustand in all-*trans*-Konfiguration orientiert (4, 5). In unveresterten, kristallisierten Fettsäuren mit mehr als 6 C-Atomen tritt im Bereich von 1280 – 1000 cm^{-1} in Abhängigkeit von der Zahl der CH_2-Gruppen eine charakteristische Anzahl von Banden auf (Abb. 6.4.), so daß sich die Kettenlänge aus der Zahl dieser Banden und deren Lage bestimmen läßt (6). Dabei gilt für Säuren mit 6 – 18 C-Atomen eine andere Regel als für diejenigen von 19 – 21 C-Atomen (7). Weitere Schlüsselbanden zur Bestimmung der Kettenlänge finden sich im Bereich von 833 – 710 cm^{-1} (8). Hier sind vor allem ungeradzahlige Säuren an einer Bande zwischen 800 und 790 cm^{-1} zu identifizieren.

Durch Untersuchung der Region zwischen 1380 und 1170 cm^{-1} können in den Spektren von Silber- oder Bariumsalzen ebenfalls Kettenlängen-Bestimmungen vorgenommen werden (9).

In den *cis*-ungesättigten Säuren tritt ein Knick in der Kette auf. Eine Bestimmung der Kettenlänge ist dadurch nicht möglich. Bei gelösten Estern nimmt die Zahl der Banden mit zunehmender Kettenlänge ab (Abb. 6.3.).

Die CH_2-Rockingschwingung kann ebenfalls Hinweise auf die Kettenlänge liefern. Abhängig von der Zahl aufeinanderfolgender Methylen-Gruppen erfolgt zunächst eine Bandenverschiebung, bei längerkettigen Molekülen eine Intensivierung der Absorption. Die Abhängigkeit ist in Tab. 6.1. wiedergegeben (10).

Tab. 6.1. Bandenlagen für $CH_3 - (CH_2)_n - R$ in Abhängigkeit von „n".

n	$\tilde{\nu}$ (cm^{-1})	λ (μm)
1	776 – 770	12,88 – 12,98
2	743 – 734	13,46 – 13,62
3	729 – 724	13,71 – 13,81
4	726 – 724	13,78 – 13,81
5 und mehr	724 – 722	13,81 – 13,86

In der Literatur finden sich weitere Angaben über die 720-Bande (11, 12) oder die durch Rockingschwingung (13, 14) auftretende Absorption bei 770 cm^{-1}. In Säuren und Estern mit mehr als fünf CH_2-Gruppen bleibt die Bandenlage konstant. Aus ihrer Intensität kann die Kettenlänge berechnet werden (8).

6.1.2. Verzweigte Ketten

Die Wirkung von Kettenverzweigung von Fettsäuren auf das IR-Spektrum ist eingehend untersucht worden. Sie ist in dem Gebiet zwischen 1500 cm^{-1} und 1250 cm^{-1} besonders auffallend (15).

Monomethylverzweigungen. Eine Verzweigung am α-C-Atom kann im Bereich von 1285 – 1250 cm^{-1} erkannt werden (16). Ferner treten charakteristische Veränderungen bei 1460 – 1380 cm^{-1} auf (8). In unverzweigten Säuren sind die Absorptionen bei 1466 cm^{-1} und 1408 cm^{-1}

Tab. 6.2. Lage der Bande zwischen 1200 und 1235 cm^{-1} in Abhängigkeit von der Position der Methyl-Verzweigung.

Säure	$\tilde{\nu}$ (cm^{-1})	λ (μm)
2-Methyl-hexansäure	1235	8,10
2-Methyl-octadecansäure	1236	8,09
3-Methyl-hexansäure	1230	8,10
3-Methyl-octadecansäure	1229	8,14
4-Methyl-hexansäure	1220	8,20
4-Methyl-octadecansäure	1215	8,23
5-Methyl-hexansäure	1209	8,27
5-Methyl-octadecansäure	1212	8,25

von angenähert gleicher Intensität. Bei 1380 cm^{-1} tritt nur eine schwache Schulter auf. Bei entsprechenden 2-Methyl-Verbindungen ist die Intensität der Bande bei 1408 cm^{-1} stark abgeschwächt und die bei 1380 cm^{-1} intensiviert. Eine Verlagerung der Verzweigung zum 2. – 5. C-Atom (vom Carboxyl-C-Atom aus gerechnet) bewirkt eine Verschiebung der Bande bei 1235 cm^{-1} (17).

Wird die Methylgruppe weiter in die Kette verschoben, so zeigt sich keine charakteristische Veränderung der Absorption mehr. Eine Methyl-Substitution am Ende der Alkylkette, wie sie bei den *iso*-Säuren vorliegt, hat eine Aufspaltung der Bande bei 1380 cm^{-1} zur Folge.

Polymethylverzweigung. In *iso*-Säuren, z. B. 14-Methyl-pentadecansäure (*iso*-Palmitinsäure) oder 16-Methyl-heptadecansäure (*iso*-Stearinsäure), findet sich ein Dublett bei 1382 und 1362 cm^{-1}, das der Isopropyl-Gruppe zugehörig ist. Die Aufspaltung ist auf eine Resonanz zwischen den am gleichen C-Atom befindlichen Methylgruppen zurückzuführen. Ein Dublett mit ähnlicher Bandenlage beobachtet man auch in Verbindungen mit einer tert.-Butyl-Gruppe, z. B. bei der Neopalmitinsäure (13,13-Dimethyl-tetradecansäure) oder der Neostearinsäure (15,15-Dimethyl-hexadecansäure). In 2,2-Dimethyl-fettsäuren tritt die Absorption bei 1380 cm^{-1} nur als Schulter an der intensiven Bande bei 1366 cm^{-1} auf.

Weiterhin wird der tert.-Butyl-Gruppe eine Bande bei 932 – 926 cm^{-1} zugeordnet (10). Zwei benachbarte Methyl-Gruppen bewirken eine Absorption bei 1130 – 1116 cm^{-1}, die den benachbarten tert. C-Atomen zuzuordnen ist. Als weitere Methyl-substituierte Fettsäuren wurden 4,8,12-Trimethyl-tridecansäure und 3,7,11,15-Tetramethyl-hexadecansäure (Phytansäure) untersucht (6, 18).

6.1.3. Cyclische Substitution

Der in der Sterculsäure $CH_3(CH_2)_7\overset{CH_2}{\overset{/\ \ \backslash}{C{=}C}}(CH_2)_7COOH$ auftretende Cyclopropenring absorbiert bei 1008 cm^{-1} (19). Für den Epoxid-Ring wurden entsprechend der Konfiguration der ungesättigten Ausgangsverbindung zwei Bandenlagen ermittelt. Nach Epoxidation einer trans-Doppelbindung findet man die Absorption bei 893 cm^{-1}. Wird der Oxiran-Ring aus einer cis-Doppelbindung aufgebaut, so absorbiert er bei 833 cm^{-1} (20).

6.1.4. Ester von Fettsäuren

6.1.4.1. Ester mit einwertigen Alkoholen

Die Veresterung langkettiger Fettsäuren mit einwertigen Alkoholen ruft eine auffallende Veränderung in den Spektren hervor. Die Banden bei 2700 cm^{-1} und 935 cm^{-1} verschwinden. Die C=O-Valenzschwingung erfährt eine Verlagerung nach 1748 – 1740 cm^{-1}. Bei 1250 cm^{-1}, 1205 cm^{-1} und 1177 cm^{-1} tritt eine starke dreifache Absorption auf; sie ist ein typisches Zeichen der Methylester langkettiger Fettsäuren (Abb. 6.6.).

Eine oder mehrere dieser Banden können den Schwingungen der C – O – C-Gruppierung an der Ester-Bindung zugeordnet werden (21).

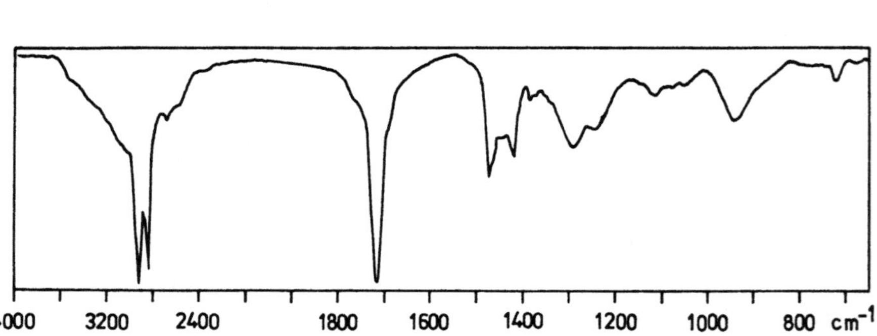

Abb. 6.5. IR-Spektrum von Palmitinsäure in CCl_4.

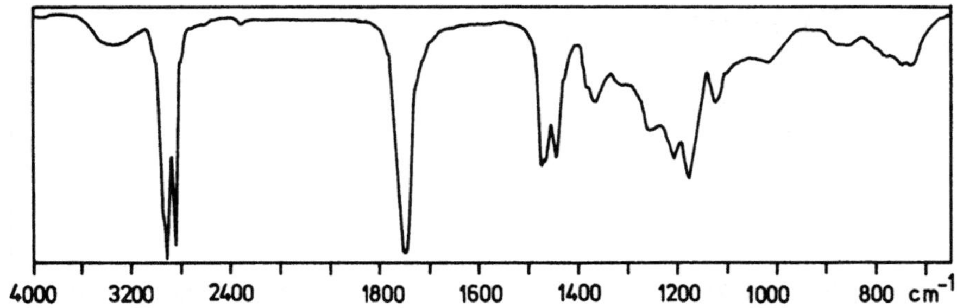

Abb. 6.6. IR-Spektrum von Palmitinsäure-methylester in CCl_4.

Bei ungesättigten Verbindungen wird die langwellige Bande dieser Gruppe in ein Dublett aufgespalten (22).

In Äthylestern wird gegenüber den Methylestern ein starkes Anwachsen der Absorption bei 1124 cm^{-1} beobachtet. Ferner zeigen Äthylester eine Bande bei 1040 – 1036 cm^{-1}, die sowohl bei den Säuren als auch bei den Methylestern fehlt (23).

6.1.4.2. Ester mit mehrwertigen Alkoholen

Von den Estern mit mehrwertigen Alkoholen besitzen diejenigen des Glycerins die größte Bedeutung. Deutliche spektrale Unterschiede zwischen den Methyl- und Glycerin-Estern sind im Bereich zwischen 1800 und 800 cm^{-1} festzustellen (24). Während die Fettsäuremethylester ein intensives Dublett bei 1475 cm^{-1} (aufgespalten) und 1442 cm^{-1} sowie eine schwache Absorption bei 1425 cm^{-1} haben, zeigen die Glyceride die Banden bei 1472 und 1425 cm^{-1}, während die Absorption bei 1442 cm^{-1} nur noch als Schulter angedeutet ist. Die Absorption der Methylester-Gruppe bei 1370 cm^{-1} ist aufgehoben, so daß nur die Bande der Methyl-Gruppe am Ende der Alkyl-Kette bei 1380 – 1385 cm^{-1} zu beobachten ist.

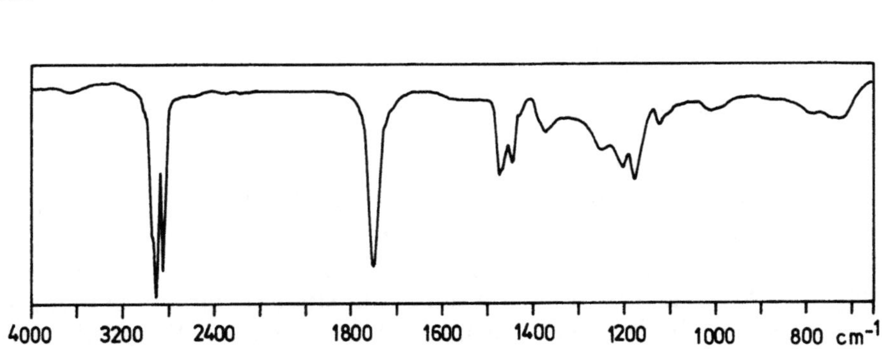

Abb. 6.7. IR-Spektrum von Stearinsäure-methylester.

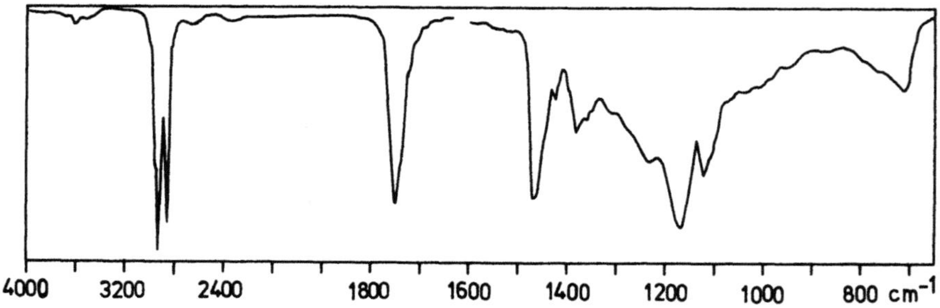

Abb. 6.8. IR-Spektrum von Tristearin.

Noch auffallender sind die spektralen Veränderungen zwischen 1300 und 1100 cm^{-1}. Bei den Methylestern nimmt die Intensität der Banden bei 1250, 1200 und 1178 cm^{-1} laufend zu. Die letzte Bande ist die stärkste in diesem Triplett. In den Glyceriden ist bei 1235 cm^{-1} nur eine z. T. sehr schwache Schulter zu finden. Die – CO – O – C-Gruppierung liefert mit der asymmetrischen Schwingung bei 1170 cm^{-1} wieder die sog. „Ester-Bande" als intensivste Absorption.

6.1.5. Glycerinphosphatide

Während die Depotfette in der Hauptsache Glycerinester höherer Fettsäuren darstellen, enthalten Gehirn und Rückenmark komplizierte Verbindungen, die sich aus Proteinen, Cholesterin und Phospholipiden von der Art der Lecithine zusammensetzen. Die Lecithine stellen Glyceride dar, die außer zwei, gewöhnlich verschiedenen Fettsäuren (z. B. Stearin- und Ölsäure) einen Phosphocholinrest enthalten, der bei der Verseifung neben anorganischem Phosphat die quartäre Base Cholin freisetzt.

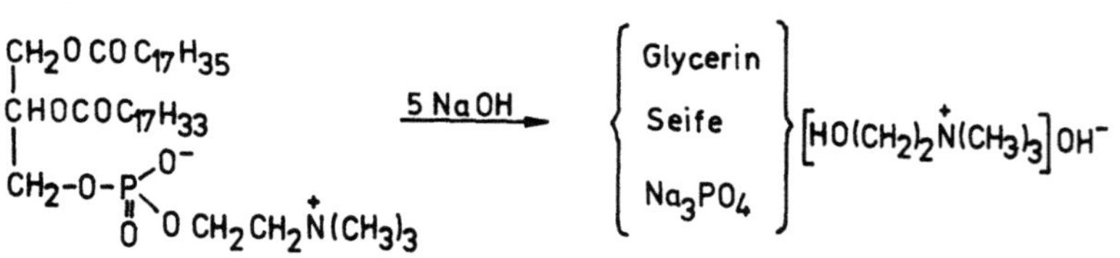

Lecithin [1] Cholin

Die biologisch bedeutsamen Glycerinphosphatide sind durch eine Anzahl charakteristischer Banden gekennzeichnet (25, 26) und voneinander unterscheidbar (27 – 29). Ausführliche Analysen der Spektren von Lecithin führten *Chapman* et al. (30) aus, wobei die spektralen Veränderungen in Abhängigkeit von der Temperatur studiert wurden. Durch Erwärmen gehen die bei tiefer Temperatur zu findenden Feinstrukturen verloren. Sie treten auch beim Wiederabkühlen nicht mehr auf, was auf ein vorher nicht bekanntes Ausmaß der Temperatur-Empfindlichkeit hinweist (31).

Das IR-Spektrum von Lecithin [1] ist in Abb. 6.9. wiedergegeben. Man erkennt die Valenzschwingungen $\nu(C=O)$ bei 1745 cm^{-1}, $\nu(P=O)$ bei 1245 cm^{-1} und $\nu(P-O-C)$ bei 1060 cm^{-1}. Abb. 6.10. stellt Phos-

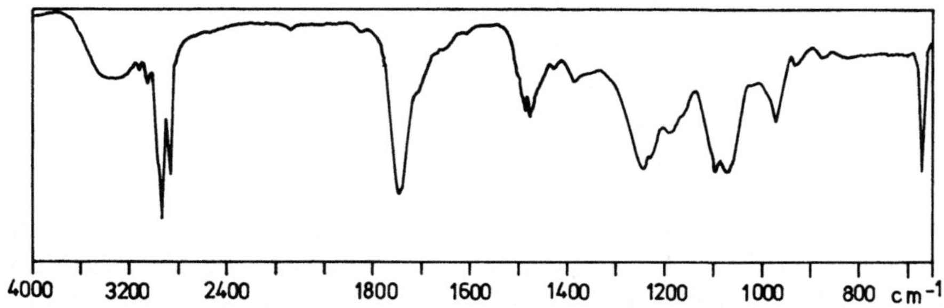

Abb. 6.9. IR-Spektrum von Lecithin [1] in CCl_4.

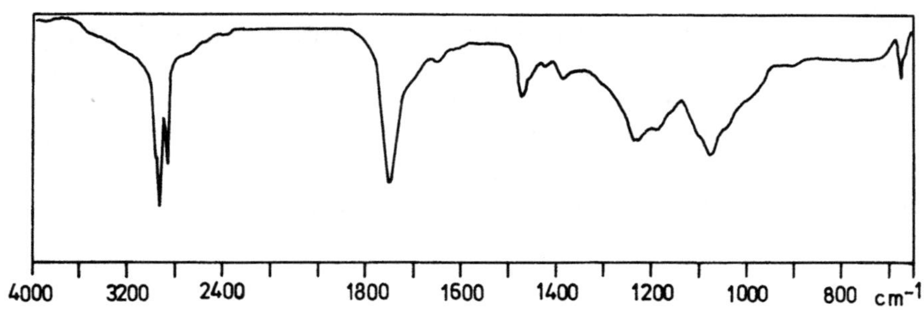

Abb. 6.10. IR-Spektrum von Phosphatidyläthanolamin [2] in CCl_4.

phatidyläthanolamin [2] dem Lecithin-Spektrum gegenüber. Man erkennt die spektrale Änderung, die beim Übergang von der $(CH_3)_3N^+$-Gruppe zur NH_2-Gruppe eintritt. Die Unterschiede werden besonders im Bereich zwischen 900 und 1120 cm^{-1} und im Gebiet von 1500 – 1450 cm^{-1} beobachtet (27, 29).

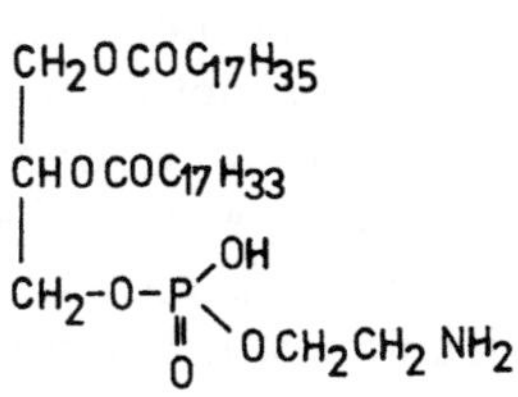

[2]

6.1.6. Quantitative Bestimmung

Der Gehalt an *trans*-Komponenten in Gemischen mit cis-ungesättigten und gesättigten Verbindungen kann auf der Grundlage des *Lambert-Beer*schen Gesetzes bestimmt werden. Die Extinktionskoeffizienten ε werden nach folgender Formel errechnet:

$$\varepsilon = \frac{E\,(\text{bei } 968\ \text{cm}^{-1})}{c \cdot d}$$

E = gemessene Extinktion
c = Konzentration in Gramm/Liter
d = Schichtdicke in Zentimeter

Mischungen aus Elaidin- und Ölsäure können bis zu einem trans-Gehalt von etwa 10% durch Auswertung der Extinktionskoeffizienten innerhalb der üblichen Fehlergrenzen bestimmt werden. Die Auswertung der Spektren von Methylestern nach diesem Verfahren gelingt zuverlässig nur bis zu einem Gehalt von 8% Elaidinsäuremethylester. Die an KBr-Preßlingen erhaltenen Spektren lassen sich nur mit einer Eichkurve auswerten.

Der Vergleich zahlreicher Spektren von Glyceriden mit den daraus gewonnenen Fettsäuren oder Methylestern bestätigt den Befund, daß durch die Glycerid-Struktur in einem Fett oder Öl die *trans*-Bande bei 968 cm^{-1} beträchtlich überlagert wird. Es müssen daher für *trans*-Bestimmungen durch IR-Untersuchung stets die Glyceride gespalten und die freien Fettsäuren oder besser die Fettsäure-methylester benutzt werden (32).

6.2. Kernresonanz

Die Verfeinerung der Methoden zur Isolierung von Zellmembranen war die Voraussetzung für die Erforschung der chemischen Zusammensetzung dieses Organells, aus der wiederum Rückschlüsse auf den molekularen Aufbau möglich wurden. Aus den *in situ* gemachten Beobachtungen geht hervor, daß die Zellmembran aus Lipiden und Proteinen besteht, denen sich Polysaccharide zugesellen können.

Vielfältige physikalische Methoden machen wahrscheinlich, daß Phospholipide in Zellmembranen in einer bimolekularen Schicht angeordnet sind: verschiedene abtastende kalorimetrische Messungen, Röntgenbeugung (33, 34) und Messungen der Spin-Gitter-Relaxation (T_1) (35).

^{13}C-Kernresonanzuntersuchungen wurden beschrieben, um die Lipid-Organisation in Virenhüllen aufzuklären. Die Fettsäureketten und der Cholinteil der Phosphatidylcholine wurden mit ^{13}C markiert. Die Ergebnisse legen nahe, daß ^{13}CNMR-Spektroskopie eine geeignete Methode zum Studium natürlicher Membranen ist, die das biochemisch eingeführte Isotop an spezifischen Positionen haben (36).

Um die dynamischen Strukturen von Lipid-Doppelschichten zu studieren, wurde die Spin-Gitter-Relaxation (T_1) von ^{13}C-Kernen bei Eigelb-Phosphatidylcholinen gemessen. Es wurde gefunden, daß die T_1-Werte vom Glycerin-Rückgrat sowohl zur Trimethylammoniumgruppe des Cholinteils als auch zur endständigen Methylgruppe der Fettsäurekette zunehmen, wodurch das Vorliegen von zwei Beweglichkeits-Gradienten belegt ist (37).

6.3. Literatur

1. *Träuble, H.,* Naturwiss. **58,** 277 (1971).
2. *Hill, T. L., Y. Chen,* Proc. Nat. Acad. Sci. U. S. A. **65,** 1069 (1970).
3. *Sinclair, R. G., A. F. McKay* und *R. N. Jones,* J. Amer. chem. Soc. **74,** 2570 (1952).
4. *Thompson, H. W.* und *P. Torkington,* Trans. Faraday Soc. **41,** 246 (1945).
5. *Sinclair, R. G., A. F. McKay* und *R. N. Jones,* J. Amer. chem. Soc. **74,** 2575 (1952).
6. *Childers, E.* und *G. W. Struthers,* Analyt. Chem. **27,** 737 (1955).
7. *Hoffmann, J. S., R. T. O'Connor, H. D. Heinzelmann* und *W. G. Bickford,* J. Amer. Oil Chem. Soc. **34,** 338 (1957).
8. *Wenzel, F., U. Schied* und *F. L. Brensch,* Z. Naturforsch. **126,** 71 (1957).
9. *Kirby, E. M., M. J. Evans-Vader* und *M. A. Brown,* J. Amer. Oil Chem. Soc. **42,** 437 (1965).
10. *McMurry, H. L.* und *V. Thornton,* Analyt. Chem. **24,** 318 (1952).
11. *Sheppart, N.* und *G. B. B. M. Sutherland,* Nature (London) **159,** 739 (1947).
12. *Thompson, H. W.,* J. Chem. Soc. (London) **1948,** 328.
13. *Lecomte, J.,* Oleagineaux **6,** 127 (1951).
14. *Lecomte, J.,* Fette, Seifen, Anstrichmittel **56,** 23, 100 (1954).
15. *Sobotka, H.* und *F. E. Stynler,* J. Amer. chem. Soc. **72,** 5139 (1950).
16. *Freeman, N. K.,* J. Amer. chem. Soc. **74,** 2523 (1952).
17. *Guertin, D. L., St. E. Wiberley, W. H. Bauer* und *J. Goldenson,* Analyt. Chem. **28,** 1194 (1956).
18. *Joo, C. N.* und *M. Kates,* Biochim. Biophys. Acta **167,** 278 (1969).
19. *Derfer, J. M., E. E. Pickett* und *C. E. Boord,* J. Amer. chem. Soc. **71,** 2482 (1949).
20. *Shreve, O. D., M. R. Heether, H. B. Knight* und *D. Swern,* Analyt. Chem. **23,** 277 (1951).
21. *Shreve, O. D., M. R. Heether, H. B. Knight* und *D. Swern,* Analyt. Chem. **22,** 1498 (1950).
22. *Walton, W. L.* und *R. B. Hughes,* J. Amer. chem. Soc. **79,** 3985 (1957).
23. *Randall, M. H., R. G. Fowler, N. Fuson* und *J. R. Danyl,* Infrared Determination of Organic Structure, (New York 1949).
24. *Seher, A.,* Fette, Seifen, Anstrichmittel **71,** 138 (1969).
25. *Marinetti, G.* und *E. Stoltz,* J. Amer. chem. Soc. **76,** 1346 (1954).
26. *Marinetti, G.* und *E. Stoltz,* J. Amer. chem. Soc. **76,** 1347 (1954).
27. *Baer, E.* und *F. Blackwell,* J. Biol. Chem. **238,** 3591 (1963).
28. *Baer, E.* Lipids **3,** 384 (1973).
29. *Nelson, G. J.,* Lipids **3,** 104 (1968); *F. Snyder,* J. Chromatogr, **82,** 7 (1973).
30. *Chapman, D., R. M. Williams* und *B. D. Ladbrooke,* Chem. Phys. Lipids **1,** 445 (1967).
31. *Ehlert, G.* und *W. Heintze,* Kieler Milchwirtsch. Forschungsber. **21,** 425 (1969).

32. *Kaufmann, H. P., F. Volbert* und *G. Mankel,* Fette, Seifen, Anstrichmittel **61,** 643 (1959).
33. *Engelman, D. M.,* J. Mol. Biol. **47,** 115 (1970).
34. *Engelman, D. M.* J. Mol. Biol. **58,** 153 (1971).
35. *Hubbel, W. L.* und *H. M. McConnel,* J. Amer. chem. Soc. **93,** 314 (1971).
36. *Stoffel, W.* und *K. Bister,* Biochem. **14,** 2841 (1975).
37. *Godici, P. E.* und *F. R. Landsberger,* Biochem. **13,** 362 (1974).

7. Vitamine

Vitamine sind Wirkstoffe, die für Wachstum und Erhaltung der Menschen und der höheren Tiere unentbehrlich sind, jedoch im Organismus nicht selbst synthetisiert werden können, sondern mit der Nahrung aufgenommen werden müssen. Sie werden vom Organismus für die Synthese von Coenzymen benötigt oder sind für den geordneten Ablauf von Stoffwechselvorgängen unentbehrlich. Ein Fehlen der Vitamine in der Nahrung führt zu charakteristischen Mangelerscheinungen (Avitaminosen).

Unter den Vitaminen wird im allgemeinen die Gruppe der fettlöslichen und wasserlöslichen Vitamine unterschieden. Vorkommen, Verteilung und das Speicherungsvermögen dieser beiden Hauptklassen im tierischen Organismus sind zwar verschieden, doch hat diese Einteilung keine Beziehung zu der physiologischen Funktion. Ein anderes Einteilungsprinzip geht vom Wirkungsmechanismus der Vitamine aus und hat zu einer Klassifizierung in Vitamine mit Coenzymfunktion, Vitamine ohne Coenzymfunktion und vitaminähnliche Wirkstoffe geführt.

Zur Bestimmung natürlich vorhandener und zugesetzter Vitamine verwendet man chemische, physikalische und mikrobiologische Methoden. In diesem Abschnitt werden besonders IR-spektroskopische Strukturzuordnungen von Frequenzen diskutiert, die funktionellen Einheiten zugehörig sind.

Die IR-Spektren der fettlöslichen Vitamine wurden untersucht: Tocopherole (Vitamin E) (1 – 3), Calciferol (Vitamin D_2) (4) und die dem Menadion verwandten Verbindungen (1). *Lunde* u. a. (5) unterschied *trans*- und *cis*-Konfigurationen in Carotinoiden durch Absorptionen um 970 und 770 cm^{-1}.

In der wasserlöslichen Gruppe der Vitamine fand die IR-Absorption der Ascorbinsäure (Vitamin C) besonderes Interesse (6, 7). *Weigl* (8) synthetisierte deuterierte Ascorbinsäure und konnte aufgrund von Isotopenverschiebungen eindeutige Beziehungen zwischen Struktur und Infrarotabsorption beobachten. Die Spektren von Vitamin B_6, Nicotinamid, Niacin, Thiamin, Riboflavin und Calciumpantothenat wurden ebenfalls veröffentlicht (9, 10).

7.1. Fettlösliche Vitamine

7.1.1. Vitamin A

Vitamin A [1] entsteht aus Carotin, und zwar sind alle Carotine (und Carotinoide), die einen β-Iononring haben, Vorstufen von Vitamin A und werden daher als Provitamine bezeichnet. Das symmetrisch gebaute, zwei terminale β-Iononringe enthaltene β-Carotin liefert bei symmetrischer oxydativer Spaltung zwei Moleküle Vitamin A (*all-trans*-Retinol).

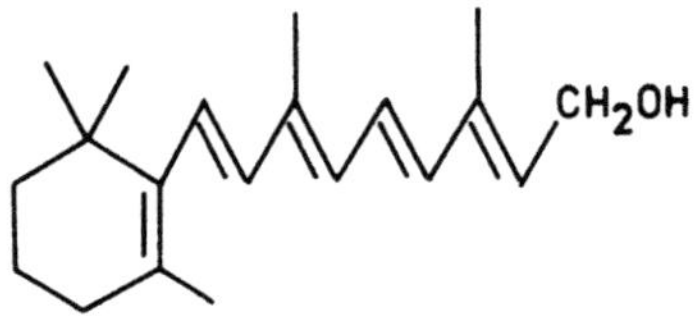

[1]

Das ausgedehnte konjugierte System führt zu einer UV-Absorption bei 325 nm. Die physiko-chemischen Analysen beruhen auf den optischen Absorptionseigenschaften von Vitamin A und seiner Derivate im UV-Bereich. Irreguläre Absorption ist auf Verunreinigungen zurückzuführen. In diesem Fall kommen spezielle Techniken zur Anwendung (11 – 13).

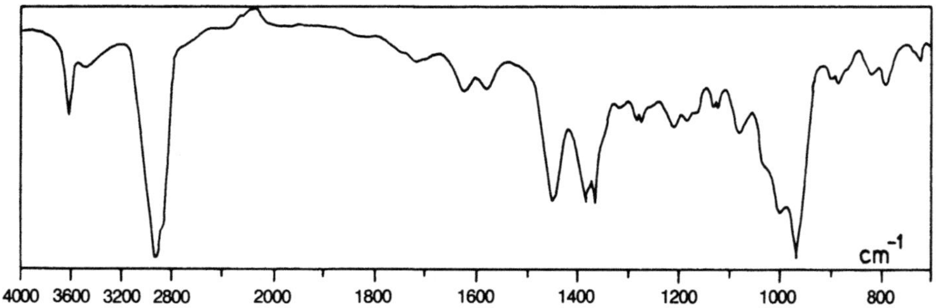

Abb. 7.1. IR-Spektrum von *all-trans*-Vitamin A in KBr.

Das Infrarotspektrum (14) zeigt die Hydroxygruppe um 3600 cm^{-1}. Die CH-Valenzschwingungen der olefinischen Wasserstoffe der konjugierten Kette treten bei 3100 cm^{-1} auf, während die Valenzschwingungen der Methylenwasserstoffe um 2900 cm^{-1} beobachtet werden. Obwohl im allgemeinen die C=C-Valenzschwingungen konjugierter Doppelbindungen zu Absorptionsbanden mittlerer Intensität um 1620 cm^{-1} führen, wird im Spektrum von Vitamin A in diesem Bereich nur eine schwache Absorption beobachtet. Die *trans*-Konfiguration der Doppelbindungen verrät sich durch die nichtebenen Deformationsschwingungen der olefinischen Wasserstoffe bei 970 cm^{-1}.

Kolorimetrische Bestimmungsmethoden basieren auf der Darstellung verschiedener gefärbter Produkte, die bei Reaktionen von Vitamin A mit einer Anzahl von Reagentien entstehen (15, 16).

7.1.2. Vitamin D_2 (Calciferol) und Vitamin D_3 (Deltosterol)

Die quantitative Bestimmung dieser Vitamine nebeneinander wird ausführlich in Abschnitt 8.2.4. beschrieben. Die Untersuchung der IR-

Absorption enthüllt einige dem Calciferol zugehörige charakteristische Schwingungen. Ein deutlicher Unterschied zwischen dem Spektrum dieses Vitamins und Vitamin D_3 (Deltosterol) ist die Intensität der Bande bei 970 cm^{-1}. Calciferol ist ein Derivat des Ergosterins, während Deltosterol dem 7-Dehydrocholesterin verwandt ist.

Die anderen funktionellen Gruppen absorbieren in den erwarteten Bereichen: die Hydroxy-Gruppe um 3450 cm^{-1} und das konjugierte Triensystem um 1655 und 1630 cm^{-1}. Weitere auffallende Unterschiede der IR-Absorption der D-Vitamine gegenüber den Vitaminen A, E und K sind Banden um 1080, 915 und 865 cm^{-1}.

Auf der selektiven Absorption bei 265 nm ist eine UV-spektroskopische Methode aufgebaut (17, 18). Die Kolorimetrie nach Reduktion mit $SbCl_3$ ist als chemische Methode verwendbar. Auf den Einsatz der Gaschromatographie (19) und Dünnschichtchromatographie (20 – 23) zur Vitamin D-Bestimmung ist die meiste Arbeit konzentriert worden.

7.1.3. *Vitamin E (α-Tocopherol)*

Vitamin E ist die Gruppenbezeichnung für mindestens sieben Vitamine, die je nach Substitution des Tocolgrundgerüstes durch Methylgruppen als α-, β-, γ- usw. Tocopherol bezeichnet werden. α-Tocopherol [2] besitzt drei Methylgruppen (5, 7, 8) am aromatischen Ring, β-Tocopherol zwei Methylgruppen (7, 8). Die Tocopherole sind gelbliche Öle.

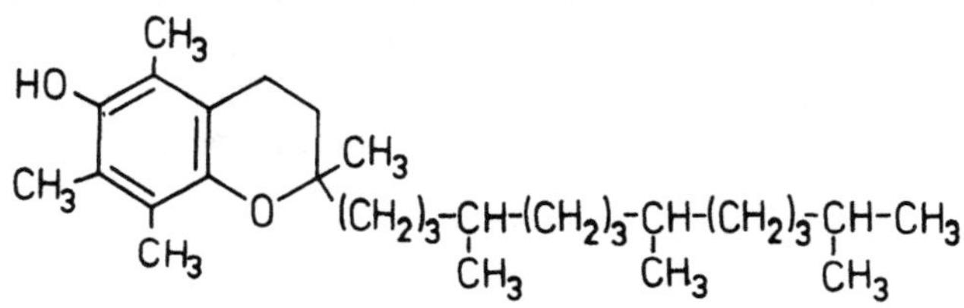

[2]

α-Tocopherol [2] wird in Pflanzen gebildet. Die Synthese führt vermutlich über die Mevalonsäure und verläuft nach dem Prinzip der Polyisoprenoidsynthese. Besonders reichlich sind die Tocopherole in keimenden Getreidekörnern enthalten.

Da die Tocopherole leicht oxidiert werden, ist besondere Vorsicht während der Extraktion und Bestimmung geboten. Als analytische Methoden werden Kolorimetrie, Spektrophotometrie und Spektrofluorimetrie bevorzugt. Zur kolorimetrischen Bestimmung sind Reagentien wie 4,7-Diphenyl-1,10-phenanthrolin und 2,4,6-Tripyridyl-5-triazin (24, 25) empfohlen worden.

Das Chroman-System von Vitamin E zeigt typische Infrarotabsorption. Wie das Spektrum Abb. 7.2. bestätigt, war eine genügende Dispersion des α-Tocopherols in KBr möglich. Das Auftreten einer Hydroxy-

Bande um 3580 cm^{-1} ist etwas unerwartet, da freie phenolische OH-Gruppen im allgemeinen längerwellig absorbieren. Die symmetrischen Deformationsschwingungen der CH_3-Gruppen geben sich durch eine intensive Absorption bei 1380 cm^{-1} zu erkennen, wie es auch bei anderen fettlöslichen Vitaminen mit mehreren Methylgruppen beobachtet wird (3).

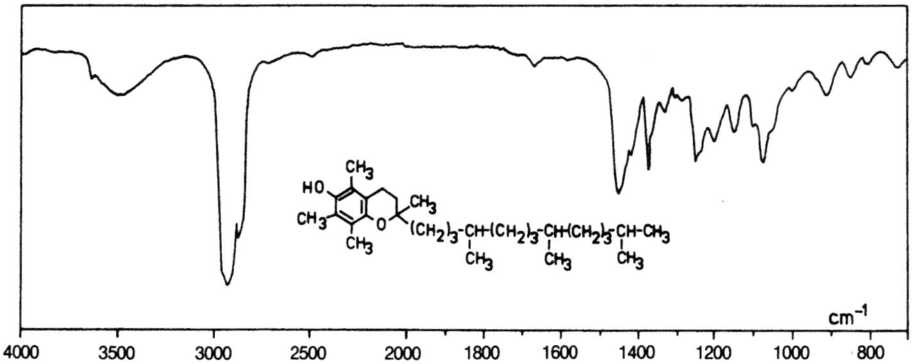

Abb. 7.2. IR-Spektrum von Vitamin E (α-Tocopherol) in KBr.

Die C – O-Valenzschwingung in Phenolen liegt in dem Bereich um 1250 cm^{-1}; die starke Absorption um 1270 cm^{-1} kann im Spektrum von Vitamin E dieser Gruppe zugeordnet werden. Weitere charakteristische Banden bei 1220, 1110, 1080 und das Dublett bei 925 und 920 cm^{-1} können als Schlüsselbanden im Spektrum des α-Tocopherols zur Unterscheidung von anderen fettlöslichen Vitaminen dienen.

7.1.4. Vitamin K (2-Methyl-1,4-naphthochinon)

Unter den K-Vitaminen sind bisher zwei natürliche und zahlreiche synthetische Verbindungen bekannt, deren Wirksamkeit auf den allen gemeinsamen Grundkörper 2-Methyl-1,4-naphthochinon zurückgeht. Das natürliche Vitamin K_1 (Phyllochinon) besitzt in 3-Position eine Phytylseitenkette, das Vitamin K_2 (Farnochinon) eine Farnesylseitenkette. Während in den Pflanzen sowohl Vitamin K_1 als auch Vitamin K_2 (hauptsächlich in grünen Blättern) gefunden werden, bilden Bakterien (nicht jedoch Pilze) Vitamin K_2. Vitamin K ist notwendig für die Bildung verschiedener Blutgerinnungsfaktoren.

Gegenüber den Vitaminen D und E ist im IR-Spektrum von Vitamin K (Abb. 7.3.) eine starke Intensitätsabnahme der Banden aliphatischer Wasserstoffe (2940 und 1460 cm^{-1}) für die Konstitution des Vitamin K charakteristisch. Die im allgemeinen schwächere aromatische CH-Valenzschwingung liegt bei 3100 cm^{-1}. Die drei intensiven Banden bei 1670 (νCO), 1625 und 1595 cm^{-1} (aromat. Gerüstschwingungen) sichern das Vorliegen einer p-Chinonstruktur (1). Das konjugierte Ringsystem verursacht das Auftreten zahlreicher intensiver Banden im fingerprint-Bereich. Die Bande bei 780 cm^{-1} ist den nichtebenen Deformationsschwingungen der aromatischen Wasserstoffe des ortho-substituierten Benzol-

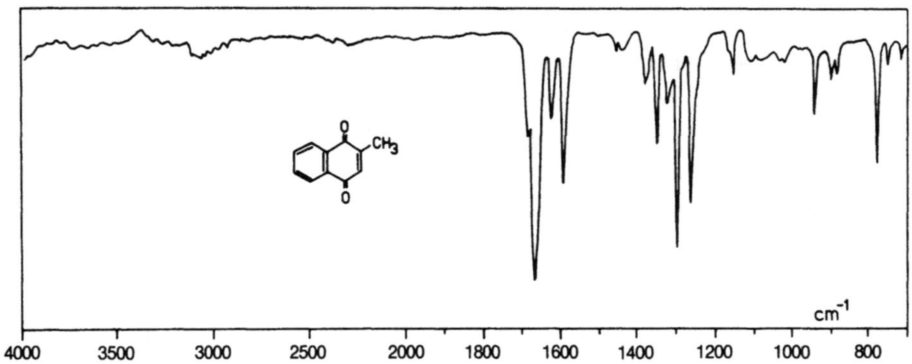

Abb. 7.3. IR-Spektrum von Vitamin K (2-Methyl-1,4-naphthochinon) in KBr.

ringes zuzuordnen. Die hohe Intensität dieser Banden ermöglicht die Identifizierung von Vitamin K in der Gruppe der fettlöslichen Vitamine.

7.2. Wasserlösliche Vitamine

In den Vitaminen der B-Gruppe treten stickstoffhaltige heterocyclische Systeme auf. Diese Heterocyclen sind wesentliche Bestandteile einiger Coenzyme und Nucleinsäuren. Zur Unterscheidung fettlöslicher und wasserlöslicher Vitamine ist die Aufdeckung der Beziehung zwischen Infrarotabsorption und heterocyclischer Struktur oft wertvoll.

7.2.1. Vitamin B_1 (Thiamin)

Thiamin wird von Pflanzen und Mikroorganismen synthetisiert und ist dort in freier Form vorhanden. Die Konstitutionsaufklärung von Vitamin B_1 gründete sich auf die Spaltung mit Natriumsulfit zu Pyrimidin- und Thiazolderivaten.

Das IR-Spektrum von Thiamin-hydrochlorid (Abb. 7.4.) zeigt charakteristische Absorptionen für OH- und NH-Valenzschwingungen bei 3350 und 3250 cm^{-1}. Die bei 2800 und 2600 cm^{-1} auftretenden Banden belegen das Vorliegen des Hydrochlorides. Die Interpretation des Bereiches der Doppelbindungen ist durch Überlagerung der NH-Deformationsschwingung mit Banden der heterocyclischen Ringe erschwert. Die Bande bei 1655 cm^{-1} ist dem konjugierten C=N-System zugehörig, während die Absorption bei 1595 cm^{-1} der konjugierten C=C-Gruppe und möglicherweise der primären Aminogruppe zugeordnet werden kann. Der Thiazolring verursacht die Absorption nahe 1520 cm^{-1}, während der Pyrimidinring vermutlich für Banden bei 1537 und 1500 cm^{-1} verantwortlich ist. Die dem Thiazolring zugehörigen Banden sind geeignet, um Thiamin von anderen Vitaminen zu unterscheiden.

Die Zuordnung des NMR-Spektrums ist in Abb. 7.5. wiedergegeben.

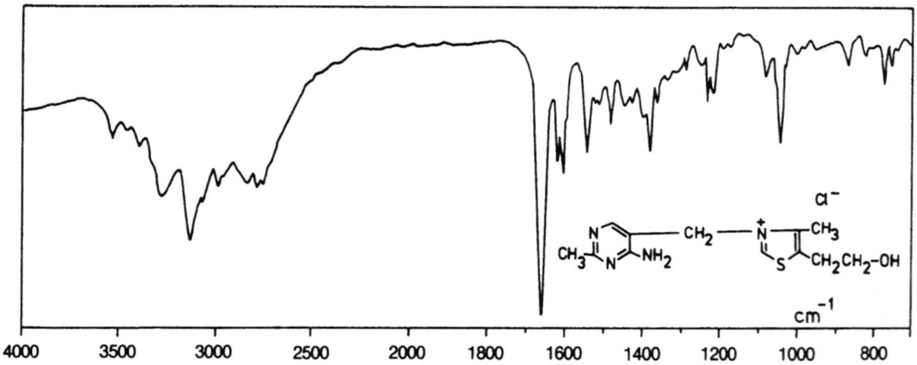

Abb. 7.4. IR-Spektrum von Vitamin B_1 in KBr.

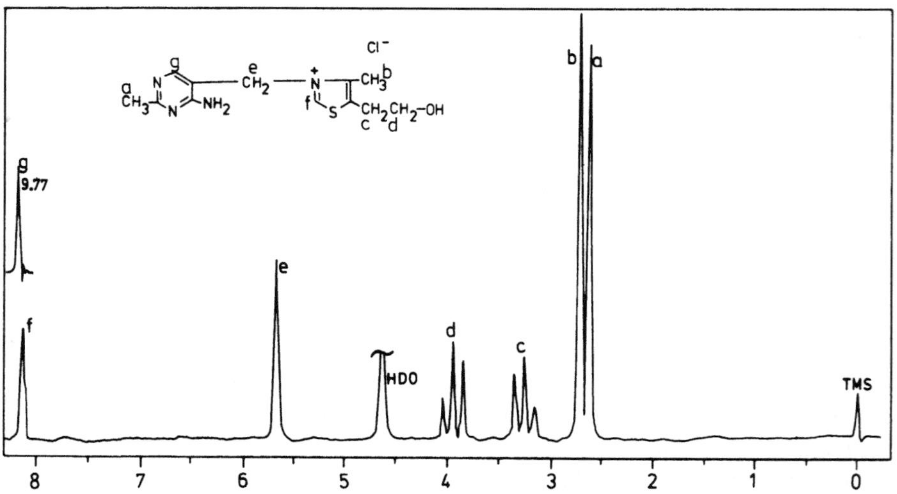

Abb. 7.5. 60-MHz-^{1}HNMR-Spektrum von Vitamin B_1 in D_2O.

7.2.2. Vitamin B_2 (Lactoflavin)

Ein Mangel an Vitamin B_2 [3] führt beim Menschen zu einem Krankheitsbild, das der Pellagra ähnlich ist.

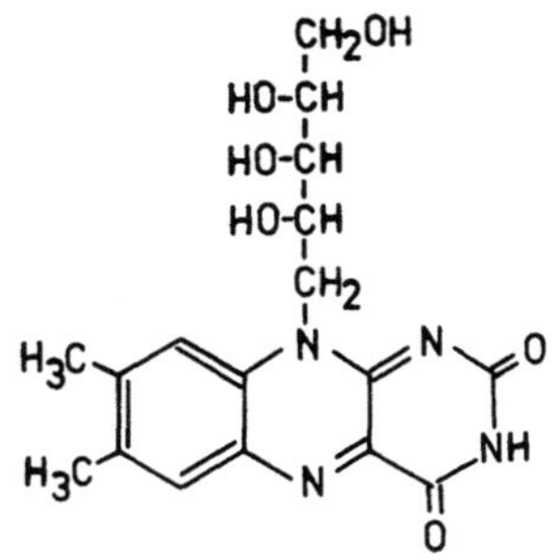

[3]

Im Infrarotspektrum von Vitamin B_2 findet man die charakteristischen spektralen Merkmale heterocyclischer Stickstoffverbindungen sowie der Pentose-Seitenkette. Unerwartet kurzwellig liegt eine Carbonylabsorption bei 1740 cm^{-1}. (Die Vergleichssubstanz Dihydrouracil zeigt im Carbonylbereich eine Doppelbande bei 1724/1680 cm^{-1}). Die zwischen den zwei Stickstoffatomen des Uracilringes stehende Carbonylgruppe kann einer Absorption bei 1640 cm^{-1} zugeordnet werden. Weitere Banden in diesem Bereich bei 1620, 1580 und 1505 cm^{-1} sind dem konjugierten Ringsystem zugehörig. Die konjugierte C=N-Gruppe absorbiert um 1640 cm^{-1}. Die intensiven Banden bei 1074 und 1080 cm^{-1} sind als Schlüsselbanden der Pentose-Seitenkette anzusehen.

7.2.3. Folsäure

Zu einer Reihe von Wachstumsfaktoren für Mikroorganismen gehören Derivate der Pteroinsäure, die ihren Namen von der strukturellen Beziehung zu den Pterinen, den Pigmenten der Schmetterlingsflügel, ableitet. Pteroylglutaminsäure [4] wirkt aufgrund des Strukturelements der p-Aminobenzoesäure als Wachstumsfaktor für verschiedene Mikroorganismen und ist für die normale Entwicklung der roten und weißen Blutkörperchen unentbehrlich.

[4]

Ein weiterer Vertreter dieser Gruppe ist der Citrovorum-Faktor [5], so genannt wegen seiner starken wachstumsfördernden Wirkung auf das Bakterium Leuconostoc citrovorum. Es handelt sich um eine N^5-Formyl-5,6,7,8-tetrahydropteroylglutaminsäure, die man auch als Folinsäure bezeichnet. Man gewinnt sie aus Pteroylglutaminsäure durch Hydrierung und Formylierung. Das Infrarotspektrum wurde von *Wright* (26) diskutiert.

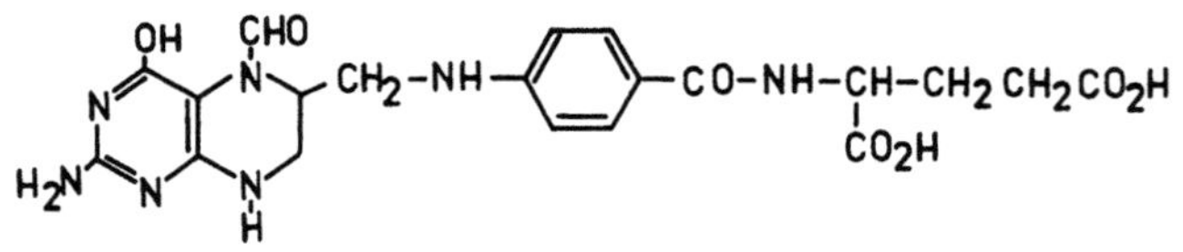

[5]

Das Infrarotspektrum der Folsäure ist in Abb. 7.6 wiedergegeben. Die Herkunft der intensiven Absorptionen in dem Bereich 1600 – 1700 cm^{-1} kann teilweise entwirrt werden. Die Carbonylabsorption bei 1700 cm^{-1} ist auf die Carboxylgruppe zurückzuführen, während die 1660-Absorption sowohl die Amidcarbonylgruppe als auch das konjugierte C = N-System enthält. Die Schwingungen der ungesättigten Ringe sind der Bande bei 1612 und dem Dublett um 1576 cm^{-1} zuzuordnen. Absorptionsbanden im fingerprint-Bereich bei 1217, 1175 und 820 cm^{-1} sichern eine Unterscheidung der Folsäure von anderen wasserlöslichen Vitaminen.

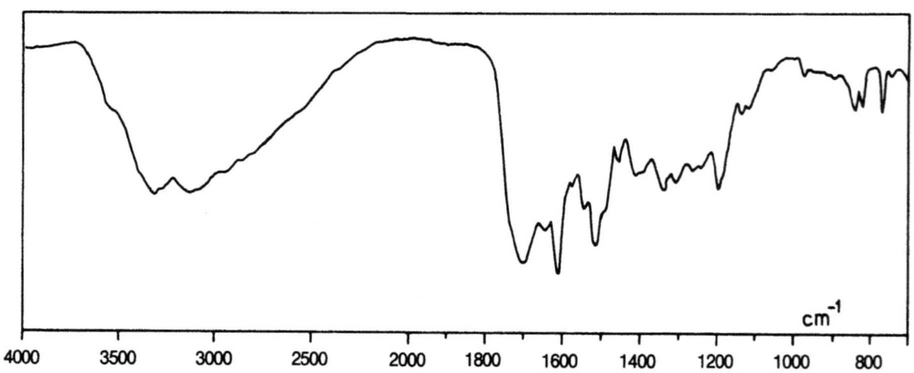

Abb. 7.6. IR-Spektrum der Folsäure [4].

Versuche zur Fraktionierung und Identifizierung verschiedener Derivate der Folsäure aus Lebensmitteln wurden unternommen (27, 28). Auf diesem Gebiet werden große Anstrengungen zum Ausbau bestehender oder Entwicklung neuer Prüfungstechniken gemacht (29 – 33).

7.2.4. Vitamin B_{12}

Die Farbigkeit des kompliziert gebauten Vitamin B_{12} [6], das perniziöse Anämie beim Menschen zu heilen vermag, kommt der chromatographischen Reinigung zugute. Als Summenformel wurde $C_{63}H_{90}CoN_{14}O_{14}$ ermittelt. An das Cobaltatom ist eine Cyangruppe koordinativ gebunden.

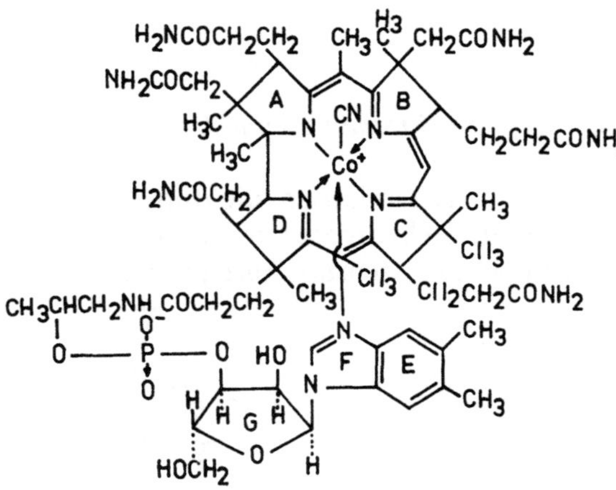

[6]

Vitamin B_{12} hat bei weitem die komplizierteste Struktur, die bei Vitaminen untersucht wurde (34). Überraschend ist, daß das Infrarotspektrum diese komplizierte Struktur nicht vermuten läßt. Eine gewisse Erklärung mag in der relativ hohen Symmetrie des Moleküls liegen. Überdies hat möglicherweise das Cobaltatom in der Chelatposition einen dämpfenden Effekt, der auch bei Kupfer-Porphyrinen beobachtet wurde (35).

Offensichtlich sind in der intensiven Bande bei 3500 cm^{-1} die verschiedenen OH- und NH-Gruppen vereinigt. Die NH-Deformationsschwingungen der primären Aminogruppen liegen vermutlich bei 1405 cm^{-1}. Die Gegenwart konjugierter C=N- und $CONH_2$-Systeme ist durch eine intensive Bande bei 1670 cm^{-1} belegt. Die konjugierten Ringsysteme können den Banden bei 1615, 1570 und 1498 cm^{-1} zugeordnet werden. Eine Absorption geringer Intensität bei 2120 cm^{-1} ist der Nitrilgruppe zugehörig.

Im Molekül von Vitamin B_{12} ist eine Gruppe vorhanden, die auf S. 165 diskutiert ist, die Organo-Phosphorgruppe. Die P=O-Valenzschwingung sollte in dem Bereich 1200 – 1300 cm^{-1} erwartet werden. Im Spektrum von Vitamin B_{12} liegt eine charakteristische Bande bei 1235 cm^{-1}, die wahrscheinlich der P=O-Gruppe zugeordnet werden kann.

Vitamin B_{12} kommt in der Natur nur in geringen Mengen vor. Die Prüfung erfolgt gewöhnlich auf mikrobiologischem Weg (36). Entsprechend der zu prüfenden Art von B_{12}-Aktivität werden die Organismen *L. leichmanii* oder *Euglena gracilis* (37) verwendet. Die chemischen Methoden beruhen auf der Cyanid-Bestimmung in Gegenwart von 5,6-Dimethyl-benzimidazol, die jedoch auf relativ saubere Präparate beschränkt ist (38, 39).

7.2.5. Ascorbinsäure (Vitamin C) und Dehydroascorbinsäure

Skorbut gehört zu den Avitaminosen, die durch einen Mangel an Vitamin C verursacht wird. Dehydroascorbinsäure [8] stellt ein neutrales Lacton dar. Die Acidität der Ascorbinsäure [7] beruht auf einer Endiol-Gruppierung.

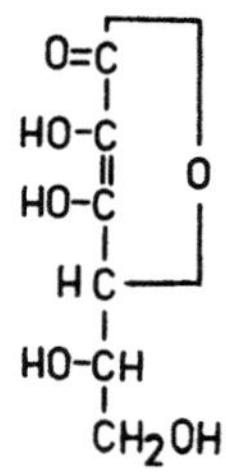

[7]

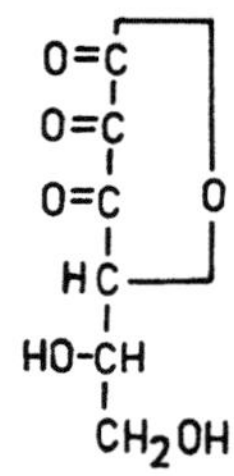

[8]

Durch Vergleich der deuterierten und nichtdeuterierten Form war es möglich (8), die Frequenzen der Hydroxy-Gruppen in bestimmten Positionen des Moleküls nachzuweisen: Banden bei 3540 und 3240 cm^{-1} konnten den Hydroxy-Gruppen an den C-Atomen 5 und 6 zugeordnet werden, während die OH-Gruppen an den C-Atomen 2 und 3 bei 3315 und 3325 cm^{-1} absorbieren (Abb. 7.7.).

Besonders auffallend ist im Spektrum der Ascorbinsäure eine Absorption mittlerer Intensität bei 1770 cm^{-1} und eine intensive Bande bei 1685 cm^{-1}, beide sind der Lactongruppe der Ascorbinsäure zugehörig. Ein fünfgliedriger Lactonring absorbiert im allgemeinen bei 1770 cm^{-1}; eine konjugierte Doppelbindung wie im Molekül der Ascorbinsäure verursacht eine langwellige Verschiebung, die hier allerdings unerwartet stark beobachtet wird.

Um weitere Informationen für die Interpretation der Carbonylabsorption zu erhalten, untersuchte *Rosenkrantz* (40) das IR-Spektrum der De-

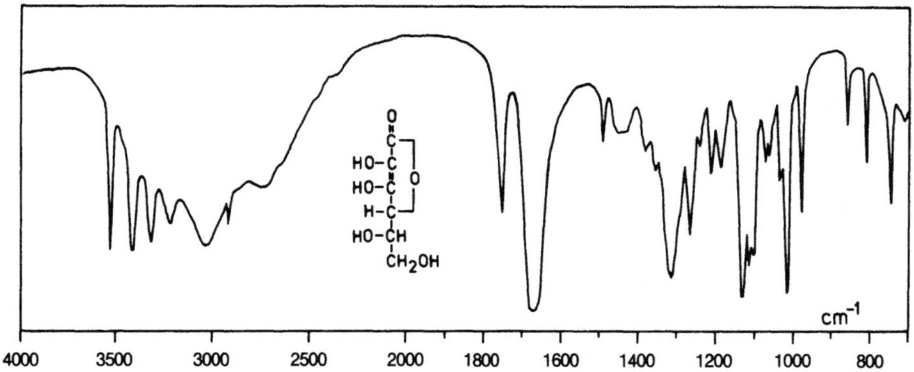

Abb. 7.7. IR-Spektrum von Vitamin C in KBr.

hydroascorbinsäure. Eine Bande bei 3600 cm^{-1} ist den verbleibenden zwei Hydroxy-Gruppen nach der Oxidation zuzuordnen. Im Carbonylbereich wird die Hauptbande bei 1752 cm^{-1} beobachtet. Eine Verschiebung von dem Absorptionsbereich der Ascorbinsäure kann durch die Anordnung des Triketons erklärt werden.

Die Ultraviolettspektren entsprechen der Erwartung: Absorption bei 245 nm ($\varepsilon = 9400$) für Ascorbinsäure und Dehydroascorbinsäure bei 300 nm ($\varepsilon = 1075$) beide in Methanol gemessen (40). Titrimetrische und spektrophotometrische Methoden zur Ascorbinsäure-Bestimmung sind gebräuchlich (41 – 43).

7.3. Literatur

1. *Rosenkrantz, H.,* J. Biol. Chem. **173,** 439 (1948).
2. *Rosenkrantz, H.* und *A. T. Milhorat,* J. Amer. chem. Soc. **72,** 3304 (1950).
3. *Rosenkrantz, H.* und *A. T. Milhorat,* J. Biol. Chem. **187,** 83 (1950); *C. K. Pearson, A. M. Legge,* Biochim. Biophys. Acta **288,** 404 (1972).
4. *Rosenkrantz, H., A. T. Milhorat* und *M. Farber,* J. Biol. Chem. **195,** 503 (1952).
5. *Lunde K.* und *L. Zechmeister,* J. Amer. chem. Soc. **77,** 1647 (1955).
6. *Williams, D.* und *L. H. Rogers,* J. Amer. chem. Soc. **59,** 1422 (1937).
7. *Dessouky, Y. M.* et al., Pharmazie **28,** 791 (1973).
8. *Weigl, J. W.,* Analyt. Chem. **24,** 1483 (1952).
9. Viderma Lepetit Co., Acta Vitaminol. **8,** 278, 279 (1954).
10. Viderma Lepetit Co., Acta Vitaminol, **9,** 77, 78 (1955).
11. *Morton, R. A., L. Stubbs,* Analyst (London) **71,** 348 (1946).
12. *Wilkie, J. B.,* Anal. Chem. **36,** 896 (1964).
13. The Assay of Vitamin A in Oils, (IUPAC, 1959).
14. *Robeson, C. D.* et al., J. Amer. chem. Soc. **77,** 4111 (1955).
15. *Dugan, E., N. A. Frigerio, J. M. Siebert,* Anal. Chem. **36,** 114 (1964).
16. *Carr-Price, F. H.,* Biochem. J. **20,** 497 (1962).
17. *Ewing, D. T., T. D. Schlabach, M. J. Powell,* Anal. Chem. **26,** 1406 (1954).

18. *Kodicek, E., D. R. Ashby,* Biochem. J. **57,** 13 (1954).
19. *Ziffer, H., W. J. A. Vandenheuvel, E. v. A. Haahti, E. C. Horning,* J. Amer. chem. Soc. **82,** 6411 (1960).
20. *Avioli, L. V., S. W. Lee,* Anal. Biochem. **16,** 193 (1966).
21. *Sheppard, A. J., D. E. Lacroix, A. R. Prosser,* J. Ass. Offic. Anal. Chem. **51,** 834 (1968).
22. *Dunski, K., E. Khreish,* Chemistry **46,** 25 (1973).
23. *Edlund, D. O., F. A. Filippini,* J. Ass. Off. Anal. Chem. **56,** 1374 (1973).
24. *Tsen, C. C.,* Anal. Chem. **33,** 849 (1961).
25. *Martinek, R. G.,* Clin. Chem. **10,** 1078 (1964).
26. *Wright, B. E.,* J. Biol. Chem. **219,** 873 (1956).
27. *Butterworth, C. E., R. Santini, W. B. Frommeyer,* J. Clin. Invest. **42,** 1929 (1963).
28. *Santini, R., C. Brewster, C. E. Butterworth,* Am. J. Clin. Nutr. **14,** 205 (1964).
29. *Cooperman, J. M.,* Proc. Soc. Expt. Biol. Med. **104,** 536 (1960).
30. *Spray, G. H.,* J. Clin. Pathol. **17,** 660 (1964).
31. *Herbert, J.,* J. Clin. Pathol. **19,** 12 (1966).
32. *Goulian, M., W. S. Beck,* Am. J. Clin. Pathol. **46,** 390 (1966).
33. *Cooperman, J. M.,* Am. J. Clin. Nutrit. **20,** No. 9, 1015 (1967).
34. *Johnson, A. W.* und *A. Todd,* Endeavour **15,** 29 (1956); *S. Cockle* et al., J. Chem. Soc. Dalton Trans. **1972,** 297.
35. *Craven, C. W., K. R. Reissmann* und *H. I. Chinn,* Anal. Chem. **24,** 1214 (1952).
36. *Nakamura, H.* et al., J. Nutr. Sci. Vitaminol **19,** 105 (1973).
37. *Ross, G. I. M.,* J. Clin. Pathol. **5,** 250 (1952).
38. *Boxer, G. E., J. C. Richards,* Anal. Biochem. **29,** 75 (1950).
39. *Boxer, G. E., J. C. Richards,* Anal. Biochem. **30,** 372 (1951).
40. *Rosenkrantz, H.* in *D. Glick,* Methods of Biochemical Analysis, Vol. V, (New York, 1958).
41. *Zonneveld, H.,* Z. Lebensm.-Unters.-Forschg. **119,** 319 (1963).
42. *Spaeth, E. E., V. H. Baptist, M. Roberts,* Anal. Chem. **34,** 1342 (1962).
43. *Nadkarni, L. T.,* Microchim. Ichoanal. Acta **1965,** 21.

8. Steroide

Die Steroide, die einen weiten Bereich von Naturstoffen einschließen, können als Derivate des Cyclopentano-perhydrophenanthrens aufgefaßt werden: die Sterine, die Gallensäuren, die Sexualhormone, die D-Gruppe der Vitamine, Krötengifte (überwiegend Steroide mit ungesättigten Lactonringen), Hormone der Nebennierenrinde, Sapogenine (Steroide mit Spiroketalringen) und weitere kleinere Gruppen.

Die den Steroiden zugehörigen Verbindungen unterscheiden sich durch die Kernsubstituenten R_1, R_2 und R_3 in [1], den Grad der Ungesättigtheit und die relative Stereochemie und Konformation der Ringe A, B, C und D. Die Numerierung der Ringe und Seitenketten ist in Formel [2] am Beispiel des Skeletts des Stigmastans wiedergegeben.

Die Reste R_1 und R_2 in Formel [1] sind überwiegend Methyl-Gruppen, die jedoch als oxidierte Gruppen wie Hydroxymethylen- oder Aldehyd-Gruppen vorliegen können. R_3 kann fehlen, *Östran* ($R_1 = R_3 = H$, $R_2 = CH_3$) und *Androstan* ($R_1 = R_2 = CH_3$, $R_3 = H$), oder mehrere C-Atome aufweisen, *Pregnan* ($R_1 = R_2 = CH_3$, $R_3 =$ Äthyl), *Cholan* ($R_1 = R_2 = CH_3$, $R_3 =$

$$-\underset{}{\overset{\displaystyle CH_3}{\overset{|}{C}H}} - (CH_2)_2 - CH_3),$$

Cholestan ($R_1 = R_2 = CH_3$, $R_3 =$

$$-\overset{\displaystyle CH_3}{\overset{|}{C}H} - (CH_2)_3 - CH(CH_3)_2)$$

und *Ergostan* ($R_1 = R_2 = CH_3$, $R_3 =$

$$-\overset{\displaystyle CH_3}{\overset{|}{C}H} - (CH_2)_2 - \overset{\displaystyle CH_3}{\overset{|}{C}H} - CH(CH_3)_2).$$

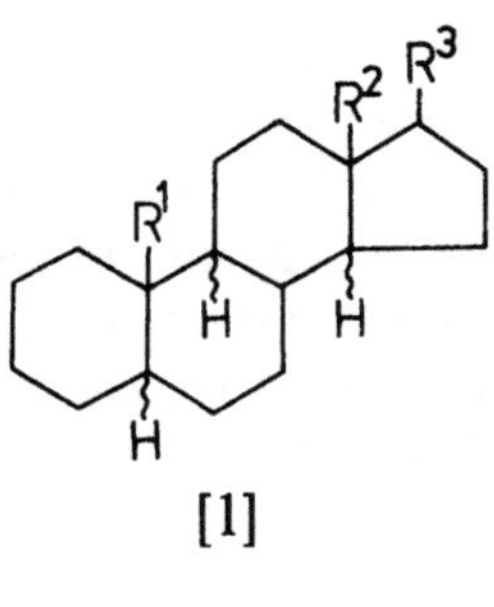

[1]

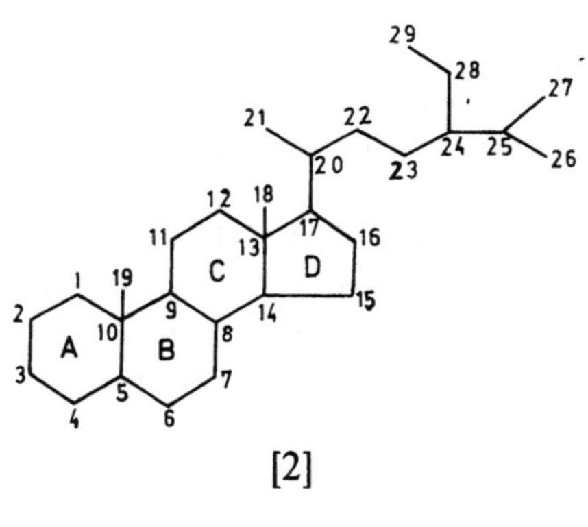

[2]

Die strukturelle Vielfalt der Steroide wird noch dadurch erhöht, daß Seitengruppen mit Stickstoff-Atomen vorhanden sein können, wie in den Azasteroiden Solanidin und Tomatidin. Mit Hilfe der Absorptionsspektroskopie konnten zahlreiche Gallenalkohole, die aus Fröschen und Hexenfischen isoliert wurden, identifiziert werden (1 – 3). Spektroskopische Konstitutions- und Konfigurationsanalysen wurden ebenfalls von Steroidhormonen (4 – 7) und von Sexualpheromonen (8 – 10) durchgeführt.

8.1. Kernresonanzabsorption der Steroide

Seit den „klassischen" Arbeiten von *Shoolery* und *Rogers* (10) über die NMR-spektroskopische Konstitutionsaufklärung von Steroiden entwickelte sich diese Methode bis heute zur stärksten, die dem Steroidchemiker zur Verfügung steht. Für in der Natur neu aufgefundene oder synthetisierte Steroide ist es heute eine Standardpraktik, Konstitutions- und Konfigurationsbeweise aufgrund des NMR-Spektrums zu führen. In den letzten Jahren wurden hochauflösende 100-MHz-Spektrometer auch für Routinemessungen eingesetzt, und einige Arbeiten berichten über die Anwendung der 220-MHz-Spektroskopie und des Kernoverhauser-Effektes zur Untersuchung von Steroiden (11, 12).

Für Steroidmessungen ist Deuterochloroform das bevorzugte Lösungsmittel oder – bei geringerer Löslichkeit – hexadeuteriertes Dimethylsulfoxid (13, 14) oder Pentadeuteropyridin (14). Die Strukturaufklärung eines neuen Steroids wird häufig durch Beobachtung des Wechsels erleichtert, den Chemische Verschiebungen beim Übergang von nichtaromatischen Lösungsmitteln, wie Tetrachlormethan oder Deuterochloroform, zu aromatischen, wie Benzol oder Pyridin, erfahren (15). Der Gebrauch von Lösungsmittelgemischen sollte auch für schwerlösliche Verbindungen nach Möglichkeit vermieden werden, da Lösungsmitteleffekte die Zuverlässigkeit des Spektrenvergleiches mit Verbindungen in reinen Lösungsmitteln erschweren.

Die meisten Messungen an Steroiden betreffen die Protonenresonanz, während bis heute nur relativ wenige Fluor-19- und C-13-Messungen vorliegen. Das C-13-Spektrum des Cholesterins wurde mit Hilfe der Protonenentkopplung analysiert, und es war möglich, 26 der 27 C-Atome zu unterscheiden (16). *Neudert* und *Röpke* (17) veröffentlichten Kataloge von Steroidspektren, die jedoch unglücklicherweise bei 40 MHz gemessen wurden. Die meisten Protonenresonanzspektren von Steroiden werden z. Z. bei 60 und 100 MHz aufgenommen, und zur Spektrenvergleichstechnik sollten die Spektren sowohl im gleichen Lösungsmittel als auch unter den gleichen spektralen Bedingungen aufgenommen sein. Während die Peaks der 10-Methyl- und 13-Methylprotonen im allgemeinen gut separiert liegen – das 60-MHz-^{1}HNMR-Spektrum von Prednisolon (Abb. 8.1.) zeigt z. B. die kernständigen Methyl-Gruppen bei 1,24 und

1,60 ppm –, beobachtet man für die Methylen- und Methinprotonen der alicyclischen Ringe breite überlagerte Signalgruppen.

Die Vorteile der kernmagnetischen Resonanz zum Studium alicyclischer Verbindungen werden also teilweise durch nicht genügende Auflösung begrenzt. Obwohl diese Schwierigkeit durch Entwicklung von Spektrometern höherer Frequenz mitunter überwunden werden (220 MHz), liegen strukturelle Informationen häufig unter der Umhüllenden dieser Systeme begraben.

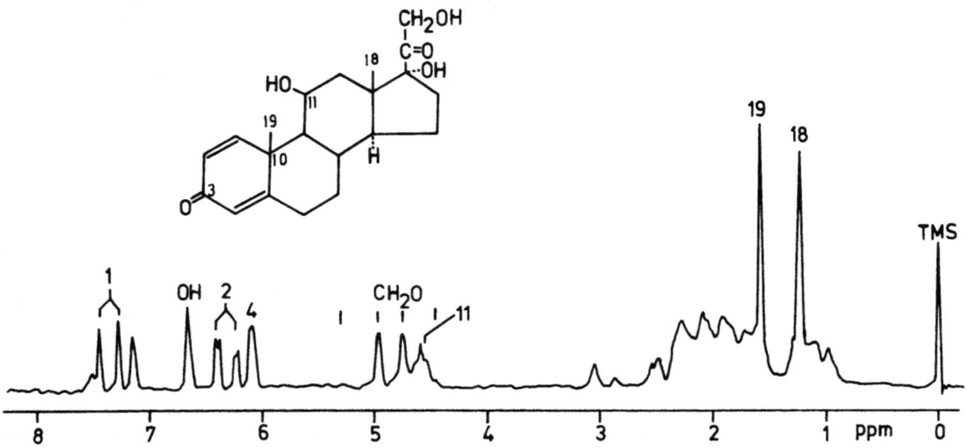

Abb. 8.1. 60-MHz-^{1}HNMR-Spektrum von Prednisolon in Deuteropyridin.

Ende 1969 veröffentlichte *C. C. Hinckley* (18) eine Arbeit über Signalverschiebungen im Protonenresonanzspektrum des Cholesterins bei Zugabe des paramagnetischen Dipyridin-Adduktes von Tris-[dipivalomethanato]-europium(III), Eu(DPM)$_3$ 2Pyr (19). Er beobachtete bei seinen Messungen in Gegenwart dieser Verbindung spezifische Verschiebungen einzelner Signale des Cholesterins zu tieferem Feld zwischen 0,02 – 3,5 ppm, ohne daß durch den Zusatz des Europium-Komplexes eine wesentliche Linienverbreiterung auftrat. Später wurde gefunden, daß Tris-[dipivalomethanato]-praseodym(III) in gleicher Weise eingesetzt werden kann (20).

In Abb. 8.2. A ist das 100-MHz-^{1}HNMR-Spektrum des Cholesterins wiedergegeben, das dem Spektrum des Cholesterin-Europium-Komplexes (Abb. 8.2. B) gegenübergestellt ist. Auf den ersten Blick ist die Verschiebung einiger Resonanzsignale nach tieferem Feld auffallend. Diese paramagnetische Verschiebung ist auf eine Bindung zwischen dem Metallkomplex und dem Cholesterin zurückzuführen. Im Bereich des Cholesterin-Spektrums tritt keine Absorption des Metallkomplexes oder des Pyridins auf.

Die detaillierte Untersuchung des Spektrums 8.2. B deckt einige signifikante Unterschiede gegenüber dem reinen Cholesterin-Spektrum auf. Neben der Verschiebung des olefinischen Protons (f) und des zur OH-

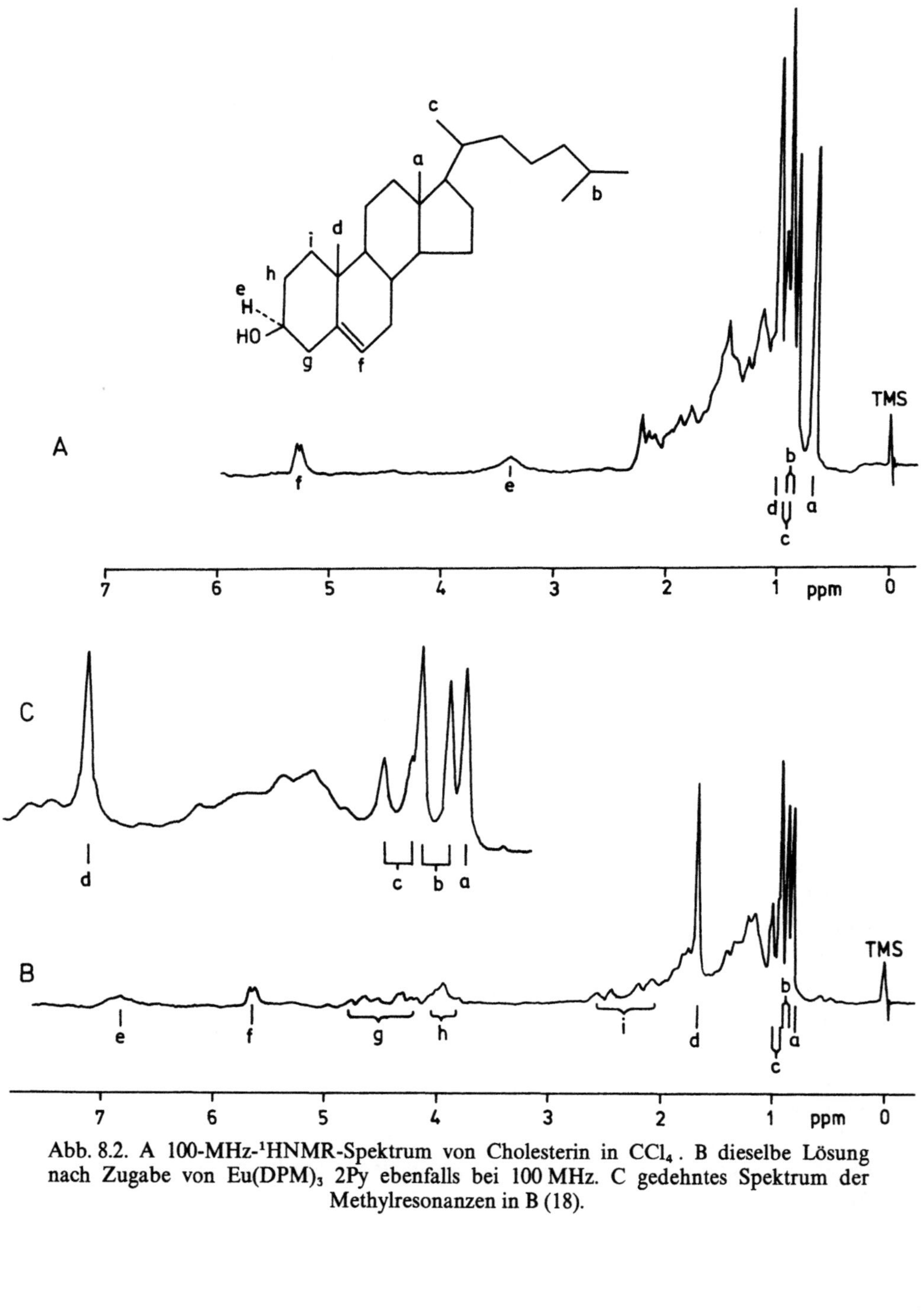

Abb. 8.2. A 100-MHz-^{1}HNMR-Spektrum von Cholesterin in CCl_4. B dieselbe Lösung nach Zugabe von $Eu(DPM)_3$ 2Py ebenfalls bei 100 MHz. C gedehntes Spektrum der Methylresonanzen in B (18).

Gruppe geminal stehenden Protons (e), welches aufgrund der starken Entschirmung die Komplexbildung an der Hydroxygruppe anzeigt, werden die Methylresonanzen (a), (b), (c) und (d) beeinflußt. Bei tieferem Feld zu den oben genannten unaufgelösten Absorptionen treten weitere Signale (g), (h) und (i) auf. Die Zuordnung der Methylresonanzen (Abb. 8.2.) war durch Beobachten des Wechsels möglich, der bei wachsender Konzentration des Metallkomplexes auftrat (18).

Spinentkopplungsexperimente können eingesetzt werden, um die in Abb. 8.2. mit (g), (h) und (i) bezeichneten Methylenprotonen zuzuordnen. Die paramagnetischen Verschiebungen wurden für alle Protonen bestimmt, die im Spektrum des Cholesterins und Cholesterin-Metallkomplexes zugeordnet werden konnten (18).

Proton	$\Delta\omega$, Hz	R, Å (Abstand zwischen Metall und Proton)
a	− 14,5	9
b	− 1,9	13
c	− 6,7	12
d	− 67,4	5
e	− 347,0	3,5
f	− 40,0	6

Abb. 8.3. zeigt das übliche 100-MHz-Spektrum von 2β-Hydroxy-5α-androstan in Deuterochloroform. Allein das entschirmte Proton geminal zur OH-Gruppe und die C-18 und C-19-Methyl-Signale können rasch zugeordnet werden, während die übrigen 25 Protonen des Skeletts überlagerte Signalgruppen zwischen 0,5 – 2,0 ppm verursachen. Bei Zugabe von $Eu(DPM)_3$ zu der Lösung von 2β-Hydroxy-androstan tritt wieder eine dramatische Änderung des Spektrums auf, das in Abb. 8.3. b wiedergegeben ist. Besonders auffallend ist das Auftreten von sieben deutlich getrennten Signalgruppen, die nach tieferem Feld aus der Umhüllenden der Methylen- und Methin-Protonen in Abb. 8.3. a auftauchen. Sowohl die Analyse der Signalmultiplizitäten als auch Spinentkopplungsexperimente zeigen zweifellos, daß diese Signale den verschiedenen Protonen des Ringes A zuzuordnen sind, wie es in Abb. 8.3. wiedergegeben ist.

Die Reihenfolge, in welcher die Protonen des A-Ringes von tiefem zu hohem Feld auftreten, steht in direkter Beziehung zur Entfernung zum Koordinationszentrum der 2β-OH-Gruppe (18, 21). Die überaus starke Verschiebung der C-19-Methylresonanz von 1,03 nach 7,85 ppm ist auf die räumliche Nähe in 1,3-diaxialer Stellung zur 2β-Hydroxy-Funktion zurückzuführen (22). Weiterhin ist die größere Auflösung der Methylen-Methin-Umhüllenden auffallend, die sich gegenüber dem normalen Spektrum über mehr als den doppelten Bereich erstreckt: von 1,25 – 4,20 ppm. Die beobachtete Verschiebung des gesamten Bereiches nach tieferem Feld zeigt, daß alle Protonenresonanzen signifikant verschoben sind, auch die Protonen des D-Ringes; das entfernteste Proton hat zur 2β-OH-Gruppe einen Abstand von ca. 10 Å. Diese Beobachtung ist nicht unerwartet, da merkliche paramagnetische Verschiebungen noch für Protonen mit einer Entfernung von 27 Å zum Koordinationszentrum erhalten werden können (22).

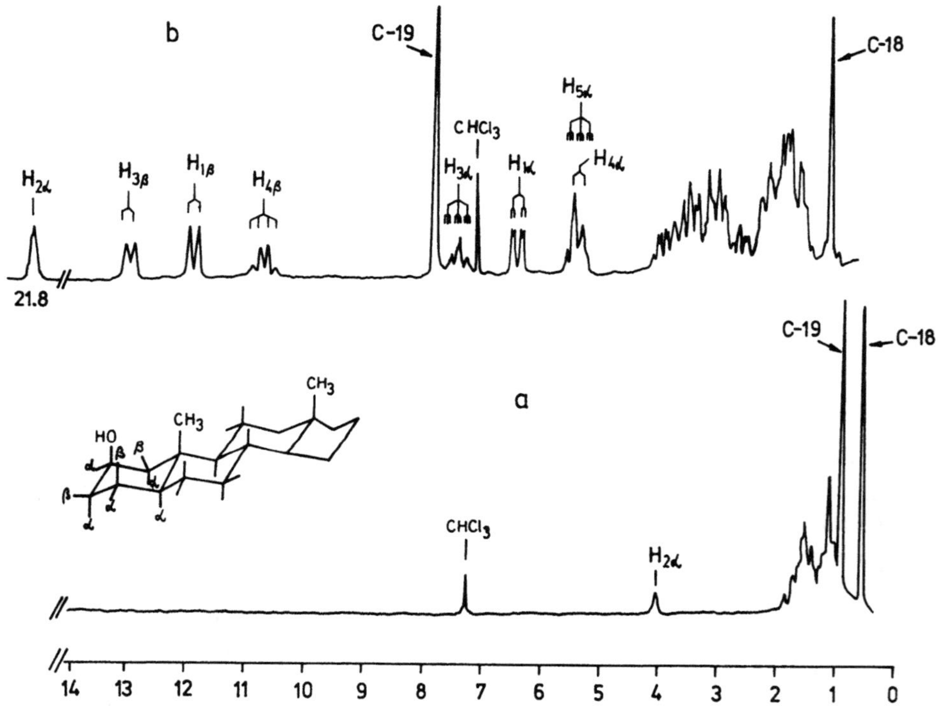

Abb. 8.3. ^{1}HNMR-Spektren von 2β-Hydroxy-5α,14α-androstan in $CDCl_3$, a normales Spektrum bei 100 MHz, b 100-MHz-Spektrum nach Zugabe von $Eu(DPM)_3$.

Die Multiplizitäten der Protonen des A-Ringes ergeben sich in Spektrum 8.3. b aus den Kopplungskonstanten J_{gem} ca. 15 Hz, $J_{ax,ax}$ ebenfalls ca. 15 Hz, $J_{ax,eq}$ ca. 4 Hz und $J_{eq,eq}$ ca. 3 Hz.

Das bei tiefstem Feld liegende Signal des zur OH-Gruppe geminal stehenden Protons zeigt keine Aufspaltung. Die Signalverbreiterung entsteht durch eq,eq, und eq,ax-Kopplungen; dieses Proton befindet sich somit in der äquatorialen Stellung.

Wie Spinentkopplung belegte, ist das nach höherem Feld benachbarte Dublett dem Proton $H_{3\beta}$ * zuzuordnen. Für dieses Proton ist die äquatoriale Lage dadurch belegt, daß eine Aufspaltung nur infolge der geminalen Kopplung zu dem Proton der 3α-Stellung beobachtet wird; die vicinalen Kopplungen führen für dieses äquatoriale Proton nur zu Signalverbreiterungen. Die Multiplizität des Protons $H_{3\alpha}$ belegt, daß die geminale und axial-axiale Kopplung von angenähert gleicher Größe ist, hierdurch entsteht die größte Triplettierung des Multipletts (Triplett von Tripletts), das hier gerade noch aufgelöst ist (Abb. 8.3. b). Das Proton $H_{1\beta}$ gibt sich durch geminale Kopplung zu einem Dublett zu erkennen, während für das Proton in 4β-Stellung ein Quartett durch zwei axiale und einen geminalen Kopplungspartner auftritt. Entsprechende Überlegungen erklären die Multiplizitäten der übrigen Protonen des A-Ringes in Abb. 8.3. b. Weitere Informationen über die Zuordnung der Ringe B und C können aus dem 220-MHz-Spektrum des Europium-Komplexes erhalten werden (23).

8.1.1. Methyl-Gruppen

Eine völlige Zuordnung aller Protonen der alicyclischen Ringe eines Steroids ist besonders bei Abwesenheit funktioneller Gruppen häufig nicht möglich. Die scharfen Signale der Methyl-Gruppen in verschiedenen chemischen Umgebungen, aromatische und olefinische Protonen sowie Protonen, die geminal zu Sauerstoff- oder Stickstoff-Atomen sich befinden, können jedoch im allgemeinen zugeordnet werden. Das starre polycyclische Steroidgerüst ist ideal für die Beurteilung sterischer Faktoren geeignet, die Kopplungskonstanten beeinflussen und für die Klärung von long-range-Effekten, die an verschiedene funktionelle Gruppen gebunden sind.

Die Beobachtungen von *Shoolery* und *Rogers* (10) über die Frequenzlagen kernständiger Methyl-Gruppen wurden durch weitere Arbeiten bestätigt (24, 25) und ein angenähert additiver Einfluß der verschiedenen funktionellen Gruppen gefunden (15, 26). *Zürcher* (24) tabellierte die Chemischen Verschiebungen für die 10-Methyl- und 13-Methyl-Protonen in einer großen Zahl verschieden substituierter Steroide und bestimmte Frequenzinkremente für eine große Zahl von Substituenten in verschiedenen Positionen des Steroidkerns. Es lassen sich also die Chemischen Verschiebungen der 10-Methyl- und 13-Methyl-Gruppen in substituierten Steroiden mit wenigen Ausnahmen aus den Beiträgen berechnen, die auf die einzelnen Substituenten in den verschiedenen Stellungen am Steroidkern zurückzuführen sind (25). Diese Beiträge wurden

* Die über der Ringebene liegenden Protonen werden mit β bezeichnet und die unter der Ringebene liegenden mit α (vgl. Formel in Abb. 8.3. a).

empirisch ermittelt aufgrund einer systematischen Analyse der Spektren von Steroiden mit bekannter Struktur.

Die Übereinstimmung zwischen den berechneten und den experimentell gefundenen Chemischen Verschiebungen der 10- und 13-Methyl-Gruppen ist in vielen Fällen ein rasches und scharfes Kriterium für die Richtigkeit eines Strukturvorschlages, oft sogar der einzige, wenn die übrigen chemischen und spektralen Daten keine Entscheidung mehr zulassen.

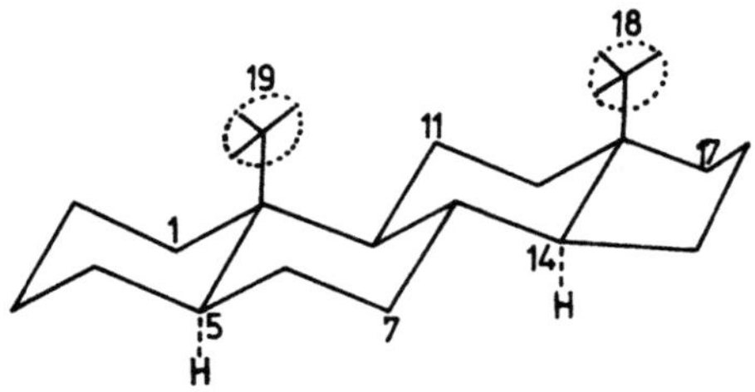

5α, 14α-Androstan

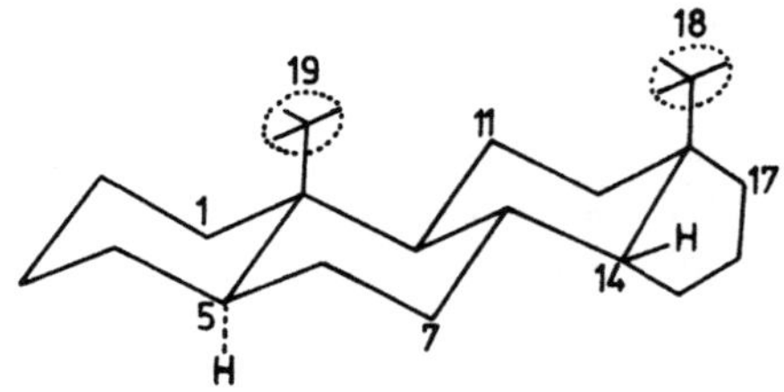

5α, 14β-Androstan

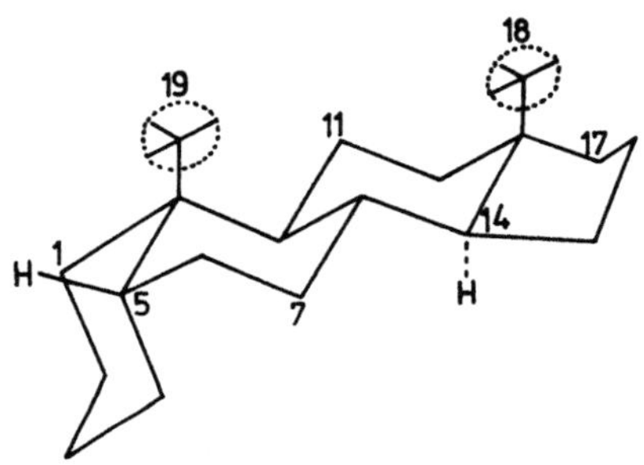

5α, 14α-Androstan

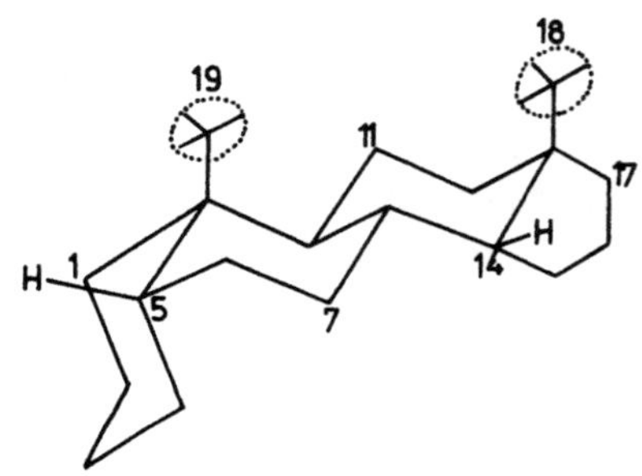

5β, 14β-Androstan

Nach *Zürcher* teilt man die Steroide in vier Gruppen ein, entsprechend ihrer Konfiguration an den Kohlenstoff-Atomen C-5 und C-14.

Die Ringe B und C sind mit Ausnahme der Steroide mit Doppelbindungen und Epoxiden in den Stellungen 8 und 9 immer *trans* verknüpft. Die Grundkörper dieser vier Gruppen von Steroiden haben bei 60 MHz in Deuterochloroform folgende Chemische Verschiebungen für die 10- und 13-Methyl-Gruppen (ppm von TMS):

	10-Methyl	13-Methyl
5α,14α-Androstan	0,792	0,692
5β,14α-Androstan	0,925	0,692
5α,14β-Androstan	0,767	0,992
5β,14β-Androstan	0,900	0,992

Ausgehend von den Werten für diese vier Grundkörper lassen sich mit Hilfe von Substituenten-Inkrementen die Chemischen Verschiebungen der 10- und 13-Methylprotonen berechnen (25, 27).

8.1.2. Methylengruppen

Cookson u. a. (28) berichtete über die Faktoren, die geminale Spin-Spin-Kopplungskonstanten von Methylengruppen beeinflussen und tabellierte die verschiedenen Strukturtypen, die in polycyclischen Verbindungen, wie Steroiden, auftreten. Die Werte der Kopplungskonstanten werden von der Konformation benachbarter Gruppen beeinflußt und von Spannungen benachbarter Bindungen. Unter Beteiligung der Infrarotspektroskopie wurde die NMR-Messung zur Bestimmung der Konformation der Seitenkette des Cortisons [1] und verwandter Verbindungen eingesetzt (29).

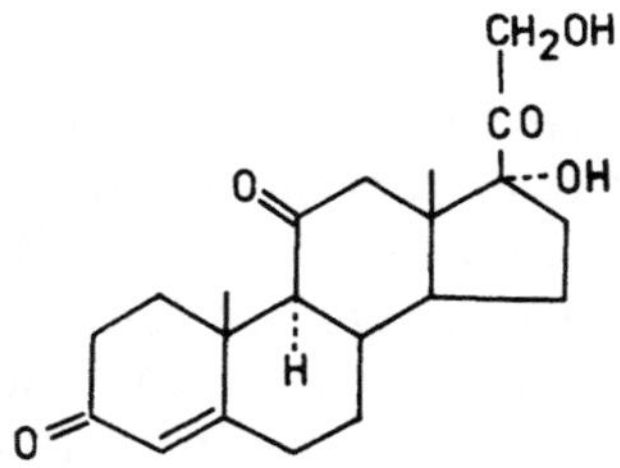

[1]

Die Abnahme der geminalen Kopplungskonstante der 21-Protonen mit Zunahme des *van der Waal's* Radius des 21-Substituenten läßt eine bevorzugte Anordnung vermuten, in welcher der 21-Substituent angenähert ekliptisch mit der 20-Carbonylgruppe sich befindet und die Carbonylgruppe über dem Ring D liegt. Die dominierende Konformation der Cortison-Seitenkette ist in [2] wiedergegeben.

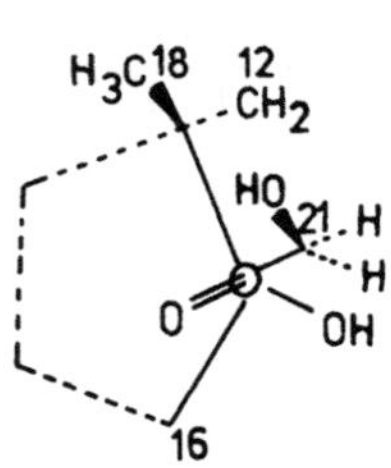

[2]

Die Methylenprotonen des Cyclopropanringes zeigen eine charakteristische geminale Kopplung von 4 – 6 Hz und treten im allgemeinen bei besonders hohem Feld in Resonanz (28, 29). Die ^{1}HNMR-Spektren verschiedener 6-substituierter Steroide mit Cyclopropanringen wurden beschrieben: 3α,5-Cyclocholestane (z. B. 3α,5-Cyclo-cholestan-6β-ol [3] (31), 3β,5-Cyclosteroide (32), 1α,2α-Methylen-steroide und 1β,2β-Methylen-steroide (33, 34).

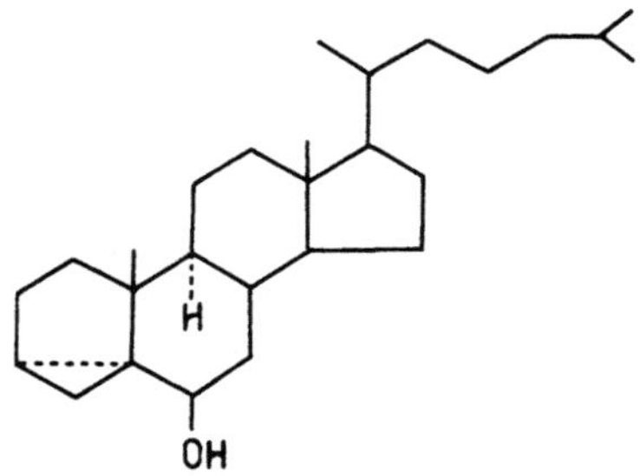

[3]

8.1.3. *Olefinische Gruppen*

Die Positionen, in denen die kernständigen Methylgruppen ungesättigter Steroide im NMR-Spektrum zu erwarten sind, können aus Doppelbindungsinkrementen errechnet werden (35). Ungesättigte Steroide wurden systematisch untersucht, um den Einfluß von Doppelbindungen auf die Methylresonanzen zu bestimmen, sowie die Lage und Multiplizität olefinischer Protonen ohne komplizierten Einfluß weiterer Substituenten (36). In den meisten Fällen wird eine Übereinstimmung von ±0,04 ppm mit den *Zürcher*-Werten beobachtet (24). Die durch Doppel-

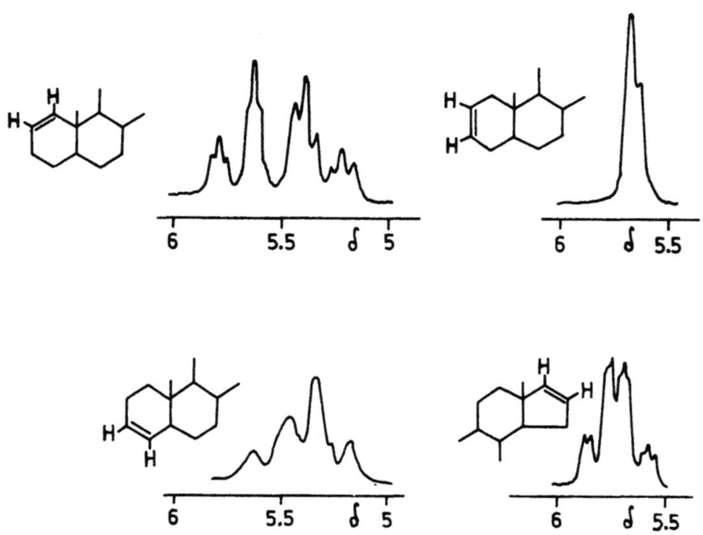

Abb. 8.4. NMR-Signale olefinischer Protonen von 5α-Cholesten-1, 5α-Cholesten-2, 5α-Cholesten-3 und 5α-Androsten-16 (36).

bindungen verursachten Verschiebungen der Methylresonanzen sind jedoch im allgemeinen gering und demzufolge kann nur in seltenen Fällen aus dem Wert des Methylsignals auf die Position der Doppelbindung mit Sicherheit geschlossen werden; dies gilt nicht für das konjugierte System einer α,β-ungesättigten Ketogruppe.

Die meisten olefinischen Signale können mit der Aufspaltung erster Ordnung interpretiert werden. Die Zuordnung dieser Resonanzen zu bestimmten Protonen folgt aus den relativen Größen der Kopplungskonstanten (J) und der Abhängigkeit der Kopplungskonstanten von den betreffenden Diederwinkeln.

In dem System $-CH^1=CH^2-CH<$ zeigt die Kopplung $J_{1,3}$ ein Maximum, wenn der H^1-H^3-Diederwinkel 90° beträgt. Wenn die H^1-H^3- und ^2H-^3H-Winkel um 45° betragen, wird für $J_{2,3}$ gegenüber $J_{1,3}$ ein etwas größerer Wert gefunden. Beispielsweise wird für den A-Ring des 5α-Cholesten-1 die Sesselform eines Cyclohexenringes angenommen, und für das bei höherem Feld liegende Signal (5,32 ppm) des Protons in 2-Stellung ist eine größere sekundäre Kopplung zu erwarten. Die cis-Kopplung ist bei den disubstituierten Doppelbindungen der sechs- und fünfgliedrigen Ringe in jedem Fall die primäre Kopplung (37). Die einfache Multiplizität der olefinischen Protonen in Δ^2-Verbindungen ist unerwartet, und die Aufspaltungsregeln erster Ordnung sind hier nicht anzuwenden (Abb. 8.4., Nr. 2).

In vielen Fällen kann die Konformation steroidischer Cyclohexanringe aus dem NMR-Spektrum aufgrund der Kopplungskonstanten ermittelt werden (38, 39). Einem ungewöhnlichen Konformationstyp begegnet man im Ring A eines 3-Hydroxy- und 3-Azo-östr-5(10)-ens. Von den Spektren epimerer Paare (40) ist es offensichtlich, daß die 3α- und 3β-Valenzbindungen äquatorial bzw. axial sind, und es wurde geschlossen, daß von den drei möglichen Konformationen des Ringes A, [4], [5] und [6], die Konformation [4] bevorzugt ist (41, 42).

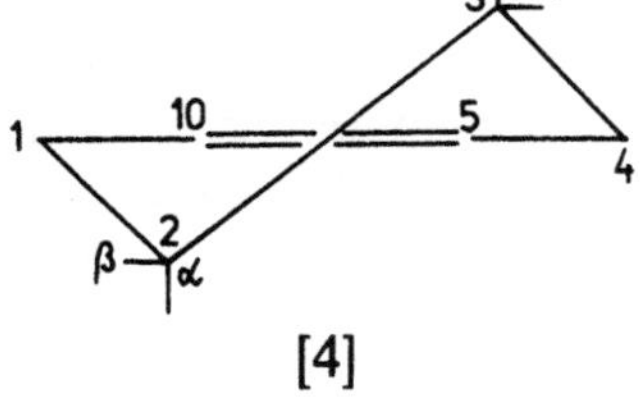

[4]

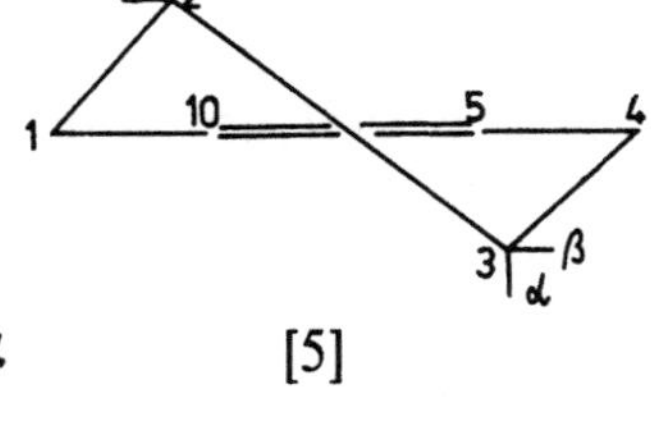

[5]

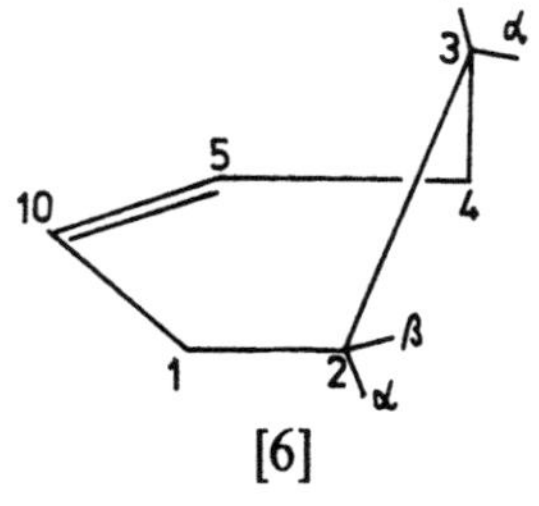

[6]

Die bevorzugte Konformation des Ringes A in Steroiden mit aromatischem B-Ring, wie Neoergosterol, wurde ebenfalls studiert (43), und epimere 16-Hydroxy- (44) und 16-Halogen-pregn-17(20)-ene (45) können NMR-spektroskopisch unterschieden werden.

Die NMR-Spektroskopie führte zu dem Ergebnis, daß Precalciferol [7] und Tachysterol [8 a] cis- und trans-Isomere um die 6(7)-Doppelbindung sind (46, 47).

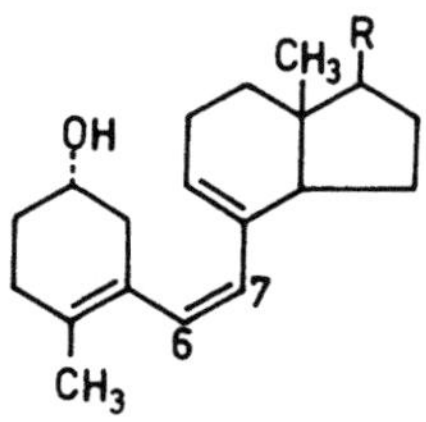

[7]

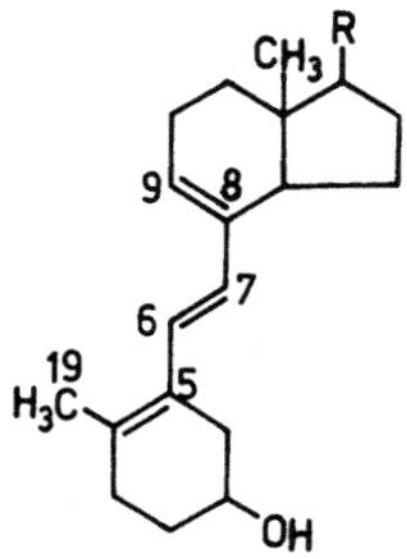

[8 a]

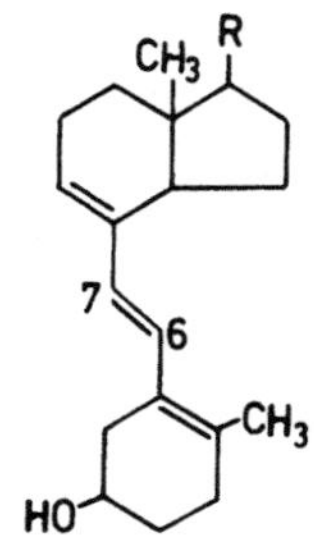

[8 b]

Durch 220-MHz-^{1}HNMR-Spektroskopie und Anwendung des *Kern-Overhauser*-Effektes kann zwischen den zu diskutierenden Konstitutionen des Tachysterols [8 a] und [8 b] entschieden werden (47). Da bei Sättigung des 9H-Signals (5,69 ppm) in dem Bereich des 6H-Signals (6,72 ppm) ein Anwachsen der Intensität um 10% beobachtet wird, während das 7H-Signal hierdurch nicht beeinflußt wird, ist Tachysterol der 5(6)-s-trans-7(8)-s-cis-Konfiguration [8 a] zuzuordnen.

Weiterhin wurde die Konstitution von Vitamin D_3, ein Bestrahlungsprodukt des 7-Dehydro-cholesterins, NMR-spektroskopisch bestimmt (48).

8.1.4. Aromatische Gruppen

Von biologischer Bedeutung ist die Umwandlung weiblicher Geschlechtshormone in männliche durch Hydroxylierung des aromatischen Ringes zu 2-Hydroxyöstron [9 a] (49), welches einem weiteren Stoffwechsel zum Monomethylderivat [9 b] unterliegt (50 – 52). Diese Reaktion scheint spezifisch für die C-2-OH-Gruppe zu sein, da nur das 2-OMe-Produkt in männlichen Geschlechtshormonen nachgewiesen werden konnte.

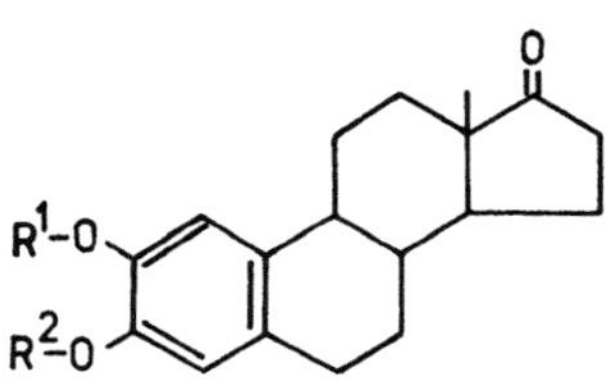

[9 a] : $R^1 = R^2 = H$
[9 b] : $R^1 = CH_3$, $R^2 = H$

Die Methylierung dieser OH-Gruppen war demzufolge von Interesse (53), und verschiedene Monoderivate des Östrogen-Catechols wurden synthetisiert (54). Die Ähnlichkeit dieser Isomeren verursacht Schwierigkeiten in der strukturellen Zuordnung, zumal nur begrenzte Mengen aus biologischem Material zur Verfügung stehen. Im Protonenresonanzspektrum erscheinen die beiden aromatischen Protonen als deutlich getrennte Resonanzen. Da bei einer Veränderung einer phenolischen OH-Gruppe auf ein orthoständiges Proton ein größerer Einfluß zu erwarten ist als auf ein Proton in meta-Stellung, sollte es möglich sein, die isomeren Monoderivate des Östrogen-Catechols NMR-spektroskopisch aufgrund der aromatischen Protonen zu unterscheiden. Für dieses Vorgehen ist es jedoch notwendig, die beiden aromatischen Resonanzen der Ausgangssubstanz zuzuordnen. Eine Analyse erster Ordnung des NMR-Spektrums der Verbindung [10 a] [2,17β-Dihydroxy-östratrien-(1,3,5^{10})] macht diese Zuordnung möglich (55, 56).

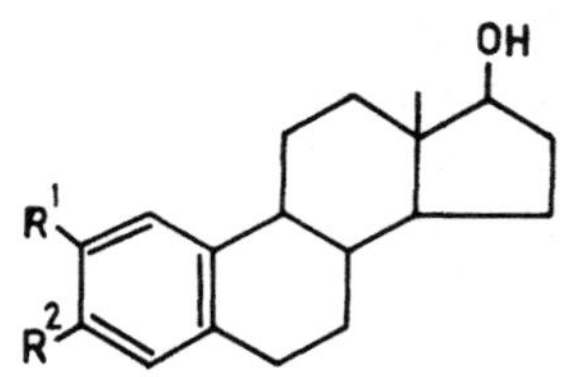

[10 a] : $R^1 = OH, R^2 = H$
[10 b] : $R^1 = H, R^2 = OH$

Die Chemischen Verschiebungen der aromatischen Protonen zeigen, daß das C-1-Proton in der 2-Hydroxy-3-desoxy-Verbindung 12 – 14 Hz bei tieferem Feld auftritt als das C-4-Proton in dem vergleichbaren Östradiolderivat [10 b]. Dieser Wert entspricht der Differenz zwischen den zwei aromatischen Protonen im 2-Hydroxyöstron und belegt die Zuordnung der bei tieferem Feld liegenden Resonanz zum C-1-Proton und der bei höherem Feld liegenden zum C-4-Proton. Diese Zuordnung wird durch NMR-Spektren verschiedener 2-Hydroxyöstronderivate gestützt (57). Die Bildung eines Methyläthers einer phenolischen OH-Gruppe beeinflußt die ortho- und meta-Protonen in entgegengesetzter Weise, das *ortho*-Proton wird um 3 – 4 Hz nach höherem Feld verschoben, während das *meta*-Proton eine Entschirmung um 1 – 2 Hz erfährt.

Die Ursache für die größere Entschirmung des C-1-Protons im 2-Hydroxyöstron ist von einigem Interesse. Verschiedene Versuche wurden unternommen, die Resonanzen aromatischer Protonen mit der Verteilung der Elektronendichte aromatischer Systeme in Beziehung zu setzen (58 – 61). Andere Ursachen für die Differenz der C-1 und C-4-Protonenresonanzen könnten auf sterische Behinderung des C-1-Protons und unterschiedliche magnetische Anisotropie des B- und C-Ringes zurückzuführen sein. Wenn eine geringe Elektronendichte am C-1 gegenüber der C-4-Position die stärkere Entschirmung des C-1-Protons verursacht, müssen auch Unterschiede in der Elektronendichte in den Positionen

C-2 und C-3 auftreten (62, 63). Dies wiederum würde eine unterschiedliche Acidität der beiden phenolischen OH-Gruppen bewirken, was zu beachtlichen biologischen Konsequenzen führen würde. Nach einer Arbeit von *Nagata* (64) erklärt die sterische Behinderung zwischen dem C-1 und 11α-Wasserstoff hinreichend die größere Entschirmung des C-1-Protons. In der Tat ist eine aus seinen Daten errechnete Entschirmung um 12 Hz in Übereinstimmung mit dem für 2-Hydroxyöstron gefundenen Wert.

Der Beitrag der verschiedenen magnetischen Anisotropie der Ringe B und C zu der beobachteten Entschirmung wurde von diesen Autoren in Erwägung gezogen, jedoch aufgrund einer Berechnung auf der Basis der *McConnell*-Gleichung fallen gelassen.

Die NMR-Daten der isomeren 6α- und 6β-Methylöstradiolderivate sind für die hier untersuchte Problematik von Bedeutung (65). Die NMR-Spektren dieser isomeren Verbindung zeigen, daß die 6β-Methylgruppe keinen Einfluß auf die Chemische Verschiebung des aromatischen C-4-Protons ausübt, während die 6α-Methylgruppe eine Entschirmung um 10 Hz verursacht. In ähnlicher Weise sei die Anisotropie der C-11-Methylengruppe für die Entschirmung des C-1-Protons verantwortlich (57). Eine Untersuchung (64, 66) des sterischen Effektes der Entschirmung des aromatischen 4-Protons durch das 5-Proton in einem Octahydrophenanthren [11] ist ebenfalls in Übereinstimmung mit einer sterischen Behinderung zwischen dem oben diskutierten 1-Proton und dem 11α-Proton und liefert damit eine Erklärung für die größere Entschirmung des 1- gegenüber dem 4-Proton in einfachen Östron-Derivaten.

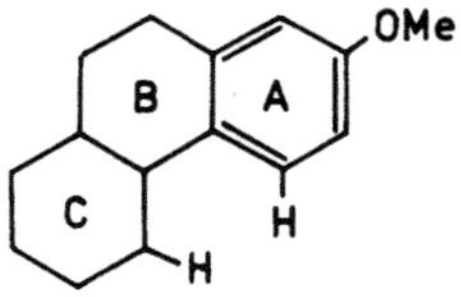

[11]

Diese Ergebnisse sind für die Deutung der Metabolie des Östrons (57) und des 3,15β,16α,17β-Tetraacetoxy-östratrien-(1,3,5) nützlich (67) und um ein isomeres Arylmonosulfat des Östrogen-Catechols (68) zu identifizieren. NMR-Spektroskopie unterstützte die Klärung der Struktur der Produkte der mikrobiologischen Hydroxylierung der Östron-Derivate (69).

8.1.5. α,β-ungesättigte Ketone

α,β-ungesättigte Oxosteroide und deren Derivate wurden in zahlreichen NMR-Untersuchungen studiert; Informationen über die Konformation der Ringe A und B und über long-range-Kopplungen wurden erhalten. Die NMR-Spektroskopie hat gezeigt, daß die Einführung entweder eines 2β-Methyl- oder eines 2β-Acetoxysubstituenten in einem 19-Nortestosteron [12] den Ring A von der Sesselkonformation in eine „twist-Form" überführt (70).

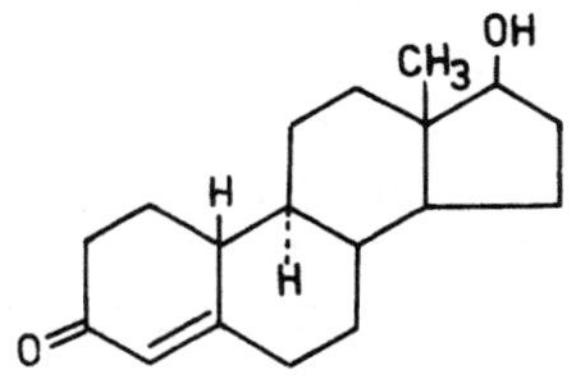

[12]

Die Konformation des A-Ringes in 5α- und 5β-Δ^1-3-Oxo-19-norsteroiden (71) und der Einfluß eines 6-Halogenatoms in Δ^4- und $\Delta^{1,4}$-3-Oxosteroiden (72) wurde in ähnlicher Weise studiert.

Eine Untersuchung von in 6-Stellung substituierten 4-Methylcholest-4-enen erbrachte den Nachweis, daß in epimeren 3,3-Äthylendithio-4-methylcholest-4-en-6α- und -6β-olen eine homoallylische Kopplung zwischen den 4-Methylprotonen und dem 6β-Proton vorliegt, jedoch nicht zwischen den 4-Methylprotonen und dem 6α-Proton. In ähnlicher Weise koppeln die 4-Methylprotonen mit dem 6β-Proton, jedoch nicht mit dem 6α-Proton in epimeren 6-Brom- oder 6-Acetoxy-4-methylcholest-4-en-3-onen (73). Im Gegensatz zum 100-MHz-Spektrum zeigt das 60-MHz-Spektrum von 7,7-Äthylendithio-cholest-4-en-3-on eine scheinbare Kopplung zwischen dem 4-Proton und dem äquatorialen Proton der 6α-Stellung (74).

Die Chemische Verschiebung des olefinischen Protons in 6-substituierten $\Delta^{4,6}$-3-Oxo-steroiden ist von der Größe des Substituenten in 6-Stellung abhängig. Die Position des Signals des Protons in 4-Stellung ist angenähert proportional dem magnetischen Abschirmungsparameter des 6-Substituenten, während das Signal des 7-Protons von dem mesomeren Einfluß des 6-Substituenten abhängt und in Gegenwart eines Elektronendonators nach höherem Feld verschoben wird. In den 6-Äthoxy-, 6-Methoxy- und 6-Fluoranaloga, in welchen das 7-Protonsignal nach höherem Feld verschoben ist, wird eine Kopplung von etwa 2 Hz zwischen dem 7-Proton und dem Proton in 8-Stellung beobachtet (75).

8.1.6. Alkohole, Esther und Äther

Zur Bestimmung der Konfiguration und strukturellen Umgebung einer Hydroxy-Gruppe stehen einige NMR-Methoden zur Verfügung. In Dimethylsulfoxid wird das OH-Proton in einer Wasserstoffbrücke mit dem Lösungsmittel fixiert, und die vicinale Kopplung mit den CH-Protonen macht die Unterscheidung primärer und sekundärer Alkohole möglich, während bei tertiären für das OH-Proton ein Singulett auftritt (76). Der Grad des OH-Protonenaustausches, der durch Spuren von Säuren z. B. in Deuterochloroform katalysiert wird, wird in DMSO hinreichend reduziert, so daß die OH-Protonenaufspaltung beobachtet wird.

Der charakteristische Wechsel der Chemischen Verschiebung des geminal zur OH-Gruppe stehenden Protons bei Veresterung (77) und Methylierung (78), sowie die Abhängigkeit des ^{19}F-Signals von der chemischen Umgebung nach Trifluoracetylierung mit Trifluoressigsäure (79) wurden als geeignete Methoden zur Bestimmung der Natur der OH-Gruppen in Steroiden vorgeschlagen.

Weiterhin wurde Trichloracetylisocyanat [13] als Reagenz für die NMR-spektroskopische Klassifizierung von Steroidalkoholen (80) eingeführt.

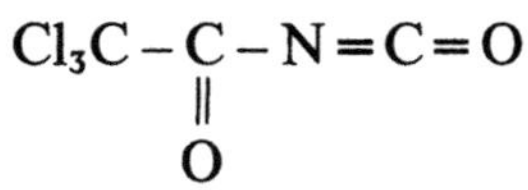

[13]

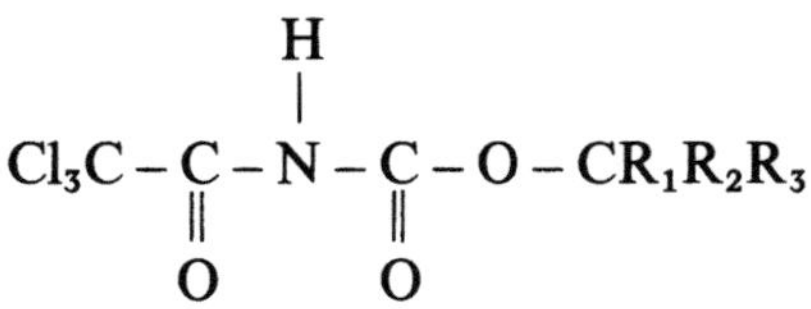

[14]

Das Steroidcarbamat [14] wird wenige Minuten nach Zugabe von Trichloracetylisocyanat zu einer Lösung des Steroids erhalten. Auch die sterisch behinderten 11β- und 17α-Hydroxygruppen bilden Carbamate ohne bemerkenswerte Dehydratation, und das entstehende Carbamat ist in vielen Fällen in Deuterochloroform besser löslich als der ursprüngliche Alkohol.

Ein Polyhydroxysteroid unterliegt dieser Reaktion an jeder OH-Gruppe, und die Carbamat-Imidsignale treten in dem Bereich 8 – 9 ppm als getrennte Singuletts auf und liefern so eine sichere Indikation für die Zahl der vorhandenen Hydroxygruppen. Information über die Umgebung jeder Hydroxy-Gruppe kann durch Vergleich der NMR-Spektren vor und nach Addition von Trichloracetylisocyanat erhalten werden; die Carbinolprotonen primärer und sekundärer Alkohole werden um 0,5 – 0,9 ppm bzw 1,0 – 1,5 ppm nach tieferem Feld verschoben (81).

Der entschirmende oder abschirmende Einfluß auf Protonen, die geminal zur Hydroxygruppe stehen, ist nach Veresterung und Methylierung gut bekannt, während der Einfluß auf benachbarte Protonen weniger geklärt ist. *Tori* (82) untersuchte die Steroid-Spektren mit mehreren Hydroxy- und Thiolgruppen im Ring A und berichtete über die Signalverschiebungen vicinaler Protonen nach Acetylierung. Da der Ring A jedoch nicht starr ist, wurden die Untersuchungen auf den unbeweglichen B-Ring in 5α-Hydroxycholestanen und Triterpenalkoholen ausgedehnt (83). Veresterung der axialen 5α-Hydroxygruppe entschirmt die benachbarten äquatorialen 4α- und 6α-Protonen um ca. 1 ppm und die entsprechenden axialen 4β- und 6β-Protonen um ca. 0,1 ppm.

Der Einfluß von Lösungsmitteln auf Chemische Verschiebungen von Hydroxysteroiden beim Wechsel von Deuterochloroform zu Pyridin wurde zu spezifischen Substanz-Lösungsmittelkomplexen zwischen der polaren Hydroxy-Gruppe und Pyridinmolekülen in Beziehung gesetzt (84). In gesättigten Steroiden erfahren Protonen vicinal oder geminal zu einer Hydroxy-Gruppe in Pyridin eine Entschirmung relativ zu Deuterochloroform. Die Größe der Entschirmung liefert Information sowohl über die Lokalisierung als auch die stereochemische Natur von Protonen in der Umgebung der Hydroxy-Funktion (84).

Wilson u. a. (85) brachte die Struktur einiger Hydroxy- und Methoxysteroide zu Lösungsmitteleinflüssen der Chemischen Verschiebung in Beziehung. Geminal zu Sauerstoffatomen stehende Protonen werden beim Übergang von Deuterochloroform zu Benzol nach höherem Feld verschoben (0,05 – 0,25 ppm), während Protonen in Nachbarstellung zu Sauerstoffatomen eine Entschirmung erfahren.

Smith (86) tabellierte die Chemischen Verschiebungen für kernständige Methylprotonen und für geminal zu Hydroxy- und Acetoxygruppen stehende Protonen in verschiedenen Positionen des Steroidkerns und brachte diese Information in Beziehung zur Struktur von Hydroxysteroiden, die durch mikrobiologische Reaktionen gebildet waren. Diese Technik kann zur Identifizierung enzymatischer Hydroxylierungsprodukte von 16,20-Dioxo-steroiden (87) eingesetzt werden.

Wasserstoffbrücken in 9α-Halogen-11β-hydroxyprogesteronen wurden mit der Aussicht studiert, eine Beziehung zwischen der biologischen Aktivität von 17α-Acetoxy-9α-fluor-11β-hydroxyprogesteron [15] und der Stärke der Wasserstoffbindung zum Enzym-Elektronendonator zu finden.

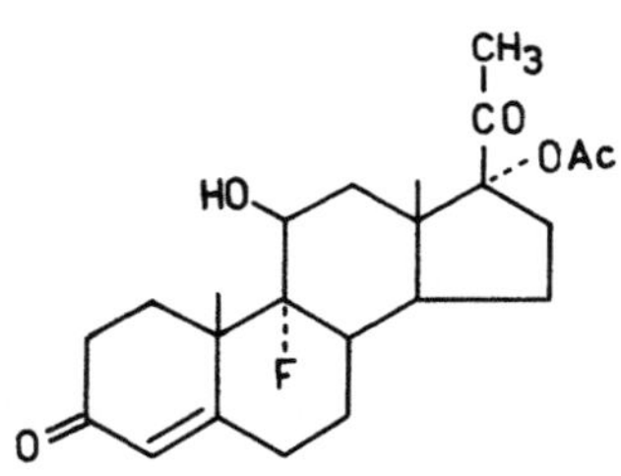

[15]

NMR-Messungen zeigten (88), daß die Bindung von Hydroxy-wasserstoffen an Dioxan und Aceton durch Gegenwart eines β-Halogenatoms gestärkt wird, wie z. B. in 2β-Halogen-5α-cholestan-3α-ol. Die Wasserstoffbrücken von 11β-Hydroxy-Gruppen sind möglicherweise durch Behinderung der freien Rotation gestärkt. Durch NMR-Messung kann gezeigt werden, daß 2-Hydroxymethylen-4,4-dimethylcholest-5-en-3-on in Lösung völlig enolisiert vorliegt (89).

8.1.7. Zuordnungen in Steroidspektren

Die Interpretation der Protonenresonanzspektren komplexer Moleküle wird oft durch Überlappung der Resonanzen erschwert. Das Problem der Überlagerung kann beträchtlich durch Erhöhung der Frequenz von 60 MHz auf 100 MHz vermindert werden, wie Abb. 8.5. zeigt. Die steigende Chemische Verschiebung führt bezüglich der Interpretation zu einer Vereinfachung der Spektren, da die Störung der Linienintensitäten durch Effekte zweiter Ordnung reduziert wird.

Im Spektrum des Digitoxigenins (Abb. 8.5.) sind die Methylenprotonen des Lactonringes nicht ganz äquivalent und sind stark gekoppelt (J = 18 Hz), eine typische Situation für Methylengruppen in starren Ringen. Zusätzlich sind die Methylenprotonen mit dem olefinischen Proton über vier Bindungen gekoppelt. Im 60-MHz-Spektrum (untere Spur) ist die bei 4,9 ppm auftretende Resonanz nicht einfach als AB-Teil eines ABM-Systems zu erkennen, da die Satelliten-Signale aus der Untergrundabsorption kaum hervortreten. Die vier dicht liegenden zentralen Signale können irrtümlich als zwei äquivalente Protonen interpretiert werden, die mit zwei Protonen in einem anderen Teil des Moleküls koppeln. Im 100-MHz-Spektrum (über der 60-MHz-Spur wiedergegeben) ist die Intensität der Satelliten-Peaks so angewachsen, daß die Art der Resonanzaufspaltung erkannt wird: die Dublettierung jeder Komponente des Multipletts durch ein drittes Proton.

In Abb. 8.6. ist das Protonenresonanzspektrum von 3β-Acetoxy-16α,17α-epoxy-20,21-acetoxy-14α-pregnen-(5) wiedergegeben. Die zu

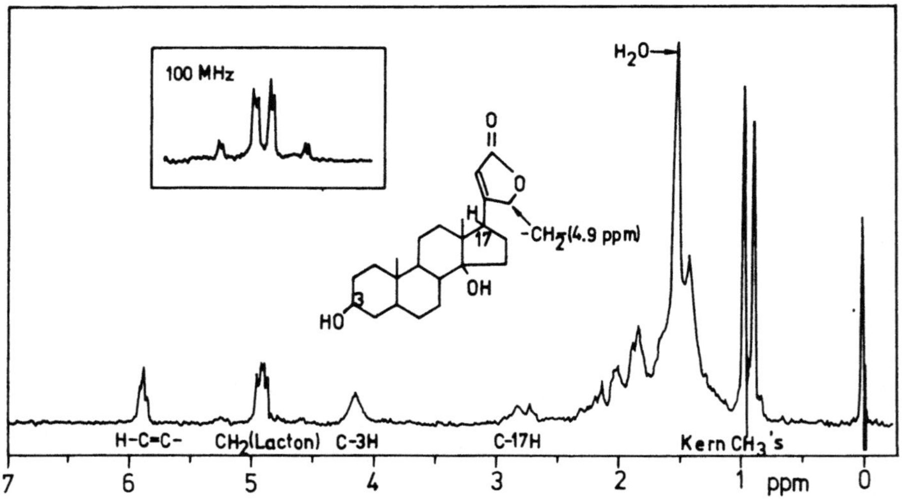

Abb. 8.5. 60-MHz-^{1}HNMR-Spektrum von Digitoxigenin in $CDCl_3$.

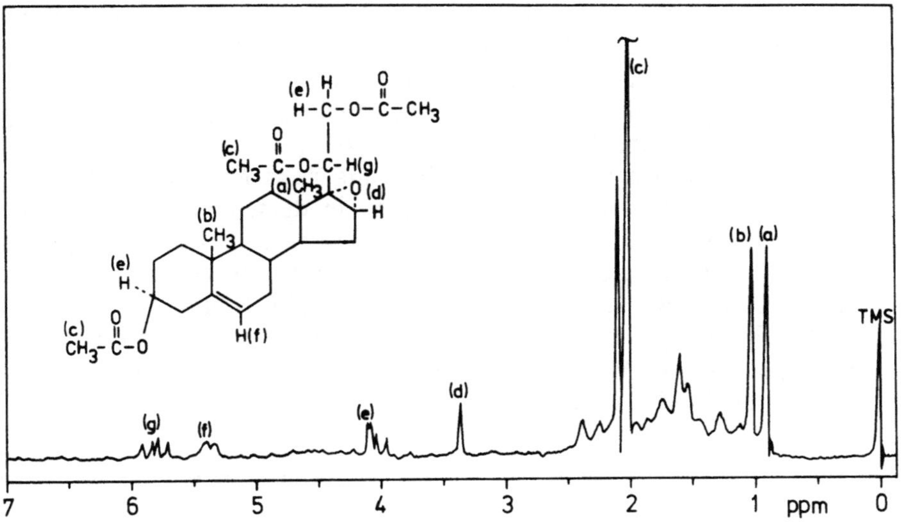

Abb. 8.6. 60-MHz-^{1}HNMR-Spektrum von 3β-Acetoxy-16α,17α-epoxy-20,21-acetoxy-14α-pregnen-5 in $CDCl_3$.

der Signal-gruppe (e) nach tieferem Feld liegende breite Bande ist dem C-3-Proton zugehörig. Die additiven Konstanten der Substituenten des D-Ringes, die für die Kalkulation der Positionen der kernständigen Methylgruppen notwendig sind, finden sich nicht unter den *Zürcher*-Inkrementen (24). Die Position des C-19-Methylsignals kann jedoch unter der Annahme abgeschätzt werden, daß die Substituenten des D-Ringes geringen Einfluß haben. Die von *Zürcher* angegebenen Konstanten für die C-3-β-Acetoxygruppe (+3,0 Hz) und die C-5,6-Doppelbindung (+14,0 Hz) kann demzufolge zu dem Basiswert von 47,5 Hz addiert werden.

Diese Kalkulation (64,5 Hz) ist in besserer Übereinstimmung mit dem Signal (b) als mit dem Signal (a).

Das Signal (d), welches dem C-16-Proton zuzuordnen ist, ist scharf aufgrund der sehr kleinen Kopplung mit den benachbarten vicinalen Protonen. Kopplungskonstanten mit unerwartet kleinen oder großen Werten stellen oft ein Hindernis bei der Interpretation von NMR-Spektren dar. Die Elektronegativität des Epoxy-Sauerstoffs führt zu einer Verminderung des Fermi-Kontaktterms und ist hier wahrscheinlich überwiegend die Ursache für die geringe Kopplung.

Das Dublett von Dubletts der Signalgruppe (g) ist der X-Teil eines ABX-Systems, wobei der AB-Teil unter der Signalgruppe (e) liegt, die teilweise durch das C-3-Proton überlagert wird. Die Integrationskurve belegt, daß keine Isomeren vorhanden sind.

Auch in Abb. 8.7. weisen verschiedene Merkmale darauf hin, daß ein reines Isomeres vorliegt. Das Signal des olefinischen Protons (e) ist ein Dublett, während bei der Stellung der Methoxygruppe in der 6β-Stellung dieses Signal als Singulett auftritt. Maximale allylische Kopplung (1 – 3 Hz) wird beobachtet, wenn die Bindung des allylischen Protons senkrecht auf der Ebene der Doppelbindung steht. Minimale Kopplung tritt dann auf, wenn das allylische Proton in derselben Ebene wie die Doppelbindung liegt. Das hier vorliegende Isomere hat demzufolge ein in der 6-Position axiales Proton angenähert senkrecht zu der Ebene der A und B-Ringe. Bei 1,3-diaxialer Stellung der C-6-Methoxygruppe und der C-19-Methylgruppe wird aufgrund des Dipolmomentes der Methoxygruppe das C-19-Methylsignal gegenüber dem hier beobachteten Wert nach tieferem Feld verschoben.

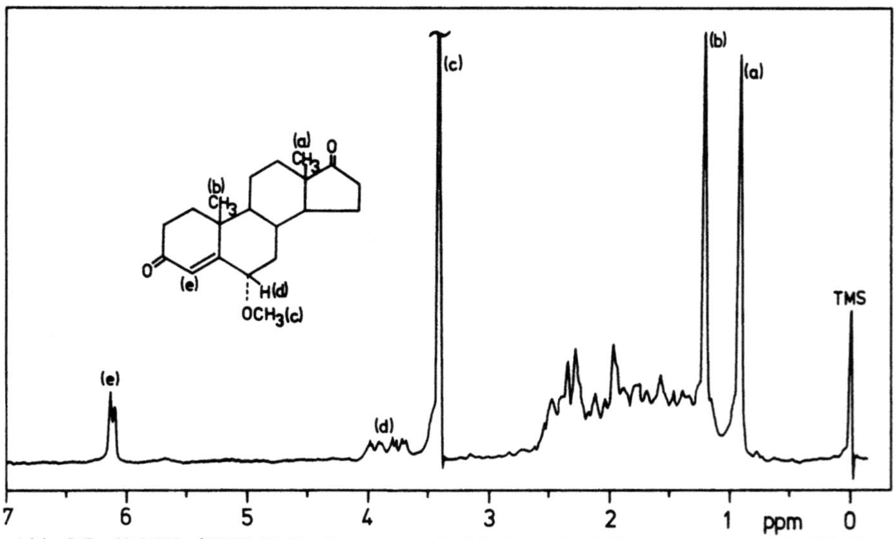

Abb. 8.7. 60-MHz-^{1}HNMR-Spektrum von 6α-Methoxy-3,17-dioxoandrosten-4 in $CDCl_3$.

In Abb. 8.8. ist das hauptsächliche Problem die Analyse der Aufspaltung im Bereich der olefinischen Protonen. Zunächst sei erwähnt, daß der nach tieferem Feld liegende Peak neben Dublett (a) dem Lösungsmittel Chloroform zuzuordnen ist. Die vicinalen olefinischen Protonen eines Cyclohexensystems, wie die Protonen am C-1 und C-2, haben im allgemeinen eine Kopplungskonstante um 10 Hz. Es ist zu erwarten, daß die Kopplung zwischen dem C-1-Proton und dem C-4-Proton sehr gering ist. Das C-1-Proton sollte daher als einfaches Dublett mit einer Aufspaltung um 10 Hz auftreten. Demzufolge ist es vernünftig, das Dublett (a) dem Proton am C-1 zuzuordnen.

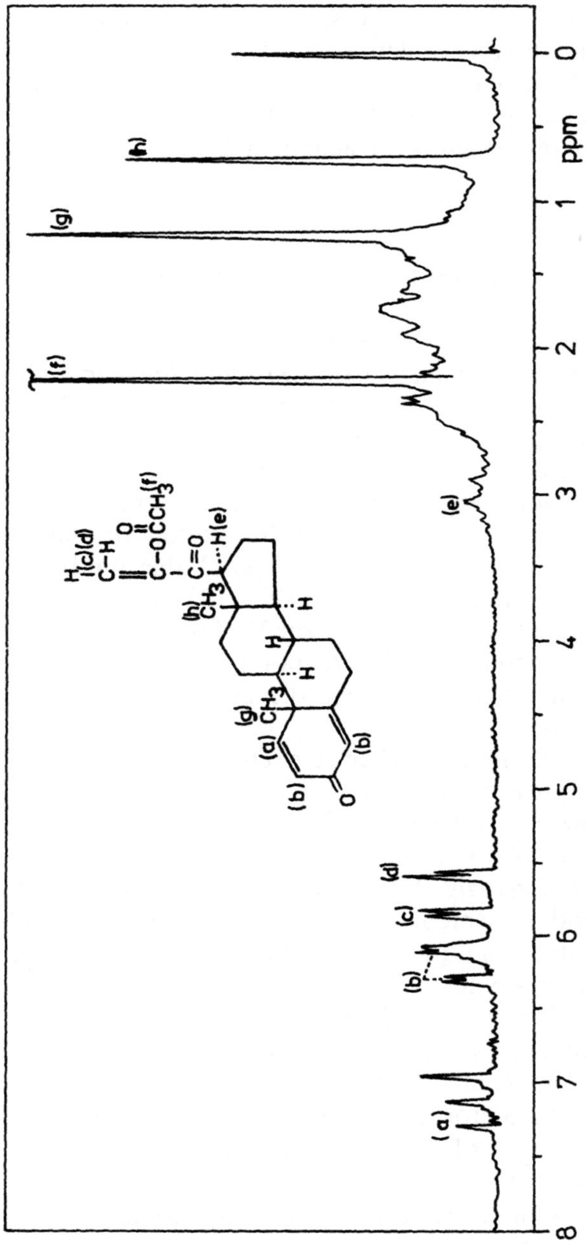

Abb. 8.8. 60-MHz-¹HNMR-Spektrum von 21-Acetoxy-21-methylen-3,20-dioxo-pregnadien-(1,4) in $CDCl_3$.

Die Signale (b) in Abb. 8.8. können eindeutig den Resonanzen zugeordnet werden, die für das Proton am C-2 zu erwarten sind. Die Multiplizität beruht auf einem Dublett, entsprechend der Aufspaltung in (a), wobei jedes Signal durch geringe Kopplung mit Proton (b) weiter aufgespalten ist (Dublett von Dubletts). Die Banden (c) und (d) können plausibel einem AB-System zugeordnet werden, da gleiche Aufspaltungen beobachtet werden, und jedes Dublett zeigt erwartungsgemäß die Signalverzerrung höherer Ordnung („Dacheffekt").

8.2. Infrarot- und Ramanabsorption

Die ersten Infrarotuntersuchungen an Steroiden liegen über dreißig Jahre zurück; damals untersuchten *Stora* und *Freymann* (90) die molekulare Assoziation des Cholesterins in verschiedenen Lösungsmitteln. Einige Jahre später setzten umfangreiche Studien ein, um die Beziehung zwischen Steroidstruktur und Infrarotabsorption aufzudecken: Interpretationen und Zuordnungen von Absorptionsbanden der Androgene, Östrogene, Pregnanverbindungen und Corticosteroide wurden veröffentlicht (91). Heute liegt umfangreiches Material über die IR-spektroskopische Identifizierung von Steroiden vor (92 – 102), und IR-Spektrensammlungen stehen dem Steroidchemiker zur Verfügung (103 – 108). Die neuerdings durch die modernen Gittergeräte mögliche hohe Auflösung vermag viele Details herauszubringen, die in älteren Sammlungen unberücksichtigt blieben.

Es mag an dieser Stelle nützlich sein, etwas über die Isotopensubstitution in Steroiden zu berichten. Wie in Abschnitt 1.2.1. diskutiert wurde, ist die Frequenz der molekularen Schwingung, auf die eine Infrarotabsorption zurückzuführen ist, von der Masse der an der Schwingung beteiligten Atome abhängig. Ein Anwachsen der Masse verlangsamt die Schwingung und verschiebt die Absorptionsbande nach tieferer Frequenz. Deuteriumsubstitution von Wasserstoffen vergrößert m_1 von 1 auf 2 und veranlaßt eine auffallende Änderung der Frequenz (z. B. für C – D eine Verschiebung von 2800 – 3000 nach 2100 – 2200 cm^{-1}) (109). Ähnliche Rechnungen für die Einführung von ^{13}C, ^{14}C oder ^{18}O-Isotopen führen zu kleineren Effekten der Frequenzänderung. Es wird z. B. bei ^{14}C-markierten Steroiden gegenüber den unmarkierten Verbindungen keine Änderung der IR-Absorption beobachtet (110).

Wie in Abschnitt 1.2. dargelegt ist, entsprechen sich Infrarot-Spektrum und *Raman*-Spektrum. Der Unterschied liegt jedoch darin, daß die zur Anregung von Molekülschwingungen dienenden Energiequanten im Falle der Bestrahlung mit ultrarotem Licht in Form ungeteilter Lichtquanten, im Falle der Bestrahlung mit sichtbarem Licht dagegen in Form von Anteilen größerer Quanten aufgenommen werden (111, 112).

Die Schwingungen symmetrischer Moleküle lassen sich entsprechend ihren Symmetrieeigenschaften in Raman- und Infrarot-aktive Rassen einteilen (112). Bei Molekülen ohne Symmetrie – wie den Steroiden – sind alle Schwingungen im *Raman*- und IR-Spektrum „erlaubt"; dies bedeutet jedoch nicht, daß alle beobachtbar sein müssen. Schwingungen mit großer Dipolmomentänderung verursachen starke Absorptionen im IR-Spektrum. Im *Raman*spektrum treten dagegen starke Banden für große Polarisierbarkeitsänderungen auf. Es liefern also auch hier IR- und Raman-Spektrum komplementäre Bilder der Schwingungsvorgänge.

Schwingungen, an denen polare Bindungen beteiligt sind, dominieren im Infrarotspektrum; im *Raman*spektrum erscheinen dagegen Schwingungen von unpolaren Einfach- und Mehrfachbindungen. Das IR-Spektrum zeigt eher Art und Anordnung der polaren Substituenten. Das *Raman*spektrum dagegen sollte besonders Aussagen über das Steroidgerüst liefern. Gegenüber IR-Spektren werden *Raman*-Spektren von Änderungen des Gerüsts – z. B. *cis*- und *trans*-Anordnung der Ringverknüpfung – wesentlich stärker beeinflußt.

8.2.1. Hydroxy- und Aminogruppen

Obwohl die Frequenz der OH-Valenzschwingung keine offensichtliche Abhängigkeit von der Position im Ringsystem zeigt, ist es doch in einigen Fällen möglich, aus der Frequenzlage auf die strukturelle Umgebung zu schließen. Phenolische Hydroxy-Gruppen absorbieren im allgemeinen gegenüber alkoholischen bei tieferer Frequenz. In den Abbildungen 8.9. – 8.11. sind die IR-Spektren von 5α-Androstan-3α-ol, 5α-Androstan-3β-ol und $\Delta^{1,3,5(10)}$-Östratrien-3,17α-diol wiedergegeben. Im Spektrum des Östratriens liegen die OH-Valenzschwingungen deutlich getrennt bei 3330 und 3200 cm^{-1}, wobei die letztere von CH-Valenzschwingungen teilweise überlagert ist.

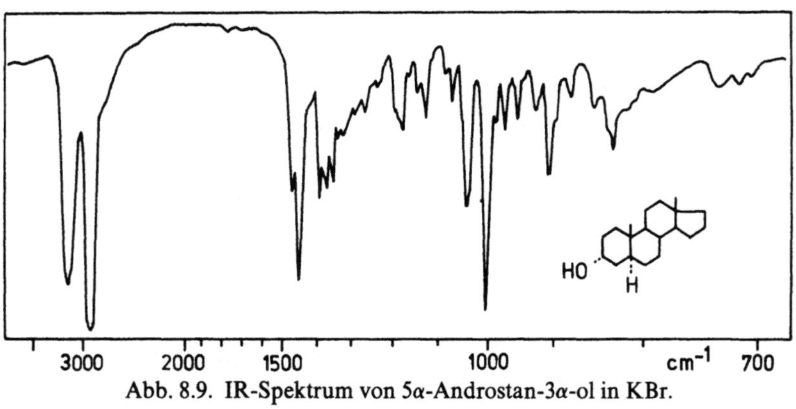

Abb. 8.9. IR-Spektrum von 5α-Androstan-3α-ol in KBr.

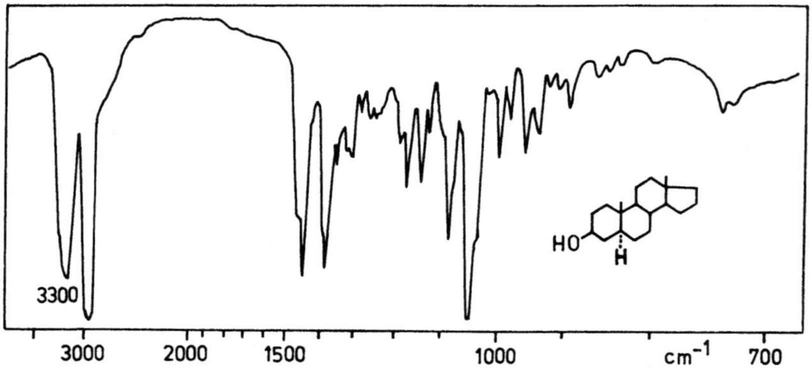

Abb. 8.10. IR-Spektrum von 5α-Androstan-3β-ol in KBr.

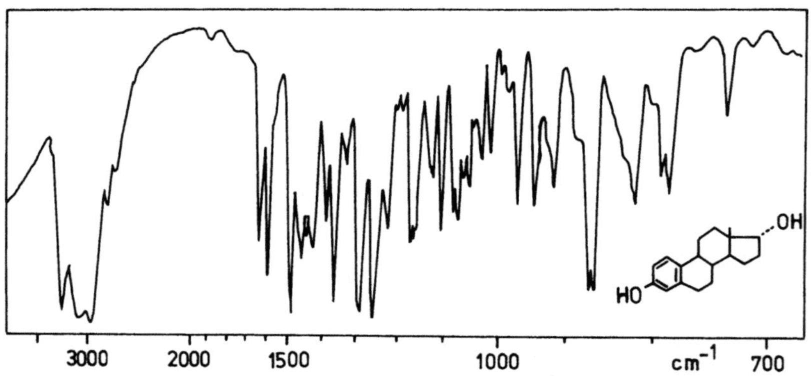

Abb. 8.11. IR-Spektrum von $\Delta^{1,3,5(10)}$-Östratrien-3,17α-diol in KBr.

Sowohl alkoholische als auch phenolische Hydroxy-Gruppen können in Wasserstoffbrücken assoziiert sein, die stärkste Verschiebung der OH-Valenzschwingung tritt jedoch bei Carbonsäuren auf.

Die assoziierte OH-Gruppe der Carboxylfunktion liegt stark verbreitert zwischen 2500 – 3200 cm^{-1} und ist zusammen mit der Carbonylfunktion ein starker Beweis für diese Gruppe. Bei einigen Hydroxy-Steroiden wird im Bereich der OH-Valenzschwingung ein Dublett beobachtet (113, 114). *Jones* u. a. (115) fanden bei der 17α-Hydroxy-20-keto-, 12α-Acetoxy-20β-hydroxy- und der 17α-Hydroxy-20-carbomethoxy-Gruppe für die freie OH-Absorption in CCl_4-Lösung eine Bande um 3620 und für die assoziierte um 3500 cm^{-1}.

Der empfindliche Nachweis von OH-Wasserstoffbrückenbindungen im IR-Spektrum läßt sich für Konformationsanalysen der Steroide heranziehen (116, 117). Hydroxy-Gruppen im unverbrückten Zustand absorbieren in axialer Position bei etwas höherer Wellenzahl als in äquatorialer Stellung. In 1,2-Diolen ist eine intramolekulare Wasserstoffbrücke immer nur dann möglich, wenn der O – H----O-Abstand weniger als 3,3 Å beträgt. Die langwellige Verschiebung der verbrückten Hydroxy-Gruppe ist dem O----O-Abstand proportional. In der 1,2-cis-Konformation, bei der sich eine Hydroxy-Gruppe in axialer, die andere in äquatorialer Stellung befinden muß, bildet die axiale OH-Gruppe eine Wasserstoffbrücke aus, während die äquatoriale frei vorliegt. Im isomeren trans-Diol sind zwei Konformationen möglich. In der diaxialen Form ist eine intramolekulare Verbrückung nicht möglich, da der Abstand zwischen den Sauerstoffatomen mehr als 3,3 Å beträgt. Bei 1,2-trans Diolen, bei denen aus der OH-Valenzschwingung auf eine Wasserstoffbrücke zu schließen ist, liegt also die diäquatoriale Anordnung vor.

Konfigurationsbestimmungen an Hydroxy-Steroiden lassen sich ebenfalls auf die νC – O-Schwingung gründen, die in dem Gebiet zwischen 1000 und 1130 cm^{-1} liegt. Die äquatoriale Hydroxy-Funktion liegt gegenüber der axialen OH-Gruppe bei höherer Wellenzahl, vgl. Abb. 8.9. und 8.10. Die Struktureinflüsse auf die Bandenlage sind nicht sicher vorauszusehen und wurden versuchsweise in elektronische, Verzweigungs- und Massen-Symmetrie-Effekte aufgeschlüsselt (118).

Die NH-Gruppe absorbiert ebenfalls in dem Bereich um 3300 cm^{-1}. Während die disubstituierte Aminogruppe in dem Bereich keine Absorption zeigt, ist eine einzelne Bande der monosubstituierten Aminogruppe zugehörig, während die NH_2-Gruppe in diesem Bereich zwei Maxima zeigt. Die längerwellige Absorptionsbande ist der symmetrischen und die kürzerwellige der antisymmetrischen Valenzschwingung zuzuordnen. Die NH-Gruppe kann ebenfalls an Wasserstoffbrücken beteiligt sein, und es werden dann im Infrarotspektrum ähnliche Verschiebungen wie bei OH-Gruppen beobachtet.

8.2.2. Carbonylgruppen

In der Natur vorkommende Steroide haben häufig Carbonylgruppen, wobei die Positionen 3, 6, 7, 11, 12, 16, 17 und 20 bevorzugt sind. In einem Steroidmolekül können auch mehrere Carbonylgruppen vorliegen und in Nachbarstellung zu Kohlenstoffdoppelbindungen sich befinden. Die physiologisch wirksamen Steroidhormone enthalten häufig eine Δ^4-3-Ketogruppe. Aus der Frequenzlage der Carbonylabsorption lassen sich einige Aussagen über die strukturelle Umgebung gewinnen. Pentacyclische Ketone des D-Ringes haben ein Maximum in dem Bereich 1735 – 1750 cm^{-1}, während hexacyclische Ketone (Ring A, B und C) zwischen 1710 und 1725 cm^{-1} absorbieren. In Abb. 8.12. und 8.13. sind die IR-Spektren von 5α-Androstan-3-on und 5α-Androstan-3,17-dion gegenübergestellt; im ersten Fall wird eine scharfe Carbonylabsorption beobachtet, während in Abb. 8.13. erwartungsgemäß zwei getrennte Carbonylbanden auftreten. Abb. 8.14. bestätigt die allgemeine Gesetz-

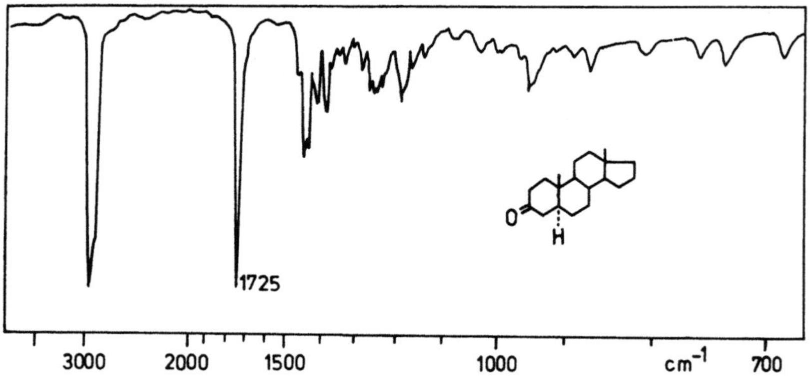

Abb. 8.12. IR-Spektrum von 5α-Androstan-3-on in KBr.

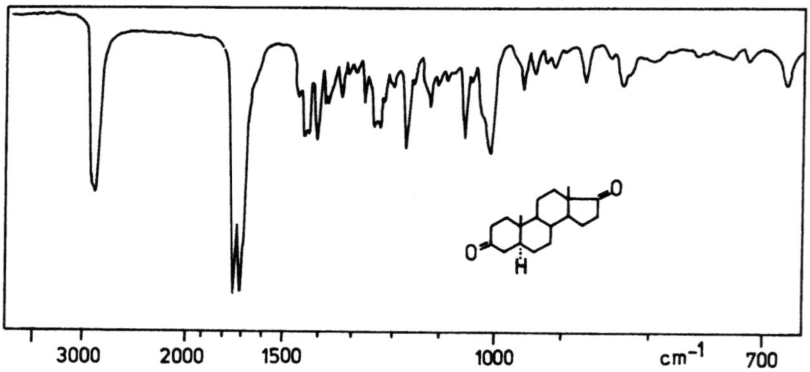

Abb. 8.13. IR-Spektrum von 5α-Androstan-3,17-dion in KBr.

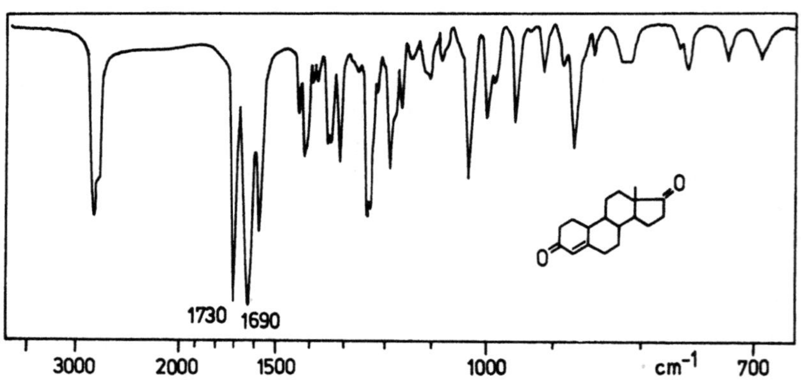

Abb. 8.14 IR-Spektrum von Δ^4-Östren-3,17-dion in KBr.

mäßigkeit, daß eine Doppelbindung in der α,β-Position eine langwellige Verschiebung der CO-Bande verursacht (119). Ein konjugiertes Keton des D-Ringes absorbiert um 1715 cm^{-1}. Das konjugierte Strukturelement eines Dienons verursacht gegenüber α,β-ungesättigten Ketonen eine noch stärkere langwellige Verschiebung.

Nachbargruppeneffekte funktioneller Gruppen wurden in verschiedenen Steroidtypen beobachtet und vicinale Effekte zur Konfigurationsbestimmung hinzugezogen. *Jones* u. a. (115) zeigte, daß die Einführung einer 17α-Hydroxy-Gruppe in ein 20-Ketosteroid das Auftreten einer weniger intensiven Carbonylabsorption um 1690 cm^{-1} verursacht, was mit der Ausbildung einer intramolekularen Wasserstoffbrücke zwischen der 17- und 20-funktionellen Gruppe zu erklären ist. Die Chelatbildung in 12α-Acetoxy-20β-hydroxysteroiden verschiebt die Estercarbonylabsorption langwellig nach 1718 cm^{-1}.

Die Valenzschwingung der polaren Carbonylgruppe wird im *Raman*-Spektrum gar nicht oder sehr schwach beobachtet, während diese Schwingung im IR-Spektrum – wie beschrieben – zu starker Absorption führt.

8.2.3. Kohlenstoff-Mehrfachbindungen

Die der C=C-Doppelbindung zugehörige Absorption liegt im IR-Spektrum zwischen 1580 und 1680 cm^{-1}. Es wurde versucht, zwischen der Position der Äthylendoppelbindung im Steroidmolekül und der Frequenzlage im IR-Spektrum eine Beziehung zu finden (120). In vielen Fällen trifft dies auf Schwierigkeiten (121), da die nichtkonjugierte Kohlenstoffdoppelbindung im IR-Spektrum relativ geringe Intensität hat und z. B. Überlagerung durch atmosphärischen Wasserdampf oder stärkere Absorptionen erfolgen kann. Auch mit Doppelstrahlgeräten, die eine Wasserabsorption weitgehend ausschließen, werden z. B. C=C-Doppelbindungen in den Positionen $\Delta^{8(14)}$ und $\Delta^{9(11)}$ nicht sicher nachgewiesen. Der Δ^{2}-Doppelbindung wird eine Absorption zwischen 1654 – 1657 cm^{-1}, der Δ^{5}-Doppelbindung zwischen 1669 – 1672 cm^{-1} und der Δ^{7}-Doppelbindung um 1664 cm^{-1} zugeordnet (121).

Eine starke Absorption bei 2235 cm^{-1} verrät im *Raman*spektrum (Abb. 8.15.) die Valenzschwingung einer zweifach substituierten Kohlenstoff-Dreifachbindung. Bei Einfachsubstitution liegt diese Bande im *Raman*spektrum bei 2105 cm^{-1}. IR-spektroskopisch ist eine C≡C-Valenzschwingung wegen der geringen Intensität oft von der Untergrundabsorption nicht zu unterscheiden. Die Valenzschwingungen isolierter C=C-Doppelbindungen (1640 – 1675 cm^{-1}) sind im IR-Spektrum gegenüber den Dreifachbindungen zwar etwas intensiver, werden aber häufig von der Flanke der Carbonylabsorption überlagert. Im *Raman*-Spektrum dagegen gibt sich die C=C-Doppelbindung durch eine starke Absorption bei 1675 cm^{-1} zu erkennen (Abb. 8.16. A).

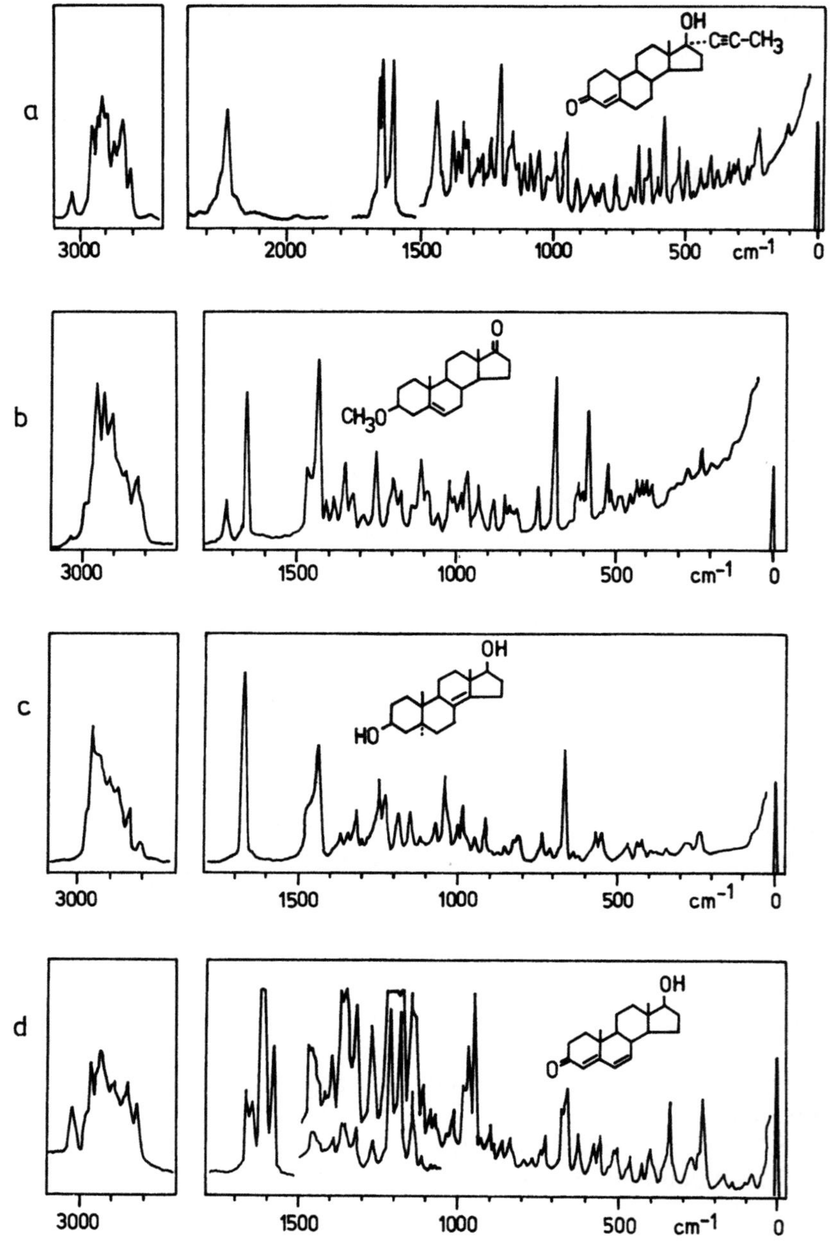

Abb. 8.15. *Raman*spektren kristalliner Steroide, Anregung mit der Linie 5145 Å eines Argon-Ionen-Lasers (122, 123).

a 17β-Hydroxy-21-methyl-3-oxo-19-nor-pregnen-(4)-in-(20)
b 3β-Methoxy-17-oxo-androsten-(5)
c 3β,17β-Dihydroxy-5α-androsten-(8^{14})
d 17β-Hydroxy-3-oxo-androstadien-(4,6).

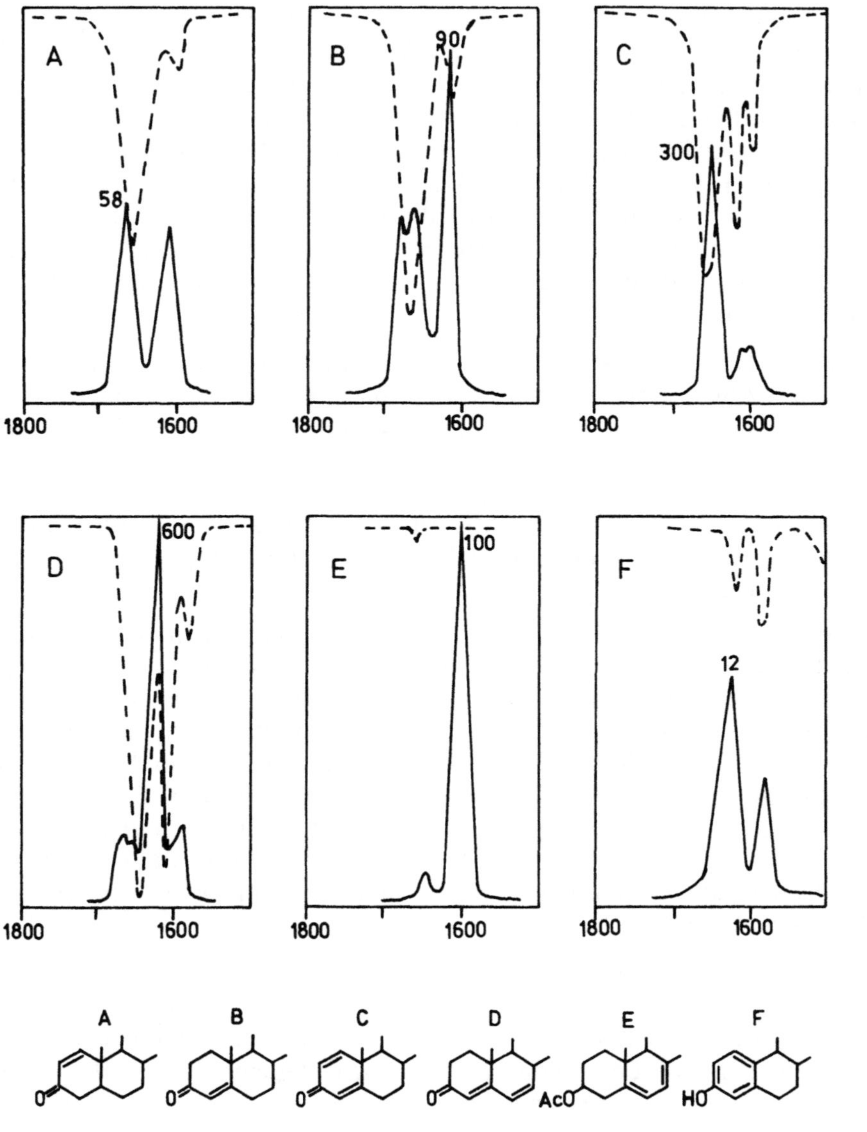

Abb. 8.16. IR- und *Raman*spektren im Bereich 1500 – 1700 cm^{-1}, ----- Infrarotspektrum (Präparation KJ-Preßling) ——— *Raman*spektrum, die Zahlenwerte an den Banden sind relative Intensitäten bezogen auf die Intensitäten der CH_2-Deformationsschwindungsbande bei 1450 cm^{-1} (122, 123).

A 17β-Hydroxy-3-oxo-5α-androsten-(1)
B 17β-Hydroxy-3-oxo-androsten-(4)
C 17β-Hydroxy-3-oxo-androstadien-(1,4)
D 17β-Hydroxy-3-oxo-androstadien-(4,6)
E 3β-Acetoxy-cholestadien-(5,7)
F 3,17-Dihydroxy-östratrien-(1,3,5^{10}).

Es gehört also der Nachweis einer isolierten Kohlenstoff-Doppel- oder Dreifachbindung zu einer sicheren Aussage der *Raman*-Spektroskopie. Dies ist besonders deswegen hervorzuheben, weil diese Bindungen ohne Wasserstoffatome weder im IR- noch im ^{1}HNMR-Spektrum sicher nachgewiesen werden. Wie erwähnt, wird die isolierte C=C-Valenzschwingung wegen geringer Intensität im IR-Spektrum leicht überlagert, und im Protonenresonanzspektrum ist die Entschirmung z. B. einer Methylengruppe durch eine benachbarte Kohlenstoffdoppelbindung nicht spezifisch genug; eine benachbarte Carbonylgruppe führt zu einer ähnlichen Entschirmung.

Auch Diensysteme führen im *Raman*-Spektrum zu einer charakteristischen Absorption. Im *Raman*spektrum z. B. von 3β-Acetoxycholestadien-(5,6) (Abb. 8.16. E) wird für das homo-annulare $\Delta^{5,7}$-Dien eine Bande mittlerer Intensität bei 1652 cm^{-1} und eine starke Absorption bei 1596 cm^{-1} beobachtet. Im IR-Spektrum zeigt dieses Doppelbindungssystem nur eine sehr schwache Absorption bei 1659 cm^{-1}. Banden solcher geringen Intensität sind nicht mehr sicher zuzuordnen, da sie z. B. auch Oberschwingungen zugehörig sein können.

Wie in Abschnitt 8.2.2. diskutiert sind die Valenzschwingungen isolierter Carbonylgruppen im IR-Spektrum sehr intensiv, im *Raman*spektrum treten sie jedoch nur mit schwacher oder mittlerer Intensität auf. Konjugierte C=O- und C=C-Bindungen können im *Raman*-Spektrum sicher nachgewiesen werden, vgl. z. B. das Dublett um 1660 cm^{-1} im *Raman*spektrum von 17β-Hydroxy-3-oxo-androsten-(4) (Abb. 8.16. B). Die IR-Absorption in dem Bereich 1600 – 1700 cm^{-1} ist für Δ^4- und Δ^1-3-Ketosteroide sehr ähnlich, vgl. Abb. 8 – 16 A und 8 – 16 B, während im *Raman*-Spektrum in diesem Bereich völlig verschiedene Absorptionen beobachtet werden.

Wird das konjugierte System einer α,β-ungesättigten Carbonylgruppe durch eine weitere Doppelbindung ausgedehnt, so finden sich im IR- und *Raman*-Spektrum drei intensive Banden. Die am stärksten IR-aktive Schwingung des konjugierten Systems ist der gleichphasig gekoppelten Schwingung der C=O- und der C=C-Bindung zuzuordnen, während bei den anderen Schwingungen die einzelnen Bindungen mit verschiedener Phase beteiligt sind. Wie die Abbildungen 8 – 16 C und 8 – 16 D zeigen, lassen sich $\Delta^{1,4}$- und $\Delta^{4,6}$-3-Keto-Steroide aufgrund charakteristischer Intensitäten gut unterscheiden. Im *Raman*- und IR-Spektrum von Steroiden mit aromatischem A-Ring treten Banden mittlerer Intensität bei 1585 und 1616 cm^{-1} auf (Abb. 8.16. F).

Steigner und *Schrader* (124) versuchten anhand einer Computer-Auswertung der Spektren von 80 verschiedenen Steroiden ein Auswertschema zu entwickeln, das mit Hilfe des *Raman*-Spektrums die Bestimmung der Struktur des Molekülgerüstes von Steroiden erlaubt.

8.2.4. Quantitative Analyse

Unter bestimmten apparativen und präparationstechnischen Voraussetzungen ist die absorbierte Intensität einer IR-Frequenz der Konzentration einer Verbindung in einem Substanzgemisch, der Intensität und der Schichtdicke proportional, wie in Abschnitt 1.3.2. diskutiert ist.

Der Extinktionskoeffizient ist eine substanzspezifische Größe, die die Wechselwirkungsintensität zwischen der Strahlung und gewissen spezifischen Eigenschaften des Moleküls enthält. Da die Extinktion E dimensionslos ist, ergibt sich die Dimension von ε zu cm^2/Mol, wenn die Konzentration in Mol pro 1000 cm^3 und die Schichtdicke in cm gemessen wird (molarer Extinktionskoeffizient).

Wegen des Bandenreichtums von IR-Spektren der Steroide besteht eine große Wahrscheinlichkeit dafür, daß für jede Komponente eine isolierte Absorption auftritt. Hierauf gründet sich die Möglichkeit, beim Vorliegen von Substanzgemischen den Prozentgehalt einzelner Komponenten spektroskopisch zu ermitteln. Bei Gültigkeit des *Lambert-Beer*schen-Gesetzes und bei Kenntnis des molaren Extinktionskoeffizienten kann aus den Intensitäten der zugehörigen Absorptionsbanden direkt der Anteil einer Komponente in einem Zwei- oder Mehrstoffgemisch ermittelt werden.

Sind diese Voraussetzungen nicht gegeben, führen empirische Wege zum Ziel. Durch Auftragung der Extinktion gegen die Konzentration wird eine Eichkurve erhalten, die jedoch generell für ein und dasselbe Spektrometer gültig ist, da Extinktionswerte in der IR- und *Raman*-Spektroskopie keine absoluten Größen sind, sondern von Geräteparametern (z. B. Spaltbreite) abhängig sind. Die unbekannte Komponente wird in entsprechender Weise analysiert und die Konzentration aus der Eichkurve erhalten.

Vitamin D_2 [24] und Vitamin D_3 [25] wurden lange Zeit mit Hilfe biologischer Versuche bestimmt.

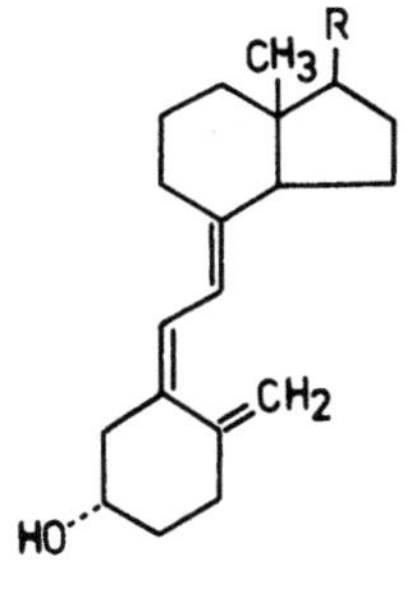

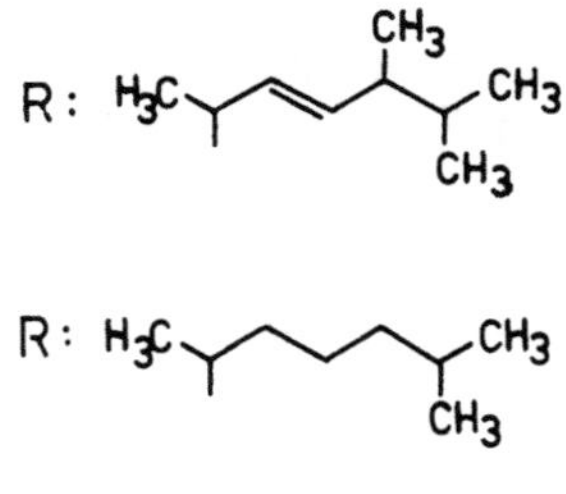

[24]

[25]

Bei Ratten haben beide Formen die gleiche Wirksamkeit, während die Wirksamkeit von Vitamin D_2 gegenüber Hühnchen nur den hundertsten Teil von Vitamin D_3 aufweist. Biologische Versuche sind jedoch für quantitative Routinemessungen zu aufwendig, und die IR-Spektroskopie liefert eine rasche Methode zur Bestimmung von Vitamin D_2 neben D_3. *Jones* (125) fand im Infrarotspektrum von Vitamin D_2 eine starke Absorption bei 970 cm^{-1}, die auf eine nichtebene Deformationsschwingung der olefinischen *trans*-Wasserstoffe der ungesättigten Seitenkette zurückzuführen ist (126). Die gesättigte Seitenkette von Vitamin D_3 weist diese starke Bande nicht auf.

Die IR-Spektren von Vitamin D_2 und Vitamin D_3 zwischen 10 und 11 μ, und Mischungen beider sind in Abb. 8.17. wiedergegeben. Für jede Messung ist die gleiche Zelle und Spaltweite zu verwenden. Das Spektrum von Vitamin D_3 zeigt bei 10,4 μ ein Singulett, während das Vitamin D_2-Spektrum ein starkes Absorptionsmaximum bei 10,3 μ hat mit einer Schulter bei 10,4 μ. Beide Formen zeigen bei 10,5 μ eine schwache Absorption. In Mischungen beider Vitamine nimmt die Absorption bei 10,3 μ mit wachsendem D_2-Gehalt zu. Eine Eichkurve wurde durch Auftragen der prozentualen Konzentration gegen den Quotienten $E_{10,3} - E_{10,5} / E_{10,4} - E_{10,5}$ erhalten (96). Die so erhaltenen Quotienten der Extinktionsdifferenzen sind von der Gesamtkonzentration an Vitamin D unabhängig.

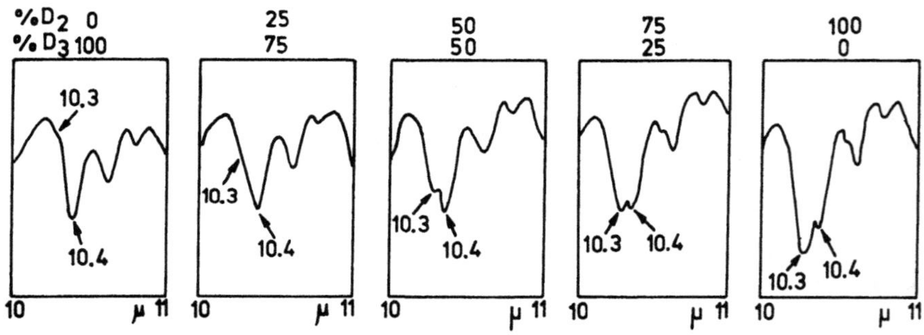

Abb. 8.17. IR-Absorption zwischen 10 und 11 von reinem Vitamin D_2, von reinem Vitamin D_3 und Mischungen beider Vitamine (96).

Das überwiegend aus höheren Fettsäuren bestehende Sojabohnenöl enthält neben Stigmastan [26] das für Progesteron-Hormonsynthesen wichtige Stigmasterin [27].

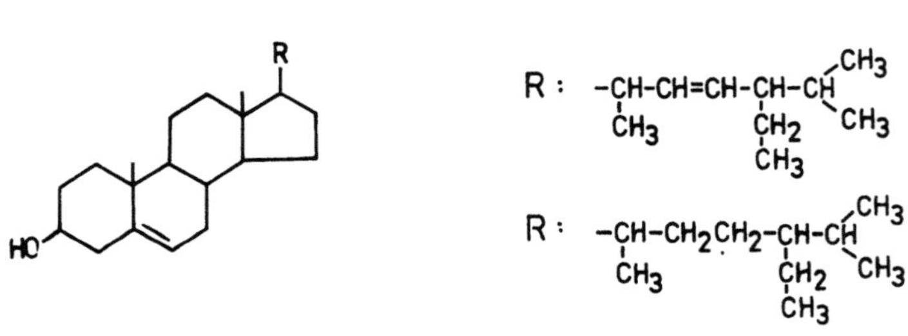

[26]

[27]

Die quantitative Bestimmung des Stigmasterins im Steringemisch der Sojabohne kann ebenfalls auf die IR-Absorption der olefinischen Protonen der Seitenkette bei 970 cm^{-1} gegründet werden (94).

8.3. Literatur

1. *Cross, A. D.,* Biochem. J. **90,** 308 (1964).
2. *Cross, A. D.,* Biochem. J. **90,** 314 (1964).
3. *Cross, A. D.,* Biochem. J. **100,** 238 (1966).
4. *Huber, R.* und *W. Hoppe,* Chem. Ber. **98,** 2403 (1965).
5. *Kittredge, J. S.* und *F. T. Takahshi,* J. Theor. Biol. **35,** 467 (1972).
6. *Hoffmeister, H., C. Rufer, H. H. Keller, H. Schairer* und *P. Karlson,* Chem. Ber. **98,** 2361 (1965).
7. *Ryan, E. P.,* Science **151,** 340 (1966).
8. *Kittredge, J. S., M. Terry* und *F. T. Takahashi,* Fish. Bull. **69,** 337 (1971).
9. *Hampshire, F.* und *D. H. S. Horn,* Chem. Commun. **1966,** 37.
10. *Shoolery, J. N.* und *M. T. Rogers,* J. Amer. chem. Soc. **80,** 5121 (1958).
11. *Sternhell, S.,* J. Chem. Soc. C **1968,** 792.
12. *Bhacca, N. S., A. I. Meyers* und *A. H. Reine,* Tetrahedron Letters **1968,** 2293.
13. *Hampel, B.* und *J. M. Krämer,* Chem. Ber. **98,** 3255 (1965).
14. *Hampel, B.* und *J. M. Krämer,* Tetrahedron **22,** 1601 (1966).
15. *Bhacca, N. S.* und *D. H. Williams,* Application of NMR-Spektroscopy in Organic Chemistry, (San Francisco 1964).
16. *Wigert, F. J.* et al., Proc. Nat. Acad. Sci. USA **60,** 1152 (1968).
17. *Neudert, W.* und *H. Röpke,* Steroid-Spektrenatlas, (Heidelberg-New York-Berlin 1965).
18. *Hinckley, C. C.,* J. Amer. chem. Soc. **91,** 5160 (1969).
19. *Eisentraut, K. J.* und *R. E. Sievers,* J. Amer. chem. Soc. **87,** 5254 (1965).
20. *Briggs, J.* et al., Chem. Commun. **1970,** 749.
21. *Sanders, K. J. M.* und *D. H. Williams,* Chem. Commun. **1970,** 422.
22. *Demarco, P. V., T. K. Elzey, R. B. Lewis* und *E. Wenkert,* J. Amer. chem. Soc. **92,** 5737 (1970).
23. *Damarco, P. V.* et al., J. Amer. chem. Soc. **92,** 5734 (1970).
24. *Zürcher, R. F.,* Helv. Chim. Acta **44,** 1380 (1961).
25. *Zürcher, R. F.,* Helv. Chim. Acta **46,** 2054 (1963).
26. *Cohen, A. I.* und *S. Rock,* Steroids **3,** 243 (1964).
27. *Tori, K.* und *K. Aono,* Ann. Report. Shionogi Res. Lab. **14,** 136 (1964).
28. *Cookson, R. C.* et al., Tetrahedron **7,** 355 (1966).
29. *Cole, W. G.* und *D. H. Williams,* J. Chem. Soc. **C 1968,** 1849.
30. *Takahashi, T.,* Tetrahedron Letters **1964,** 565.
31. *Suginome, H., T. Tsuneno* und *T. Masamune,* Tetrahedron Letters **1967,** 4605.
32. *Dauben, W. G.* und *W. T. Wipke,* J. Organ. Chem. **32,** 2976 (1967).
33. *Schulz, G.* und *R. Wiechert,* Chem. Ber. **99,** 1128 (1966).
34. *Wiechert, R., H. Hofmeister* und *G. Schulz,* Chem. Ber. **101,** 935 (1968).
35. *Tori, K.* und *T. Komeno,* Tetrahedron **21,** 309 (1965).
36. *Cragg, G. M. L., C. W. Davey, D. N. Hall, G. D. Meakins, E. E. Richards* und *T. L. Whateley,* J. Chem. Soc. **C 1966,** 1266.
37. *Chapman, O. L.,* J. Amer. chem. Soc. **85,** 2014 (1963).
38. *Narayanan, C. R.* und *M. R. Sarma,* Tetrahedron Letters **1966,** 5695.
39. *Pivnitsky, K. K.* und *I. V. Torgov,* Tetrahedron **22,** 1407 (1966).
40. *Shoppee, C. W., J. K. Hummer, R. E. Lack, P. Ram* und *S. K. Roy,* Tetrahedron **1966,** 315.
41. *Levine, S. G., N. H. Eudy* und *C. F. Leffler,* J. Organ. Chem. **31,** 3995 (1966).

42. *Levine, S. G., D. M. Feigl* und *N. H. Eudy,* Tetrahedron Letters **1967,** 4615.
43. *Levine, S. G.* und *A. C. Ghosh,* Tetrahedron Letters **1969,** 39.
44. *Benn, W. R.* und *R. M. Dodson,* J. Organ. Chem. **29,** 1142 (1964).
45. *McKellar, F. A., G. Slomp* und *B. Berger,* Steroids **11,** 787 (1968).
46. *Delaroff, V., P. Rathle* und *M. Legrand,* Bull. Soc. Chim. France **1963,** 1739.
47. *Lugtenburg, J.* und *E. Havinga,* Tetrahedron Letters **28,** 2391 (1969).
48. *Blunt, J. W., H. F. DeLuca* und *H. K. Schnoes,* Biochemistry **7,** 3317 (1968).
49. *Fishman, J., R. I. Cox* und *T. F. Gallagher,* Arch. Biochem. **90,** 318 (1960).
50. *Engel, L. L., B. Baggett* und *P. Carter,* Endocrinology **61,** 113 (1957).
51. *Kraychy, S.* und *T. T. Gallagher,* J. Amer. chem. Soc. **79,** 754 (1957).
52. *Kraychy, S.* und *T. F. Gallagher,* J. Biol. Chem. **224,** 519 (1957).
53. *Knuppen, R.* und *H. Bruer,* Hoppe-Seyler Z. for Physiol. Chemie **346,** 114 (1966).
54. *Fishman, J., M. Tomasz* und *R. Lehman,* J. Organ. Chem. **25,** 585 (1960).
55. *Fishman, J.,* Chem. and Ind. **1958,** 1556.
56. *Fishman, J.* und *M. Tomasz,* J. Organ. Chem. **27,** 365 (1962).
57. *Fishman, J.* und *J. L. Liang,* Tetrahedron **24,** 2199 (1968).
58. *Lauterbur, P. C.,* J. Amer. chem. Soc. **83,** 1846 (1961).
59. *Musher, J. I.,* J. Chem. Phys. **37,** 34 (1962).
60. *Schaefer, T.* und *W. G. Schneider,* Canad. J. Chem. **41,** 466 (1963).
61. *Spiesecke, H.* und *U. G. Schneider,* Tetrahedron Letters **1961,** 468.
62. *Fraenkel, G., R. E. Carter, A. McLachlon* und *J. H. Richards,* J. Amer. chem. Soc. **82,** 5846 (1960).
63. *Schug, J. C.* und *J. C. Deck,* J. Chem. Phys. **37,** 2618 (1962).
64. *Nagata, W., T. Terasawa* und *K. Tori,* J. Amer. chem. Soc. **86,** 3746 (1964).
65. *Douglas, G. H., G. C. Buzby, C. R. Wolk* und *H. Schmidt,* Tetrahedron **23,** 2339 (1967).
66. *Cheney, B. V.,* J. Amer. chem. Soc. **90,** 5386 (1968).
67. *Fishman, J.* und *H. Guzik,* J. Organ. Chem. **33,** 3133 (1968).
68. *Miyazaki, M.* und *J. Fishman,* J. Organ. Chem. **33,** 662 (1968).
69. *Crabbe, P.* and *C. Casas-Campillo,* J. Organ. Chem. **29,** 2731 (1964).
70. *Yamato, Y.* und *H. Kaneko,* Tetrahedron **21,** 2501 (1965).
71. *Schulz, G.,* Tetrahedron Letters **1967,** 1803.
72. *Els, H., G. Englert, G. Müller* und *A. Fürst,* Helv. Chim. Acta **48,** 989 (1965).
73. *Shoppee, C. W., F. P. Johnson, R. E. Lack, R. J. Rawson* und *S. Sternhell,* J. Chem. Soc. **1965,** 2476.
74. *Shoppee, C. W., F. P. Johnson, R. E. Lack* und *S. Sternhell,* J. Chem. Soc. **1965,** 2489; *B. Balogh* et al., Advan. Org. Geochem. **1972,** 163.
75. *Kondo, K.,* J. Pharm. Soc. Japan **87,** 5 (1967).
76. *Chapman,* O. L. und *R. W. King,* J. Amer. chem. Soc. **86,** 1256 (1964).
77. *Tori, K.* und *E. Kondo,* Steroids **4,** 713 (1964).
78. *Narayanan, C. R.* und *K. N. Iyer,* Tetrahedron Letters **1965,** 3741.
79. *Manatt, S. L.,* J. Amer. chem. Soc. **88,** 1323 (1966).
80. *Trehan, I. R., C. Monder* und *A. K. Bose,* Tetrahedron Letters **1968,** 67.
81. *Goodlett, V. W.,* Analyt. Chem. **37,** 431 (1965).
82. *Tori, K.* und *T. Komeno,* Tetrahedron **21,** 300 (1965).
83. *Narayanan, C. R.* und *M. R. Sarma,* Tetrahedron Letters **1968,** 1553.
84. *Demarco, P. V., E. Farkas, D. Doddrell, B. L. Mylari* und *E. Wenkert,* J. Amer chem. Soc. **90,** 5480 (1968).
85. *Wilson, R. G., D. E. A. Rivett* und *D. H. Williams,* Chem. and Ind. **1969,** 109.
86. *Smith, L. L.,* Steroids **4,** 295 (1964).
87. *Neidleman, S. L., P. A. Diassi, B. Junta, R. M. Palmere, P. Grabowich* und *S. C. Pan,* Tetrahedron Letters **1966,** 4959.
88. *Devine, A. B.* und *R. E. Lack,* J. Chem. Soc. **C 1966,** 1902.
89. *Baker, K. M.* und *J. P. Bartley,* Tetrahedron **24,** 1651 (1968).
90. *Stora, C.* und *R. Freymann,* Compt. rend. **209,** 752 (1939).
91. *Furchgott, R. F., H. Rosenkrantz* und *E. Shorr,* J. Biol. Chem. **163,** 375 (1946).

92. *Ito, A.* und *O. Amakasu,* J. Pharm. Soc. Japan **77,** 1083 (1957).
93. *Kabasakalian, P.* et al., Analyt. Chem. **31,** 375 (1959).
94. *Johnson, J. L., M. F. Grostic* und *A. C. Jensen,* Analyt. Chem. **29,** 468 (1957); *R. Reimendal,* Analyt. Chem. **45,** 1083 (1973).
95. *Jones, R. N.* und *F. Herling,* J. Organ. Chem. **19,** 1252 (1954).
96. *Morris, W. W., J. B. Wilkie, S. W. Jones* und *L. Friedman,* Analyt. Chem. **34,** 381 (1962).
97. *Higuchi, W. I., P. K. Lau, T. Higuchi* und *J. W. Shell,* J. Pharm. Sci. **52,** 150 (1963).
98. *Mesley, R. J.* und *C. A. Johnson,* J. Pharm. Pharmacol. **17,** 329 (1965).
99. *Grostic, M. F.* und *G. E. Bronson,* Appl. Spectrosc. **15,** 84 (1961).
100. *Hayden, A. L.,* J. Pharm. Sci. **51,** 617 (1962).
101. *Huis, L. G.,* Acta Endocrin. **31,** 65 (1959).
102. *Parsons, W. H., A. R. Gennaro* und *A. Osol.,* Amer. J. Pharm. **133,** 411 (1961).
103. Dokumentation der Molekülspektroskopie (DMS), (Weinheim 1956).
104. *Dobriner, K., E. R. Katzenellenbogen* und *R. N. Jones,* Infrared Absorption Spectra of Steroids, (New York 1953).
105. *Neudert, W.* und *H. Röpke,* Steroid-Spektrenatlas, (Heidelberg-New York-Berlin 1965).
106. *Roberts, G., B. S. Gallagher* und *R. N. Jones,* Infrared Spectra of Steroids, Vol. II, (New York 1958).
107. *Jayle-Weinmann, S.* und *J. Weinmann,* Analyse von Steroid-Hormonen, Band III, (Paris 1965).
108. *Lednicer, D.* et al., J. Organ. Chem. **36,** 3260 (1971).
109. *Dobriner, K.* et al., Science **109,** 260 (1949).
110. *Ungar, F.* und *R. I. Dorfman,* J. Biol. Chem. **205,** 125 (1953).
111. *Brandmüller, J.* und *H. Moser,* Einführung in die *Raman*-Spektroskopie, (Darmstadt 1962). Ergänzungsband 1977 in Vorbereitung.
112. *Colthup, N. B., L. H. Daly* und *S. E. Wiberley,* Introduction to Infrared and *Raman*-Spectroscopy, (New York 1964); *J. P. Mathieu,* Advances in *Raman*-Spectroscopy, Vol. 1, (London 1973).
113. *Rosenkrantz, H.* und *M. Gut,* Science **120,** 1035 (1954).
114. *Schwenk, E., N. T. Werthessen* und *H. Rosenkrantz,* Arch. Biochem. Biophys. **37,** 247 (1952).
115. *Jones, R. N., P. Humphries, F. Herling* und *K. Dobriner,* J. Amer. chem. Soc. **74,** 2820 (1952); *C. D. West* et al., J. Clin. Endocrinol. Metab. **36,** 1230 (1973).
116. *Cole, A. R. H., G. T. A. Muller, D. W. Thornton* und *R. L. S. Willix,* J. Chem. Soc. **1959,** 1218.
117. *Kuhn, L. P.,* J. Amer. chem. Soc. **74,** 2492 (1952).
118. *Zeiss, H. H.* und *M. Tsutsui,* J. Amer. chem. Soc. **75,** 897 (1953); *L. I. Klimova* et al., Khim.-Farm. Z. **7,** 47 (1973).
119. *Kraft, M.,* Mh. Chem. **103,** 1194 (1972).
120. *Johnson, D. R., D. R. Idler, V. W. Meloche* und *C. A. Baumann,* J. Amer. chem. Soc. **75,** 52 (1953).
121. *Jones, R. N., P. Humphries, E. Packard* und *K. Dobriner,* J. Amer. chem. Soc. **72,** 86 (1950).
122. *Schrader, B.* und *E. Steigner,* Liebigs Ann. Chem. **735,** 6 (1970).
123. *Steigner, E.* und *B. Schrader,* Liebigs Ann. Chem. **735,** 15 (1970).
124. *Steigner, E.* und *B. Schrader,* Z. Anal. Chem. **254,** 177 (1971).
125. *Jones, R. N.,* Chem. in Can. **2,** 94 (1950).
126. *Bartlett, J. C., D. G. Chapman,* J. Agr. Food. Chem. **9,** 50 (1961).

9. Alkaloide

Alkaloide sind stickstoffhaltige, zumeist heterocyclische Pflanzenprodukte. Die meisten der Alkaloide sind Basen von großer struktureller Vielfalt. Diese Vielfalt ist einerseits durch grundsätzlich verschiedene Biosynthesewege bedingt, andererseits dadurch, daß viele der biologischen Zwischenprodukte in verschiedenen Richtungen reagieren können. Die Klassifizierung der Alkaloide erfolgt nach struktureller und biogenetischer Verwandtschaft.

Etwas mehr als zwei Drittel der bekannten Alkaloide sind in *Dicotyledonen* gefunden worden. Mit rund einem Zehntel aller Alkaloide (700 – 800) ist nach dem heutigen Kenntnisstand die Familie *Apocynaceae* die alkaloidreichste. Jeweils mehr als 100 Alkaloide sind für die Familien *Buxaceae, Compositae, Euphorbiaceae, Leguminosae, Loganiaceae, Menispermaceae, Papaveraceae, Rutaceae, Solanaceae* (alle Dicotyledonen) und *Liliaceae* (Monocotyledonen) beschrieben. Bei Gymnospermen und Pteridophyten sind alkaloidbildende Pflanzen selten. Nach heutiger Kenntnis synthetisieren nur wenige Pilze Alkaloide.

Viele Alkaloide zeichnen sich durch ausgeprägte physiologische Wirkungen aus, die toxisch oder heilend sein können. Die Entwicklung zahlreicher synthetischer Arzneimittel ist durch die Alkaloid-Forschung ausgelöst worden. Vergiftungen von Mensch und Tier durch Pflanzen sind häufig auf Alkaloide zurückzuführen (Tollkirsche, Fliegenpilz, Senecio-Arten).

Aufgrund der physiologischen Wirksamkeit zogen die Alkaloide seit Beginn der wissenschaftlichen Chemie die Aufmerksamkeit der Naturforscher auf sich: Das aus den Blättern des Cocastrauches gewonnene *Cocain* wirkt, intern verabreicht, narkotisch und suchterregend. *Lysergsäure* verursacht, an gesunde Versuchspersonen gegeben, Symptome, die denen der Schizophrenie gleichen. Das bitter schmeckende weiße *Chinin* war über Jahrhunderte das einzige Mittel, um die Malariakrankheit zu lindern.

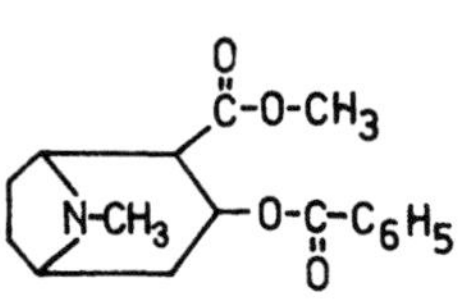

Cocain

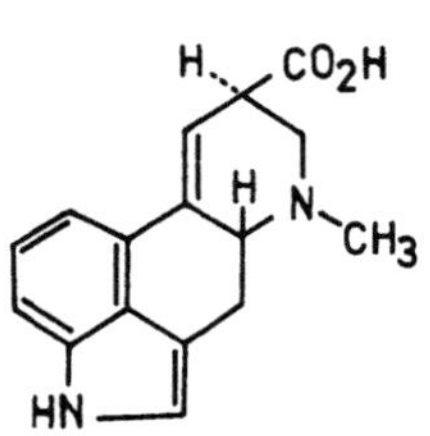

Lysergsäure

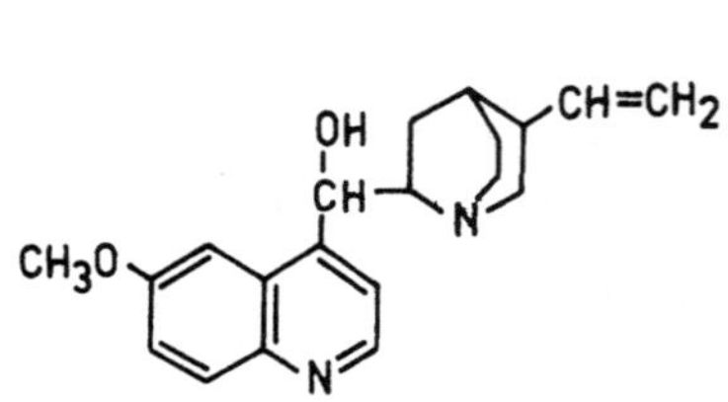

Chinin und *Chinidin*

Zum Nachweis und zur quantitativen Bestimmung von Alkaloiden werden oft dünnschichtchromatographische Methoden herangezogen (1, 2). Als Schichtmaterial dienen vor allem Kieselgel, Aluminiumoxid und Cellulosepulver. Ein fast generell anwendbares Sprühreagenz für basische Alkaloide ist Jodplatinat. Zur qualitativen und quantitativen Analyse vieler Alkaloid-Typen ist auch die Gaschromatographie geeignet (3), und in jüngerer Zeit hat man mit Erfolg Alkaloid-Gemische durch Flüssigchromatographie analysiert (4, 5).

Eine allgemein anwendbare Methodik zur Isolierung von Alkaloiden gibt es zwar nicht, jedoch lassen sich einige Richtlinien geben: Die Droge wird erschöpfend mit Methanol oder Äthanol extrahiert. Der vom Lösungsmittel befreite Extrakt wird zwischen einer wäßrigen Säure (oft Schwefelsäure) und einem organischen, mit Wasser nicht mischbaren Lösungsmittel verteilt. Hierbei bleiben die Alkaloide in der wäßrigen Phase. Säuren und Neutralstoffe (mit Ausnahme sehr polarer Verbindungen) gehen in das organische Lösungsmittel. Die wäßrige Phase wird anschließend basisch gestellt, und durch Ausziehen mit Methylenchlorid oder Toluol erhält man die Rohalkaloide.

Konstitutions- und Konfigurationsaufklärungen der z. B. durch Schichtchromatographie isolierten Alkaloide können durch kombinierte Anwendung spektroskopischer Methoden durchgeführt werden (6). Systematische Zusammenstellungen der Alkaloide und ihrer physikalischen Daten erleichtern die Identifizieung (7 – 12).

9.1. Indolalkaloide

Eine große Zahl der Alkaloide der Indolreihe leitet sich biogenetisch vom Tryptophan [1] ab. Gramin [2], das in verschiedenen Gerstensippen und der mittelasiatischen Schilfart Arundo Donax gefunden wurde, wird in der Pflanze wahrscheinlich direkt aus Indol gebildet.

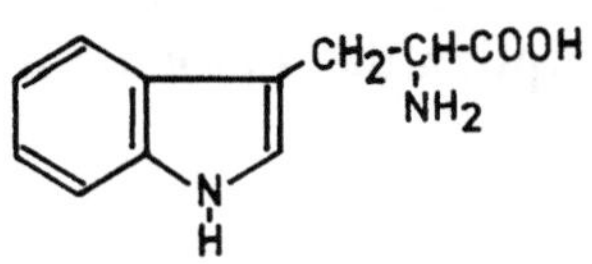

[1]

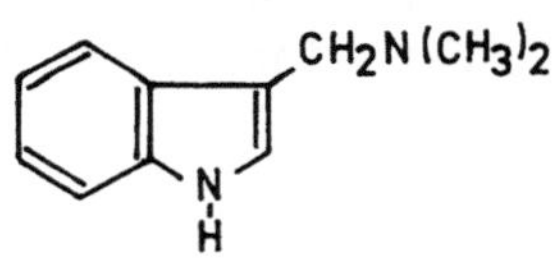

[2]

Neben vielen Vertretern dieser großen und mannigfaltigen Gruppe, die komplizierte Ringsysteme enthalten, gibt es auch einige einfache Indolderivate. Psilocybin [3] zum Beispiel, die physiologisch wirksame Substanz des mexikanischen Zauberpilzes *Stropharia,* ist ein Phosphorsäureester des N,N-Dimethyl-4-hydroxy-tryptamins. Es steht in enger Beziehung zum Serotonin [4] (5-Hydroxy-tryptamin), das als Indolderivat nicht pflanzlicher Herkunft nicht zu den Alkaloiden gerechnet wird. Serotonin ist als gefäßverengendes Prinzip im Blut enthalten und in tierischen Zellen weit verbreitet. Bufotenin [5], das N,N-Dimethylderivat des Serotonins, ist aus Krötengift isoliert worden. Außerdem ist es das aktive

Prinzip des narkotisch wirkenden Schnupftabaks *Cohoba*, der aus den Samen der tropischen Pflanze *Piptadenia peregrina* hergestellt wird.

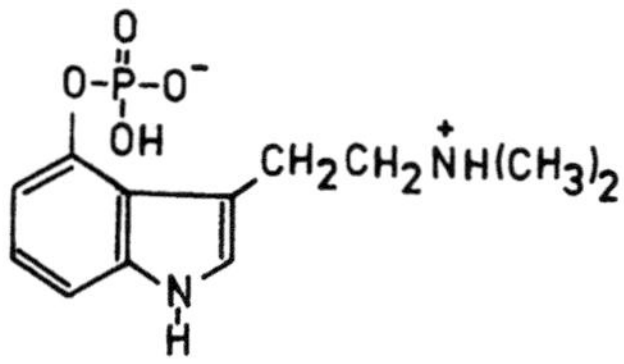

[3]

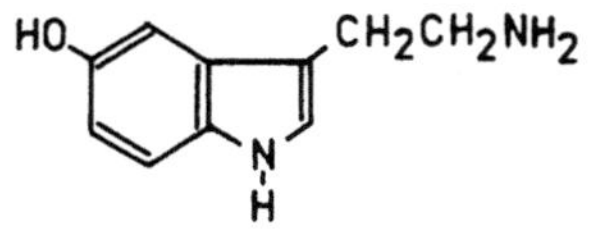

[4]

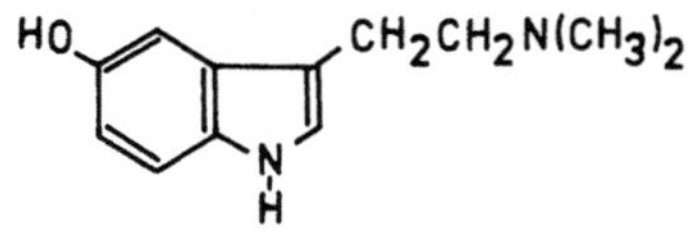

[5]

Strychnin [6] kann aus den Samen von *Strychnos nux – vomica* isoliert werden. Wegen seiner hohen Giftigkeit wird es zur Bekämpfung von Nagetieren verwendet. Die Konstitutionsaufklärung des Strychnins zog sich wegen des komplizierten Systems von sieben kondensierten Ringen über mehrere Jahre hin (13).

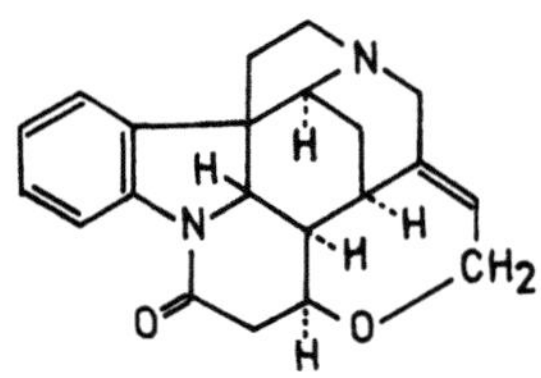

[6]

Der Charakter der funktionellen Gruppen ließ sich in der Weise ableiten, daß ein Stickstoff-Atom als tertiär (Bildung von Quartärsalzen) und das andere als Bestandteil einer Amid-Gruppe erkannt wurde. Da Strychnin weder die Funktion eines Ketons noch einer Hydroxy-Gruppe zeigte, folgerte man für das zweite Sauerstoff-Atom eine Ätherbrücke. Eine olefinische Doppelbindung ergab sich durch Hydrierung zu einem Dihydroderivat, während die UV-Absorption das Indolin-System nachwies.

9.1.1. Mutterkornalkaloide

Das Mutterkorn ist ein parasitärer Pilz, der auf Getreide, insbesondere auf Roggen, wächst. Die darin enthaltenen Alkaloide bedingen eine als Ergotismus bezeichnete Krankheit, die in ihrer akuten Form zu Gangrän und Krämpfen führt. Eine Anzahl von Alkaloiden, die das Ringgerüst des Ergolins [1] enthalten – eines partiell hydrierten Indolo-chinolins – werden bei parasitischem Wachstum von dem Schlauchpilz *Claviceps purpurea* und anderen auf Gramineen schmarotzenden Claviceps-Arten produziert. Die Mehrzahl dieser Alkaloide läßt sich in zwei Gruppen aufteilen, von denen die eine Amide und Peptide der Lysergsäure und Isolysergsäure [2] und die andere Hydroxy- und Dehydro-Derivate des 6,8-Dimethylergolins umfaßt, z. B. Elymoclavin [3] und Agroclavin [4].

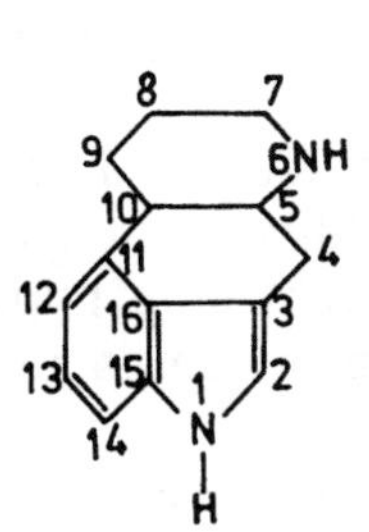
[1]

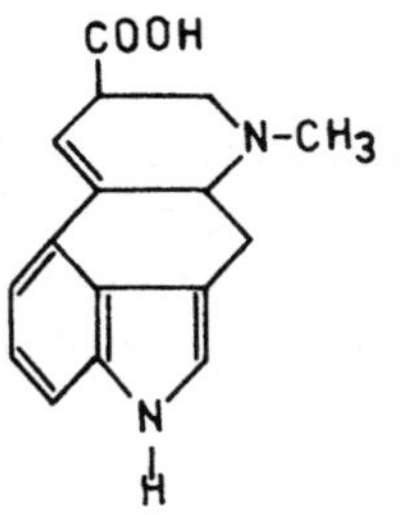
[2]

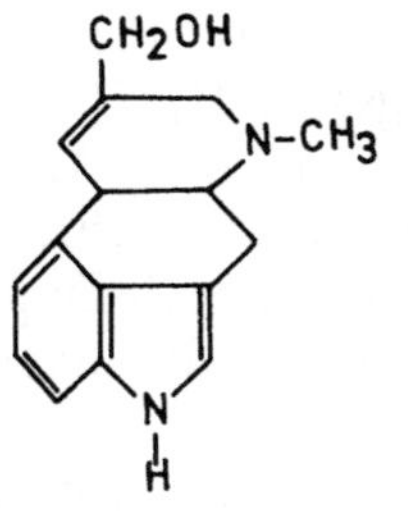
[3]

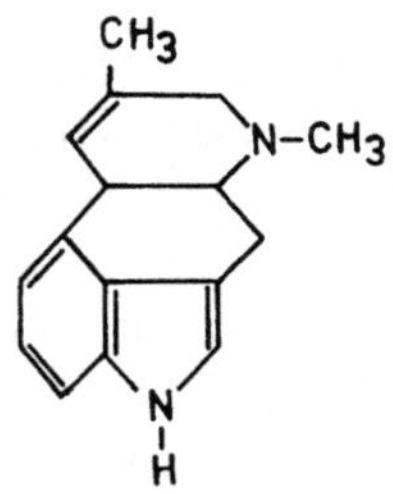
[4]

9.1.1.1. UV- und IR-Absorption

Eine spiegelbildliche Anordnung der Substituenten am C-8 unterscheidet Lysergsäure [2 a] und Isolysergsäure [2 b]. Am C-5 besitzen beide Isomere die gleiche sterische Anordnung. Ein neues Asymmetriezentrum am C-10 entsteht bei Hydrierung der Kohlenstoff-Doppelbindung in 9-10 Stellung. Im Falle der Lysergsäure entsteht nur eines der beiden theoretisch möglichen stereoisomeren Dihydroderivate, das als Dihydrolysergsäure (I) [5] bezeichnet wird (14, 15). Bei der katalytischen Hydrierung der Isolysergsäure bzw. ihrer Derivate werden beide an C-10 diastereomeren Verbindungen erhalten: Dihydroisolysergsäure(I) [6] und Dihydroisolysergsäure(II) [7]. Dihydroisolysergsäure(I) [6] läßt sich durch Epimerisierung am C-8 in Dihydrolysergsäure(I) [5] überführen. Dihydroisolysergsäure(II) [7] hat am C-10 spiegelbildliche Anordnung (16).

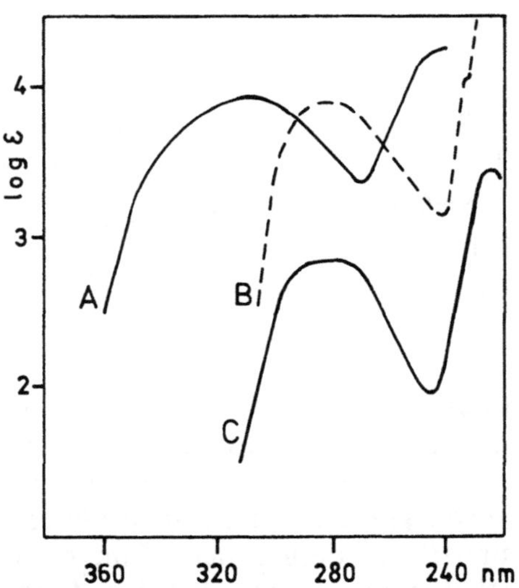

Abb. 9.1. UV-Spektren von Lysergsäure [2a] bzw. Isolysergsäure [2b] (Kurve A) und Dihydrolysergsäure [5 und 8] bzw. Dihydroisolysergsäure [6 und 7] (Kurve B). Chanoclavin [13] (Kurve C). (17).

Die Dihydrolysergsäure(II) [8] läßt sich durch Epimerisierung am C-8 aus Dihydroisolysergsäure(II) [7] herstellen.

Die UV-Spektren von Lysergsäure und Isolysergsäure (Abb. 9.1.) sind identisch, jedoch deutlich verschieden von dem der Dihydrolysergsäuren. Die Hydrierung der 9,10-Doppelbindung verursacht eine hypsochrome Verschiebung z. B. des langwelligen Absorptionsmaximums von 310 nach 280 nm.

Eine UV-spektroskopische Unterscheidung der Dihydrolysergsäuren und Dihydroisolysergsäuren [5] bis [8] ist also nicht möglich; man beobachtet das typische Spektrum eines Indols.

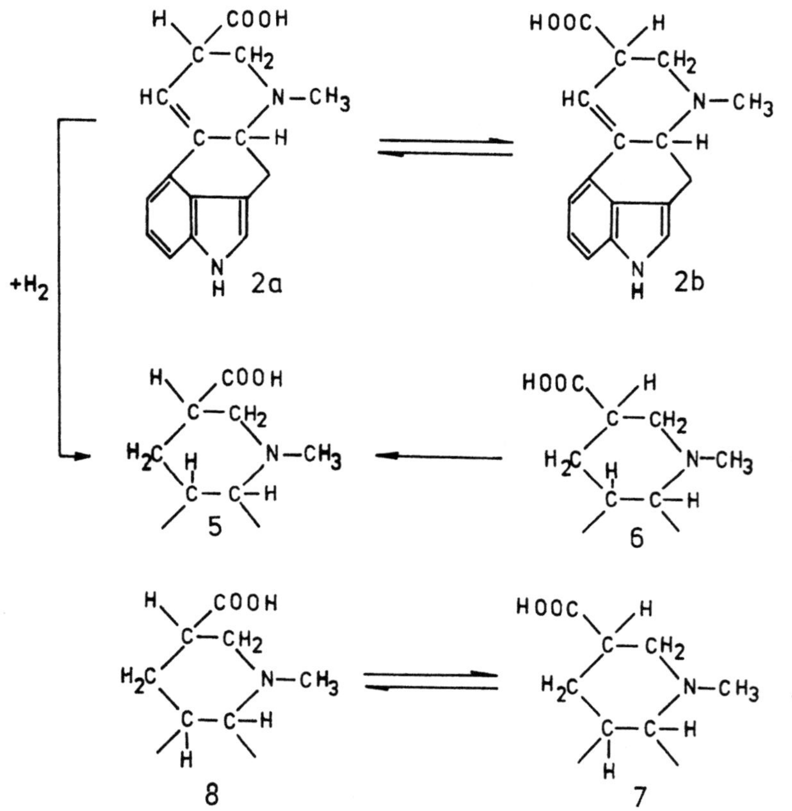

Die IR-Spektren der Dihydrolysergsäuren und Dihydroisolysergsäuren zeigen jedoch charakteristische Unterschiede. In den Abbildungen 9.2 A bis D sind die IR-Spektren der Methylester der Dihydrolysergsäure(I), der Dihydroisolysergsäure(I), der Dihydrolysergsäure(II) und der Dihydroisolysergsäure(II) wiedergegeben. Einige Absorptionsbanden der 1150 – 1250 cm^{-1}-Region scheinen mit den Zuordnungen der Verbindungen zu den beiden sterischen Reihen in einem systematischen Zusammenhang zu stehen. Man beobachtet folgende Absorptionen:

Dihydrolysergsäure(I)-methylester: 1175 (s), 1200/1217 (Dublett) 1260 (s) cm^{-1}, einfach.
Dihydroisolysergsäure(I)-methylester: 1175 (m), 1218/1225 (ss), komplex, 1258 (s) cm^{-1}.
Dihydrolysergsäure(II)-methylester: 1162, 1175 (ss), komplex, 1200 (ss) cm^{-1}.
Dihydroisolysergsäure(II)-methylester: 1165 (ss)/1200 (ss) cm^{-1}, einfach.

Diese Wellenzahlen sind den Carbomethoxy-Gruppen zuzuordnen, die offenbar empfindlich auf eine Änderung der chemischen Umgebung in der IR-Absorption reagieren; das Merkmal einfache bzw. komplexe Banden-Gruppe zwischen 1160 und 1250 cm^{-1} scheint systematisch aufzutreten.

	Sterische Lage der $COOCH_3$-Gruppe
Dihydrolysergsäure(I)	e
Dihydroisolysergsäure(I)	a
Dihydrolysergsäure(II)	a
Dihydroisolysergsäure(II)	e

Die Ultraviolettspektren von Setoclavin [9], Isosetoclavin [10], Penniclavin [11] und Isopenniclavin [12] sind gleich und identisch mit dem Spektrum der Lysergsäure und Isolysergsäure.

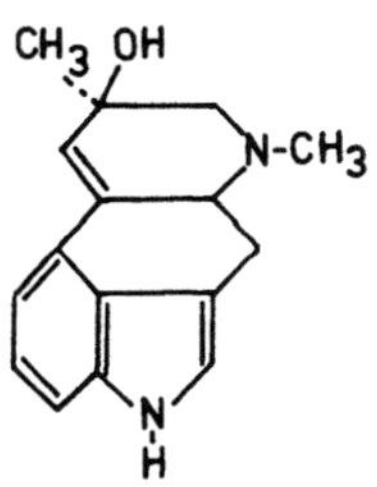

[9]

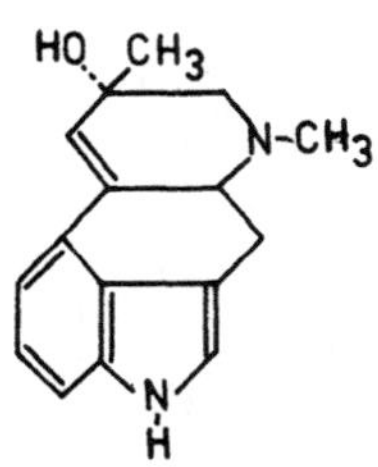

[10]

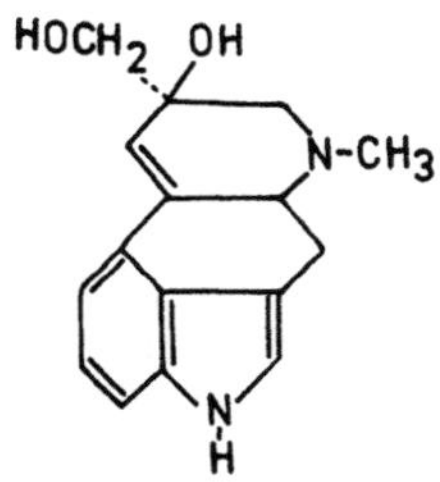

[11]

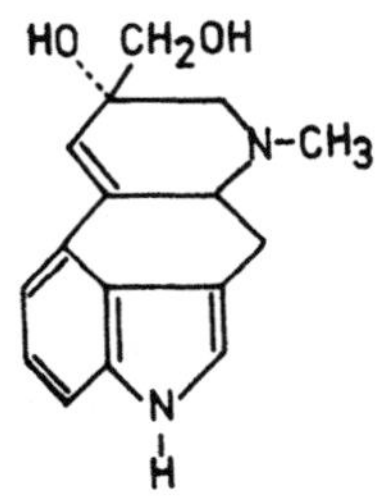

[12]

Chanoclavin [13], $C_{16}H_{20}N_2O$, enthält eine hydrierbare Doppelbindung. Diese Doppelbindung kann sich jedoch nicht mit dem Indolchromophor in Konjugation befinden, da das UV-Spektrum (Abb. 9.1.) nahezu identisch mit dem Spektrum der Dihydrolysergsäure ist. Das IR-Spektrum (Abb. 9.3.) zeigt die charakteristische Absorption der Indolderivate bei 1600 – 1650 cm^{-1} und starke Banden im Gebiet der OH- und NH-Absorption. Da Chanoclavin mit Acetanhydrid in Pyridin ein neutrales O,N-Diacetat bildet, kann es kein tetracyclisches Gerüst besitzen,

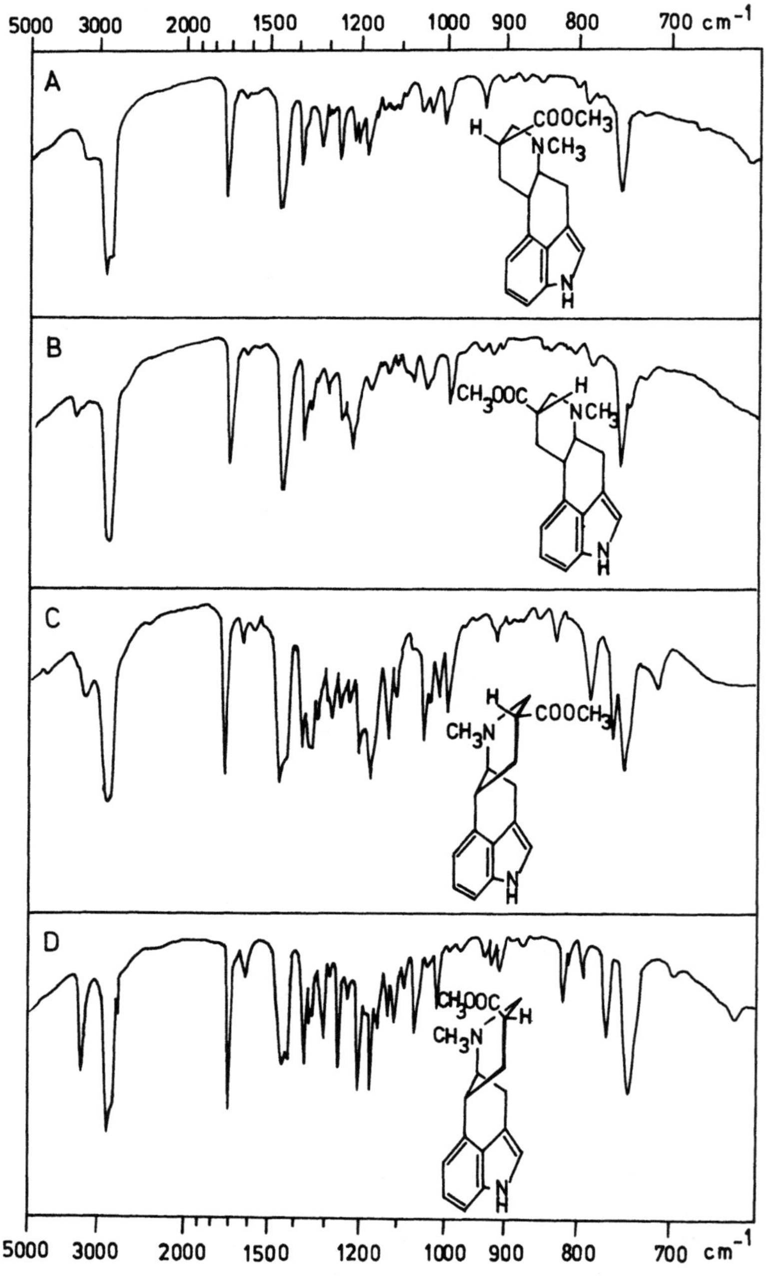

Abb. 9.2. IR-Spektren von Dihydrolysergsäure(I)-methylester (A), Dihydroisolysergsäure (I)-methylester (B), Dihydrolysergsäure(II)-methylester (C) und Dihydroisolysergsäure (II)-methylester (D) in Nujol gegen Nujol (14).

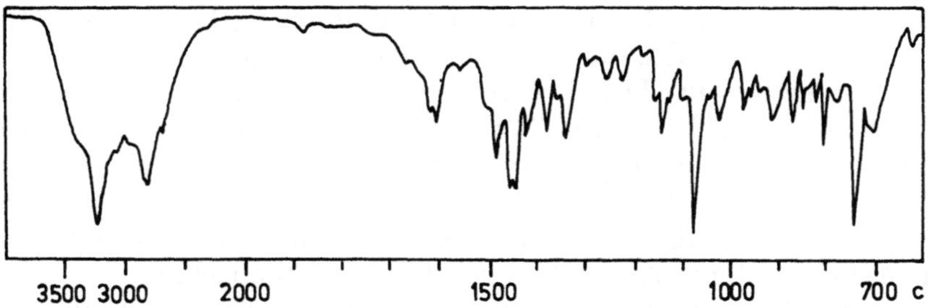

Abb. 9.3. IR-Spektrum von Chanoclavin [13] in KBr (17).

sondern muß als ein zwischen dem basischen Stickstoff und dem C-Atom 7 reduktiv aufgespaltenes Elymoclavin [14] formuliert werden (17, 18).

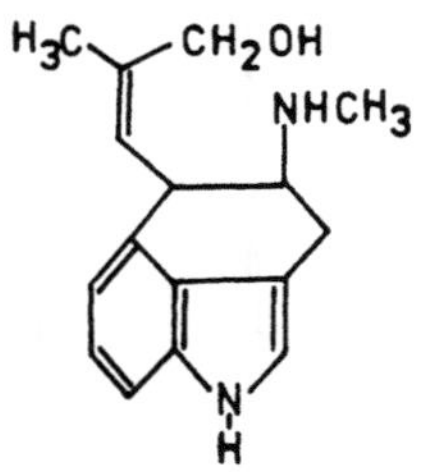

[13]

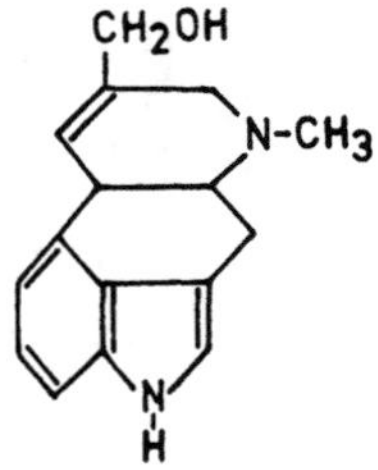

[14]

9.1.1.2. *Protonenresonanz*

Aus Mutterkorn, das auf dem Wildgras *Paspalum dilatatum* in Portugal gefunden worden war, wurde ein Stamm von Claviceps paspali gezüchtet, der als Hauptmetabolit die bis dahin unbekannte 6-Methyl-$\Delta^{8,9}$-ergolen-8-carbonsäure [13] neben wenig Lysergsäure produziert. Aus Großansätzen dieses Claviceps-Stammes konnten weiterhin Paspaclavin [14] und Paliclavin [15] isoliert und NMR-spektroskopisch identifiziert werden (19).

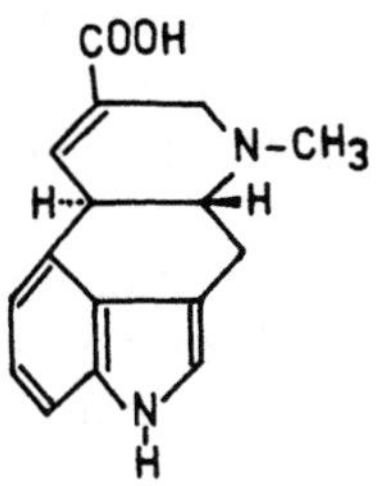

[13]

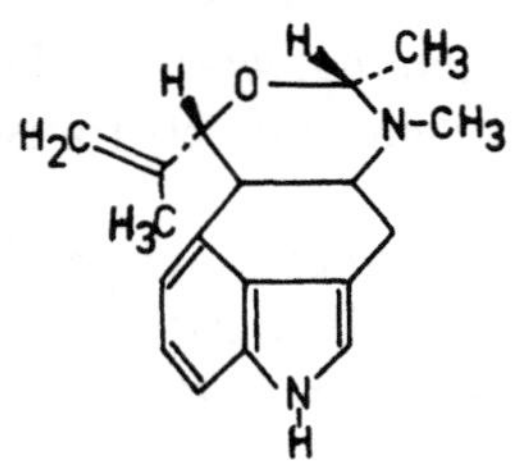

[14]

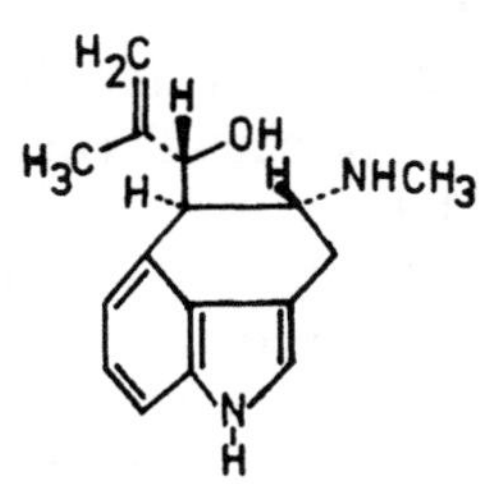

[15]

Für Paspaclavin [14] wurde die Bruttoformel $C_{18}H_{22}N_2O$ ermittelt; damit weist dieses Alkaloid gegenüber den gewöhnlichen Clavinen zwei C-Atome mehr auf. Das UV-Spektrum (λ_{max} = 224 nm, 282 nm und 292 nm; log ε = 4,49, 3,83 und 3,76) entspricht dem der Ergoline, das IR-Spektrum belegt die Gruppen Indol-NH (3470 cm^{-1}), NCH_3 (1440 und 2800 cm^{-1}) und $>C=CH_2$ (3050, 1650 und 880 cm^{-1}). In Übereinstimmung mit dem Strukturelement eines cyclischen Äthers wird für Paspaclavin [14] im IR eine Absorption bei 1065 cm^{-1} beobachtet.

Das NMR-Spektrum (Abb. 9.4.) zeigt die Signale des Indolgerüstes und der NCH_3-Gruppe. Durch Spinentkopplung von H_k (6,8 ppm) ergibt sich die Lage der beiden Protonen H_d bei 3,2 ppm. Mit Doppelresonanz-Versuchen wurden die Gruppierungen CH_3-CH (d/1,4 ppm und q/4,48 ppm) und CH_3-C=CH_2 (s/2,02 ppm und m/5,2 ppm) gesichert.

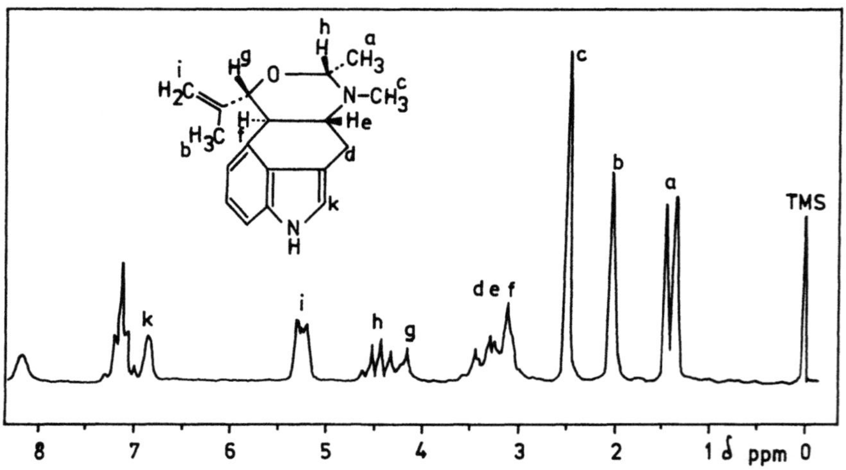

Abb. 9.4. 60-MHz-^{1}HNMR-Spektrum von Paspaclavin [14] in $CDCl_3$ (19).

Die relative Konfiguration der drei Zentren mit H_e, H_f und H_g (Abb. 9.4.) ließ sich anhand des 100-MHz-Spektrums aufklären. Dabei zeigte sich das Signal bei 4,25 ppm als Dublett mit J_{gf} = 10 Hz, das dem Proton H_g zuzuschreiben ist (Entkopplung mit H_f bei 3,25 ppm). Durch Protonisierung mit CF_3COOD kommt es im Bereich des Multipletts bei 3,5 ppm zu einer Signalverschiebung, wodurch H_f als Triplett mit J = 10 Hz erscheint. Hieraus ergibt sich, daß H_f trans-diaxial zu H_g und H_e steht.

Paliclavin [15] hat die Bruttoformel $C_{16}H_{20}N_2O$. Es besitzt das gleiche UV-Spektrum wie Paspaclavin [14], weist jedoch im IR-Spektrum wesentliche Unterschiede auf. Aus der Bildung eines N-Acetyl-Derivates und einer O,N-Diacetyl-Verbindung läßt sich das Vorliegen einer NH- und einer OH-Gruppe ableiten.

Das NMR-Spektrum (Abb. 9.5.) unterscheidet sich von dem des Paspaclavins [14] durch das Fehlen der CH_3CH-Gruppierung. In der Tat gelang es, durch Säurekatalyse dieses Strukturelement aus [14] in Form von Acetaldehyd abzuspalten, wobei ausschließlich das Clavin-Alkaloid [15] erhalten wurde. Umgekehrt läßt sich aus [15] durch Einwirkung von Acetaldehyd als einziges Produkt Paspaclavin [14] erhalten.

Das NMR-Spektrum von Paliclavin [15] macht eine Konformationsbestimmung möglich. Bei 3,86 ppm tritt für das Proton H_g ein Dublett durch Kopplung mit H_f auf ($J_{f,g} = 8$ Hz). Bei 3,12 beobachtet man in Abb. 9.5. ein Dublett von Dubletts für Proton H_f mit den Kopplungskonstanten $J_{g,f} = 8$ Hz und $J_{e,f} = 4$ Hz. Ein Quadruplett bei 3,5 ppm ist dem Proton H_e zuzuordnen, seine Kopplung beträgt 4 Hz. Hieraus folgt, daß H_e die äquatoriale Lage einnimmt. Dies bedeutet, daß bei einem Über-

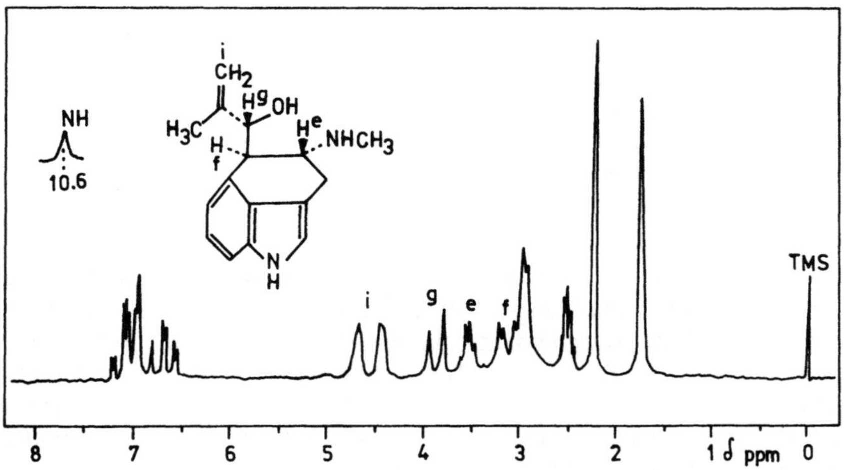

Abb. 9.5. 60-MHz-^{1}HNMR-Spektrum von Paliclavin [15] in DMSO (19).

gang [14] → [15] der Ring C aus sterischen Gründen seine Konformation ändert, so daß die beiden großen Substituenten am Ring C die axiale Lage einnehmen.

9.1.2. Vinca-Alkaloide

Aus *Vinca rosea* Linn wurden therapeutisch bedeutsame Diindol-Alkaloide isoliert (20–26), die wie Vinblastin [1] und Vincristin [2] eine Antitumor-Wirkung zeigten.

Es wurde eine Zuordnung der ^{13}C-Resonanzen der nicht-aromatischen Protonen dieser Diindol-Alkaloide versucht (26), die durch eine große Komplexität der SFOR-entkoppelten Spektren erschwert ist. Für

Vinblastin [1] konnten folgende Resonanzen bezogen auf TMS zugeordnet werden: die Estercarbonyl-Gruppe bei 174,6 ppm, die Ester-Methoxygruppe bei 51,9 ppm sowie eine C-Methylgruppe bei 6,7 ppm.

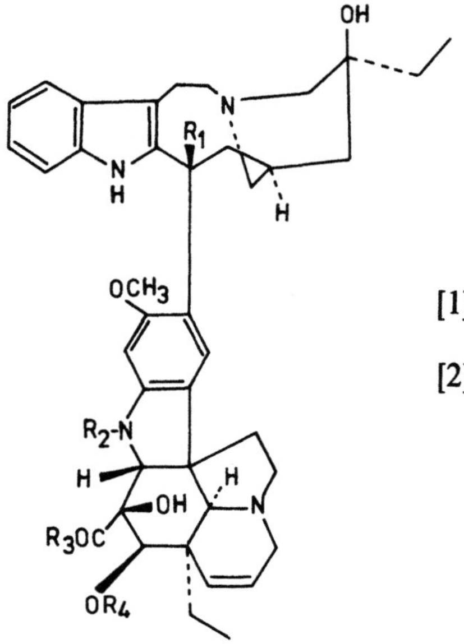

[1] $R_1 = COOCH_3$; $R_2 = CH_3$
$R_3 = OCH_3$; $R_4 = COCH_3$
[2] $R_1 = COOCH_3$; $R_2 = CHO$
$R_3 = OCH_3$; $R_4 = COCH_3$

Für *Vincarodin,* das zunächst ebenfalls für ein Dimeres gehalten wurde (8), konnte nach massenspektrometrischer Bestimmung der Summenformel $C_{22}H_{26}N_2O_5$ durch spektroskopischen Vergleich mit Vincamin [4] und Vincin [5] die Konstitution [3] ermittelt werden: IR, UV und NMR-Spektren belegen das Vorliegen einer aromatischen Methoxy-Gruppe, einer Carbomethoxy-Einheit und einer sekundären Hydroxy-Funktion sowie das Strukturelement eines Äthers (25).

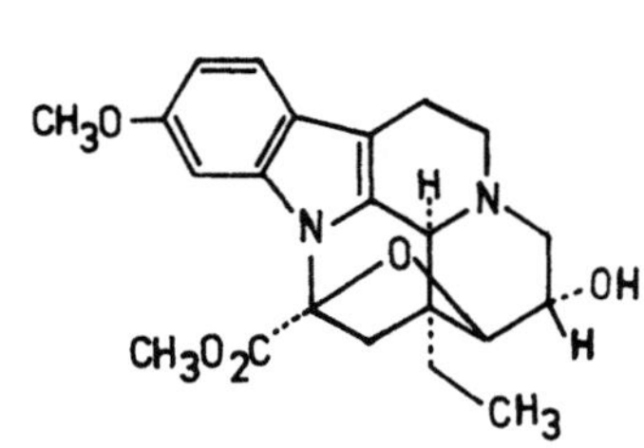

[3]

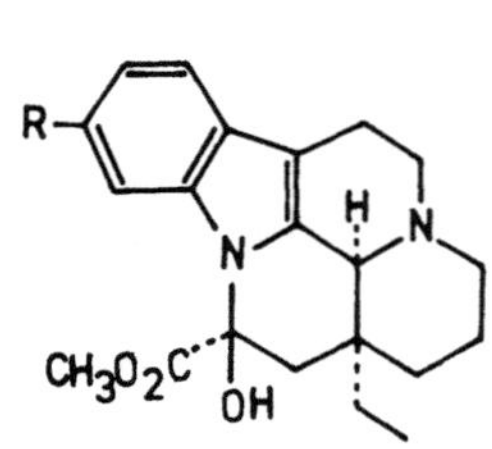

[4] R=H
[5] $R = OCH_3$

Das 220-MHz-^{1}HNMR-Spektrum von Vincarodin [3] (Abb. 9.6.) ist bezüglich der chemischen Verschiebungen und der geminalen, vicinalen und long-range-Kopplungskonstanten in Übereinstimmung mit der vorgeschlagenen Struktur (25). Das Signal des äquatorialen C(14) Oxymethin-Wasserstoffs bei 3,72 ppm verschiebt sich bei Bildung des Acetats nach 4,90 ppm. Bestrahlung dieses Wasserstoffs in beiden Substanzen führt zu einem Zusammenfallen der Methylen-Dubletts von Dubletts der Position C(3) zu einfachen Dubletts und des Methin-Dubletts der Position C(15) zu einem Singulett. Diese Entkopplungs-Experimente belegen die Substitution des D-Ringes und weiterhin die relative Stereochemie dieses Alkaloids.

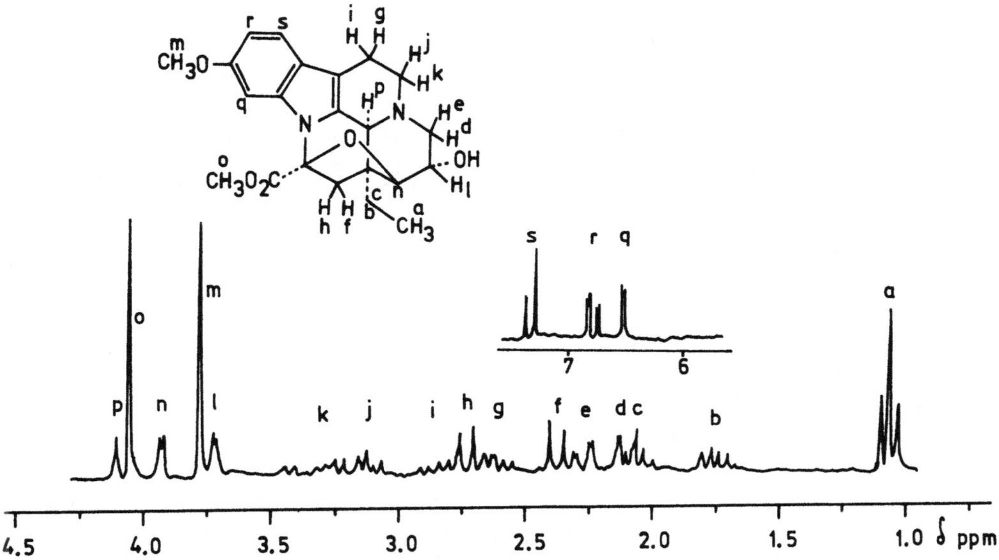

Abb. 9.6. 220-MHz-^{1}HNMR-Spektrum von Vincarodin [3] in $CDCl_3$ (25).

Die klinische Anwendung der dimeren Vinca-Alkaloide *Vinblastin* (VLB) und *Vincristin* (VCR) löste umfangreiche Untersuchungen über weitere Vinca-Alkaloide aus (28). Auf der Suche nach neuen Anti-Tumor-Verbindungen wurden verschiedene Mikroorganismen für biologische Untersuchungen der Hauptalkaloide dieser Gattung eingesetzt (29). Kulturen aus den Familien *Actinomycetaceae* und *Streptomycetaceae* bilden bei Einwirkung auf Vindolin [6] verschiedene Verbindungen, von denen Desacetylvindolin [7] überwiegt (30). Ein in geringem Umfang auftretendes Metabolit, das durch mikrobiologische Umwandlung aus Vindolin [6] gebildet wird, entsteht durch Ringverengung zu dem fünfgliedrigen Lactam [11]. Sein UV-Spektrum ist recht ähnlich mit dem von Vindolin (30), und das IR-Spektrum zeigt nun zwei Carbonyl-Absorptionen: bei 1710 cm^{-1} für die Methylester- und Acetatgruppe und bei 1750 cm^{-1} eine Bande, die dem fünfgliedrigen Lactam-Carbonyl zuzuordnen ist (31).

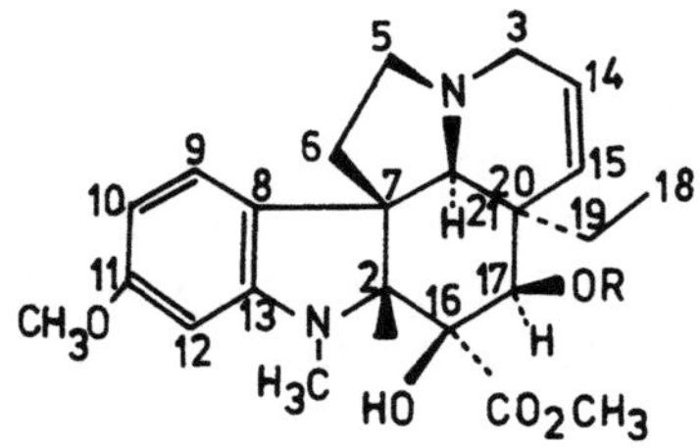

[6] R=COCH₃ → [6] $R=COCH_3$
[7] $R=H$

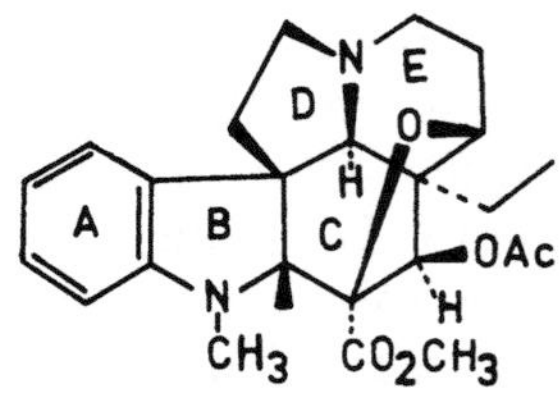

[12] Cathannein (Cathovalin)

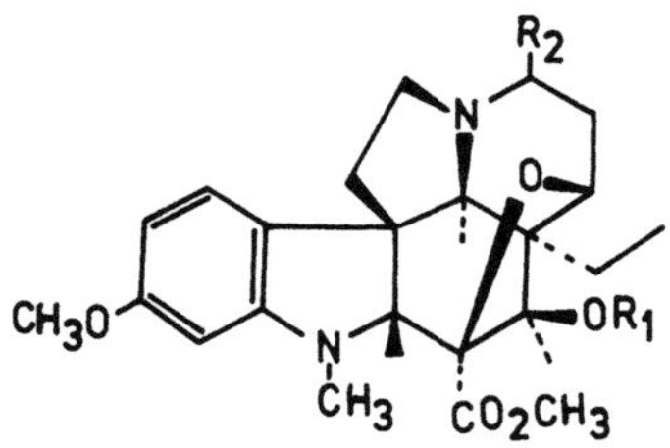

[8] $R_1=H$; $R_2=H$
Desacetyl-dihydrovindolin-äther
[9] $R_1=COCH_3$; $R_2=H$
Dihydrovindolin-äther
[10] $R_1=COCH_3$; $R_2=COCH_3$
3-Acetyl-dihydrovindolin-äther

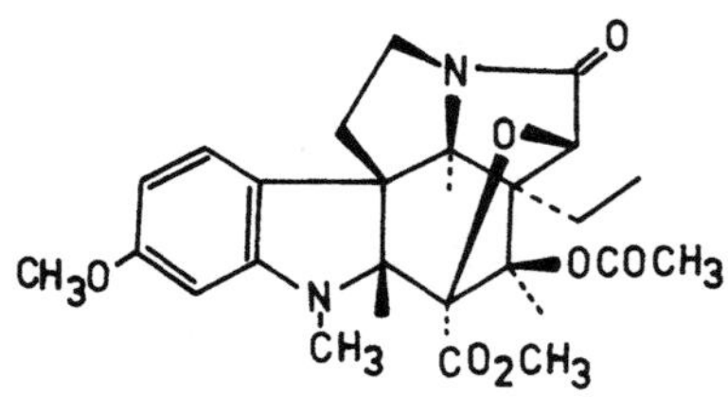

[11] 16-Dehydroxy-14,15-dihydro-15,16-epoxy-14-oxo-3-norvindolin

Die NMR-Daten von [11] sind in guter Übereinstimmung mit der vorgeschlagenen Struktur. Das auffallendste Merkmal im NMR-Spektrum von [11] ist ein scharfes Singulett bei 4,22 ppm (C(15)) (Abb. 9.7.), entsprechend dem Multiplett bei 4,22 ppm (C(15)) in [8]; dies ist kennzeichnend für das Fehlen einer Methylengruppe am C(14) (Abb. 9.8.). Weiterhin beobachtet man die Gegenwart von nur zwei Methylen-Multipletts am C(5) und C(6); die dritte Methylengruppe der Äthylgruppe tritt als Quartett auf, das im 220-MHz-Spektrum völlig aufgelöst ist.

Tab. 9.1. Chemische Verschiebungen (ppm) von Umwandlungsprodukten des Vindolins [6] bei 100 MHz in $CDCl_3$ (30).

Verbindung	C-2	C-17	C-15	C-14	C-21	NCH_3	$COOCH_3$	$OCOCH_3$	$ArOCH_3$
[8]	3,63	3,97	4,22 m	1,93 m	3,55	2,78	3,88	–	3,75
[9]	3,68	5,39	4,05 m	2,03 m	3,59	2,78	3,80	1,95	3,75
[10]	3,73	5,43	4,06 m	2,00 m	3,64	2,78	3,78	1,92	3,76
[11]	4,02	5,55	4,22 s	–	3,57	2,79	3,78	1,98	3,77
Vindolin [6]	3,75	5,43			2,65	2,68	3,80	2,07	3,60
Cathannein [12]	3,81	5,32	4,08 m	2,4 m	3,58	2,80	3,68	1,94	–
Cathovalin [12]	–	5,28	4,05	1,9 m		2,78	3,76	1,93	–

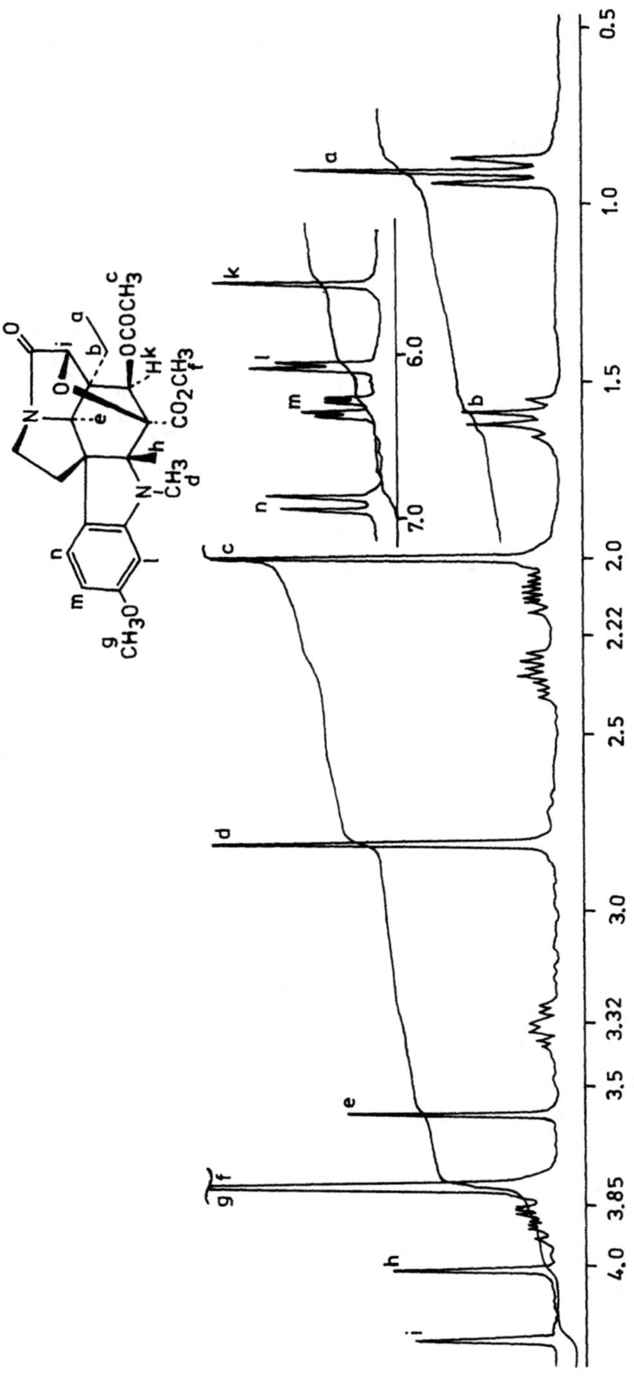

Abb. 9.7. 220-MHz-^{1}HNMR-Spektrum von 16-Dehydroxy-14,15-dihydro-15,16-epoxy-14-oxo-3-norvindolin in $CDCl_3$ (30).

Ein Vergleich der NMR-Spektren von [8] und [9] belegt die Lokalisierung des Äther-Gliedes zwischen C(16) und C(15). Einstrahlung bei 2,02 ppm in [9] verursacht ein Zusammenfallen des Multipletts bei 4,05 ppm zu einem Singulett; ein entsprechendes Experiment für [8] bei 1,93 ppm verursacht ein Zusammenfallen des Multipletts zu einem Singulett bei 4,22 ppm (Abb. 9.8.).

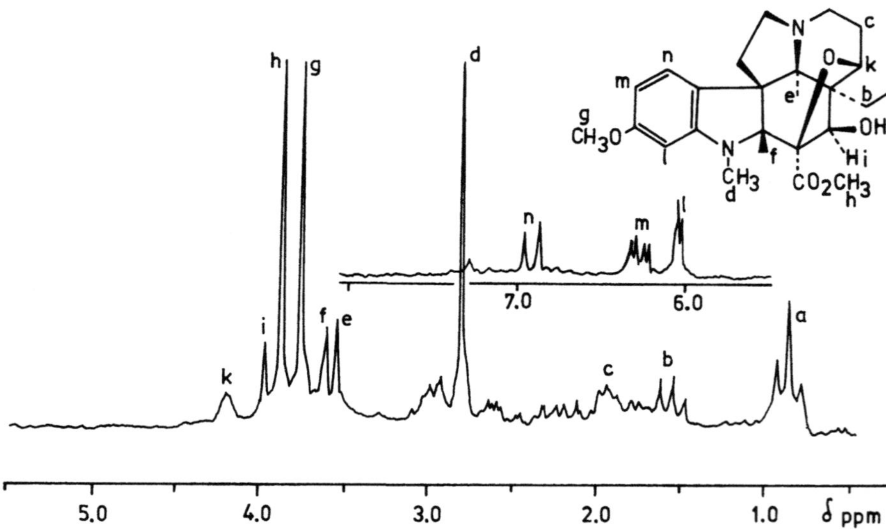

Abb. 9.8. 100-MHz-^{1}HNMR-Spektrum von Desacetyl-dihydrovindolinäther [8] in $CDCl_3$ (30).

9.1.3. Ellipticin-Gruppe

Einige Apocynaceen-Gattungen enthalten Alkaloide, die man zu der Ellipticin-Gruppe zusammengefaßt hat. Gemeinsam ist diesen Alkaloiden mit Ausnahme des Uleins [5] ein Pyridocarbazol-Gerüst: z. B. Ellipticin [1], Olivacin [2], u-Alkaloid B [3] und Guatambuin [4]. Ulein hat nicht diesen Strukturtyp, steht aber vermutlich in naher biogenetischer Beziehung zu den übrigen Vertretern dieser Gruppe.

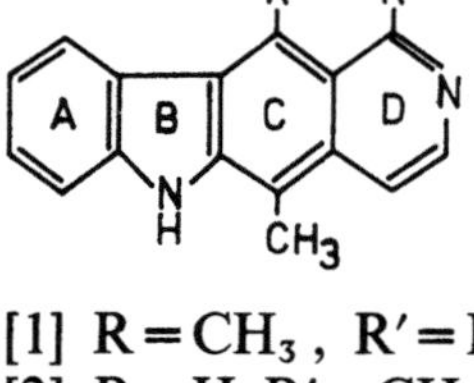

[1] $R=CH_3$, $R'=H$
[2] $R=H, R'=CH_3$

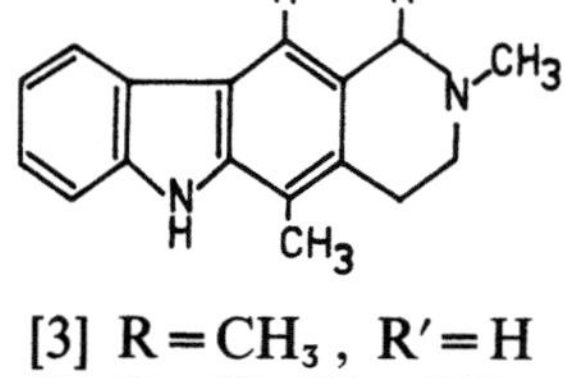

[3] $R=CH_3$, $R'=H$
[4] $R=H$, $R'=CH_3$

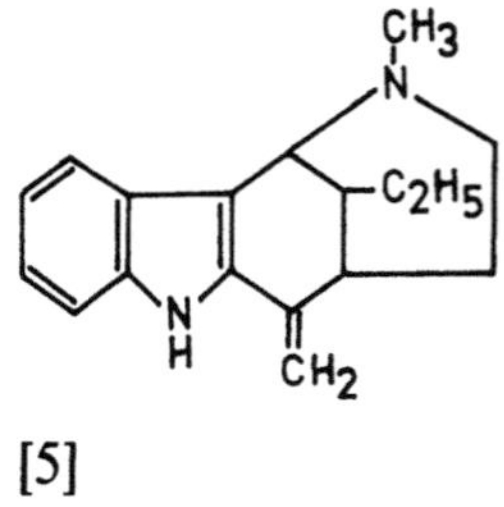

[5]

In Abb. 9.9. ist das UV-Spektrum von Olivacin [2] in alkoholischer und 2 N Salzsäure wiedergegeben. Man beobachtet die typische UV-Absorption eines linear verknüpften Pyrido-carbazols (32). Olivacin [2] zeigt das gleiche UV-Spektrum wie das isomere Ellipticin [1] und bildet ebenfalls ein gelbes Jodmethylat, das bei der Einwirkung von Alkali in eine rote Anhydronium-Base übergeht.

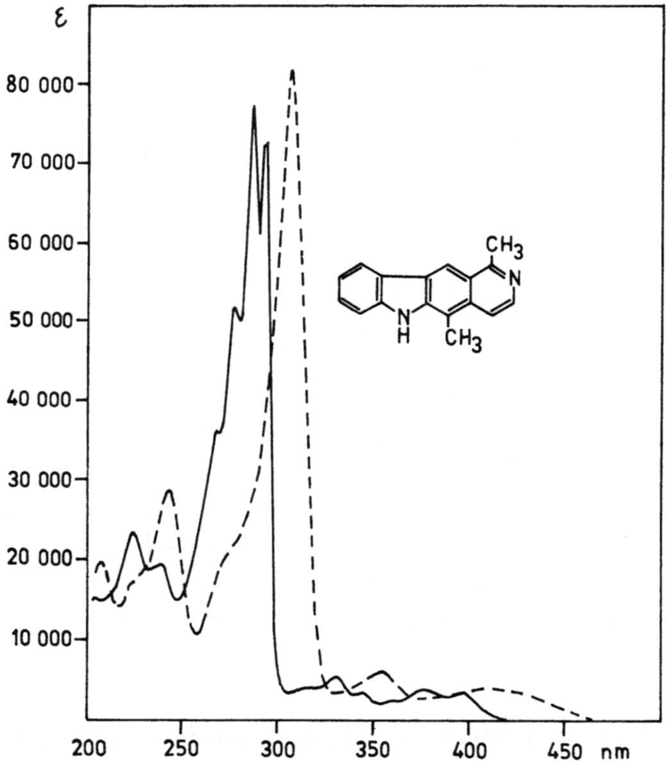

Abb. 9.9. UV-Spektren von Olivacin [2] in Äthanol (———) und in Äthanol $+10^{-2}$ N HCl (- - - - -) (32).

Während für das ausgedehnte konjugierte System des Olivacins [2] die Absorptionsbande höchster Extinktion bei 280 nm beobachtet wird, liegt diese Bande im Spektrum von Ulein [5] mit einem niedrigeren Extinktionskoeffizienten bei 210 nm (Abb. 9.10.). Bei Hydrierung der exocyclischen Doppelbindung wird das langwelligste Maximum im Spektrum des Dihydro-uleins um ca. 30 nm kurzwellig verschoben, und es tritt nur noch die UV-Absorption eines Indolchromophors auf. Das gegenüber anderen Indolalkaloiden etwas nach kürzeren Wellen verschobene Maximum bei 283 nm ist in guter Übereinstimmung mit demjenigen von 1,2,3,4-Tetrahydro-carbazol (33) (λ_{max} 282 nm, $\log \varepsilon = 3{,}81$). Dies zeigt,

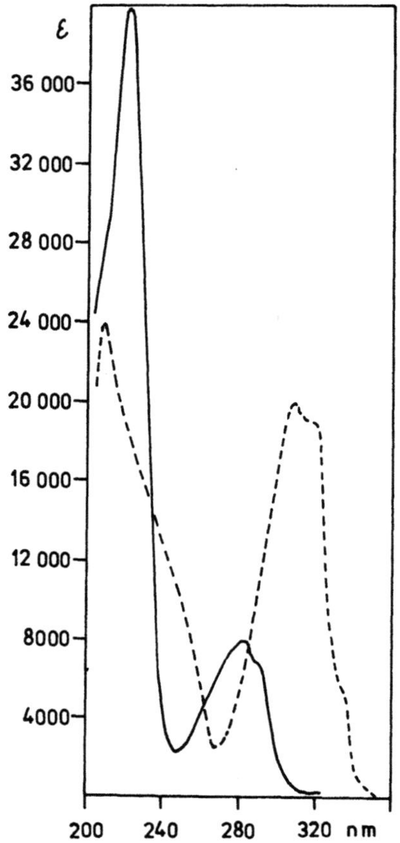

Abb. 9.10. UV-Spektren von Ulein [5] ----- und Dihydroulein ——— in Äthanol (34).

daß die hydrierbare Doppelbindung des Uleins in Konjugation zum Indolring stehen muß.

Das IR-Spektrum (34) von Dihydro-ulein (Abb. 9.12.) ist dem von Quebrachamin auffallend ähnlich (12). Bei 740 cm^{-1} befindet sich eine Bande, die dem ortho-disubstituierten Benzolring zugehörig ist und die auf nicht ebenen Deformationsschwingungen vier benachbarter aromatischer Wasserstoffe beruht.

Die Doppelbande bei 1630 und 1615 cm^{-1} im IR-Spektrum von Ulein [5] (Abb. 9.11.), die beim Dihydro-ulein nicht auftritt (nur eine Bande schwacher Intensität bei 1622 cm^{-1}), dürfte vermutlich auf die zum Indolring in Konjugation stehende Doppelbindung zurückzuführen sein.

Die Valenzschwingung einer mit einem aromatischen System in Konjugation stehenden Doppelbindung liegt im Bereich um 1625 cm^{-1} (35). Die charakteristische Bande bei 840 cm^{-1}, die im Spektrum von Dihydroulein nicht vorhanden ist, kann den olefinischen Wasserstoffen der

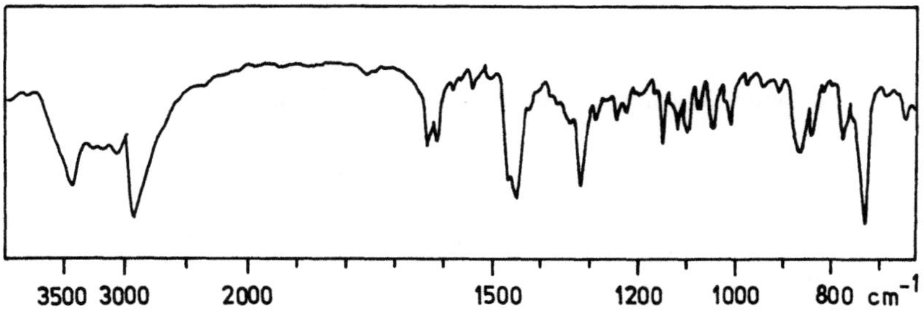

Abb. 9.11. IR-Spektrum von Ulein [5] in KBr (34).

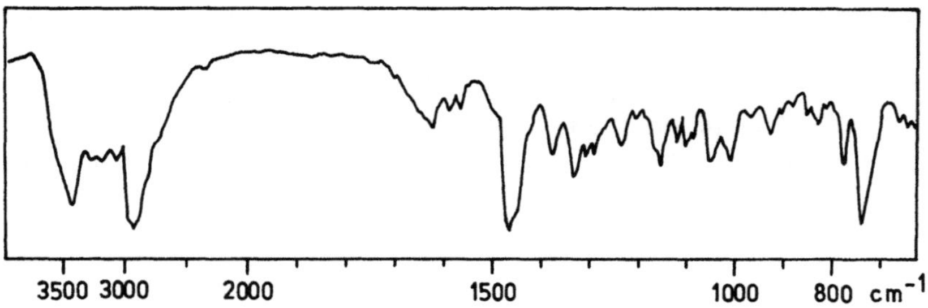

Abb. 9.12. IR-Spektrum von Dihydroulein in KBr (34).

exo-cyclischen Doppelbindung zugeordnet werden. Diese nichtebene Deformationsschwingung gibt sich auch durch einen Oberton bei 1750 cm^{-1} zu erkennen.

9.1.4. Kopsin-Gruppe

Aus Kopsia fruticosa (Apocynaceae) wurden die Alkaloide Kopsin, Isokopsin (36, 37), Fruticosin und Fruticosamin isoliert (38, 39). Fruticosin [1] und Fruticosamin [2] sind tertiäre Basen der Summenformel $C_{22}H_{24}N_2O_4$ und enthalten einen Indolin-Chromophor. Aufgrund der IR-Absorption bei 1730 cm^{-1} liegt das dritte Sauerstoff-Atom in einem Sechsring-Keton vor. Fruticosin besitzt eine sekundäre, acetylierbare Hydroxy-Funktion in der Gruppierung $-CHOH-CH\lessdot$. In CCl_4-Lö-

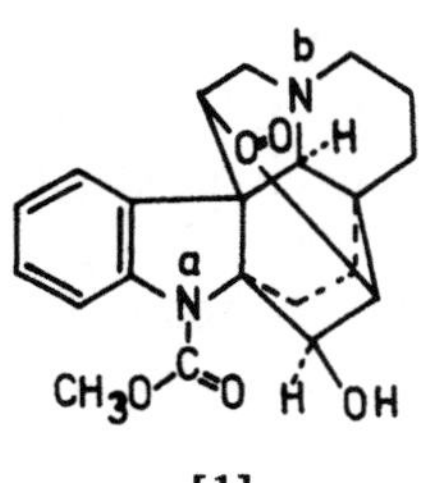

[1]

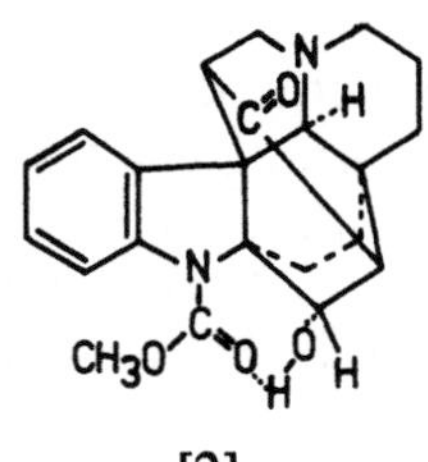

[2]

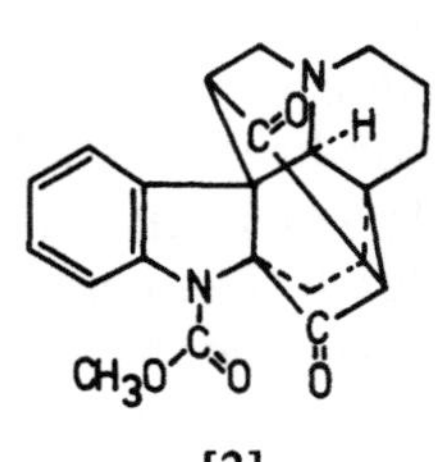

[3]

sung absorbiert die OH-Gruppe im IR bei 3580 cm^{-1}. Fruticosamin andererseits hat eine nicht acetylierbare, mit der N-Methoxycarbonyl-Gruppe schwach chelierte OH-Gruppe (IR-Absorption bei 3458 cm^{-1}) (40).

Beim Behandeln mit Ammoniak, Lauge oder Säuren bei 20 – 100 °C wird [2] in [1] umgewandelt (40). Beim Erhitzen auf ca. 220 °C in Glycerin hingegen resultiert ein aus ca. 75% [1] und ca. 25% [2] zusammengesetztes Gleichgewichtsgemisch.

Während [1] und [2] gegenüber CrO_3/Eisessig stabil sind, werden sie mit Dimethylsulfoxid/Essigsäureanhydrid zum selben kristallinen Diketon [3], $C_{22}H_{22}N_2O_4$, oxidiert (41), das im IR Carbonylabsorptionen bei 1762, 1724 und 1715 cm^{-1} zeigt. Reduktion dieses Diketons mit $NaBH_4$ führt überwiegend zu Fruticosin [1] neben Fruticosamin [2] und beweist, daß [1] und [2] dasselbe heterocyclische Gerüst besitzen und in diesem dieselben C-Atome durch Sauerstoff substituiert sind.

Die heptacyclischen Alkaloide Fruticosin und Fruticosamin sind isomer mit Kopsin [4] und Isokopsin [5], mit denen sie in nahem Zusammenhang stehen (42, 43).

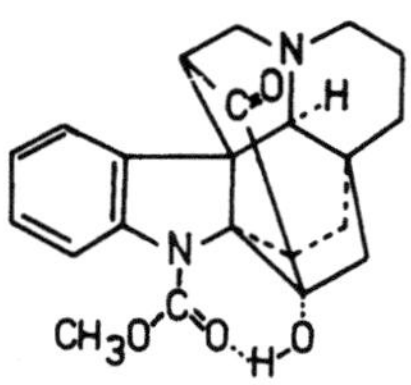

[4]

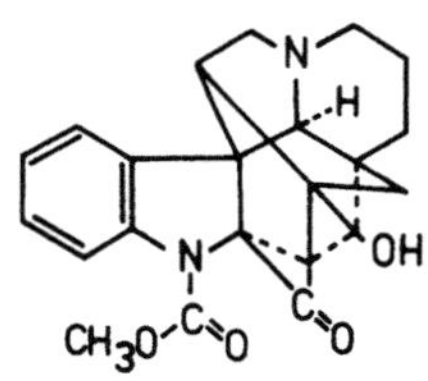

[5]

Das 100-MHz-^{1}HNMR-Spektrum von Fruticosin [1] in $CDCl_3$ ist in Abb. 9.13. wiedergegeben. In den Bereichen 0,9 – 1,6 ppm und 1,6 bis 2,2 ppm finden sich je vier Protonen („rein aliphatische" Protonen). Ebenfalls vier Protonen absorbieren in dem Aromatengebiet zwischen 6,8 – 8,0 ppm. Die restlichen Protonen liegen zwischen 2,2 und 4,8 ppm und können mit Hilfe von Entkopplungsexperimenten zugeordnet werden.

Außer der $\geq$N – $COOCH_3$-Gruppe bei 3,91 ppm werden in Abb. 9.13. keine weiteren Methylprotonen beobachtet. Das bei 4,83 ppm liegende verbreiterte Dublett kann bei Bestrahlung des OH-Protons (breites Signal bei ca. 3,0 ppm) mit $\Delta\nu = +186$ Hz zu einem scharfen Dublett vereinfacht werden. Hierdurch wurde die sekundäre Natur der OH-Funktion bewiesen (40). Die Aufspaltung von 6,5 Hz weist gleichzeitig auf die Anwesenheit eines vicinalen Protons hin, dessen Lage bei 2,55 ppm durch Doppelresonanz ($\Delta\nu = -227$ Hz) festgelegt ist. Die Chemische Verschiebung dieses scharfen Dubletts steht mit einer α-Stellung des Protons zu einer CO-Gruppe in gutem Einklang; hieraus ergibt sich die Sequenz – CHOH – CH – CO –.

Der Bereich von 2,2 – 3,6 ppm enthält ferner ein AMX-System, welches gleichfalls durch Doppelresonanz festgelegt wurde. Der A-Teil ist ein Dublett von Dubletts bei 3,59 ppm zentriert und durch $J_{AM} = 10,5$ und $J_{AX} = 4,5$ Hz charakterisiert, während der M- und X-Teil nur je ein

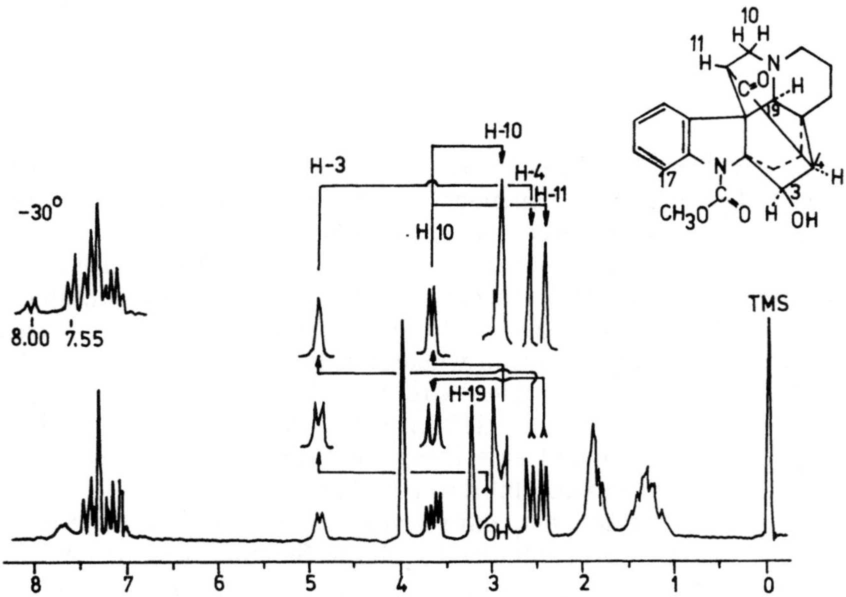

Abb. 9.13. 100-MHz-^{1}HNMR-Spektrum von Fruticosin [1] in $CDCl_3$ (40).

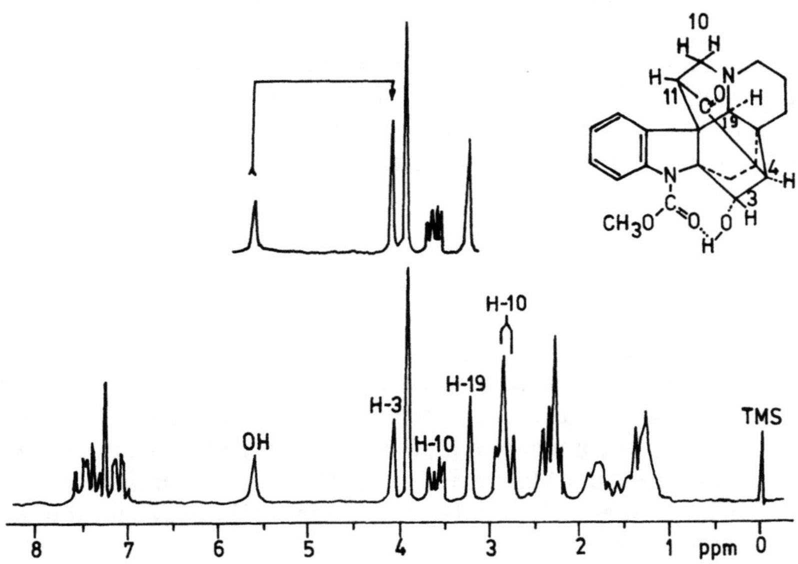

Abb. 9.14. 100-MHz-^{1}HNMR-Spektrum von Fruticosamin [2] in $CDCl_3$ (40).

Dublett bei 2,86 ppm ($J_{AM}=10{,}5$ Hz) und bei 2,41 ppm ($J_{AX}=4{,}5$ Hz) liefern, woraus $J_{MX}=0$ folgt. Es wird für vicinal trans-ständige Protonen häufig keine Spinkopplung beobachtet (44). Auch stimmt der relativ große $\Delta\delta$-Wert der geminalen Protonen und die Größe von $J_{gem}=$ 10,5 Hz mit der Nachbarstellung der $-CH_MH_A$-Gruppe zum $N_{(b)}$-Atom gut überein (45). Diese Befunde erlauben die Aufstellung der Sequenz

$$-CO-\underset{|}{C}H_X-CH_MH_A-\overset{|}{N}_{(b)}-.$$

Das 100-MHz-^{1}HNMR-Spektrum von Fruticosamin [2] in $CDCl_3$ (Abb. 9.14.) zeigt als auffallenden Unterschied zu [1] ein verbreitertes Singulett bei 4,10 ppm, welches dem Proton am C-3 zugeordnet werden muß, da eine Verschärfung durch Bestrahlen der OH-Absorption bei 5,62 ppm ($\Delta\nu=-149$ Hz) erreicht wird. Die nur geringe Kopplung der OH- und C(3)-Protonen muß in der Fixierung des H – C – OH-Systems mit einem ungünstigen Torsionswinkel für die vicinale Kopplung J(H – C – OH) begründet liegen. Dies wird auch durch die Verschiebung des OH-Signals um 2,6 ppm nach tieferen Feldstärken gegenüber Fruticosin (1) bestätigt, was nur auf eine intramolekulare Wasserstoffbrücke zur $COOCH_3$-Gruppe zurückgeführt werden kann.

Die im Doppelresonanzspektrum von [2] bei gleichzeitiger Bestrahlung des OH-Protons resultierende scharfe Singulettstruktur des C(3)-Protons beweist, daß [1] und [2] C(3)-epimere Verbindungen sind. An Dreiding-Modellen lassen sich die Torsionswinkel des H – C(3) – C(4) – H-Systems für beide Epimere zu $\varphi=40°$ und $\varphi=80°$ abschätzen.

Fruticosin ($J_{3,4}=6{,}5$ Hz, $\varphi=40°$) muß demnach die Struktur mit α-ständigem C(3)-Proton und β-ständiger, freier Hydroxy-Gruppe besitzen (40), während Fruticosamin ($J_{3,4}$ ca. 0 und 80°) eine α-ständige OH-Gruppe hat, welche zu einer H-Brücke mit der $COOCH_3$-Gruppe befähigt ist, ohne daß die energetisch begünstigte planare Konformation der $>N-COOCH_3$-Gruppe gestört wird.

9.1.5. Aspidospermin-Alkaloide

Die aus einigen Arten der Apocynaceen-Gattungen *Aspidosperma* und *Vallesia* isolierten Alkaloide hat man zu der Gruppe der Aspidospermin-Alkaloide zusammengefaßt. Typische Vertreter sind Aspidospermin [1], Palosin [2] und Quebrachamin [3] (46 – 48). Durch Chromatographie an Al_2O_3 konnten aus der Stammrinde von *Melodinus australis* die Alkaloide 17-Methoxy-quebrachamin [4], Venalstonin [5] und Venalstonidin [6] isoliert werden (49, 50). In Tab. 9.2. sind die UV-Daten dieser Alkaloide zusammengestellt.

Tab. 9.2. UV-Daten der Alkaloide [1] bis [6] in Äthanol (49, 50).

Verbindung	Summenformel	λ_{max} in nm – ε
Aspidospermin [1]	$C_{22}H_{30}N_2O_2$	246 – 7243 296 – 2838
Palosin [2]	$C_{23}H_{32}N_2O_2$	246 – 7249 295 – 2832
Quebrachamin [3]	$C_{19}H_{26}N_2$	230 – 32230 286 – 6780
17-Methoxyquebrachamin [4]	$C_{20}H_{28}N_2O$	229 – 34050 273 – 4250 302 – 5400
Venalstonin [5]	$C_{21}H_{26}N_2O_2$	243 – 7240 293 – 2835
Venalstonidin [6]	$C_{21}H_{24}N_2O_3$	243 – 7075 292 – 2815

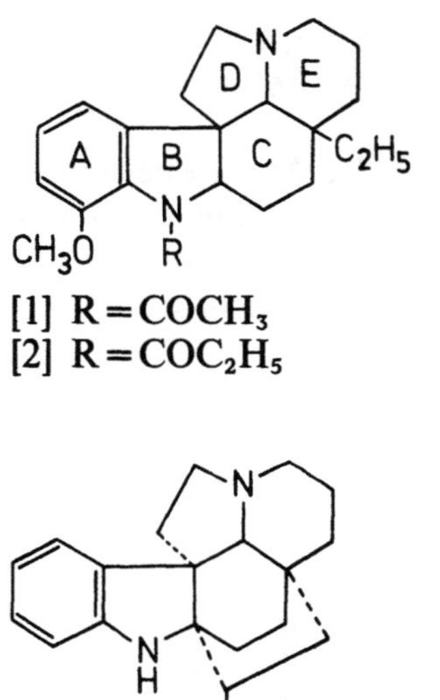

[1] $R=COCH_3$
[2] $R=COC_2H_5$

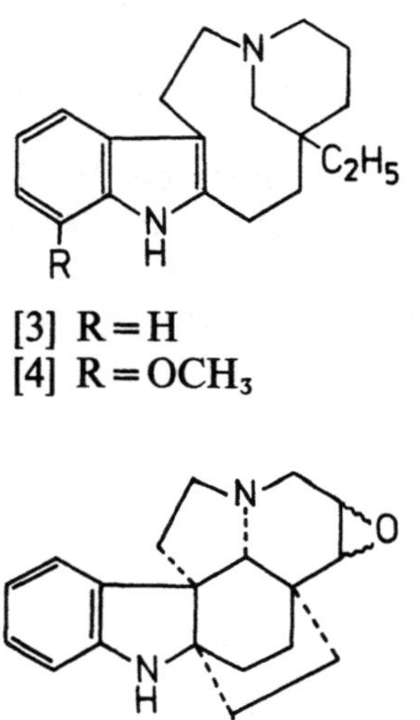

[3] $R=H$
[4] $R=OCH_3$

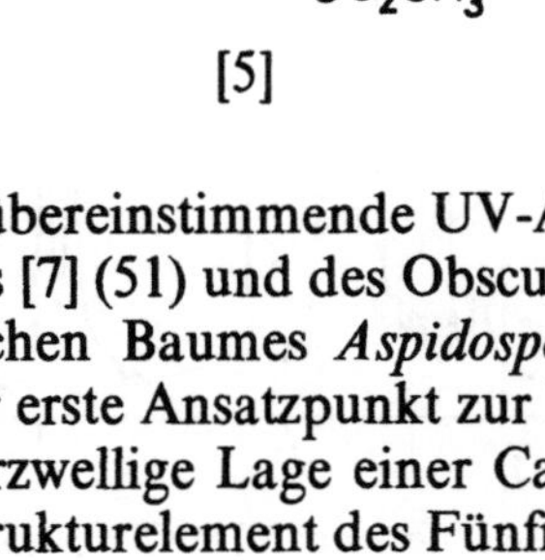

[5]

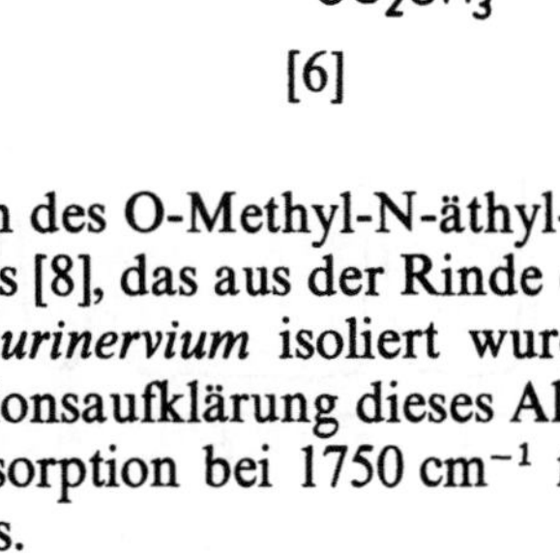

[6]

Die übereinstimmende UV-Absorption des O-Methyl-N-äthyl-aspidoalbinols [7] (51) und des Obscurinervidins [8], das aus der Rinde des brasilianischen Baumes *Aspidosperma obscurinervium* isoliert wurde (51), war der erste Ansatzpunkt zur Konstitutionsaufklärung dieses Alkaloids. Die kurzwellige Lage einer Carbonylabsorption bei 1750 cm^{-1} führt zu dem Strukturelement des Fünfringlactons.

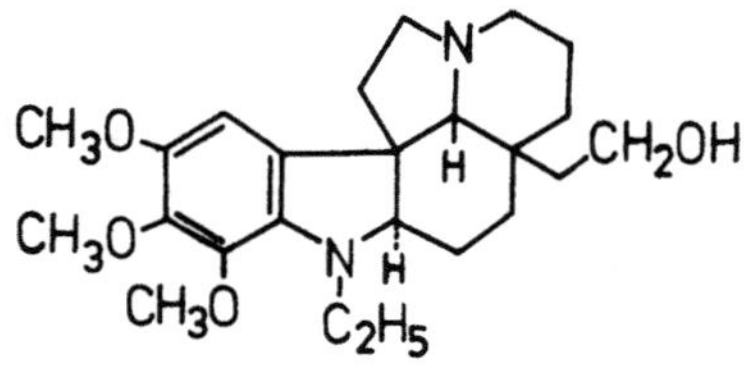

[7]

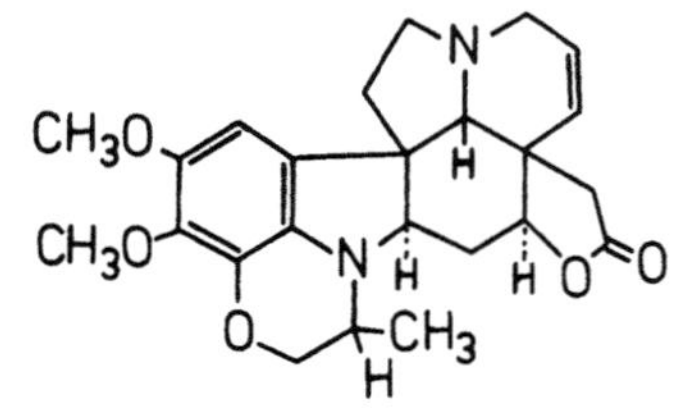

[8]

Die sekundäre C-Methylgruppe wird im Protonenresonanzspektrum (Abb. 9.15.) durch ein Dublett bei 1,07 ppm belegt. Bei 6,35 ppm wird das Signal eines einzelnen aromatischen Protons beobachtet; die Chemische Verschiebung dieses Singuletts (Abb. 9.15.) weist auf die Gegenwart mehrerer Elektronendonatoren hin. Weiterhin sind die am aromatischen Kern stehenden Methoxy-Gruppen den Signalen bei 3,88 und 3,82 ppm sicher zuzuordnen. Die chemisch äquivalenten Methylen-Protonen eines cyclischen Äthers absorbieren gemeinsam bei 4,18 ppm, wobei die Kopplung mit dem vicinalen Methinproton zu einer Signalverbreiterung führt. Für das Methinproton des Strukturelements $-CH_2-CH(O)-C$ wird eine Triplettstruktur bei 4,55 ppm sichtbar, während die Methylengruppe des Lactonringes ein AB-System mit Resonanzen bei 2,02 und 2,57 ppm bildet.

Die Untersuchung der ^{13}C-Resonanzen der Aspidospermin-Alkaloide (26) wurde begonnen mit den Spektren von Tabersonin [9] und Vincadifformin [10], zwei Verbindungen, deren Strukturen ebenfalls representativ für das Ringskelett einer großen Zahl dieser Naturstoffe ist.

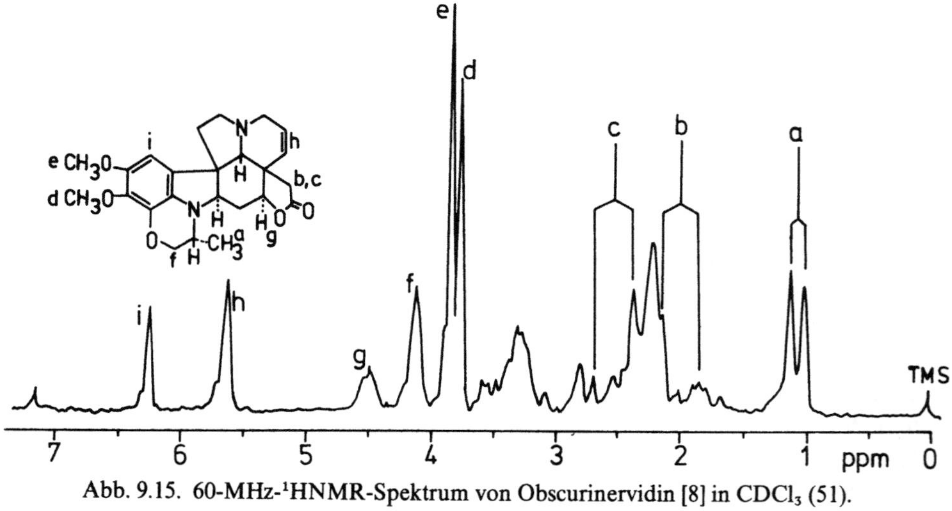

Abb. 9.15. 60-MHz-^{1}HNMR-Spektrum von Obscurinervidin [8] in $CDCl_3$ (51).

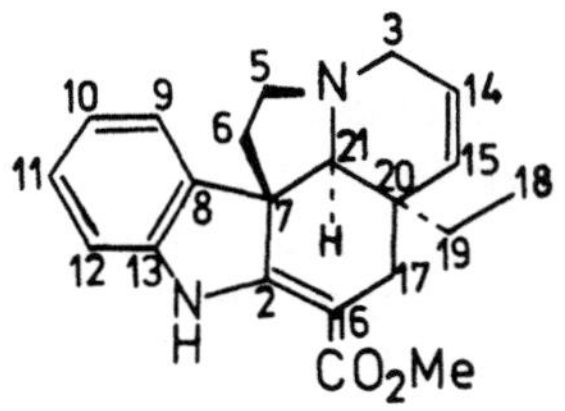

[9]

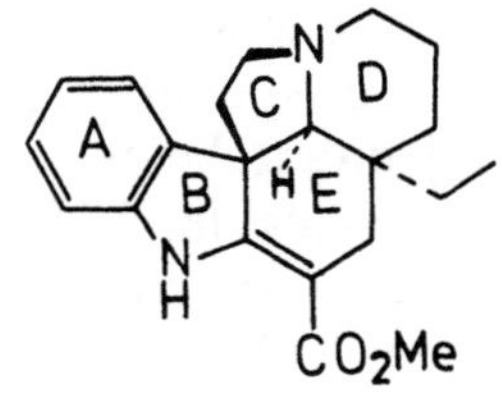

[10]

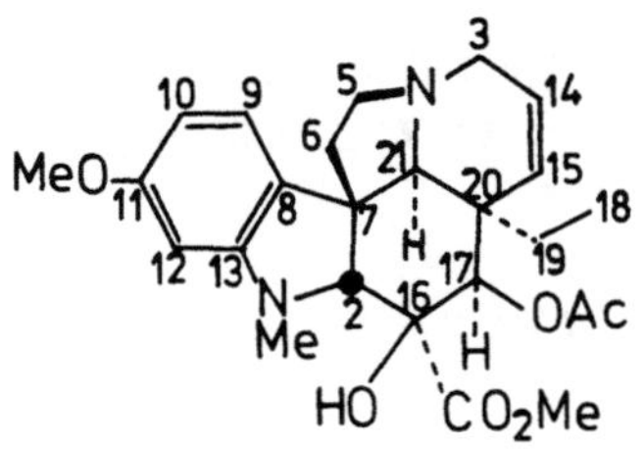

[11]

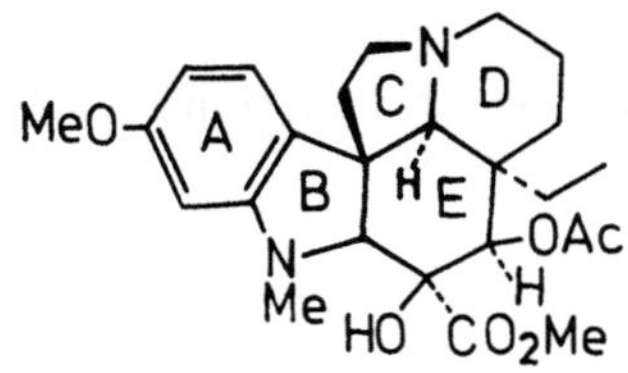

[12]

Tab. 9.3. ^{13}C-Chemische-Verschiebungen in ppm von TMS, Lösungsmittel Chloroform; $\delta^{TMS} = \delta^{CHCl_3} + 77{,}2$ ppm (26).

Verbindung:	[9]	[10]	[11]	[12]
C(2)	166,7	167,8	83,2	83,5
C(3)	50,3	51,7	50,9	52,4
C(5)	50,8	50,7	51,9	51,4
C(6)	44,3	45,3	43,9	43,4
C(7)	55,0	55,5	52,6	52,4
C(8)	137,8	138,0	124,9	125,2
C(9)	121,4	121,0	122,4	122,7
C(10)	120,5	120,5	104,5	104,1
C(11)	127,6	127,4	161,1	160,6
C(12)	109,2	109,3	95,6	95,6
C(13)	143,1	143,4	153,6	154,0
C(14)	124,8	22,2	123,9	22,4
C(15)	132,9	32,9	130,2	33,0
C(16)	92,2	92,8	79,5	78,3
C(17)	26,7	25,6	76,2	75,6
C(18)	7,3	7,3	7,5	7,8
C(19)	28,4	29,3	30,6	29,9
C(20)	41,2	38,2	42,8	40,0
C(21)	69,9	72,7	67,0	72,3
C=O	168,8	169,2	170,4	170,0
OMe	50,8	50,9	55,1	55,0

Die δ-Werte der Kohlenstoffe 3,5,6 und 14 werden für Vindolin [11] und Tabersonin [9] ähnlich gefunden. Die Chemische Verschiebung von C-15 in [11] unterscheidet sich dagegen gegenüber [9] aufgrund eines Anisotropieeffektes der 17β-Acetatgruppe. Die Hydroxygruppe in Vindolin [11] macht C-16 zu dem am stärksten entschirmten, nichtprotonierten, gesättigten Kohlenstoffatom (Tab. 9.3.). Während man für C-7 eine Konstanz der Chemischen Verschiebungen in [11] und [12] beobachtet, tritt für C-20 eine Verschiebungs-Variabilität in Abhängigkeit von der C(14) – C(15)-Umgebung auf. Die Chemischen Verschiebungen der vinylogen Amideinheit in Tabersonin [9] und Vincadifformin [10] (C-2, C-16 und die Carbomethoxy-Kohlenstoffe) wurden mit der Modellsubstanz 1,4,5,6-Tetrahydronicotinsäure-methylester zugeordnet (26).

9.1.6. Yohimbin-Gruppe

Die Alkaloide dieser Gruppe enthalten ein partiell hydriertes Benz-indolo-chinolizin-Gerüst, welches in vielen Fällen eine Carbomethoxy- oder eine Methoxy-Gruppe am C-16 trägt; die Positionen 10, 11, 17 und 18 können durch Sauerstoff-Funktionen substituiert sein. In der Biosynthese wird das Ringgerüst wahrscheinlich aus Tryptamin und Dihydroxyphenylacetaldehyd aufgebaut (52, 53). Typische Vertreter sind Yohimbin [1], Corynanthin [2], Reserpin [3] und Deserpidin [4].

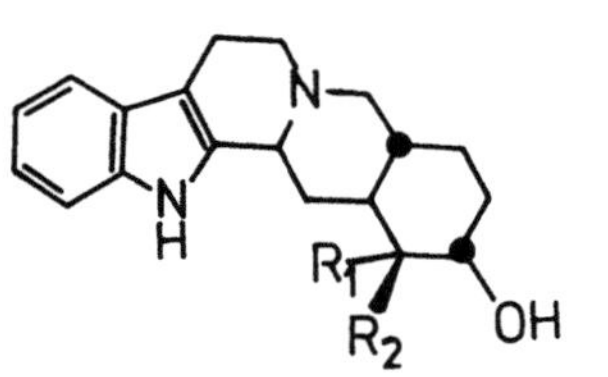

[1] $R_1 = CO_2CH_3$ $R_2 = H$
[2] $R_1 = H$ $R_2 = CO_2CH_3$

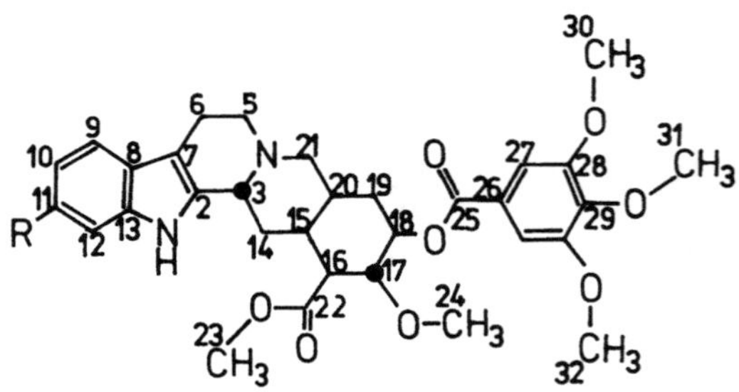

[3] $R = OCH_3$
[4] $R = H$

Reserpin [3] (54, 55) kann heute als das wichtigste Rauwolfia-Alkaloid betrachtet werden, denn es scheint der Hauptträger der sedativen und hypotensiven Wirkung der rohen Extrakte von *Rauwolfia serpentina Benth.* zu sein. Aufgrund des Benzoyl-Chromophors zeigt das UV-Spektrum (Abb. 9.16.) starke Abweichung gegenüber einer normalen Indolbase.

Für Indol-Alkaloide liegen umfangreiche ^{13}C-NMR-Daten vor (57 – 66). Die ^{13}C-Resonanzen der Rauwolfia-Alkaloide Reserpin [3] und Deserpidin [4] wurden mit der PFT-Technik (67) gemessen (58). Modellsubstanzen, SFOR-Entkopplung (68, 69) und Verschiebungsreagenz-Technik (70) machten eine Zuordnung der beobachteten Resonanzen zu bestimmten Kohlenstoffatomen möglich. Ein typisches vollständig protonenentkoppeltes Spektrum von Reserpin [3] ist in Abb. 9.17. wiedergegeben. Überwiegend auf ungleiche Relaxationszeiten ist es zurückzuführen (71, 72), daß die Intensitäten dieser Peaks nicht in einfacher Weise der Zahl der Kohlenstoffatome entsprechen.

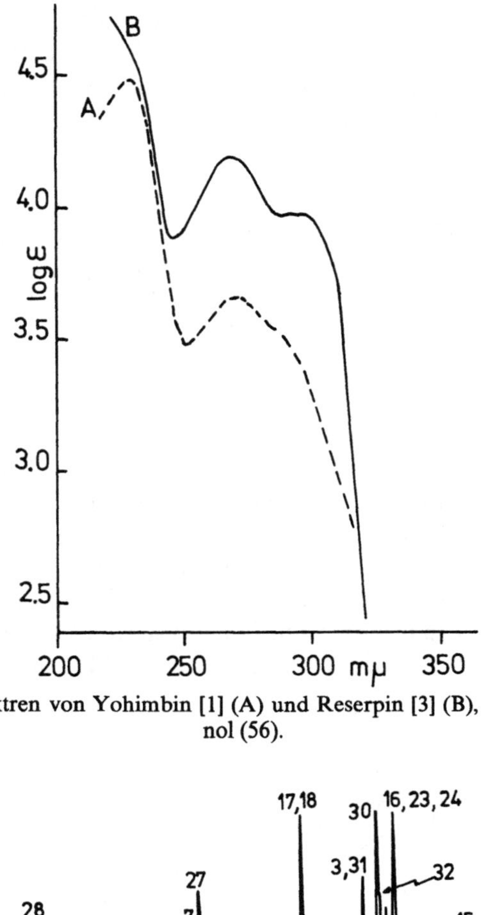

Abb. 9.16. UV-Spektren von Yohimbin [1] (A) und Reserpin [3] (B), Lösungsmittel Äthanol (56).

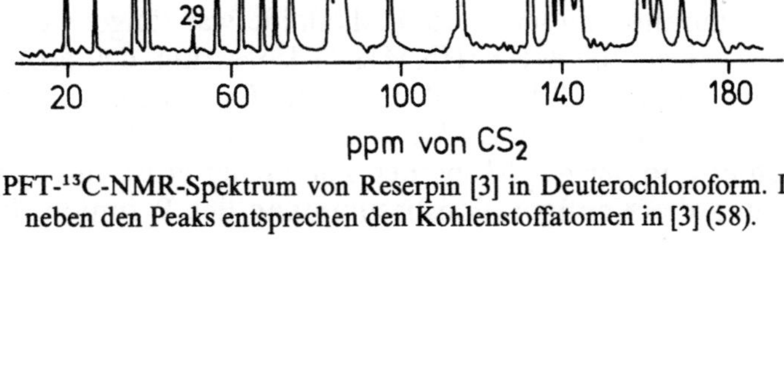

Abb. 9.17. PFT-^{13}C-NMR-Spektrum von Reserpin [3] in Deuterochloroform. Die Zahlen neben den Peaks entsprechen den Kohlenstoffatomen in [3] (58).

9.2. Steroid-Alkaloide

Die Pflanzen der Liliaceen-Gattungen und Solanaceen-Gattungen enthalten als charakteristische Inhaltsstoffe stickstoffhaltige Verbindungen mit steroidartigem Aufbau. Die Solanumalkaloide kommen als Glykoside in der Kartoffel (Solanum tuberosum) und in der Tomate (Solanum lycopersicum) vor. Bereits 1826 berichtete *Baup* über das in Kartoffelkeimlingen vorkommende *Solanin,* ein Triosid, das durch alkoholische Salzsäure in Solanidin [1] verseift wird. Tomatidin [2], das Hydrolyseprodukt eines in den Blättern verschiedener Wildtomaten vorkommenden kristallinen Glykosids, ist ein Spiroaminoketal-Alkaloid und damit analog den Sapogeninen aufgebaut (73, 74).

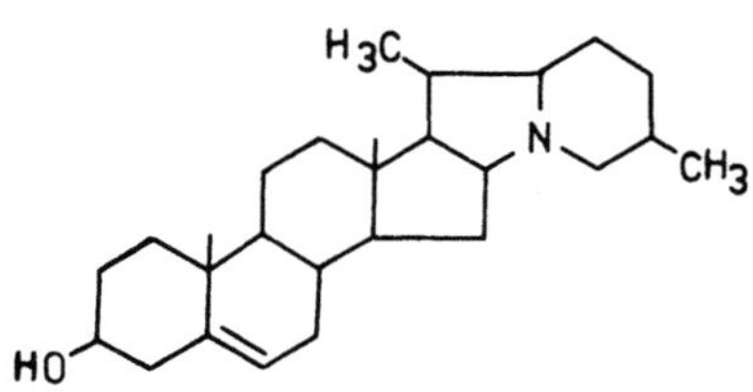

[1]

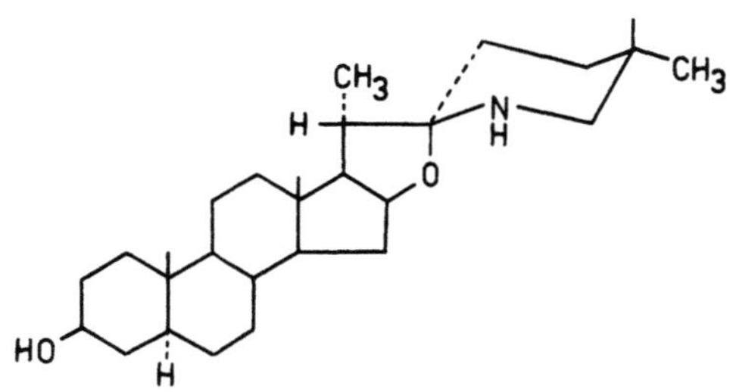

[2]

In der Pflanzenfamilie der *Liliaceae* kommen Steroid-Alkaloide mit einem ungewöhnlichen C-Nor-D-homo-Ringsystem vor. In den Wurzeln und Rhizomen von *Veratrum viride* und *Veratrum album,* der amerikanischen und der europäischen Nieswurz, sind z. B. Jervin [3] und Veratramin [4] enthalten, die in den nicht hydrolysierten Pflanzenextrakten teils in freier Form, teils als Glucoalkaloide an ein Mol D-Glucose gebunden vorliegen.

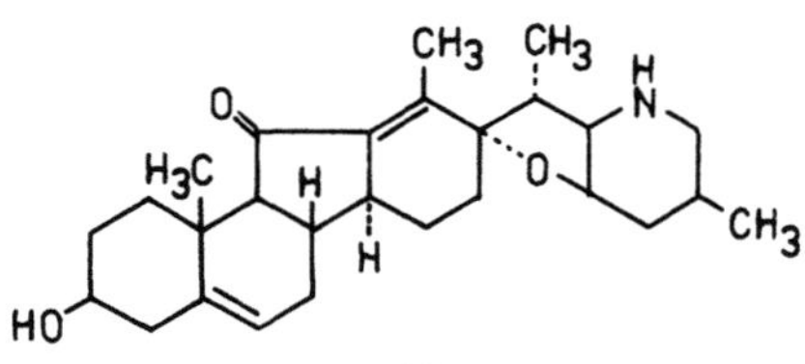

[3]

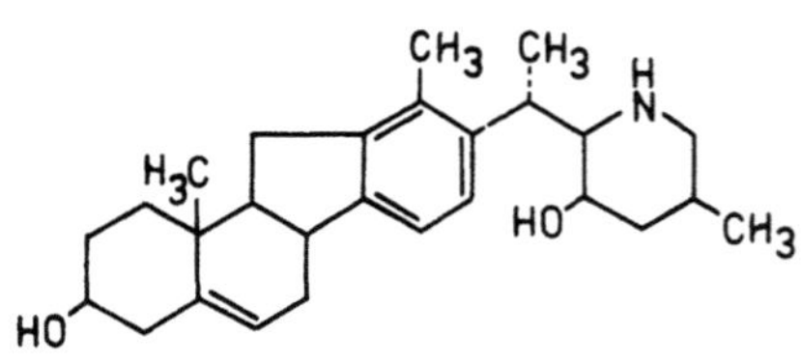

[4]

Die Konfiguration dieser Steroid-Alkaloide war längere Zeit umstritten (75 – 77). Das 100-MHz-^{1}HNMR-Teilspektrum des 5α,6-Dihydroveratramins ist in Abb. 9.18. wiedergegeben. Es ist zu erwarten, daß das Protonenresonanzspektrum des Veratramins selbst aufgrund des olefinischen Protons und der Allyl-Protonen komplizierter ist und damit durch Überlagerung die Konfigurationsbestimmung des Pyrimidin-Ringes erschwert. Die Zuordnung der Resonanzsignale der Protonen an den Kohlenstoffen 20, 21, 22, 23 und 26 wurde durch Spinentkopplung gesichert (78). Das Spektrum belegt die Stellung der C-23-Hydroxy-Gruppe und des großen Substituenten am C-22 in der äquatorialen Position: Die Resonanz des C-23-Protons kann angenähert als Dublett von Tripletts angesehen werden, wobei die Kopplungskonstanten mit einem axialen Proton in Übereinstimmung sind, welches mit zwei benachbarten axialen Protonen (10 – 11 Hz) und einem äquatorialen Proton (5 Hz) koppelt.

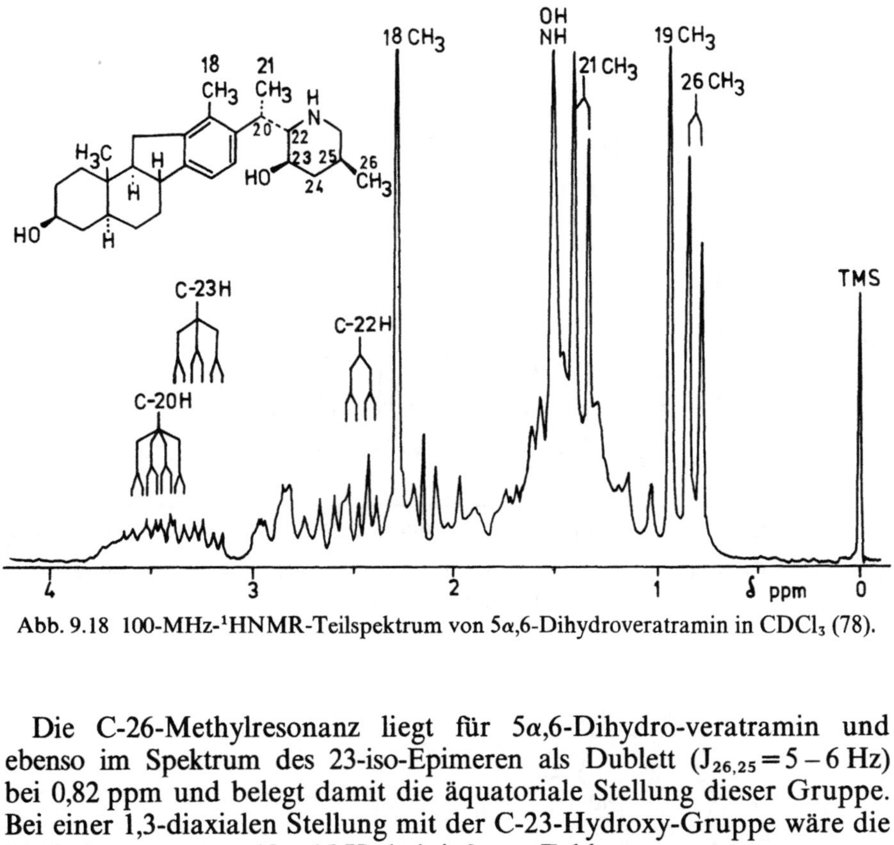

Abb. 9.18 100-MHz-^{1}HNMR-Teilspektrum von 5α,6-Dihydroveratramin in $CDCl_3$ (78).

Die C-26-Methylresonanz liegt für 5α,6-Dihydro-veratramin und ebenso im Spektrum des 23-iso-Epimeren als Dublett ($J_{26,25}$ = 5 – 6 Hz) bei 0,82 ppm und belegt damit die äquatoriale Stellung dieser Gruppe. Bei einer 1,3-diaxialen Stellung mit der C-23-Hydroxy-Gruppe wäre die Methylresonanz um 12 – 15 Hz bei tieferem Feld zu erwarten.

Die Anwendbarkeit der Protonenresonanzspektroskopie auf Strukturprobleme der Veratrum-Alkaloide ist durch die meist geringen Differenzen der Chemischen Verschiebungen und durch komplexe Spin-Spin-Kopplungen erschwert. Die ^{13}C-Resonanzspektroskopie hat dagegen oft einen weiteren Bereich der Chemischen Verschiebungen (68, 79) und ermöglicht durch Hilfstechniken wie Protonenrauschentkopplung (80 – 82) und SFOR-Entkopplung (68) weitgehende Zuordnung, wie auch bei Steroid-Alkaloiden (83, 84) untersucht wurde.

Tab. 9.4. Chemische Verschiebungen der sp^2-^{13}C-Resonanzen von Jervin [3] und Veratramin [4] bezogen auf CS_2 (84).

C-Atom	Verbindung [3]	[4]
5	47,3	50,9
6	72,6	72,5?
11	−12,6	
12	56,6	52,4
13	50,5	60,9

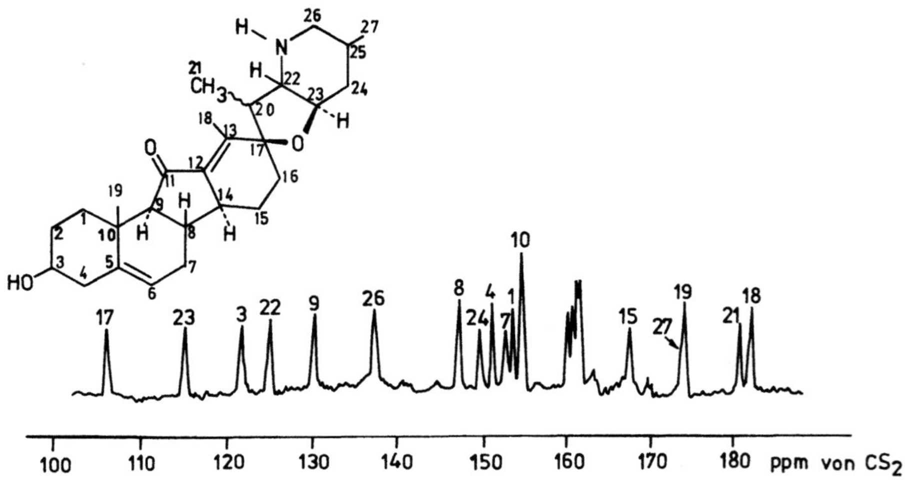

Abb. 9.19. ^{13}C-Spektrum von Jervin [3] bei 15,08 MHz in Pyridin nach Protonenrauschentkopplung (84).

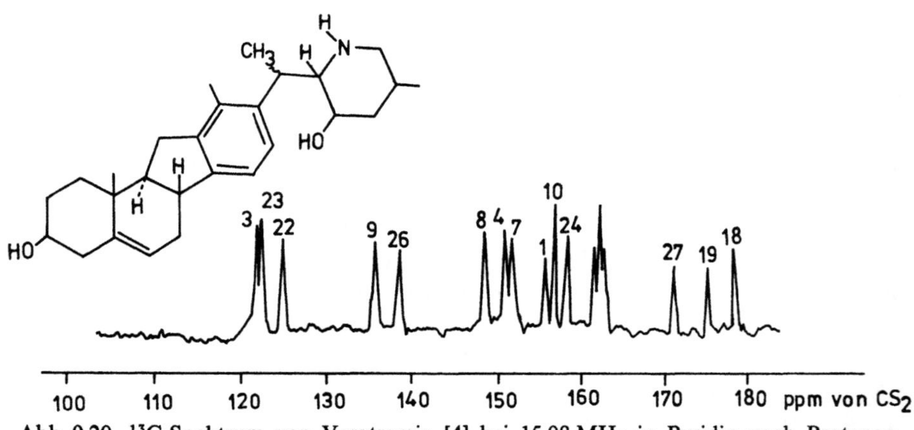

Abb. 9.20. ^{13}C-Spektrum von Veratramin [4] bei 15,08 MHz in Pyridin·nach Protonenrauschentkopplung (84).

Aufgrund der strukturellen Ähnlichkeit der Steroide und Steroid-Alkaloide sind viele Zuordnungen durch direkten Vergleich der ^{13}CNMR-Spektren möglich. In Abb. 9.19. und 9.20. sind die C-13-Spektren von Jervin [3] und Veratramin [4] mit den so bestimmten Zuordnungen wiedergegeben (84). Die Zuordnung der ungesättigten sp^2-Kohlenstoff-Atome, deren Resonanzen zwischen 40 und 70 ppm liegen (bezogen auf CS_2), ist unsicher. Carbonyl-C-Atome treten in den C-13-Spektren stark entschirmt in Resonanz (85). Das C-11-Atom liegt z. B. für Jervin bei – 12,6 ppm (von CS_2) (84). C-Atome, die Hetero-Atomen benachbart sind, zeigen gegenüber den Resonanzen der übrigen gesättigten C-Atome eine Entschirmung.

Im Spektrum von *Jervin* (Abb. 9.19.) konnten die Kohlenstoff-Atome C-3 und C-17 durch SFOR-Entkopplung unterschieden werden, da C-17 quartär ist, während das C-3 mit einem Proton koppelt. Auch das quartäre C-10-Atom kann leicht zugeordnet werden. Im Spektrum des Veratramins (Abb. 9.20.) haben die hydroxylierten Atome C-3 und C-23 zu eng benachbarte Resonanzen, so daß eine Unterscheidung nicht möglich ist. Die verbleibenden C-Atome des Ringes A konnten durch Spektrenvergleich mit Cholesterol und Cholesterylacetat (68, 84) bestimmt werden.

9.3. Terpen-Alkaloide

Sesquiterpen-Alkaloide wurden in Pflanzen der Familien *Labiatae, Loganiaceae, Nymphaceae* und *Orchidaceae* gefunden (86). Die größte Untergruppe bilden die Nuphar-(Seerosen-)Alkaloide *(Nymphaceae)*, von denen Nupharamin [1], Desoxynupharidin [2] und Neothiobinupharidin [3] als Beispiele angeführt sind. Die Konstitution des Desoxynupharidins wurde durch Abbaureaktionen und Synthese geklärt und neuerdings einschließlich der absoluten Konfiguration durch Röntgenanalyse sichergestellt. „Lutenurin", ein Gemisch von mit [3] verwandten Alkaloiden soll spermatozid und trichomonazid wirksam sein (87, 88).

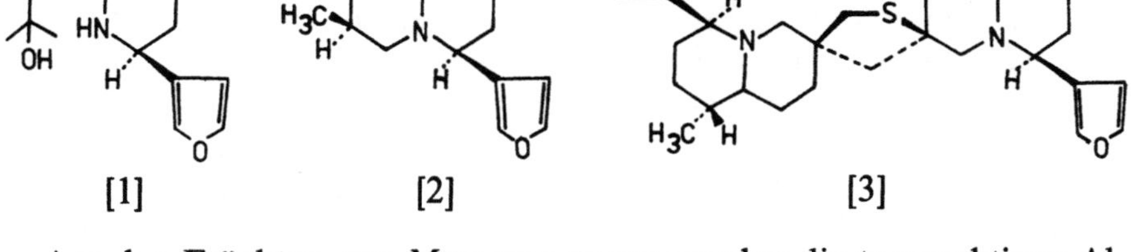

[1] [2] [3]

Aus den Früchten von *Maytenus ovatus* wurden die tumoraktiven Alkaloide Maytolin [4] und Maytin [5] isoliert (89), die sehr ähnlich gebaut sind. Sie enthalten 4 Mol Essigsäure und 1 Mol Nicotinsäure esterartig gebunden und unterscheiden sich im Polyhydroxy-Anteil. Die Strukturen von Maytolin [4] und Maytin [5] wurden von *Kupchan* et al. (89) durch Röntgenstrukturanalyse aufgeklärt, was japanischen Autoren die Ermittlung der Konstitution von Evonin [6] erleichterte (90, 91). Später wurde dieses Alkaloid IR- und UV-spektroskopisch untersucht (92). Durch Hydrolyse von Evonin [6]) entsteht Evoninsäure [7], die gegenüber Evonin ähnliche UV-Absorption zeigt (Abb. 9.21.) und den ortho-substituierten Pyridinkern belegt.

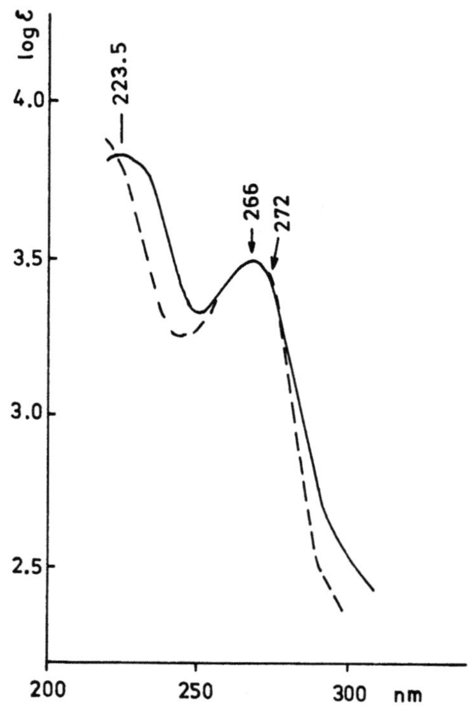

Abb. 9.21. UV-Absorption von Evonin [6] (———) und Evoninsäure [7] (- - - - -) in Äthanol (92).

Das in Chloroform aufgenommene IR-Spektrum von Evonin [6] ist in Abb. 9.22. wiedergegeben. Das in CCl_4 aufgenommene Spektrum zeigt im OH-Bereich auch nur eine breite Bande bei 3500 cm^{-1}, im CO-Bereich eine komplexe Bande mit Hauptmaximum bei 1750 cm^{-1} sowie eine relativ scharfe Bande bei 1725 cm^{-1}. Die Aromatenbanden des Pyridinkerns, die in Abb. 9.22. bei 1588 und 1571 cm^{-1} deutlich sichtbar sind, liegen in CCl_4 bei 1588, 1568 und 1562 cm^{-1} (92).

In den Pflanzen der Cornaceen-Gattung *Garrya* (93 – 95) und der Ranunculaceen-Gattungen *Aconitum* (96 – 98) sowie *Delphinium* (99, 100)

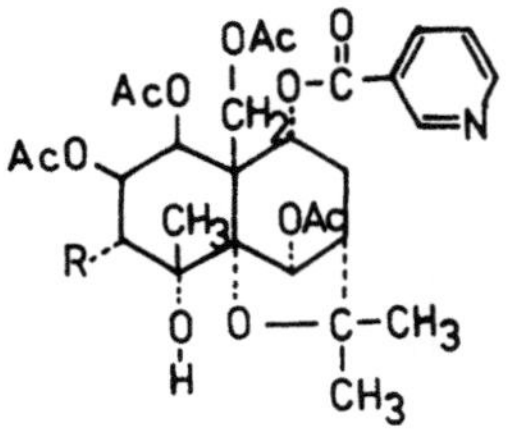

[4] R=OH
[5] R=H

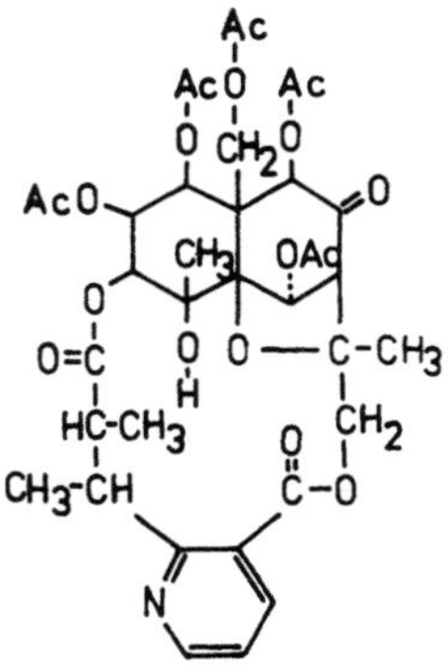

[6]

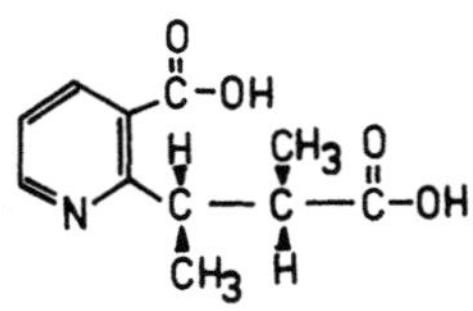

[7]

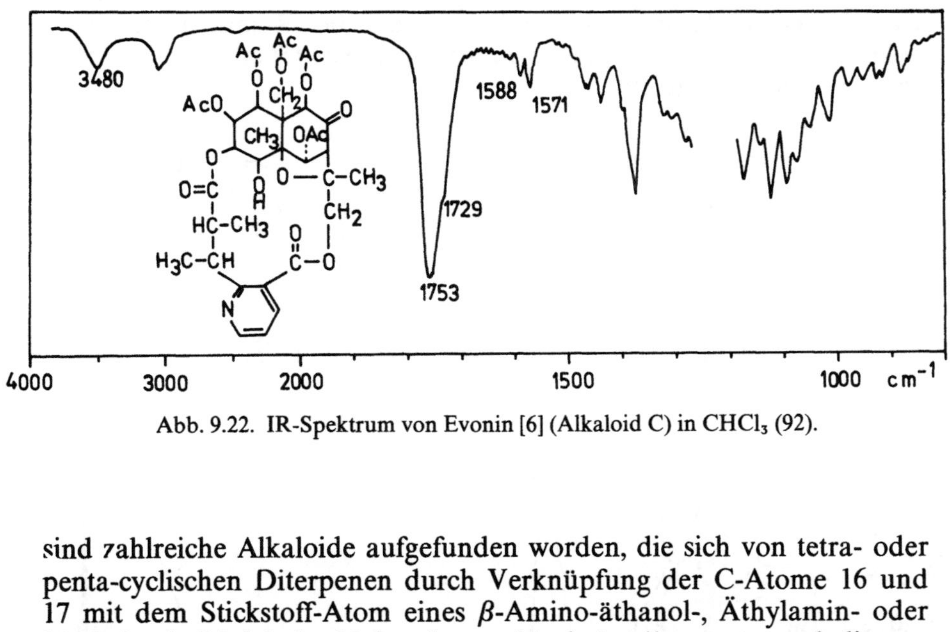

Abb. 9.22. IR-Spektrum von Evonin [6] (Alkaloid C) in $CHCl_3$ (92).

sind zahlreiche Alkaloide aufgefunden worden, die sich von tetra- oder penta-cyclischen Diterpenen durch Verknüpfung der C-Atome 16 und 17 mit dem Stickstoff-Atom eines β-Amino-äthanol-, Äthylamin- oder Methylamin-Moleküls ableiten lassen. Nach den ihnen zugrunde liegenden Ringgerüsten hat man die Strukturtypen von Atisin [9], Napellin [10] und Lycoctonin [11] zu unterscheiden. Der stickstofffreie Teil des Atisin-Skeletts wird von einem Phyllocladen-Gerüst [8] gebildet, in welches eine Aminoäthanol-Einheit eingebaut ist. Das Napellingerüst [10] erscheint als Cyclisierungsprodukt einer Base des Atisin-Typs, bei der die C(9)- und C(17)-Atome miteinander verknüpft sind.

Zur Unterscheidung der stereoisomeren Garrya- und Aconitum-Alkaloide ist die NMR-Spektroskopie die stärkste Methode, die gleichzeitig für die Konstitutionsermittlung neuer Derivate bei Vorliegen gesicherter

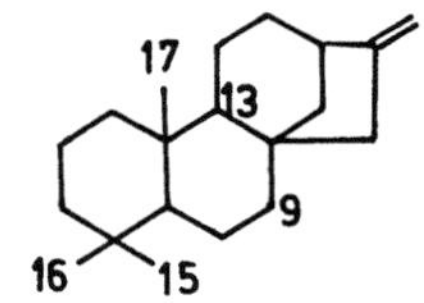

[8]

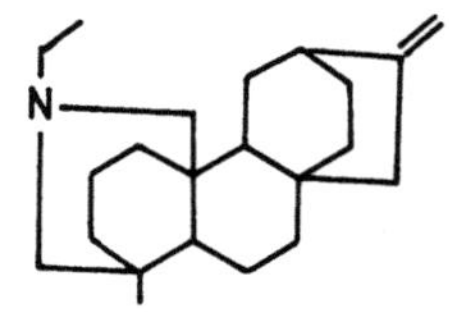

[9]

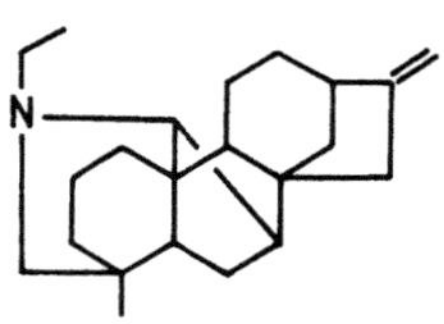

[10]

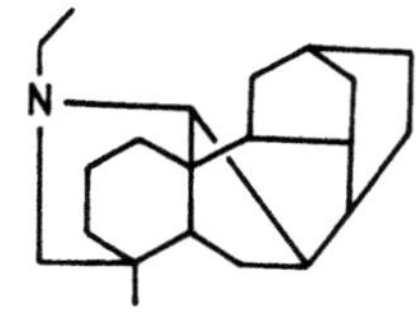

[11]

Vergleichsdaten besonders geeignet ist (101, 102). Atisin [12] und Isoatisin [13] haben für die C(4)-Methylresonanz bei Raumtemperatur im NMR-Spektrum zwei Singuletts ungleicher Intensität anstelle der erwarteten einzelnen Singuletts.

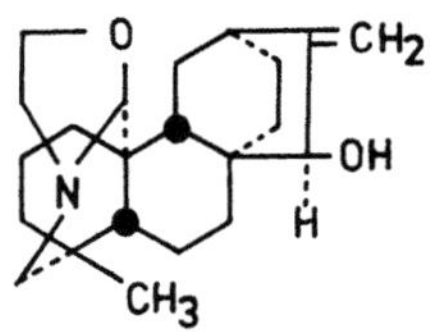

[12]

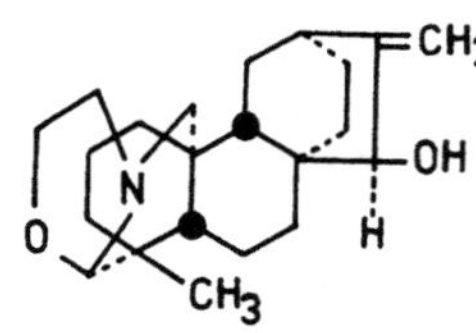

[13]

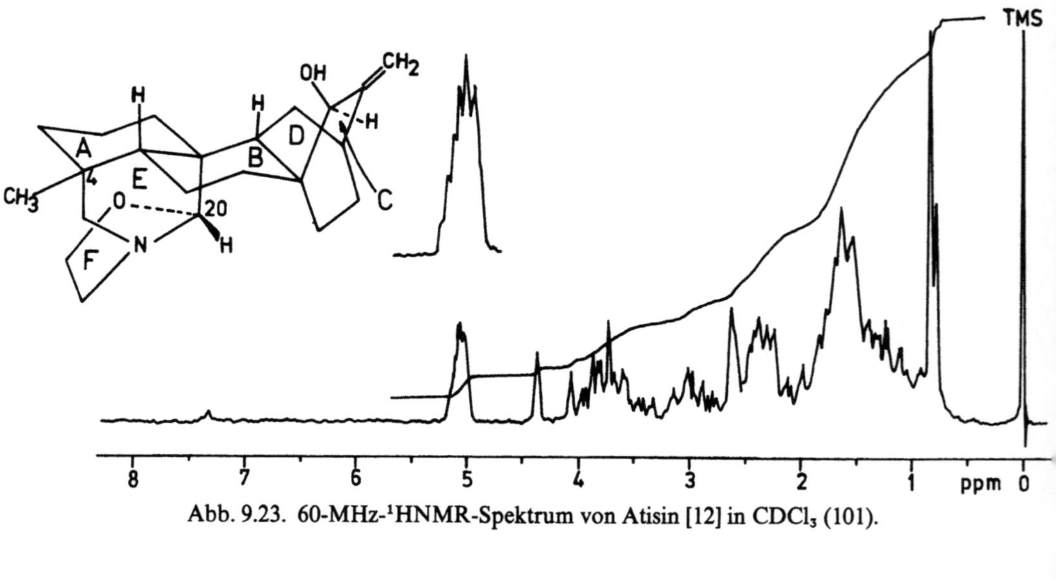

Abb. 9.23. 60-MHz-^{1}HNMR-Spektrum von Atisin [12] in $CDCl_3$ (101).

Diese Aufspaltung der Methylresonanz ist offensichtlich auf zwei Konformationen zurückzuführen, die in einem Gleichgewicht stehen, welches für das NMR-Spektrometer langsam genug ist. Die Resonanzsignale der C(4)-Methylgruppen sind in jeder Konformation um etwa 5 Hz getrennt (Abb. 9.23.); dies sei auf zwei mögliche Konformationen des E-Ringes zurückzuführen (101). Die geringe Trennung zwischen diesen Signalen zeigt, daß das Stickstoff-Atom die C(4)-Methylgruppe nur leicht entschirmt. Eine Untersuchung der Temperaturabhängigkeit der C(4)-Methylsignale des Atisins führte zu dem Ergebnis, daß beide Signale bei einer Temperatur von etwa 85° zu einem einzigen Singulett verschmelzen.

9.4. Opium-Alkaloide

Von den etwa zwanzig aus Opium isolierten Alkaloiden sind Morphin [1], sein Phenolmethyläther Codein [2] sowie Thebain [3], ein Methyläther-Derivat des Codeinons [4], die wichtigsten. Morphin wurde aufgrund seiner ausgeprägten analgetischen Wirkung zu einem unentbehrlichen Hilfsmittel in der medizinischen Praxis, obwohl es leicht zur Sucht führt. Codein, bei dem diese Eigenschaft weniger ausgeprägt ist, wird ebenfalls als Analgeticum verwendet. Diese Alkaloide werden auch Morphinan-Alkaloide genannt, da sie das Morphinan-Gerüst enthalten, das als Derivat des Phenanthrens aufgefaßt werden kann mit einer die Positionen 9 und 13 überbrückenden Iminoäthyl-Kette.

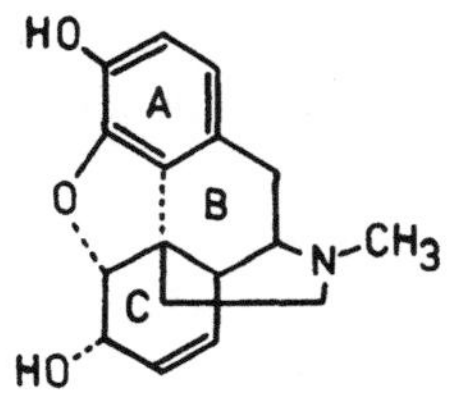

[1]

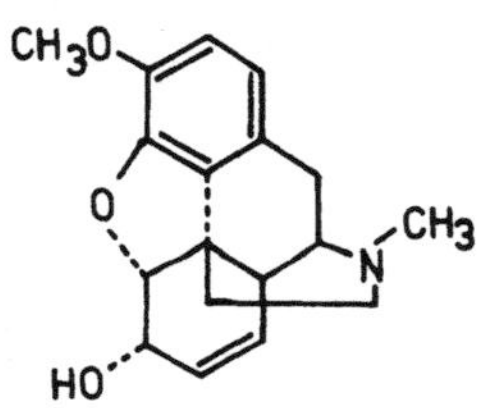

[2]

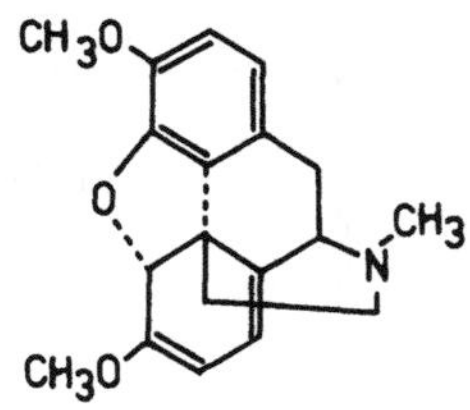

[3]

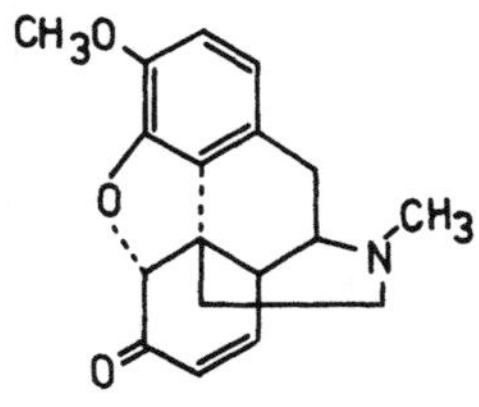

[4]

Für die Konstitutions- und Konfigurationsaufklärung der Morphinan-Alkaloide ist die Protonenresonanz die stärkste Methode, wobei aufgrund der Kopplungskonstanten die Konformation des C-Ringes ermittelt werden kann (103). Alle untersuchten Morphinan-Verbindungen zeigen für die am aromatischen Kern stehende Methoxy-Gruppe ein Singulett um 3,85 ppm. Ein scharfes Singulett um 2,4 ppm ist einer N-Methyl-Gruppe zuzuordnen, deren Chemische Verschiebung von den Doppelbindungen des C-Ringes abhängt. Halogen-Atome in der 14-Position verursachen eine Entschirmung des N-Methyl-Signals; der tiefste Wert wurde für 14-Bromcodeinon beobachtet (2,48 ppm). In Abb. 9.24. und 9.25. sind die 60-MHz-^{1}HNMR-Spektren von Neopin und Thebain wiedergegegeben.

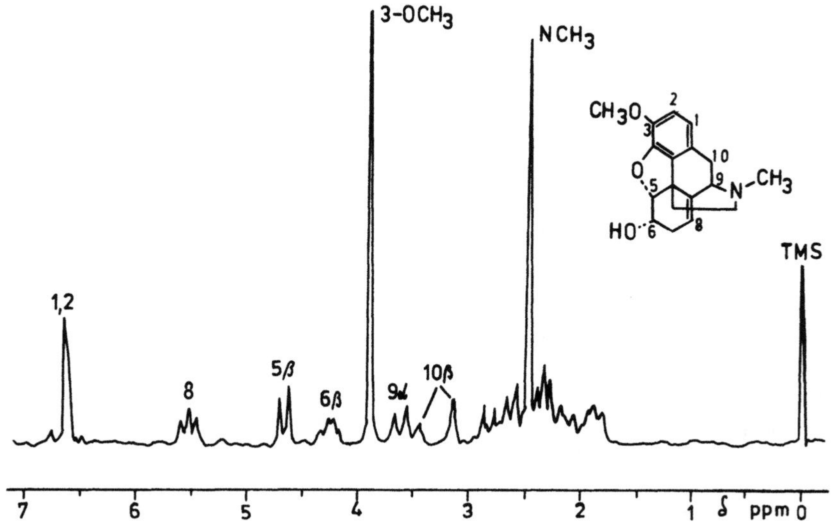

Abb. 9.24. 60-MHz-[1]-HNMR-Spektrum von Neopin in $CDCl_3$ (103).

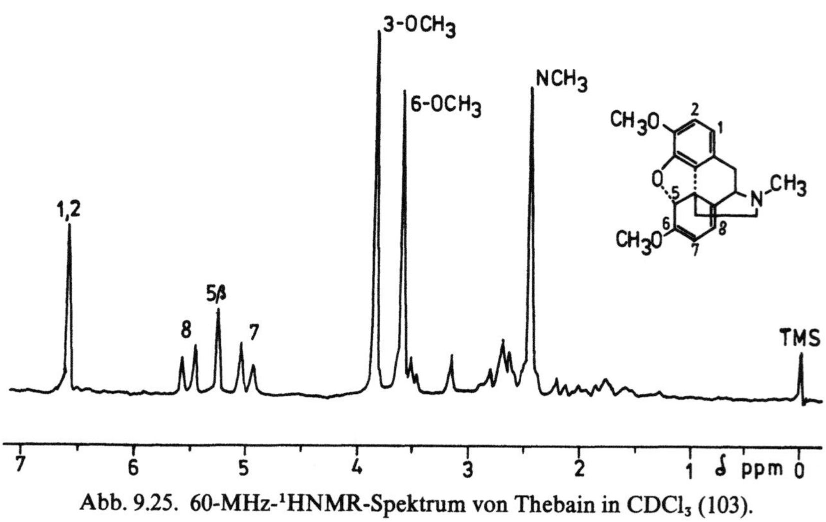

Abb. 9.25. 60-MHz-^{1}HNMR-Spektrum von Thebain in $CDCl_3$ (103).

Während im Spektrum des Thebains für den C-5-Wasserstoff ein scharfes Singulett auftritt (Abb. 9.25.), wird erwartungsgemäß für den C-5-Wasserstoff des Neopins ein Dublett durch Kopplung mit dem 6β-H beobachtet (Abb. 9.24). Aufgrund der vicinalen Kopplungskonstanten $J_{5,6}$ können die Diederwinkel zwischen diesen Protonen nach der *Karplus*-Gleichung ermittelt werden (Tab. 9.5.).

Tab. 9.5. Kopplungskonstanten und Diederwinkel der Protonen C_5-H und C_6-H in Morphinderivaten (103).

Verbindung	$J_{5,6}$	Berechnete Winkel	Gemessene Winkel
Dihydrocodein	5,5 Hz	35 ° und 142 °	30 °
Isodihydrocodein	6,5 Hz	26 ° und 148 °	150 °
Codein	6,0 Hz	30 ° und 145 °	30 °
Neopin	4,5 Hz	42 ° und 135 °	40 °
14-Brom-codein	7,0 Hz	22 ° und 151 °	20 °

In vielen Fällen kann die UV-Spektroskopie von Morphinan-Alkaloiden über konjugierte Systeme Auskunft geben. *Rapoport* und Mitarb. (104) berichten über den Abbau von Codein [2] zu dem 13-Formyl-hydromorphenol-methyläther [5], der bei unerwartet milden Bedingungen einer Decarbonylierung zu dem Hydromorphenol-methyläther [6] unterliegt.

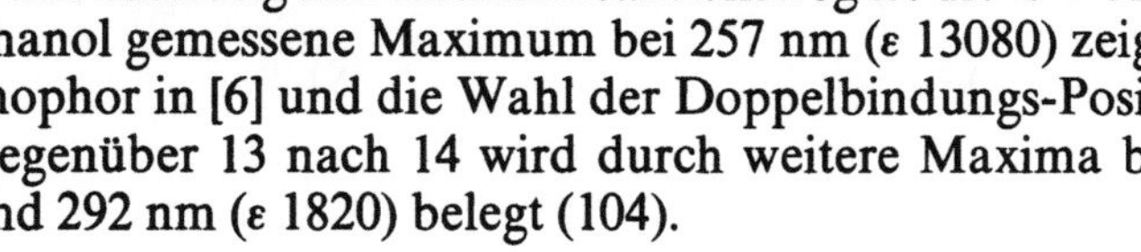

[5] [6]

In Übereinstimmung mit diesem Reaktionsweg ist die UV-Absorption. Das in Äthanol gemessene Maximum bei 257 nm (ε 13080) zeigt den Styrol-Chromophor in [6] und die Wahl der Doppelbindungs-Position von 5 nach 13 gegenüber 13 nach 14 wird durch weitere Maxima bei 281 nm (ε 2250) und 292 nm (ε 1820) belegt (104).

9.5. Isochinolin-Alkaloide

Je nach Definition kann man Isochinolin-Alkaloide in verschiedene Gruppen einteilen (105). Einfache Isochinolin-Alkaloide mit dem Strukturmerkmal [1] (R ist H oder ein aliphatischer Rest) kommen in Pflanzen der Familien *Chenopodiaceae, Fumariaceae* und *Ranunculaceae* vor.

Es gibt einige Lactame in dieser Reihe. Wichtige Vertreter einfacher Isochinolin-Alkaloide (106, 107) sind Anhalamin [2], Salsolin [3] und Mescalotam [4].

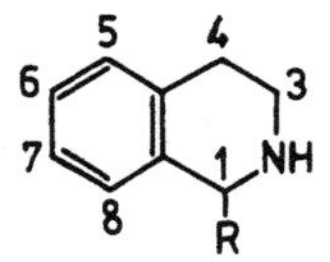

[1]

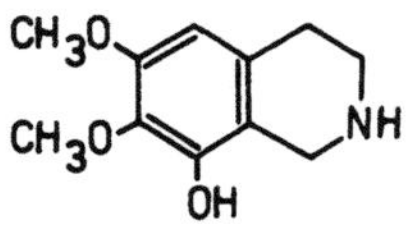

[2]

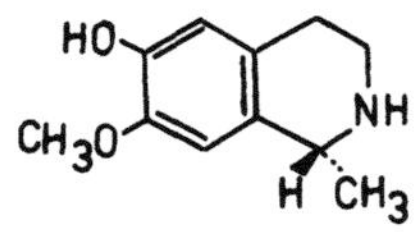

[3]

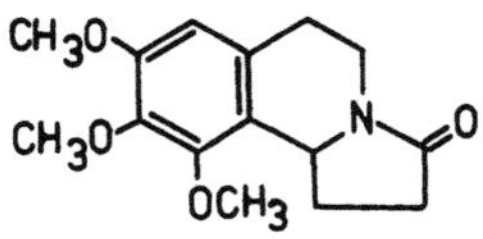

[4]

9.5.1. Proaporphine

In den Pflanzen der Familien *Euphorbiaceae, Lauraceae* und *Papaveraceae* sind über 20 Proaporphin-Alkaloide verbreitet, die das Skelett [5] gemeinsam haben. Häufige Vertreter sind (+)-Pronuciferin [6], (+)-Amuronin [7] und (+)-Litsericin [8]. Die Proaporphine waren 1957 von *Barton* (108) als biogenetische Aporphin-Vorstufen postuliert worden, eine Rolle, die inzwischen durch Tracer-Versuche bewiesen ist.

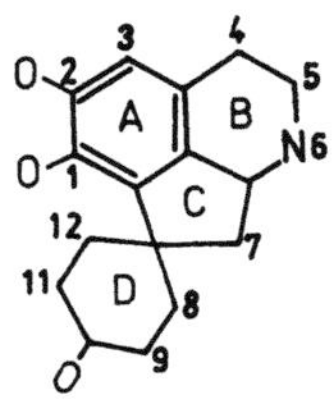

[5]

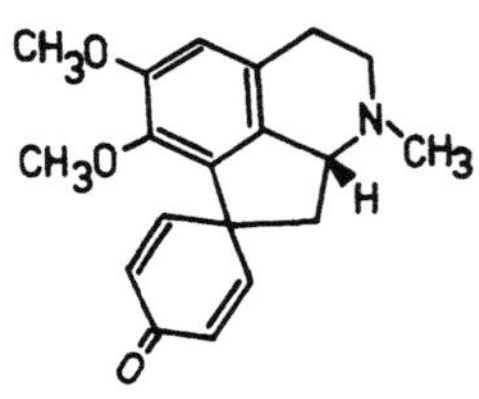

[6]

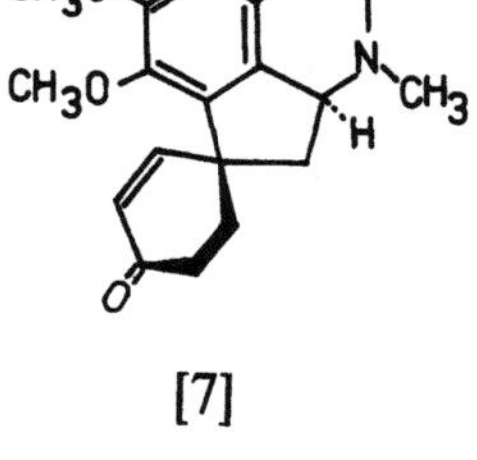

[7]

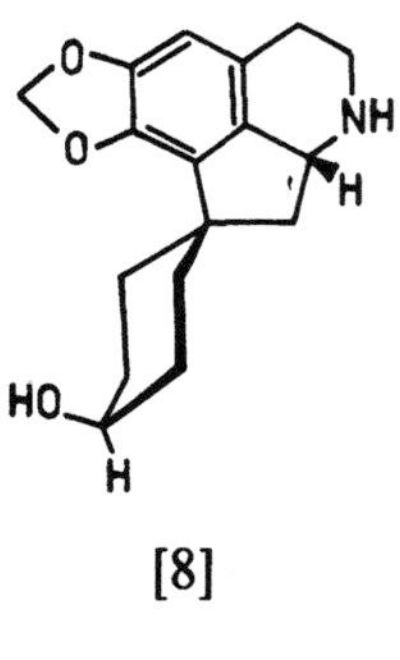

[8]

Im IR-Spektrum von Pronuciferin [6] findet man starke Banden für aromatische Gerüstschwingungen bei 1613 und 1635 cm^{-1} sowie eine Carbonylabsorption bei 1655 cm^{-1} (109). Im UV-Spektrum werden in Äthanol Maxima bei 230 nm (lg $\varepsilon = 4{,}41$) und 282 nm (lg $\varepsilon = 3{,}49$) beobachtet. Das NMR-Spektrum von Pronuciferin (Abb. 9.26.) zeigt im Aromatenbereich Signale für 5 Protonen. Eine scharfe Bande bei 6,58 ppm (1 H) ist dem aromatischen Proton am Ring A zuzuordnen.

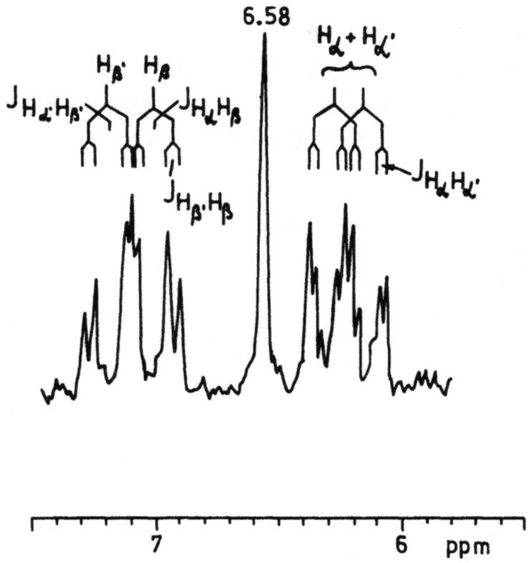

Abb. 9.26. 60-MHz-^{1}HNMR-Teilspektrum von (+)-Pronuciferin [6] (110).

9.5.2. *Aporphin- und Protoberberin-Alkaloide*

Die Aporphin-Alkaloide, von denen es etwa 80 gibt, haben als gemeinsames Strukturelement das Skelett [9] und werden in den Pflanzen der Familien *Annonaceae, Araceae, Aristolochiaceae* und *Berberidaceae* angetroffen. Wichtige Vertreter sind Dehydrodicentrin [10], Thalicthuberin [11] und Magnoflorin [12].

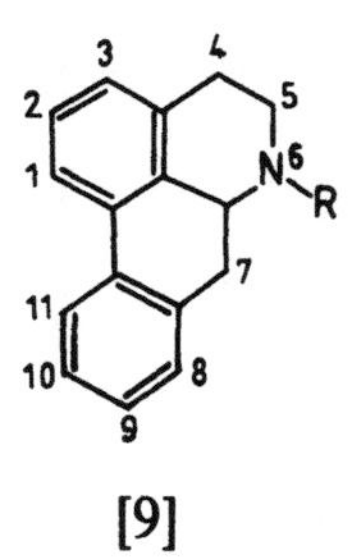

[9]

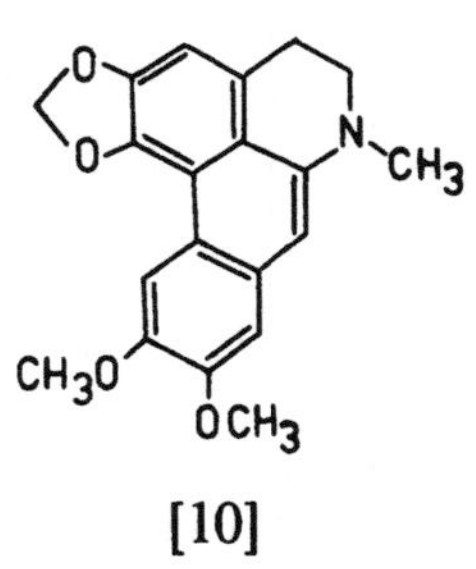

[10]

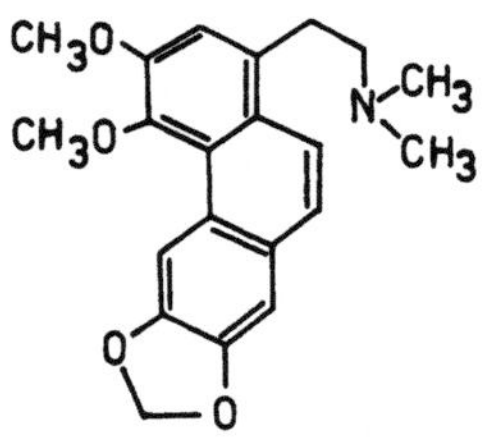

[11]

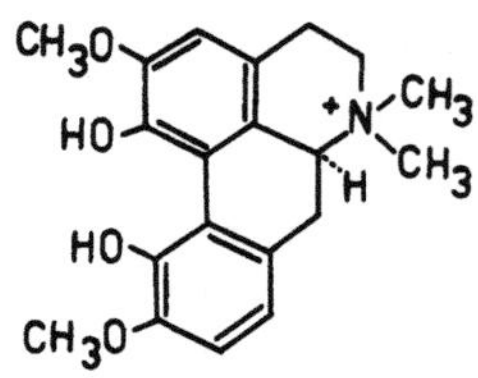

[12]

Die Protoberberin-Alkaloide treten in zwei Oxidationsstufen auf: als gelb bis rot gefärbte quartäre Verbindungen [13], die auch tautomer als α-Carbinolamine [13 a] formuliert werden können und als farblose tertiär-basische Tetrahydroprotoberberine [14] (111 – 113).

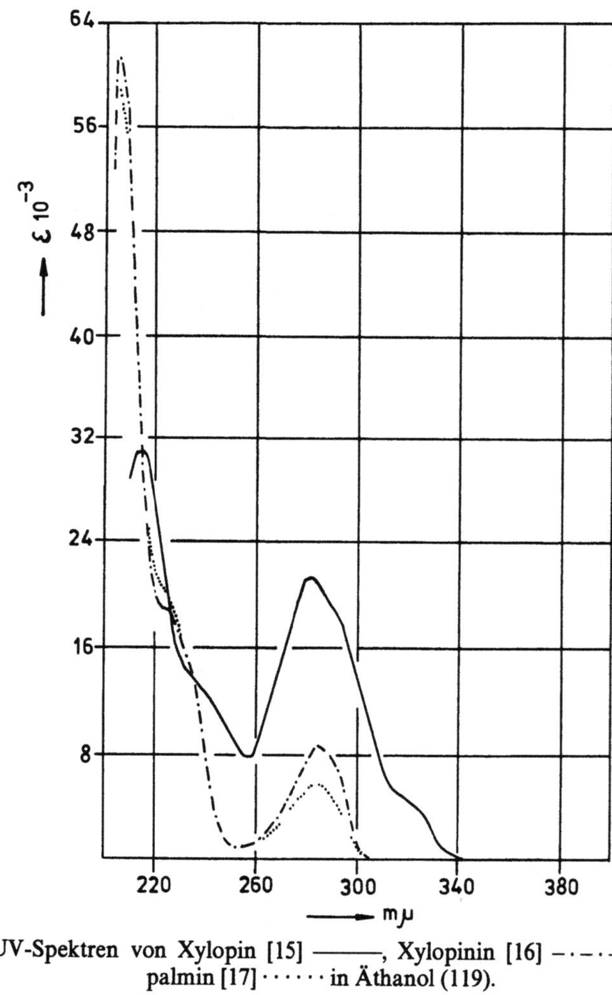

Abb. 9.27. UV-Spektren von Xylopin [15] ———, Xylopinin [16] –·–·–·– und Corypalmin [17] ······ in Äthanol (119).

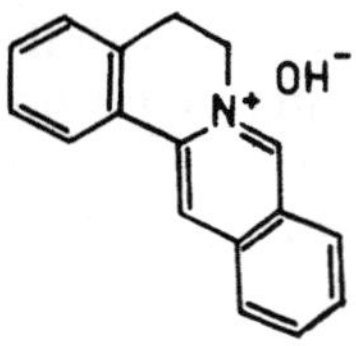

[13]

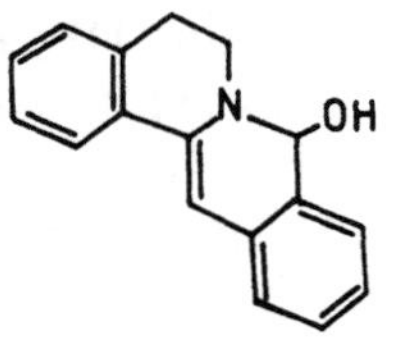

[13 a]

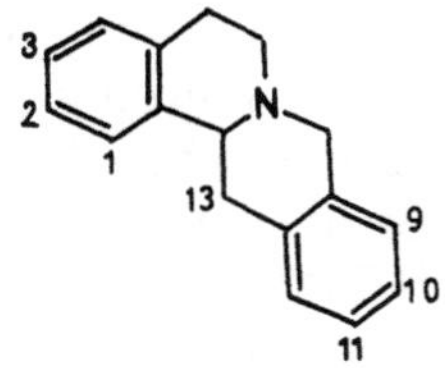

[14]

Zur Unterscheidung der Aporphin- und Tetrahydro-protoberberin-Reihe kann vorzugsweise die UV-Spektroskopie eingesetzt werden (114 – 119). Aporphin-Alkaloide zeigen zwei Maxima im Bereich von ca. 270 – 310 nm mit relativ hohen Extinktionskoeffizienten von ca. 12 000 – 25 000, die stark von den Substituenten abhängig sind. Demgegenüber haben Tetrahydro-protoberberin-Alkaloide nur ein Maximum im Bereich von ca. 280 – 290 nm, mit einem relativ niedrigen Extinktionskoeffizienten von ca. 5000 – 8000. In Abb. 9.27. sind die UV-Spektren von Xylopinin [16] und Corypalmin [17] gegenübergestellt.

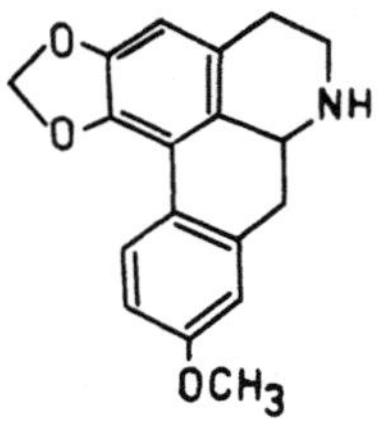

[15]

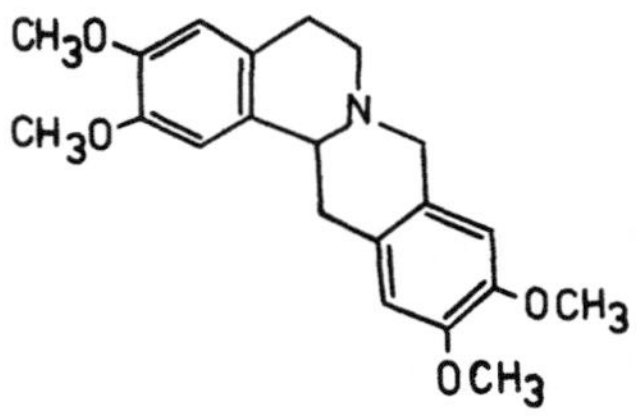

[16]

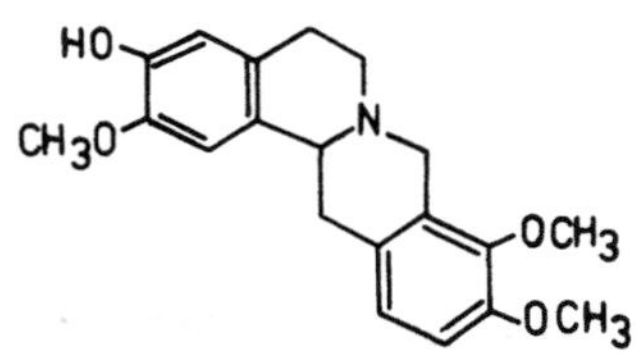

[17]

9.5.3. *Fumaria-Alkaloide*

Das Ringgerüst des Spirobenzylisochinolins wird in Alkaloiden angetroffen, die aus verschiedenen Fumaria-Spezies isoliert wurden: *Fumaria officinalis* (120 – 122), *Fumaria schleicheri* (123) und *Fumaria vaillantii* (123). Typische Vertreter sind Fumarofin [18], Sibiricin [19] und Ochotensimin [20] (124, 125).

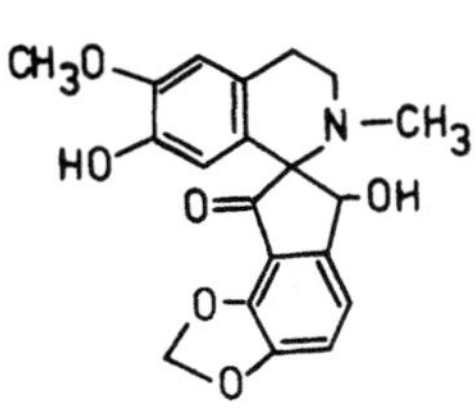

[18]

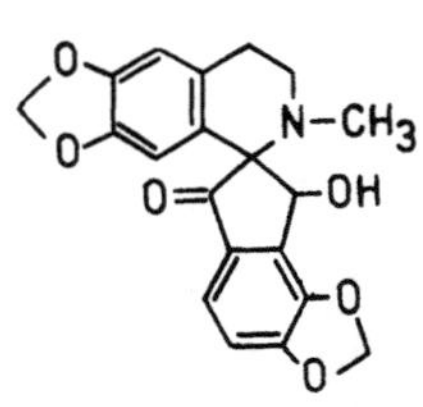

[19]

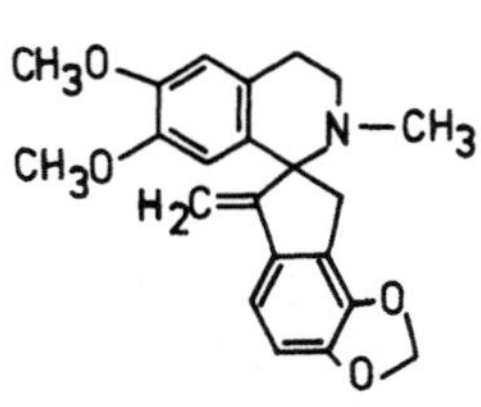

[20]

Die Carbonyl-Gruppe des Fumarofins [18] absorbiert im IR auffallend langwellig (126) ($1700\ cm^{-1}$), da sie sich in Nachbarstellung zum aromatischen Ring befindet, und die OH-Gruppe gibt sich durch eine Bande bei $3450\ cm^{-1}$ zu erkennen. Ein AB-System wird im 100-MHz-^{1}HNMR-Spektrum für Fumarofin bei 7,18 und 7,36 ppm ($J_{AB} = 8$ Hz) beobachtet, das nachbarständigen aromatischen Protonen zugeordnet werden kann (126). Die geringe Differenz der Chemischen Verschiebungen dieses aromatischen AB-Systems zeigt, daß die Carbonyl-Gruppe sich in ortho-Stellung zur Methylendioxy-Gruppe befindet. In bekannten Spirobenzylisochinolin-Alkaloiden, die eine Carbonyl-Gruppe in ortho-Stellung zu aromatischen Protonen haben, ist die Differenz der Chemischen Verschiebungen der benachbarten aromatischen Protonen wesentlich größer. Beispielsweise wird im ^{1}HNMR-Spektrum von Sibiricin [19] infolge des stark entschirmenden Effektes der Carbonyl-Gruppe auf das ortho-Proton eine Differenz von 0,4 ppm beobachtet. Dagegen zeigt das UV-Spektrum (126) von Fumarofin [18] weitgehende Ähnlichkeit mit dem UV-Spektrum von Sibiricin [19]: λ_{max} (EtOH) 205 (4,80), 240 (3,94), 291 (3,91) und 313 (3,99).

9.6. Peptid-Alkaloide

Aus dem Rinden-Extrakt von *Scutia buxifolia* Reiss. wurden neben den Peptidalkaloiden Scutianin-A [1] (127) und -B (128) drei weitere, Scutianin-C, -D und -E, isoliert und ihre Struktur aufgeklärt [3, 4, 5] (129).

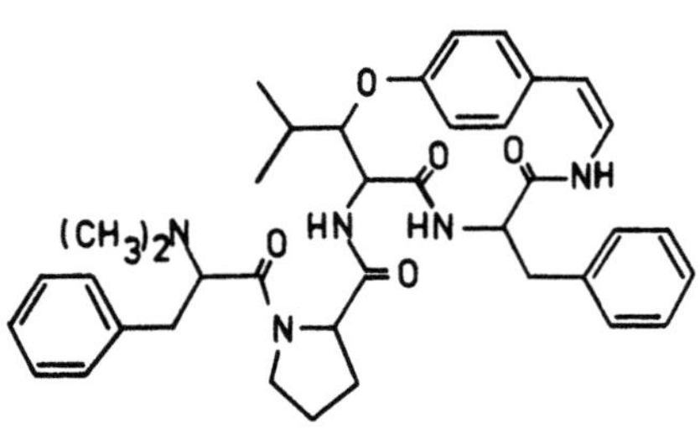

[1]

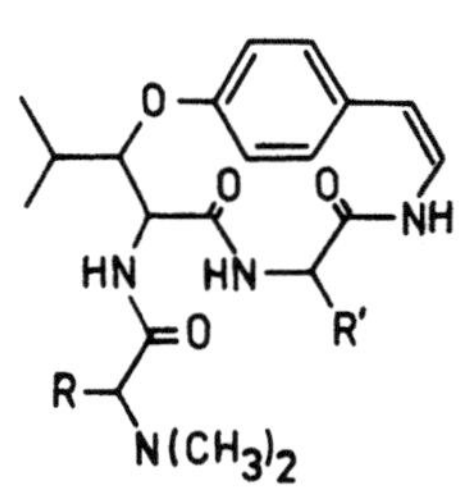

[2] – [5]

	R	R'
[2] Scutianin-B	$-CH_2-C_6H_5$	$-CH_2-C_6H_5$
[3] Scutianin-C	$-CH(CH_3)C_2H_5$	$-CH_2-C_6H_5$
[4] Scutianin-D	$-CH_2-C_6H_5$	$-CH(OH)-C_6H_5$
[5] Scutianin-E	$-CH_2-C_6H_5$	$-CH(OH)-C_6H_5$

Die IR-Spektren der Scutianine weisen die für Peptidalkaloide typische Absorption von sekundären Amiden, N-Methylgruppen, konjugierten C=C-Doppelbindungen und von Phenoläthern auf, bei Scutianin-D und -E beobachtet man zusätzlich die Bande einer freien Hydroxygruppe. Ihre UV-Spektren zeigen nur eine starke Aromaten-Endabsorption, welche die erwarteten Maxima des Enamid- und des Styrylchromophors überdeckt (130). Erst in den Spektren der Dihydro-Derivate tritt bei 277 nm ein ausgeprägtes Maximum auf (log $\varepsilon = 3{,}3$), das auf eine Phenoläther-Absorption zurückgeführt werden kann (131).

Qualitativ stimmen die CD-Spektren von Scutianin-C und -D mit denen bekannter 14-gliedriger Cyclopeptidalkaloide überein (132 – 134), für die ein stark negatives Maximum um 237 nm und ein schwach positives um 285 nm typisch ist. Scutianin-E unterscheidet sich grundlegend von diesem Muster mit einem stark positiven Maximum bei 235 nm und dem schwach negativen bei 276,5 nm.

Die NMR-Spektren von Scutianin-D und -E zeigen einen deutlichen Abstand des Dubletts der C-Methylprotonen der Isopropylgruppe. Diese Differenz der chemischen Verschiebungen ist vermutlich auf den Einfluß der Peptid-Seitenkette zurückzuführen, welche die Rotation der Isopropylgruppe behindert, so daß beide Methylgruppen eine unterschiedliche diamagnetische Abschirmung erfahren (129). Im Scutianin-A beträgt diese Aufspaltung 0,4 ppm. Durch die Verkürzung der Seitenkette um eine Aminosäure verringert sich vermutlich dieser Effekt bei Scutianin-B und -D, der sich in einem Zusammenrücken der Dublettzentren auf 0,27 ppm äußert.

Aus dem Rohbasengemisch von *Ziziphus mauritiana* Lam. wurden die 14-gliedrigen Cyclopeptidalkaloide Mauritin-A [6] und Mauritin-B [7] isoliert (135).

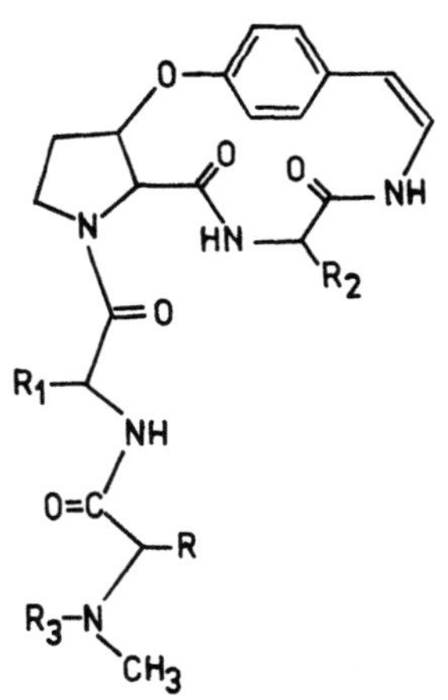

[6] $R = CH_3$, $R_1 = CH(CH_3)_2$, $R_2 = CH_2 - C_6H_5$, $R_3 = CH_3$

[7] $R = CH(CH_3)C_2H_5$, $R_1 = CH(CH_3)_2$, $R_2 = CH_2 - C_6H_5$, $R_3 = CH_3$

Die in Chloroform aufgenommenen IR-Spektren entsprechen in den wesentlichen Merkmalen den Spektren anderer 14-gliedriger Cyclopeptidalkaloide (136). Man erkennt typische Banden für Amide, die N-Methylgruppe, eine konjugierte C=C-Bindung und Banden, die auf einen Phenoläther hinweisen.

9.7. Spermin-Alkaloide

In den Pflanzen der Familien *Apocynaceae, Cruciferae, Equisetaceae* und *Homaliaceae* finden sich Derivate der Basen Spermin [1], Spermidin [2] und Homospermidin [3].

$$H_2N-(CH_2)_3-NH-(CH_2)_4-NH-(CH_2)_3-NH_2 \quad [1]$$

$$H_2N-(CH_2)_3\text{-}NH-(CH_2)_4-NH_2 \quad [2]$$

$$H_2N-(CH_2)_4-NH-(CH_2)_4-NH_2 \quad [3]$$

Man kennt acyclische und makrocyclische Vertreter (137, 138). Acyclische Alkaloide der Reihe sind die Homospermidin-Abkömmlinge Solapalmitin [4] und Solapalmitenin [5] aus dem Alkoholextrakt von *Solanum tripartitum* Dunal (Scolanaceae). Die Strukturen dieser Verbindungen, die das intramuskuläre Walker-Carcinosarkom 265 der Ratte inhibieren, sind durch Totalsynthese gesichert.

$$\left.\begin{matrix}(CH_3)_2N-(CH_2)_4\\(CH_3)_2N-(CH_2)_4\end{matrix}\right> N-R$$

[4] Solapalmitin $(R=-CO-(CH_2)_{14}-CH_3)$
[5] Solapalmitenin $(R=-CO-CH=CH-(CH_2)_{12}-CH_3)$

Beispiele für makrocyclische Verbindungen sind die Spermidin-Derivate Lunarin [6] aus *Lunaria annua* L. (Cruciferae) und Oncinotin [7] aus *Oncinotis nitida* Benth. (Apocynaceae) sowie das Spermin-Derivat Chaenorhin [8] aus *Chaenorhinum origanifolium* (Scrophulariaceae). Die Konstitution des Oncinotins [7] ist durch Totalsynthese bestätigt (139).

Chaenorhin [8] wurde aus *Chaenorhinum origanifolium* (L.) isoliert (140), eine krautige Pflanze, die in Tunesien, Marokko und selten in Italien vorkommt. Im IR-Spektrum (KBr) erkennt man Banden für Amidgruppen (1640 und 1612 cm^{-1}) sowie aromatische .Ringe (1562, 1510 cm^{-1}). Das UV-Spektrum (95 proz. Äthanol) mit λ_{max} 264 nm (lg $\varepsilon=4{,}00$), λ_{min} 247 (3.93) und einer Inflexion bei 280 nm (3,48) kann keinem bekannten Chromophor zugeordnet werden (140).

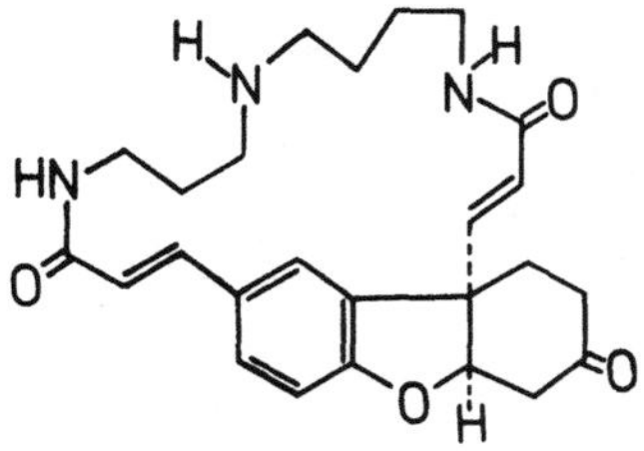

[6]

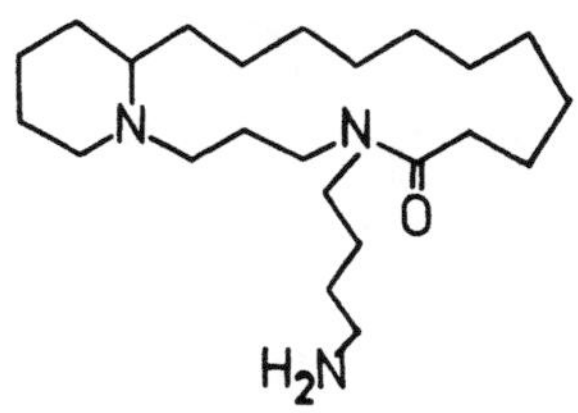

[7]

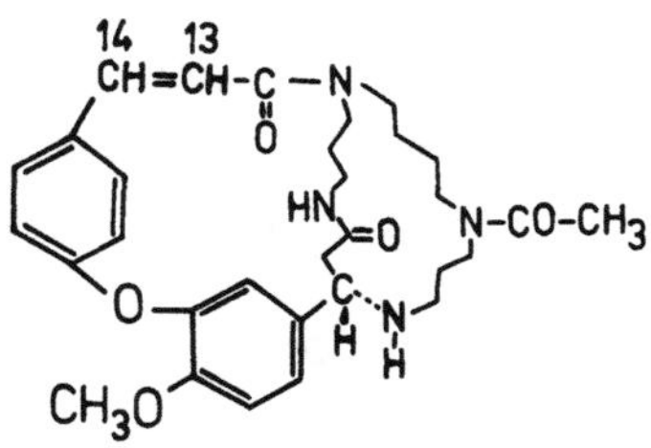

[8]

Im 100-MHz-^{1}HNMR-Spektrum (CF_3COOH) findet man in der Aromatenregion (6,6 – 7,7 ppm) wenig strukturierte Signale für 8 Protonen. Bei 6,36 ppm (J = 12,5 Hz, 1 H) erscheint ein Dublett, welches H (13) zuzuordnen ist. Das Signal von H (14) liegt vermutlich in der Aromatenregion. Die Protonen am Stickstoff erscheinen als breite Signale bei ca. 9,6, 8,6 und 8,0 ppm. Der Bereich von 4,9 – 1,0 ppm ist nicht aufgelöst; zwei Singuletts bei 4,10 (aromat. OCH_3) und 2,56 ppm ($>$N – CO – CH_3) sind jedoch zu erkennen (140).

9.8. Amaryllidaceen-Alkaloide

Aus einigen Arten der Amaryllidaceen sind etwa hundert Alkaloide isoliert worden, die an anderer Stelle in der Natur offenbar nicht auftreten und daher als den Pflanzen dieser Familie eigentümliche Inhaltsstoffe betrachtet werden können. Die bisher aufgeklärten Alkaloide dieser Gruppe gehören Strukturtypen mit verschiedenen Ringgerüsten an: Belladin-Typ [1], Lycorin-Typ [2], Lycorenin-Typ [3], Crinidin-Typ [4], Montanin-Typ [5] und Tazettin-Typ [6]. Zwischen diesen Gruppen wurden nahe biogenetische Beziehungen aufgedeckt (141).

Aus der Gattung *Buphane disticha* wurden Buphacetin [7] und aus *Crinum macrantherum* Macronin [8] isoliert (142, 143), deren Infrarotspektren in Abb. 9.28. und 9.29. wiedergegeben sind. Während in beiden Spektren aromatische Gerüstschwingungen um 1500 cm^{-1} auftreten, wird im Bereich der nichtebenen Deformationsschwingungen aromati-

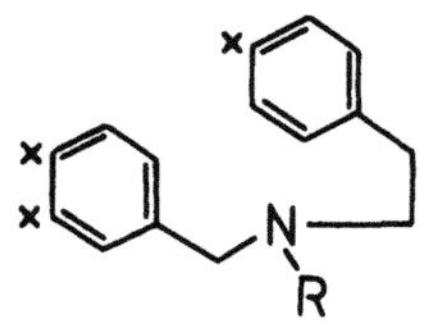

[1]

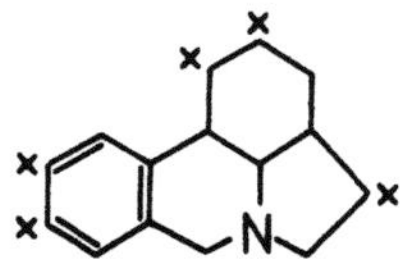

[2]

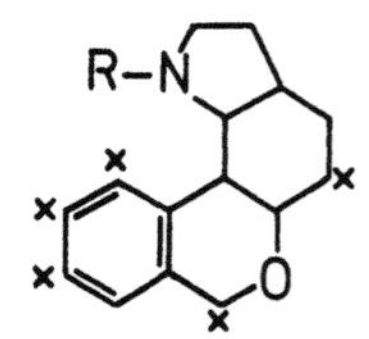

[3]

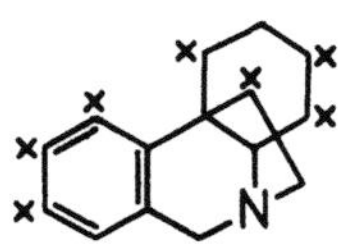

[4]

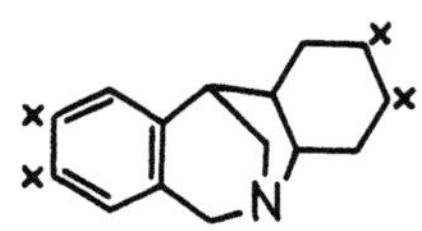

[5]

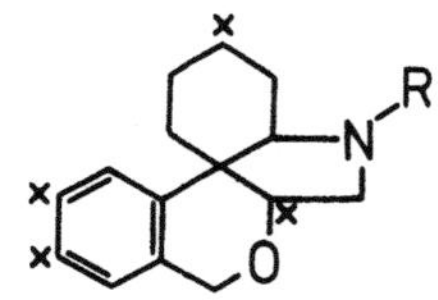

[6]

* Diese Positionen sind in den Alkaloiden zum Teil oder alle durch Sauerstoff-Funktionen besetzt.

scher Wasserstoffe nur im Spektrum von Macronin [8] charakteristische Absorption beobachtet. Diese Absorption fehlt im Spektrum von Buphacetin [7], da hier der aromatische Ring voll substituiert ist.

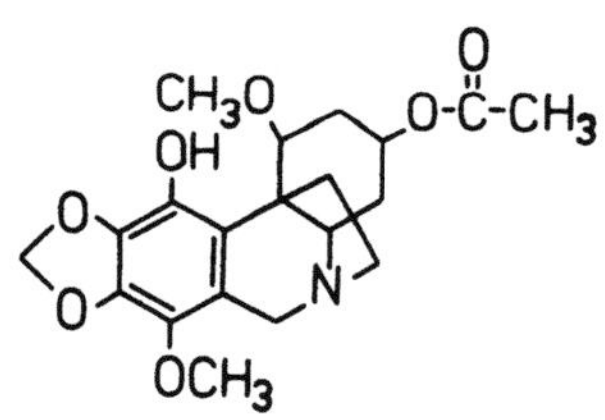

[7]

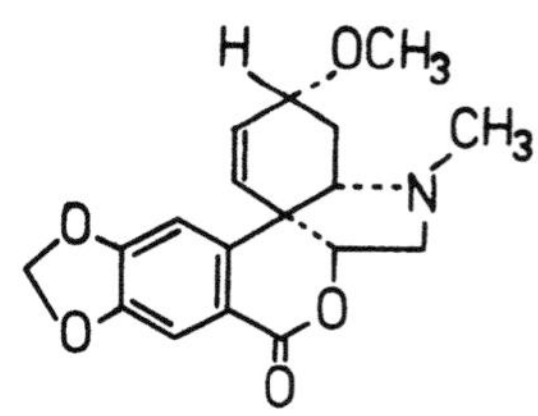

[8]

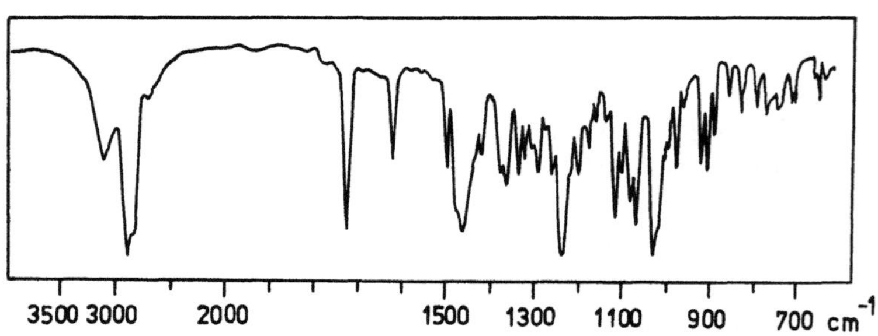

Abb. 9.28. IR-Spektrum von Buphacetin [7] (142).

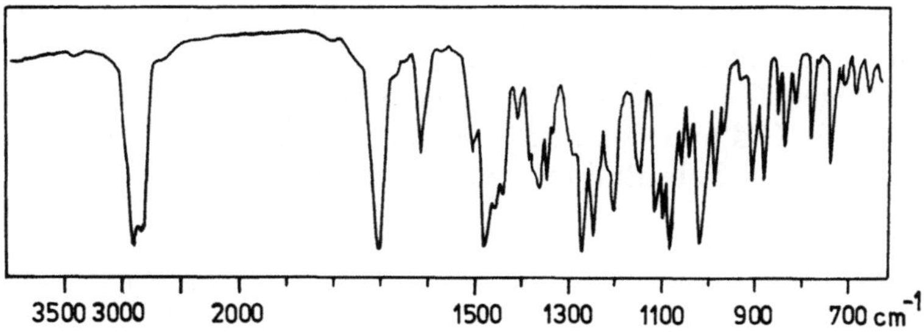

Abb. 9.29. IR-Spektrum von Macronin [8] (142, 143).

Die im allgemeinen relativ scharfe Bande der C – O-Valenzschwingung tritt im Spektrum von Buphacetin (Abb. 9.28.) bei 1240 cm^{-1} verbreitert auf, da hier die am alicyclischen Ring stehende Estergruppe und die Methylendioxy-Gruppe absorbieren. Das Spektrum von Macronin [8], dessen Ringgerüst zum Tazettintyp gehört, fällt durch eine intensive Bande bei 1707 cm^{-1} auf, die der Carbonylschwingung des δ-Lactons zuzuordnen ist. Die langwellige Lage dieser Absorption ist auf den benachbarten aromatischen Kern zurückzuführen, wie bei α,β-ungesättigten Carbonylverbindungen systematisch untersucht wurde (144).

Die meisten der bisher isolierten Amaryllidaceen-Alkaloide enthalten einen einzelnen Benzolring mit Methoxy- oder Methylendioxy-Substituenten. Zusätzlich wird häufig eine olefinische Doppelbindung beobachtet. Die bei niedrigem Feld liegenden Teilspektren einiger Ringsysteme der Amaryllidaceen-Alkaloide sind in Abb. 9.30. in Strichform für die Protonen-entkoppelten ^{13}C-Resonanzen wiedergegeben. Das Vergleichsspektrum des 1,2-Dimethyl-4,5-dimethoxybenzols (Abb. 9.30.), [9] zeigt drei ^{13}C-Resonanzen für die jeweils äquivalenten Kohlenstoff-Atome. Jede der in Abb. 9.30 aufgeführten Verbindungen hat zwei ortho-Sauerstoff-Funktionen, mit Ausnahme des Buphanamins [14]. Die Ringkohlenstoff-Atome dieser Substituenten treten im Abstand von ca. 45 ppm vom CS_2 in Resonanz. In den Alkaloiden [10], [11] und [13] haben die beiden Kohlenstoff-Atome offenbar die gleiche chemische Verschiebung, so daß eine Unterscheidung nicht möglich ist.

Beim Übergang von der Dimethoxy- zur Methylendioxy-Substitution wird eine geringe Verschiebung nach höherem Feld beobachtet. Die beiden anderen substituierten aromatischen Kohlenstoff-Atome, C-d und C-e, wurden aufgrund der Chemischen Verschiebung und der Multiplizität nach SFOR-Entkopplung zugeordnet (145). Es gibt jedoch keinen sicheren Weg, diese Kohlenstoff-Atome zu unterscheiden. Es wurde angenommen, daß ^{13}C-d dem Signal bei tieferem Feld zuzuordnen ist, da der Einfluß der β-Substitution hier größer sei als in der Position C-3 (145).

Bei den Alkaloiden [10] bis [14] treten zwei verschiedene Arten olefinischer Doppelbindungen auf, di- und trisubstituierte. Das völlig substituierte C-h liegt bei besonders tiefem Feld und ist im Spektrum des Montanins [12] gegenüber den aromatischen Kohlenstoffen noch stärker entschirmt. Die Kohlenstoff-Atome der disubstituierten olefinischen Doppelbindungen, C-i und C-j, absorbieren in dem Bereich der aromatischen Kohlenstoffe C-d und C-e, können jedoch im SFOR-entkoppelten Spektrum durch den Substitutionsgrad unterschieden werden. Die Einfüh-

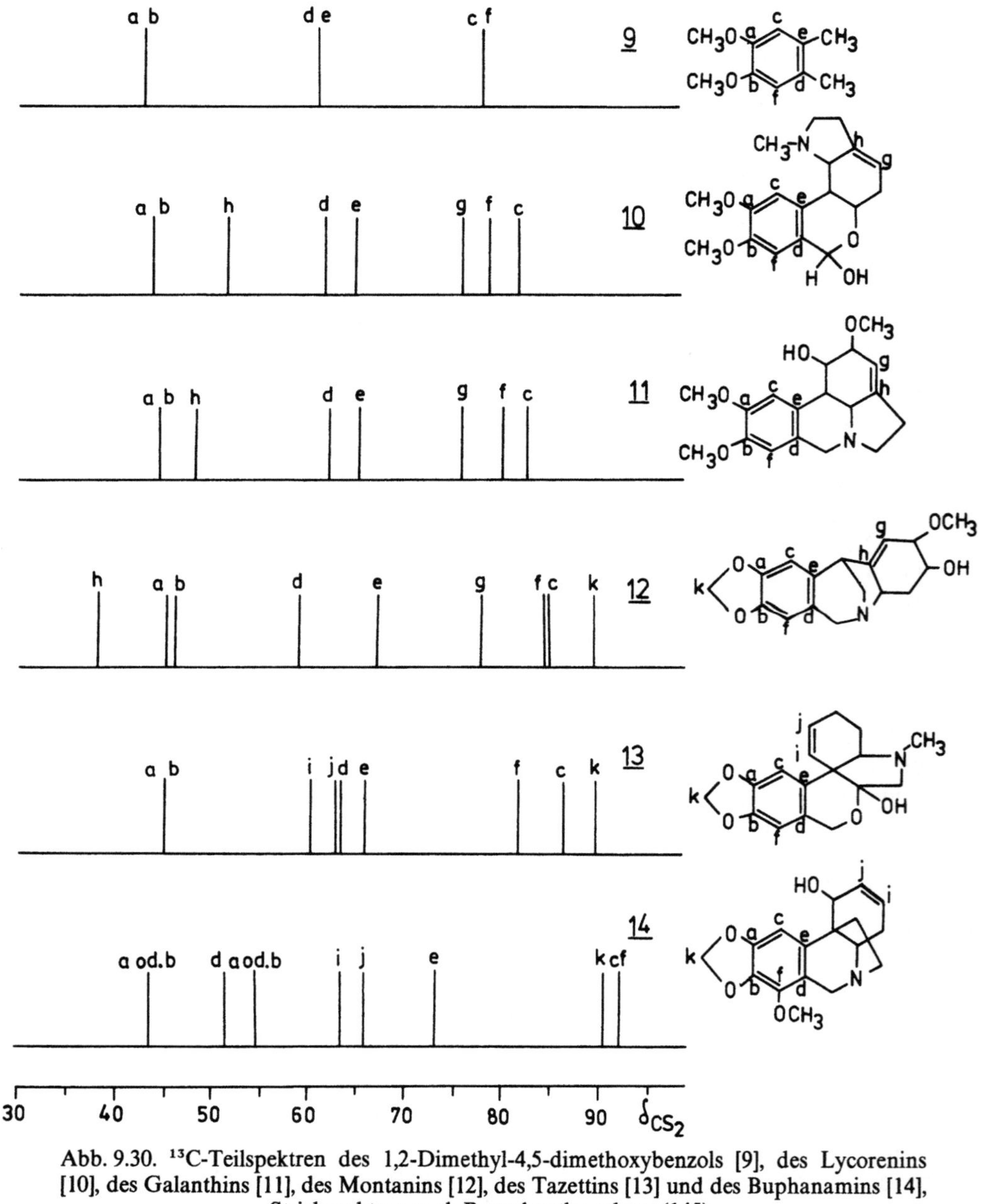

Abb. 9.30. ^{13}C-Teilspektren des 1,2-Dimethyl-4,5-dimethoxybenzols [9], des Lycorenins [10], des Galanthins [11], des Montanins [12], des Tazettins [13] und des Buphanamins [14], Strichspektren nach Rauschentkopplung (145).

rung eines dritten Sauerstoffsubstituenten am Benzolkern wie im Buphanamin [14] führt zu einer starken Änderung der ^{13}C-Absorption der aromatischen Kohlenstoffe. Da mit Ausnahme des C-c die aromatischen Kohlenstoff-Atome voll substituiert sind, wird die Zuordnung der ^{13}C-Resonanzen schwierig. Die in Abb. 9.30. [14] gegebene Zuordnung basiert auf einem Vergleich der beobachteten Resonanzen mit errechneten, die aus Inkrementen von Substituenten am Benzolkern erhalten werden (146, 147).

Die hier diskutierten Amaryllidaceen-Alkaloide haben generell einen Methoxysubstituenten entweder am aromatischen Ring oder an einem gesättigten Ring. Diese Methoxy-Kohlenstoff-Atome können aufgrund der Chemischen Verschiebung (δ_{CS_2} 137,0 ± 0,5 ppm) und dem Quartett im SFOR-entkoppelten Spektrum zugeordnet werden. In diesem „gesättigten" Bereich der ^{13}C-Resonanzen liegen die an Sauerstoff gebundenen Kohlenstoffe bei tiefstem Feld. Die unsubstituierten Methylenkohlenstoffe treten bei höchstem Feld in Resonanz. Die verbleibenden gesättigten Kohlenstoff-Atome dieser Alkaloide haben Resonanzabsorptionen zwischen diesen Extremwerten.

9.9. Chinolizidin-Alkaloide

Zur Gruppe der Chinolizidin-Alkaloide werden Pflanzenstoffe zusammengefaßt, in denen das Ringgerüst des Chinolizidins entweder für sich allein oder kondensiert mit einem Piperidin- oder einem zweiten Chinolizidin-System vorliegt. Typische Vertreter sind das Lupinin [1], Cytisin [2], Multiflorin [3], Spartein [4], Lupanin [5], Anagyrin [6], Aphyllin [7], Sophoranol [8] und Matrin [9]. Diese Basen kommen überwiegend in Papilionaceen (Leguminosen), vereinzelt auch in den Berberidaceen-Gattungen *Caulophyllum* und *Leontice,* der Chenopodiaceen-Gattung *Anabasis* und der Papaveraceen-Gattung *Chelidonium* vor (148, 149).

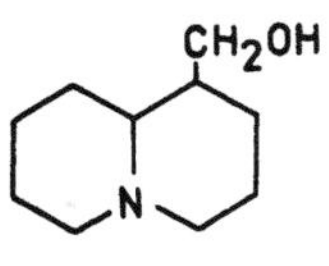

[1]

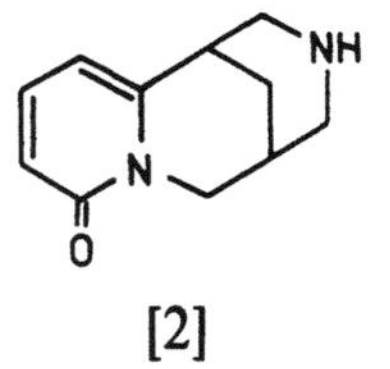

[2]

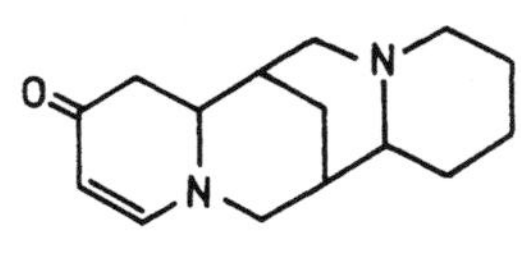

[3]

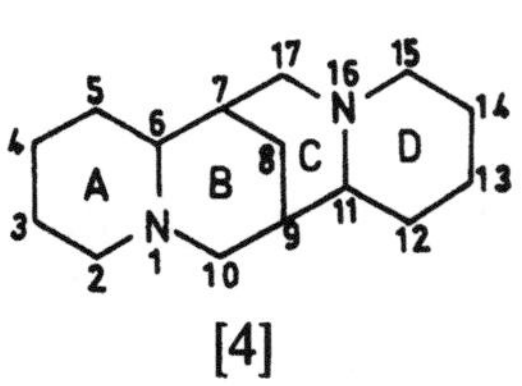

[4]

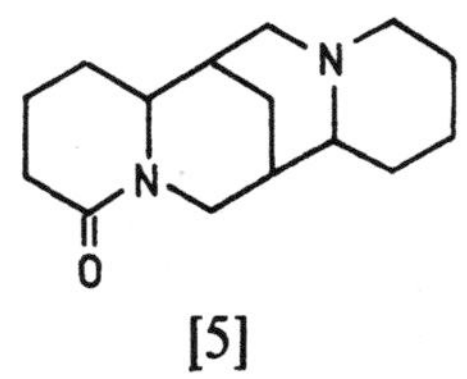

[5]

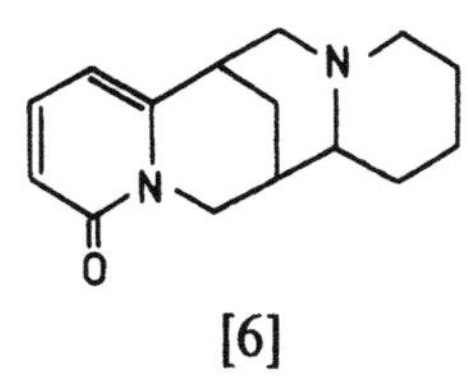

[6]

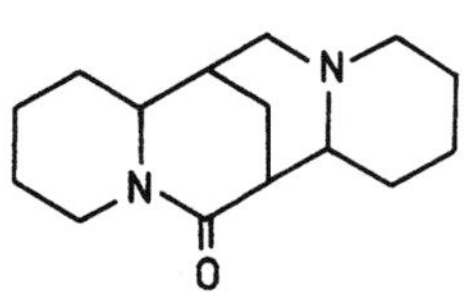

[7]

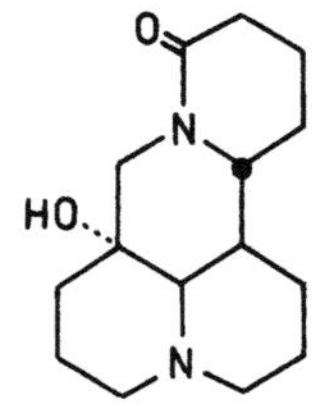

[8]

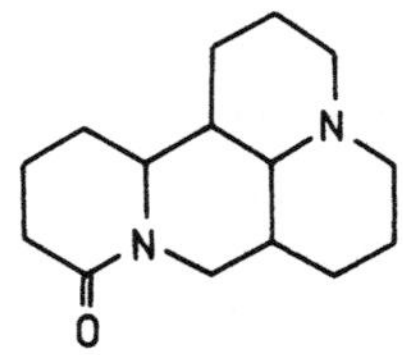

[9]

Eine Verbindung z. B. von der Struktur des Sparteins [4] besitzt vier asymmetrische C-Atome, nämlich C-6, C-7, C-9 und C-11. Durch die C-8-Methylen-Brücke, liegt die Konfiguration an C-7 und C-9 fest. Die möglichen Stereoisomeren werden folglich durch die *cis-* und *trans-*Stellung der H-Atome an C-6 und C-11 relativ zu dem als Bezugspunkt gewählten C-8 bestimmt. Da von den vier denkbaren Kombinationen *cis-cis, trans-trans, cis-trans* und *trans-cis* die beiden letzten in den Raumformeln identisch sind, können insgesamt drei Diastereomere auftreten, die sämtlich asymmetrisch gebaut sind und daher Racemate bilden. Die nachstehenden perspektivischen Formeln, in denen die Ringe A und D nur angedeutet sind, und die daneben gesetzten vereinfachten Raumformeln geben jeweils einen optischen Antipoden der drei Racemate wieder. Die in den vereinfachten Raumformeln durch Punkte symbolisierten H-Atome sind dem Betrachter zugewandt.

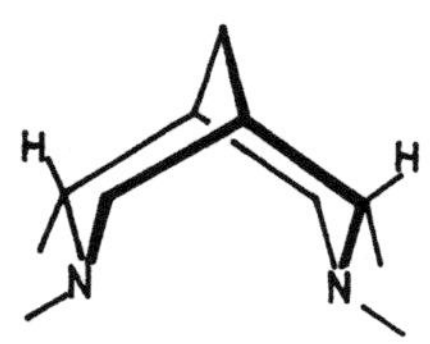

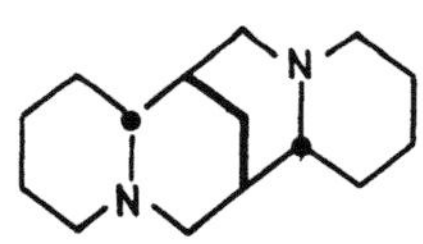

α-Isospartein (*cis, cis*) (Genistein)

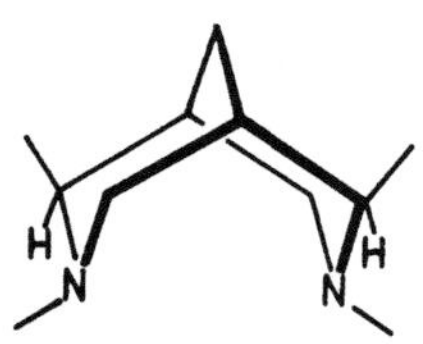

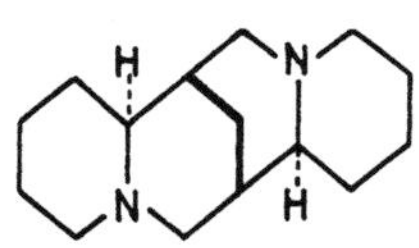

β-Isospartein (*trans, trans*) (Spartalupin)

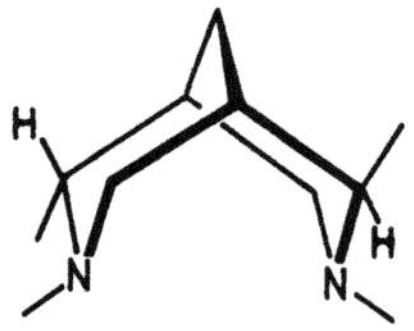

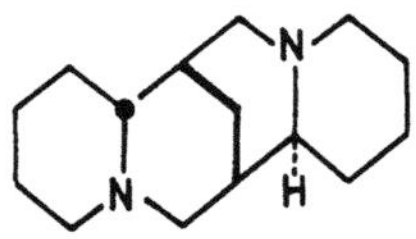

Spartein (*cis, trans*)

In Abb. 9.31. und 9.32. sind die IR-Spektren von Anagyrin [6] und Sophoranol [8] wiedergegeben (148). Die Carbonylabsorption bei 1640 cm^{-1} überlagert im Spektrum des Anagyrins die weniger intensiven

C=C-Valenzschwingungen des konjugierten Systems. Der gesättigte Lactamring absorbiert unerwartet langwellig bei 1615 cm^{-1} (Abb. 9.32). Diese Frequenzverschiebungen der Carbonylabsorption ist möglicherweise auf eine Chelatbildung mit der OH-Gruppe zurückzuführen, deren Valenzschwingung bei 3380 cm^{-1} absorbiert.

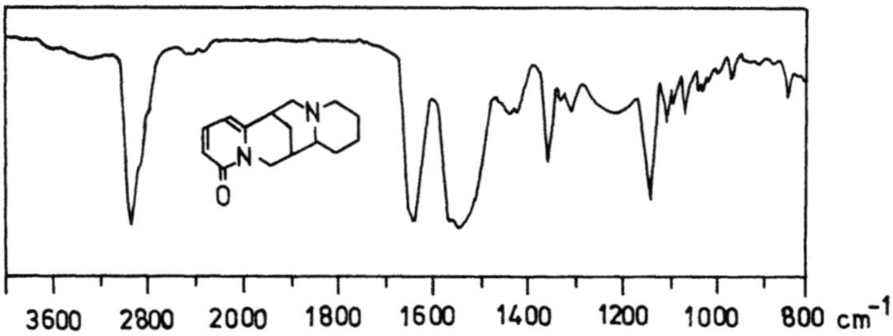

Abb. 9.31. IR-Spektrum von Anagyrin [6] in $CHCl_3$ (148).

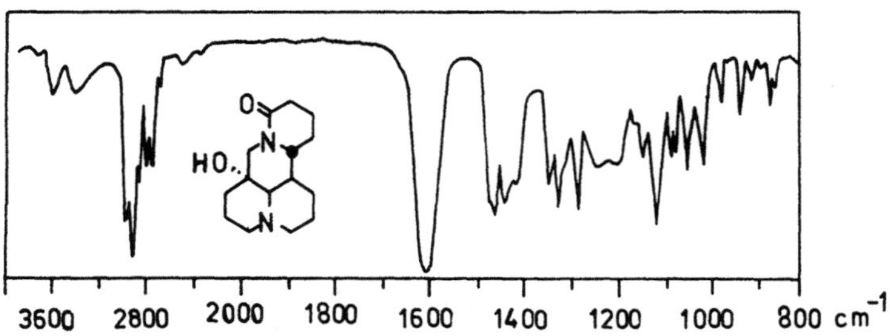

Abb. 9.32. IR-Spektrum von Sophoranol [8] in $CHCl_3$ (148).

9.9.1. Aphyllin und 17-Oxo-spartein

In IR-Spektren von Aminen beobachtet man mitunter eine deutliche Bande bei 2800 cm^{-1}. Diese Bande ist zweifellos einer CH-Valenzschwingung zuzuordnen, die offenbar im Zusammenhang mit der Nachbarstellung zum Stickstoff stehen muß (150, 151). Ähnliche Verhältnisse findet man bei Äther-Gruppierungen (152).

In einer Gruppe von Spartein-Derivaten (153) wurde nun die Beobachtung gemacht, daß bei diesen Basen, die sich alle vom Chinolizidin ableiten, eine Bandengruppe im Bereich von 2800 – 2700 cm^{-1} auftritt, jedoch nur dann, wenn ein trans-Chinolizidin-Ring ohne Lactam-Gruppe vorliegt. Die entsprechenden cis-Verbindungen zeigen diese Bandengruppe nicht (150). Ebenso verschwindet diese Absorption bei den N-Oxiden. Aus diesen Befunden konnte geschlossen werden, daß für das Auftreten der Banden axiale CH-Bindungen verantwortlich sind, die in Nachbarstellung zum Amino-Stickstoff trans-ständig zum einsamen

Elektronenpaar stehen und zwar sind offenbar zwei derartige CH-Bindungen notwendig. Dabei spielt allerdings die eindeutige Konstellation der Basen eine Rolle, denn nur bei bicyclisch gebundenem Stickstoff tritt diese Bandengruppe deutlich auf. Bei einfachen Aminen sind naturgemäß mehrere Konstellationen wahrscheinlich.

Wie man am Modell erkennen kann, befinden sich bei *cis*-verknüpften Chinolizidin-Ringen nur eine CH-Bindung in *trans*-Stellung zum ein-

Tab. 9.6. Auftreten bzw. Fehlen der „trans-Bande" in Chinolizidin-Systemen (150).

	trans-Bande		*cis*-Bande
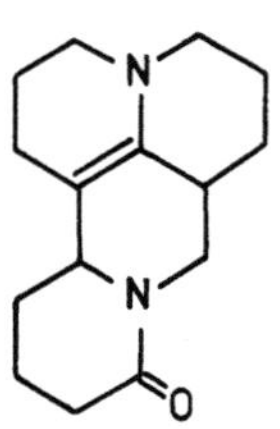 I	–	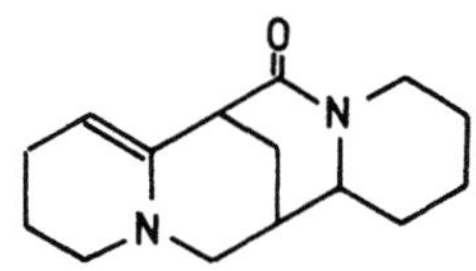 V	
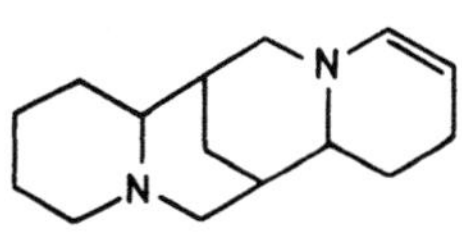 II	+	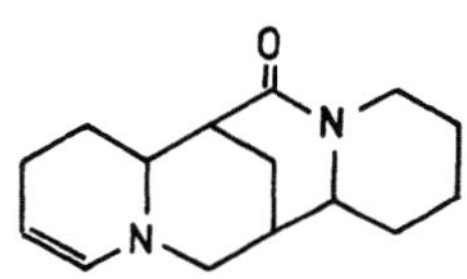 VI	+
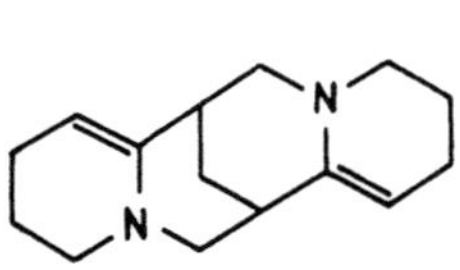 III	–	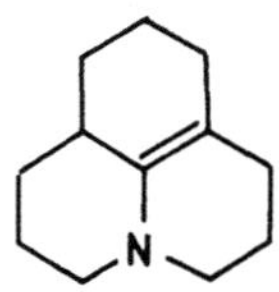 VII	–
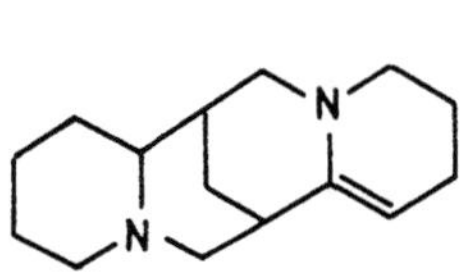 IV	–	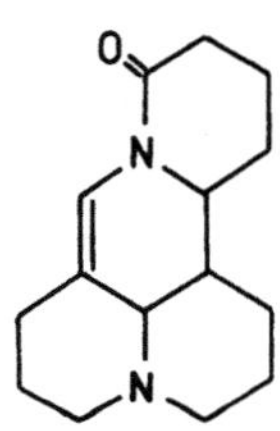 VIII	+

samen Elektronenpaar am Stickstoff. In den Lactamen wird offenbar durch Mesomerie das einsame Elektronenpaar am Stickstoff beansprucht und ist daher für die Wechselwirkung mit der *trans*-ständigen CH-Bindung nicht mehr verfügbar. Bei den N-Oxiden ist das nichtbindende Elektronenpaar am Stickstoff nicht mehr vorhanden, so daß das Fehlen der Banden-Gruppe der Erwartung entspricht.

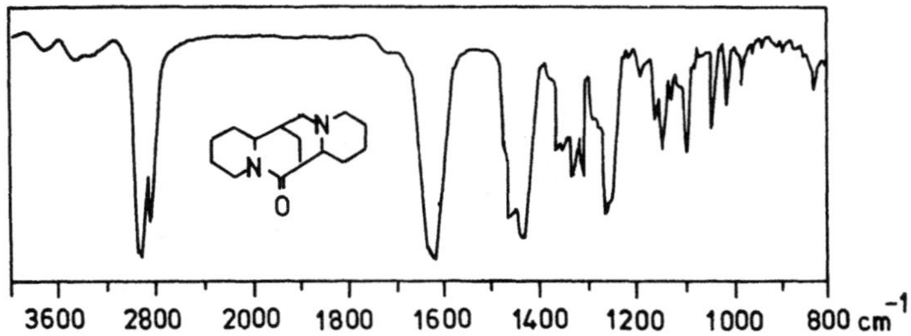

Abb. 9.33. IR-Spektrum von Aphyllin in CCl_4 (150).

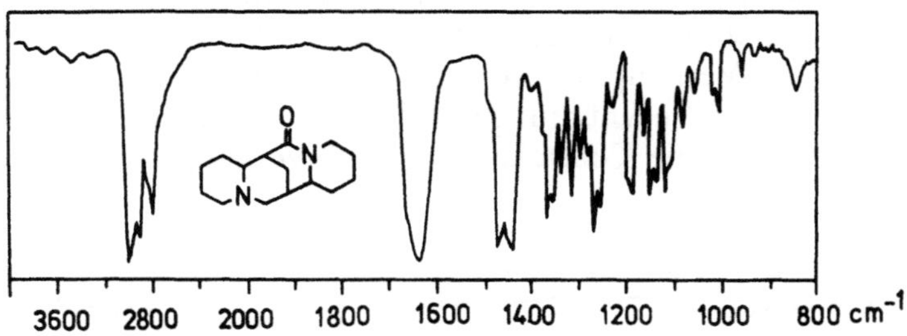

Abb. 9.34. IR-Spektrum von 17-Oxo-spartein in CCl_4 (150).

Bei *trans*-Chinolizidinen mit Doppelbindungen sind die IR-Spektren je nach Lage der C=C-Bindung sehr verschieden. Eine Doppelbindung an der Ringverknüpfung führt zum Verschwinden der Bandengruppe zwischen 2800 – 2700 cm^{-1} („*trans*-Bande"), während C=C-Bindungen an anderen Stellen des Chinolizidin-Ringes keinen Einfluß auf diese Absorption haben. In Tab. 9.6. sind einige Beispiele zusammengestellt. Für Struktur VIII ist das Auftreten der „*trans*-Bande" etwas unerwartet. Offenbar tritt diese Absorption dann nicht auf, wenn eine Doppelbindung an der Ringverknüpfung in α-Stellung zum Chinolizidin-Stickstoff sich befindet, was jedoch durch weiteres Vergleichsmaterial belegt werden müßte.

9.9.2. Matrin und Allomatrin

Die Konstitution des Matrins [9] – das Hauptalkaloid aus *Sophora flavescens* – wurde in unabhängigen Arbeiten untersucht (153 – 155). Nachdem nun die sterischen Verhältnisse einiger Alkaloide der Spartein-Reihe aufgeklärt waren (150, 156), war auch die IR-spektroskopische Bestimmung der Konfiguration des Matrins und Allomatrins möglich.

Von den 8 denkbaren Stereoisomeren des Matrins scheiden sofort 4 aus, da das Matrin im IR-Spektrum die typische Banden-Gruppe zwischen 2800 und 2700 cm^{-1} hat und somit einen *trans*-Chinolizidin-Ring ohne Lactam-Gruppe enthalten muß (150). Es verbleiben somit noch die Möglichkeiten I bis IV, wenn jeweils nur eine Antipode betrachtet wird (157).

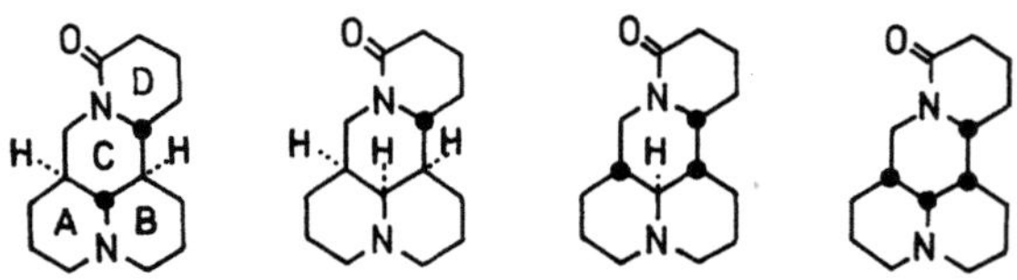

I II III IV

Diese vier Konfigurationen lassen sich in Paare einteilen; I und III haben jeweils eine trans-Verknüpfung der Ringe A und B mit C, während bei II und IV *cis*-Verknüpfung vorliegt. Für I und II ist als stabilste Konstellation eine trans-Verknüpfung der Ringe C und D anzunehmen, während für III und IV die Konstellation mit *cis*-verknüpften Ringen C und

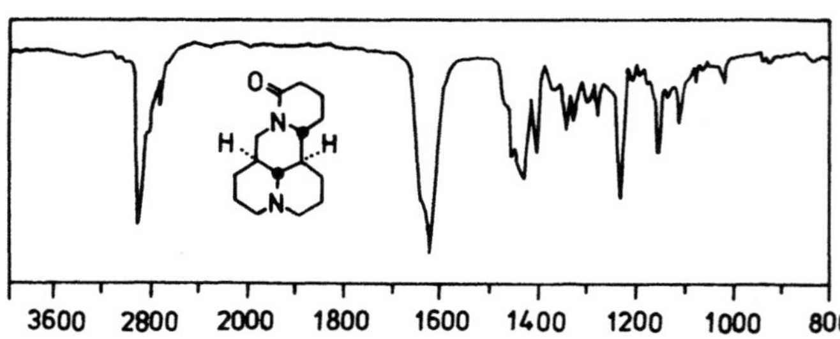

Abb. 9.35. IR-Spektrum von Allomatrin (I) in CCl_4 (157).

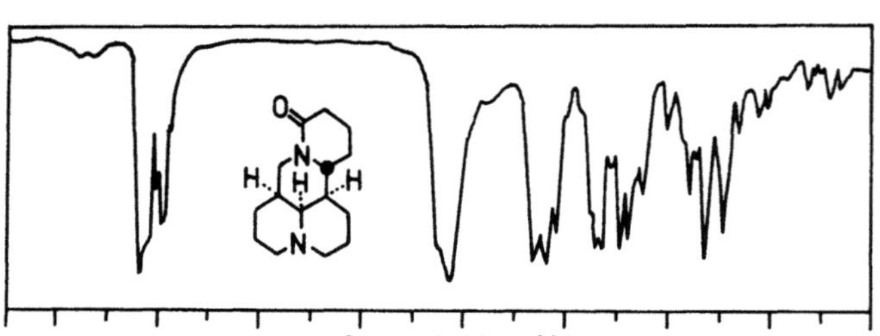

Abb. 9.36. IR-Spektrum von Matrin (II) in CCl_4 (157).

D energetisch günstiger ist, da eine *trans*-Verknüpfung hier nur mit Wannenform möglich wäre.

Besonders chemische Befunde führten zu einer *all-trans*-Verknüpfung des Allomatrins I (153, 158), das unter energischen Reaktionsbedingungen durch Umlagerung aus Matrin entsteht. Die Dehydrierung des Matrins und Allomatrins unter gleichen Reaktionsbedingungen mit Quecksilber-(II)-acetat ergibt, daß das Matrin etwa fünfmal so rasch reagiert wie das Allomatrin. Das letztere ist demnach das stabilere Isomere (150, 157). Da man aus Matrin und Allomatrin das gleiche Dehydrie-

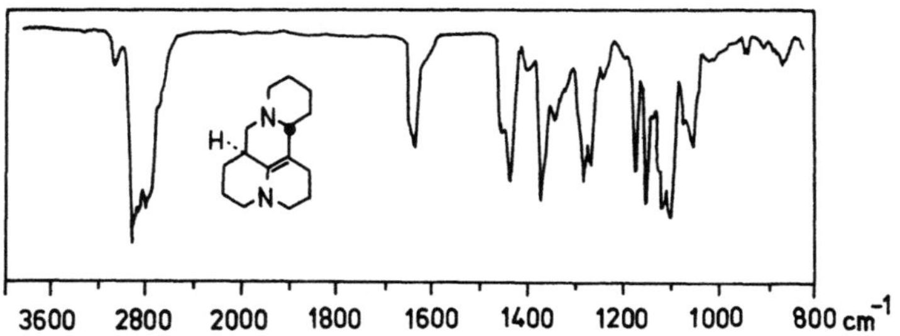

Abb. 9.37. IR-Spektrum von Dehydro-matridin in CCl_4 (157).

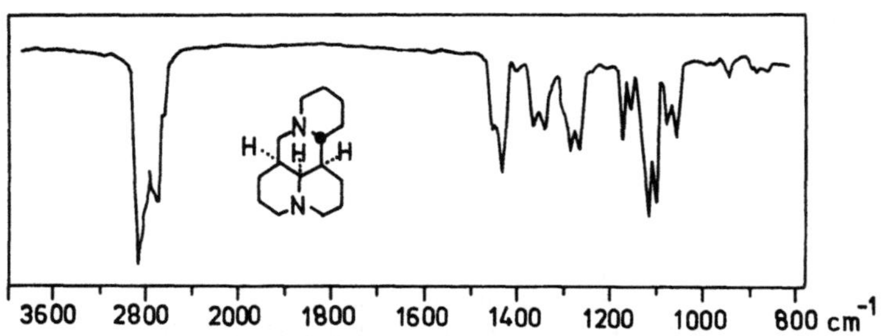

Abb. 9.38. IR-Spektrum von Matridin in CCl_4 (157).

rungsprodukt mit der Lage der Doppelbindung von C-6 nach C-7 erhält (157), können sich diese beiden Isomeren nur durch die Stellung des Wasserstoffs an C-6 relativ zu dem an C-7 unterscheiden. Es müssen also die Ringe C und D im Matrin und Allomatrin gleichartig verknüpft sein.

Durch Reduktion mit Lithiumaluminiumhydrid wurden Dehydromatridin und Matridin erhalten, deren IR-Spektren eine Entscheidung über die Verknüpfung der Ringe C und D möglich machte (157): Da im Spektrum des Dehydro-matridins die Ringe A und B infolge der eingeführten Doppelbindung keine charakteristischen Banden ergeben dürften (150), ist das Auftreten einer Absorption bei 2800 cm^{-1} ein Beweis für die *trans*-Verknüpfung der Ringe C und D sowohl im Matrin als auch Allomatrin.

Demnach kommen für diese beiden Isomeren nur noch die Racemate I und II in Betracht (157). Da – wie oben erwähnt – das Allomatrin das stabilere Isomere sein dürfte, müßte dieses die Konfiguration I haben und somit das Matrin durch II wiederzugeben sein (157).

9.10. Literatur

1. *Santavy, F.*, Alkaloide, in *E. Stahl*, Dünnschichtchromatographie, S. 405–449. (Heidelberg-New York-Berlin 1967).
2. *Schlittler, E., J. Hohl*, Helv. Chim. Acta **35**, 29 (1952).
3. *Szymanski, H. A.*, (Hrsg.): Biomedical Applications of Gas Chromatography, S. 64, (New York 1964).
4. *Kirkland, J. J.*, Modern Practice of Liquid Chromatography, S. 413 ff. (New York 1971).
5. *Wu, C.-Y., S. Siggia*, Anal. Chem. **44**, 1499 (1972).
6. *Kraft, M.*, Struktur und Absorptionsspektroskopie der Steroide und Alkaloide, (Stuttgart 1975).
7. *Yamaguchi, K.*, Spectral Data of Natural Products. Vol. I. (Amsterdam 1970).
8. *Holubek, J., O. Strouf* et al., Spectral Data and Physical Constants of Alkaloids. Publ. (Prag ab 1965 London).
9. *Raffauf, R. F.*, A Handbook of Alkaloids and Alkaloid-Containing Plants. (New York 1970).
10. *Hesse, M.*, Indolalkaloide in Tabellen. (Heidelberg-New York-Berlin, 2 Bde. 1964 und 1968).
11. *Kametani, T.*, The Chemistry of the Isoquinoline Alkaloids. (Tokyo; Amsterdam 1969).
12. *Neuss, N.*, Physical Data of Indole and Dihydroindole Alkaloids. (Indianapolis 6, Indiana).
13. *Leuchs, H.*, Chem. Ber. **85**, 55 (1952).
14. *Stoll, A., Th. Petrzilka, J. Rutschmann, A. Hofmann* und *H. H. Günthard*, Helv. Chim. Acta **37**, 2039 (1954).
15. *Stoll, A.* et al., Helv. Chim. Acta **36**, 1512 (1953).
16. *Stoll, A.* et al., Helv. Chim. Acta **29**, 635 (1946).
17. *Hoffmann, A., R. Brunner, H. Kobel* und *A. Brack*, Helv. Chim. Acta **40**, 1358 (1957).
18. *Hoffman, A.* et al., Helv. Chim. Acta **39**, 1165 (1956).
19. *Tscherter, H* und *H. Hauth*, Helv. Chim. Acta **57**, 113 (1974).
20. *Neuss, N., M. Gorman, H. E. Boaz, N. J. Cone*, J. Amer. chem. Soc. **84**, 1509 (1962).
21. *Neuss, N.* et al., J. Amer. chem. Soc. **86**, 1440 (1964).
22. *Moncrief, J. W.* und *W. N. Lipscomb*, J. Amer. chem. Soc. **87**, 4964 (1965).
23. *Neuss, N., L. L. Huckstep* und *N. J. Cone*, Tetrahedron Letters **1967**, 811.
24. *Neuss, N., M. Gorman, N. J. Cone* und *L. L. Huckstep*, Tetrahedron Letters **1968**, 783.
25. *Neuss, N., H. E. Boaz* und *J. L. Occolowitz*, Helv. Chim. Acta **56**, 2660 (1973).
26. *Wenkert, E.* et al., J. Amer. chem. Soc. **95**, 4990 (1973).
27. *Svoboda, G. H.* et al., J. Pharm. Sci. **51**, 518 (1962).
28. *Svoboda, G. H.*, Antitumoral Effects of Vinca Rosea Alkaloids, (Amsterdam 1966).
29. *Mallett, G. E., D. S. Fukuda* und *M. Gorman*, Lloydia **27**, 334 (1964).
30. *Neuss, N., D. S. Fukuda, G. E. Mallett, D. R. Brannon* und *L. L. Huckstep*, Helv. Chim. Acta **56**, 2418 (1973).
31. *Colthup, N. B., L. H. Daly, S. E. Wiberley*, Introduction to Infrared and *Raman*-Spectroscopy, (New York und London 1964).
32. *Marini-Bettolo, G. B.* und *J. Schmutz*, Helv. Chim. Acta **42**, 2146 (1959).
33. *Beer, R. J. S., L. McGrath* und *A. Robertson*, J. Chem. Soc. **1950**, 2118.

34. *Schmutz, J., F. Hunziker* und *R. Hirt,* Helv. Chim. Acta **40,** 1189 (1957).
35. vgl. z. B. *Bellamy, L. J.,* Ultrarot-Spektrum und chemische Konstitution, (Darmstadt 1955).
36. *Battersby, A. R.* und *H. Gregory,* J. Chem. Soc. **1963,** 22.
37. *Chatterjee, A.* und *A. Deb,* Sci. Culture **28,** 195 (1962).
38. *Govindachari, T. R.* et al., J. Sci. Ind. Res. **20 B,** 557 (1961).
39. *Guggisberg, A., T. R. Govindachari, K. Nagarajan* und *H. Schmid,* Helv. Chim. Acta **46,** 679 (1963).
40. *Guggisberg, A.* et al., Helv. Chem. Acta **49,** 2321 (1966).
41. *Albright, J. D.* und *L. Goldman,* J. Amer. chem. Soc. **87,** 4213 (1965).
42. *Govindachari, T. R.,* Helv. Chim. Acta **45,** 1146 (1962).
43. *Govindachari, T. R., K. Nagarajan* und *H. Schmid,* Helv. Chim. Acta **46,** 433 (1963).
44. *Hesse, M.* et al., Helv. Chim. Acta **44,** 2211 (1961).
45. *Bothner-By, A. A.,* Advances in Magnetic Resonance, Vol. 1, S. 218, (New York 1965).
46. *Schmutz, J.* und *H. Lehner,* Helv. Chim. Acta **42,** 874 (1959).
47. *Holker, J. S. E., M. Cais, F. A. Hochstein* und *C. Djerassi,* J. Organ. Chem. **24,** 314 (1959).
48. *Deulofen, V., J. De Langhe, R. Labriola* und *V. Carcamo,* J. Chem. Soc. **1940,** 1051.
49. *Linde, H. A.,* Helv. Chim. Acta **48,** 1822 (1965).
50. *Biemann, K., A. Chatterjee, A. B. Ray* und *P. L. Majumder,* Tetrahedron Letters **1965,** 2239.
51. *Brown, K. S.* et al., Tetrahedron Letters **1963,** 1731.
52. *Hahn, G.* und *H. Werner,* Liebigs Ann. Chem. **520,** 123 (1935).
53. *Hahn, G.* und *A. Hansel,* Chem. Ber. **71,** 2192 (1938).
54. *Dorfmann, L., C. F. Huebner, H. B. MacPhillamy, E. Schlittler* und *A. F. St. Andre,* Exper. **9,** 368 (1953).
55. *Neuss, N., H. E. Boaz* und *J. W. Forhes,* J. Amer. chem. Soc. **75,** 4870 (1953).
56. *Furlenmeier, A., R. Lucas, H. B. MacPhillamy, J. M. Mueller* und *E. Schlittler,* Exper. **9,** 331 (1953).
57. *Wenkert, E., J. S. Binda, C.-J. Chang, D. W. Cochran* und *F. M. Schell,* Accounts chem. Res. **7,** 46 (1974) (Übersichtsartikel).
58. *Levin, R. H.. J.-Y. Lallemand* und *J. D. Roberts,* J. org. Chemistry **38,** 1983 (1973).
59. *Yates, P.* et al., J. Amer. chem. Soc. **95,** 7842 (1973).
60. *Cave, M. P.* et al., Canad. J. Chemistry **51,** 3102 (1973).
61. *Kan, C., G. Massiot, A. Ahond,* J. Chem. Soc. **1974,** 164.
62. *Cave, A., J. Bruneton, A. Ahond, A.-M. Bui, H.-P. Husson, C. Kan, G. Lukas* und *P. Potier,* Tetrahedron Letters **1973,** 5081.
63. *Moore, R. E.* und *H. Rapoport,* J. org. Chemistry **38,** 251 (1973).
64. *Wehrli, F. W.,* J. Chem. Soc. **1973,** 379.
65. *Ahond, A.* et al., J. Amer. chem. Soc. **96,** 633 (1974).
66. *Morita, Y., S. Savaskan, K. A. Jaeggi, M. Hesse, U. Renner* und *H. Schmid,* Helv. Chim. Acta **58,** 211 (1975).
67. *Farrar, T. C.* und *E. D. Becker,* Pulse and Fourier Transform NMR, (New York, N. Y., 1971).
68. *Reich, H. J., M. Jautelat, M. T. Messe, F. J. Weigert* und *J. D. Roberts,* J. Amer. chem. Soc. **91,** 7445 (1969).
69. *Jautelat, M., J. B. Grutzner* und *J. D. Roberts,* Proc. Nat. Acad. Sci. U. S. **65,** 288 (1970).
70. *Horrocks, W. D.* und *J. P. Sipe,* J. Amer. chem. Soc. **93,** 6800 (1971).
71. *Waugh, J. S.,* J. Mol. Spectrosc. **35,** 298 (1970).
72. *Freeman, R., K. E. R. Pachler* und *G. N. LaMar,* J. Chem. Phys. **55,** 4586 (1971).
73. *Uhle, F. C.* und *J. A. Moore,* J. Amer. chem. Soc. **76,** 6412 (1954).
74. *Uhle, F. C.,* J. Organ. Chem. **27,** 656 (1962).
75. *Augustine, R. L.,* Chem. and Ind. **1961,** 1448.
76. *Masamune, T., I. Yamazaki* und *M. Takasugi,* Bull. Chem. Soc. Japan **39,** 1090 (1966).

77. *Schwenk, E., N. T. Werthessen* und *H. Rosenkrantz,* Arch. Biochem. Biophys. **37,** 247 (1952).
78. *Scott, J. W., L. J. Durham, H. A. P. de-Jongh,* Tetrahedron Letters **25,** 2381 (1967).
79. *Crain, W. O., W. C. Wildman* und *J. D. Roberts,* J. Amer. chem. Soc. **93,** 990 (1971).
80. *Weigert, F. J., M. Jaulelat* und *J. D. Roberts,* Proc. Nat. Acad. Sci. (U. S.) **60,** 1152 (1968).
81. *Johnson, L. F.* und *M. E. Tate,* Can. J. Chem. **47,** 63 (1969).
82. *Jautelat, M., J. B. Grutzner* und *J. D. Roberts,* Proc. Nat. Acad. Sci. (U. S.) **65,** 288 (1970).
83. *Kupchan, S. M.* und *A. W. By* in *R. H. F. Manske,* The Alkaloids, Vol. X, S. 193, (New York, N. Y. 1968).
84. *Spragne, P. W., D. Doddrell* und *J. D. Roberts,* Tetrahedron **27,** 4857 (1971).
85. *Emsley, J. W., J. Feeney* und *L. H. Sutcliffe,* High Resolution Nuclear Magnetic Resonance Spectroscopy, Vol. 2, (New York, N. Y. 1960).
86. *Edwards, O. E.* in *W. I. Taylor, A. R. Battersby,* Cyclopentanoid Terpene Derivatives, S. 357 bis 408 (New York 1969).
87. *Aleshkina, Ya. A.* et al., UdSSR 145184 (1959); Chem. Abstr. **68,** 43171c.
88. *Ilinskaya, T. N.* et al., Khim. Prir. Soedin. **3,** 178 (1967); Chem. Abstr. **67,** 117029r.
89. *Kupchan, S. M., R. M. Smith* und *R. F. Bryan,* J. Amer. chem. Soc. **92,** 6667 (1970).
90. *Wada, H.* et al., Tetrahedron Letters **1971,** 2655.
91. *Shizuri Y.* et al., Tetrahedron Letters **1971,** 2659.
92. *Klasek, A., F. Santavy, A. M. Duffield* und *T. Reichstein,* Helv. Chim. Acta **54,** 2144 (1971).
93. *Djerassi, C., C. R. Smith, S. K. Figdor, J. Herran* und *J. Rano,* J. Amer. chem. Soc. **76,** 5889 (1954).
94. *Djerassi, C.* et al., J. Amer. chem. Soc. **77,** 4801, 6633 (1955).
95. *Oneto, J. F.,* J. Amer. pharm. Ass. **35,** 204 (1946).
96. *Ochiai, E.* et al., J. pharm. Soc. Japan **75,** 638 (1955).
97. *Ochiai, E.* et al., J. pharm. Soc. Japan **76,** 550 (1956).
98. *Clemo, G. R.* und *B. Nath,* J. Chem. Soc. **1952,** 1750.
99. *Jacobs, W. A.* und *L. C. Craig,* J. biol. Chem. **141,** 67 (1942).
100. *Grodson, J. A.,* J. Chem. Soc. **1943,** 139.
101. *Pelletier, S. W.* und *T. N. Oeltmann,* Tetrahedron **24,** 2019 (1968).
102. *Solo, A. J.* und *S. W. Pelletier,* Proc. Chem. Soc. **1961,** 14.
103. *Rüll, T.,* Bull. Soc. Chim. France **1963,** 586.
104. *Rapoport, H., A. D. Batcho* und *J. E. Gordon,* J. Amer. chem. Soc. **80,** 5767 (1958).
105. *Shamma, M.,* The Isoquinolin Alkaloids, (New York 1972).
106. *Aqurell, S.,* Lloydia **32,** 206 (1969).
107. *Kapadin, G. J., M. B. E. Fayez,* J. Pharm. Sci. **59,** 1699 (1970).
108. *Barton, D. H. R., T. Cohen,* Festschrift *Arthur Stoll,* S. 117–143, (Basel 1957).
109. *Bernauer, K.,* Helv. Chim. Acta **47,** 2122 (1964).
110. *Stuart, K. L.* und *M. P. Cava,* Chem. Rev. **68,** 321 (1968).
111. *Schmutz, J.,* Helv. Chim. Acta **42,** 335 (1959).
112. *Slavik, J.,* Coll. Czech. Chem. Commun. **20,** 198 (1955).
113. *Tomita, M.* und *I. Kugo,* J. pharm. Soc. Japan **79,** 317 (1959).
114. *Girardet, A.,* J. Chem. Soc. **1931,** 2630.
115. *Csokan, P.,* Z. analyt. Chem. **124,** 344 (1942).
116. *Goodwin, S., E. C. Horning, A. F. Smith,* Chem. and Ind. **1960,** 691.
117. *Schlittler, E.* und *A. Lindenmann,* Helv. Chim. Acta **32,** 1880 (1949).
118. *Govindachari, T. R.* und *B. R. Pai,* J. Organ. Chem. **18,** 1352 (1953).
119. *Schmutz, J.,* Helv. Chim. Acta **42,** 335 (1959).
120. *Manske, R. H. F.,* Canad. J. Res. **B 15,** 438 (1938).
121. *Israilov, I. A., M. S. Yunusov, S. Yu. Yunusov,* Khim. Prir. Soedin **1968,** 194.
122. *Saleh, M. R. I.* und *O. Gabr.,* J. Pharm. Sci. U. Arab. Repub. **6,** 61 (1965).
123. *Platonowa, T. F.* et al., J. allg. Chem. **26,** 173 (1956).

124. *Saunders, J. K.* et al., Can. J. Chem. **46,** 2873 (1968).
125. *McLean, S., M. S. Lin* und *R. H. F. Manske,* Can. J. Chem. **44,** 2449 (1966).
126. *Yu, C. K., J. K. Saunders, D. B. MacLean* und *R. H. F. Manske,* Canad. J. Chem. **49,** 3020 (1971).
127. *Tschesche, R., R. Welters* und *H.-W. Fehlhaber,* Chem. Ber. **100,** 323 (1967).
128. *Tschesche, R., E. Ammermann* und *H.-W. Fehlhaber,* Tetrahedron Letters **1971,** 4405.
129. *Tschesche, R., E. Ammermann,* Chem. Ber. **107,** 2274 (1974); **107,** 686 (1974).
130. *Tschersche, R., J. Rheingans, H.-W. Fehlhaber* und *G. Legler,* Chem. Ber. **100,** 3924 (1967).
131. *Burowoy, A.* und *J. T. Chamberlain,* J. Chem. Soc. **1952,** 2310.
132. *Tschesche, R., H. Last* und *H.-W. Fehlhaber,* Chem. Ber. **100,** 3937 (1967).
133. *Tschesche, R.* et al., Tetrahedron Letters **1972,** 2609.
134. *Tschesche, R., E. U. Kaußmann* und *H.-W. Fehlhaber,* Chem. Ber. **105,** 3094 (1972).
135. *Tschersche, R.* et al., Liebigs Ann. Chem. **10,** 1694 (1974).
136. *Warnhoff, E. W.,* Fortschr. Chem. Org. Naturst. **28,** 162 (1971).
137. *Badawi, M. M.* et al., Pure Appl. Chem. **33,** 81 (1973).
138. *Warnhoff, E. W.,* Fortschr. Chem. Org. Naturst. **28,** 162 (1970).
139. *Schneider, F.* und *K. Bernauer,* Helv. Chim. Acta **57,** 434 (1974).
140. *Bernhard, H. O.* et al., Helv. Chim. Acta **56,** 1266 (1973).
141. *Boit, H. G.,* Abh. Dtsch. Akad. Wiss. Berlin, Geol. Biol. **7,** 136 (1956).
142. *Haut, H.* und *D. Stauffacher,* Helv. Chim. Acta **44,** 491 (1961); **45,** 1307 (1962).
143. *Murphy, C. F.* und *W. C. Wildman,* Tetrahedron Letters **1964,** 3857.
144. *Kraft, M.,* Mh. Chem. **103,** 1194 (1972).
145. *Crain, W. O., W. C. Wildman* und *J. D. Roberts,* J. Amer. chem. Soc. **93,** 990 (1971).
146. *Lauterbur, P. C.,* J. Amer. chem. Soc. **83,** 1846 (1961).
147. *Spieseke, H.* und *W. G. Schneider,* J. Chem. Phys. **35,** 731(1961).
148. *Bohlmann, F., D. Rahtz* und *C. Arndt,* Chem. Ber. **91,** 2189 (1958).
149. *Junussow, S. Y.* und *P. Plekhanova,* Ber. Akad. wiss. Usbek. SSR **8,** 17 (1957).
150. *Bohlmann, F.,* Chem. Ber. **91,** 2157 (1958).
151. *Djerassi, C., N. Frick* und *L. E. Geller,* J. Amer. chem. Soc. **75,** 3632 (1953).
152. *Henbest, H., G. Meakins, B. Nicholls* und *A. Wagland,* J. Chem. Soc. **1957,** 1462.
153. *Ochiai, E., S. Okuda* und *H. Minato,* J. pharmac. Soc. Japan **72,** 781 (1952).
154. *Orechoff, A.* und *N. Proskurnina,* Chem. Ber. **68,** 429 (1935).
155. *Tsuda, K.,* J. Organ. Chem. **21,** 1481 (1956).
156. *Manske, R.* und *H. Holm,* The Alkaloids, Vol. III, S. 191, (New York 1953).
157. *Bohlmann, F., W. Weise, D. Rahtz* und *C. Arndt,* Chem. Ber. **91,** 2176 (1958).
158. *Schöpf, C.,* Naturwiss. **38,** 186 (1951).

10. Farbstoffe

10.1. Porphyrine

Metall-Porphyrin-Komplexe * [1] sind in biologischen Redoxsystemen, z. B. Redoxketten der Photosynthese und der Atmung, allgegenwärtig. Der starre, planare Porphyrinligand erfüllt dabei im wesentlichen zwei Aufgaben. Zum einen fixiert er redoxaktive Eisen-Ionen in einem Reaktionszentrum und modifiziert zugleich ihr Oxidationspotential durch die Ausbildung von kovalenten Stickstoff-Metall-Bindungen in der Porphyrinebene. Ein derartiges metallisches Reaktionszentrum wirkt in den Cytochromen beim Elektronentransfer in Redoxketten mit (2), ist im Hämoglobin zur reversiblen Sauerstoffanlagerung befähigt (3) und spielt schließlich auch bei der Aktivierung molekularen Sauerstoffs in oxidierenden Enzymen eine Rolle (4). Zum anderen kann auch der makrocyclische Porphyrinligand die Rolle des redoxaktiven Zentrums übernehmen. Das wichtigste Beispiel hierfür sind die Chlorophylle [2], mit deren Hilfe das vom photosynthetisch aktiven Organismus absorbierte Sonnenlicht in chemische Redoxenergie umgewandelt wird.

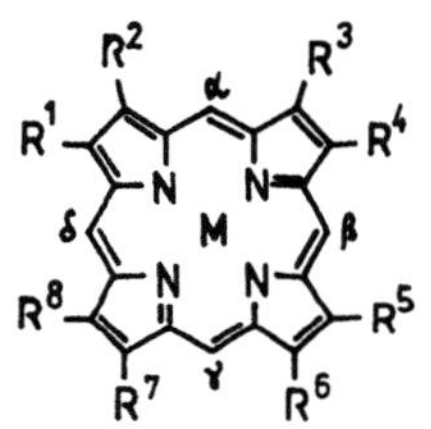

[1]

Porphin: R^1—R^8 = H, M = 2 H

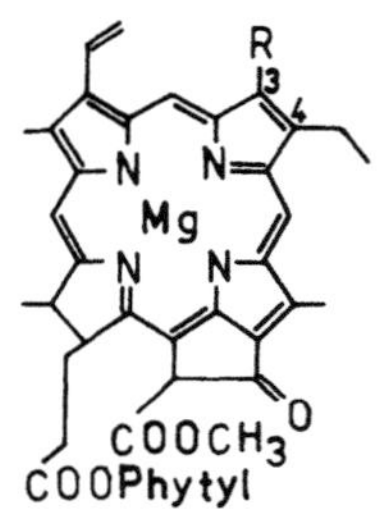

[2]

Chlorophyll-a: R = CH_3
Bacteriochlorophyll: R = CHO, hydriert in 3,4

Beim Bestrahlen photosynthetisch aktiver Organismen wurde ESR-spektroskopisch das Auftreten organischer Radikale nachgewiesen (5). Inzwischen ist die Bildung von Chlorophyll-Radikalkationen im photosynthetisch aktiven Zentrum eindeutig nachgewiesen (6), womit die reversible Bildung von Radikalen der Metall-Porphyrin-Komplexe in den

---

* Anmerkung zur Nomenklatur: Definitive IUPAC-Regeln für diese Verbindungsklasse gibt es noch nicht. Der unsubstituierte Makrocyclus aus vier Pyrrolringen und vier Methinbrücken wird *Porphin* oder *Porphyrin* genannt. Systeme mit partiell hydrierten Pyrrolringen heißen *Chlorine,* solche mit ein, zwei, drei bzw. vier reduzierten Methinbrücken heißen *Phlorine, Porphodimethene, Porphomethene* bzw. *Porphyrinogene* (1).

Mittelpunkt des Interesses rückte. Weitere biologisch wichtige Aktivitäten, an denen Porphyrinliganden direkt beteiligt sind, betreffen die irreversible Anlagerung von Sauerstoff an Eisen-Porphyrin-Komplexe, die schließlich zur Spaltung des Makrocyclus und zur Bildung von Gallenfarbstoff führt (7 – 10), sowie die schwache Wechselwirkung des Porphyrin-π-Elektronensystems mit anderen biologischen Redoxkatalysatoren, die möglicherweise beim Elektronentransfer vom Chlorophyll auf das Oxidationsmittel eine Rolle spielen (11).

Metall-Porphyrin-Komplexe bilden definierte π-Komplexe mit anderen aromatischen Molekülen oder Eigenassoziate. Dieser Reaktionstyp der Assoziation ist für die biologische Aktivität der Metall-Porphyrin-Komplexe von Bedeutung, da der Elektronen- und Energietransport in Redoxketten und lichtansammelnden Aggregaten mit derartigen Wechselwirkungen zusammenhängt (12). Der Cyclus der Photosynthesereaktion läßt sich mit einem lichtinduzierten Ladungsübergang (Charge transfer) der Form ChlA $\leftrightarrows$ Chl $\cdot^{+}$ A$\cdot^{-}$ symbolisieren, wobei die Rückreaktion durch die Oxidation des Elektronenacceptorradikals A$\cdot^{-}$ durch ein schwaches Oxidationsmittel und die Reduktion des Chlorophyll-Radikalkations Chl $\cdot^{+}$ durch ein schwaches Reduktionsmittel eintritt. Molekülverbindungen der Porphyrine sind von *H. Fischer* (13) sowie *Mauzerall* (14) systematisch untersucht worden; im allgemeinen wurden die bei Aromaten üblichen 1 : 1- oder 1 : 2-Komplexe mit Nitrophenolen, Nicotinsäure usw. sowohl in Lösung als auch in kristalliner Phase nachgewiesen. Die spektroskopischen Effekte der Komplexbildung bestehen meist aus relativ geringfügigen Verschiebungen der Absorptionsmaxima verbunden mit Bandenverbreiterungen (14), die ähnlich auch bei der Eigenassoziation z. B. von Chlorophyll (15) auftreten.

Verschiebungen der Methinprotonen-NMR-Signale wurden ebenfalls zur detaillierten Aufklärung der Struktur von Chlorophyll-Assoziaten in Lösung herangezogen (15) und die Anlagerung des Magnesium-Ions an die Carbonylgruppe des Carbocyclus eines benachbarten Moleküls wahrscheinlich gemacht.

B. Ke (16) fand, daß Protochlorophyllid [3] in unpolaren Lösungsmitteln ein Assoziat bildet, dessen langwellige Absorptionsbande um fast 20 nm gegenüber der des Monomeren verschoben und dessen Soret-Bande gespalten und stark verbreitert ist (Abb. 10.1.).

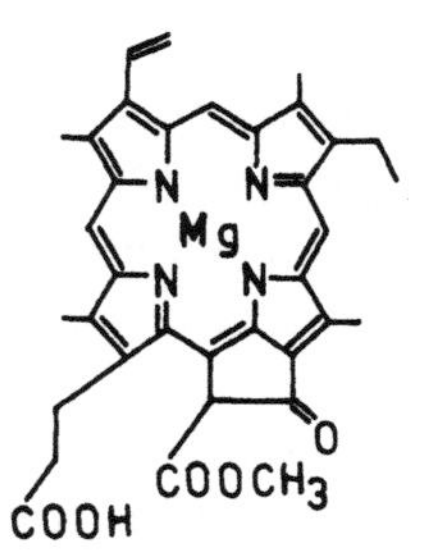

[3]

Dieses Spektrum entspricht genau dem des „aktiven“ Protochlorophyllids in etiolierten Pflanzen, welches im Licht sofort zu Chlorophyll hydriert wird. Das Spektrum des monomeren Protochlorophyllids hingegen stimmt mit dem des inaktiven, nicht reduzierbaren Protochlorophyllids der Pflanzen überein. Dieses in-vitro-Experiment gibt damit einen Hinweis darauf, daß in der Pflanze das Protochlorophyllid zunächst an eine hydrophobe Matrix, wahrscheinlich ein Protein (16), gebunden wird, dort ein Eigenassoziat bildet und erst dann hydriert werden kann.

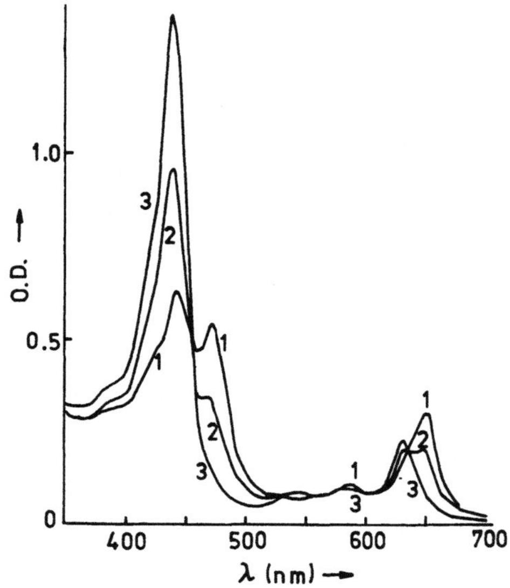

Abb. 10.1. Das Spektrum 1 des Protochlorophyllids [3] zeigt in unpolaren Lösungsmitteln ein Maximum bei 650 nm und eine gespaltene Soret-Bande im nahen UV. Zusatz von Methanol spaltet das zugrundeliegende Assoziat, und Spektrum 3 mit einer intensiven, scharfen UV-Absorption taucht auf, welches monomerem [3] entspricht. Gleichartige spektroskopische Veränderungen des Protochlorophyllids [3] werden auch in vivo in etiolierten Pflanzen beobachtet. Spektrum 2 entspricht einer teilweisen Dimerisierung, und die Ausbildung eines isosbestischen Punktes deutet an, daß die Assoziationsreaktion einheitlich verläuft (12).

Wang (17, 18) wies kürzlich nach, daß Chlorophyll mit Flavinen in Lösung einen Molekülkomplex mit einem Absorptionsmaximum bei 700 nm bildet, welcher bei Bestrahlung mit sichtbarem Licht reversibel gebleicht wird. Gleichzeitig tritt ein ESR-Signal auf. Diese Reaktion ist im Dunkeln vollkommen reversibel und kann als weiteres Modell des lichtinduzierten Elektronentransfers der Photosynthese angesehen werden (19).

Die Bindungsenthalpie der beschriebenen Komplexe liegt um 3 kcal/mol (14). Wesentlich stärkere Bindungen wurden bei der Dimerisierung von Radikalkationen beobachtet. Der am besten definierte Komplex dieser Art ist das diamagnetische Dimere des Octaäthylporphinatozink-Radikalkations, dessen hohe Bildungsenthalpie von 17,5 kcal/mol und intensive Charge-transfer-Bande (Abb. 10.2.) bei 930 nm zur Formulierung eines neuartigen $\pi - \pi'$-Bindungstyps Anlaß gaben, bei dem sich durch Vielzentren-Überlappung und Paarung der Elektronen in den halbgefüllten Außenorbitalen ein neuer Singulettgrundzustand niedriger Energie ausbildet (20).

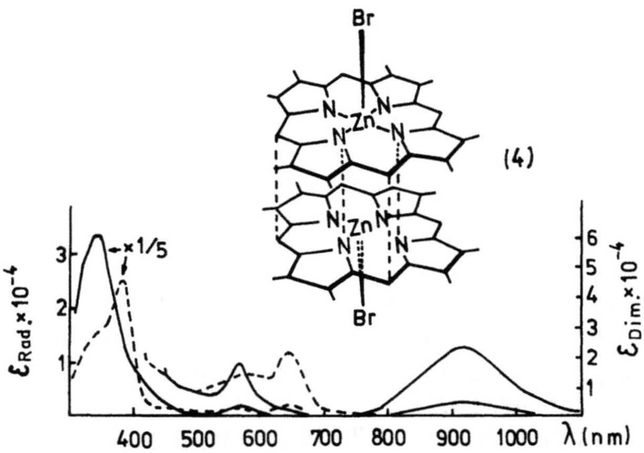

Abb. 10.2. Elektronenspektrum des Octaäthylporphinatozink-Radikalkations (- - - - -) und seines diamagnetischen π-π'-Dimeren [4] (———) (Gegenionen jeweils Bromid) mit einer intensiven Chargetransfer-Bande bei 930 nm. (Es ist nur das Gerüst des Dimeren gezeichnet) (12).

Derartige $\pi - \pi'$-Bindungen zwischen zwei gleichen Radikalen wurden auch bei anderen aromatischen Radikalen beobachtet (z. B. Wursters Blau), wobei allerdings die Bildungsenthalpien wiederum in den Bereich der schwachen Wechselwirkungen fallen und etwa eine Zehnerpotenz niedriger liegen als im oben beschriebenen Fall (21).

Chang et al. untersuchten die Elektronenspektren von Häm-Verbindungen mit zweiwertigem Eisen. Ein synthetisierter Ausschnitt des aktiven Zentrums des Myoglobins zeigte durch Absorptionen im sichtbaren Bereich eine reversible Sauerstoffbindung ohne Wertigkeitsänderung des Eisens (22).

10.2. Gallenfarbstoffe

Als Gallenfarbstoffe oder Biline (engl. „bile pigments“) werden Verbindungen bezeichnet, die dasselbe Grundgerüst besitzen wie Bilirubin [1], der Hauptfarbstoff in der Galle des Menschen und der Wirbeltiere:

Sie bestehen aus vier „Pyrrol“ringen, die über drei Ein-Kohlenstoff-Brücken miteinander verknüpft sind. Die äußeren Ringe enthalten Sauerstoff-Funktionen; sie besitzen Pyrrolon- [2] oder davon abgeleitete Konstitutionen. Die inneren Ringe sind echte Pyrrol- [3] oder Pyrrolenin-Ringe [4].

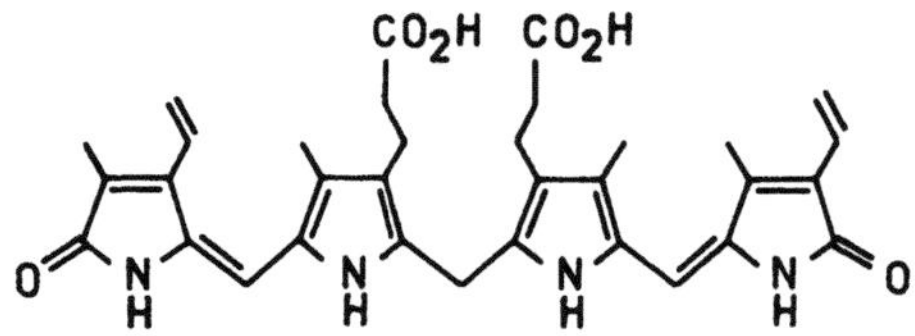

[1]

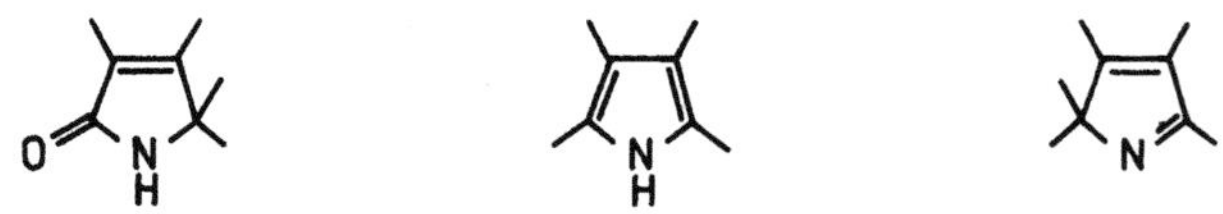

[2] [3] [4]

Diese Definition bedeutet eine Einengung des Begriffes „Farbstoffe der Galle“, der ohnehin nicht eindeutig war, da auch dem Organismus von außen zugeführte andere Farbstoffe teilweise mit der Gallenflüssigkeit ausgeschieden werden.

Für photosynthetisch aktive Chromoproteide von Algen, deren Chromophore Gallenfarbstoffe sind, führte *O'H Eocha* (23) den Begriff *Biliproteide* ein. Dieser Name wird für alle Protein-Komplexe von Gallenfarbstoffen unabhängig von ihrem Vorkommen verwendet. Voraussetzung ist eine spezifische Bindung des Pigmentes an das Protein; diese kann kovalent oder nicht-kovalent sein.

Die wesentlichen Fortschritte bei den Strukturuntersuchungen von Gallenfarbstoffen und Biliproteiden sind auf verfeinerte chromatographische Trennverfahren und die rasche Entwicklung physikalischer Untersuchungsmethoden zurückzuführen. Die Darstellung der Struktur und Chemie der Gallenfarbstoffe findet man in Übersichtsartikeln (24 – 27).

Gallenfarbstoffe besitzen durchweg „spektralreine“ Farben, d. h. sie haben trotz komplizierter Molekülstruktur nur eine Absorptionsbande im sichtbaren Spektralbereich, während z. B. Porphyrine, deren Molekülstruktur eine höhere Symmetrie aufweist, mehrere Banden im entsprechenden Spektralbereich besitzen. Die langwellige Absorptionsbande wird nicht nur durch Ausdehnung der Konjugation (beim Übergang von einem Farbstoff-Typ zum anderen), sondern auch beim Übergang von der freien Base zum Zink-Komplex bathochrom verschoben (Abb. 10.3.). Charakteristisch für die Zugehörigkeit zu einem Farbstofftyp ist die Lage des Maximums beim Hydrochlorid, während individuelle Unterschiede zwischen verschiedenen Gallenfarbstoffen desselben

Typs besser in Spektren der freien Base oder des Zink-Komplexes zum Ausdruck kommen.

Beim Übergang von der Base zum Hydrochlorid (bzw. zum Metall-Komplex) findet man außer der bathochromen Verschiebung eine Erhöhung der molaren Extinktion (Abb. 10.3.). Diese macht man sich zur Be-

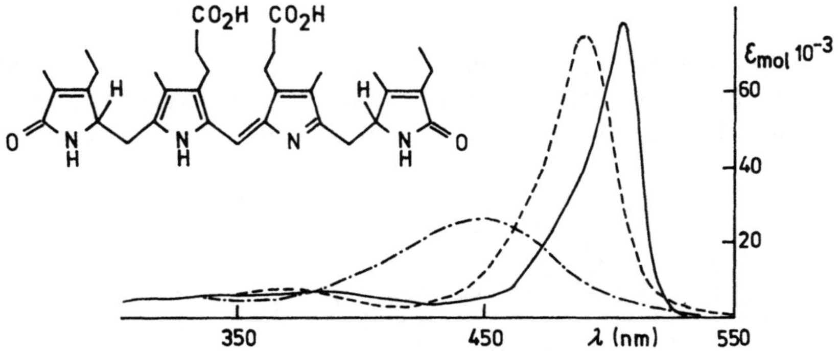

Abb. 10.3. Elektronenspektren von Urobilin in Methanol: freie Base (–·–·–·–), Hydrochlorid (- - - - -) und Zink-Komplex (———) (25).

stimmung der zugehörigen pK_a-Werte mit Hilfe der spektrophotometrischen pH-Titration zunutze. Dazu mißt man die Absorptionskurven bei verschiedenen pH-Werten und trägt die Extinktionswerte bei einer bestimmten Wellenlänge (z. B. bei einem Absorptionsmaximum) oder besser das Verhältnis der Extinktionen bei zwei Wellenlängen in Abhängigkeit vom pH-Wert auf; der pK_a-Wert des Hydrochlorids läßt sich dann graphisch ermitteln (25).

Aus C-Pycocyanin, einem bei der Photosynthese der Blaualgen (*Cyanophytae*) beteiligten Chromoproteid, wurden durch Kochen in Methanol die blauen Farbstoffe Pycocyanobilin-dimethylester [5], Mesobiliverdin-dimethylester [6] und Biliverdin-dimethylester [7] isoliert (28 – 32).

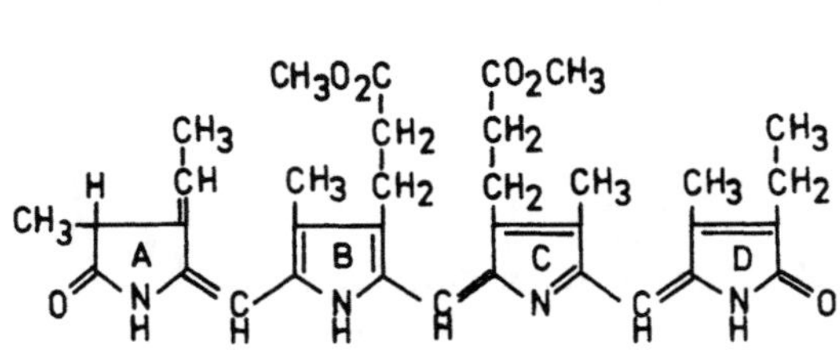

[5]

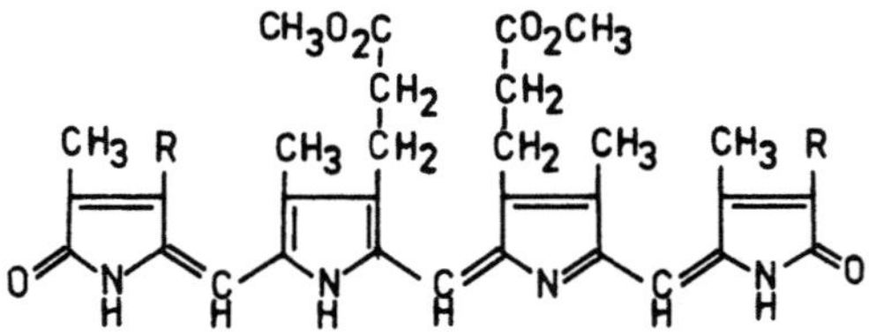

[6] R = $-CH_2CH_3$
[7] R = $-CH{=}CH_2$

Die Protonenresonanzspektren (31) der Dimethylester von Pycocyanobilin und Biliverdin sind in Abb. 10.4. und 10.5. wiedergegeben. Die bei tiefstem Feld liegenden drei Peaks sind undeuteriertem Lösungsmittel

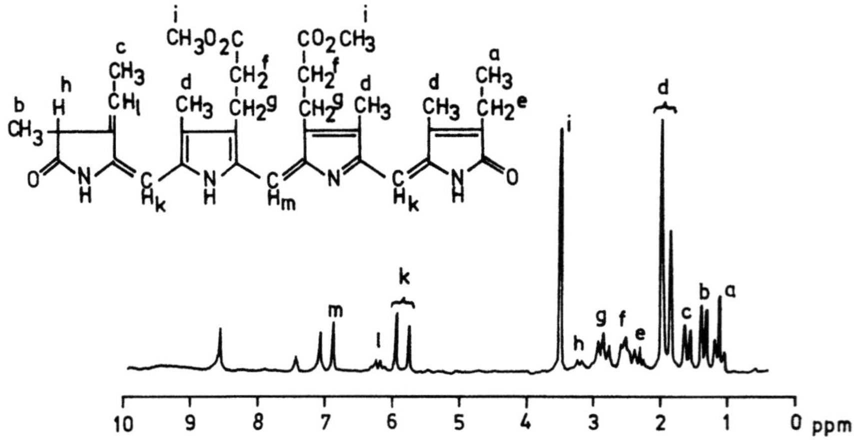

Abb. 10.4. 60-MHz-^{1}HNMR-Spektrum von Pycocyanobilin-dimethylester [5] in Pyridin-d_5 (31).

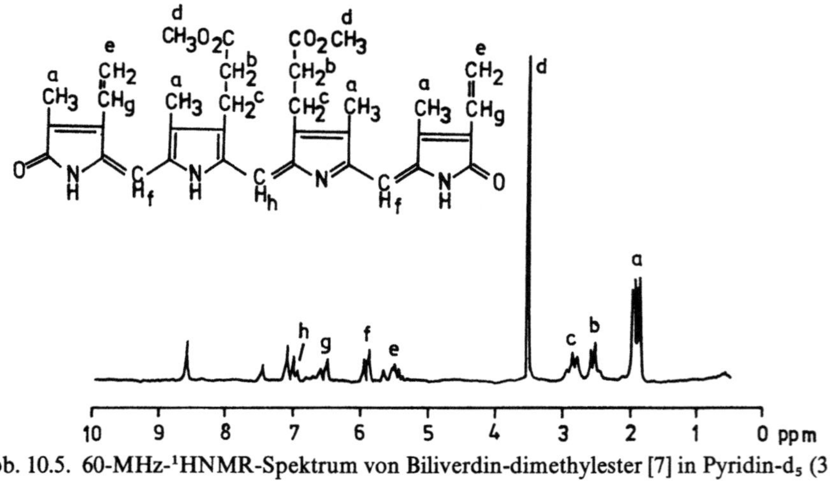

Abb. 10.5. 60-MHz-^{1}HNMR-Spektrum von Biliverdin-dimethylester [7] in Pyridin-d_5 (31).

zugehörig. Die Intensitäten der NMR-Signale können auf die 6 Protonen der beiden Methoxygruppen (3,46 – 3,48 ppm) bezogen werden. Die Resonanzen der Äthylgruppe von Pycocyanobilin [5] können durch Entkopplung zugeordnet werden: Durch Einstrahlung bei der Verschiebung des Methylen-Quartetts (2,34 ppm) fällt das bei höchstem Feld liegende Triplett (3 H, J = 7,5 Hz) zu einem Singulett zusammen. Biliverdindimethylester [7] zeigt bei hohem Feld keine Resonanzen von Äthylgruppen, hat jedoch bei tiefem Feld eine Serie von Multipletts, die zwei Vinylgruppen zugehörig sind, wie in Abb. 10.5. zugeordnet ist. Die ABX-Systeme sind durch Überlagerung nicht aufgelöst.

10.3. Melanine

Den Sammelbegriff Melanine (33, 34) verwendet man allgemein für dunkle Pigmente von Tieren und Pflanzen. Im Tierreich wird die in Häuten und der Cuticula von Insekten verbreitete schwarze Pigmentierung auf Eumelanine, das breite Spektrum von violetten bis gelben Farbtönen auf Phaeomelanine zurückgeführt. Eumelanine sind als Pigmente zu definieren, die aus Tyrosin durch Oxidation mit Tyrosinase entstehen, während Phaeomelanine Pigmente aus Melanocyten * sind, die sich aus Tyrosin durch Oxidation mit Tyrosinase und anschließende Reaktion mit Cystein bilden. Damit stehen die Phaeomelanine, die bisher nur in Vogelfedern und Säugetierhaaren (einschließlich rotem Menschenhaar) gefunden wurden, in naher biogenetischer Beziehung zu den Eumelaninen. Eumelanine und Phaeomelanine können zusammen vorkommen und das getupfte, gestreifte oder gesprenkelte Aussehen von Tieren hervorrufen. Wahrscheinlich bewirken sie zusammen mit Carotinoiden auch die meisten Farben der Vogelfedern (35 – 42). Bei der Strukturaufklärung der Pigmente (43 – 45) spielten biogenetische und spektroskopische Befunde eine wesentliche Rolle.

Die Erforschung der chemischen Struktur der Phaeomelanine wurde erstmals an einem Gemisch roter und violetter Pigmente aus den Federn von New-Hampshire-Hühnern an der Universität Neapel durchgeführt (42). Durch Abbaureaktionen mit Jodwasserstoffsäure und rotem Phosphor sowie spektroskopische Vergleichssubstanzen ergab sich als Hauptkomponente Trichochrom C [2] neben Trichochrom B [1] und geringere Anteile von Trichochrom E [3] und Trichochrom F [4].

Die Trichochrome enthalten das konjugierte System – S – C = C – C = N – und gehören damit wie die Betacyanine – Pigmente aus Pflanzen – in die Gruppe der Polymethin-Farbstoffe. Die Protonierung in saurer Lösung führt zu mesomeren Kationen vom Typ [5], die sich bei [3] und

* Melanocyten sind auf Pigment-Herstellung spezialisierte Zellen.

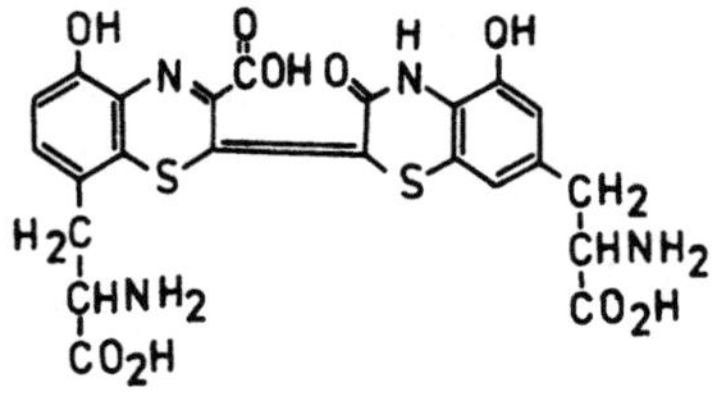

[1] Trichochrom B

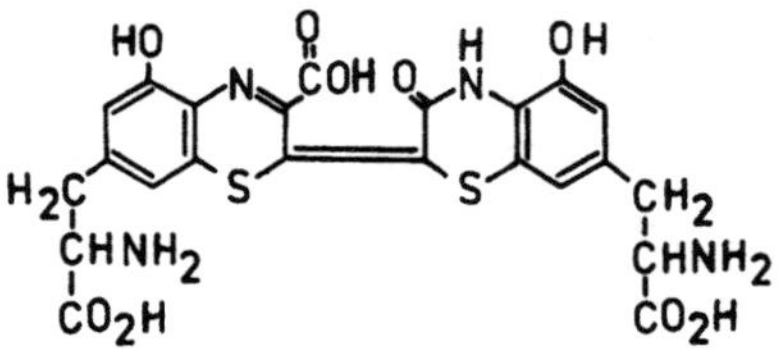

[2] Trichochrom C

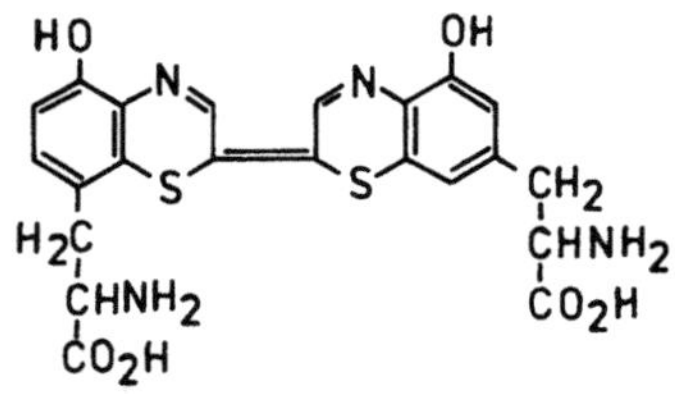

[3] Trichochrom E

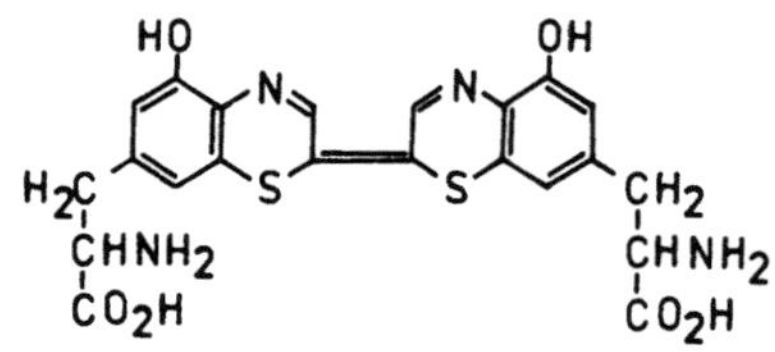

[4] Trichochrom F

[4] durch eine ausgeprägte bathochrome Verschiebung um ca. 100 nm bemerkbar machen (s. Tab. 10.1.). In den Trichochromen B und C erniedrigen die Lactame bzw. die Carboxy-Gruppen die Basizität so stark, daß normalerweise keine Protonierung am benachbarten Stickstoffatom stattfindet.

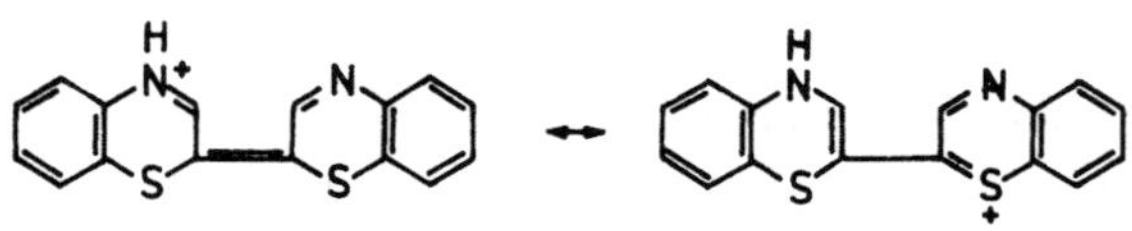

[5]

Tab. 10.1. Absorption der $\Delta^{2,2'}$-Bi(1,4-benzothiazine) im sichtbaren Bereich (34).

Verbindung	λ_{max} [nm] log ε in 0,1 M NaOH	in HCl [a]
[1] Trichochrom B	454 (3,98)	450 Sch [b]
[2] Trichochrom C	452 (4,13)	460 Sch [b]
[3] Trichochrom E	482	587 [c]
[4] Trichochrom F	482 (4,33)	587 (4,42) [c]

[a] pH-abhängig, [b] In 1 N HCl, [c] In 2 N HCl

10.4. Indigo-Farbstoffe

Indigo ist als solcher in der Indigopflanze nicht enthalten, sondern leitet sich von dem farblosen Glucosid Indican ab. Extrahiert man die zerquetschte Pflanze mit Wasser, so wird das Glucosid durch Enzyme zu Glucose und Indoxyl hydrolysiert; letzteres bildet schließlich an der Luft den blauen Farbstoff. Da sich Indigo neben Alizarin das ganze Mittelalter hindurch seine hervorragende Stellung als wichtiger Naturfarbstoff erhalten hatte, bot die Aufgabe, die Konstitution aufzuklären, den Chemikern von Anfang an einen großen Anreiz.

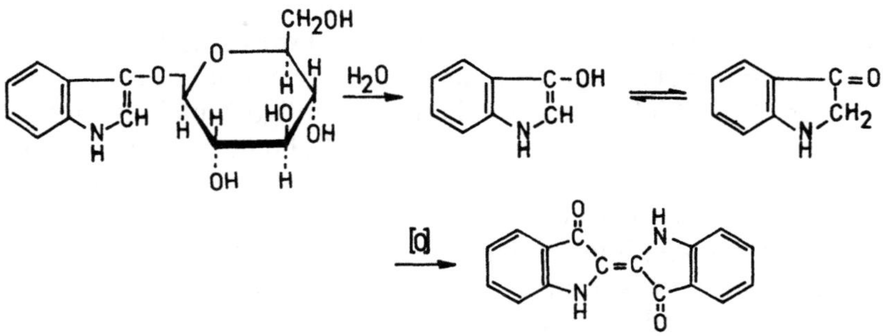

[1]

Nach grundlegenden Untersuchungen des Indigo-Moleküls durch *A. v. Baeyer* wurde vor allem die Frage des Zusammenhanges zwischen charakteristischen Eigenschaften des Indigo und dessen Konstitution erforscht (46, 47). Die Farbe des Indigo ist im Vergleich zu anderen konjugierten Molekülen ähnlicher Größe ungewöhnlich tief und durch Lösungsmittel sehr stark beeinflußbar. Indigo [1] läßt sich leicht zu Leukoindigo [2] reduzieren und zu Dehydroindigo [3] oxidieren. Indigo ist sehr stabil gegen Licht und Wärme, besitzt einen hohen Schmelzpunkt und eine sehr geringe Löslichkeit und zeigt ein anomales chemisches Verhalten der CO-Gruppen (z. B. unmittelbare Bildung nur eines Monoxims).

Die Indigo-Formel, die, wie man heute durch Kristallstrukturanalysen weiß (48 – 50), in der trans-Form [1] zu schreiben ist, macht zwar die Bildung des Reduktionsproduktes Leukoindigo [2] und des Oxidationsproduktes Dehydroindigo [3] formal verständlich, kann aber alle übrigen oben angeführten Eigenschaften nicht einleuchtend erklären.

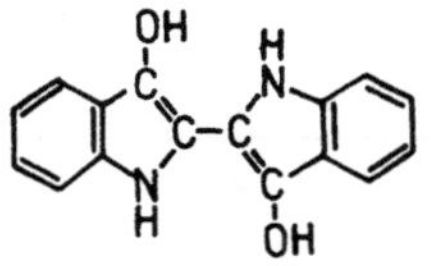

[2]

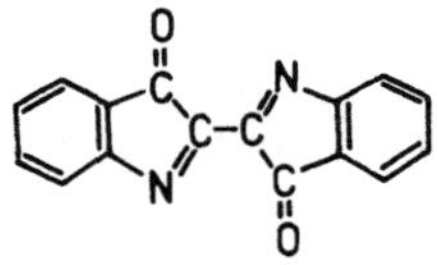

[3]

Es hat daher bis in die jüngste Zeit nicht an Versuchen gefehlt, die – letztlich durch die Elektronendichteverteilung bedingte – Struktur des Indigo durch abgewandelte, detaillierte Formeln so genau zu beschreiben, daß die charakteristischen Indigo-Eigenschaften verständlich werden. Im Vordergrund stand dabei fast immer das Bestreben, die tiefe Farbe des Indigo zu erklären (51, 52). Da aber die Lichtabsorption sowohl durch den Grundzustand als auch durch den angeregten Zustand bestimmt wird, mußte die bloße Aufzeichnung von einzelnen qualitativ beschreibenden Formelbildern zur Deutung gerade dieser Eigenschaften ohne durchdringenden Erfolg bleiben.

Um die Eigenschaften der Indigoide genauer zu kennzeichnen, wurde die Ladungsverteilung im π-Elektronensystem und ihre Beeinflußbarkeit durch die Wasserstoffbrücken mit Hilfe spektroskopischer Messungen und quantenmechanischen Rechnungen untersucht (47, 53).

Da sich die π-Elektronenverteilung des Indigo-Moleküls einheitlich unter Beteiligung aller Atome und ihrer π-Orbitale einstellt, ist bereits aus der spektralen Lage der νNH- und der νCO-Frequenz ein Maß für die Ladungsverteilung im Grundzustand und ein Anhalt für die Auswirkung der (intra- oder inter-molekularen) Wasserstoffbrücken auf die Ladungsverteilung zu erwarten.

In Abb. 10.6. sind die IR-Spektren von Indigo, Dehydroindigo und N,N′,O,O′-Tetramethyl-leukoindigo im festen Zustand wiedergegeben;

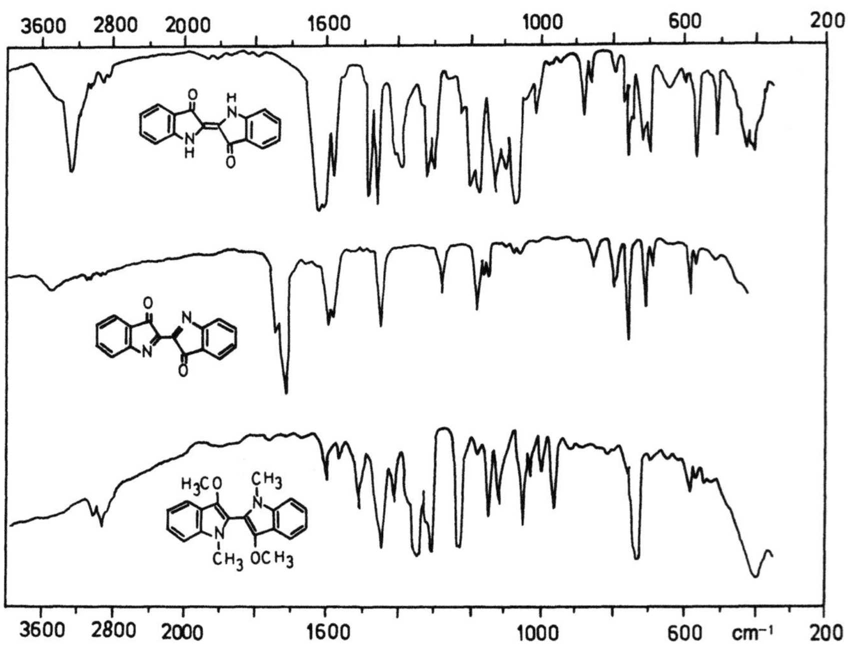

Abb. 10.6. IR-Spektren von a) Indigo, b) Dehydroindigo und c) Tetramethyl-leukoindigo in KBr (47).

sie zeigen, daß die CO-Frequenz des Indigo (1626 cm^{-1}) im Vergleich zu Fünfringcarbonylverbindungen sehr niedrig liegt (Cyclopentanon: $\nu CO = 1742\ cm^{-1}$). Die CO-Frequenz des Dehydroindigo wird dagegen – zunächst überraschend – bei 1724 cm^{-1} gefunden; einen ähnlichen hohen Zahlenwert zeigt auch dessen Di-N-oxid, das Diisatogen (νCO-1712 cm^{-1}).

Beim Tetramethyl-leukoindigo beobachtet man mit $\nu CO = 1239\ cm^{-1}$ einen ähnlichen Wert wie bei phenolischen Ring-Substituent-Schwingungen (z. B. Anisol 1248 cm^{-1}). Es liegt nahe, die ungewöhnlich niedrige Carbonyl-Frequenz des Indigo auf Wasserstoffbrücken zurückzuführen; hierfür spricht auch die im kristallisierten Indigo bei 3246 cm^{-1} beobachtete breite νNH-Bande. Üblicherweise läßt sich die Auswirkung von Wasserstoffbrücken auf die CO-Frequenz (und damit auf die Ladungsverteilung) durch vergleichende IR-Messung der kristallisierten und der gelösten Substanz ermitteln. Dieser Weg konnte nicht eingeschlagen werden, weil es nicht gelang, ein unpolares oder schwach polares, für IR-Messungen brauchbares Lösungsmittel zu finden, in dem Indigo (ohne Wasserstoffbrücken mit dem Lösungsmittel zu bilden) so weit löslich ist, daß sich eine eventuelle Verschiebung der νNH- und der νCO-Bande mit Sicherheit feststellen läßt. Es wurde daher die spektrale Lage der Carbonylfrequenz des kristallisierten Indigo mit derjenigen des N-Methyl- und des wasserstoffbrückenfreien N,N'-Dimethyl-indigo verglichen. Aus diesen Daten war abzulesen, daß die N-Methylierung die CO-Frequenz nur unbedeutend verändert, und damit war als entscheidender Einfluß auf die CO-Frequenz die Bildung von Wasserstoffbrükken auszuschließen (47).

Eine weitere Möglichkeit, den Einfluß der Wasserstoffbrücken zu bestimmen, ist der Vergleich der CO-Frequenz des Indigo mit denjenigen von Thio-, Seleno- und Oxindigo (47). In diesen Verbindungen ist die NH-Gruppe durch eine isoelektronische Gruppe ohne Möglichkeit zur Ausbildung von Wasserstoffbrücken ersetzt. Tab. 10.2. zeigt, daß die CO-Frequenz offenbar stark von der elektronischen Natur des Hetero-

Tab. 10.2. CO-Frequenz und Lichtabsorptionsdaten von Indigo sowie Seleno-, Thio- und Oxindigo (47).

	IR-Spektren νCO (cm^{-1})	Lichtabsorption λ_{max} (nm)		
	krist. in KBr	Äthanol	Tetrachloräthan	krist. in KBr
Indigo	1626	610	620	660
Selenoindigo	1642	562	570	660
Thioindigo	1656	543	551	562
Oxindigo	1692	432	432	455

atoms im Fünfring bestimmt wird, so daß sich hieraus keine direkten Schlüsse auf die Wasserstoffbrücken ziehen lassen. Die CO-Frequenz liegt um so niedriger, je stärker das Heteroatom im Fünfring als Elektronendonator gegenüber der Carbonylgruppe als Elektronenakzeptor fungiert, und um so höher, je fester es sein freies Elektronenpaar an sich fixiert. Es liegt also ein ähnliches Verhalten vor wie in vinylogen Säureamiden (54) und ähnlichen Systemen vom Typ

$$X-CH=CH-C=O \longleftrightarrow {}^{+}X=CH-CH=C-O^{-}$$
$$(X=NR_2, SR, SeR, OR \text{ usw.})$$

Hiernach ist die Ursache der tiefen CO-Frequenz des Indigo in der relativ freien Beweglichkeit des einsamen Elektronenpaares am NH-Stickstoff zu suchen.

10.5. Pilzpigmente

Der Stoffwechsel der parasitären Pilze unterscheidet sich grundlegend von dem der assimilierenden Pflanzen. Polyporsäure, die durch Abbau als 3,6-Dihydroxyderivat des Diphenylchinons erkannt wurde, konnte in Ausbeuten bis zu 18%, bezogen auf das Trockengewicht, aus einem auf kranken Eichen wachsenden Pilz (*Polyporus nidulans* Pers.) extrahiert werden. Bei der Untersuchung der neuseeländischen Flora auf cytostatische Komponenten fand man, daß Polyporsäure diese Wirkung besitzt. Atromentin, ein Dihydroxyderivat der Polyporsäure, kommt in einem Pilz vor, der auf alten Eichenstämmen wächst. Die Ausbeuten an Atromentin sind besser, wenn man im Herbst geerntete, stärker gefärbte Pilze extrahiert.

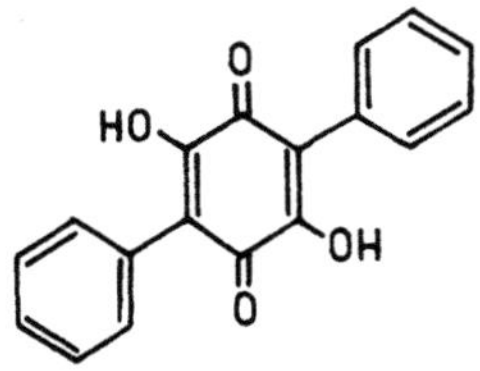

Polyporsäure
(braunviolett, Schmp. 307°,
tiefviolett in wäßr. NH_3)

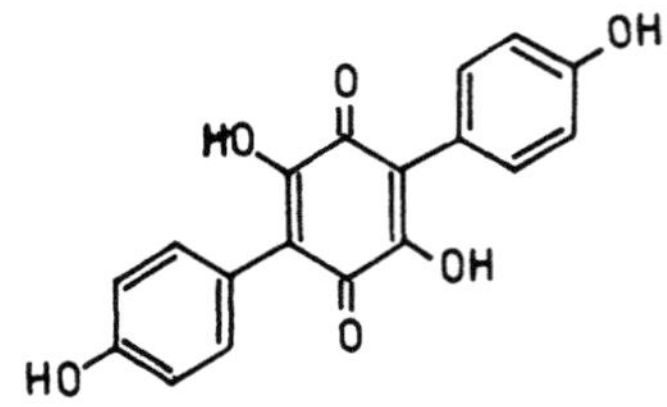

Atromentin
(bronzefarbene Kritalle
mit metallischem Schimmer, kein Schmp.)

Das gelbe Fleisch verschiedener Röhrlinge der Gattungen *Boletus* und *Xerocomus* verfärbt sich bei Verletzung blau. Verantwortlich dafür sind Polyhydroxy-pulvinsäuren wie Variegatsäure [1] (55, 56), die zu Hydroxychinonmethid-Anionen [2] oxidiert wird (57).

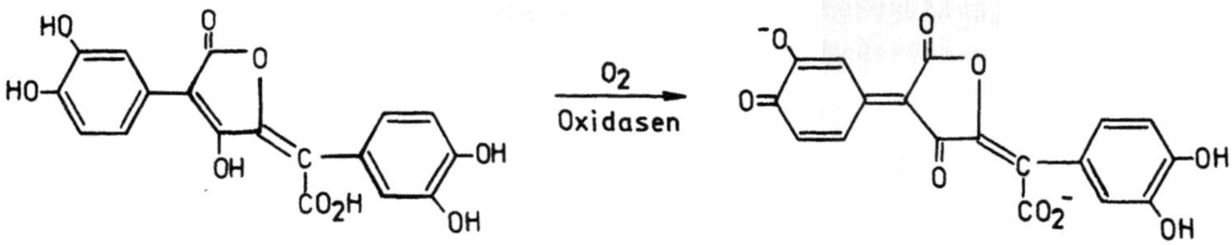

[1] [2]

Auffälligerweise zeigt auch der Kornblumenröhrling, *Gyroporus cyanescens,* eine seinem Namen entsprechende Verfärbung, obwohl er ein nahezu weißes Fleisch besitzt und nach chromatographischen Untersuchungen keine Pulvinsäuren enthält (58, 59). Die Blauverfärbung verletzter Fruchtkörper von Gyroporus beruht auf der Oxidation von Gyrocyanin [3] zum blauen Anion [4] (60).

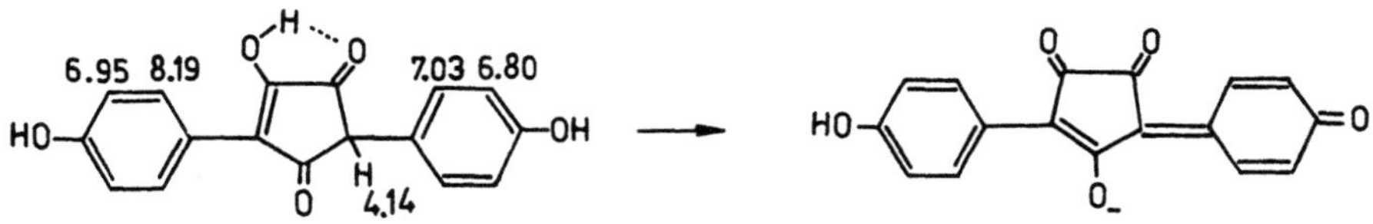

[3] [4]

Gyrocyanin kristallisiert aus Äthanol/Wasser in Form des zitronengelben Sesquihydrats. Es zersetzt sich nach allmählicher Dunkelfärbung gegen 240 °C und ist optisch inaktiv. Das NMR-Spektrum (Aceton-d_6) zeigt neben einem Einprotonen-Singulett bei $\delta = 4{,}14$ ppm Signale für zwei unterschiedliche p-Hydroxyphenyl-Reste. Berücksichtigt man das IR-Spektrum (KBr), das neben einer breiten OH-Absorption bei 3400 cm^{-1} im Carbonylbereich Banden bei 1740 und 1685 cm^{-1} aufweist, so ergibt sich für Gyrocyanin mit Hilfe des Massenspektrums die Struktur [3].

In Lärchenwäldern der Kalkalpen findet man im Spätsommer und Herbst häufig den Rostroten Lärchenröhrling, *Suillus tridentinus* (Bres.) Sing. Er unterscheidet sich vom Goldröhrling, *S.grevillei,* durch seine orangefarbenen Poren, den zimtbraunen Hut und rötliche Tönungen im Fleisch und am Stielende. Dieser Farbunterschied wird durch ein rotes Chinon, das Tridentochinon [5], verursacht. Als hilfreich zur Ableitung dieser Konstitutionsformel (61) erwies sich die Annahme einer engen biogenetischen Verwandtschaft zum Bovichinon-4 [6]. Dieses enthält zwei Wasserstoffatome mehr als Tridentochinon und wurde aus *Suillus bovinus* isoliert (62). Die strukturellen Zusammenhänge ergeben sich aus den Absorptionsspektren.

Im ^{1}HNMR-Spektrum (C_6D_6, Abb. 10.7.) sind als Unterschiede zu [6] festzustellen: Es fehlt das Signal des Benzochinon-Protons bei 5,98 ppm, und von den vier Vinylprotonen sind nur noch drei vorhanden, die als

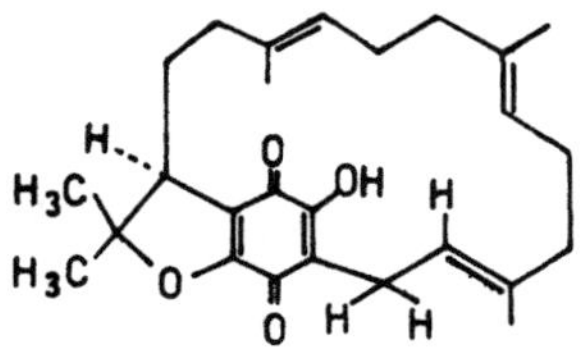

[5]

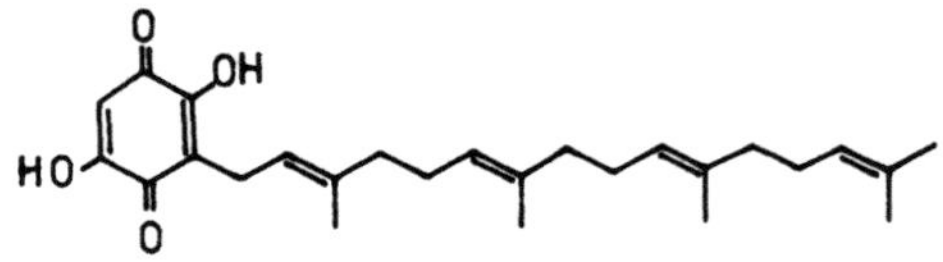

[6]

breites Signal bei 5,05 ppm und als verbreitertes Triplett bei 5,38 ppm auftreten. Weiterhin zeigt der Methylbereich nicht fünf durch Fernkopplung verbreiterte Singuletts, sondern nur drei ($\delta = 1{,}47$, 1,51 und 1,73 ppm) neben zwei scharfen Methylsinguletts bei $\delta = 0{,}94$ und 1,12 ppm. An Stelle des A_2X-Systems der (Chinon) – $CH_2CH = (C)$-Protonen tritt im Spektrum des Tridentochinons [5] ein ABX-System ($\delta_A = 3{,}08$, $\delta_B = 3{,}36$, $\delta_X = 5{,}38$ ppm; $J_{AB} = 13{,}5$, $J_{AX} = 8$, $J_{BX} = 7{,}5$ Hz).

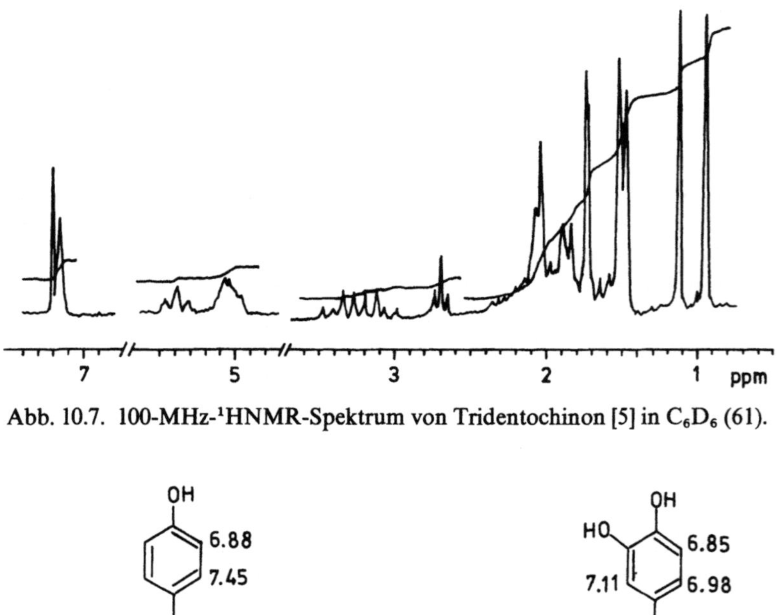

Abb. 10.7. 100-MHz-^{1}HNMR-Spektrum von Tridentochinon [5] in C_6D_6 (61).

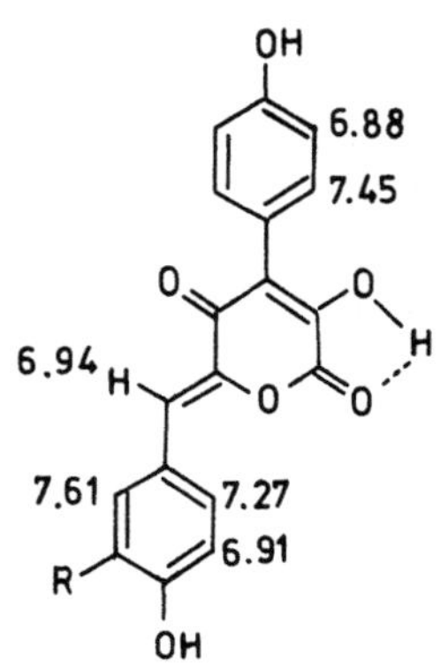

[7] R=H
[8] R=OH

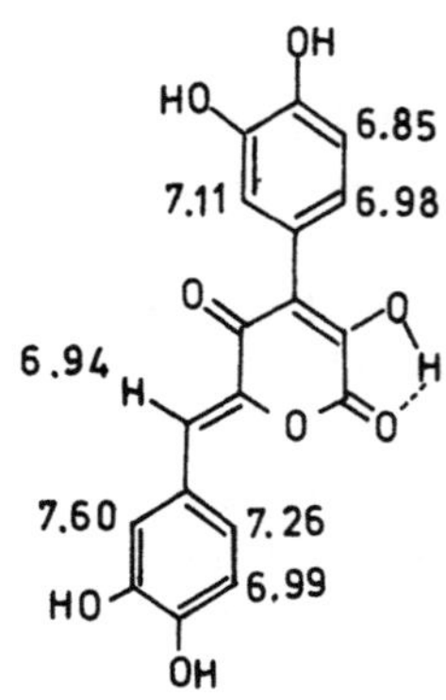

[9]

Die Lärchenröhrlinge *Suillus grevillei* und *S. tridentinus* verdanken ihre gelbe Farbe den Grevillinen A, B und C [7 – 9]. In einer sorgfältigen chemotaxonomischen Untersuchung konnte *Besl* (63) sämtliche Angehörige der Sektion *Suillus* NMR-spektroskopisch charakterisieren und das Spektrum von Grevillin D zuordnen (Abb. 10.8.).

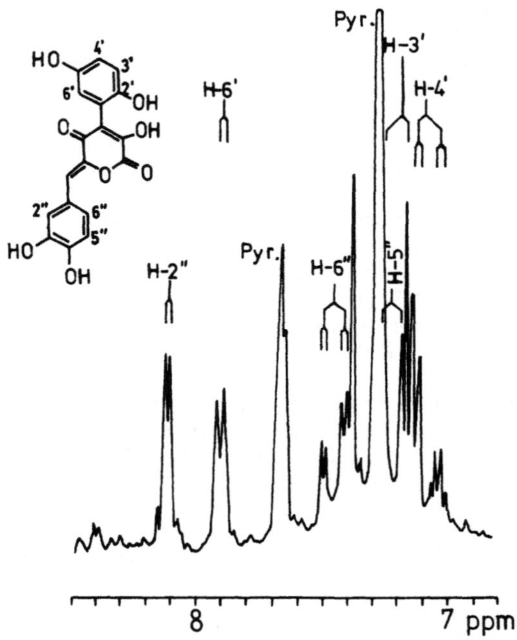

Abb. 10.8. 60-MHz-^{1}HNMR-Teilspektrum (Aromatenbereich) von Grevillin D in D_5-Pyridin nach Zusatz von D_2O (63).

10.6. Literatur

1. *Bonnett, R.*, Ann. N. Y. Acad. Sci. **206**, 745 (1973).
2. *Klingenberg, M.* in *T. P. Singer*, Biological Oxidations. S. 3ff. (New York 1968).
3. *Antonini, E.* und *M. Brunori*, Hemoglobin and Myoglobin in their Reactions with Ligands. S. 235ff. (Amsterdam 1971).
4. *Ullrich, V.*, Angew. Chem. **84**, 689 (1972), Angew. Chem. internat. Edit. **11**, 701 (1972).
5. *Commoner, B., J. Trownsend* und *G. Pake*, Nature **174**, 689 (1954).
6. *Kohl, D.* in *H. M. Swartz, I. R. Bolton* und *D. C. Borg*, Biological Applications of ESR. S. 213ff, (New York 1972).
7. *Fischer, H.* und *H. Orth*, Die Chemie des Pyrrols II, S. 697ff, (Leipzig 1937).
8. *Lemberg, R.* und *J. W. Legge*, Hematin Compounds and Bile Pigments. S. 453ff, (New York 1949).
9. *Tenhunen, R., N. Marver, N. R. Pimstone, W. F. Trager, D. J. Cooper* und *R. Schmid*, Biochemistry **11**, 1716 (1972).
10. *Kondo, T., D. C. Nicholson, A. H. Jackson* und *G. W. Kenner*, Biochem. J. **121**, 601 (1971).

11. *Clayton, R. G.* in *L. P. Vernon* und *G. R. Seely,* The Chlorophylls. S. 609ff, (New York 1966).
12. *Fuhrhop, J.-H.,* Angew. Chem. **86,** 363 (1974).
13. Zitat 7, S. 612.
14. *Manzerall, D.,* Biochemistry **4,** 1801 (1965).
15. *Katz, J. J., G. L. Closs, F. C. Pennington, M. R. Thomas* und *H. H. Strain,* J. Amer. chem. Soc. **85,** 3809 (1963).
16. *Ke, B.* in *L. P. Vernon* und *G. R. Seely,* The Chlorophylls. S. 437, (New York 1966).
17. *Tu, S. J., Y. J. Tan* und *J. H. Wang,* Bioinorg. Chem. **1,** 79 (1971).
18. *Wang, J. H.,* Accounts Chem. Res. **3,** 90 (1970).
19. *Müller, A., B. Rumberg* und *H. T. Witt,* Proc. Roy. Soc. (London) **157 B,** 313 (1963).
20. *Fuhrhop, J. H., P. Wasser, D. Riesner* und *D. Manzerall,* J. Amer. chem. Soc. **94,** 7996 (1972).
21. *Hausser, K. H.* und *N. N. Murrell,* J. Chem. Phys. **27,** 500 (1957).
22. *Chang, C. K* und *T. G. Traylor,*J. Amer. chem. Soc. **95,** 5810 (1973).
23. *O'H Eocha, C.,* Arch. Biochem. Biophys. **73,** 207 (1958).
24. *With, T. K.,* Biologie der Gallenfarbstoffe, (Stuttgart 1960).
25. *Rüdiger, W.,* Fortschr. Chem. Org. Naturst. **29,** 60 (1971).
26. *Gray, C. H.,* The Bile Pigments, (London 1953).
27. *Siedel, W.,* Chem. Ber. **77,** 21 (1944).
28. *Gossauer, A.* und *W. Hirsch,* Liebigs Ann. Chem. **1974,** 1496.
29. *Fujita, Y,* und *A. Hattori,* J. Biochem. **51,** 89 (1962), J. Gen. Appl. Microbiol. **9,** 253 (1963).
30. *O'Carra, P.* und *C. O'H Eocha,* Phytochemistry **5,** 993 (1966).
31. *Cole, W. J., D. J. Chapman* und *H. W. Siegelman,* Biochemistry **7,** 2929 (1968).
32. *Crespi, H. L., U. Smith* und *J. J. Katz,* Biochemistry **7,** 2232 (1968).
33. *Nicolaus, R. A.,* Melanins. (Paris 1968).
34. *Thomson, R. H.,* Angew. Chem. **86,** 355 (1974).
35. *Sorby, H. C.,* J. Anthropol. Inst. **8,** 1 (1879).
36. *Rothman, S.* und *P. Flesch,* Proc. Soc. Exp. Biol. Med. **53,** 134 (1943).
37. *Nicolaus, R. A.,* Chim. Ind. (Milano) **54,** 427 (1972).
38. *Barnicot, N. A.,* Nature **177,** 528 (1956).
39. *Boldt, P.,* Naturwissenschaften **51,** 265 (1964).
40. *Boldt, P.* und *E. Hermstedt,* Z. Naturforsch. **22 b,** 718 (1967).
41. *Nicholls, E. M.,* J. Invest. Dermatol. **53,** 302 (1969).
42. *Prota, G.* und *R. A. Nicolaus,* Advan. Biol. Skin **8,** 323 (1967).
43. *Prota, G.* und *R. A. Nicolaus,* Gazz. Chim. Ital. **97,** 665 (1967).
44. *Nicolaus, R. A., G. Prota, C. Santacroce, G. Scherillo* und *D. Sica,* Gazz. Chim. Ital. **99,** 323 (1969).
45. *Prota, G., G. Scherillo, O. Petrillo* und *R. A. Nicolaus,* Gazz. Chim. Ital. **99,** 1193 (1969).
46. *Holzach, K.,* Angew. Chem. **A 60,** 200 (1948).
47. *Lüttke, W.* und *M. Klessinger,* Chem. Ber. **97,** 2342 (1964).
48. *Reis, A.* und *W. Schneider,* Z. Kristallogr. **68,** 543 (1928).
49. *v. Eller, H.,* Bull. Soc. chim. France **106,** 1429, 1433 (1955).
50. *Gribova, E. A., G. S. Zhdanov* und *G. A. Golder,* Kristallografiya **1,** 53 (1956); C. A. **50,** 13553 c (1956).
51. *Wille, E.* und *W. Lüttke,* Chem. Ber. **106,** 3240 (1973).
52. *Fitjer, L.* und *W. Lüttke,* Chem. Ber. **105,** 907 (1972); **105,** 919 (1972); **105,** 929 (1972); **105,** 937 (1972).
53. *Klessinger, M.* und *W. Lüttke,* Tetrahedron **19,** 315 (1963).
54. *Kraft, M.,* Mh. Chem. **103,** 1194 (1972).
55. *Edwards, R. L.* und *G. C. Elsworthy,* Chem. Commun. **1967,** 373.
56. *Beaumont, P. C.* et al., J. Chem. Soc. **C 1968,** 2968.
57. *Steglich, W., W. Furtner* und *A. Prox,* Z. Naturforschg. **23 B,** 1044 (1968).
58. *Schmitt, J. A.,* Z. Pilzkunde **36,** 77 (1970).

59. *Bresinsky, A.* und *P. Orendi,* Z. Pilzkunde **36,** 135 (1970).
60. *Besl, H., A. Bresinsky, W. Steglich* und *K. Zipfel,* Chem. Ber. **106,** 3223 (1973).
61. *Besl, H.* et al., Chem. Ber. **108,** 3675 (1975).
62. *Beaumont, P. C.* und *R. L. Edwards,* J. Chem. Soc. **1971,** 2582.
63. *Besl, H., I. Michler, R. Preuß* und *W. Steglich,* Z. Naturforschg. **29 C,** 784 (1974).

11. Antibiotica

Chemisch unterschiedliche Stoffwechselprodukte verschiedener Organismen mit anti-biotischer Aktivität hat man zu dem Sammelbegriff *Antibiotica* zusammengefaßt. Diese Aktivität kann sich z. B. gegen Viren, Bakterien, Pilze, Protozoen, Körperzellen u. a. richten. Charakteristisch ist, daß bereits geringe Antibiotica-Dosen zur Abtötung oder Wachstumshemmung führen. Nur ein sehr geringer Teil der isolierten Antibiotica hat therapeutische Verwendung gefunden. Hauptindikationen der Antibiotica sind Infektionskrankheiten. Drei Wege antibiotischer Wirkung auf Bakterien sind bekannt: Hemmung der Zellwandsynthese (z. B. Penicilline), Schädigung der Cytoplasma-Membran (z. B. Streptomycin), Blockierung von Stoffwechselreaktionen, etwa der Proteinsynthese (z. B. Chloramphenico oder die Tetracycline).

11.1. β-Lactam-Arzneimittel

Spektroskopische Methoden für die qualitative und quantitative Analyse von Penicillinen [1] wurden beschrieben (1, 2). Es ist bekannt, daß die Wirkung der Penicilline an das Vorhandensein der β-Lactamgruppierung im Penicillinsäureteil des Moleküls gebunden ist. Die Prüfung der Stabilität neuer Penicilline kann gegenüber biologischen Tests wesentlich racher erfolgen. Laufende chemische Methoden der Penicillin-Bestimmung, die auf jodometrischer (3) und acidimetrischer (4) Titration beruhen, sind indirekt und nicht spezifisch. UV-Spektroskopie kann bei der Penicillin-Analyse nur begrenzt angewandt werden. Nur die Abbauprodukte des Penicillins und einige wenige dem Penicillin verwandte Verbindungen (einschließlich Cephalosporin C [2]) haben charakteristische UV-Absorptionsbanden (2). Die in fester Phase aufgenommenen IR-Spektren sind gute „fingerprints" für individuelle Penicilline, und die Strukturanalyse der Penicilline gehört zu den ältesten Anwendungen der IR-Spektroskopie (5).

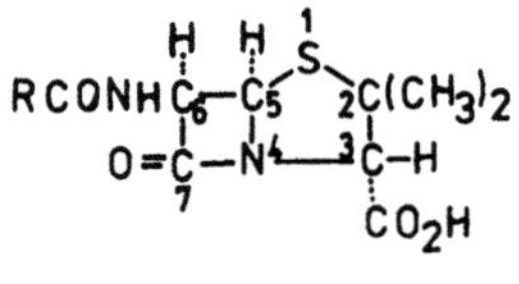

[1]

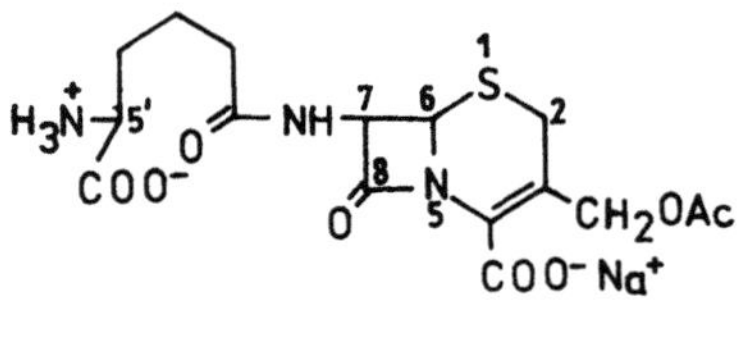

[2]

$F - CH_2CH{=}CHCH_2CH_3$
$G - CH_2C_6H_5$
$K - (CH_2)_6CH_3$
$X - CH_2C_6H_4OH - p$
$V - CH_2OC_6H_5$
} R

Cephalosporin C

11.1.1. UV-Absorption

Reine 6-Aminopenicillinsäuren haben keine UV-Absorption aufgrund des Fehlens einer chromophoren Gruppe. Penicillin G hat, wie andere monoaromatische Penicilline, eine schwache Endabsorption in Wasser mit λ_{max} bei 264, 257,5, 252 und 257 nm. Diese Banden sind offensichtlich typische Absorptionen der Benzylgruppe. Das Alkalisalz von Nafcillin [3] absorbiert in Wasser jedoch stark bei 332, 292, 280 (ε, 5680) und 227 nm (ε, 6100). Offenbar sind diese Absorptionen von dem konjugierten System der Naphthalin-Gruppe.

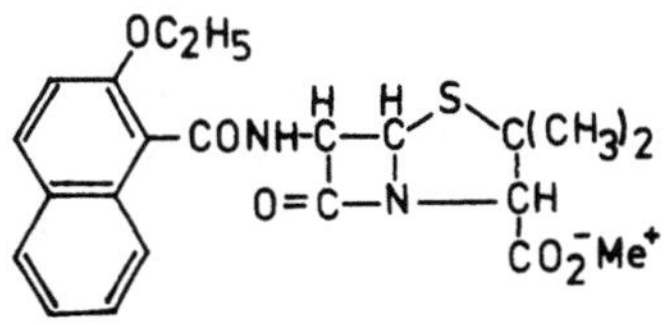

[3]

Nafcillin

Cephalosporin C [2] und dessen Salze haben typische UV-Absorptionsbanden um 260 nm in wäßriger Lösung, die auf die O = C – N – C = C-Kette zurückzuführen ist (6), mit möglicher Beteiligung des Kernschwefelatoms (7), wie in Formel [4] wiedergegeben ist.

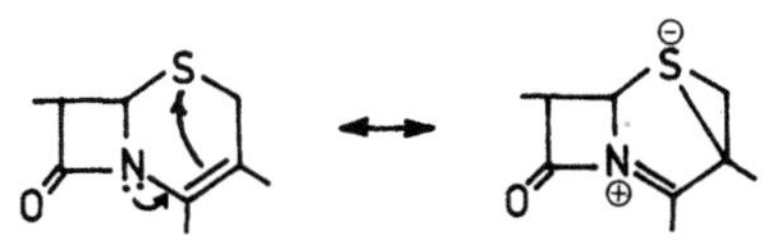

[4]

Die 4-Carboxylgruppe ist kein wesentlicher Teil des Cephalosporin C-Chromophors, da decarboxylierte Verbindungen bei λ_{max} 256 nm absorbieren (8). Diese Schlüsselbande ist abhängig von der chemischen Umgebung des β-Lactamringes und der Konjugation der C-3-Doppelbindung im Δ^3-Cephalosporin-System (9). Die Absorptionen bei λ_{max} 260 nm von Cephalosporin C und bei 267 nm für Desacetylcephalosporin C verschwinden bei alkalischer Hydrolyse (10).

Halbsynthetische Cephalosporine wie Cephalothin [5] (6, 11), Cephaloglycin [6] (12), Desacetylcephaloglycin (13), Desacetylcephalothinmethylester (14) und andere Cephalosporin-Derivate (15) haben alle eine typische Absorption um 260 nm.

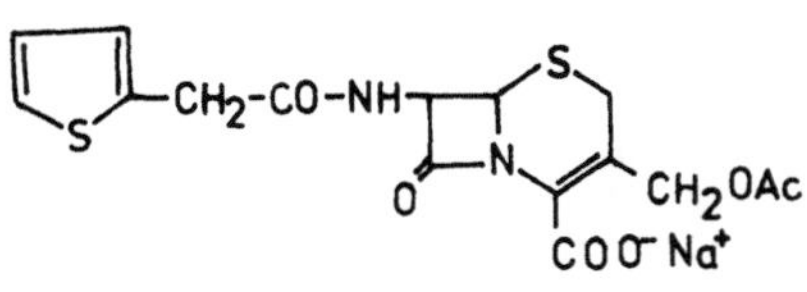

[5]

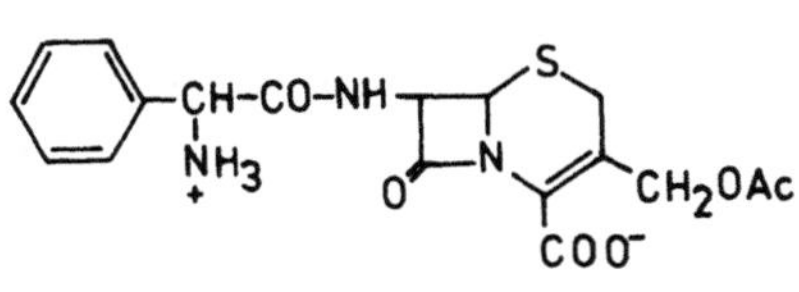

[6]

11.1.2. IR-Absorption

Aufgrund des β-Lactamringes haben sowohl Penicilline als auch Cephalosporine eine charakteristische starke Absorption in dem Bereich um 1780 cm^{-1} (16, 17).

Diese Bande verschwindet bei Hydrolyse durch Basen oder β-Lactamase, und eine neue Bande tritt nahe 1740 cm^{-1} auf (die normale Absorption von Penicilloyl-estern oder -amiden). Die Amid I-Bande wird um 1670 cm^{-1} und die Amid II-Bande um 1510 cm^{-1} beobachtet. Weiterhin sind für Penicilline Banden bei 1760 cm^{-1} (COOH) und 3330 cm^{-1} (νNH) charakteristisch. Die Carbonylvalenzschwingung der Carboxylgruppe verschwindet bei Alkalisalzbildung und eine intensive Bande tritt bei 1600 cm^{-1} für die COO^--Gruppe auf (Abb. 11.1. und 11.2.). Bei Veresterung erfährt die C=O-Valenzschwingung eine Verlagerung nach 1810 cm^{-1} (Abb. 11.3.), und die Estervalenzschwingungen geben sich durch breite Absorption um 1200 cm^{-1} zu erkennen.

Es ist bekannt, daß die Wirkung der Penicilline an das Vorhandensein der β-Lactamgruppierung im Penicillansäureteil des Moleküls gebunden

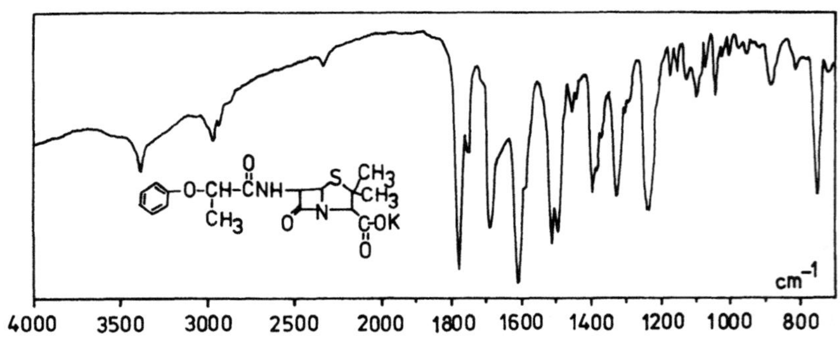

Abb. 11.1. IR-Spektrum des Kaliumsalzes von (1-Phenoxyäthyl)-penicillin in KBr.

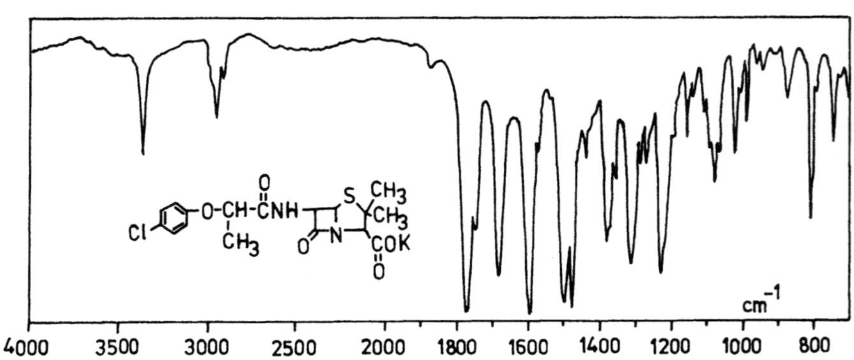

Abb. 11.2. IR-Spektrum des Kaliumsalzes von (1-p-Chlorphenoxyäthyl)-penicillin in KBr.

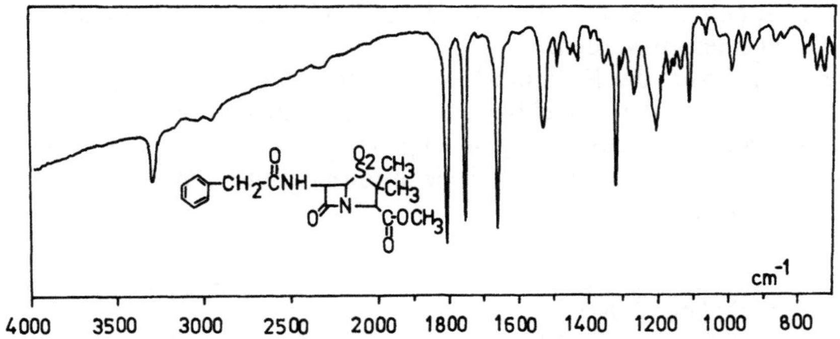

Abb. 11.3. IR-Spektrum des Kaliumsalzes von Penicillin G-methylester-S,S-dioxid in KBr.

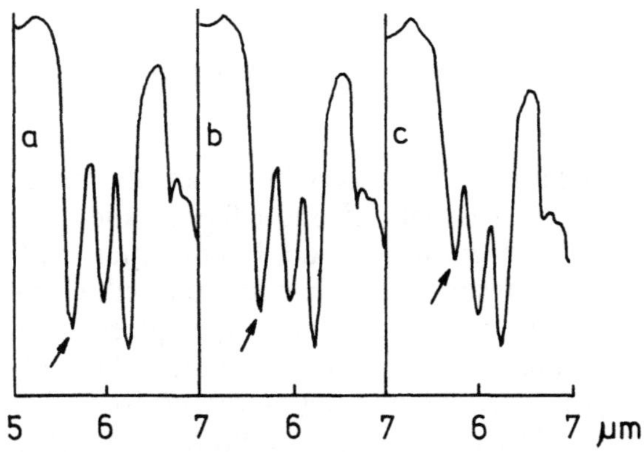

Abb. 11.4. Prüfung der Säurebeständigkeit von Penicillin V (Phenoxymethylpenicillin, K-Salz). IR-Spektren bei pH = 2 nach 0 (a), 7 (b) und 16 (c) h. Lösungsmittel: D_2O/CH_3OD-Gemisch, 20% D_2O und 80% CH_3OD. Schichtdicke: 60 µm. Konzentration: 10%. BaF_2-Fenster und Lösungsmittelkompensation (1).

ist. Die Prüfung der Stabilität neuer Penicilline kann gegenüber biologischen Tests wesentlich rascher erfolgen. Die Untersuchung findet in D_2O-Lösung oder, wenn Salze des Penicillins mit organischen Säuren vorliegen, in einem geeigneten Gemisch von D_2O und CH_3OD statt. Abb. 11.4. gibt die experimentellen Einzelheiten an.

Die IR-Absorptionsbanden der Cephalosporine und deren Ester, Salze und analoge Derivate wurden ebenfalls beschrieben (6,16); neue Banden bei 1755 und 1140 cm^{-1} sind der C-3-Estergruppe zuzuordnen.

11.1.3. NMR-Spektroskopie

Die NMR-Spektroskopie ist eine weitere nützliche Technik zur Charakterisierung von β-Lactam-Arzneimitteln. Im allgemeinen können die

NMR-Spektren der löslichen Salze der Penicilline und Cephalosporine in D_2O gemessen werden.

Das Spektrum des Kaliumsalzes von Benzyl-Penicillin [1 a] in D_2O besteht aus zwei nahe benachbarten Singuletts um 1,5 ppm, die den nichtäquivalenten 2-Methylgruppen zugehörig sind und Singuletts um 3,6 ppm und 4,3 ppm, die den Benzylprotonen und dem C-3-Proton zugeordnet werden können.

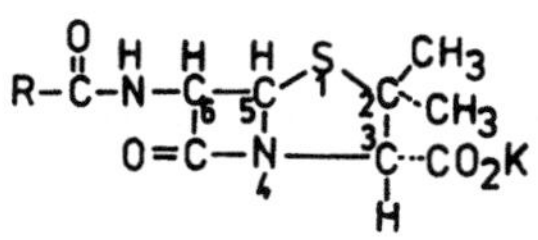

[1]

[a] R = $CH_2C_6H_5$

[b] R = 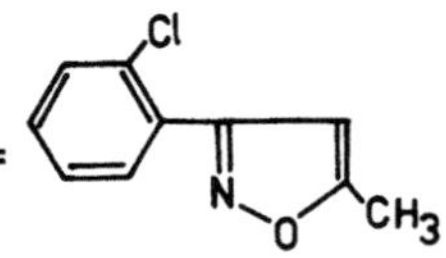

[c] R = $CH(NH_2)C_6H_5$

In den Spektren 11.5. – 11.7. beobachtet man als besonders auffallende Signale AB-Systeme zwischen 5,5 und 6,0 ppm, die den β-Lactamprotonen am C-5 und C-6 zuzuordnen sind. Bei den meisten Penicillinen wird eine solche Protonenresonanz beobachtet, die jedoch mit dem Wechsel des $\Delta\nu_{AB}$-Wertes variiert: Cloxacillin [1 b] zeigt ein deutlich separiertes AB-System mit einem $\Delta\nu_{AB}$-Wert um 0,2 ppm, während diese Resonanz bei Ampicillin [1 c] offenbar ein Singulett ist (Abb. 11.5.). Spektrum 11.7. zeigt für das bei tieferem Feld liegende Proton g des β-Lactamringes ein Dublett von Dubletts durch weitere Kopplung mit dem NH-Proton.

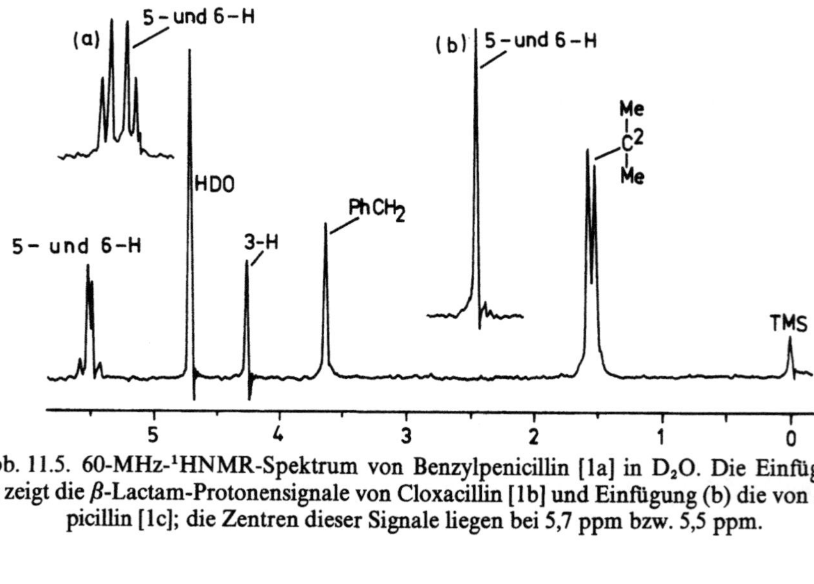

Abb. 11.5. 60-MHz-^{1}HNMR-Spektrum von Benzylpenicillin [1a] in D_2O. Die Einfügung (a) zeigt die β-Lactam-Protonensignale von Cloxacillin [1b] und Einfügung (b) die von Ampicillin [1c]; die Zentren dieser Signale liegen bei 5,7 ppm bzw. 5,5 ppm.

In allen Fällen liegt die vicinale Kopplungskonstante zwischen den H-5- und H-6-Protonen in dem Bereich 4 – 5 Hz. Bei einer Serie von einfachen β-Lactam-Derivaten wurde generell $^3J_{cis}$ (4,9 – 5,9 Hz) größer als $^3J_{trans}$ (2,2 – 2,5 Hz) gefunden (18). Demzufolge sind die β-Lactam-Protonen der Penicilline angenähert alle cis-orientiert, ausgenommen bei völliger Veränderung des 4-gliedrigen Ringes durch den benachbarten Thiazolidin-Ring. Über verschiedene am C-6 epimerisierte Penicilline wurde berichtet (19) und bei allen die vicinale Kopplungskonstante zwischen H-5 und H-6 bei nahe 2 Hz gefunden, wie es für eine trans-Geometrie um diese Position zu erwarten ist.

Die Differenz der chemischen Verschiebungen der β-Lactamprotonen von Cephalosporin-Derivaten überschreitet generell die der Penicilline,

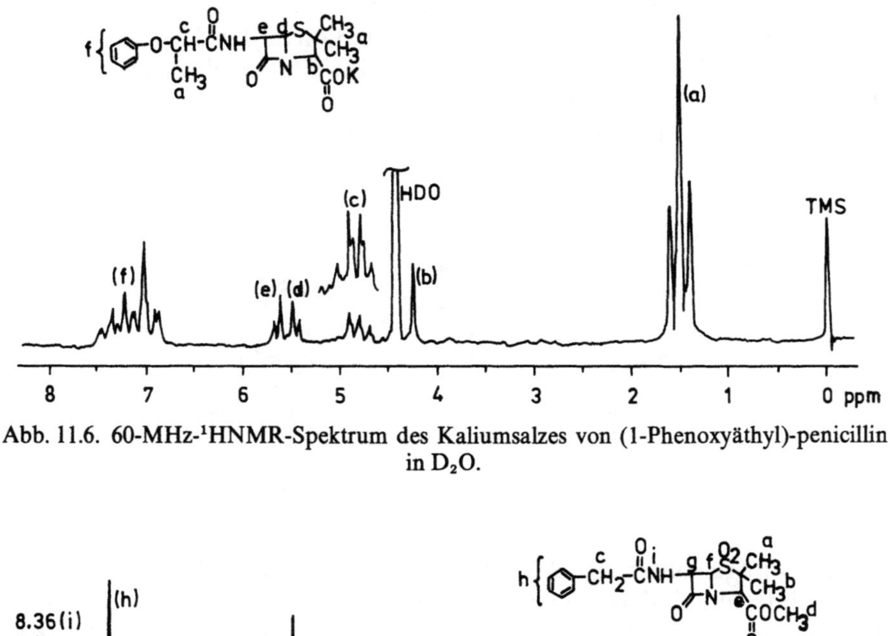

Abb. 11.6. 60-MHz-^{1}HNMR-Spektrum des Kaliumsalzes von (1-Phenoxyäthyl)-penicillin in D_2O.

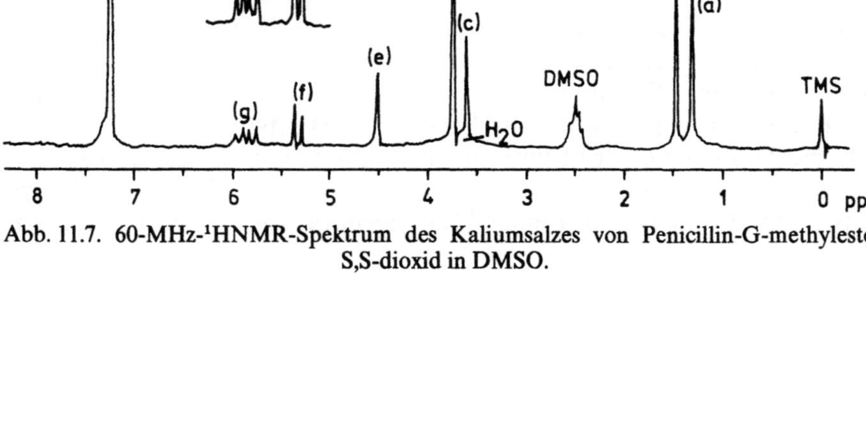

Abb. 11.7. 60-MHz-^{1}HNMR-Spektrum des Kaliumsalzes von Penicillin-G-methylester-S,S-dioxid in DMSO.

und diese Tatsache kann für eine Unterscheidung dieser beiden Substanz-Klassen ausgenutzt werden (20); ein Beispiel ist unter Formel [2] wiedergegeben.

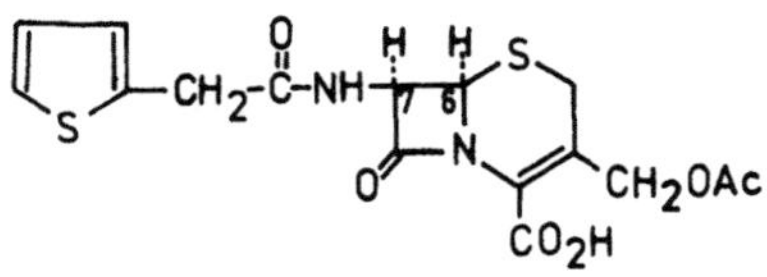

[2]

H–6 5,27 ppm, Dublett (J = 5 Hz)
H–7 6,33 ppm, Dublett von Dubletts
(J = 5 und 8,2 Hz), Dublett (J = 5 Hz) bei Aufhebung der NH-Kopplung durch Deuterium. Lsgm.: Pyridin.

Die *α* und *β*-Methylsignale konnten durch NOE-Daten zugeordnet werden (21). Die zwei möglichen Konformationen des Thiazolidin-Ringes des Penicillin-Kerns sind in [3] und [4] wiedergegeben. In [3] liegen die 2*α*- und 2*β*-Methylgruppen dicht zu H-3, während in [4] sich nur die 2*β*-Methylprotonen in der Nähe von H-3 befinden.

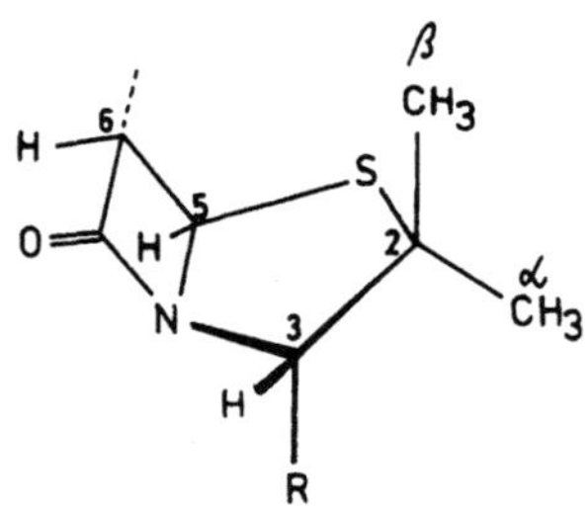

[3]

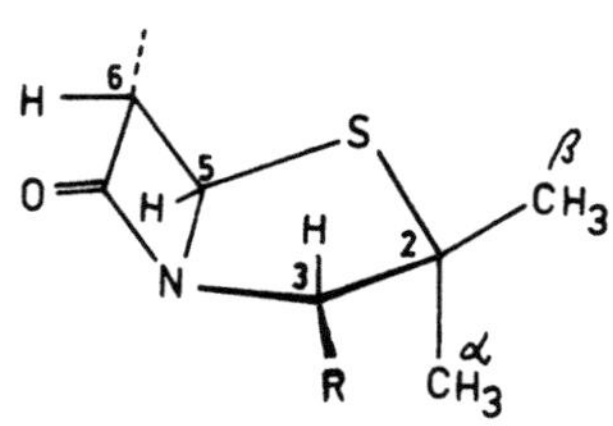

[4]

Demzufolge sollten die *β*-Methylprotonen in beiden Konformationen zu der intramolekularen Relaxation von H-3 beitragen, während die *α*-Methylprotonen die Relaxation von H-3 nur in Konformation [3] beeinflussen sollten. Überdies ist zu erwarten, daß die Relaxation des Protons H-5 durch die *α*-Methylgruppe in Konformation [4] jedoch nicht in [3] beeinflußt wird, wie aus dem Dreiding-Modell ersichtlich ist. Die Ergebnisse der *NOE*-Experimente der Methylester von Phenoxymethylpenicillin und der entsprechenden Sulfoxide und Sulfone belegen, daß die Penicilline mit einer Sulfidbindung die Konformation [3] bevorzugen (die H-3-Relaxation wird sowohl durch *α*- und *β*-Methylgruppen beeinflußt, während H-5 von keiner beeinflußt wird). Die Sulfoxide und Sulfone haben dagegen die Konformation[4]: H-3 wird nur von einer Methylgruppe beeinflußt und H-5 von einer Methylgruppe, die keinen Einfluß auf H-3 hat.

11.2. Tetracycline

Seit 1960 sind relativ wenige, in Struktur und Wirkung völlig neuartige Antibiotica zur Anwendung gekommen, obwohl die Zahl neu entdeckter mikrobieller Metaboliten nicht abgenommen hat (22, 23). Ein Hauptgrund liegt darin, daß die Anforderungen an ein neues Antibioticum ständig gestiegen sind.

Das erste Tetracyclin war das von *Duggar* (24) aus dem Kulturfiltrat von *Streptomycec aureofaciens* isolierte Aureomycin [1] (Tab. 11.1.). Terramycin [2] wurde von *Finlay* et al. (25) aus *S. rimosus* isoliert und als erster Vertreter dieser Verbindungsklasse strukturell aufgeklärt (26). Den Prototyp, das Tetracyclin [3], stellte man zunächst durch katalytische Hydrierung von Aureomycin [1] her (27, 28), konnte es aber kurze Zeit später auch fermentativ gewinnen (29, 30).

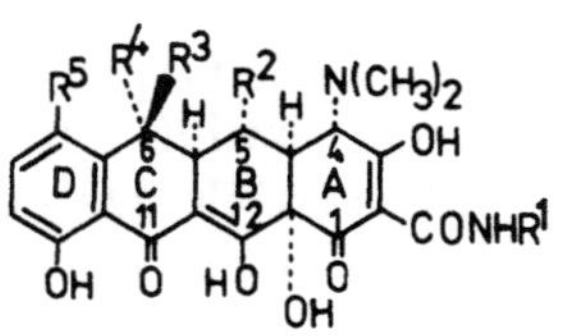

[1] – [8]

Wie der Name andeutet, leiten sich Tetracycline von einem System [9] aus vier linear anellierten sechsgliedrigen Ringen, dem 1,4,4a,5,5a,6,11,12a-Octahydronaphthacen mit charakteristischer Anordnung der Doppelbindungen ab. Man unterscheidet die beiden chromophoren Bereiche A und BCD, die durch das sp^3-Kohlenstoffatom 12a

Tab. 11.1. Therapeutisch wichtige Tetracycline [1] – [8].

	R^1	R^2	R^3	R^4	R^5	Chem. Kurzbezeichnung
[1]	H	H	OH	CH_3	Cl	Chlortetracyclin
[2]	H	OH	OH	CH_3	H	Oxytetracyclin
[3]	H	H	OH	CH_3	H	Tetracyclin
[4]	H	H	OH	H	Cl	Desmethylchlor-tetracyclin
[5]	CH_2-Pyrrolidino	H	OH	CH_3	H	Rolitetracyclin Pyrrolidinomethyl-tetracyclin
[6]	H	OH	$CH_2=$		H	Methacyclin
[7]	H	OH	H	CH_3	H	Doxycyclin
[8]	H	H	H	H	$N(CH_3)_2$	Minocyclin

getrennt werden. Die Kohlenstoffatome 4, 4a, 5, 5a, 6 und 12a sind bei entsprechender Substitution asymmetrisch.

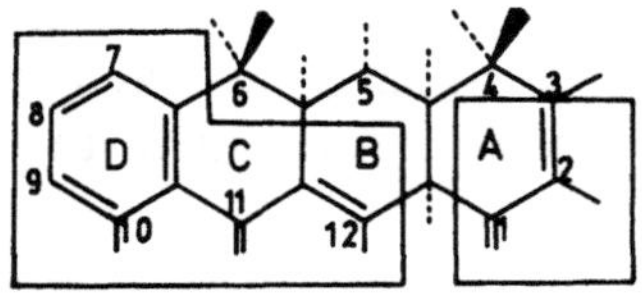

[9]

Terramycin [2] besitzt sechs, Aureomycin [1], Tetracyclin [3] und Desmethylchlortetracyclin [4] besitzen je fünf Asymmetriezentren, die das Molekül optisch aktiv machen. Die absolute Konfiguration wurde durch Röntgen-Strukturanalyse (31 – 35) und ergänzende NMR- (36, 37) sowie CD-Messungen (38) geklärt.

Das am C-4 befindliche Proton verursacht im ^{1}HNMR-Spektrum ein Signal zwischen 3,6 und 4 ppm in Pyridin, während in Chloroform dieser Peak um 0,3 ppm entschirmt liegt. Die Gegenwart einer Hydroxy-Gruppe am C-5 scheint von geringem Einfluß auf die chemische Verschiebung des C-4-Protons zu sein. Die Größe der Kopplungskonstanten zwischen C-4 und C-4a ist nicht bei allen Tetracyclinen aus den NMR-Spektren zu erkennen. Bei Oxytetracyclin ist jedoch die Kopplungskonstante zwischen den Protonen am C-4 und C-4a offensichtlich 9 Hz; die sterische Beziehung zwischen den C-4- und C-4a-Protonen muß hier demzufolge *trans*-diaxial sein.

11.3. Chloramphenicol

Aus der Kulturlösung von *Streptomyces venezuelae* isolierten *J. Ehrlich* und Mitarb. (39) als Hemmstoff mit interessanten antibiotischen Eigenschaften das Chloramphenicol [10]. Erste Untersuchungen über die antibiotische Aktivität des Kulturfiltrates zeigten Wachstumshemmungen gegenüber einigen gramnegativen Bakterienstämmen. Die wichtigsten Handelspräparate sind Catilan, Chloromycetin, Leukomycin und Paraxin.

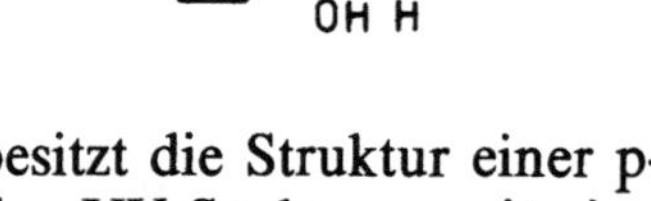

[10]

Das Antibioticum besitzt die Struktur einer p-Alkyl-nitrobenzol-Verbindung, was durch das UV-Spektrum mit einem in wäßriger Lösung charakteristischen Absorptionsmaximum bei 278 nm bestätigt wird. Im IR-Spektrum gibt sich die Nitrogruppe durch zwei Banden bei 1350 und

$1520\,cm^{-1}$ zu erkennen und der p-substituierte Benzolring durch eine Absorption bei $820\,cm^{-1}$ (Abb. 11.8.).

Da zwei Kohlenstoffatome der Tricarbon-Seitenkette asymmetrisch sind, können durch Synthese gewonnene Verbindungen mit Chloramphenicol-Struktur (40) in vier stereoisomeren Formen auftreten, ähnlich wie Aldotetrosen, von denen vier möglich und auch bekannt sind: D- und L-Erythrose mit *cis*-Konfiguration und D- und L-Threose mit *trans*-

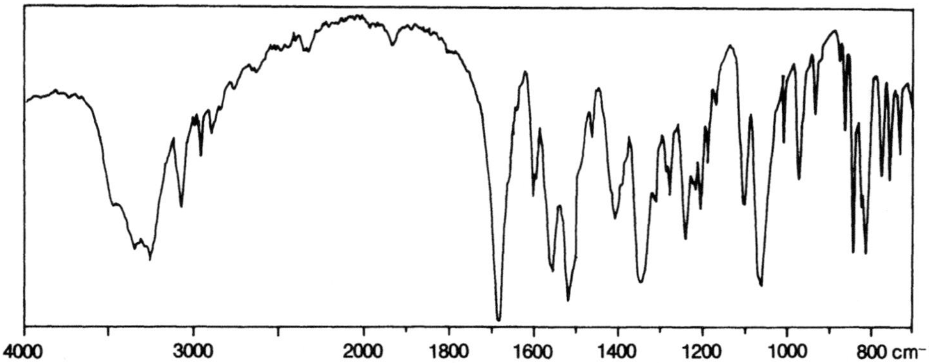

Abb. 11.8. IR-Spektrum von Chloramphenicol in KBr (Herkunft: Boehringer, Mannheim).

Konfiguration. Chloramphenicol gehört sterisch aufgrund des Drehwertes der freien Base [10]($[\alpha]_D^{25} = -23{,}1°$ in Methanol) und ihrer Derivate zur Reihe der L-nor-Pseudoephedrine, die sich konfigurativ der D-Threose zuordnen lassen (41). Unter den vier Stereoisomeren ist nur die Verbindung mit D-Threose-Konfiguration biologisch aktiv und zeigt mit dem natürlich vorkommenden Antibioticum volle Übereinstimmung in der Wirksamkeit, während die anderen drei Verbindungen praktisch unwirksam sind.

Die Zuordnung und Multiplizität der Signale der aliphatischen Protonen, die ein ABMX-System bilden, ist in Abb. 11.9. wiedergegeben. Aus Messungen der OH-Resonanzen schloß O. Jardetzky (42), daß die OH-Gruppen dieser Verbindung in Wasserstoffbrücken vorliegen.

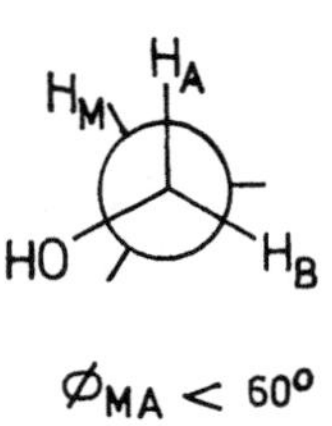

[11]

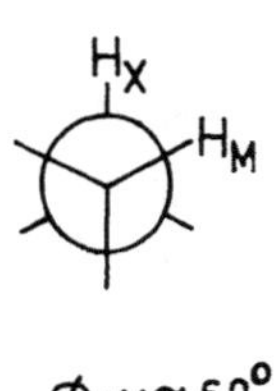

[12]

Man beobachtet, daß die chemischen Verschiebungen der OH-Resonanzen von Konzentrationsänderungen unabhängig sind, wodurch die intra- und nicht intermolekulare Natur der Bindung belegt sei. Intramolekulare Wasserstoffbrücken und die beobachteten vicinalen Kopplungskonstanten des Chloramphenicols (Abb. 11.9.) belegen die bevorzugte

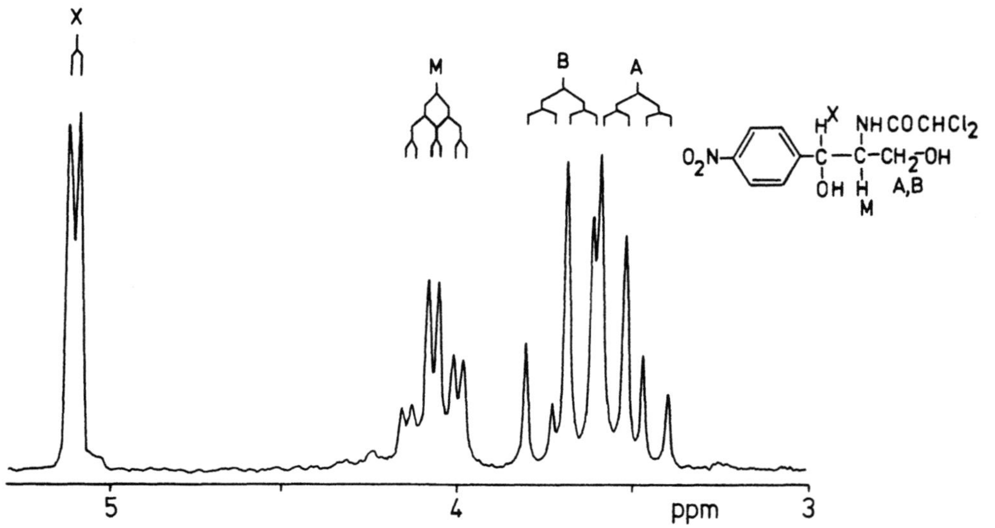

Abb. 11.9. 90-MHz-^{1}HNMR-Teilspektrum von Chloramphenicol in DDMSO/CD_3COOD. Herkunft: Boehringer Mannheim GmbH, NMR-Labor Dr. Steingroß.

Konformation [11] für die $C_3 - C_2$-Bindung und [12] für die $C_1 - C_2$-Bindung. Ein Modell von Chloramphenicol dieser Konformation offenbart eine auffallende Ähnlichkeit zu einem Pyrimidin-Ribonucleotid (vgl. unten) bezüglich Größe, Orientierung und Verteilung elektronegativer Gruppen. *Jardetzky* (42) brachte diese stereochemischen Eigenschaften in Verbindung zur Strukturaktivität des Chloramphenicols.

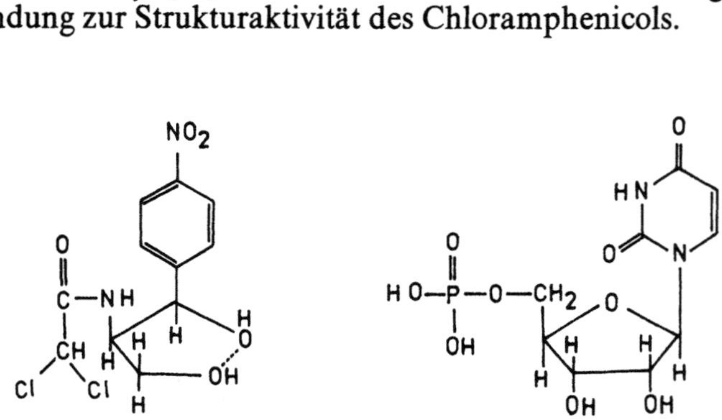

Chloramphenicol Uridin-5'-phosphat

11.4. Cycloserin-Derivate

Das Antibioticum Cycloserin [1] (Seromycin, Oxamycin) wurde aus verschiedenen Streptomyces-Stämmen gewonnen. Die Konstitutionsaufklärung und Synthese ergab, daß es sich beim Cycloserin um das bis heute strukturell am einfachsten gebaute tuberkulostatisch wirksame Antibioticum handelt. Es ist als Derivat des D-Serin als Cyclo-D-serinamid oder als D-4-Amino-3-isooxazolidon zu bezeichnen. Als wasserlösliche basische Substanz wird es an Kationenaustauschern absorbiert und läßt sich auf diesem Wege isolieren; F_p 154 – 155 °C, $[\alpha]_D^{25} = +116°$ (c = 1,17 in Wasser); $\lambda_{max} = 226$ nm.

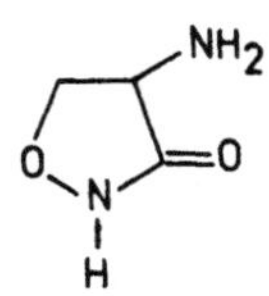

[1]

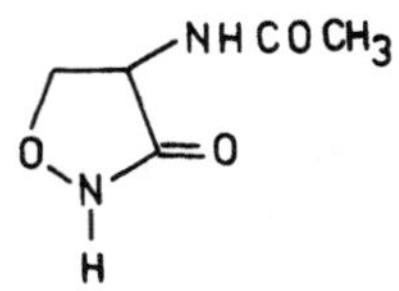

[2]

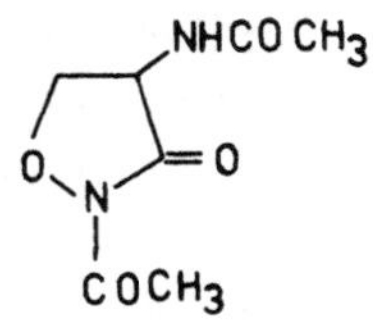

[3]

Es gibt Anhaltspunkte dafür, daß Acetyl-Derivate von Cycloserin [1] Acyl-Übertragungen katalysieren (43) und daß diese katalytische Rolle die antibiotischen Eigenschaften verursacht. Ein Diacetylderivat von Cycloserin kann präpariert werden, welches rasch in Wasser bei pH 7,0 zu einem Monoacetyl-Derivat [2] hydrolysiert.

Das NMR-Spektrum von Diacetyl-Cycloserin in Pyridin-D_5 (Abb. 11.10.) zeigt ein Singulett bei 2,09 ppm für die Acetylgruppe der Acetamido-Seitenkette und ein zweites Signal bei 2,44 ppm für die zweite Acetyl-Gruppe.

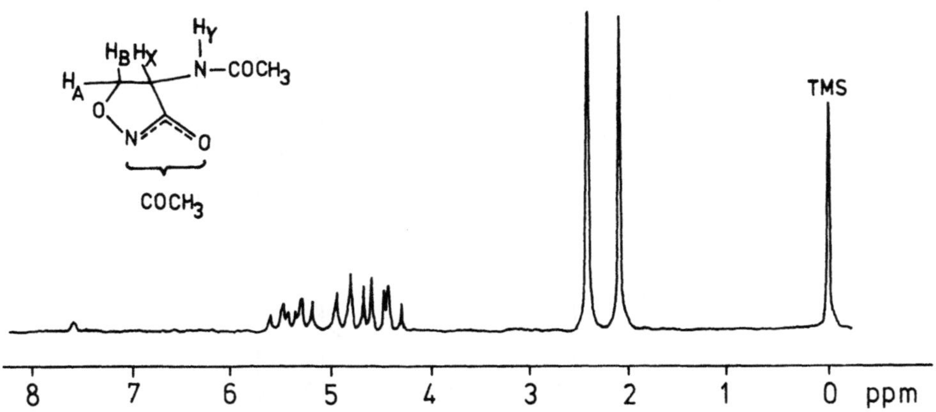

Abb. 11.10. 60-MHz-^{1}HNMR-Spektrum von Diacetyl-Cycloserin in Pyridin-D_5 (44).

Die Signalgruppe zwischen 4,25 und 5,75 ppm ist den Protonen H_A, H_B und H_X zuzuordnen (Abb. 11.10.). Diese drei Protonen geben offenbar ein klassisches ABX-System, dessen X-Teil durch Kopplung mit H_Y kompliziert wird. Wie üblich besteht der AB-Teil des Spektrums aus zwei Dublett von Dubletts, wobei hier durch Überlagerung die Gesamtzahl der Peaks von acht auf sieben reduziert ist. Das ABX-System dieses Spektrums kann nach der Methode von *Pople, Schneider* und *Bernstein* (45) analysiert werden.

11.5. Actinomycine

Von diesem Antibioticum, das als Gemisch erstmals 1940 von *Waksman* aus *Streptomyces antibioticus* und *S. parvus* isoliert worden ist, sind von *H. Brockmann* fünfzehn Einzelverbindungen isoliert und charakterisiert worden. Sie enthalten alle einen Phenoxazonring und sind deswegen rot. Abb. 11.11. gibt die Absorptionskurve von Actinomycin C_1 in Methanol wieder.

Actinomycine unterdrücken das Wachstum gram-positiver Mikroorganismen wie Bacillus subtilis noch in Konzentrationen von 0,1 g/ml;

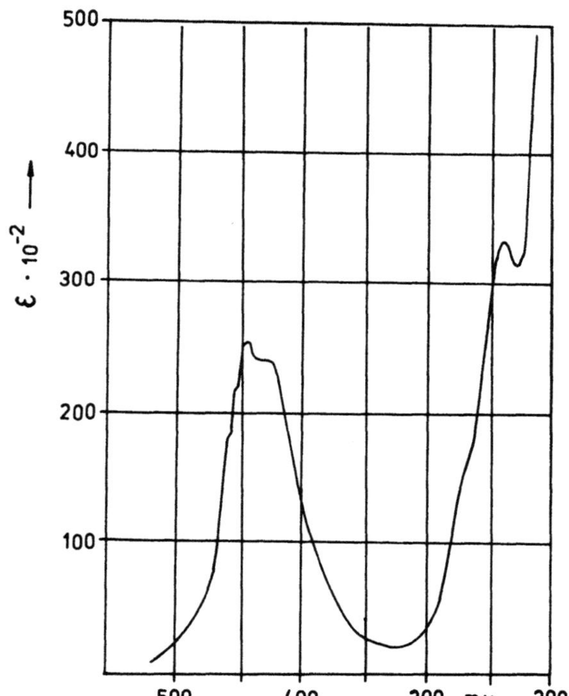

Abb. 11.11. Absorptionskurve von Actinomycin C_1 in Methanol (46).

dies entspricht etwa der Wirksamkeit von Penicillinen. Ihre ungewöhnliche Toxizität verhindert jedoch eine breitere chemotherapeutische Anwendung. Die ausgeprägten cytostatischen Eigenschaften des Antibioticums wurden zunächst im Tierversuch und später auch bei selteneren Tumorarten des Menschen nachgewiesen.

Die durch Synthesen (47, 48) bestätigte Primärstruktur von Actinomycin C_1 zeigt Abb. 11.12.: Der Chromophor, die 2-Amino-4,6-dimethyl-3-oxo-phenoxazin-1,9-dicarbonsäure („Actinocin"), ist über Säureamid-

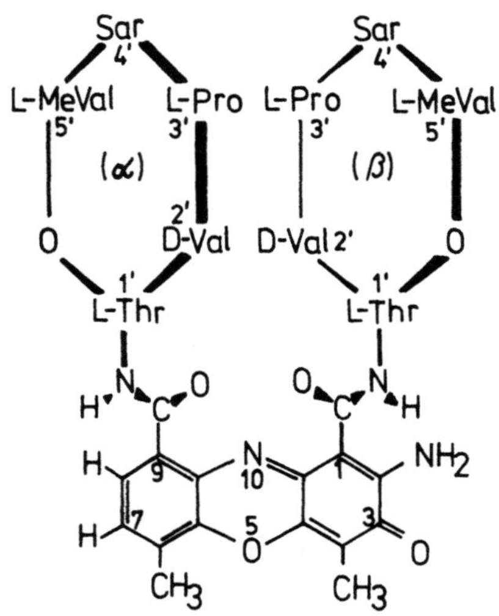

Abb. 11.12. Primärstruktur von Actinomycin C_1. Dieses ist der englisch-sprachigen Literatur mit „D" bezeichnete Actinomycin ist das am besten untersuchte und meist verwendete.

brücken mit zwei Pentapeptidlactongruppen [(α) und (β)] verknüpft. Deren Aminosäuresequenzen $1'_\alpha - 5'_\alpha$ und $1'_\beta - 5'_\beta$ können – wie im Actinomycin C_1 – gleich oder aber verschieden sein. Man spricht demgemäß von iso- bzw. aniso-Actinomycinen. Infolge der Unsymmetrie des Chromophors sind jedoch auch strukturell übereinstimmende (α)- und (β)-Peptidlactoneinheiten nicht äquivalent.

Nimmt man für beide Peptidringe zunächst gleichartige, stabile und ebene Gerüstkonformationen an, so kann sich jeder Peptidring unabhängig um seine $N - C_{Thr}$- und die $C_1 - CO$- bzw. $C_9 - CO$-Bindung (Abb. 11.12.) drehen.Die Amidbindung zwischen Chromophor und Peptidring sollte in der energetisch und sterisch begünstigten *trans*-Form verbleiben.

Für die Konformationsstudien an den Peptidlactongruppen wurden anstelle des komplizierten Actinomycinmoleküls NMR-spektroskopisch leichter analysierbare „halbierte" Actinomycine eingesetzt (49). Solche Untersuchungen setzten eine besonders zuverlässige Identifizierung zahlreicher ^{1}H- und ^{13}C-NMR-Signale (NCH_3, $C_\alpha - H$, NH etc.) voraus. Diese gelang vor allem mit synthetischen Peptiden und Actinomycinen, die an ausgewählten Stellen des Moleküls – u. a. auch spezifisch in der (α)- oder (β)-Peptidkette – mit bis zu 15 Deuteriumatomen markiert worden waren (50). Auf diesem Wege wurde eine weitgehende Zuordnung der Actinomycin C_1-Resonanzen möglich (Abb. 11.13.).

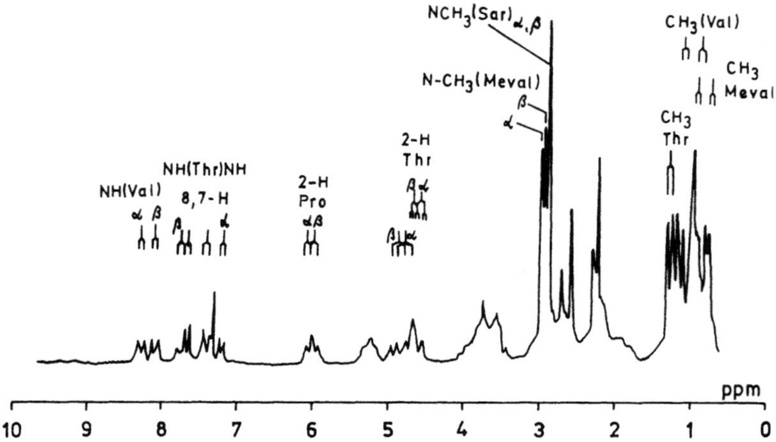

Abb. 11.13. 100-MHz-^{1}HNMR-Spektrum von Actinomycin C_1 (Abb. 11.12.) in $CDCl_3$ mit D_2O geschüttelt (50).

11.6. Griseofulvin und Griseofulvol

Entsprechend dem Chloramphenicol ist Griseofulvin [1] ein Glied von stereochemischen Isomeren, von denen nur eines antibiotische Aktivität hat (51). Es wurde versucht, Stereochemie und Strukturaktivität in Verbindung zu bringen. *Levine* und *Hicks* (52) untersuchten NMR-spektroskopisch das Reduktionsprodukt Griseofulvol [2] und bestimmten die Konfiguration am C-4 und die bevorzugte Konformation des Ringes C.

Es wurde erwartet, daß Methylierung von Griseofulvol [2] mit Methyljodid in Methanol unter Retention der Konfiguration verläuft. Die NMR-Spektren des Äthers und des vorausgegangenen Alkohols unter-

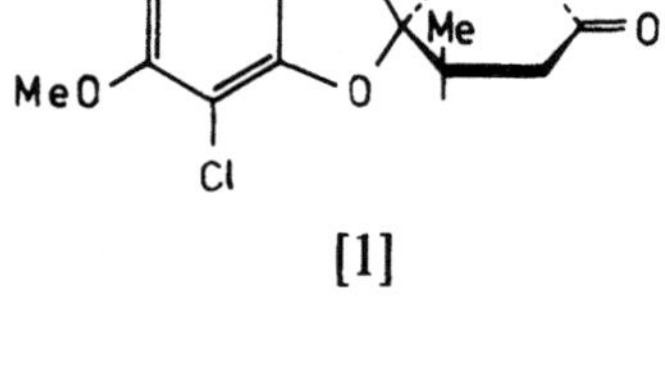

[1]

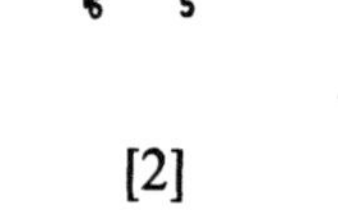

[2]

scheiden sich jedoch auffallend in dem Bereich δ 1,5 – 3,06 ppm, so daß eine Umkehrung der Konformation nahe lag. Diese Annahme wurde gestützt durch die Isolierung eines isomeren Äthers, der ein zu Griseofulvol ähnliches NMR-Spektrum hatte (Abb. 11.14.). Das Triplett von Dubletts bei δ 2,32 ppm (1 Proton) kann einem der C-5-Methylenprotonen zugeordnet werden. Aus den zwei großen 14 Hz-Kopplungen folgt, daß

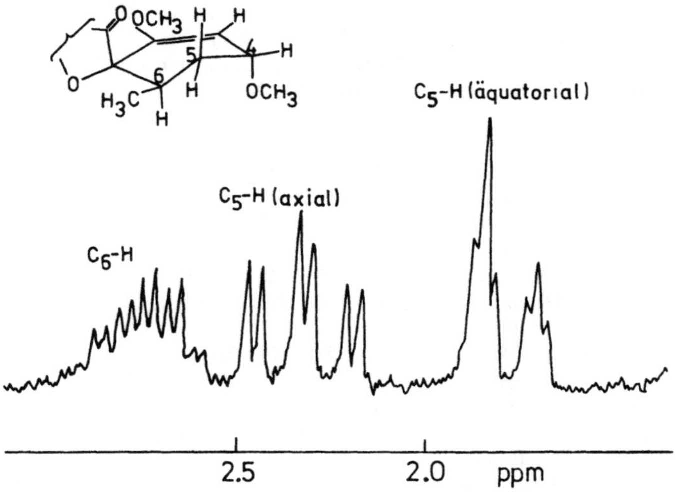

Abb. 11.14. 100-MHz-^{1}HNMR-Teilspektrum von 4α-Griseofulvol-methyläther in $CDCl_3$. Die Zeichnung gibt die Konformation des Ringes C dieser Verbindung wieder (52).

eine diaxiale 1,2-*trans*-Kopplung neben einer geminalen Kopplung vorliegt. Auch für eine 1,2-*trans*-diaxiale-Kopplung erscheint jedoch der Wert von 14 Hz ungewöhnlich groß, und J-Werte dieser Größe sind für Spirane dieses Typs charakteristisch (53). Die vicinale Kopplung (J 3,5 Hz) wird offenbar durch das äquatoriale Proton der C-4-Position verursacht. Es folgt, daß die 14 Hz-Kopplung durch das axiale Proton der C-6-Position verursacht wird und somit der Ring C wie in Abb. 11.14. wiederzugeben ist.

11.7. Literatur

1. *Casu, B.* und *P. Ventura,* J. Pharm. Sci. **63,** 211 (1974).
2. *Hou, J. P.* und *J. W. Poole,* J. Pharm. Sci. **60,** 511 (1971).
3. *Ortenblad, B.,* Acta chem. Scand. **4,** 518 (1950).
4. *Murtaugh, J. J.* und *G. B. Levy,* J. Amer. chem. Soc. **67,** 1042 (1945).
5. *Parker, F. S.,* IR in Biochemistry, Biology and Medicine, *A. Hilger,* (London, 1971).
6. *Chauvette, R. R.* et al., J. Amer. chem. Soc. **84,** 3401 (1962).

7. *Barrett, G. C., V. V. Kane* und *G. Lowe,* J. Chem. Soc. **1964,** 783.
8. *Morin, R. B.* et al., J. Amer. chem. Soc. **85,** 1896 (1963).
9. *Chavette, R. R.* und *F. H. Flynn,* J. Med. Chem. **10,** 966 (1967).
10. *Abraham, E. P.* und *G. G. F. Newton,* Biochem. J. **62,** 658 (1956).
11. *Van Heyningen, E.,* J. Med. Chem. **8,** 22 (1965).
12. *Spencer, J. L.* et al., J. Med. Chem. **9,** 746 (1966).
13. *Kukolja, S.,* J. Med. Chem. **11,** 1067 (1968).
14. *Chamberlin, J. W.* und *J. B. Campbell,* J. Med. Chem. **10,** 966 (1967).
15. *Kurita, M., S. Atarashi, K. Hattori* und *T. Takano,* J. Antibiot., Ser. A, **19,** 243 (1966).
16. *Green, G. F. H., J. E. Page* und *S. E. Staniforth,* J. Chem. Soc. **1965,** 1595.
17. *Abraham, E. P.,* Quart. Rev. Chem. Soc. **21,** 231 (1967).
18. *Barrow, K. D.* und *T. M. Spotsweed,* Tetrahedron Letters **1965,** 3325.
19. *Wolfe, S.* und *W. S. Lee,* Chem. Commun. **1968,** 242.
20. *Green, G. F. H.* et al., J. Chem. Soc. **1965,** 1595.
21. *Cooper, R. D. G.* et al., J. Amer. chem. Soc. **91,** 1408 (1969).
22. *Conover, L. H.,* Advan. chem. Ser. **108,** 33 (1971).
23. *Dürckheimer, W.* Angew. Chem. **87,** 751 (1975).
24. *Duggar, B. M.,* Ann. N. Y. Acad. Sci. **51,** 177 (1948).
25. *Finlay, A. C.* et al., Science **111,** 85 (1950).
26. *Hochstein, F. A.* et al., J. Amer. chem. Soc. **75,** 5455 (1953).
27. *Boothe, J. H., J. Morton, J. P. Petisi, R. G. Wilkinson* und *J. H. Williams,* J. Amer. chem. Soc. **75,** 4621 (1953).
28. *Conover, L. H.* et al., J. Amer. chem. Soc. **75,** 4623 (1953).
29. *Minieri, P. P., M. C. Firman, A. G. Mistretta, A. Abbey, C. E. Bricker, N. E. Rigler* und *H. Sokol,* Antibiotics Annual 1953–1954, 81. Med. (New York).
30. *McCormick, J. R. D., N. O. Sjolander, U. Hirsch, E. R. Jensen* und *A. P. Doerschuk,* J. Amer. chem. Soc. **79,** 4561 (1957).
31. *Hirokawa, S., Y. Okaya, F. M. Lovell* und *R. Pepinsky,* Acta Crystallogr. **72,** 811 (1959).
32. *Takeuchi, Y.* und *M. J. Buerger,* Proc. Nat. Acad. Sci. USA **46,** 1366 (1960).
33. *Donohne, J., J. D. Dunitz, K. N. Trueblood* und *M. S. Webster,* J. Amer. chem. Soc. **85,** 851 (1963).
34. *Cid-Dresdner, H.,* Z. Kristallogr. Kristallgeometrie, Kristallphys. Kristallchem. **121,** 170 (1965).
35. *Hughes, R. E., H. Muxfeldt* und *R. B. von Dreele,* J. Amer. chem. Soc. **93,** 1037 (1971).
36. *Schach von Wittenau, M., R. K. Blackwood, C. H. Conover, R. H. Glauert* und *R. B. Woodward,* J. Amer. chem. Soc. **87,** 134 (1965).
37. *Schach von Wittenau, M.* und *R. K. Blackwood,* J. Org. Chem. **31,** 613 (1966).
38. *Mitscher, L. A., B. Slater-Eng* und *T. D. Sokoloski,* Antimicrob. Ag. Chemother. **1972,** 66, und dort zit. Lit.
39. *Ehrlich, J.* et al., Science **106,** 417 (1947).
40. *Controulis, J.* et al., J. Amer. chem. Soc. **71,** 2463 (1949).
41. *Fodor, G., J. Kiss, I. Sallay,* J. Chem. Soc. **1951,** 1858.
42. *Jardetzky, O.,* J. Biol. Chem. **238,** 2498 (1963).
43. *Mandell, L., J. W. Moncrieff* und *J. H. Goldstein,* Tetrahedron **19,** 2025 (1963).
44. *Milne, G. W. A.* und *L. A. Cohen,* Tetrahedron **23,** 65 (1967).
45. *Pople, J. A., W. G. Schneider* und *H. J. Bernstein,* Can. J. Chem. **35,** 65 (1957).
46. *Brockmann, H.* und *H. Lackner,* Chem. Ber. **101,** 1312 (1968).
47. *Meienhofer, J.,* J. Amer. chem. Soc. **92,** 3771 (1970).
48. *Meienhofer, J., Y. Sano* und *R. Patel* in *B. Weinstein* und *S. Laude,* Peptides, Chemistry and Biochemistry, S. 419, (New York 1970).
49. *Brockmann, H.* und *H. Lackner,* Chem. Ber. **101,** 2231 (1968).
50. *Lackner, H.,* Chem. Ber. **104,** 3653 (1971).
51. *Grove, J. F.,* Quart. Rev. **17,** 1 (1963).
52. *Levine, S. G.* und *R. E. Hicks,* Tetrahedron Lett, **1968,** 5409.
53. *De Jongh, H. A. P.* und *H. Wynberg,* Tetrahedron **21,** 515 (1965).

Sachverzeichnis

Abschirmungskonstante *3*, 4, 6
Absorptionskoeffizient, molarer 35
AB-System 296
Acene 34
2-Acetamido-1,3,4,6-tetra-O-acetyl-2-desoxy-β-D-glucopyranose 128
–, NMR-Spektrum 129
2-Acetamido-1,3,4,6-tetra-O-acetyl-2-desoxy-D-hexopyranose 128
3β-Acetoxy-cholestadien-(5,6) 210
3β-Acetoxy-cholestadien-(5,7), Raman-Spektrum 209
3β-Acetoxy-16α,17α-epoxy-20,21-acetoxy-14α-pregnen-(5) 198
–, NMR-Spektrum 199
17α-Acetoxy-9α-fluor-11β-hydroxyprogesteron 197
Acetoxy-20β-hydroxy-steroide 204, 207
6-Acetoxy-4-methylcholest-4-en-3-one 195
21-Acetoxy-21-methylen-3,20-dioxopregnadien-(1,4), NMR-Spektrum 201
3-Acetyl-dihydrovindolin-äther 228
N-Acetyl-L-Tryptophanmethylester 80
Aconitum 246, 247
Actinomycetaceae 227
Actinomycin C_1 305
–, NMR-Spektrum 3
–, UV-Spektrum 304
Actinomycine 304 – 306
Adenin *87*, 88, 89, 93, 94, 97, 99
Adenosin 88, *94*, 100, 108, 112
–, ^{13}C-Spektrum 114
Adenosin-diphosphat 97
Adenosin-monophosphat 95
Adenosin-triphosphat 97
ADP *97*, 99, 118
7,7-Äthylendithio-cholest-4-en-3-on 195
3,3-Äthylendithio-4-methyl-cholest-4-en-6α-ole 195
Aglykon 125
Agroclavin 218
Aktivität, optische 35
Alanin 46
–, Chemische Verschiebung 52
Alanin-t-RNS 110, 112
–, NMR-Spektrum 111, 112
L-Alanyl-L-alanin 47
Aldobionsäure 125
Aldopyranosen 139
Aldosen 122
Alkaloide 25, *216*
–, u-Alkaloid B 230
–, Amaryllidaceen-Alkaloide 259
–, Aporphin-Alkaloide 253 – 255
–, Aspidospermin-Alkaloide 236
–, Chinolizidin-Alkaloide 263 – 270
–, *Cotton*-Effekte 38
–, Ellipticin-Gruppe 230
–, Fumaria-Alkaloide 255
–, Indolalkaloide 217
–, Isochinolin-Alkaloide 251
–, Kopsin-Gruppe 233
–, Mutterkornalkaloide 218
–, Opium-Alkaloide 249
–, Peptid-Alkaloide 256 – 258
–, Proaporphine 252
–, Protoberberin-Alkaloide 253 – 255
–, Spermin-Alkaloide 258
–, Steroid-Alkaloide 242
–, Terpen-Alkaloide 245
–, Vinca-Alkaloide 225
–, Yohimbin-Gruppe 240
Allomatrin 267, 269
–, IR-Spektrum 268
Allylkopplung 134
D-Altrose 145
Amaryllidaceen-Alkaloide 259 – 263
–, ^{13}C-Resonanz 262
Amid I – Bande 71, 72, 294
Amid II – Bande 71, 72, 294
Amid III – Bande 72, 73, 74
Amidchromophor 80
2-Amino-2-desoxy-D-glucose 135
2-Amino-2-desoxy-D-pyranose-acetate 127
D-4-Amino-3-isooxazolidon 303
6-Aminopenicillinsäuren 293
α-Aminosäuren, Tabelle 46
Aminosäuresequenzanalyse 49
Aminozucker 126, 129
AMP *95*, 101, 106, 113
Ampicillin 296
Amuronin 252
Amylose 124, 132
–, IR-Spektrum 141
Anabasis 263
Anagyrin 263
–, IR-Spektrum 265
Androgene 202
Androstan 181
5α-Androstan-3,17-dion 205
–, IR-Spektrum 206
Androstane 188
5α-Androstan-3α-ol, IR-Spektrum 203

5α-Androstan-3β-ol, IR-Spektrum 204
5α-Androstan-3-on 205
–, IR-Spektrum 206
5α-Androsten-16 190
Anhalamin 252
Anisotropie-Effekt *128*, 193, 194, 240
Anthracen, UV-Absorption 34
Antibiotika 25, 126, 129, *292*
–, Cotton-Effekt 38
A_pA 105, *106*, 107
–, NMR-Spektrum 106
Aphyllin *263*, 264, 265
Apocynaceae 216, 230, 233, 236, 258
Aporphin-Alkaloide 253 – 255
D-Arabinose 145
L-Arabinose 122, *145*
2-(D-Arabino-tetraacetoxybutyl)-chinoxalin, NMR-Spektrum 135
Araceae 253
Arginin 46, 51
Aristolochiaceae 253
Aromaten, Cotton-Effekte 38
–, UV-Absorption *34*, 35
Ascorbinsäure 169, *178*
–, UV-Absorption 179
Asparagin 52
Asparaginsäure *46*, 49, 51
Aspidosperma 236, 237
Aspidospermin 236
–, UV-Absorption 237
Aspidospermin-Alkaloide 236 – 240
Atisin 247, *248*, 249
–, NMR-Spektrum 248
ATP *97*, 113, 116, 117, 118
–, ^{1}HNMR-Spektrum 98
–, IR-Absorption 117
–, Phosphor-NMR-Spektren 98
Atromentin 286
Atropisomere 9
Auflösung, spektrale 16
Aufspaltung, erster Ordnung 8
Aureomycin 299, 300
Auswahlregel 25
Auxochrome 29, 34
Azasteroide 182
Azido-Zucker 38
3-Azo-östr-5(10)-en 191

Belladin-Typ 259
Benzchinolizidine 38
Benzimidazole 38
Benz-indolo-chinolizin-Gerüst 240
Benzoate 38
Benzol, UV-Absorption 34
N-Benzoylierung 128
$N_{(6)}$-Benzyloxycarbonylalanyl-alanin-methylester 56
Benzyltetrahydroisochinoline 38
Berberidaceen 253, 263
$\Delta^{2,2'}$-Bi(1,4-benzothiazine) 282
–, UV-Absorption 282
Biline 277
–, UV-Absorption 278
Biliproteide 278
Bilirubin 277, 278
Biliverdin-dimethylester 279
–, NMR-Spektrum 280
Binominalkoeffizienten 8
Biopolymere 11, 12, 16, 18
Blattstrukturen 11
Boletus 286
Boltzmann-Beziehung 8
Bovichinon-4 287
14-Brom-codein 251
14-Bromcodeinon 250
Bufotenin 217
Buphacetin 259
–, IR-Spektrum 260
Buphanamin 261
–, ^{13}C-Spektrum 262
Buphane disticha 259
Buxaceae 216

Calciferol 169, *170*, 171
Calciumpantothenat 169
Capronsäure-methylester, IR-Spektrum 159
Carbamat-Imidsignale 196
α-Carbinolamine 254
Carbomycin-Gruppe 129
Carotine 26, 169, *170*
Carotinoide 38, *169*, 281
Cathannein 228
Cathovalin 228
Catilan 300
CAT-Speichergerät 18, 39
Caulophyllum 263
CD-Banden 36
Celesticetin 139
Cellobiose 26, 143
Cellulose *125*
–, IR-Spektrum 141
Cephaloglycin 293
Cephalosporin C *292*, 293
–, IR-Absorption 295
–, NMR-Spektrum 296
–, UV-Absorption 293
Cephalothin 293
Cerotinsäure 157
Chaenorhin 258, 259

Chaenorhinum origanifolium 258
Chalcose 137
Chanoclavin 219, 221
–, IR-Spektrum 223
Charge-transfer-Bande 277
Chelatring 48, 207
Chelidonium 263
Chenopodiaceen 251, 263
Chinidin 216
Chinin 216
Chinolizidin-Alkaloide 263 – 270
p-Chinonstruktur 173
L-Chinovose 145
–, CD-Spektrum 146
Chinoxalin 135
Chitin 125
Chloramphenicol 300
–, IR-Spektrum 301
–, Konfiguration 302
–, NMR-Spektrum 302
–, UV-Absorption 300
Chlorine 274
Chloromycetin 300
Chlorophyll *274*, 275, 276
(1-p-Chlorphenoxyäthyl)-penicillin, IR-Spektrum 294
Chlortetracyclin 299
Cholan 181
Cholestadien 33
5α-Cholestene, NMR-Absorption 190
Cholesterin 26, 182, *183*, 202
Cholin 164, 166
CH_2-Rockingschwingung 160
Chroman-System 171
Chromomycin 137
Chromophor 1, 2, 28, 33, *34*
Chromoproteide 278
Chromose 137
Chymotrypsin 26, 59, 64
Circulardichroismus *35*, 78
Citrovorum-Faktor 176
Cladinose 137
Claviceps-Arten 218, 223
Clavine 224
Cloxacillin 296
CMP 100
Cocain 216
Codein 249, 251
Codeinon 249
Coenzyme 169, 173
Colesterin 183
–, NMR-Spektrum 184
Compositae 216
Computer-Auswertung 210
Conduritole 132, *133*, 134
Coniferylalkohol 149
Cornaceen 246
Corticosteroide 202
Cortison 189
Corynanthin 240
Corypalmin 255
–, UV-Spektrum 254
Cotton-Effekt 2, 36, 76, 79, 105, 114, *144*, 145
–, Zucker-Molybdat-Lösungen 144
^{13}C-Resonanz 18
–, Aminosäurederivate 68
–, Aspidospermin-Alkaloide 238
–, Nucleotide 113
–, Peptide 69
Crinidin-Typ 259, 260
Crinum macrantherum 259
Cruciferae 258
Cyanoferrimyoglobin 66
–, NMR-Spektrum 66
Cyanophytae 279
3α,5-Cyclo-cholestan-6β-ol 190
α-Cyclodextrin 132
Cyclohexenring 191
1-Cyclohexyluracil 100
Cyclopentaglycyl-L-Tyrosyl 56, 57
Cyclopentano-perhydrophenanthren 181
Cyclopeptidalkaloide 258
Cyclopropanring 189, 190
Cyclo-D-serinamid 303
Cycloserin-Derivate 303
3β,5-Cyclosteroide 190
Cystein *46*, 68, 70, 281
Cystin *46*, 70, 82
Cytidin 88, *94*, 99, 100, 112
–, IR-Spektrum 116
Cytidin-5′-monophosphat 95
Cytidylsäure 88
Cytisin 263
Cytochrom c 60, 64, 65, *68*
Cytochrome 59, 274
Cytosin 87, *89*, 108
–, NMR-Spektrum 91

Dacheffekt 202
Decalin 9
Deformationsschwingungen *23*, 24
–, NH-Gruppe 174
–, Tabelle 21
Dehydroascorbinsäure 178
–, UV-Absorption 179
7-Dehydro-cholesterin 171, 192
Dehydrodicentrin 253, 254
Dehydroindigo 283, *284*

–, IR-Spektrum 284
–, UV-Absorption 285
Dehydro-matridin 269
–, IR-Spektrum 269
16-Dehydroxy-14,15-dihydro-15,16-epoxy-14-oxo-3-norvindolin 228
–, NMR-Spektrum 229
Delphinium 246
Deltosterol *170,* 171
Denaturierung 10, 11, 13, 14, 27, *63, 72,* 73
Depolarisationsverhältnis 76
Desacetylcephaloglycin 293
Desacetylcephalosporin C 293
Desacetylcephalothin-methylester 293
Desacetyl-Chromose B, NMR-Spektrum 138
Desacetyl-dihydrovindolin-äther 228
–, NMR-Spektrum 230
Deserpidin 240
Desmethylchlortetracyclin 299, 300
Desosamin 137
Desoxyadenosin 95
Desoxycytidin 95
Desoxyguanosin 95
2-Desoxy-3-methoxymethylpentosen 126
2-Desoxy-methylpentosen 125
Desoxynupharidin 245
Desoxyribonucleotide 95
2-Desoxy-D-Ribose 87, 122
Dextran 124
–, IR-Spektrum 141
Diacetyl-Cycloserin, NMR-Spektrum 303
Diastereomere 9
Diederwinkel *12,* 13, 53, 102, 103, 136, 191
Diene, Inkrementrechnung 32
–, cyclische 31
–, heteroannulare 33
–, homoannulare 33
Digitoxigenin 198
–, NMR-Spektrum 198
Dihydrocodein 251
Dihydroindole 38
Dihydroisolysergsäure 219, 220
–, IR-Absorption 221, 222
–, UV-Absorption 219
Dihydrolysergsäure-methylester, IR-Absorption 221, 222
Dihydrophenanthrene 38
Dihydroulein 231
–, IR-Absorption 232, 233
–, UV-Spektrum 232
Dihydrouracil 175
5α,6-Dihydroveratramin 242
–, NMR-Spektrum 243
Dihydrovindolin-äther 228
3β,17β-Dihydroxy-5α-androsten-(8^{14}) 208
Dihydroxy-östratrien-(1,3,5^{10}) 193
–, *Raman*-Spektrum 209
Dihydroxyphenylacetaldehyd 240
Dilignole 151
2,3-Dimethylbutadien 31
1,2-Dimethyl-4,5-dimethoxybenzol 261
–, ^{13}C-Spektrum 262
N,N-Dimethyl-4-hydroxy-tryptamin 217
N,N'-Dimethyl-indigo 285
Dinucleotide 105
16,20-Dioxo-steroide 197
Dipeptide, Konformation 56
4,7-Diphenyl-1,10-phenanthrolin 171
Dipolmoment 24
Dispersion, anomale 78
Dispersionssignal 18
Disulfidbrücken 48, 60, 64
–, *Raman*-Absorption 73
DNS 27, *88,* 89, *90*
–, CD-Maximum 115
Doppelbindungsinkremente 190
Doppelhelix 110
Doppelresonanz 18, 235
Doxycyclin 299
Drehimpuls 3
Drehung 35
–, molare 35
–, spezifische 35

E-Bande 34
*Einstein-Bohr*sche-Gleichung 28
Eisen-Porphyrin-Komplexe 275
Eisenproteine 26
Elaidinsäure 166
Elektronenanregungsspektren 27 – 35
Elektronenspin-Resonanz 2, 274, 276
Elektronenübergänge, Tabelle 28
Ellipticin-Gruppe 230 – 233
Elliptizität 36
–, molare 36
–, spezifische 36
Elymoclavin 218, *223*
Enantiomere 9
Enzym-Substratkomplexe 15, 18
Enzym-Substrat-Wechselwirkung 59
Equisetaceae 258
Ergolin 218, 219, 224
Ergosterin *32,* 33, 171
Erythromycin-Gruppe 129
L-Erythrose 301
Ester 162

–, einwertiger Alkohole 162
–, mehrwertiger Alkohole 163
Euglena gracilis 178
Eumelanine 281
Euphorbiaceae 216, 252
Evonin 246, 247
–, IR-Spektrum 247
–, UV-Spektrum 246
Evoninsäure 246, 247
–, UV-Spektrum 246
Extinktionskoeffizient 30, 211
–, molarer 30
–, spezifischer 30
Extinktionsmodul 30

Farbstoffe 274 – 291
Farnochinon 172
Faserproteine 48
Feinstruktur 30
–, UV-Absorption 34
Fermi-Kontaktterm 199
Ferredoxin 65
Fettsäure-methylester 158
–, Deformationsschwingungen 158
–, Valenzschwingungen 158
Fibroin 48
Flavine 276
Flavone, *Cotton*-Effekt 38
Flavonglykoside 144
Florideenstärke 124
Floureszenz 40, 41
FMIR-Technik 40
Folinsäure 176
Folsäure 175, 176
–, IR-Spektrum 176
13-Formyl-hydromorphenol-methyläther 251
Formylmethionin-Transfer-RNS 27
Formyl-5,6,7,8-tetrahydro-pteroylglutaminsäure 176
Fourier-Transform-Spektroskopie 19, 59, 68, 139
Frequenzinkremente 187
Fructose 122, 123
Fruticosamin 233, 236
–, IR-Absorption 234
–, NMR-Spektrum 235
Fruticosin 233, 234, 236
–, NMR-Spektrum 235
Fumaria-Alkaloide 255
Fumaria-Arten 255
Fumariaceae 251
Fumarofin 255, 256
Furanosen 122, 127
–, Konformation 102

D-Galactopyranose 143
Galactose 125, 145
Galacturonsäure 125
Galanthin 262
Gallenalkohole 182
Gallenfarbstoffe 277 – 281
Gallensäuren 181
Gammaglobuline 46
Garrya 246, 247
GC-Fraktionen, IR-Messung 39
Genistein 264
Geschlechtshormone 192
Glucagon 27, 74
Glucoalkaloide 242
Glucopyranosen 142
–, NMR-Spektren 129
Glucoronsäure 125
Glucosamin 125
Glucose 10, *123*, 125, 143, 145
–, NMR-Spektrum 131
–, *Raman*-Spektrum 142
Glucoside 125
Glutaminsäure *46*, 49, 51, 70, 175
Glutathion 69, 70
–, ^{13}C-Spektrum 69
Glyceride 166
D-Glycerinaldehyd 123
Glycerinphosphatide 156, 164
D-Glycero-pent-2-enopyranoside 134
Glycin 46, 55
Glycoside 125
Glycylproline 55
Glycyl-DL-Tryptophan, MCD 80
Glykogen 124
Glykopyranoside 139
–, ^{13}C-Resonanz 139
Glykoside 114, *139*, 242
–, digitaloide 126
Gramicidin 58
–, NMR-Spektrum 57
Gramin 217
Grevilline *288*, 289
–, NMR-Spektrum 289
Griseofulvin 306
Griseofulvol 306
4α-Griseofulvol-methyläther, NMR-Spektrum 307
Grundschwingungen 22
Gruppe, prosthetische 48
Guanin 87, 88, *89*, 93, 94, 100
Guanosin 88, *94*, 99, 100, 108, 112
Guanosin-5′-monophosphat 96
Guanylsäure 88
Guatambuin 230

Gyrocyanin 287
Gyroporus cyanescens 287

Hämin 65
Hämoglobin 26, 49, 59, 65, 67, *274*
2β-Halogen-5α-cholestan-3α-ol 197
9α-Halogen-11β-hydroxyprogesteron 197
16-Halogen-pregn-17(20)-en 192
Hefeadenylsäure 88
Helix-Struktur 11, *48*, 49, 64, 71, 73, 74
–, ORD 79
Helix/Coil-Übergänge 13
Hibbert-Ketone 150
Histidin *46*, 49, 52, 55, 61, 63, 67, 81, 82
Homaliaceae 258
Homoallylkopplung 133, 134
Homoglucane, Tabelle 124
Homospermidin 258
2-Hydroxyäthylthiocelestosaminid 139
2β-Hydroxy-5α-androstan 185
–, NMR-Spektrum 186
5α-Hydroxycholestane 196
17α-Hydroxy-20-keto-steroide 204
2-Hydroxymethylen-4,4-dimethylcholest-5-en-3-on 197
17β-Hydroxy-21-methyl-3-oxo-19-norpregnen-4-in-(20), Raman-Spektrum 208
3-Hydroxy-östr-5(10)-en 191
2-Hydroxyöstron 192
17β-Hydroxy-3-oxo-androstadiene 208, 209
–, *Raman*-Spektrum 209
17β-Hydroxy-3-oxo-5α-androsten-(1), *Raman*-Spektrum 299
17β-Hydroxy-3-oxo-androsten-(4) 210
Hydroxyprolin 46
Hydroxysteroide 197

Imidazol 94
IMP 96
Indican 283
Indigo *283*, 285
–, IR-Spektrum 284
–, UV-Spektrum 285
Indigo-Farbstoffe 283 – 286
Indigoide 284
Indol-Alkaloide 25, 217
Indole, Cotton-Effekt 38
Indolring 10
Inhibitoren 15, 47, 59
Inkrementrechnung 32
–, Tabelle 32
Inosin 94
Inosin-5′-monophosphat 96
Insulin 27, 59, *64*, 72
–, *Raman*-Spektrum 72
β-Iononring 169, 170
IR-Spektroskopie, Mikromengen 39, 40
Isoatisin 248
Isochinolin-Alkaloide 251
Isodihydrocodein 251
Isokopsin 233, *234*
Isoleucin 46, 61, 63
Isolysergsäure *218*, 219
–, UV-Spektrum 219
Isopenniclavin 221
Isopren 31
Isopropyliden-Guanosin 102
Isorotationsregel 114
Isosetoclavin 221
Isospartein 264
Isotopensubstitution 202
Isotopenverschiebungen 169

Jervin 242, 245
–, ^{13}C-Resonanz 244

Kalbsthymus-RNS 27
Karplus-Gleichung *12*, 13, 102, 127, 251
K-Bande 31
Keratin 46, 48
Kern-Overhauser-Effekt 18, 49, 182, 192
Kernspins, Tabelle 4
3-Keto-Steroide 210
Kettenverzweigung, Fettsäuren 161
Kohlenhydrate 12, 14, 38, *122*
–, acyclische 135
–, CD 143
–, ^{13}C-Resonanz 139
–, homopolymere 124
–, IR- und Raman-Absorption 140
–, Konformationsanalyse 127
–, Protonenresonanz 126
–, ungesättigte 132
Kohlenstoff-Doppelbindung, UV-Absorption 31
Kollagen 46
Kombinationsschwingungen 1
Konfiguration 9, 37
Konformation 9, 37
Kopplung, allylische 200
Kopsia fruticosa 233
Kopsin 233, *234*
Kopsin-Gruppe 233 – 236
Kraftkonstante 22
Krötengifte 181
Kupfer-Porphyrine 177

Labiatae 245
β-Lactam-Arzneimittel 292 – 298

–, IR-Absorption 294
–, NMR-Spektroskopie 295
–, UV-Absorption 293
β-Lactamring, IR-Absorption 294
Lactoflavin 175
Lactongruppe, IR-Absorption 178
Lactonring 198
*Lambert-Beer*sches-Gesetz *30,* 39, 166, 211
Laminarin 124
–, IR-Spektrum 141
Lanosterin 157
Laser-Lichtquellen 21, 22, 40
Laser-Raman-Spektrum 74, 75
Lauraceae 252
Laurinsäure, IR-Absorption 159
Laurinsäure-methylester, IR-Absorption 159
Lecithin 25, *164,* 165
–, IR-Spektrum 165
Leguminosae 216, 263
Leontice 263
Leucin 52, 61, 63
–, Chemische Verschiebung 46
L-Leucyl-L-Tryptophanamidacetat 80
L-Leucyl-L-Tyrosinamid 81, 82
Leukoindigo 283
Leukomycin 300
Lignine 149 – 154
–, Benzylätherverbindungen 150
–, Biosynthese 149
–, ^{13}CNMR-Spektrum 153
–, Dilignole 151, 152
–, Kernresonanz 153
–, UV- und IR-Absorption 152
–, Zimtaldehydgruppen 152
Lignole 151
Liliaceae 216, 242
Lincomycin 138
Linienbreite 16, 17
Lipide 156
–, cyclische Substitution 162
–, Ester von Fettsäuren 162, 163
–, Glycerinphosphatide 164
–, IR-Absorption 157
–, Kernresonanz 166
–, quantitative Bestimmung 166
–, verzweigte Ketten 161
(+)-Litsericin 252
Lösungsmitteleinflüsse 30
Loganiaceae 216, 245
Lunaria annua L. 258
Lunarin 258, 259
Lupanin 263
Lupinin 263
Lutenurin 245
Luteose, IR-Spektrum 141
Lycoctonin 247, 248
Lycorenin 262
–, ^{13}C-Spektrum 262
Lycorenin-Typ 259, 260
Lycorin-Typ 259, 260
Lysergsäure *216,* 218, 219
–, UV-Spektrum 219
Lysin 46, 51
Lysozym 26, 27, 61, *62,* 63, 64
–, MCD 80
–, NMR-Spektren 62, 63
–, *Raman*-Absorption 73
D-Lyxohexose-phenylosazon 137

Macronin 259, *260*
–, IR-Spektrum 261
Magnoflorin 253, 254
Maltose 26, 132, 143
D-Mannopyranose 143
D-Mannose-phenylhydrazon 136
Mannoside 125
Massen-Symmetrie-Effekte 205
Matridin, IR-Spektrum 269
Matrin *263,* 264, 267
–, IR-Spektrum 268
Mauritin A 257
Mauritin B 257
Maytenus ovatus 245
Maytin 245, 246, *247*
Maytolin 245, 246, *247*
MCD-Spektren 80, 82
Melanine 281
Melodinus australis 236
Membranen, biologische 14
Menadion 169
Menispermaceae 216
Mescalotam 252
Mesobiliverdin-dimethylester 279
Metalloporphyrine 26
Metall-Porphyrin-Komplexe 274, 275
Methacyclin 299
Methionin 46
6α-Methoxy-3,17-dioxoandrosten-(4), NMR-Spektrum 200
3-Methoxymethylpentosen 126
3β-Methoxy-17-oxo-androsten-(5), Raman-Spektrum 208
17-Methoxy-quebrachamin 236
–, UV-Absorption 237
Methoxysteroide 197
O-Methyl-N-äthyl-aspidoalbinol 237, *238*
4-Methyl-cholest-4-ene 195
Methylcytidin 104, 105

1-Methylcytosin 91, 92
Methyl-3,4-dichloro-4-desoxy-α-D-glycero-pent-2-enopyranosid, NMR-Spektrum 133
1α,2α-Methylen-steroide 190
6-Methyl-$\Delta^{8,9}$-ergolen-8-carbonsäure 223
α-Methyl-D-gluco-pyranosid 140
6-O-Methylglucose 145
Methylglykoside 139
Methyl-hexansäuren 161
2-Methyl-1,4-naphthochinon 172
Methyl-octadecansäuren 161
2-Methyl-octansäure 161
6β-Methylöstradiole 194
5-Methylpyrimidin-nucleoside 105
Methyluridine 115, 116
–, CD 105
–, chemische Verschiebung 104
Mevalonsäure 171
Mikroampullentechnik 41
Mikro-Illuminatoren 39
Mikromengen 38
Mikro-Reflexionstechnik 40
Mikrowellen 2
Minocyclin 299
Monochromasie 30, 31
Mononucleotide 94
Montanin 262
–, ^{13}C-Spektrum 262
Montanin-Typ 259
Morphin 249
Morphinan-Alkaloide 249, 251
Morphinane 38
Multiflorin 263
Mycaminose 129, *130,* 131
–, NMR-Spektrum 130
Mycarose 137
Myoglobin 48, 59, *65,* 277
–, Tertiärstruktur 66
Myristinsäure 159

Nachbargruppeneffekte 207
Nafcillin 293
–, UV-Absorption 293
Napellin 247, 248
Naphthacen, UV-Absorption 34
Naphthalin 34
Nebennierenrinde 181
Neoergosterol 192
Neopalmitinsäure 161
Neopin *250,* 251
–, NMR-Spektrum 250
Neostearinsäure 161
Neothiobinupharidin 245
Niacin 169
Nicotinamid 169
Nigeran, IR-Spektrum 141
α-[p-Nitrophenyl]-D-galaktopyranosid 140
α-[p-Nitrophenyl]-D-glucopyranosid 140
Normalschwingungen 20, 22, 23, 24
19-Nortestosteron 195
Nucleinsäuren *87,* 173
–, CD 38, 114
–, ^{13}C-Resonanz 113
–, IR-Absorption 115
–, Konformationen 87
–, Polynucleotide 107
–, Protonenresonanz 90 – 113
–, Pyrimidin-Nucleoside 104
Nucleoproteide 87
Nucleoside *94,* 95, 100, 101, 102, 144
Nucleosid-Triphosphate 111
Nucleotide 12, 14, 99, 100, *101,* 102, 144
–, IR-Absorption 115
Nuphar-Alkaloide 245
Nupharamin 245
Nymphaceae 245

Obscurinervidin 237
–, NMR-Spektrum 238
Ochotensimin 255
Octaäthylporphinatozink-Radikalkation 277
Octahydrophenanthren 194
Ölsäure 164, 166
Östradiol 193
Östran 181
Östratrien 203
$\Delta^{1,3,5(10)}$-Östratrien-3,17α-diol 203
–, IR-Spektrum 204
Δ^{4}-Östren-3,17-dion, IR-Spektrum 206
Östrogen-Catechol 193, 194
Östrogene 202
Östron 194
Oleandomycin 137
Oleandrose 137
Oligonucleotide 105
Oligosaccharide 14, 156
Olivacin 230
– UV-Spektrum 231
Oncinotin 258, 259
Oncinotis nitida Benth. 258
Opium-Alkaloide 249 – 251
Orchidaceae 245
ORD-Kurve 36
Osazone 137
Oszillator, harmonischer 22
Overhauser-Effekt 101

Oxamycin 303
Oxindigo 285
6-Oxocytidin, Chemische Verschiebung 104
3-Oxo-19-norsteroide 195
17-Oxo-spartein 265
–, IR-Spektrum 267
Oxosteroide 194, 195
Oxytetracyclin 299
–, Konfiguration 300

Paliclavin 223, 224
–, NMR-Spektrum 225
Palmitinsäure 159, 161
–, IR-Spektrum 162
Palmitinsäure-methylester, IR-Spektrum 163
Palmiton 157
Palosin 236
–, UV-Absorption 237
Papaveraceae 216, 252, 263
Papilionaceen 263
Paramylon 124
Paraxin 300
Paspaclavin *223,* 224, 225
–, NMR-Spektrum 224
–, UV-Absorption 224
Paspalum dilatatum 223
Penicilline *292,* 294
–, IR-Spektren 294, 295
–, NMR-Spektren 295, 296
–, UV-Absorption 293
Penicilloyl-ester 294
Penniclavin 221
Pentapeptidlactongruppe 305
Pentose-Seitenkette, IR-Absorption 175
Peptid-Alkaloide 256 – 258
Peptidbindung 13
Peptide, cyclische 56
Phaeomelanine 281
Phenole, aus Lignin 151
Phenoxazonring 304
(1-Phenoxyäthyl)-penicillin, IR-Spektrum 294
Phenylalanin 10, 11, *46,* 54, 61, 63, 81, 82
–, Chemische Verschiebung 52
–, NMR-Spektrum 53
Phenylalanin-transfer-RNS 111
Phenylcumaron 150
β-Phenyl-D-galakto-pyranosid 140
β-Phenyl-D-gluco-pyranosid 140
Phenylglykoside 139
Phenylhydrazone 137
Phlorine 274
Phosphatide 157
Phosphatidyläthanolamin 156, 165
–, IR-Spektrum 165
Phosphatidylcholin *156,* 166, 167
Phosphocholinrest 164
Phospholipide *156,* 164, 166
Phosphor-Resonanz 97
Phyllochinon 172
Phyllocladen-Gerüst 247, 248
Phytansäure 162
Pilzpigmente 286 – 289
Piptadenia peregrina 218
Polarisierbarkeitsänderung 203
Poly-Adenosin, Schmelzen 109
Poly-L-alanin 13, 74
–, Raman-Absorption 73
Poly-α-Aminosäuren 78
–, *Cotton*-Effekt 38
Poly-γ-benzyl-L-glutamat 13
Polyglucosen 132
Poly-L-Glutaminsäure 73, 74
–, *Raman*-Absorption 73
β-Polyglycin I 73, 74
–, *Raman*-Absorption 73
Polyhydroxy-pulvinsäuren 286
Polyhydroxysteroide 196
Polyisoprenoidsynthese 171
Polynucleotide 104, 107
Polypeptide 13, 79
–, CD-Kurve 79
–, IR-Absorption 71
Polyporus nidulans Pers. 286
Polyribonucleotide 109
–, NMR-Spektren 108
Polysaccharide 14, 166
Porphodimethene 274
Porphomethene 274
Porphyrine 274
Porphyrinogene 274
Precalciferol 192
Prednisolon 182
–, NMR-Spektrum 183
Pregnane 181, 202
Primärstruktur 13
Proaporphine 252
Progesteron-Hormonsynthese 212
Prolin 46, 49
(+)-Pronuciferin 252, 253
–, NMR-Spektrum 253
Prostaglandine, *Cotton*-Effekt 38
Proteine 14, 26, *46*
–, CD und ORD 78
–, ^{13}C-Resonanz 68
–, Disulfidbindungen 48
–, globuläre 49, 73
–, Inhibitoren 47

–, IR- und *Raman*-Absorption 46
–, Konformationsbestimmung 55
–, Metallkomplexe 54
–, Protonenresonanz 49
–, Tertiärstruktur 48
–, Überstrukturen 47
Protoberberin-Alkaloide 253 – 255
Protochlorophyllid 275
–, UV-Spektrum 276
Protonenbreitbandentkopplung 12
Protonenentkopplung 19
Protonenresonanzbereiche 6
Protoporphyrin-eisen(III)-Einheit 65
Provitamine 169
Pseudoephedrine 301
Pseudouridin *95*, 103
–, ^{1}HNMR-Spektrum 103
–, Konformation 103
Psilocybin 217
Pterine 175
Pterosinsäure 175
Pteroylglutaminsäure 175, 176
Pulsationsschwingung 25
Purine 38, 87, 88, 92, *93*, 94, 100, 111, 114, 117, 118
–, ^{13}C-Resonanz 93
–, ^{1}HNMR-Spektrum 93
Purin-Nucleoside 104
Purin-Nucleotide 96
Purin-Polynucleotide 111
Pycocyanobilin-dimethylester 279
–, NMR-Spektrum 280
Pyranose-Molybdat-Komplexe 144, 145
Pyranose-Zucker 122, 127, 143
Pyrido-carbazol 230, 231
Pyrimidin-Basen 87, 88, 90, *92*, 114
–, NMR-Spektrum 91
–, IR-Absorption 174
Pyrimidin-Glykoside 114
Pyrimidin-Nucleoside 104
–, Tabelle 104
Pyrimidin-Nucleotide 60
Pyrimidin-Ribonucleotid 302
Pyrrolidinomethyltetracyclin 299
Pyrrolringe 278

Quadrant-Regel 78
Quadrupol-Kopplung 135
Quantenausbeute, Raman-Absorption 40
Quebrachamin 232, *236*
–, UV-Absorption 237

Raman-Spektroskopie *20*, 21, 25
–, Mikromengen 40
–, Nucleinsäuren 27
random-coil-Form 10
Ranunculaceen 246, 251
Rauwolfia-Alkaloide 240
Relaxation *8*, 17, 18, 59
Reserpin 240
–, ^{13}C-Spektrum 241
–, UV-Spektrum 241
Resonanzbedingung 3
Resonanz-Raman-Effekt *26*, 76
11-cis-Retinal 26
trans-Retinol 170
Retinylidenhexylamin 26
Rhamnose 125
Riboflavin 169
Ribonuclease 26, 59, *60*, 61
–, NMR-Spektrum 60
Ribonucleotide 95
Ribose 87, 110, 122
–, Konformation 106
Riboside 113
Ribothymidin 94
Richtungsquantelung 3
Ringstromfeld 6
Ribothymidin-5′-monophosphat 95
RNS 27, *87*, 89, 94, 97, 107, 109, 112
–, NMR-Spektrum 107
Rolitetracyclin 299
Rotationsdispersion, optische 35, 78
Rotationsisomerie 53
Rubredoxin 74, 76
–, *Raman*-Spektrum 76
Rutaceae 216

Saccharide 156
Sättigungs-Effekt 18
Salsolin 252
Sapogenine 181, 242
Schwingungen, entartete 25
Schwingungsfreiheitsgrade 23
Schwingungsquantenzahl 22
Schwingungsspektroskopie 20 – 27
Scolanaceae 258
Scrophulariaceae 258
Scutia buxifolia Reiss 256
Scutianine 256
Sehpigmente 26
Selenoindigo 285
Senecio-Arten 216
Serin 46, 54, 303
Seromycin 303
Serotonin 217
Serumalbumin 27, 46
Sesquiterpen-Alkaloide 245
Setoclavin 221

Sexualhormone 181
Sexualpheromone 182
SFOR (single frequency off resonance) 225, 241, 243
Shkimic-Säure 132
Sibiricin 255, 256
Signal-Rausch-Verhältnis 18, 19
Sinapinalkohol 149
Skelettschwingungen 71
Solanaceen 216, 242
Solanidin 182, 242
Solanin 242
Solanumalkaloide 242
Solanum tripartitum Dunal 258
Solapalmitenin 258
Solapalmitin 258
Sophora flavescens 267
Sophoranol 263, 264
–, IR-Spektrum 265
Soret-Bande 275
Spartein 263, 264
Spermidin 258
Spermin 258
Spermin-Alkaloide 258
Sphingolipide 156
Sphingosin 156
Spinentkopplung 185, 187
Spin-Gitter-Relaxation *9,* 16, 54, 166, 167
Spin-Spin-Kopplungskonstanten 12
–, Tabelle 7
Spin-Spin-Relaxation *9,* 16, 54
Spiramycine 130
Spirane 307
Spirobenzylisochinolin 255, 256
Stärke 124
Stearinsäure 161, 164
–, IR-Absorption 159
Stearinsäure-methylester, IR-Absorption 159, 163
Sterculsäure 162
Sterine 181
Steroid-Alkaloide 242 – 245
Steroidcarbamat 196
Steroide 181 – 215
–, Alkohole, Ester und Äther 195
–, aromatische Gruppen 192
–, Carbonylgruppen 181
–, *Cotton*-Effekte 38
–, Hydroxy- und Aminogruppen 203
–, IR- und Ramanabsorption 202
–, Kernresonanzabsorption 182
–, Kohlenstoff-Mehrfachbindungen 207
–, Methylengruppen 189
–, Methylgruppen 187
–, olefinische Gruppen 190
–, quantitative Analyse 211
–, α,β-ungesättigte Ketone 194
–, Zuordnungen 198
Steroidhormone 182, 205
Stigmastan 181, 212
Stigmasterin 212, 213
Streptomyces-Stämme 137, 299, 300, 303, 304
Streptomycetaceae 227
Streptomycin 292
Strychnin 218
Strychnos nux-vomica 218
Styrol-Chromophor 251
Substanzbedarf, IR-Absorption 40
Suillus bovinus 287
Suillus tridentinus Bres. 287, 289
Syringaresinol 152

Tabersonin 238, 240
–, ^{13}C-Resonanz 239
Tachysterol 192
D-Talose, CD-Spektrum 146
Tazettin *260,* 261, 262
–, ^{13}C-Spektrum 262
Terpen-Alkaloide 245 – 249
Terpene, Cotton-Effekte 38
Terramycin 299, 300
Tertiärstruktur 48
Tetraacetoxy-östratrien-(1,3,5) 194
Tetra-O-acetyl-D-glucose 132
Tetracycline 292, 299
Tetraene, UV-Absorption 34
1,2,3,4-Tetrahydro-carbazol 231
Tetrahydroisochinoline 38
Tetrahydronicotinsäure-methylester 240
Tetrahydroprotoberberine 254, 255
Tetramethyl-hexadecansäure 162
Tetramethyl-leukoindigo 285
–, IR-Spektrum 284
Tetramethylsilan 4
Thalicthuberin 253, 254
Thebain *249,* 251
–, NMR-Spektrum 250
Thiamin 169, 173
–, IR-Spektrum 174
Thiazolidin-Ring 297, 298
Thiazolring, IR-Absorption 174
1-Thio-β-D-glucose 127
–, NMR-Spektrum 128
Thioindigo 285
4-Thiouridin 104
Threonin 46
Threose 301
Thymidin 95
–, ^{13}C-Spektrum 114

–, IR-Spektrum 116
Thymin 88, *89*, 92
–, NMR-Spektrum 91
TMP 95, *100*
Tocolgrundgerüst 171
Tocopherole 169, 171
Tomatidin 182, 242
Transphosphorylierung 116
Trasylol, NMR-Spektrum 10, 11
Trichloracetylisocyanat 196
Trichochrome 281, *282*
Tridentochinon 287
–, NMR-Spektrum 288
Triene, Inkrementrechnung 33
Trifluoracetylierung 196
Triglyceride 156
Trimethyl-tridecansäure 162
Tripyridyl-5-triazin 171
Tris-[dipivalomethanato]-europium(III) *55*, 183, 185
Tris-[dipivalomethanato]-praseodym(III) 183
Tristearin, IR-Spektrum 164
Triterpenalkohole 196
Trypsin 59
Trypsin-Inhibitor 10
Tryptamin 240
Tryptophan 10, *46*, 61, 63, 81, 82, 217
–, MCD 80
Tyrosin 10, *46*, 54, 61, 63, 81, 82, 281

Ulein 230, 231
–, IR-Absorption 232, 233
–, UV-Spektrum 232
Ultra-Mikro-KBr-Preßling 40
UMP 96, 100
Uracil *87*, 92, 175
–, NMR-Spektrum 91
Uracil-Nucleotide 104
Uridin 88, *94*, 103, 104, 108, 112, 115, 116
–, ^{13}C-Spektrum 114
5′-Uridin-Cyclomonophosphat 103
Uridin-5′-phosphat 96, 302
Uridylsäure 88
Uronsäure 125

Valenzschwingung 1, 21, 23, 24, 25
–, C=C-Doppelbindung 170, *207*, 210, 232
–, CH neben N 265
–, C-O-Gruppe 261
–, NH-Gruppe 205
–, OH-Gruppe *203*, 204, 205
–, P=O-Gruppe 165, 177
Valin *46*, 61, 63
–, Chemische Verschiebung 51
–, NMR-Spektrum 50
Vallesia 236
Variegatsäure 286
Venalstonidin 236
–, UV-Absorption 237
Venalstonin 236
–, UV-Absorption 237
Veratramin 242
–, ^{13}C-Resonanz 244
Veratrum album 242
Veratrum viride 242
Vinblastin 225, 226, 227
–, ^{13}C-Resonanz 226
Vinca-Alkaloide 225 – 230
Vincadifformin 238, 240
–, ^{13}C-Resonanz 239
Vincamin 226
Vincarodin 226
–, NMR-Spektrum 227
Vinca rosea Linn 225
Vincin 226
Vincristin 225, 227
Vindolin 227, *228*, 240
–, ^{13}C-Resonanz 239
–, NMR-Daten 228
Virenhüllen 166
Vitamin A 26, 169
–, IR-Spektrum 170
–, UV-Absorption 170
Vitamin B_1 173
–, IR-Spektrum 174
–, ^1HNMR-Spektrum 174
Vitamin B_2 175
Vitamin B_6 169
Vitamin B_{12} 177, 178
Vitamin C 169, *178*
–, IR-Spektrum 179
–, UV-Absorption 179
Vitamin D_2 170, 212
–, IR-Absorption 211
–, UV-Absorption 171
Vitamin D_3 170, 192, 211
–, IR-Absorption 212
–, UV-Absorption 171
Vitamine 25, *169*
–, fettlösliche 169
–, wasserlösliche 169
Vitamin E 169, *171*
–, IR-Spektrum 172
Vitamin K 172
–, IR-Spektrum 173

Wasserstoffbrücken 131, 207
Wasserstoffvalenzschwingungen 71

Watson-Crick-Modell *90,* 109
Wursters Blau 277

Xerocomus 286
Xylopin 255
–, UV-Spektrum 254
Xylopinin 255
–, UV-Spektrum 254
Xylose 125, 145

Yohimbin 240
–, UV-Spektrum 241
Yohimbin-Gruppe 240

Zellmembranen 166
Ziziphus mauritiana Lam 257
Zürcher-Inkrementrechnung 188, 189, 190, 199

GPSR Compliance

The European Union's (EU) General Product Safety Regulation (GPSR) is a set of rules that requires consumer products to be safe and our obligations to ensure this.

If you have any concerns about our products, you can contact us on ProductSafety@springernature.com

In case Publisher is established outside the EU, the EU authorized representative is:

Springer Nature Customer Service Center GmbH
Europaplatz 3
69115 Heidelberg, Germany

Batch number: 10577969

Printed by Printforce, the Netherlands